능률

'고수는 고수가 알아본다'

중등 수학

1-1

2015 개정 교육과정

수학 고수가 제안하는 내신 만점 학습 전략

- 다양한 내신 빈출 문제 및 심화 유형 학습
- 유형, 실전, 최고난도로 이어지는 3단계 집중 학습
- 새 교육과정에 맞춘 창의·융합, 서술형 문제 학습

**심화 유형
3단계 반복 학습**

단계별 반복 훈련으로
고난도 문제도
문제 없이 클리어!

**시험에 나오는
순서대로 공부한다!**

시험에 자주 출제되는
대표 빈출 문제 수록

π

수학의 고수

내신 상위권
심화학습서

수학의 고수

중등 수학 1-1

내신 상위권 심화학습서

2015 개정 교육과정

지은이 | 능률수학교육연구소 신가나 김가영

NE능률

**실전형 문제로
시험 완벽 대비**

적중률 100%
실전문제와
서술형 문제로
내신 만점

중1~중3

Ⅲ. 이차방정식

🄓 다항식의 인수분해

유형	문제	유형북	더블북	셀프 코칭
01	01	☐	☐	
	02	☐	☐	
	03	☐	☐	
	04	☐	☐	
02	05	☐	☐	
	06	☐	☐	
	07	☐	☐	
	08	☐	☐	
03	09	☐	☐	
	10	☐	☐	
	11	☐	☐	
	12	☐	☐	
04	13	☐	☐	
	14	☐	☐	
	15	☐	☐	
	16	☐	☐	
05	17	☐	☐	
	18	☐	☐	
	19	☐	☐	
	20	☐	☐	
06	21	☐	☐	
	22	☐	☐	
	23	☐	☐	
	24	☐	☐	
07	25	☐	☐	
	26	☐	☐	
	27	☐	☐	
	28	☐	☐	
08	29	☐	☐	
	30	☐	☐	
	31	☐	☐	
09	32	☐	☐	
	33	☐	☐	
	34	☐	☐	
	35	☐	☐	
10	36	☐	☐	
	37	☐	☐	
	38	☐	☐	
11	39	☐	☐	
	40	☐	☐	
	41	☐	☐	
	42	☐	☐	
12	43	☐	☐	
	44	☐	☐	
	45	☐	☐	
	46	☐	☐	
13	47	☐	☐	
	48	☐	☐	
	49	☐	☐	
	50	☐	☐	
14	51	☐	☐	
	52	☐	☐	
15	53	☐	☐	
	54	☐	☐	
16	55	☐	☐	
	56	☐	☐	
	57	☐	☐	
	58	☐	☐	
17	59	☐	☐	
	60	☐	☐	
	61	☐	☐	

🄖 이차방정식 (1)

유형	문제	유형북	더블북	셀프 코칭
01	01	☐	☐	
	02	☐	☐	
	03	☐	☐	
02	04	☐	☐	
	05	☐	☐	
	06	☐	☐	
	07	☐	☐	
03	08	☐	☐	
	09	☐	☐	
	10	☐	☐	
	11	☐	☐	
04	12	☐	☐	
	13	☐	☐	
	14	☐	☐	
	15	☐	☐	
05	16	☐	☐	
	17	☐	☐	
	18	☐	☐	
	19	☐	☐	
06	20	☐	☐	
	21	☐	☐	
	22	☐	☐	
	23	☐	☐	
07	24	☐	☐	
	25	☐	☐	
	26	☐	☐	
08	27	☐	☐	
	28	☐	☐	
	29	☐	☐	
	30	☐	☐	
09	31	☐	☐	
	32	☐	☐	
	33	☐	☐	
	34	☐	☐	
10	35	☐	☐	
	36	☐	☐	
	37	☐	☐	
	38	☐	☐	
11	39	☐	☐	
	40	☐	☐	
	41	☐	☐	
	42	☐	☐	
12	43	☐	☐	
	44	☐	☐	
	45	☐	☐	
	46	☐	☐	

🄗 이차방정식 (2)

유형	문제	유형북	더블북
01	01	☐	☐
	02	☐	☐
	03	☐	☐
	04	☐	☐
02	05	☐	☐
	06	☐	☐
	07	☐	☐
	08	☐	☐
	09	☐	☐
	10	☐	☐
	11	☐	☐
03	12	☐	☐
	13	☐	☐
	14	☐	☐
	15	☐	☐
04	16	☐	☐
	17	☐	☐
	18	☐	☐
	19	☐	☐
05	20	☐	☐
	21	☐	☐
	22	☐	☐
	23	☐	☐
06	24	☐	☐
	25	☐	☐
	26	☐	☐
07	27	☐	☐
	28	☐	☐
	29	☐	☐
08	30	☐	☐
	31	☐	☐
	32	☐	☐
	33	☐	☐
09	34	☐	☐
	35	☐	☐
	36	☐	☐
	37	☐	☐
10	38	☐	☐
	39	☐	☐
	40	☐	☐
11	41	☐	☐
	42	☐	☐
	43	☐	☐
	44	☐	☐
12	45	☐	☐
	46	☐	☐
	47	☐	☐
13	48	☐	☐
	49	☐	☐
	50	☐	☐
	51	☐	☐
14	52	☐	☐
	53	☐	☐
	54	☐	☐
15	55	☐	☐
	56	☐	☐
	57	☐	☐

Ⅳ. 이차함수

ⓞ⑧ 이차함수와 그래프 (1)　　　## ⓞ⑨ 이차함수와 그래프 (2)

셀프 코칭

ⓞ⑧ 이차함수와 그래프 (1)

유형	문제	유형북	더블북	셀프 코칭
01	01	☐	☐	
01	02	☐	☐	
01	03	☐	☐	
02	04	☐	☐	
02	05	☐	☐	
02	06	☐	☐	
03	07	☐	☐	
03	08	☐	☐	
03	09	☐	☐	
03	10	☐	☐	
04	11	☐	☐	
04	12	☐	☐	
04	13	☐	☐	
04	14	☐	☐	
05	15	☐	☐	
05	16	☐	☐	
05	17	☐	☐	
06	18	☐	☐	
06	19	☐	☐	
06	20	☐	☐	
07	21	☐	☐	
07	22	☐	☐	
07	23	☐	☐	
07	24	☐	☐	
08	25	☐	☐	
08	26	☐	☐	
08	27	☐	☐	
08	28	☐	☐	
09	29	☐	☐	
09	30	☐	☐	
09	31	☐	☐	
09	32	☐	☐	
10	33	☐	☐	
10	34	☐	☐	
10	35	☐	☐	
10	36	☐	☐	
11	37	☐	☐	
11	38	☐	☐	
11	39	☐	☐	
11	40	☐	☐	
12	41	☐	☐	
12	42	☐	☐	
12	43	☐	☐	
13	44	☐	☐	
13	45	☐	☐	
13	46	☐	☐	
14	47	☐	☐	
14	48	☐	☐	
14	49	☐	☐	
15	50	☐	☐	
15	51	☐	☐	
15	52	☐	☐	
15	53	☐	☐	
15	54	☐	☐	

ⓞ⑨ 이차함수와 그래프 (2)

유형	문제	유형북	더블북	셀프 코칭
01	01	☐	☐	
01	02	☐	☐	
01	03	☐	☐	
02	04	☐	☐	
02	05	☐	☐	
02	06	☐	☐	
02	07	☐	☐	
03	08	☐	☐	
03	09	☐	☐	
03	10	☐	☐	
03	11	☐	☐	
04	12	☐	☐	
04	13	☐	☐	
04	14	☐	☐	
05	15	☐	☐	
05	16	☐	☐	
05	17	☐	☐	
06	18	☐	☐	
06	19	☐	☐	
06	20	☐	☐	
07	21	☐	☐	
07	22	☐	☐	
07	23	☐	☐	
08	24	☐	☐	
08	25	☐	☐	
09	26	☐	☐	
09	27	☐	☐	
09	28	☐	☐	
09	29	☐	☐	
09	30	☐	☐	
10	31	☐	☐	
10	32	☐	☐	
10	33	☐	☐	
11	34	☐	☐	
11	35	☐	☐	
11	36	☐	☐	
12	37	☐	☐	
12	38	☐	☐	
12	39	☐	☐	
13	40	☐	☐	
13	41	☐	☐	
13	42	☐	☐	
14	43	☐	☐	
14	44	☐	☐	
14	45	☐	☐	
14	46	☐	☐	
14	47	☐	☐	

유형
더블
중등수학
3-1

유형북

구성과 특징

유형북

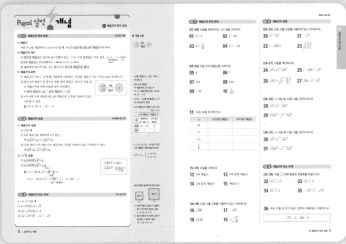

개념

실전에 꼭 필요한 개념을 단원별로 모아 정리하고 기본 문제로 확인할 수 있습니다.

예, 참고, 주의, ➕ 개념 노트를 통하여 탄탄한 개념 학습을 할 수 있으며, 개념과 관련된 유형의 번호를 바로 확인할 수 있습니다.

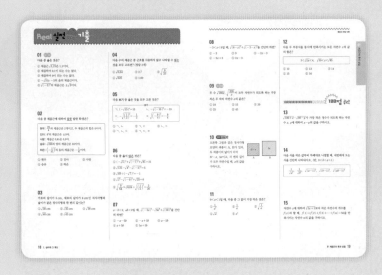

유형

전국 학교 시험에 출제된 모든 문제를 분석하여 엄선된 유형과 최적화된 문제 배열로 구성하였습니다.

내신 출제 비율 70 % 이상인 유형의 경우 집중⚡ 유형으로 표시하였고, 꼭 풀어 봐야 하는 문제는 중요 표시를 하여 효율적인 학습을 하도록 하였습니다.

모든 문제를 더블북의 문제와 1 : 1 매칭시켜서 반복 학습을 통한 확실한 복습과 실력 향상을 기대할 수 있습니다.

기출

단원별로 학교 시험 형태로 연습하고 창의 역량 , 최다빈출 , 서술형 문제를 풀어 봄으로써 실전 감각을 최대로 끌어올릴 수 있습니다.

또한 100점 공략 문제를 해결함으로써 학교 시험 고난도 문제까지 정복할 수 있습니다.

실전에 필요한 모든 **유형**을 **두번** 푸니까 실력이 **더블!**

유형북 **Real 실전 유형**의 모든 문제를 복습할 수 있습니다.

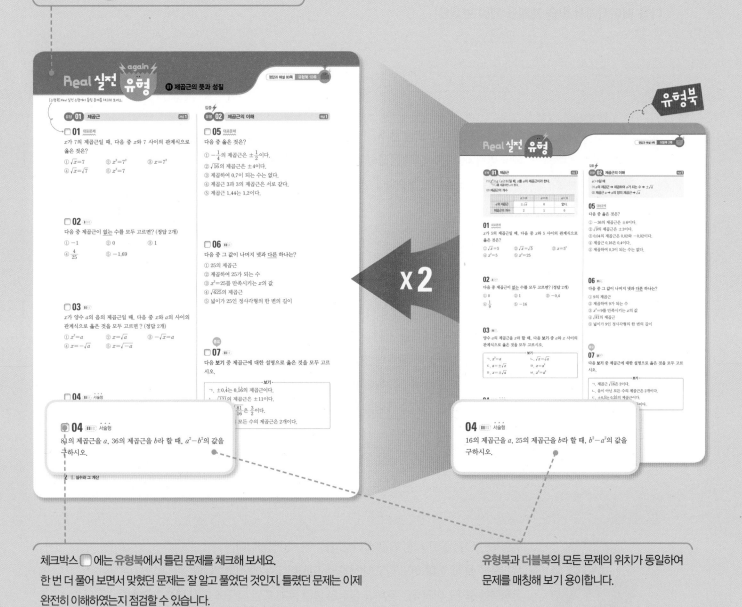

체크박스 ☐ 에는 유형북에서 틀린 문제를 체크해 보세요.
한 번 더 풀어 보면서 맞혔던 문제는 잘 알고 풀었던 것인지, 틀렸던 문제는 이제
완전히 이해하였는지 점검할 수 있습니다.

유형북과 더블북의 모든 문제의 위치가 동일하여
문제를 매칭해 보기 용이합니다.

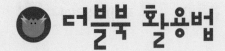

아는 문제도 다시 풀면 다르다!

유형 더블은 수학 문제를 온전히 자기 것으로 만드는 방법으로 '반복'을 제시합니다.
가장 효율적인 반복 학습을 위해 자신에게 맞는 더블북 활용 방법을 찾아보고
다음 페이지에서 학습 계획을 세워 보세요!

유형별 복습형
- 유형 단위로 끊어서 오늘 푼 유형북 범위를 더블북으로 바로 복습하는 방법입니다.
- 해당 범위의 내용이 아직 온전히 내 것으로 느껴지지 않는 경우에 적합합니다.
- 유형 단위로 바로바로 복습하다 보면 조금 더 빠르게 유형을 내 것으로 만들 수 있습니다.

단원별 복습형
- 유형북에서 단원 1~3개를 먼저 다 푼 뒤, 해당 범위의 더블북을 푸는 방법입니다.
- 분명 풀 때는 이해한 것 같은데 조금만 시간이 지나면 내용이 잘 생각이 나지 않거나 잘 이해하고 푼 것이 맞는지 의심이 되는 경우에 적합합니다.
- 좀 더 넓은 시야를 가지고 유형을 파악하게 되어 문제해결력을 높일 수 있습니다.

시험기간 복습형
- 유형북만 먼저 풀고 시험 기간에 더블북을 푸는 방법입니다.
- 유형북을 풀 때 이미 어느 정도 내용을 잘 이해한 경우에 적합합니다.
- 유형북을 풀 때, 어려웠던 문제나 실수로 틀린 문제 또는 나중에 다시 복습하고 싶은 문제 등을 더블북에 미리 표시해 두면 좀 더 효율적으로 복습할 수 있습니다.

학습 계획표

대단원	중단원	분량	유형북 학습일	더블북 학습일
I. 실수와 그 계산	**01** 제곱근의 뜻과 성질	개념 2쪽		
		유형 8쪽		
		기출 3쪽		
	02 무리수와 실수	개념 2쪽		
		유형 4쪽		
		기출 3쪽		
	03 근호를 포함한 식의 계산	개념 4쪽		
		유형 10쪽		
		기출 3쪽		
II. 다항식의 곱셈과 인수분해	**04** 다항식의 곱셈	개념 4쪽		
		유형 8쪽		
		기출 3쪽		
	05 다항식의 인수분해	개념 4쪽		
		유형 8쪽		
		기출 3쪽		
III. 이차방정식	**06** 이차방정식 (1)	개념 4쪽		
		유형 6쪽		
		기출 3쪽		
	07 이차방정식 (2)	개념 2쪽		
		유형 8쪽		
		기출 3쪽		
IV. 이차함수	**08** 이차함수와 그래프 (1)	개념 4쪽		
		유형 8쪽		
		기출 3쪽		
	09 이차함수와 그래프 (2)	개념 4쪽		
		유형 8쪽		
		기출 3쪽		

유형북의 차례

01 ◆ 제곱근의 뜻과 성질

I. 실수와 그 계산

개념 1 **제곱근의 뜻과 표현**   유형 01~04

(1) 제곱근

어떤 수 x를 제곱하여 $a\,(a\geq0)$가 될 때, 즉 $x^2=a$일 때 x를 a의 제곱근이라 한다.

(2) 제곱근의 개수

① 양수의 제곱근은 양수와 음수 2개가 있고, 그 두 수의 절댓값은 서로 같다. → $3^2=9$, $(-3)^2=9$이므로
9의 제곱근은 3, -3의
2개이다.

② 0의 제곱근은 0의 1개이다. → 제곱하여 0이 되는 수는 0뿐이다.

③ 제곱하여 음수가 되는 수는 없으므로 음수의 제곱근은 없다.

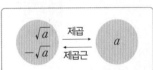

(3) 제곱근의 표현

① 제곱근은 기호 $\sqrt{}$ (근호)를 사용하여 나타내고, 이것을 '제곱근' 또는 '루트(root)'라 읽는다.

② 양수 a의 제곱근 중 양수인 것을 양의 제곱근, 음수인 것을 음의 제곱근이라 하며 다음과 같이 나타낸다.

➡ 양의 제곱근: $\sqrt{a}$, 음의 제곱근: $-\sqrt{a}$

③ a가 어떤 수의 제곱일 때, a의 제곱근은 근호를 사용하지 않고 나타낼 수 있다.

예 $\sqrt{0}=0$, $\sqrt{9}=3$, $-\sqrt{9}=-3$

- $\sqrt{a}$를 '제곱근 a', 또는 '루트 a' 라 읽는다.
- 양수 a의 제곱근
  ➡ 제곱하여 a가 되는 수
  ➡ $x^2=a$를 만족시키는 x의 값
  ➡ $\sqrt{a}$, $-\sqrt{a}$
- $\sqrt{a}$와 $-\sqrt{a}$를 한꺼번에 $\pm\sqrt{a}$ 로 나타내기도 한다.
- a의 제곱근과 제곱근 a의 비교 (단, $a>0$)

	a의 제곱근	제곱근 a
뜻	제곱하여 a가 되는 수	a의 양의 제곱근
표현	$\sqrt{a}$, $-\sqrt{a}$	$\sqrt{a}$
개수	2	1

개념 2 **제곱근의 성질**   유형 05~13, 15

(1) 제곱근의 성질

$a>0$일 때

① a의 제곱근을 제곱하면 a가 된다.

➡ $(\sqrt{a})^2=a$, $(-\sqrt{a})^2=a$

② 근호 안의 수가 어떤 수의 제곱이면 근호를 사용하지 않고 나타낼 수 있다.

➡ $\sqrt{a^2}=a$, $\sqrt{(-a)^2}=a$

- 1, 4, 9, 16, 25, …와 같이 자연 수의 제곱인 수를 제곱수라 한다.

- $\sqrt{a^2}=|a|=\begin{cases} a\ (a\geq0) \\ -a\ (a<0) \end{cases}$

(2) $\sqrt{a^2}$의 성질

① $a\geq0$이면 $\sqrt{a^2}=a$

② $a<0$이면 $\sqrt{a^2}=-a$
→ 양수

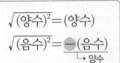

예 ① $a=2$일 때, $\sqrt{a^2}=\sqrt{2^2}=2=a$
그대로

② $a=-2$일 때, $\sqrt{a^2}=\sqrt{(-2)^2}=-(-2)=2=-a$
앞에 -를 붙인다.

개념 3 **제곱근의 대소 관계**   유형 14~17

$a>0$, $b>0$일 때

(1) $a<b$이면 $\sqrt{a}<\sqrt{b}$

(2) $\sqrt{a}<\sqrt{b}$이면 $a<b$

(3) $\sqrt{a}<\sqrt{b}$이면 $-\sqrt{a}>-\sqrt{b}$

- 정사각형의 넓이와 한 변의 길이

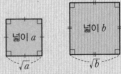

(1) 정사각형의 넓이가 넓을수록 그 한 변의 길이도 길다.
$a<b$ ➡ $\sqrt{a}<\sqrt{b}$

(2) 정사각형의 한 변의 길이가 길수록 그 넓이도 넓다.
$\sqrt{a}<\sqrt{b}$ ➡ $a<b$

개념 1 제곱근의 뜻과 표현

[01~04] 다음을 만족시키는 x의 값을 구하시오.

01 $x^2=1$

02 $x^2=64$

03 $x^2=\dfrac{9}{25}$

04 $x^2=-16$

[05~10] 다음 수의 제곱근을 구하시오.

05 0

06 7

07 144

08 0.04

09 -25

10 $\dfrac{1}{121}$

11 다음 표를 완성하시오.

x	x의 양의 제곱근	x의 음의 제곱근
36		
17		
5.2		
$\dfrac{1}{9}$		

[12~15] 다음을 구하시오.

12 5의 제곱근

13 5의 양의 제곱근

14 5의 음의 제곱근

15 제곱근 5

[16~19] 다음 수를 근호를 사용하지 않고 나타내시오.

16 $\sqrt{100}$

17 $-\sqrt{81}$

18 $\sqrt{0.36}$

19 $\pm\sqrt{\dfrac{9}{49}}$

개념 2 제곱근의 성질

[20~23] 다음 수를 근호를 사용하지 않고 나타내시오.

20 $\sqrt{(-5)^2}$

21 $-\sqrt{7^2}$

22 $(-\sqrt{0.6})^2$

23 $\sqrt{\left(\dfrac{3}{2}\right)^2}$

[24~27] 다음을 계산하시오.

24 $\sqrt{2^2}+\sqrt{(-13)^2}$

25 $(-\sqrt{10})^2-\sqrt{3^2}$

26 $(\sqrt{6})^2\times\sqrt{\left(-\dfrac{5}{3}\right)^2}$

27 $\sqrt{64}\div\sqrt{(-4)^2}$

[28~29] $a\geq0$일 때, 다음 식을 간단히 하시오.

28 $\sqrt{a^2}+\sqrt{(-3a)^2}$

29 $\sqrt{(6a)^2}-\sqrt{(-7a)^2}$

[30~31] $a<0$일 때, 다음 식을 간단히 하시오.

30 $\sqrt{a^2}+\sqrt{(-3a)^2}$

31 $\sqrt{(6a)^2}-\sqrt{(-7a)^2}$

개념 3 제곱근의 대소 관계

[32~35] 다음 ◯ 안에 알맞은 부등호를 써넣으시오.

32 $\sqrt{5}$ ◯ $\sqrt{7}$

33 $\sqrt{6}$ ◯ 6

34 $\sqrt{8}$ ◯ 3

35 $-\sqrt{13}$ ◯ $-\sqrt{15}$

36 다음 수를 크기가 작은 것부터 차례대로 나열하시오.

$$\sqrt{75},\quad 9,\quad \sqrt{80},\quad 8$$

유형 **01** 제곱근   개념**1**

(1) $x^2=a$ $(a \geq 0)$일 때, x를 a의 제곱근이라 한다.
$\hookrightarrow$ x를 제곱하면 a가 된다.

(2) 제곱근의 개수

	$a>0$	$a=0$	$a<0$
a의 제곱근	$\pm\sqrt{a}$	0	없다.
제곱근의 개수	2	1	0

01 대표문제

x가 5의 제곱근일 때, 다음 중 x와 5 사이의 관계식으로 옳은 것은?

① $\sqrt{x}=5$ ② $\sqrt{x}=\sqrt{5}$ ③ $x=5^2$

④ $x^2=5$ ⑤ $x^2=25$

02 ▐▐▐▐

다음 중 제곱근이 <u>없는</u> 수를 모두 고르면? (정답 2개)

① 0   ② 1   ③ -0.4

④ $\dfrac{1}{9}$ ⑤ -16

03 ▐▐▐▐

양수 a의 제곱근을 x라 할 때, 다음 **보기** 중 a와 x 사이의 관계식으로 옳은 것을 모두 고르시오.

┌─── 보기 ───┐
ㄱ. $x^2=a$ ㄴ. $\sqrt{x}=\sqrt{a}$
ㄷ. $a=\pm\sqrt{x}$ ㄹ. $x=a^2$
ㅁ. $x=\pm\sqrt{a}$ ㅂ. $x^2=a^2$
└──────────┘

04 ▐▐▐▐ 서술형

16의 제곱근을 a, 25의 제곱근을 b라 할 때, b^2-a^2의 값을 구하시오.

집중 ⚡
유형 **02** 제곱근의 이해   개념**1**

$a>0$일 때

(1) a의 제곱근 ➡ 제곱하여 a가 되는 수 ➡ $\pm\sqrt{a}$

(2) 제곱근 a ➡ a의 양의 제곱근 ➡ $\sqrt{a}$

05 대표문제

다음 중 옳은 것은?

① -36의 제곱근은 ±6이다.

② $\sqrt{9}$의 제곱근은 ±3이다.

③ 0.04의 제곱근은 0.02와 -0.02이다.

④ 제곱근 0.16은 0.4이다.

⑤ 제곱하여 0.3이 되는 수는 없다.

06 ▐▐▐▐

다음 중 그 값이 나머지 넷과 <u>다른</u> 하나는?

① 9의 제곱근

② 제곱하여 9가 되는 수

③ $x^2=9$를 만족시키는 x의 값

④ $\sqrt{81}$의 제곱근

⑤ 넓이가 9인 정사각형의 한 변의 길이

중요

07 ▐▐▐▐

다음 **보기** 중 제곱근에 대한 설명으로 옳은 것을 모두 고르시오.

┌─── 보기 ───┐
ㄱ. 제곱근 $\sqrt{16}$은 2이다.
ㄴ. 음이 아닌 모든 수의 제곱근은 2개이다.
ㄷ. $\pm0.\dot{5}$는 $0.\dot{2}\dot{5}$의 제곱근이다.
ㄹ. $-\sqrt{3}$은 -3의 음의 제곱근이다.
└──────────┘

집중⚡

유형 03 제곱근 구하기 [개념1]

어떤 수의 제곱이나 근호를 포함한 수의 제곱근을 구할 때는 먼저 주어진 수를 간단히 한 후 다음을 이용한다.

$a>0$일 때
(1) a의 양의 제곱근 ➡ $\sqrt{a}$
(2) a의 음의 제곱근 ➡ $-\sqrt{a}$
(3) a의 제곱근 ➡ $\pm\sqrt{a}$
(4) 제곱근 a ➡ $\sqrt{a}$

08 대표문제

$(-5)^2$의 양의 제곱근을 a, $\sqrt{81}$의 음의 제곱근을 b라 할 때, $a-b$의 값을 구하시오.

중요

09

다음 중 옳지 <u>않은</u> 것은?

① 4의 제곱근 ➡ ±2
② 16의 음의 제곱근 ➡ -4
③ $\left(-\dfrac{1}{9}\right)^2$의 양의 제곱근 ➡ $\dfrac{1}{9}$
④ $\sqrt{100}$의 제곱근 ➡ ±10
⑤ $\sqrt{\dfrac{144}{169}}$의 음의 제곱근 ➡ $-\sqrt{\dfrac{12}{13}}$

10 ▥▥ 서술형

제곱근 49를 a, 제곱근 $\sqrt{256}$의 음의 제곱근을 b라 할 때, $a+b$의 값을 구하시오.

11 ▥▥

오른쪽 그림과 같은 △ABC에서 $\overline{AD}\perp\overline{BC}$이고 $\overline{AB}=10$ cm, $\overline{BD}=8$ cm, $\overline{DC}=5$ cm일 때, $\overline{AC}$의 길이를 구하시오.

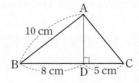

유형 04 근호를 사용하지 않고 제곱근 나타내기 [개념1]

근호 안의 수가 어떤 수의 제곱이면 근호를 사용하지 않고 나타낼 수 있다.
➡ $\sqrt{(자연수)^2}=(자연수)$

12 대표문제

다음 수의 제곱근 중 근호를 사용하지 않고 나타낼 수 <u>없는</u> 것은?

① $\sqrt{16}$
② $\dfrac{4}{25}$
③ $0.\dot{1}$
④ 0.4
⑤ $\sqrt{\dfrac{1}{81}}$

13 ▥▥

다음 수의 제곱근 중 근호를 사용하지 않고 나타낼 수 있는 것의 개수를 구하시오.

$$14, \quad 1.69, \quad \dfrac{1}{64}, \quad 0.\dot{4}, \quad \dfrac{16}{25}$$

14 ▥▥

다음 보기 중 근호를 사용하지 않고 나타낼 수 있는 것을 모두 고르시오.

───── 보기 ─────

ㄱ. 넓이가 15π인 원의 반지름의 길이
ㄴ. 넓이가 30인 정사각형의 한 변의 길이
ㄷ. 겉넓이가 54인 정육면체의 한 모서리의 길이
ㄹ. 직각을 낀 두 변의 길이가 각각 5, 12인 직각삼각형의 빗변의 길이

Real 실전 유형

유형 05 제곱근의 성질 　　　　　　　　　　개념2

$a>0$일 때

(1) $(\sqrt{a})^2=(-\sqrt{a})^2=a$ → a의 제곱근을 제곱하면 a가 된다.

(2) $\sqrt{a^2}=\sqrt{(-a)^2}=a$ → 근호 안의 수가 어떤 수의 제곱이면 근호를
　　사용하지 않고 나타낼 수 있다.

15 대표문제

다음 중 옳은 것은?

① $(-\sqrt{11})^2=-11$ 　　　② $\sqrt{(-4)^2}=-4$

③ $\sqrt{(-3)^2}=9$ 　　　④ $(\sqrt{0.5})^2=0.5$

⑤ $-\sqrt{\left(\dfrac{3}{16}\right)^2}=\dfrac{3}{16}$

16 🔋

다음 중 그 값이 나머지 넷과 <u>다른</u> 하나는?

① $\sqrt{7^2}$ 　　　② $\sqrt{(-7)^2}$ 　　　③ $(-\sqrt{7})^2$

④ $-\sqrt{(-7)^2}$ 　　　⑤ $(\sqrt{7})^2$

17 🔋

다음 중 가장 작은 수는?

① $\sqrt{\dfrac{1}{9}}$ 　　　② $\left(-\sqrt{\dfrac{1}{2}}\right)^2$ 　　　③ $\sqrt{\left(-\dfrac{1}{5}\right)^2}$

④ $\sqrt{\left(\dfrac{1}{3}\right)^2}$ 　　　⑤ $\left(-\sqrt{\dfrac{1}{25}}\right)^2$

중요

18

다음 중 옳지 <u>않은</u> 것은?

① $\sqrt{2^2}$의 제곱근은 $\pm\sqrt{2}$이다.

② $-(-\sqrt{10})^2=-10$

③ $\sqrt{0.04}=0.2$

④ $(-\sqrt{0.1})^2=0.1$

⑤ $\sqrt{\left(-\dfrac{4}{9}\right)^2}$의 제곱근은 $\pm\dfrac{4}{9}$이다.

유형 06 제곱근의 성질을 이용한 계산 　　　개념2

제곱근의 성질을 이용하여 주어진 수를 근호를 사용하지 않고 나타낸
후 계산한다.

19 대표문제

다음 중 옳지 <u>않은</u> 것은?

① $(\sqrt{8})^2+(-\sqrt{10})^2=18$

② $\sqrt{(-6)^2}-(-\sqrt{3^2})=3$

③ $\sqrt{(-5)^2}\times(-\sqrt{2^2})=-10$

④ $\left(-\sqrt{\dfrac{3}{2}}\right)^2\div\sqrt{\left(-\dfrac{1}{2}\right)^2}=3$

⑤ $\sqrt{(-4)^2}-\sqrt{0.49}\times\sqrt{(-20)^2}=-10$

20 🔋

$\sqrt{400}-\sqrt{(-11)^2}+(-\sqrt{3})^2$을 계산하면?

① 12 　　　② 14 　　　③ 16

④ 18 　　　⑤ 20

21 🔋

$\sqrt{144}+\left(\sqrt{\dfrac{1}{3}}\right)^2\times(-\sqrt{6})^2-3\times\sqrt{(-5)^2}$을 계산하면?

① -5 　　　② -3 　　　③ -1

④ 3 　　　⑤ 5

22 🔋 서술형

두 수 A, B가 다음과 같을 때, $A-B$의 값을 구하시오.

$$A=(\sqrt{0.8})^2\div(-\sqrt{0.2})^2\times\sqrt{100}$$
$$B=\sqrt{(-8)^2}-\sqrt{81}+\sqrt{121}\times(-\sqrt{4^2})$$

유형 07 $\sqrt{a^2}$의 성질 〔개념 2〕

$$\sqrt{a^2}=|a|=\begin{cases} a \ (a \geq 0) \Rightarrow \sqrt{(양수)^2}=(양수) \\ -a \ (a<0) \Rightarrow \sqrt{(음수)^2}=\underset{\rightarrow\ 양수}{-(음수)} \end{cases}$$

23 대표문제

$a>0$일 때, 다음 중 옳지 <u>않은</u> 것은?

① $\sqrt{a^2}=a$

② $-\sqrt{a^2}=-a$

③ $-\sqrt{(-a)^2}=-a$

④ $-\sqrt{9a^2}=-9a$

⑤ $\sqrt{4a^2}=2a$

24

$a<0$일 때, $\sqrt{25a^2}$을 간단히 하면?

① $-5a^2$ ② $-5a$ ③ $5a$

④ $5a^2$ ⑤ $25a$

25

$a<0$일 때, 다음 중 옳지 <u>않은</u> 것은?

① $\sqrt{a^2}=-a$

② $-\sqrt{a^2}=a$

③ $\sqrt{(-a)^2}=-a$

④ $\sqrt{(3a)^2}=3a$

⑤ $-\sqrt{16a^2}=4a$

26

$a>0$일 때, 다음 수 중 가장 큰 수와 가장 작은 수의 곱을 구하시오.

$$-\sqrt{36a^2}, \quad \sqrt{(-5a)^2}, \quad -\sqrt{\left(-\frac{1}{9}a\right)^2}, \quad \sqrt{\frac{49}{4}a^2}$$

집중⚡

유형 08 $\sqrt{a^2}$ 꼴을 포함한 식 간단히 하기 〔개념 2〕

먼저 a의 부호를 조사한 후 다음을 이용한다.

(1) $a>0$이면 $\sqrt{a^2}=a$ ← 부호 그대로

(2) $a<0$이면 $\sqrt{a^2}=-a$ ← 부호 반대로

27 대표문제

$a>0$, $b<0$일 때, $\sqrt{(-a)^2}+\sqrt{16a^2}-\sqrt{(-7b)^2}$을 간단히 하면?

① $-3a-7b$ ② $-3a+7b$ ③ $3a+7b$

④ $5a-7b$ ⑤ $5a+7b$

28

$a>0$일 때, $\sqrt{(-6a)^2}-\sqrt{(2a)^2}$을 간단히 하면?

① $-8a$ ② $-4a$ ③ $4a$

④ $8a$ ⑤ $10a$

29 서술형

$a<0$, $b>0$일 때, $2\sqrt{a^2}\times\sqrt{4b^2}+\sqrt{(-3a)^2}\times\sqrt{\frac{4}{9}b^2}$을 간단히 하시오.

중요

30

두 수 a, b에 대하여 $a-b>0$, $ab<0$일 때, $\sqrt{0.\dot{4}a^2}-\sqrt{4b^2}$을 간단히 하면?

① $-\frac{2}{3}a-2b$ ② $-\frac{1}{5}a+b$ ③ $\frac{2}{3}a-2b$

④ $\frac{1}{5}a+2b$ ⑤ $\frac{2}{3}a+2b$

집중 ⚡

유형 **09** $\sqrt{(a-b)^2}$ 꼴을 포함한 식 간단히 하기 [개념2]

먼저 $a-b$의 부호를 조사한 후 다음을 이용한다.

(1) $a-b>0$이면 $\sqrt{(a-b)^2}=a-b$

(2) $a-b<0$이면 $\sqrt{(a-b)^2}=-(a-b)$

31 대표문제

$1<a<4$일 때, $\sqrt{(a-1)^2}+\sqrt{(a-4)^2}$을 간단히 하면?

① -5 ② -3 ③ 3

④ $2a-5$ ⑤ $2a+3$

32 ▭▭

$a<3$일 때, $\sqrt{(a-3)^2}+\sqrt{(3-a)^2}$을 간단히 하면?

① 0 ② 6 ③ $-2a-6$

④ $-2a$ ⑤ $-2a+6$

33 ▭▭

$-2<a<5$일 때, $\sqrt{(5-a)^2}-\sqrt{(a+2)^2}$을 간단히 하면?

① -7 ② -3 ③ 3

④ $-2a+3$ ⑤ $2a-3$

34 ▭▭

$a<b$, $ab<0$일 때, $\sqrt{(-a)^2}+\sqrt{(b-a)^2}-\sqrt{(a-b)^2}$을 간단히 하시오.

집중 ⚡

유형 **10** $\sqrt{Ax}$가 자연수가 되도록 하는 자연수 x의 값 구하기 [개념2]

$\sqrt{Ax}$ (A는 자연수) 꼴을 자연수로 만들기

❶ A를 소인수분해한다.

❷ 소인수의 지수가 모두 짝수가 되도록 x의 값을 정한다.

참고 지수가 모두 짝수이면 지수법칙에 의하여 $\sqrt{(제곱인 수)}$로 나타낼 수 있다.

35 대표문제

$\sqrt{75x}$가 자연수가 되도록 하는 가장 작은 두 자리 자연수 x의 값은?

① 12 ② 14 ③ 16

④ 18 ⑤ 20

36 ▭▭

$\sqrt{2^3\times7\times x}$가 자연수가 되도록 하는 가장 작은 자연수 x의 값을 구하시오.

37 ▭▭ 서술형

$10<n<100$인 자연수 n에 대하여 $\sqrt{18n}$이 자연수가 되도록 하는 n의 개수를 구하시오.

중요

38 ▭▭

자연수 a, b에 대하여 $\sqrt{\dfrac{48a}{7}}=b$일 때, $a+b$의 값 중 가장 작은 값은?

① 19 ② 27 ③ 30

④ 33 ⑤ 39

유형 **11** $\sqrt{\dfrac{A}{x}}$가 자연수가 되도록 하는 자연수 x의 값 구하기 개념2

$\sqrt{\dfrac{A}{x}}$ (A는 자연수) 꼴을 자연수로 만들기

❶ A를 소인수분해한다.

❷ 소인수의 지수가 모두 짝수가 되도록 x의 값을 정한다.

39 대표문제

$\sqrt{\dfrac{90}{x}}$이 자연수가 되도록 하는 가장 작은 자연수 x의 값을 구하시오.

40 ▮▮▮

x가 두 자리 자연수일 때, $\sqrt{\dfrac{56}{x}}$이 자연수가 되도록 하는 모든 x의 값의 합은?

① 56 　　　② 70 　　　③ 84

④ 98 　　　⑤ 108

41 ▮▮▮

자연수 a, b에 대하여 $\sqrt{\dfrac{60}{a}}=b$라 할 때, 가장 큰 b의 값은?

① 2 　　　② 4 　　　③ 6

④ 7 　　　⑤ 15

42 ▮▮▮ 서술형

자연수 x, y에 대하여 $\sqrt{\dfrac{192}{x}}=y$가 성립하도록 하는 순서쌍 (x, y)를 모두 구하시오.

유형 **12** $\sqrt{A+x}$가 자연수가 되도록 하는 자연수 x의 값 구하기 개념2

$\sqrt{A+x}$ (A는 자연수) 꼴을 자연수로 만들기

➡ $A+x$가 A보다 큰 제곱인 수가 되도록 x의 값을 정한다.

43 대표문제

$\sqrt{28+x}$가 자연수가 되도록 하는 가장 작은 자연수 x의 값을 구하시오.

44 ▮▮▮

$\sqrt{30+x}$가 한 자리 자연수가 되도록 하는 모든 자연수 x의 값의 합은?

① 34 　　　② 51 　　　③ 70

④ 85 　　　⑤ 110

유형 **13** $\sqrt{A-x}$가 정수 또는 자연수가 되도록 하는 자연수 x의 값 구하기 개념2

(1) $\sqrt{A-x}$ (A는 자연수) 꼴을 정수로 만들기

➡ $A-x$가 0을 포함한 A보다 작은 제곱인 수가 되도록 x의 값을 정한다.

(2) $\sqrt{A-x}$ (A는 자연수) 꼴을 자연수로 만들기

➡ $A-x$가 A보다 작은 제곱인 수가 되도록 x의 값을 정한다.

45 대표문제

$\sqrt{24-x}$가 가장 큰 자연수가 되도록 하는 자연수 x의 값을 구하시오.

46 ▮▮▮

$\sqrt{35-x}$가 정수가 되도록 하는 자연수 x의 개수를 구하시오.

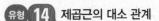

유형 **14** 제곱근의 대소 관계　　　　　개념 3

(1) $a>0$, $b>0$일 때
　① $a<b$이면 $\sqrt{a}<\sqrt{b}$
　② $\sqrt{a}<\sqrt{b}$이면 $a<b$
(2) a와 $\sqrt{b}$의 대소 관계 (단, $a>0$, $b>0$)
　방법1 근호가 없는 수를 근호가 있는 수로 바꾼다.
　　➡ $\sqrt{a^2}$과 $\sqrt{b}$의 대소를 비교
　방법2 각 수를 제곱한다.
　　➡ a^2과 b의 대소를 비교

47 대표문제

다음 중 두 수의 대소 관계가 옳은 것은?

① $\sqrt{(-3)^2}<\sqrt{2^2}$　　　② $-\sqrt{14}<-4$
③ $\sqrt{50}>7$　　　　　　　④ $\sqrt{0.1}<0.1$
⑤ $\sqrt{\dfrac{1}{3}}<\dfrac{1}{2}$

중요

48

다음 **보기** 중 두 수의 대소 관계가 옳은 것을 모두 고른 것은?

─ 보기 ─
ㄱ. $0.5<\sqrt{0.5}$　　　　ㄴ. $-\sqrt{35}<-6$
ㄷ. $4-\sqrt{15}>0$　　　　ㄹ. $\sqrt{\dfrac{242}{3}}>9$

① ㄱ, ㄴ　　　② ㄱ, ㄷ　　　③ ㄴ, ㄷ
④ ㄴ, ㄹ　　　⑤ ㄷ, ㄹ

49 서술형

다음 중 가장 작은 수를 a, 가장 큰 수를 b라 할 때, a^2+b^2의 값을 구하시오.

$\sqrt{10}$,　　$\sqrt{\dfrac{42}{5}}$,　　$\sqrt{(-3)^2}$,　　0.3,　　$\sqrt{0.9}$

유형 **15** 제곱근의 성질과 대소 관계　　　개념 2, 3

(1) $A>B$이면 $A-B>0$ ➡ $\sqrt{(A-B)^2}=A-B$
(2) $A<B$이면 $A-B<0$ ➡ $\sqrt{(A-B)^2}=-(A-B)$

50 대표문제

$\sqrt{(3-\sqrt{8})^2}+\sqrt{(2-\sqrt{8})^2}$을 간단히 하면?

① -5　　　　② $-2\sqrt{8}$　　　③ 1
④ 5　　　　　⑤ $1+2\sqrt{8}$

51

$\sqrt{(3-\sqrt{5})^2}-\sqrt{(\sqrt{5}-3)^2}$을 간단히 하면?

① -6　　　　② $-2\sqrt{5}$　　　③ 0
④ $2\sqrt{5}$　　　⑤ 6

52

다음 식을 간단히 하면?

$$\sqrt{(\sqrt{5}-2)^2}-\sqrt{(2-\sqrt{5})^2}+\sqrt{(-2)^2}-(-\sqrt{5})^2$$

① -5　　　　② -3　　　　③ 1
④ 3　　　　　⑤ 5

집중 ⚡

유형 **16** 제곱근을 포함한 부등식 개념**3**

$a>0, b>0, c>0$일 때
$\sqrt{a}<\sqrt{b}<\sqrt{c} \Rightarrow (\sqrt{a})^2<(\sqrt{b})^2<(\sqrt{c})^2$
$\Rightarrow a<b<c$
↳ 양수 $\sqrt{a}, \sqrt{b}, \sqrt{c}$에 대하여 각 변을 제곱하여도 부등호의 방향은 바뀌지 않는다.

53 대표문제

$4<\sqrt{3x}<6$을 만족시키는 자연수 x의 개수는?

① 3 　　　 ② 4 　　　 ③ 5
④ 6 　　　 ⑤ 7

54 📶

$\sqrt{5}<n<\sqrt{37}$을 만족시키는 모든 자연수 n의 값의 합은?

① 12 　　　 ② 15 　　　 ③ 16
④ 18 　　　 ⑤ 19

55 📶

$3<\sqrt{3(x-1)}<6$을 만족시키는 자연수 x의 개수는?

① 4 　　　 ② 5 　　　 ③ 6
④ 7 　　　 ⑤ 8

56 📶 서술형

$-9<-\sqrt{2x+5}<-5$를 만족시키는 자연수 x의 값 중 가장 큰 수를 a, 가장 작은 수를 b라 할 때, $a-b$의 값을 구하시오.

유형 **17** $\sqrt{x}$ 이하의 자연수 구하기 개념**3**

x와 가장 가까운 제곱인 수 2개를 찾아 $\sqrt{x}$의 값의 범위를 구한다.

예 $\sqrt{12}$ 이하의 자연수는
$9<12<16$에서 $\sqrt{9}<\sqrt{12}<\sqrt{16}$ 　∴ $3<\sqrt{12}<4$
따라서 $\sqrt{12}$ 이하의 자연수는 1, 2, 3이다.

57 대표문제

자연수 x에 대하여 $\sqrt{x}$ 이하의 자연수의 개수를 $f(x)$라 할 때, $f(90)-f(15)$의 값은?

① 3 　　　 ② 4 　　　 ③ 5
④ 6 　　　 ⑤ 7

중요

58 📶

자연수 x에 대하여 $\sqrt{x}$ 이하의 자연수 중 가장 큰 수를 $N(x)$라 할 때, $N(165)-N(45)+N(74)$의 값은?

① 8 　　　 ② 12 　　　 ③ 14
④ 18 　　　 ⑤ 20

59 📶

자연수 x에 대하여 $\sqrt{x}$ 이하의 자연수의 개수를 $f(x)$라 할 때, $f(1)+f(2)+f(3)+\cdots+f(18)$의 값은?

① 42 　　　 ② 43 　　　 ③ 44
④ 45 　　　 ⑤ 46

01 최다빈출

다음 중 옳은 것은?

① 제곱근 $\sqrt{1.21}$은 1.1이다.
② 제곱하여 0.1이 되는 수는 없다.
③ 제곱하여 0이 되는 수는 없다.
④ $-\sqrt{5}$는 -5의 음의 제곱근이다.
⑤ $\sqrt{(-3)^2}$의 제곱근은 $\pm\sqrt{3}$이다.

02

다음 중 제곱근에 대하여 잘못 말한 학생은?

> 현우: $\dfrac{25}{4}$의 제곱근은 2개이고, 두 제곱근의 합은 0이야.
> 진아: 9^2의 제곱근은 ±9야.
> 사랑: 제곱근 0.81은 0.9야.
> 승유: $\sqrt{256}$의 양의 제곱근은 16이야.
> 하은: $\left(-\dfrac{1}{6}\right)^2$의 음의 제곱근은 $-\dfrac{1}{6}$이야.

① 현우   ② 진아   ③ 사랑
④ 승유   ⑤ 하은

03

가로의 길이가 5 cm, 세로의 길이가 8 cm인 직사각형과 넓이가 같은 정사각형의 한 변의 길이는?

① $\sqrt{30}$ cm   ② $\sqrt{35}$ cm   ③ $\sqrt{38}$ cm
④ $\sqrt{40}$ cm   ⑤ $\sqrt{42}$ cm

04

다음 수의 제곱근 중 근호를 사용하지 않고 나타낼 수 <u>없는</u> 것을 모두 고르면? (정답 2개)

① $\sqrt{0.04}$ ② $2.\dot{7}$ ③ $\sqrt{\dfrac{9}{25}}$

④ $\sqrt{625}$ ⑤ 1.69

05

다음 보기 중 옳은 것을 모두 고른 것은?

> ─── 보기 ───
> ㄱ. $(-\sqrt{15})^2=15$ ㄴ. $-\sqrt{(-10)^2}=-10$
> ㄷ. $-\sqrt{\left(\dfrac{1}{3}\right)^2}=-\dfrac{1}{3}$ ㄹ. $\sqrt{\left(-\dfrac{9}{4}\right)^2}=-\dfrac{9}{4}$

① ㄱ, ㄴ   ② ㄱ, ㄷ   ③ ㄴ, ㄷ
④ ㄱ, ㄴ, ㄷ   ⑤ ㄱ, ㄷ, ㄹ

06

다음 중 옳지 <u>않은</u> 것은?

① $(-\sqrt{5})^2+\sqrt{(-7)^2}+\sqrt{81}=21$
② $\sqrt{121}-\sqrt{4^2}-\sqrt{(-2)^2}=5$
③ $\sqrt{49}\div(-\sqrt{7})^2=-1$
④ $\sqrt{2^4}-\sqrt{(-9)^2}+\sqrt{25}=0$
⑤ $\sqrt{\dfrac{9}{64}}\times\sqrt{0.04}\div\sqrt{\left(\dfrac{1}{2}\right)^2}=\dfrac{3}{20}$

07

$a-b<0$, $ab<0$일 때, $\sqrt{(-2a)^2}-\sqrt{9a^2}+\sqrt{(5b)^2}$을 간단히 하면?

① $-a-5b$ ② $-a+5b$ ③ $a-5b$
④ $a+5b$ ⑤ $5a+5b$

08

$-3<x<6$일 때, $\sqrt{(6-x)^2}+\sqrt{(-3-x)^2}$을 간단히 하면?

① -3 ② 9 ③ $-2x-3$

④ $-2x+3$ ⑤ $2x-3$

09 최다빈출

두 수 $\sqrt{180x}$, $\sqrt{\dfrac{320}{x}}$이 모두 자연수가 되도록 하는 가장 작은 두 자리 자연수 x의 값은?

① 10 ② 15 ③ 20

④ 25 ⑤ 45

10 창의 역량

오른쪽 그림과 같은 정사각형 모양의 색종이 A, B가 있다. 두 색종이의 넓이가 각각 $37-x$, $3x$이고, 각 변의 길이가 모두 자연수일 때, x의 값을 구하시오.

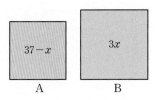

A   B

11

$0<a<1$일 때, 다음 중 그 값이 가장 작은 것은?

① $\dfrac{1}{a^2}$ ② $\dfrac{1}{a}$ ③ $\sqrt{\dfrac{1}{a}}$

④ $\sqrt{a}$ ⑤ a^2

12

다음 두 부등식을 동시에 만족시키는 모든 자연수 x의 값의 합은?

$$3<\sqrt{2x}<4, \quad \sqrt{30}<x<\sqrt{85}$$

① 12 ② 13 ③ 14

④ 15 ⑤ 16

13

$\sqrt{100+x}-\sqrt{80-y}$가 가장 작은 정수가 되도록 하는 자연수 x, y에 대하여 $x-y$의 값을 구하시오.

14

다음 식을 작은 값부터 차례대로 나열할 때, 네번째에 오는 식을 간단히 나타내시오. (단, $0<b<a<1$)

$$\frac{1}{\sqrt{a^2}}, \quad \frac{1}{\sqrt{b^2}}, \quad \sqrt{(a-1)^2}, \quad \sqrt{(b-1)^2}, \quad \sqrt{(ab-1)^2}$$

15

자연수 x에 대하여 $\sqrt{2x+1}$보다 작은 자연수의 개수를 $f(x)$라 할 때, $f(1)+f(2)+f(3)+\cdots+f(n)=56$을 만족시키는 자연수 n의 값을 구하시오.

서술형

16

한 변의 길이가 각각 3 cm, 6 cm인 두 정사각형의 넓이의 합과 같은 넓이를 가지는 정사각형의 한 변의 길이를 구하시오.

풀이

답 _____

17

$a<0$일 때, $\sqrt{(-3a)^2} \times \sqrt{\dfrac{9}{16}a^2} - \sqrt{64a^2} \times \sqrt{0.25a^2}$을 간단히 하시오.

풀이

답 _____

18

$\sqrt{54-x}$가 가장 큰 자연수가 되도록 하는 자연수 x를 a, $\sqrt{\dfrac{90}{y}}$이 가장 큰 자연수가 되도록 하는 자연수 y를 b라 할 때, $a+b$의 값을 구하시오.

풀이

답 _____

19

$-5<-\sqrt{4x+1}<-2$를 만족시키는 모든 자연수 x의 개수를 구하시오.

풀이

답 _____

20 100점

$0<a<1$일 때, $\sqrt{\left(a+\dfrac{1}{a}\right)^2} - \sqrt{\left(a-\dfrac{1}{a}\right)^2} + \sqrt{(7a)^2}$을 간단히 하시오.

풀이

답 _____

21 100점

$\sqrt{1\times2\times3\times \cdots \times9\times x}$가 자연수가 되도록 하는 세 자리 자연수 x의 값의 합을 구하시오.

풀이

답 _____

02 ✦ 무리수와 실수

I. 실수와 그 계산

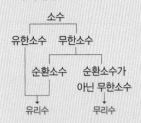
개념 1 무리수와 실수   유형 01, 02

+ 개념 노트

(1) 무리수

유리수가 아닌 수, 즉 소수로 나타낼 때 순환소수가 아닌 무한소수로 나타내어지는 수

> 예 $\sqrt{2}=1.4142135\cdots$, $-\sqrt{5}=-2.2360679\cdots$, $\pi=3.1415926\cdots$

(2) 실수

유리수와 무리수를 통틀어 실수라 한다.

(3) 실수의 분류

$$
실수
\begin{cases}
유리수
\begin{cases}
정수
\begin{cases}
양의 정수(자연수): 1, 2, 3, \cdots \\
0 \\
음의 정수: -1, -2, -3, \cdots
\end{cases} \\
정수가 아닌 유리수: \dfrac{1}{2}, -\dfrac{1}{3}, 1.\dot{5}, -0.17
\end{cases} \\
무리수(순환소수가 아닌 무한소수): \sqrt{2}, -\sqrt{5}, \pi, \cdots
\end{cases}
$$

· 소수의 분류

소수
  - 유한소수
  - 무한소수
    - 순환소수 → 유리수
    - 순환소수가 아닌 무한소수 → 무리수

· 근호를 사용하여 나타낸 수 중 근호를 없앨 수 있는 수는 유리수이다.

> 예 $\sqrt{9}=\sqrt{3^2}=3$ → 유리수

개념 2 제곱근표를 이용한 제곱근의 값   유형 03

(1) 제곱근표

1.00부터 99.9까지의 수의 양의 제곱근의 값을 반올림하여 소수점 아래 셋째 자리까지 나타낸 표

(2) 제곱근표를 읽는 방법

처음 두 자리 수의 가로줄과 끝자리 수의 세로줄이 만나는 곳에 있는 수를 읽는다.

> 예 제곱근표에서 $\sqrt{1.12}$의 값은 1.1의 가로줄과 2의 세로줄이 만나는 곳에 적힌 수인 1.058이다. 즉, $\sqrt{1.12}=1.058$

수	0	1	2	$\cdots$
1.0	1.000	1.005	1.010	$\cdots$
1.1	1.049	1.054	1.058	$\cdots$
$\vdots$	$\vdots$	$\vdots$	$\vdots$	$\vdots$

· 제곱근표에 있는 제곱근의 값은 대부분 반올림한 값이지만 '='를 사용하여 나타낸다.

개념 3 무리수를 수직선 위에 나타내기   유형 04~08

(1) 무리수를 수직선 위에 나타내기

직각삼각형에서 피타고라스 정리를 이용하여 빗변의 길이를 구하면 무리수를 수직선 위에 나타낼 수 있다.

> 예 빗변의 길이가 $\sqrt{2}$인 직각삼각형을 이용하여 무리수 $-\sqrt{2}$, $\sqrt{2}$를 수직선 위에 나타내면 오른쪽 그림과 같다.

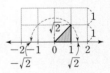

(2) 실수와 수직선

① 수직선은 실수에 대응하는 점들로 완전히 메울 수 있다.

② 모든 실수는 각각 수직선 위의 한 점에 대응한다. → 수직선 위에서 원점의 오른쪽에 있는 점에는 양의 실수가 대응하고, 왼쪽에 있는 점에는 음의 실수가 대응한다.

③ 서로 다른 두 실수 사이에는 무수히 많은 실수가 있다.

(3) 실수의 대소 관계

① 양수는 0보다 크고 음수는 0보다 작다.   ② 양수는 음수보다 크다.

③ 양수끼리는 절댓값이 큰 수가 크다.   ④ 음수끼리는 절댓값이 큰 수가 작다.

· 유리수뿐만 아니라 무리수에 대응하는 점들도 수직선 위에 나타낼 수 있다.

· 원점을 중심으로 하고 직각삼각형의 빗변을 반지름으로 하는 원을 그렸을 때, 원이 수직선과 만나는 두 점에 대응하는 수가 각각 $-\sqrt{2}$, $\sqrt{2}$이다.

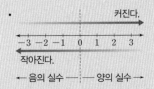

개념 1 무리수와 실수

[01~06] 다음 수가 유리수이면 '유', 무리수이면 '무'를 쓰시오.

01 $\sqrt{15}$ ( )   **02** $-\sqrt{64}$ ( )

03 $\sqrt{0.16}$ ( )   **04** π ( )

05 $0.5\dot{2}$ ( )   **06** $\sqrt{\dfrac{1}{7}}$ ( )

[07~11] 다음 중 옳은 것은 ○표, 옳지 않은 것은 ×표를 하시오.

07 근호를 사용하여 나타낸 수는 모두 무리수이다. ( )

08 $\dfrac{\pi}{4}$ 는 순환소수가 아닌 무한소수이다. ( )

09 무한소수는 모두 무리수이다. ( )

10 무리수는 모두 무한소수로 나타내어진다. ( )

11 유리수이면서 무리수인 수는 없다. ( )

개념 2 제곱근표를 이용한 제곱근의 값

[12~15] 아래 제곱근표를 이용하여 다음 제곱근의 값을 구하시오.

수	0	1	2	3	4	5
5.0	2.236	2.238	2.241	2.243	2.245	2.247
5.1	2.258	2.261	2.263	2.265	2.267	2.269
5.2	2.280	2.283	2.285	2.287	2.289	2.291
5.3	2.302	2.304	2.307	2.309	2.311	2.313

12 $\sqrt{5.3}$ **13** $\sqrt{5.05}$

14 $\sqrt{5.12}$ **15** $\sqrt{5.24}$

개념 3 무리수를 수직선 위에 나타내기

[16~17] 오른쪽 그림과 같이 한 눈금의 길이가 1인 모눈종이 위에 수직선과 직각삼각형 ABC를 그리고 $\overline{AC}=\overline{AP}$가 되도록 수직선 위에 점 P를 정할 때, 다음을 구하시오.

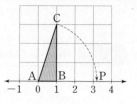

16 $\overline{AP}$의 길이   **17** 점 P에 대응하는 수

[18~19] 오른쪽 그림과 같이 한 눈금의 길이가 1인 모눈종이 위에 수직선과 직각삼각형 ABC를 그리고 $\overline{AC}=\overline{AP}$가 되도록 수직선 위에 점 P를 정할 때, 다음을 구하시오.

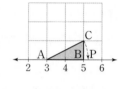

18 $\overline{AP}$의 길이   **19** 점 P에 대응하는 수

[20~22] 다음 중 옳은 것은 ○표, 옳지 않은 것은 ×표를 하시오.

20 $\sqrt{2}$와 $\sqrt{3}$ 사이에는 무수히 많은 유리수가 있다.( )

21 수직선 위의 점 중에는 무리수가 아닌 수에 대응하는 점이 있다. ( )

22 유리수와 무리수에 대응하는 점만으로는 수직선을 완전히 메울 수 없다. ( )

23 다음 그림과 같이 한 눈금의 길이가 1인 모눈종이 위에 수직선이 있다. 이 수직선 위에 두 실수 $\sqrt{10}-1$, $2+\sqrt{2}$에 대응하는 점을 각각 나타내고, 두 실수의 대소를 비교하시오.

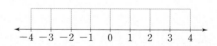

24 다음 수를 큰 것부터 차례대로 나열하시오.

$$\dfrac{1}{2}, \quad -\sqrt{5}, \quad 0, \quad -\sqrt{\dfrac{1}{3}}, \quad \sqrt{8}, \quad 0.6$$

집중⚡
유형 01 유리수와 무리수 구별하기 개념1

(1) 유리수: $\dfrac{\text{(정수)}}{\text{(0이 아닌 정수)}}$ 꼴로 나타낼 수 있는 수

　예 5, $-\dfrac{3}{4}$, $1.\dot{7}$, $\sqrt{25}$

(2) 무리수: 유리수가 아닌 수, 순환소수가 아닌 무한소수

　예 π, $0.122333\cdots$, $\sqrt{6}$

01 대표문제

다음 중 무리수의 개수는?

$$3.14, \quad \sqrt{1.44}, \quad \sqrt{\dfrac{5}{9}}, \quad 0.1\dot{3}, \quad 3+\sqrt{5}, \quad -\sqrt{(-6)^2}$$

① 1　　　　② 2　　　　③ 3
④ 4　　　　⑤ 5

02 서술형

다음 **보기**의 정사각형 중 한 변의 길이가 유리수인 것을 모두 고르시오.

─── 보기 ───
ㄱ. 넓이가 3인 정사각형
ㄴ. 넓이가 9인 정사각형
ㄷ. 넓이가 20인 정사각형
ㄹ. 넓이가 25인 정사각형
ㅁ. 둘레의 길이가 $12\sqrt{3}$인 정사각형

중요
03

다음 중 순환소수가 아닌 무한소수로 나타내어지는 것을 모두 고르면? (정답 2개)

① $\sqrt{169}$　　　② 제곱근 6.4　　　③ $\sqrt{5.4}$
④ $\sqrt{\dfrac{7}{36}}$　　　⑤ 0.16의 제곱근

유형 02 실수의 이해 개념1

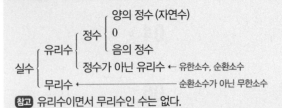

참고 유리수이면서 무리수인 수는 없다.

04 대표문제

다음 중 옳지 **않은** 것을 모두 고르면? (정답 2개)

① 순환소수는 모두 유리수이다.
② 무한소수 중에는 유리수인 것도 있다.
③ 실수 중 무리수가 아닌 수는 정수이다.
④ 순환소수가 아닌 무한소수는 모두 무리수이다.
⑤ 근호를 사용하여 나타낸 수는 모두 무리수이다.

05

다음 중 $\sqrt{10}$에 대한 설명으로 옳지 **않은** 것은?

① 무리수이다.
② 10의 양의 제곱근이다.
③ 제곱하면 유리수가 된다.
④ $\dfrac{\text{(정수)}}{\text{(0이 아닌 정수)}}$ 꼴로 나타낼 수 있다.
⑤ 순환소수가 아닌 무한소수로 나타내어진다.

06

다음 중 옳은 것은?

① 정수가 아니면서 유리수인 수는 없다.
② 순환소수가 아닌 무한소수는 실수가 아니다.
③ 유리수는 모두 유한소수이다.
④ 정수는 모두 실수이다.
⑤ 무한소수는 모두 무리수이다.

유형 03 제곱근표를 이용하여 제곱근의 값 구하기 개념2

$\sqrt{5.74}$의 값은 5.7의 가로줄과 4의 세로줄이 만나는 곳에 있는 수를 읽는다.

➡ $\sqrt{5.74}=2.396$

수	...	4	...
⋮	⋮	⋮	⋮
5.7	➡	2.396	...
⋮	⋮	⋮	⋮

07 대표문제

다음 제곱근표에서 $\sqrt{28.2}=a$, $\sqrt{b}=5.505$일 때, $1000a-10b$의 값은?

수	0	1	2	3	4
28	5.292	5.301	5.310	5.320	5.329
29	5.385	5.394	5.404	5.413	5.422
30	5.477	5.486	5.495	5.505	5.514

① 2280 ② 2380 ③ 4908
④ 5007 ⑤ 5280

08 📶

다음 제곱근표에서 $\sqrt{4.59}$의 값을 a, $\sqrt{4.76}$의 값을 b라 할 때, $a+b$의 값을 구하시오.

수	5	6	7	8	9
4.5	2.133	2.135	2.138	2.140	2.142
4.6	2.156	2.159	2.161	2.163	2.166
4.7	2.179	2.182	2.184	2.186	2.189

09 📶

다음 제곱근표를 이용하여 $\sqrt{a}=8.373$, $\sqrt{b}=8.503$, $\sqrt{c}=8.438$을 만족시키는 a, b, c에 대하여 $\sqrt{\dfrac{a+b+c}{3}}$의 값을 구하시오.

수	0	1	2	3	4
70	8.367	8.373	8.379	8.385	8.390
71	8.426	8.432	8.438	8.444	8.450
72	8.485	8.491	8.497	8.503	8.509

집중⚡ 유형 04 무리수를 수직선 위에 나타내기 개념3

❶ 직각삼각형을 찾아 피타고라스 정리를 이용하여 직각삼각형의 빗변의 길이 $\sqrt{a}$를 구한다.
❷ 기준점의 좌표 k를 찾아 점의 좌표를 구한다.
 • 점이 기준점의 오른쪽에 있으면 ➡ $k+\sqrt{a}$
 • 점이 기준점의 왼쪽에 있으면 ➡ $k-\sqrt{a}$

10 대표문제

오른쪽 그림과 같이 한 눈금의 길이가 1인 모눈종이 위에 수직선과 직각삼각형 AOB를 그리고 점 A를 중심으로 하고

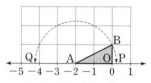

$\overline{AB}$를 반지름으로 하는 원을 그렸다. 원과 수직선이 만나는 두 점을 각각 P, Q라 할 때, 다음 중 옳지 않은 것은?

① $\overline{AB}=\sqrt{5}$ ② $\overline{AQ}=\sqrt{5}$ ③ $P(-2+\sqrt{5})$
④ $Q(-2-\sqrt{5})$ ⑤ $\overline{OP}=\sqrt{5}+2$

11 📶

아래 그림은 넓이가 13인 정사각형 ABOC와 넓이가 5인 정사각형 DEFG를 수직선 위에 그린 것이다. 다음 중 옳지 않은 것은?

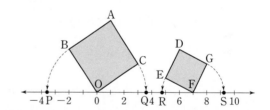

① $\overline{OP}=\sqrt{13}$ ② $\overline{FR}=\sqrt{5}$ ③ $P(-\sqrt{13})$
④ $R(7-\sqrt{5})$ ⑤ $S(8+\sqrt{5})$

12 📶 서술형

다음 그림은 한 눈금의 길이가 1인 모눈종이 위에 수직선과 직각삼각형 ABC를 그린 것이다. 수직선 위의 두 점 P, Q에 대하여 $\overline{AB}=\overline{AP}=\overline{AQ}$이고 점 P에 대응하는 수가 $-4-\sqrt{8}$일 때, 점 Q에 대응하는 수를 구하시오.

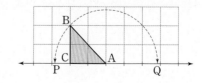

유형 05 실수와 수직선 [개념3]

(1) 수직선은 실수에 대응하는 점들로 완전히 메울 수 있다.
  └ 모든 실수는 각각 수직선 위의 한 점에 대응한다.
(2) 유리수(또는 무리수)만으로는 수직선을 완전히 메울 수 없다.
(3) 서로 다른 두 실수 사이에는 무수히 많은 실수가 있다.

13 대표문제

다음 중 옳지 <u>않은</u> 것을 모두 고르면? (정답 2개)

① -4와 -3 사이에는 무수히 많은 무리수가 있다.

② $\sqrt{5}$와 $\sqrt{6}$ 사이에는 무수히 많은 무리수가 있다.

③ $\sqrt{3}$과 $\sqrt{8}$ 사이에는 무수히 많은 정수가 있다.

④ 모든 실수는 각각 수직선 위의 한 점에 대응한다.

⑤ 수직선은 유리수에 대응하는 점들로 완전히 메울 수 있다.

14

다음 중 옳은 것을 모두 고르면? (정답 2개)

① $\sqrt{10}$과 $\sqrt{11}$ 사이에는 유리수가 없다.

② $\sqrt{2}$와 $\sqrt{3}$ 사이에는 무수히 많은 무리수가 있다.

③ 서로 다른 두 무리수 사이에는 무리수만 있다.

④ $\dfrac{2}{11}$와 $\dfrac{9}{11}$ 사이에는 6개의 유리수가 있다.

⑤ 실수 중에서 유리수이면서 동시에 무리수인 수는 없다.

15

다음 **보기** 중 유리수와 무리수에 대한 설명으로 옳은 것을 모두 고르시오.

보기
ㄱ. 2에 가장 가까운 무리수는 $\sqrt{5}$이다.
ㄴ. -5와 $\sqrt{3}$ 사이에는 무수히 많은 무리수가 있다.
ㄷ. 무리수 중에는 수직선 위의 점에 대응하지 않는 수도 있다.
ㄹ. 서로 다른 두 실수 사이에는 무수히 많은 유리수가 있다.

유형 06 수직선에서 무리수에 대응하는 점 찾기 [개념3]

수직선에서 $\sqrt{24}$에 대응하는 점 찾기

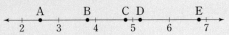

➡ $\sqrt{16}<\sqrt{24}<\sqrt{25}$이므로 $4<\sqrt{24}<5$
  └ 24에 가까운 (자연수)^2 꼴인 수
➡ $\sqrt{24}$는 4와 5 사이의 수이므로 수직선에서 점 C에 대응한다.

16 대표문제

다음 수직선 위의 점 중 $\sqrt{8}-2$에 대응하는 점은?

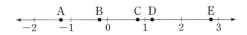

① 점 A   ② 점 B   ③ 점 C
④ 점 D   ⑤ 점 E

17

다음 수직선 위의 5개의 점 A, B, C, D, E 중 $\sqrt{32}$에 대응하는 점을 구하시오.

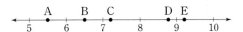

18 서술형

다음 수직선에서 세 수 $4-\sqrt{7}$, $\sqrt{10}$, $1+\sqrt{2}$에 대응하는 점이 있는 구간을 차례대로 구하시오.

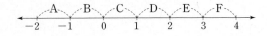

중요

19

다음 수직선 위의 네 점 A, B, C, D는 각각 네 수 $\sqrt{11}$, $-\sqrt{5}$, $1+\sqrt{3}$, $1-\sqrt{6}$ 중 하나에 대응한다. 두 점 A, C에 대응하는 수를 각각 구하시오.

유형 07 두 실수 사이의 수 [개념3]

(1) $\sqrt{c}$가 두 자연수 a, b 사이의 수인지 알아보려면
   → $\sqrt{a^2}<\sqrt{c}<\sqrt{b^2}$인지 확인한다.
(2) 두 실수 a와 b 사이에 있는 실수를 찾으려면
   → a, b의 차보다 작은 양수를 a에 더하거나 b에서 뺀 수는 a와 b 사이에 있다.

20 대표문제

다음 중 두 수 5와 6 사이에 있는 수의 개수는?

$$\sqrt{11}, \quad \sqrt{15}, \quad \sqrt{28}, \quad \sqrt{30}, \quad \sqrt{34}, \quad \sqrt{40}$$

① 1   ② 2   ③ 3
④ 4   ⑤ 5

21

다음 중 두 수 $\sqrt{2}$와 $\sqrt{5}$ 사이에 있는 수가 아닌 것은?
(단, $\sqrt{2}=1.414$, $\sqrt{5}=2.236$으로 계산한다.)

① $\sqrt{3}$ ② $\sqrt{2}+0.5$ ③ $\sqrt{5}-0.1$
④ $\dfrac{\sqrt{2}+\sqrt{5}}{2}$ ⑤ $\sqrt{2}+1$

22

다음 중 두 수 $\sqrt{14}$와 5 사이에 있는 수가 아닌 것은?

① $\sqrt{14}+1$ ② 4   ③ $\dfrac{\sqrt{14}+5}{2}$
④ $\sqrt{14}+2$ ⑤ $\sqrt{7}+2$

23 서술형

$\sqrt{a}$의 값이 11과 12 사이에 있도록 하는 자연수 a의 개수를 구하시오.

유형 08 실수의 대소 관계 [개념3]

(1) (음수) $<$ 0 $<$ (양수)
(2) 양수 → 절댓값이 큰 수가 크다.
(3) 음수 → 절댓값이 큰 수가 작다.

참고 제곱근의 대략적인 값을 이용하여 대소를 비교할 수도 있다.
예 두 실수 $\sqrt{11}$과 $3+\sqrt{2}$에서
$\sqrt{11}=3.\times\times\times$, $\quad 3+\sqrt{2}=3+1.\times\times\times=4.\times\times\times$이므로
$\sqrt{11}<3+\sqrt{2}$

24 대표문제

다음 수직선 위의 네 점 A, B, C, D는 각각 아래의 네 수 중 하나에 대응한다. 네 점 A, B, C, D에 대응하는 수를 각각 구하고, 네 수의 대소를 비교하시오.

$$3+\sqrt{3}, \quad 4-\sqrt{2}, \quad 1-\sqrt{5}, \quad 2-\sqrt{7}$$

25

다음 중 두 실수의 대소 관계가 옳지 않은 것은?

① $\sqrt{5}<\dfrac{5}{2}$ ② $\sqrt{\dfrac{41}{7}}<3$

③ $\sqrt{12}-3>0$ ④ $-\sqrt{15}<-4$

⑤ $-\dfrac{1}{2}<-\sqrt{\dfrac{1}{6}}$

26

다음 수직선 위의 네 점 A, B, C, D는 각각 아래의 네 수 중 하나에 대응한다. 네 점 A, B, C, D에 대응하는 수를 이용하여 가장 큰 수와 가장 작은 수를 각각 구하시오.

$$-\sqrt{8}, \quad 3-\sqrt{5}, \quad \sqrt{2}-2, \quad -6+\sqrt{7}$$

01 최다빈출

다음 중 □ 안의 수에 해당하는 것은?

① $\sqrt{8.\dot{9}}$　　② $\sqrt{\dfrac{9}{16}}$　　③ $-\sqrt{200}$

④ $-\sqrt{0.49}$　　⑤ $\dfrac{\sqrt{64}}{5}$

02

다음 중 옳은 것을 모두 고르면? (정답 2개)

① 소수는 유한소수와 순환소수로 이루어져 있다.
② 유한소수는 모두 유리수이다.
③ 순환소수는 모두 무한소수이다.
④ 실수는 양의 실수와 음의 실수로 구분할 수 있다.
⑤ 무한소수는 모두 무리수이다.

03

다음 제곱근표에서 $\sqrt{5.46}=a$, $\sqrt{b}=2.298$일 때, $1000a-100b$의 값을 구하시오.

수	5	6	7	8	9
5.2	2.291	2.293	2.296	2.298	2.300
5.3	2.313	2.315	3.317	2.319	2.322
5.4	2.335	2.337	2.339	2.341	2.343

04

다음 그림과 같이 수직선 위에 한 변의 길이가 1인 세 정사각형이 있을 때, 각 점에 대응하는 수로 옳지 <u>않은</u> 것은?

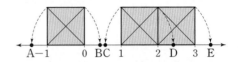

① $A(-1+\sqrt{2})$　② $B(-1+\sqrt{2})$　③ $C(2-\sqrt{2})$
④ $D(1+\sqrt{2})$　⑤ $E(2+\sqrt{2})$

05

다음 그림과 같이 한 눈금의 길이가 1인 모눈종이 위에 수직선과 두 직각삼각형 ABC, DEF를 그리고 $\overline{AC}=\overline{AP}$, $\overline{DF}=\overline{DQ}$가 되도록 수직선 위에 점 P, Q를 정했다. 점 P에 대응하는 수가 $a-\sqrt{b}$, 점 Q에 대응하는 수가 $c+\sqrt{d}$일 때, 유리수 a, b, c, d에 대하여 $a+b+c+d$의 값을 구하시오.

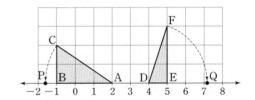

06

다음 중 옳지 <u>않은</u> 것은?

① 두 유리수 사이에는 무수히 많은 무리수가 있다.
② 무리수에 대응하는 점을 수직선 위에 나타낼 수 있다.
③ $-\sqrt{3}$과 $\sqrt{10}$ 사이에 있는 정수는 5개이다.
④ $\sqrt{6}$과 $\sqrt{7}$ 사이에는 무수히 많은 무리수가 있다.
⑤ 수직선은 무리수에 대응하는 점들로 완전히 메울 수 있다.

07

다음 수직선에서 $6-\sqrt{7}$, $\sqrt{10}+2$에 대응하는 점이 있는 구간을 차례대로 구하면?

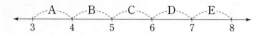

① 구간 A, 구간 C
② 구간 B, 구간 C
③ 구간 A, 구간 D
④ 구간 B, 구간 D
⑤ 구간 C, 구간 E

08

오른쪽 그림과 같이 한 눈금의 길이가 1인 모눈종이 위에 수직선과 직각삼각형 ABC를 그렸다. $\overline{AC}=\overline{AP}$가 되도록 수직선 위에 점 P를 정할 때, 점 P에 대응하는 수를 a라 하자. 다음 수 중 a와 5 사이에 있지 <u>않는</u> 것을 모두 고르면? (정답 2개)

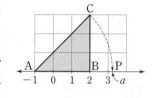

① $\sqrt{5}$
② $\dfrac{9}{2}$
③ $\dfrac{a}{2}+3$
④ $a+1$
⑤ $-a+9$

09

$\sqrt{13}<x<\sqrt{26}$을 만족시키는 실수 x에 대하여 다음 중 옳지 <u>않은</u> 것은?

① 정수 x의 개수는 2이다.
② 유리수 x는 무수히 많다.
③ 무리수 x의 개수는 12이다.
④ 실수 x는 무수히 많다.
⑤ $1+\sqrt{10}$은 x의 값이 될 수 있다.

10 최다빈출

$2-\sqrt{11}$과 $\sqrt{27}-1$ 사이에 있는 정수 중 가장 큰 수를 a, 가장 작은 수를 b라 할 때, $b-a$의 값은?

① -5
② -3
③ 1
④ 3
⑤ 5

100점 공략

11

10 미만의 자연수 n에 대하여 $f(n)=\sqrt{0.\dot{n}}$이라 할 때, $f(1)$, $f(2)$, $f(3)$, $\cdots$, $f(9)$ 중에서 무리수의 개수를 구하시오.

12

오른쪽 그림은 수직선 위에 한 변의 길이가 1인 정사각형 ABCD를 그린 것이다. $\overline{AC}=\overline{PC}$, $\overline{BD}=\overline{BQ}$이고 점 Q에 대응하는 수는 $\sqrt{2}+3$일 때, 점 P에 대응하는 수를 구하시오.

13 창의 역량

다음 그림과 같이 $\overline{AB}=\overline{BC}=2$인 직각이등변삼각형 ABC가 수직선 위에서 시곗바늘이 도는 방향으로 한 바퀴를 돌아 세 점 A, B, C가 각각 A′, B′, C′의 위치로 이동하였다. 점 C에 대응하는 수가 1일 때, 점 C′에 대응하는 수를 구하시오.

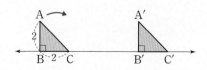

서술형

14

오른쪽 그림과 같은 좌표평면 위의 정사각형 OABC에서 $\overline{BA}=\overline{BP}$, $\overline{OC}=\overline{OQ}$가 되도록 x축 위에 두 점 P, Q를 정할 때, 두 점 P, Q의 x좌표를 각각 a, b라 하자. $a+b$의 값을 구하시오. (단, O는 원점)

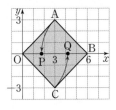

풀이

답 _____

15

오른쪽 그림과 같이 수직선 위에서 직사각형 ABCD와 반원 O가 두 점 C, D에서 접하고 $\overline{BC}=2$일 때, 두 점 P, Q의 좌표를 각각 구하시오.

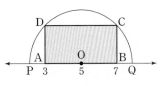

풀이

답 _____

16

다음 수직선 위의 네 점 A, B, C, D는 각각 네 수 $1-\sqrt{7}$, $\sqrt{12}-2$, $\sqrt{10}-4$, $\sqrt{15}$ 중 하나에 대응한다. 네 점 A, B, C, D에 대응하는 수를 각각 구하시오.

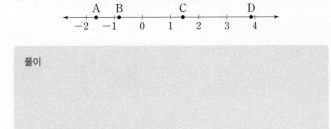

풀이

답 _____

17

세 실수 a, b, c가 다음과 같을 때, a, b, c의 대소 관계를 부등호를 사용하여 나타내시오.

$$a=\sqrt{6}+\sqrt{8}, \quad b=3+\sqrt{6}, \quad c=\sqrt{8}+\sqrt{5}$$

풀이

답 _____

18 {100점}

두 자리 자연수 x에 대하여 $\sqrt{x}$가 무리수가 되도록 하는 x의 개수를 구하시오.

풀이

답 _____

19 {100점}

서로 다른 두 정수 m, n에 대하여 $m+\sqrt{18}$과 $n-\sqrt{18}$ 사이에 있는 정수가 3개일 때, $n-m$의 값을 구하시오.

(단, $m+\sqrt{18}<n-\sqrt{18}$)

풀이

답 _____

03

I. 실수와 그 계산

근호를 포함한 식의 계산

Real 실전 개념

❸ 근호를 포함한 식의 계산

개념 1 제곱근의 곱셈과 나눗셈 　　　　　　유형 01~06, 08, 09

(1) 제곱근의 곱셈
$a>0$, $b>0$이고 m, n이 유리수일 때

① $\sqrt{a} \times \sqrt{b} = \sqrt{a}\sqrt{b} = \sqrt{ab}$

② $m\sqrt{a} \times n\sqrt{b} = mn\sqrt{ab}$ ← 근호 안의 수끼리, 근호 밖의 수끼리 곱한다.

예 ① $\sqrt{2} \times \sqrt{7} = \sqrt{2 \times 7} = \sqrt{14}$
② $3\sqrt{2} \times 4\sqrt{3} = (3 \times 4) \times \sqrt{2 \times 3} = 12\sqrt{6}$

(2) 제곱근의 나눗셈
$a>0$, $b>0$이고 m, n이 유리수일 때

① $\sqrt{a} \div \sqrt{b} = \dfrac{\sqrt{a}}{\sqrt{b}} = \sqrt{\dfrac{a}{b}}$

② $m\sqrt{a} \div n\sqrt{b} = \dfrac{m}{n}\sqrt{\dfrac{a}{b}}$ (단, $n \neq 0$) ← 근호 안의 수끼리, 근호 밖의 수끼리 나눈다.

참고 나눗셈은 역수의 곱셈으로 바꾸어 계산할 수도 있다.
➡ $\sqrt{5} \div \dfrac{1}{\sqrt{2}} = \sqrt{5} \times \sqrt{2} = \sqrt{10}$

(3) 근호가 있는 식의 변형
① $\sqrt{a^2 b} = a\sqrt{b}$　　　　② $\sqrt{\dfrac{a}{b^2}} = \dfrac{\sqrt{a}}{b}$

예 ① $\sqrt{12} = \sqrt{2^2 \times 3} = 2\sqrt{3}$, 　$4\sqrt{2} = \sqrt{4^2 \times 2} = \sqrt{32}$
② $\sqrt{\dfrac{6}{25}} = \sqrt{\dfrac{6}{5^2}} = \dfrac{\sqrt{6}}{5}$, 　$\dfrac{\sqrt{5}}{3} = \sqrt{\dfrac{5}{3^2}} = \sqrt{\dfrac{5}{9}}$

개념 2 분모의 유리화 　　　　　　유형 07~09, 13

(1) 분모의 유리화
분모가 근호를 포함한 무리수일 때, 분자와 분모에 0이 아닌 같은 수를 곱하여 분모를 유리수로 고치는 것

(2) 분모를 유리화하는 방법
$a>0$이고 a, b, c가 유리수일 때

① $\dfrac{b}{\sqrt{a}} = \dfrac{b \times \sqrt{a}}{\sqrt{a} \times \sqrt{a}} = \dfrac{b\sqrt{a}}{a}$

② $\dfrac{\sqrt{a}}{\sqrt{b}} = \dfrac{\sqrt{a} \times \sqrt{b}}{\sqrt{b} \times \sqrt{b}} = \dfrac{\sqrt{ab}}{b}$ (단, $b>0$)

③ $\dfrac{c}{b\sqrt{a}} = \dfrac{c \times \sqrt{a}}{b\sqrt{a} \times \sqrt{a}} = \dfrac{c\sqrt{a}}{ab}$ (단, $b \neq 0$)

예 ① $\dfrac{2}{\sqrt{5}} = \dfrac{2 \times \sqrt{5}}{\sqrt{5} \times \sqrt{5}} = \dfrac{2\sqrt{5}}{5}$

② $\dfrac{\sqrt{2}}{\sqrt{3}} = \dfrac{\sqrt{2} \times \sqrt{3}}{\sqrt{3} \times \sqrt{3}} = \dfrac{\sqrt{6}}{3}$

③ $\dfrac{3}{2\sqrt{6}} = \dfrac{3 \times \sqrt{6}}{2\sqrt{6} \times \sqrt{6}} = \dfrac{3\sqrt{6}}{12} = \dfrac{\sqrt{6}}{4}$

➕ 개념 노트

• $a>0$, $b>0$, $c>0$일 때,
$\sqrt{a}\sqrt{b}\sqrt{c} = \sqrt{abc}$

• 나눗셈은 분수 꼴로 바꾸어 계산하거나 역수를 이용하여 나눗셈을 곱셈으로 고쳐서 계산한다.

• $a\sqrt{b}$ 꼴로 나타낼 때, 일반적으로 근호 안의 수는 가장 작은 자연수가 되도록 한다.

• 근호 밖의 음수는 근호 안으로 넣을 수 없다.
예 $-2\sqrt{7} \neq \sqrt{(-2)^2 \times 7}$
$= \sqrt{28}$
$-2\sqrt{7} = -\sqrt{2^2 \times 7}$
$= -\sqrt{28}$

• $a>0$, $b>0$, $c>0$일 때,
$\sqrt{\dfrac{b^2 c}{a^2}} = \dfrac{\sqrt{b^2 c}}{\sqrt{a^2}} = \dfrac{b\sqrt{c}}{a}$

• 분모의 근호 안의 수를 소인수분해하였을 때, 제곱인 인수가 포함되어 있으면 $\sqrt{a^2 b} = a\sqrt{b}$임을 이용하여 제곱인 수를 근호 밖으로 꺼낸 다음 분모를 유리화한다.
예 $\dfrac{1}{\sqrt{18}} = \dfrac{1}{\sqrt{3^2 \times 2}} = \dfrac{1}{3\sqrt{2}}$
$= \dfrac{\sqrt{2}}{3\sqrt{2} \times \sqrt{2}} = \dfrac{\sqrt{2}}{6}$

• 분자, 분모가 약분이 되면 먼저 약분을 한 다음 분모를 유리화한다.
예 $\dfrac{\sqrt{15}}{\sqrt{2}\sqrt{3}} = \dfrac{\sqrt{5}}{\sqrt{2}} = \dfrac{\sqrt{5} \times \sqrt{2}}{\sqrt{2} \times \sqrt{2}}$
$= \dfrac{\sqrt{10}}{2}$

개념 **1** 제곱근의 곱셈과 나눗셈

[01~10] 다음을 간단히 하시오.

01 $\sqrt{3} \times \sqrt{5}$

02 $2\sqrt{6} \times \sqrt{5}$

03 $\sqrt{2} \times \sqrt{3} \times \sqrt{7}$

04 $5\sqrt{3} \times (-4\sqrt{7})$

05 $3\sqrt{11} \times 4\sqrt{2}$

06 $\sqrt{\dfrac{5}{3}} \times \sqrt{\dfrac{18}{5}}$

07 $\dfrac{\sqrt{14}}{\sqrt{7}}$

08 $\dfrac{\sqrt{15}}{\sqrt{108}}$

09 $\sqrt{56} \div \sqrt{8}$

10 $15\sqrt{75} \div 5\sqrt{3}$

[11~13] 다음 □ 안에 알맞은 수를 써넣으시오.

11 $\sqrt{45} = \sqrt{\square^2 \times 5} = \square\sqrt{5}$

12 $\sqrt{80} = \sqrt{4^2 \times \square} = 4\sqrt{\square}$

13 $\sqrt{300} = \sqrt{\square^2 \times 3} = \square\sqrt{3}$

[14~17] 다음 수를 $a\sqrt{b}$ 꼴로 나타내시오.
(단, b는 가장 작은 자연수)

14 $\sqrt{63}$

15 $\sqrt{50}$

16 $-\sqrt{98}$

17 $-\sqrt{162}$

[18~21] 다음 수를 $\sqrt{a}$ 또는 $-\sqrt{a}$ 꼴로 나타내시오.

18 $6\sqrt{2}$

19 $5\sqrt{3}$

20 $-3\sqrt{10}$

21 $-4\sqrt{7}$

[22~23] 다음 □ 안에 알맞은 수를 써넣으시오.

22 $\sqrt{\dfrac{3}{25}} = \sqrt{\dfrac{3}{\square^2}} = \dfrac{\sqrt{\square}}{\square}$

23 $\sqrt{0.18} = \sqrt{\dfrac{\square}{100}} = \sqrt{\dfrac{3^2 \times \square}{10^2}} = \dfrac{3\sqrt{\square}}{\square}$

[24~27] 다음 수를 $\dfrac{\sqrt{b}}{a}$ 꼴로 나타내시오.
(단, b는 가장 작은 자연수)

24 $\sqrt{\dfrac{7}{36}}$

25 $\sqrt{\dfrac{6}{98}}$

26 $\sqrt{0.03}$

27 $\sqrt{0.24}$

개념 **2** 분모의 유리화

[28~35] 다음 수의 분모를 유리화하시오.

28 $\dfrac{1}{\sqrt{6}}$

29 $\dfrac{5}{\sqrt{5}}$

30 $\dfrac{\sqrt{2}}{\sqrt{7}}$

31 $\dfrac{3}{2\sqrt{6}}$

32 $\dfrac{3}{\sqrt{18}}$

33 $\dfrac{2}{\sqrt{27}}$

34 $\dfrac{3\sqrt{2}}{\sqrt{5}}$

35 $\dfrac{\sqrt{3}}{2\sqrt{11}}$

개념 3 제곱근의 덧셈과 뺄셈   유형 10, 11

근호를 포함한 식의 덧셈과 뺄셈은 다항식의 덧셈과 뺄셈에서 동류항끼리 모아서 계산하는 것과 같이 근호 안의 수가 같은 것끼리 모아서 계산한다.

l, m, n은 유리수이고, $\sqrt{a}$는 무리수일 때

(1) $m\sqrt{a}+n\sqrt{a}=(m+n)\sqrt{a}$

(2) $m\sqrt{a}-n\sqrt{a}=(m-n)\sqrt{a}$

(3) $m\sqrt{a}+n\sqrt{a}-l\sqrt{a}=(m+n-l)\sqrt{a}$

예 $4\sqrt{2}+2\sqrt{3}+3\sqrt{2}-5\sqrt{3}=(4+3)\sqrt{2}+(2-5)\sqrt{3}=7\sqrt{2}-3\sqrt{3}$

개념 4 근호를 포함한 복잡한 식의 계산   유형 12~19

(1) **분배법칙을 이용한 식의 계산**

$a>0$, $b>0$, $c>0$일 때

① $\sqrt{a}(\sqrt{b}\pm\sqrt{c})=\sqrt{a}\sqrt{b}\pm\sqrt{a}\sqrt{c}=\sqrt{ab}\pm\sqrt{ac}$

② $(\sqrt{a}\pm\sqrt{b})\sqrt{c}=\sqrt{a}\sqrt{c}\pm\sqrt{b}\sqrt{c}=\sqrt{ac}\pm\sqrt{bc}$

예 ① $\sqrt{3}(\sqrt{5}+\sqrt{2})=\sqrt{15}+\sqrt{6}$ ② $(\sqrt{3}-\sqrt{5})\sqrt{2}=\sqrt{6}-\sqrt{10}$

(2) **근호를 포함한 복잡한 식의 계산**

❶ 괄호가 있으면 분배법칙을 이용하여 괄호를 푼다.

❷ 근호 안의 수가 제곱인 수를 약수로 가지면 근호 밖으로 꺼낸다.

❸ 분모에 근호를 포함한 무리수가 있으면 분모를 유리화한다.

❹ 곱셈, 나눗셈을 먼저 계산한다.

❺ 근호 안의 수가 같은 것끼리 모아서 덧셈, 뺄셈을 한다.

개념 5 뺄셈을 이용한 실수의 대소 관계   유형 20

두 실수 a, b의 대소 관계는 $a-b$의 부호로 알 수 있다.

(1) $a-b>0$이면 $a>b$

(2) $a-b=0$이면 $a=b$

(3) $a-b<0$이면 $a<b$

➕ 개념 노트

- 제곱근의 덧셈과 뺄셈을 할 때, 근호 안의 수가 다른 무리수끼리는 더 이상 계산할 수 없다. 즉, $a>0$, $b>0$, $a\neq b$일 때

  ① $\sqrt{a}+\sqrt{b}\neq\sqrt{a+b}$

  ② $\sqrt{a}-\sqrt{b}\neq\sqrt{a-b}$

- $\sqrt{a^2 b}$ 꼴을 포함한 식의 계산에서는 $a\sqrt{b}$ 꼴로 바꾼 후 계산한다.

  예 $\sqrt{12}-\sqrt{3}=\sqrt{2^2\times 3}-\sqrt{3}$
  $=2\sqrt{3}-\sqrt{3}$
  $=(2-1)\sqrt{3}$
  $=\sqrt{3}$

- **분배법칙**

  ① $a(b+c)=ab+ac$

  ② $(a+b)c=ac+bc$

- 나눗셈은 역수를 이용하여 곱셈으로 고쳐서 계산한다. 이때 약분이 되는 것은 먼저 약분한다.

개념 3 제곱근의 덧셈과 뺄셈

[36~40] 다음을 간단히 하시오.

36 $2\sqrt{3}+5\sqrt{3}$

37 $3\sqrt{2}+7\sqrt{2}-4\sqrt{2}$

38 $10\sqrt{5}-3\sqrt{5}-8\sqrt{5}$

39 $4\sqrt{5}+8\sqrt{3}+4\sqrt{3}-7\sqrt{5}$

40 $2\sqrt{13}-5\sqrt{7}-\sqrt{7}+8\sqrt{13}$

41 다음은 $2\sqrt{20}+\sqrt{63}-\sqrt{7}+\sqrt{45}$ 를 간단히 하는 과정이다. ㈎~㈐에 알맞은 수를 구하시오.

$$\sqrt{20}=\boxed{㈎}\sqrt{5},\ \sqrt{63}=\boxed{㈏}\sqrt{7},\ \sqrt{45}=\boxed{㈐}\sqrt{5}$$ 이므로
$$2\sqrt{20}+\sqrt{63}-\sqrt{7}+\sqrt{45}$$
$$=2\times\boxed{㈎}\sqrt{5}+\boxed{㈏}\sqrt{7}-\sqrt{7}+\boxed{㈐}\sqrt{5}$$
$$=\boxed{㈑}\sqrt{5}+\boxed{㈒}\sqrt{7}$$

[42~46] 다음을 간단히 하시오.

42 $\sqrt{50}-\sqrt{32}$

43 $\sqrt{48}+\sqrt{75}-2\sqrt{12}$

44 $4\sqrt{80}-\sqrt{5}+3\sqrt{45}$

45 $\sqrt{27}-\sqrt{18}+\sqrt{50}-\sqrt{108}$

46 $\sqrt{72}-\sqrt{32}-\sqrt{12}+2\sqrt{27}$

개념 4 근호를 포함한 복잡한 식의 계산

[47~51] 다음을 간단히 하시오.

47 $\sqrt{2}(5+2\sqrt{3})$

48 $\sqrt{7}(3\sqrt{2}-2\sqrt{14})$

49 $(\sqrt{6}-\sqrt{12})\sqrt{2}+\sqrt{3}$

50 $(\sqrt{27}+\sqrt{15})\div\sqrt{3}$

51 $(\sqrt{75}-\sqrt{60})\div\sqrt{5}$

52 다음은 $\dfrac{\sqrt{3}+\sqrt{6}}{\sqrt{2}}$ 의 분모를 유리화하는 과정이다. ㈎~㈑에 알맞은 수를 구하시오.

$$\frac{\sqrt{3}+\sqrt{6}}{\sqrt{2}}=\frac{(\sqrt{3}+\sqrt{6})\times\boxed{㈎}}{\sqrt{2}\times\boxed{㈎}}$$
$$=\frac{\sqrt{6}+\boxed{㈐}}{\boxed{㈏}}$$
$$=\frac{\sqrt{6}+2\sqrt{\boxed{㈑}}}{\boxed{㈏}}$$

개념 5 뺄셈을 이용한 실수의 대소 관계

[53~56] 다음 ◯ 안에 알맞은 부등호를 써넣으시오.

53 $\sqrt{15}-3\ \bigcirc\ \sqrt{11}-3$

54 $4+\sqrt{2}\ \bigcirc\ \sqrt{2}+3$

55 $2-\sqrt{20}\ \bigcirc\ 1-\sqrt{5}$

56 $2+\sqrt{8}\ \bigcirc\ 3+\sqrt{2}$

Real 실전 유형

유형 01 제곱근의 곱셈 [개념 1]

$a>0, b>0$이고 m, n이 유리수일 때
$m\sqrt{a}\times n\sqrt{b}=mn\sqrt{ab}$ ← 근호 안의 수끼리, 근호 밖의 수끼리 곱한다.

01 대표문제

$3\sqrt{6}\times\left(-\sqrt{\dfrac{7}{6}}\right)\times(-4\sqrt{2})$를 간단히 하면?

① $-12\sqrt{14}$ ② $-12\sqrt{7}$ ③ $6\sqrt{7}$
④ $6\sqrt{14}$ ⑤ $12\sqrt{14}$

02

다음 중 옳지 <u>않은</u> 것은?

① $\sqrt{5}\times\sqrt{7}=\sqrt{35}$
② $-\sqrt{2}\times\sqrt{8}=-4$
③ $3\sqrt{3}\times2\sqrt{7}=6\sqrt{21}$
④ $\sqrt{\dfrac{3}{7}}\times\sqrt{\dfrac{14}{3}}=2$
⑤ $2\sqrt{\dfrac{10}{11}}\times\sqrt{\dfrac{11}{5}}=2\sqrt{2}$

03

다음을 만족시키는 유리수 a, b에 대하여 $a+b$의 값은?

$$4\sqrt{\dfrac{6}{5}}\times\sqrt{\dfrac{15}{2}}=a, \quad 3\sqrt{2}\times2\sqrt{5}\times\sqrt{10}=b$$

① 12 ② 60 ③ 62
④ 70 ⑤ 72

04 서술형

$\sqrt{2}\times\sqrt{a}\times3\sqrt{3}\times\sqrt{6a}=54$일 때, 자연수 a의 값을 구하시오.

집중 유형 02 근호가 있는 식의 변형; $\sqrt{a^2 b}$ [개념 1]

(1) 근호 안의 수를 근호 밖으로 꺼낼 수 있는 경우
  ➡ 제곱인 인수를 근호 밖으로 꺼낸다.
  예 $\sqrt{45}=\sqrt{3^2\times5}=\sqrt{3^2}\times\sqrt{5}=3\sqrt{5}$
       └─ 근호 밖으로

(2) 근호 밖의 수를 근호 안으로 넣는 경우
  ➡ 근호 밖의 양수를 제곱하여 근호 안으로 넣는다.
  예 $3\sqrt{2}=\sqrt{3^2}\times\sqrt{2}=\sqrt{3^2\times2}=\sqrt{18}$
       └─ 근호 안으로

05 대표문제

$\sqrt{50}=a\sqrt{2}$, $6\sqrt{5}=\sqrt{b}$일 때, 양의 유리수 a, b에 대하여 $\sqrt{ab}$의 값은?

① $\sqrt{30}$ ② $4\sqrt{5}$ ③ $4\sqrt{10}$
④ $10\sqrt{5}$ ⑤ 30

06

다음 중 $a\sqrt{b}$ 꼴로 나타낸 것으로 옳지 <u>않은</u> 것은?

① $\sqrt{112}=4\sqrt{7}$
② $-\sqrt{125}=-5\sqrt{5}$
③ $\sqrt{252}=6\sqrt{7}$
④ $\sqrt{500}=5\sqrt{10}$
⑤ $-\sqrt{432}=-12\sqrt{3}$

 중요

07

$\sqrt{48+6x}=6\sqrt{3}$을 만족시키는 x의 값은?

① 8 ② 9 ③ 10
④ 11 ⑤ 12

유형 03 제곱근의 나눗셈 <small>개념 1</small>

$a>0$, $b>0$이고 m, n이 유리수일 때

$$m\sqrt{a}\div n\sqrt{b}=m\sqrt{a}\times\frac{1}{n\sqrt{b}}=\frac{m}{n}\sqrt{\frac{a}{b}}\ \text{(단, }n\neq0\text{)}$$

참고 나눗셈은 역수의 곱셈으로 바꾸어 계산한다.

08 대표문제

다음 중 옳지 <u>않은</u> 것은?

① $\sqrt{27}\div\sqrt{3}=3$ ② $2\sqrt{40}\div4\sqrt{8}=\frac{\sqrt{5}}{2}$

③ $6\sqrt{6}\div3\sqrt{3}=2\sqrt{2}$ ④ $\dfrac{\sqrt{45}}{\sqrt{15}}\div\dfrac{\sqrt{6}}{2\sqrt{14}}=\dfrac{\sqrt{7}}{2}$

⑤ $\sqrt{24}\div\sqrt{12}\div\dfrac{1}{\sqrt{18}}=6$

09

다음 중 계산 결과가 가장 큰 것은?

① $\sqrt{24}\div\sqrt{3}$ ② $2\sqrt{18}\div4\sqrt{6}$

③ $\sqrt{0.7}\div\sqrt{0.1}$ ④ $\sqrt{\dfrac{28}{3}}\div\sqrt{\dfrac{14}{9}}$

⑤ $\dfrac{\sqrt{3}}{\sqrt{5}}\div\dfrac{\sqrt{12}}{\sqrt{40}}$

10

$4\sqrt{2}\div\dfrac{\sqrt{5}}{\sqrt{8}}\div\dfrac{1}{\sqrt{35}}=n\sqrt{7}$일 때, 자연수 n의 값을 구하시오.

11 서술형

다음을 만족시키는 유리수 a, b에 대하여 $\sqrt{b}$는 $\sqrt{a}$의 몇 배인지 구하시오.

$$2\sqrt{5}\div\sqrt{10}\div\sqrt{6}=\sqrt{a},\quad \sqrt{\frac{15}{2}}\div\sqrt{\frac{10}{3}}\div\sqrt{\frac{3}{16}}=\sqrt{b}$$

유형 04 근호가 있는 식의 변형; $\sqrt{\dfrac{b}{a^2}}$ <small>개념 1</small>

근호 안의 수를 근호 밖으로 꺼낼 수 있는 경우

➡ 근호를 분리한 후 제곱인 인수를 근호 밖으로 꺼낸다.

예 $\sqrt{\dfrac{3}{16}}=\sqrt{\dfrac{3}{4^2}}=\dfrac{\sqrt{3}}{\sqrt{4^2}}=\dfrac{\sqrt{3}}{4}$

근호 밖으로

참고 근호 안의 소수는 분수로 고쳐서 같은 방법으로 변형한다.

12 대표문제

다음 **보기** 중 옳은 것을 모두 고른 것은?

─ 보기 ─

ㄱ. $\sqrt{0.27}=\dfrac{3\sqrt{3}}{10}$ ㄴ. $-\sqrt{\dfrac{15}{48}}=-\dfrac{\sqrt{5}}{6}$

ㄷ. $\sqrt{0.24}=\dfrac{\sqrt{6}}{10}$ ㄹ. $\sqrt{\dfrac{21}{108}}=\dfrac{\sqrt{7}}{6}$

① ㄱ, ㄷ ② ㄱ, ㄹ ③ ㄴ, ㄷ

④ ㄴ, ㄹ ⑤ ㄷ, ㄹ

13

$\sqrt{0.8}=k\sqrt{5}$일 때, 유리수 k의 값은?

① $\dfrac{1}{20}$ ② $\dfrac{1}{10}$ ③ $\dfrac{1}{5}$

④ $\dfrac{2}{5}$ ⑤ $\dfrac{4}{5}$

14

$\dfrac{4\sqrt{3}}{\sqrt{15}}=\sqrt{a}$, $\dfrac{6\sqrt{2}}{5}=\sqrt{b}$일 때, 유리수 a, b에 대하여 $\dfrac{a}{b}$의 값을 구하시오.

중요

15

$\sqrt{\dfrac{150}{49}}$은 $\sqrt{6}$의 a배이고, $\sqrt{0.005}$는 $\sqrt{2}$의 b배일 때, ab의 값을 구하시오.

집중 ⚡

유형 **05** 제곱근표에 없는 수의 제곱근의 값 구하기 개념 **1**

(1) 근호 안의 수가 100 이상인 수의 제곱근의 값
→ $\sqrt{100a}=10\sqrt{a}$, $\sqrt{10000a}=100\sqrt{a}$, … 꼴로 고친다.
(2) 근호 안의 수가 0 이상 1 미만인 수의 제곱근의 값
→ $\sqrt{\dfrac{a}{100}}=\dfrac{\sqrt{a}}{10}$, $\sqrt{\dfrac{a}{10000}}=\dfrac{\sqrt{a}}{100}$, … 꼴로 고친다.

16 대표문제

$\sqrt{5.81}=2.410$, $\sqrt{58.1}=7.622$일 때, 다음 중 옳지 <u>않은</u> 것은?

① $\sqrt{581}=24.10$ ② $\sqrt{5810}=76.22$

③ $\sqrt{0.581}=0.7622$ ④ $\sqrt{0.0581}=0.2410$

⑤ $\sqrt{0.00581}=0.002410$

17

다음 중 $\sqrt{60}=7.746$임을 이용하여 그 값을 구할 수 <u>없는</u> 것을 모두 고르면? (정답 2개)

① $\sqrt{0.006}$ ② $\sqrt{0.06}$ ③ $\sqrt{0.6}$

④ $\sqrt{6000}$ ⑤ $\sqrt{60000}$

18

다음 중 주어진 제곱근표를 이용하여 그 값을 구할 수 <u>없는</u> 것은?

수	0	1	2	3	4
3.2	1.789	1.792	1.794	1.797	1.800
3.3	1.817	1.819	1.822	1.825	1.828
3.4	1.844	1.847	1.849	1.852	1.855

① $\sqrt{332}$ ② $\sqrt{3430}$ ③ $\sqrt{32100}$

④ $\sqrt{0.0331}$ ⑤ $\sqrt{0.000324}$

중요

19

$\sqrt{5}=2.236$, $\sqrt{50}=7.071$일 때, $\dfrac{1}{\sqrt{200}}$의 값을 구하시오.

유형 **06** 문자를 사용한 제곱근의 표현 개념 **1**

$\sqrt{2}=a$, $\sqrt{3}=b$일 때

$\sqrt{18}=\sqrt{2\times3^2}$ ← 근호 안의 수를 소인수분해한다.
$=\sqrt{2}\times\sqrt{3^2}=\sqrt{2}\times(\sqrt{3})^2$ ← 근호를 분리한다.
$=ab^2$ ← 문자로 나타낸다.

20 대표문제

$\sqrt{2}=a$, $\sqrt{3}=b$일 때, $\sqrt{450}$을 a, b를 사용하여 나타내면?

① $3ab$ ② $3ab^2$ ③ $4a^2b$

④ $5ab^2$ ⑤ $5a^2b^2$

21

$\sqrt{3}=x$, $\sqrt{5}=y$일 때, $\sqrt{147}-\sqrt{80}$을 x, y를 사용하여 나타내면?

① $-7x-4y$ ② $7x-4y$ ③ $7x-8y$

④ $4x-7y$ ⑤ $4x-8y$

22

$\sqrt{3.2}=a$, $\sqrt{32}=b$일 때, $\sqrt{32000}-\sqrt{0.32}$를 a, b를 사용하여 나타내면?

① $\dfrac{a}{10}-100b$ ② $\dfrac{a}{10}-10b$ ③ $10a-\dfrac{b}{100}$

④ $100a-\dfrac{b}{100}$ ⑤ $100a-\dfrac{b}{10}$

23 서술형

$\sqrt{30}=a$, $\sqrt{40}=b$일 때, $\sqrt{0.3}+\sqrt{400000}=xa+yb$이다. 이때 유리수 x, y에 대하여 xy의 값을 구하시오.

집중⚡

유형 **07** 분모의 유리화 개념2

$a>0$이고 a, b, c가 유리수일 때

(1) $\dfrac{b}{\sqrt{a}}=\dfrac{b\times\sqrt{a}}{\sqrt{a}\times\sqrt{a}}=\dfrac{b\sqrt{a}}{a}$

(2) $\dfrac{\sqrt{b}}{\sqrt{a}}=\dfrac{\sqrt{b}\times\sqrt{a}}{\sqrt{a}\times\sqrt{a}}=\dfrac{\sqrt{ab}}{a}$ (단, $b>0$)

(3) $\dfrac{c}{b\sqrt{a}}=\dfrac{c\times\sqrt{a}}{b\sqrt{a}\times\sqrt{a}}=\dfrac{c\sqrt{a}}{ab}$ (단, $b\neq0$)

24 대표문제

$\dfrac{\sqrt{5}}{2\sqrt{2}}=a\sqrt{10}$, $\dfrac{5}{\sqrt{75}}=b\sqrt{3}$일 때, $\sqrt{ab}$의 값을 구하시오.

(단, a, b는 유리수)

25

다음 중 분모를 유리화한 것으로 옳지 <u>않은</u> 것은?

① $\dfrac{14}{\sqrt{7}}=2\sqrt{7}$ ② $\dfrac{\sqrt{7}}{\sqrt{5}}=\dfrac{\sqrt{35}}{5}$

③ $\dfrac{7}{\sqrt{18}}=\dfrac{\sqrt{14}}{6}$ ④ $\dfrac{15}{2\sqrt{5}}=\dfrac{3\sqrt{5}}{2}$

⑤ $\dfrac{\sqrt{3}}{3\sqrt{6}}=\dfrac{\sqrt{2}}{6}$

26

$\sqrt{\dfrac{45}{98}}=\dfrac{b\sqrt{5}}{a\sqrt{2}}=c\sqrt{10}$일 때, a, b, c에 대하여 abc의 값을 구하시오. (단, a, b는 서로소인 자연수, c는 유리수)

27

$\dfrac{3\sqrt{a}}{2\sqrt{6}}$의 분모를 유리화하였더니 $\dfrac{3\sqrt{10}}{4}$이 되었다. 이때 양수 a의 값은?

① 3 ② 5 ③ 10

④ 12 ⑤ 15

유형 **08** 제곱근의 곱셈과 나눗셈의 혼합 계산 개념1, 2

❶ 나눗셈은 역수의 곱셈으로 고친다.

❷ 앞에서부터 순서대로 계산한다.

❸ 근호 안의 제곱인 수를 근호 밖으로 꺼내고, 분모의 유리화를 이용한다.

28 대표문제

$\dfrac{\sqrt{14}}{\sqrt{40}}\times\dfrac{2\sqrt{2}}{\sqrt{7}}\div\dfrac{\sqrt{10}}{4}$ 을 간단히 하면?

① $\dfrac{1}{2}$ ② $\dfrac{4}{5}$ ③ $\dfrac{5}{4}$

④ $\dfrac{3}{2}$ ⑤ $\sqrt{7}$

29

$\sqrt{18}\div\sqrt{72}\times\sqrt{48}=a\sqrt{3}$을 만족시키는 유리수 a의 값을 구하시오.

30

다음 중 옳지 <u>않은</u> 것은?

① $2\sqrt{5}\times\sqrt{7}\div\sqrt{10}=\sqrt{14}$

② $\sqrt{27}\div\sqrt{6}\times\sqrt{2}=3$

③ $\dfrac{4}{\sqrt{3}}\times\dfrac{\sqrt{15}}{\sqrt{8}}\div\dfrac{\sqrt{5}}{\sqrt{6}}=4\sqrt{3}$

④ $\sqrt{\dfrac{4}{5}}\div\sqrt{0.2}\times\dfrac{3}{\sqrt{12}}=\sqrt{3}$

⑤ $\dfrac{3\sqrt{2}}{2}\times\sqrt{\dfrac{5}{18}}\div\dfrac{\sqrt{5}}{4}=2$

중요
31

$\dfrac{\sqrt{75}}{2}\div(-6\sqrt{2})\times A=-\dfrac{5\sqrt{3}}{3}$일 때, A의 값은?

① $3\sqrt{2}$ ② $4\sqrt{2}$ ③ $3\sqrt{3}$

④ $4\sqrt{3}$ ⑤ $4\sqrt{6}$

유형 **09** 제곱근의 곱셈과 나눗셈의 도형에의 활용 | 개념 1, 2

❶ 도형에서의 길이, 넓이, 부피를 구하는 공식을 이용하여 식을 세운다.
❷ 제곱근의 성질과 분모의 유리화를 이용하여 계산한다.

32 대표문제

오른쪽 그림과 같이 직사각형 ABCD에서 $\overline{AB}$, $\overline{BC}$를 각각 한 변으로 하는 두 정사각형을 그렸더니 그 넓이가 각각 12, 32가 되었다. 이때 직사각형 ABCD의 넓이를 구하시오.

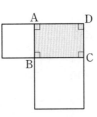

33 ⅢⅢ

오른쪽 그림의 삼각형과 직사각형의 넓이가 서로 같을 때, x의 값은?

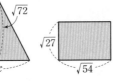

① $2\sqrt{2}$ ② $3\sqrt{2}$
③ 9   ④ $9\sqrt{2}$ ⑤ 12

34 ⅢⅢ

오른쪽 그림과 같이 밑면의 반지름의 길이가 $2\sqrt{5}$ cm인 원뿔의 부피가 $40\sqrt{3}\pi$ cm³일 때, 이 원뿔의 높이를 구하시오.

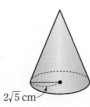

$2\sqrt{5}$ cm

중요
35 ⅢⅢ 서술형

다음 그림에서 A, B, C, D는 모두 정사각형이고 정사각형 B의 넓이는 정사각형 A의 넓이의 2배, 정사각형 C의 넓이는 정사각형 B의 넓이의 2배, 정사각형 D의 넓이는 정사각형 C의 넓이의 2배이다. 정사각형 D의 넓이가 5 cm²일 때, 정사각형 A의 한 변의 길이를 구하시오.

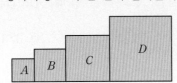

유형 **10** 제곱근의 덧셈과 뺄셈 | 개념 3

a, b, c, d는 유리수, $\sqrt{x}$, $\sqrt{y}$는 무리수일 때
➡ $a\sqrt{x}+b\sqrt{y}+c\sqrt{x}+d\sqrt{y}=(a+c)\sqrt{x}+(b+d)\sqrt{y}$
참고 $\sqrt{a^2 b}=a\sqrt{b}$임을 이용하여 근호 안의 수를 가장 작은 자연수가 되게 한 후 근호 안의 수가 같은 것끼리 모아서 계산한다.

36 대표문제

다음 중 옳은 것을 모두 고르면? (정답 2개)

① $\sqrt{12}+3\sqrt{3}=5\sqrt{6}$ ② $5\sqrt{6}-4\sqrt{6}=1$
③ $\sqrt{72}-\sqrt{50}=\sqrt{2}$ ④ $\sqrt{10}-\sqrt{3}=\sqrt{7}$
⑤ $\sqrt{20}+\sqrt{45}=5\sqrt{5}$

37 ⅢⅢ

$A=3\sqrt{5}+2\sqrt{5}-9\sqrt{5}$, $B=4\sqrt{3}-7\sqrt{3}+\sqrt{3}$일 때, $A-B$의 값은?

① $-4\sqrt{5}+\sqrt{3}$ ② $-4\sqrt{5}-2\sqrt{3}$
③ $-4\sqrt{5}+2\sqrt{3}$ ④ $4\sqrt{5}-\sqrt{3}$
⑤ $4\sqrt{5}+2\sqrt{3}$

38 ⅢⅢ

$\sqrt{75}+\sqrt{27}-\sqrt{48}$을 간단히 하면?

① $\sqrt{3}$ ② 3   ③ $2\sqrt{3}$
④ $3\sqrt{3}$ ⑤ $4\sqrt{3}$

39 ⅢⅢ

$\sqrt{98}-\sqrt{80}+\sqrt{45}-\sqrt{32}=a\sqrt{2}+b\sqrt{5}$일 때, 유리수 a, b에 대하여 $a+b$의 값을 구하시오.

유형 11 분모에 근호를 포함한 제곱근의 덧셈과 뺄셈 [개념 3]

❶ 분모에 근호를 포함한 무리수가 있으면 분모를 유리화한다.
❷ 근호 안의 수가 같은 것끼리 모아서 계산한다.

40 대표문제

$\dfrac{2\sqrt{2}}{3}+\dfrac{\sqrt{3}}{3}-\dfrac{7}{2\sqrt{3}}+\dfrac{3}{\sqrt{2}}=a\sqrt{2}+b\sqrt{3}$일 때, 유리수 a, b에 대하여 $a+b$의 값은?

① $\dfrac{4}{3}$ ② $\dfrac{3}{2}$ ③ 2

④ $\dfrac{8}{3}$ ⑤ 3

41 ▯▯▯

$2\sqrt{50}-6\sqrt{2}+\dfrac{12}{\sqrt{8}}=k\sqrt{2}$일 때, 유리수 k의 값을 구하시오.

42 ▯▯▯

$\sqrt{54}-\dfrac{3\sqrt{2}}{\sqrt{3}}-\dfrac{\sqrt{12}}{4}-\dfrac{3}{2\sqrt{3}}$ 을 간단히 하면?

① $2\sqrt{6}-\sqrt{3}$ ② $2\sqrt{6}+\sqrt{3}$ ③ $2\sqrt{6}-2\sqrt{3}$

④ $\sqrt{6}+2\sqrt{3}$ ⑤ $\sqrt{6}+3\sqrt{3}$

43 ▯▯▯

$a=\sqrt{3}$, $b=\sqrt{8}$일 때, $\dfrac{b}{a}+\dfrac{a}{b}$의 값은?

① $\dfrac{\sqrt{6}}{12}$ ② $\dfrac{\sqrt{6}}{6}$ ③ $\dfrac{\sqrt{6}}{4}$

④ $\dfrac{2\sqrt{6}}{3}$ ⑤ $\dfrac{11\sqrt{6}}{12}$

유형 12 분배법칙을 이용한 제곱근의 덧셈과 뺄셈 [개념 4]

$a>0$, $b>0$, $c>0$일 때

$\sqrt{a}(\sqrt{b}+\sqrt{c})=\sqrt{ab}+\sqrt{ac}$, $(\sqrt{a}-\sqrt{b})\sqrt{c}=\sqrt{ac}-\sqrt{bc}$

44 대표문제

$\sqrt{3}\left(\dfrac{2}{\sqrt{6}}-\dfrac{20}{\sqrt{15}}\right)+\sqrt{2}(3-\sqrt{10})$을 간단히 하면?

① $-2\sqrt{2}-6\sqrt{5}$ ② $-2\sqrt{2}+2\sqrt{5}$

③ $4\sqrt{2}-6\sqrt{5}$ ④ $4\sqrt{2}-2\sqrt{5}$

⑤ $4\sqrt{2}+6\sqrt{5}$

45 ▯▯▯

$\sqrt{50}-2\sqrt{24}-\sqrt{2}(2+4\sqrt{3})=a\sqrt{2}+b\sqrt{6}$일 때, 유리수 a, b에 대하여 $a-b$의 값은?

① -5 ② -3 ③ 5

④ 8   ⑤ 11

중요
46 ▯▯▯

$x=\sqrt{5}-\sqrt{3}$, $y=\sqrt{5}+\sqrt{3}$일 때, $2\sqrt{3}x-\sqrt{5}y$의 값은?

① -11 ② -8 ③ $\sqrt{15}-11$

④ $\sqrt{15}-5$ ⑤ $3\sqrt{15}-11$

47 ▯▯▯ 서술형 ★★★

다음 식을 간단히 하시오.

$$\sqrt{5}\left(\dfrac{6}{\sqrt{15}}+\dfrac{5}{\sqrt{30}}\right)+\sqrt{3}\left(\dfrac{1}{\sqrt{18}}-4\right)$$

유형 **13** $\dfrac{\sqrt{b}+\sqrt{c}}{\sqrt{a}}$ 꼴의 분모의 유리화 개념 2, 4

$a>0$, $b>0$, $c>0$일 때

$$\frac{\sqrt{a}+\sqrt{b}}{\sqrt{c}}=\frac{(\sqrt{a}+\sqrt{b})\times\sqrt{c}}{\sqrt{c}\times\sqrt{c}}=\frac{\sqrt{ac}+\sqrt{bc}}{c}$$

48 대표문제

$\dfrac{\sqrt{27}+2\sqrt{2}}{\sqrt{2}}-\dfrac{2\sqrt{3}-\sqrt{32}}{\sqrt{3}}$ 를 간단히 하시오.

49 ▮▮

$\dfrac{\sqrt{32}-24}{\sqrt{12}}$ 의 분모를 유리화하였더니 $a\sqrt{3}+b\sqrt{6}$이 되었다.

유리수 a, b에 대하여 $\dfrac{a}{b}$의 값은?

① -6 ② -5 ③ -4
④ -3 ⑤ -2

50 ▮▮

$\dfrac{\sqrt{30}-\sqrt{3}}{\sqrt{5}}-\dfrac{\sqrt{18}-2\sqrt{5}}{\sqrt{3}}$ 를 간단히 하면?

① $-2\sqrt{6}$ ② $-\dfrac{7\sqrt{15}}{15}$ ③ $2\sqrt{6}-\dfrac{7\sqrt{15}}{15}$
④ $\dfrac{7\sqrt{15}}{15}$ ⑤ $2\sqrt{6}$

51 ▮▮ 서술형

$x=\dfrac{10+\sqrt{10}}{\sqrt{5}}$, $y=\dfrac{10-\sqrt{10}}{\sqrt{5}}$일 때, $\dfrac{x-y}{x+y}$의 값을 구하시오.

집중 ⚡
유형 **14** 근호를 포함한 복잡한 식의 계산 개념 4

❶ 괄호가 있으면 분배법칙을 이용하여 괄호를 푼다.
❷ 근호 안의 수를 소인수분해하여 제곱인 인수를 근호 밖으로 꺼낸다.
❸ 분모에 근호를 포함한 무리수가 있으면 분모를 유리화한다.
❹ 곱셈, 나눗셈을 먼저 한 후 덧셈, 뺄셈을 한다.

52 대표문제

$\sqrt{75}-\dfrac{2\sqrt{10}}{\sqrt{2}}-\dfrac{\sqrt{6}+\sqrt{10}}{\sqrt{2}}=a\sqrt{3}+b\sqrt{5}$일 때, 유리수 a, b에 대하여 $a-b$의 값은?

① -1 ② 1 ③ 4
④ 7 ⑤ 10

53 ▮▮

다음 등식을 만족시키는 유리수 a, b에 대하여 $3a+b$의 값을 구하시오.

$$\sqrt{24}+\sqrt{48}-\sqrt{2}\left(\frac{6}{\sqrt{12}}+\frac{9}{\sqrt{3}}\right)=a\sqrt{3}+b\sqrt{6}$$

중요
54 ▮▮

$\sqrt{2}(\sqrt{8}-2\sqrt{3})-\sqrt{54}+\dfrac{9\sqrt{2}-\sqrt{3}}{\sqrt{3}}$ 을 간단히 하면?

① $3-3\sqrt{6}$ ② $3-2\sqrt{6}$ ③ $3-\sqrt{6}$
④ $4-3\sqrt{6}$ ⑤ $4-2\sqrt{6}$

55 ▮▮

$A=\dfrac{1}{\sqrt{2}}+\dfrac{3\sqrt{6}}{2}$, $B=\dfrac{3}{\sqrt{2}}-\dfrac{9}{\sqrt{6}}$일 때, $\sqrt{6}A-\sqrt{2}B$의 값을 구하시오.

유형 15 제곱근의 계산 결과가 유리수가 될 조건 〔개념4〕

a, b가 유리수이고 $\sqrt{m}$이 무리수일 때, $a+b\sqrt{m}$이 유리수가 되려면
➡ $b=0$ ← 무리수 부분이 0이다.

56 대표문제

$\dfrac{2}{\sqrt{2}}(\sqrt{8}-a)+\sqrt{40}\left(\dfrac{1}{\sqrt{5}}-\dfrac{1}{\sqrt{10}}\right)$이 유리수가 되도록 하는 유리수 a의 값은?

① -2 ② -1 ③ 1
④ 2 ⑤ 3

57

$\sqrt{3}(5\sqrt{3}-7)-a(1-\sqrt{3})$이 유리수가 되도록 하는 유리수 a의 값은?

① 3 ② 4 ③ 5
④ 6 ⑤ 7

58

$\dfrac{3-4\sqrt{12}}{\sqrt{3}}-2\sqrt{3}(3a+\sqrt{3})$이 유리수가 되도록 하는 유리수 a의 값을 구하시오.

59 서술형

A, a가 유리수일 때, $A+a$의 값을 구하시오.

$$A=\dfrac{a}{\sqrt{3}}(\sqrt{18}+\sqrt{27})-\sqrt{6}\left(\dfrac{2\sqrt{3}}{\sqrt{2}}-1\right)$$

유형 16 제곱근의 값을 이용한 계산 〔개념4〕

❶ 분모에 무리수가 있으면 분모를 유리화한다.
❷ 제곱근 안의 수를 변형하여 주어진 제곱근의 값을 이용한다.

60 대표문제

$\sqrt{10}=3.162$, $\sqrt{14}=3.742$일 때, $\dfrac{\sqrt{7}-\sqrt{5}}{\sqrt{2}}$의 값은?

① 0.290 ② 0.355 ③ 0.425
④ 0.475 ⑤ 0.580

61

$\sqrt{5}=2.236$일 때, $\sqrt{180}+\sqrt{\dfrac{1}{80}}$의 값은?

① 10.7326 ② 11.6272 ③ 12.527
④ 13.5278 ⑤ 14.5348

62

$\sqrt{6}=2.449$, $\sqrt{60}=7.746$일 때, $\sqrt{54000}$의 값은?

① 73.47 ② 97.96 ③ 232.38
④ 309.84 ⑤ 387.3

63 중요

다음 중 $\sqrt{2}=1.414$임을 이용하여 제곱근의 값을 구할 수 없는 것은?

① $\sqrt{0.02}$ ② $\sqrt{0.32}$ ③ $\sqrt{0.5}$
④ $\sqrt{1.8}$ ⑤ $\sqrt{50}$

03 근호를 포함한 식의 계산

유형 17 무리수의 정수 부분과 소수 부분 〔개념4〕

(1) (무리수)=(정수 부분)+(소수 부분)으로 나타낼 수 있다.

예 $\underbrace{\sqrt{3}}=1.732\cdots=\underbrace{1}+\underbrace{0.732\cdots}$
정수 부분 ↙   ↘ 소수 부분

(2) 정수 부분이 n인 무리수 $\sqrt{a}$의 소수 부분 ➡ $\sqrt{a}-n$

예 $1<\sqrt{3}<2$이므로 $\sqrt{3}$의 정수 부분: 1, $\sqrt{3}$의 소수 부분: $\sqrt{3}-1$

64 대표문제

$5-\sqrt{2}$의 정수 부분을 a, 소수 부분을 b라 할 때, ab의 값은?

① $6-\sqrt{2}$ ② $6-2\sqrt{2}$ ③ $6-3\sqrt{2}$

④ $5+\sqrt{2}$ ⑤ $5+2\sqrt{2}$

65

$\sqrt{20}$의 정수 부분을 a, $3+\sqrt{5}$의 소수 부분을 b라 할 때, $a+\sqrt{5b}$의 값을 구하시오.

66

$\sqrt{6}$의 소수 부분을 a라 할 때, $\sqrt{96}$의 소수 부분을 a를 사용하여 나타내면?

① $4a-17$ ② $4a-1$ ③ $4a+8$

④ $3-4a$ ⑤ $1-4a$

67

자연수 n에 대하여 $\sqrt{n}$의 소수 부분을 $f(n)$이라 할 때, $f(75)-f(27)$의 값은?

① $2\sqrt{3}-3$ ② $2\sqrt{3}-2$ ③ $2\sqrt{3}-1$

④ $2\sqrt{3}$ ⑤ $2\sqrt{3}+3$

유형 18 제곱근의 덧셈과 뺄셈의 도형에의 활용 〔개념4〕

집중⚡

❶ 도형의 둘레의 길이, 넓이, 부피 구하는 공식을 이용하여 식을 세운다.

❷ 제곱근의 성질과 분모의 유리화를 이용하여 계산한다.

68 대표문제

오른쪽 그림과 같은 사다리꼴 ABCD의 넓이는?

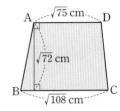

① $30\sqrt{6}\ \text{cm}^2$ ② $31\sqrt{6}\ \text{cm}^2$

③ $32\sqrt{6}\ \text{cm}^2$ ④ $33\sqrt{6}\ \text{cm}^2$

⑤ $34\sqrt{6}\ \text{cm}^2$

69

오른쪽 그림과 같이 가로의 길이가 $\sqrt{147}\ \text{cm}$, 세로의 길이가 $\sqrt{108}\ \text{cm}$인 직사각형 모양의 종이의 네 귀퉁이에서 각각 한 변의 길이가 $\sqrt{3}\ \text{cm}$인 정사각형을 잘라 내어 만든 뚜껑이 없는 직육면체 모양의 상자의 부피를 구하시오.

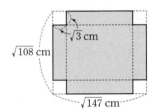

70 서술형

오른쪽 그림과 같은 직육면체의 겉넓이가 $104\ \text{cm}^2$일 때, 이 직육면체의 높이를 구하시오.

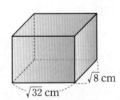

중요

71

다음 그림과 같이 넓이가 각각 $12\ \text{cm}^2$, $27\ \text{cm}^2$, $75\ \text{cm}^2$인 정사각형 모양의 타일을 이어 붙일 때, 타일로 이루어진 도형의 둘레의 길이는 $p\sqrt{q}\ \text{cm}$이다. $p+q$의 값을 구하시오. (단, p는 유리수, q는 가장 작은 자연수)

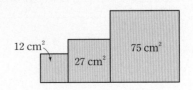

유형 19 제곱근의 덧셈과 뺄셈의 수직선에의 활용 개념4

수직선 위의 두 수 x, y에 대하여 $x-y$의 값

→ $x=1+\sqrt{2}$, $y=1-\sqrt{2}$이므로

$x-y=1+\sqrt{2}-(1-\sqrt{2})=2\sqrt{2}$

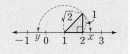

72 대표문제

다음 그림은 한 변의 길이가 각각 2, 3인 두 정사각형을 수직선 위에 그린 것이다. $\overline{PA}=\overline{PQ}$, $\overline{RB}=\overline{RS}$가 되도록 수직선 위에 두 점 A, B를 정할 때, $\overline{AB}$의 길이를 구하시오.

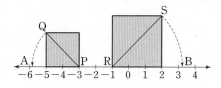

73 서술형

다음 그림은 넓이가 각각 5, 10인 두 정사각형을 수직선 위에 그린 것이다. $\overline{BP}=\overline{BA}$, $\overline{FQ}=\overline{FG}$이고 두 점 P, Q에 대응하는 수를 각각 a, b라 할 때, $\sqrt{2}a+b$의 값을 구하시오.

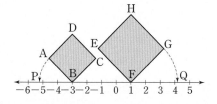

74

다음 그림은 수직선 위에 정사각형 P, Q, R의 넓이를 2배씩 늘여 차례대로 그린 것이다. 정사각형 P의 넓이가 10이고 세 점 A, B, C에 대응하는 수를 각각 a, b, c라 할 때, $a+b+c$의 값을 구하시오.

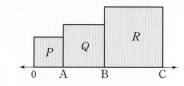

유형 20 실수의 대소 관계 개념5

(1) 두 실수 a, b의 대소 관계는 $a-b$의 부호를 조사한다.
　① $a-b>0$이면 $a>b$　　② $a-b=0$이면 $a=b$
　③ $a-b<0$이면 $a<b$
(2) 세 실수 a, b, c에 대하여
　$a<b$이고 $b<c$이면 $a<b<c$

75 대표문제

다음 중 두 실수의 대소 관계가 옳지 않은 것은?

① $\sqrt{2}+2>3\sqrt{2}-1$　　② $\sqrt{14}-4>-4+\sqrt{13}$

③ $2\sqrt{5}-8<1-2\sqrt{5}$　　④ $2\sqrt{6}+1>\sqrt{54}$

⑤ $3-\sqrt{\dfrac{1}{7}}>3-\sqrt{\dfrac{1}{6}}$

76

다음 중 □ 안에 들어갈 부등호가 나머지 넷과 다른 하나는?

① $\sqrt{2}+1$ □ $3\sqrt{2}-1$　　② 1 □ $\sqrt{10}-2$

③ $6-\sqrt{5}$ □ $2+\sqrt{5}$　　④ $\sqrt{5}-\sqrt{3}$ □ $\sqrt{12}-\sqrt{5}$

⑤ $\sqrt{18}-5$ □ $3-\sqrt{32}$

77

세 수 $a=\sqrt{125}$, $b=\sqrt{27}+3\sqrt{5}$, $c=\sqrt{243}-\sqrt{5}$의 대소 관계를 부등호를 사용하여 나타내면?

① $a<b<c$　　② $a<c<b$　　③ $b<c<a$
④ $c<a<b$　　⑤ $c<b<a$

중요
78

다음 수를 크기가 작은 수부터 차례대로 나열할 때, 오른쪽에서 두 번째에 오는 수와 왼쪽에서 두 번째에 오는 수를 차례대로 구하시오.

$$\sqrt{3}+\sqrt{2}, \quad -2\sqrt{3}+3, \quad 3-\sqrt{11}, \quad 2\sqrt{2}, \quad 3\sqrt{2}-\sqrt{5}$$

01

다음 중 □ 안에 들어갈 수가 가장 큰 것은?

① $-3\sqrt{2}=-\sqrt{\square}$

② $\sqrt{80}=\square\sqrt{5}$

③ $\sqrt{5}\times\sqrt{10}=\square\sqrt{2}$

④ $\sqrt{24}\times\sqrt{\dfrac{2}{3}}=\square$

⑤ $\sqrt{108}\div2\sqrt{3}=\square$

02

$\sqrt{2}\times\sqrt{5}\times\sqrt{a}\times2\sqrt{20}\times\sqrt{2a}=80$을 만족시키는 자연수 a의 값은?

① 2
② 3
③ 4
④ 5
⑤ 6

03

$\dfrac{9\sqrt{3}}{\sqrt{5}}=a\sqrt{15}$, $\dfrac{20}{\sqrt{27}}=b\sqrt{3}$일 때, 유리수 a, b에 대하여 $\sqrt{ab}$ 의 값은?

① 2
② $\sqrt{5}$
③ $\sqrt{7}$
④ 3
⑤ 5

04

$\dfrac{\sqrt{20}}{\sqrt{3}}\times A\div\dfrac{\sqrt{5}}{\sqrt{24}}=\dfrac{2\sqrt{3}}{3}$일 때, A의 값은?

① $3\sqrt{5}$
② $2\sqrt{6}$
③ $\dfrac{3\sqrt{2}}{4}$
④ $\dfrac{\sqrt{6}}{8}$
⑤ $\dfrac{\sqrt{6}}{12}$

05

최다빈출

$\sqrt{5}=a$, $\sqrt{10}=b$일 때, $\sqrt{2000}+\sqrt{0.025}$를 a, b를 사용하여 나타내면?

① $10a+\dfrac{1}{20}b$

② $20a+\dfrac{1}{10}b$

③ $20a+\dfrac{1}{20}b$

④ $25a+\dfrac{1}{20}b$

⑤ $25a+\dfrac{1}{25}b$

06

다음 그림과 같은 직육면체와 원기둥의 부피가 서로 같을 때, x의 값을 구하시오.

07

오른쪽 그림과 같이 대각선의 길이가 $3\sqrt{6}$ cm인 정사각형 ABCD의 변 AD 를 한 변으로 하는 정삼각형 EAD의 높이는?

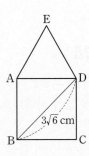

① $\dfrac{9}{2}$ cm
② $3\sqrt{3}$ cm
③ $\dfrac{11}{2}$ cm
④ $4\sqrt{3}$ cm
⑤ $\dfrac{15}{2}$ cm

08 창의 역량

어느 피자 가게에서 피자를 레귤러사이즈는 24000원, 라지사이즈는 28000원에 판매하고 있다. 피자의 가격은 피자의 넓이에 정비례한다고 할 때, 라지사이즈 피자의 반지름의 길이는 레귤러사이즈 피자의 반지름의 길이의 몇 배인가?

① $\dfrac{2}{3}$ 배   ② $\dfrac{\sqrt{42}}{6}$ 배   ③ $\dfrac{\sqrt{5}}{2}$ 배

④ $\dfrac{2\sqrt{3}}{3}$ 배   ⑤ $\dfrac{7}{6}$ 배

09

$\sqrt{150}+\sqrt{54}-a\sqrt{6}=\sqrt{96}$ 일 때, 유리수 a의 값은?

① 3   ② 4   ③ 5

④ 6   ⑤ 7

10 최다빈출

$\sqrt{2}\left(\dfrac{3}{\sqrt{6}}+\dfrac{4}{\sqrt{12}}\right)-\dfrac{3}{4\sqrt{3}}-\sqrt{6}\div\dfrac{4\sqrt{2}}{3}$ 를 간단히 하면?

① $\dfrac{2\sqrt{6}}{3}$ ② $\dfrac{\sqrt{6}}{3}$ ③ $\dfrac{\sqrt{6}}{2}$

④ $\sqrt{6}$ ⑤ $2\sqrt{6}$

11

$\sqrt{2}a(\sqrt{8}-2)+\dfrac{2-\sqrt{32}}{\sqrt{2}}$ 가 유리수가 되도록 하는 유리수 a의 값을 구하시오.

12

두 실수 $\dfrac{\sqrt{5}}{4}$ 와 $\dfrac{2\sqrt{2}}{3}$ 사이의 유리수 중에서 분모가 12인 모든 기약분수의 합을 구하시오. (단, 분자는 자연수)

100점 공략

13

다음과 같은 문제에서 승유는 a를 40으로 잘못 보고 계산하였고, 하영이는 b를 4로 잘못 보고 계산하였다. 두 사람의 계산 결과가 각각 $4\sqrt{2}$, $\sqrt{21}$로 나왔을 때, 문제의 답을 바르게 구하시오. (단, a, b는 자연수)

> $\dfrac{\sqrt{12}}{\sqrt{5}}\div\dfrac{\sqrt{b}}{\sqrt{a}}$ 를 계산하시오.

14

$\sqrt{n}$의 정수 부분을 a, 소수 부분을 b라 할 때, 다음 조건을 만족시키는 자연수 n의 개수를 구하시오.

> $3<a<6$, $0.2<b<0.6$

15

다음 그림과 같이 가로의 길이가 $(\sqrt{3}+2\sqrt{6})$ m, 세로의 길이가 $2\sqrt{6}$ m인 직사각형 모양의 화단에 가로의 길이가 $\sqrt{2}$ m인 직사각형 모양의 사진 촬영지를 만들었다. 촬영지의 둘레를 따라 길을 만들었을 때, 길을 제외한 화단과 촬영지의 넓이의 합을 구하시오.

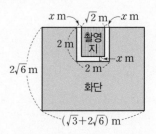

서술형

16

다음을 만족시키는 유리수 a, b에 대하여 $\sqrt{\dfrac{a}{b}}$ 의 값을 구하시오.

$$\frac{\sqrt{75}}{2} \div 6\sqrt{2} \times \sqrt{32} = a\sqrt{3}, \quad 3\sqrt{15} \div 2\sqrt{18} \times 2\sqrt{6} = b\sqrt{5}$$

풀이

답 _____

17

오른쪽 그림과 같이 한 변의 길이가 $4\sqrt{3}$ cm인 정삼각형 ABC의 넓이를 구하시오.

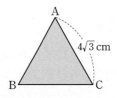

$4\sqrt{3}$ cm

풀이

답 _____

18

$a * b = ab - \sqrt{3}a$라 할 때, $\dfrac{\sqrt{12} - \sqrt{8}}{\sqrt{2}} * \dfrac{1}{\sqrt{3}}$ 의 값을 구하시오.

풀이

답 _____

19

윗변의 길이가 $\sqrt{18}$, 아랫변의 길이가 $\sqrt{50}$, 높이가 x인 사다리꼴의 넓이가 한 변의 길이가 $4\sqrt{5}$인 정사각형의 넓이와 서로 같을 때, 사다리꼴의 높이를 구하시오.

풀이

답 _____

20 💯100점

$a > 0$, $b > 0$이고 $ab = 3$일 때, $\sqrt{4ab} - a\sqrt{\dfrac{b}{a}} + \dfrac{\sqrt{9b}}{b\sqrt{a}}$의 값을 구하시오.

풀이

답 _____

21 💯100점

오른쪽 그림과 같이 한 눈금의 길이가 1인 모눈종이 위에 수직선과 직각삼각형 ABC를 그리고, 점 C를

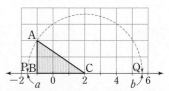

중심으로 하고 $\overline{AC}$를 반지름으로 하는 원을 그려 원이 수직선과 만나는 두 점 P, Q에 대응하는 수를 각각 a, b라 하자. b의 정수 부분을 x, 소수 부분을 y라 할 때, $a + xy$의 값을 구하시오.

풀이

답 _____

04 ✦ 다항식의 곱셈

Ⅱ. 다항식의 곱셈과 인수분해

유형북 **49~64쪽**

더블북 **24~31쪽**

Real 실전 개념

개념 **1** 다항식과 다항식의 곱셈
유형 **01**

분배법칙을 이용하여 전개한 후, 동류항이 있으면 동류항끼리 모아서 간단히 한다.

예 $(2a+b)(3a+b)=6a^2+2ab+3ab+b^2=6a^2+5ab+b^2$

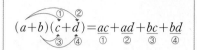

참고 도형의 넓이로 살펴보는 다항식과 다항식의 곱셈

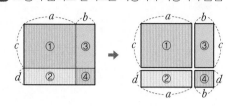

$(a+b)(c+d)=$(큰 직사각형의 넓이)
$=①+②+③+④$
$=ac+ad+bc+bd$

✚ 개념 노트

• 다항식의 분배법칙
① $a(b+c)=ab+ac$
② $(a+b)c=ac+bc$

• 동류항: 문자와 차수가 각각 같은 항

개념 **2** 곱셈 공식
유형 **02~06, 13, 15, 16**

(1) **합의 제곱:** $(a+b)^2=a^2+2ab+b^2$

예 $(x+2)^2=x^2+2\times x\times 2+2^2=x^2+4x+4$

(2) **차의 제곱:** $(a-b)^2=a^2-2ab+b^2$

예 $(x-2)^2=x^2-2\times x\times 2+2^2=x^2-4x+4$

(3) **합과 차의 곱:** $(a+b)(a-b)=a^2-b^2$

예 $(x+3)(x-3)=x^2-3^2=x^2-9$

(4) **x의 계수가 1인 두 일차식의 곱:** $(x+a)(x+b)=x^2+(a+b)x+ab$

예 $(x+2)(x+3)=x^2+(2+3)x+2\times 3=x^2+5x+6$

(5) **x의 계수가 1이 아닌 두 일차식의 곱:** $(ax+b)(cx+d)=acx^2+(ad+bc)x+bd$

예 $(2x+3)(x+4)=(2\times 1)x^2+(2\times 4+3\times 1)x+3\times 4=2x^2+11x+12$

참고 도형의 넓이로 살펴보는 곱셈 공식

• 전개식이 같은 다항식
① $(-a-b)^2$
$=\{-(a+b)\}^2$
$=(a+b)^2$
② $(-a+b)^2$
$=\{-(a-b)\}^2$
$=(a-b)^2$
③ $(-a-b)(-a+b)$
$=\{-(a+b)\}\{-(a-b)\}$
$=(a+b)(a-b)$

(1)
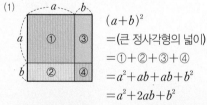

$(a+b)^2$
$=$(큰 정사각형의 넓이)
$=①+②+③+④$
$=a^2+ab+ab+b^2$
$=a^2+2ab+b^2$

(2)
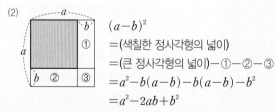

$(a-b)^2$
$=$(색칠한 정사각형의 넓이)
$=$(큰 정사각형의 넓이)$-①-②-③$
$=a^2-b(a-b)-b(a-b)-b^2$
$=a^2-2ab+b^2$

(3)
 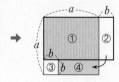

$(a+b)(a-b)=$(색칠한 직사각형의 넓이)
$=①+②=①+④$
$=a^2-③=a^2-b^2$

(4)
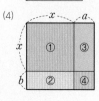

$(x+a)(x+b)$
$=$(큰 직사각형의 넓이)
$=①+②+③+④$
$=x^2+bx+ax+ab$
$=x^2+(a+b)x+ab$

(5)
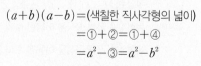

$(ax+b)(cx+d)$
$=$(큰 직사각형의 넓이)
$=①+②+③+④$
$=acx^2+adx+bcx+bd$
$=acx^2+(ad+bc)x+bd$

개념 1 다항식과 다항식의 곱셈

[01~03] 다음 식을 전개하시오.

01 $(3x+2)(y-5)$

02 $(a+2b)(-3c+d)$

03 $(3x-y)(x+2y+1)$

개념 2 곱셈 공식

[04~11] 다음 식을 전개하시오.

04 $(x+3)^2$

05 $(4x+1)^2$

06 $(2a+5b)^2$

07 $\left(\dfrac{1}{3}a+1\right)^2$

08 $(a-6b)^2$

09 $(-3x-y)^2$

10 $(5x-2y)^2$

11 $\left(-x+\dfrac{1}{7}\right)^2$

[12~13] 다음 □ 안에 알맞은 자연수를 써넣으시오.

12 $(\square x+1)^2=\square x^2+6x+1$

13 $(x-\square y)^2=x^2-20xy+\square y^2$

[14~17] 다음 식을 전개하시오.

14 $(x+4)(x-4)$

15 $(-5x+3y)(-5x-3y)$

16 $(4x+3)(3-4x)$

17 $\left(\dfrac{1}{3}x+\dfrac{1}{2}\right)\left(\dfrac{1}{3}x-\dfrac{1}{2}\right)$

[18~22] 다음 식을 전개하시오.

18 $(a+2)(a+9)$

19 $(x-1)(x+7)$

20 $(a-5)(a-3)$

21 $\left(x+\dfrac{1}{3}\right)\left(x-\dfrac{1}{2}\right)$

22 $(x-2y)(x+5y)$

[23~24] 다음 □ 안에 알맞은 자연수를 써넣으시오.

23 $(x-\square)(x+7)=x^2+\square x-21$

24 $(x-3y)(x+\square y)=x^2+\square xy-15y^2$

[25~29] 다음 식을 전개하시오.

25 $(2x+1)(x+4)$

26 $(3a+4)(2a-3)$

27 $(2x-7)(3x-1)$

28 $(6x-5y)(x+3y)$

29 $\left(2x-\dfrac{1}{3}y\right)\left(5x+\dfrac{3}{2}y\right)$

[30~31] 다음 □ 안에 알맞은 자연수를 써넣으시오.

30 $(2x-\square)(x+4)=2x^2+\square x-12$

31 $(3x+y)(\square x-3y)=6x^2-\square xy-3y^2$

Real 실전 개념

개념 3 복잡한 식의 전개

유형 07, 08

(1) 공통부분이 있는 식의 전개

❶ 공통부분을 한 문자로 놓은 후, 곱셈 공식을 이용하여 전개한다.

❷ 전개한 식의 문자에 원래의 식을 대입하여 정리한다.

例 $(\underset{A}{x+y}+1)(\underset{A}{x+y}-1)=(A+1)(A-1)=A^2-1=(x+y)^2-1=x^2+2xy+y^2-1$

(2) ( )( )( )( ) 꼴의 전개

❶ 일차식의 상수항의 합이 같아지도록 두 개씩 짝 지어 전개한다.

❷ 공통부분을 치환하여 식을 전개한다.

개념 4 곱셈 공식의 활용

유형 09~11, 13, 15

(1) 곱셈 공식을 이용한 수의 계산

① 수의 제곱의 계산: 곱셈 공식 $(a+b)^2=a^2+2ab+b^2$, $(a-b)^2=a^2-2ab+b^2$을 이용한다.

└→ a, b의 값은 계산이 편리한 수로 정한다.

例 $101^2=(100+1)^2=100^2+2\times100\times1+1^2=10201$

$99^2=(100-1)^2=100^2-2\times100\times1+1^2=9801$

② 두 수의 곱의 계산: 곱셈 공식 $(a+b)(a-b)=a^2-b^2$, $(x+a)(x+b)=x^2+(a+b)x+ab$를 이용한다.

例 $101\times99=(100+1)(100-1)=100^2-1^2=9999$

$101\times102=(100+1)(100+2)=100^2+(1+2)\times100+1\times2=10302$

③ 제곱근을 포함한 수의 계산: 제곱근을 문자로 생각하고 곱셈 공식을 이용하여 계산한다.

例 $(\sqrt{2}+3)^2=(\sqrt{2})^2+2\times\sqrt{2}\times3+3^2=11+6\sqrt{2}$

(2) 곱셈 공식을 이용한 분모의 유리화

분모가 $\sqrt{a}+\sqrt{b}$ 또는 $\sqrt{a}-\sqrt{b}$ 꼴인 분수는 곱셈 공식 $(a+b)(a-b)=a^2-b^2$을 이용하여 분모를 유리화한다.

$b>0$이고, a, b는 유리수일 때,

① $\dfrac{c}{a+\sqrt{b}}=\dfrac{c(a-\sqrt{b})}{(a+\sqrt{b})(a-\sqrt{b})}=\dfrac{c(a-\sqrt{b})}{a^2-b}$

└── 부호 반대 ──┘

② $\dfrac{c}{\sqrt{a}+\sqrt{b}}=\dfrac{c(\sqrt{a}-\sqrt{b})}{(\sqrt{a}+\sqrt{b})(\sqrt{a}-\sqrt{b})}=\dfrac{c(\sqrt{a}-\sqrt{b})}{a-b}$ (단, $a>0$, $a\neq b$)

└── 부호 반대 ──┘

개념 5 곱셈 공식의 변형

유형 12~14

곱셈 공식의 좌변과 우변의 항을 적당히 이항하면 다음의 공식을 얻을 수 있다.

(1) $(a+b)^2=a^2+2ab+b^2 \Rightarrow a^2+b^2=(a+b)^2-2ab$

(2) $(a-b)^2=a^2-2ab+b^2 \Rightarrow a^2+b^2=(a-b)^2+2ab$

(3) $(a-b)^2+2ab=(a+b)^2-2ab \Rightarrow (a-b)^2=(a+b)^2-4ab$

(4) $(a+b)^2-2ab=(a-b)^2+2ab \Rightarrow (a+b)^2=(a-b)^2+4ab$

例 $a+b=3$, $ab=1$일 때, $a^2+b^2=(a+b)^2-2ab=3^2-2\times1=7$

➕ 개념 노트

- $(x+y+1)^2$과 같이 항이 여러 개인 다항식은 $x+y=A$로 놓고 곱셈 공식을 이용하여 전개할 수 있다.

- 분모가 $a-\sqrt{b}$일 때는 $a+\sqrt{b}$를 분모가 $\sqrt{a}-\sqrt{b}$일 때는 $\sqrt{a}+\sqrt{b}$를 분모, 분자에 각각 곱한다.

- 곱셈 공식의 변형에서 b 대신 $\dfrac{1}{a}$을 대입하면 다음과 같다.

① $a^2+\dfrac{1}{a^2}=\left(a+\dfrac{1}{a}\right)^2-2$

② $a^2+\dfrac{1}{a^2}=\left(a-\dfrac{1}{a}\right)^2+2$

③ $\left(a-\dfrac{1}{a}\right)^2=\left(a+\dfrac{1}{a}\right)^2-4$

④ $\left(a+\dfrac{1}{a}\right)^2=\left(a-\dfrac{1}{a}\right)^2+4$

개념 3 복잡한 식의 전개

[32~33] 다음 □ 안에 알맞은 것을 써넣으시오.

32
$$(\underbrace{x+y}_{A}-5)^2 = (A-5)^2$$
$$= A^2 - \boxed{}A + 25$$
$$= (x+y)^2 - 10(x+y) + 25$$
$$= \boxed{} - 10x - 10y + 25$$

33
$$(\underbrace{x+y}_{A}+1)(\underbrace{x+y}_{A}+3) = (A+1)(A+3)$$
$$= A^2 + \boxed{}A + 3$$
$$= (x+y)^2 + 4(x+y) + \boxed{}$$
$$= x^2 + 2xy + y^2 + 4x + 4y + 3$$

개념 4 곱셈 공식의 활용

[34~39] 다음 □ 안에 알맞은 자연수를 써넣으시오.

34
$$103^2 = (100 + \boxed{})^2$$
$$= 10000 + 600 + \boxed{}$$
$$= \boxed{}$$

35
$$98^2 = (100 - \boxed{})^2$$
$$= 10000 - \boxed{} + 4$$
$$= \boxed{}$$

36
$$58 \times 62 = (\boxed{} - 2)(\boxed{} + 2)$$
$$= \boxed{} - 4$$
$$= \boxed{}$$

37
$$5.1 \times 4.9 = (\boxed{} + 0.1)(\boxed{} - 0.1)$$
$$= \boxed{} - 0.01$$
$$= \boxed{}$$

38
$$81 \times 83 = (\boxed{} + 1)(\boxed{} + 3)$$
$$= 6400 + \boxed{} + 3$$
$$= \boxed{}$$

39
$$199 \times 198 = (\boxed{} - 1)(\boxed{} - 2)$$
$$= \boxed{} - 600 + 2$$
$$= \boxed{}$$

[40~47] 다음 수의 분모를 유리화하시오.

40 $\dfrac{1}{\sqrt{5}-2}$

41 $\dfrac{1}{\sqrt{3}+1}$

42 $\dfrac{\sqrt{3}}{2-\sqrt{3}}$

43 $\dfrac{3-\sqrt{5}}{3+\sqrt{5}}$

44 $\dfrac{1}{\sqrt{10}+3}$

45 $\dfrac{\sqrt{6}+\sqrt{3}}{\sqrt{6}-\sqrt{3}}$

46 $\dfrac{\sqrt{2}}{3-2\sqrt{2}}$

47 $\dfrac{5}{\sqrt{7}+2\sqrt{3}}$

개념 5 곱셈 공식의 변형

[48~49] $x+y=4$, $xy=2$일 때, 다음 □ 안에 알맞은 것을 써넣으시오.

48
$$x^2 + y^2 = (x+y)^2 - \boxed{}$$
$$= 16 - \boxed{} = \boxed{}$$

49
$$(x-y)^2 = (x+y)^2 - \boxed{}$$
$$= 16 - \boxed{} = \boxed{}$$

[50~51] $x+y=3\sqrt{2}$, $xy=\dfrac{1}{2}$일 때, 다음 □ 안에 알맞은 것을 써넣으시오.

50
$$x^2 + y^2 = (x+y)^2 - \boxed{}$$
$$= 18 - \boxed{} = \boxed{}$$

51
$$(x-y)^2 = (x+y)^2 - \boxed{}$$
$$= 18 - \boxed{} = \boxed{}$$

[52~53] $x-y=2\sqrt{5}$, $xy=-1$일 때, 다음 □ 안에 알맞은 것을 써넣으시오.

52
$$x^2 + y^2 = (x-y)^2 + \boxed{}$$
$$= 20 + (\boxed{}) = \boxed{}$$

53
$$(x+y)^2 = (x-y)^2 + \boxed{}$$
$$= 20 + (\boxed{}) = \boxed{}$$

유형 01 다항식과 다항식의 곱셈 · 개념1

(1) 분배법칙을 이용하여 전개한 후, 동류항이 있으면 동류항끼리 모아서 간단히 한다.
(2) (다항식)×(다항식)의 계산에서 특정한 항의 계수를 구할 때에는 필요한 항이 나오는 부분만 전개한다.

01 대표문제

$(4a+2b+3)(2a-5b)$를 전개하였을 때, ab의 계수는?

① -20 ② -16 ③ -10
④ -6 ⑤ -2

02

$(5x+y)(y-2x)=ax^2+bxy+cy^2$일 때, 상수 a, b, c에 대하여 abc의 값을 구하시오.

03

$(x-5y-4)(x+ay-1)$을 전개한 식에서 y의 계수와 xy의 계수가 같을 때, 상수 a의 값은?

① 2   ② 4   ③ 6
④ 8   ⑤ 10

04

$(ax+4y)(3x-5y+2)$의 전개식에서 xy의 계수가 17일 때, x의 계수는? (단, a는 상수)

① -4 ② -3 ③ -2
④ -1 ⑤ 1

유형 02 곱셈 공식 (1); 합의 제곱, 차의 제곱 · 개념2

(1) $(a+b)^2=a^2+2ab+b^2$
　　　　　　　└ 곱의 2배
(2) $(a-b)^2=a^2-2ab+b^2$
　　　　　　　└ 곱의 2배

05 대표문제

$(Ax-3)^2=49x^2+Bx+C$일 때, 상수 A, B, C에 대하여 $A-B+C$의 값을 구하시오. (단, $A>0$)

06 (중요)

다음 중 $(-x+y)^2$과 전개식이 같은 것은?

① $-(x+y)^2$ ② $-(x-y)^2$ ③ $(-x-y)^2$
④ $(x-y)^2$ ⑤ $(x+y)^2$

07

다음 중 옳은 것은?

① $(x+4)^2=x^2+16$
② $(3x-1)^2=9x^2-12x+1$
③ $\left(\dfrac{1}{5}x+2\right)^2=\dfrac{1}{25}x^2+\dfrac{2}{5}x+4$
④ $(-2x+7y)^2=4x^2-28x+49y^2$
⑤ $\left(-\dfrac{1}{3}x-\dfrac{1}{2}y\right)^2=\dfrac{1}{9}x^2+\dfrac{1}{3}xy+\dfrac{1}{4}y^2$

08 서술형

한 변의 길이가 각각 $a+\dfrac{1}{2}b$, $5a-b$인 두 정사각형의 넓이를 각각 A, B라 할 때, $A+B$를 간단히 하시오.

유형 03 곱셈 공식 (2); 합과 차의 곱 · 개념 2

$$\underbrace{(a+b)}_{\text{합}}\underbrace{(a-b)}_{\text{차}}=\underbrace{a^2-b^2}_{\text{제곱의 차}}$$

참고 연속한 합과 차의 곱

$$\underbrace{(a+b)(a-b)}_{}(a^2+b^2)=\underbrace{(a^2-b^2)(a^2+b^2)}_{}=a^4-b^4$$

09 대표문제

다음 중 옳지 <u>않은</u> 것은?

① $(x+7)(x-7)=x^2-49$

② $(-3+x)(-3-x)=x^2-9$

③ $\left(2x-\dfrac{1}{5}\right)\left(2x+\dfrac{1}{5}\right)=4x^2-\dfrac{1}{25}$

④ $(-x-y)(y-x)=x^2-y^2$

⑤ $\left(\dfrac{1}{4}x+\dfrac{1}{2}y\right)\left(\dfrac{1}{4}x-\dfrac{1}{2}y\right)=\dfrac{1}{16}x^2-\dfrac{1}{4}y^2$

10

$(5x+1)(5x-1)-(3x+2)(2-3x)$를 간단히 하면?

① $-34x^2+5$ ② $16x^2+3$ ③ $16x^2-5$

④ $34x^2-5$ ⑤ $34x^2+5$

11

$(-y-4x)(4x-y)=Ax^2+Bxy+Cy^2$일 때, 상수 A, B, C에 대하여 $A+B-C$의 값은?

① -17 ② -15 ③ -3

④ 5 ⑤ 12

중요

12

$(x-2)(x+2)(x^2+4)(x^4+16)=x^a-b$일 때, 자연수 a, b에 대하여 $a+b$의 값을 구하시오.

유형 04 곱셈 공식 (3); $(x+a)(x+b)$ · 개념 2

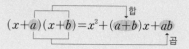

$$(x+a)(x+b)=x^2+(a+b)x+ab$$

13 대표문제

$(x+a)(x-6)=x^2+bx-24$일 때, 상수 a, b에 대하여 $a-b$의 값은?

① -2 ② 2 ③ 4

④ 6 ⑤ 8

14

$\left(x-\dfrac{2}{5}y\right)\left(x-\dfrac{1}{3}y\right)=x^2+axy+by^2$일 때, 상수 a, b에 대하여 $\dfrac{b}{a}$의 값을 구하시오.

15

다음 중 □ 안에 알맞은 수가 가장 큰 것은?

① $(x+3)(x-5)=x^2-\square x-15$

② $(x-2)(x-7)=x^2-\square x+14$

③ $(x+4)\left(x-\dfrac{1}{8}\right)=x^2+\dfrac{31}{8}x-\square$

④ $(x-2y)(x+5y)=x^2+\square xy-10y^2$

⑤ $\left(-x+\dfrac{5}{6}y\right)\left(-x+\dfrac{7}{6}y\right)=x^2-\square xy+\dfrac{35}{36}y^2$

16 서술형

$(x-4)(x+a)+(5-x)(3-x)$의 전개식에서 x의 계수와 상수항이 같을 때, 상수 a의 값을 구하시오.

유형 **05** 곱셈 공식 (4); $(ax+b)(cx+d)$ 개념2

$$(ax+b)(cx+d)=\underset{①}{acx^2}+\underset{②\quad③}{(ad+bc)x}+\underset{④}{bd}$$

17 대표문제

$(4x+a)(bx+5)=12x^2+cx-10$일 때, 상수 a, b, c에 대하여 $a-b+c$의 값은?

① 5   ② 7   ③ 9

④ 11   ⑤ 13

18

$\left(4x+\dfrac{3}{2}y\right)(8x-5y)$의 전개식에서 xy의 계수와 y^2의 계수의 곱은?

① 30   ② 45   ③ 50

④ 60   ⑤ 70

19

다음 식의 전개에서 상수 a, b, c, d에 대하여 $a+b+c+d$의 값을 구하시오.

- $(3x+4)(2x-1)=6x^2+ax-4$
- $(x-1)(3x-5)=3x^2-8x+b$
- $(5x-3y)(-2x+y)=cx^2+11xy-3y^2$
- $\left(\dfrac{1}{5}x-6y\right)\left(\dfrac{1}{2}x-5y\right)=\dfrac{1}{10}x^2-dxy+30y^2$

20 서술형

$5x-a$에 $3x-1$을 곱해야 할 것을 잘못하여 $3x+1$을 곱하였더니 $15x^2-16x-7$이 되었다. 바르게 계산한 답을 구하시오. (단, a는 상수)

유형 **06** 곱셈 공식 (5); 종합 개념2

(1) $(a+b)^2=a^2+2ab+b^2$

(2) $(a-b)^2=a^2-2ab+b^2$

(3) $(a+b)(a-b)=a^2-b^2$

(4) $(x+a)(x+b)=x^2+(a+b)x+ab$

(5) $(ax+b)(cx+d)=acx^2+(ad+bc)x+bd$

21 대표문제

다음 중 옳지 <u>않은</u> 것을 모두 고르면? (정답 2개)

① $(2x-7)^2=4x^2-28x+49$

② $(-4x-3y)^2=16x^2+24xy+9y^2$

③ $(x+3)(x-2)=x^2+x-6$

④ $(-x-5)(-x+5)=-x^2-25$

⑤ $\left(2x-\dfrac{1}{3}y\right)\left(5x+\dfrac{3}{2}y\right)=10x^2+\dfrac{14}{3}xy-\dfrac{1}{2}y^2$

22

다음 중 식을 전개하였을 때, x의 계수가 나머지 넷과 다른 하나는?

① $(x-4)^2$ ② $(x-5)(x-3)$

③ $(3x+7)(x-5)$ ④ $(x+4)(x-12)$

⑤ $(5-2x)(4x+1)$

23

$(3x-2)^2+(x+3)(2x+a)$를 전개한 식에서 x의 계수가 -2일 때, 상수항을 구하시오. (단, a는 상수)

중요

24

오른쪽 그림은 가로, 세로의 길이가 각각 $4x$, $3x$인 직사각형을 네 개의 직사각형으로 나눈 것이다. 이때 색칠한 부분의 넓이를 구하시오.

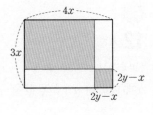

유형 07 공통부분이 있는 식의 전개　개념 3

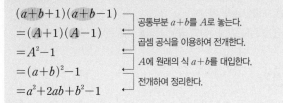

$(a+b+1)(a+b-1)$
$=(A+1)(A-1)$　　공통부분 $a+b$를 A로 놓는다.
$=A^2-1$　　　　　곱셈 공식을 이용하여 전개한다.
$=(a+b)^2-1$　　　A에 원래의 식 $a+b$를 대입한다.
$=a^2+2ab+b^2-1$　전개하여 정리한다.

25 대표문제

$(3x+y-5)^2$의 전개식에서 x^2의 계수를 a, xy의 계수를 b라 할 때, $a+b$의 값은?

① 14　　② 15　　③ 16
④ 18　　⑤ 20

26

$(3x+4y-2)(3x-4y-2)$를 전개한 식에서 상수항을 포함한 모든 항의 계수의 합은?

① -19　　② -15　　③ -11
④ 4　　⑤ 5

27

다음 식을 전개하시오.

$(a-3b+1)(a+3b-1)$

 중요

28

$(1+x+x^2)(1-x+x^2)(1-x^2+x^4)=1+x^a+x^b$일 때, 자연수 a, b에 대하여 ab의 값은?

① 21　　② 24　　③ 32
④ 40　　⑤ 48

유형 08 ( )( )( )( ) 꼴의 전개　개념 3

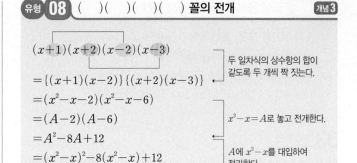

$(x+1)(x+2)(x-2)(x-3)$
$=\{(x+1)(x-2)\}\{(x+2)(x-3)\}$　두 일차식의 상수항의 합이 같도록 두 개씩 짝 짓는다.
$=(x^2-x-2)(x^2-x-6)$
$=(A-2)(A-6)$　　$x^2-x=A$로 놓고 전개한다.
$=A^2-8A+12$
$=(x^2-x)^2-8(x^2-x)+12$　A에 x^2-x를 대입하여 정리한다.
$=x^4-2x^3-7x^2+8x+12$

29 대표문제

$(x-3)(x-1)(x+2)(x+4)$를 전개한 식에서 x^3의 계수를 p, x의 계수를 q라 할 때, $p+q$의 값은?

① -14　　② -13　　③ -12
④ -11　　⑤ -10

30

$(x+1)(x+4)(x-2)(x-5)$를 전개하시오.

31

다음 식의 전개에서 상수 a, b, c, d에 대하여 $a-b-c+d$의 값은?

$(x-1)(x-2)(x+5)(x+6)=x^4+ax^3+bx^2+cx+d$

① -1　　② 1　　③ 68
④ 135　　⑤ 137

32 서술형

$x^2-3x-6=0$일 때, $(x+1)(x-2)(x-4)(x-1)$의 값을 구하시오.

집중⚡

유형 09 곱셈 공식을 이용한 수의 계산 (1)   개념 4

(1) 수의 제곱의 계산: 곱셈 공식 $(a+b)^2=a^2+2ab+b^2$ 또는 $(a-b)^2=a^2-2ab+b^2$을 이용한다.
(2) 두 수의 곱의 계산: 곱셈 공식 $(a+b)(a-b)=a^2-b^2$ 또는 $(x+a)(x+b)=x^2+(a+b)x+ab$를 이용한다.

33 대표문제

다음 중 주어진 수의 계산을 편리하게 하기 위해 이용하는 곱셈 공식의 연결이 옳지 <u>않은</u> 것은?

① $502^2 \Rightarrow (a+b)^2=a^2+2ab+b^2$
② $998^2 \Rightarrow (a-b)^2=a^2-2ab+b^2$
③ $1003 \times 993 \Rightarrow (a+b)(a-b)=a^2-b^2$
④ $5.03 \times 4.97 \Rightarrow (a+b)(a-b)=a^2-b^2$
⑤ $102 \times 105 \Rightarrow (x+a)(x+b)=x^2+(a+b)x+ab$

34 〔IIII〕

곱셈 공식을 이용하여 $59 \times 62 - 61^2$을 계산하시오.

35 〔IIII〕

$2(3+1)(3^2+1)(3^4+1)(3^8+1)=3^a-b$일 때, 자연수 a, b에 대하여 $a-b$의 값은? (단, b는 한 자리 자연수)

① 7   ② 9   ③ 15
④ 17   ⑤ 18

36 〔IIII〕 서술형

두 수 A, B가 다음과 같을 때, $A+B$의 값을 구하시오.

$$A=\dfrac{2018 \times 2024+9}{2021}, \quad B=\dfrac{2018^2-9}{2021}$$

유형 10 곱셈 공식을 이용한 수의 계산 (2)   개념 4

제곱근을 포함한 수의 계산
➡ 제곱근을 문자로 생각하고 곱셈 공식을 이용한다.

37 대표문제

$(\sqrt{5}-3\sqrt{2})(\sqrt{5}-4\sqrt{2})=a+b\sqrt{10}$일 때, 유리수 a, b에 대하여 $\sqrt{a-b}$의 값은?

① 5   ② $3\sqrt{3}$ ③ $\sqrt{29}$
④ $4\sqrt{2}$ ⑤ 6

38 〔IIII〕

$(\sqrt{3}-4a)(\sqrt{3}+7)+5\sqrt{3}$을 계산한 결과가 유리수가 되도록 하는 유리수 a의 값은?

① -3 ② -1 ③ 1
④ 3 ⑤ 5

39 〔IIII〕

오른쪽 그림과 같은 도형의 넓이는?

① $24+5\sqrt{6}$ ② $27+5\sqrt{6}$
③ $21+8\sqrt{6}$ ④ $27+8\sqrt{6}$
⑤ $27+18\sqrt{6}$

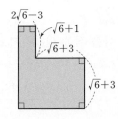

중요

40 〔IIII〕

$(8-3\sqrt{7})^{2021}(8+3\sqrt{7})^{2021}$을 계산하시오.

집중⚡
유형 **11** 곱셈 공식을 이용한 분모의 유리화 개념4

분모가 2개의 항으로 되어 있는 무리수일 때, 곱셈 공식
$(a+b)(a-b)=a^2-b^2$을 이용하여 분모를 유리화한다.

참고

분모	분자, 분모에 곱하는 수
$\sqrt{a}+\sqrt{b}$	$\sqrt{a}-\sqrt{b}$
$\sqrt{a}-\sqrt{b}$	$\sqrt{a}+\sqrt{b}$

41 대표문제

$\dfrac{\sqrt{5}+2}{\sqrt{5}-2}-\dfrac{\sqrt{5}+5}{\sqrt{5}+2}=a+b\sqrt{5}$일 때, 유리수 a, b에 대하여
$a-b$의 값을 구하시오.

42

다음 중 분모를 유리화한 것으로 옳지 <u>않은</u> 것은?

① $\dfrac{1}{2+\sqrt{3}}=2-\sqrt{3}$ ② $\dfrac{\sqrt{5}-1}{\sqrt{5}}=\dfrac{5-\sqrt{5}}{5}$

③ $\dfrac{\sqrt{10}}{\sqrt{10}-3}=10-3\sqrt{10}$ ④ $\dfrac{3-\sqrt{6}}{3+\sqrt{6}}=5-2\sqrt{6}$

⑤ $\dfrac{3}{\sqrt{6}-\sqrt{3}}=\sqrt{6}+\sqrt{3}$

중요
43

$x=\dfrac{5-2\sqrt{6}}{5+2\sqrt{6}}$일 때, $x+\dfrac{1}{x}$의 값은?

① -98 ② $-40\sqrt{6}$ ③ $40\sqrt{6}$

④ 98 ⑤ $98+40\sqrt{6}$

44 서술형

다음 식을 계산하시오.

$\dfrac{1}{\sqrt{2}-1}-\dfrac{1}{\sqrt{3}-\sqrt{2}}+\dfrac{1}{2-\sqrt{3}}-\dfrac{1}{\sqrt{5}-2}+\cdots-\dfrac{1}{5-2\sqrt{6}}$

집중⚡
유형 **12** 식의 값 구하기; 두 수의 합 또는 차, 곱이 주어진 경우 개념5

(1) $a+b$와 ab의 값이 주어진 경우
 ➡ $a^2+b^2=(a+b)^2-2ab$ 또는
  $(a-b)^2=(a+b)^2-4ab$를 이용한다.
(2) $a-b$와 ab의 값이 주어진 경우
 ➡ $a^2+b^2=(a-b)^2+2ab$ 또는
  $(a+b)^2=(a-b)^2+4ab$를 이용한다.

45 대표문제

$x+y=2\sqrt{5}$, $xy=3$일 때, $\dfrac{y}{x}+\dfrac{x}{y}$의 값은?

① $\dfrac{14}{3}$ ② $\dfrac{16}{3}$ ③ 6

④ $\dfrac{20}{3}$ ⑤ $\dfrac{22}{3}$

46

$x+y=2\sqrt{3}$, $x-y=4$일 때, $4xy$의 값을 구하시오.

47

$xy=4$, $(x-4)(y+4)=20$일 때, x^2-xy+y^2의 값은?

① 56 ② 60 ③ 64

④ 66 ⑤ 68

48 서술형

$a+b=2\sqrt{10}$, $a^2+b^2=32$일 때, $(a^2-3)(b^2-3)$의 값을
구하시오.

유형 **13** 식의 값 구하기; 두 수가 주어진 경우 　개념 2, 4, 5

❶ 분모가 무리수이면 분모를 유리화한다.

❷ 곱셈 공식을 이용하여 주어진 식을 간단히 한다.

❸ ❷의 식에 주어진 두 수 또는 두 수의 합이나 곱을 대입한다.

49 대표문제

$x=\dfrac{1}{\sqrt{3}-\sqrt{2}},\ y=\dfrac{1}{\sqrt{3}+\sqrt{2}}$일 때, $x^2+5xy+y^2$의 값은?

① 12　　　　② 13　　　　③ 14

④ 15　　　　⑤ 16

50

$x=5+\sqrt{10},\ y=\sqrt{2}+\sqrt{5}$일 때, $(x+2y)(x-2y)$의 값은?

① $2\sqrt{10}$　　② $5+2\sqrt{10}$　　③ $7+2\sqrt{10}$

④ $9+2\sqrt{10}$　　⑤ $10+2\sqrt{10}$

51

$x=\dfrac{3}{\sqrt{5}-2},\ y=\dfrac{2}{\sqrt{5}+2}$일 때, $(x+y)^2-(x-y)^2$의 값은?

① 8　　　　② 12　　　　③ 16

④ 20　　　　⑤ 24

52

$x=\dfrac{\sqrt{6}+\sqrt{2}}{\sqrt{6}-\sqrt{2}},\ y=\dfrac{\sqrt{6}-\sqrt{2}}{\sqrt{6}+\sqrt{2}}$일 때, $\dfrac{1}{x^2}+\dfrac{1}{y^2}$의 값을 구하시오.

집중 ⚡

유형 **14** 식의 값 구하기; 역수의 합 또는 차가 주어진 경우 　개념 5

$a+\dfrac{1}{a}$ 또는 $a-\dfrac{1}{a}$의 값이 주어질 때,

(1) $a^2+\dfrac{1}{a^2}=\left(a+\dfrac{1}{a}\right)^2-2=\left(a-\dfrac{1}{a}\right)^2+2$

(2) $\left(a+\dfrac{1}{a}\right)^2=\left(a-\dfrac{1}{a}\right)^2+4$

(3) $\left(a-\dfrac{1}{a}\right)^2=\left(a+\dfrac{1}{a}\right)^2-4$

53 대표문제

$x-\dfrac{1}{x}=2\sqrt{3}$일 때, $x^2+\dfrac{1}{x^2}$의 값은?

① 10　　　　② 12　　　　③ 14

④ 16　　　　⑤ 18

54

$a-\dfrac{1}{a}=\sqrt{5}$일 때, $a^4+\dfrac{1}{a^4}$의 값은?

① 45　　　　② 47　　　　③ 49

④ 51　　　　⑤ 53

중요

55

$x^2-6x+1=0$일 때, $x-\dfrac{1}{x}$의 값은?

① $\pm\sqrt{2}$　　② $\pm\sqrt{3}$　　③ $\pm2\sqrt{6}$

④ $\pm4\sqrt{2}$　　⑤ $\pm4\sqrt{3}$

56 서술형

$x^2+3x+1=0$일 때, $x^2+x+\dfrac{1}{x}+\dfrac{1}{x^2}$의 값을 구하시오.

유형 15 식의 값 구하기; $x=a+\sqrt{b}$ 꼴이 주어진 경우 〔개념 2, 4〕

$$x=a+\sqrt{b} \xrightarrow[\text{좌변으로 이항}]{\text{유리수를}} x-a=\sqrt{b} \xrightarrow[\text{제곱}]{\text{양변을}} (x-a)^2=b$$

57 대표문제

$x=\sqrt{3}+5$일 때, $x^2-10x+15$의 값은?

① -22 ② -15 ③ -10

④ -7 ⑤ -5

58 〔﹍﹍﹍〕 서술형

$x=(3\sqrt{2}-2)(\sqrt{2}+1)$일 때, $x^2-8x+10$의 값을 구하시오.

59 〔﹍﹍﹍〕

$x=3\sqrt{6}-2$일 때, $\sqrt{x^2+4x+2}$의 값은?

① $2\sqrt{2}$ ② 3 ③ $\sqrt{13}$

④ $2\sqrt{13}$ ⑤ $3\sqrt{13}$

60 〔﹍﹍﹍〕

$x=\dfrac{3-\sqrt{7}}{3+\sqrt{7}}$일 때, $x^2-16x+15$의 값은?

① 13 ② 14 ③ 15

④ 16 ⑤ 17

유형 16 곱셈 공식과 도형의 넓이의 활용 〔개념 2〕 집중⚡

곱셈 공식을 이용하여 직사각형의 넓이 구하기
❶ 가로의 길이, 세로의 길이를 문자를 사용하여 나타낸다.
❷ 직사각형의 넓이를 구하는 식을 세운 후 곱셈 공식을 이용하여 전개한다.

61 대표문제

오른쪽 그림과 같이 가로의 길이가 $5a$, 세로의 길이가 $4a$인 직사각형 모양의 화단에 폭이 1로 일정한 길을 만들었다. 길을 제외한 화단의 넓이를 구하시오.

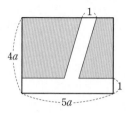

62 〔﹍﹍﹍〕

오른쪽 그림과 같이 한 변의 길이가 a인 정사각형에서 가로의 길이는 3만큼 줄이고 세로의 길이는 3만큼 늘여서 새로운 직사각형을 만들었다. 처음 정사각형과 새로 만든 직사각형의 넓이의 차를 구하시오.

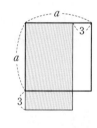

63 〔﹍﹍﹍〕 중요

오른쪽 그림의 직사각형 ABCD에서 사각형 ABFE와 사각형 GFCH는 정사각형이다.
$\overline{AB}=3a-2$, $\overline{BC}=4a+3$일 때, 직사각형 EGHD의 넓이를 구하시오.

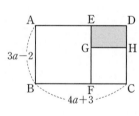

64 〔﹍﹍﹍〕

오른쪽 그림과 같이 세 반원의 중심이 한 직선 위에 있고, 두 반원 O, O'의 반지름의 길이가 각각 $2x$, $3y$일 때, 색칠한 부분의 넓이를 구하시오.

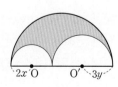

Real 실전 기출

01

$(3x+a)\left(x-\dfrac{1}{3}\right)$의 전개식에서 상수항이 $\dfrac{1}{6}$일 때, x의 계수는?

① -4 ② $-\dfrac{3}{2}$ ③ $-\dfrac{1}{2}$

④ 2 ⑤ 3

02

$(2x+A)^2=4x^2+Bx+9$일 때, A^2+B^2의 값은?

① 9 ② 15 ③ 45

④ 112 ⑤ 153

03

다음 식을 간단히 하면?

$$2(x-3)^2-(2x+5)(x-2)$$

① $-13x-8$ ② $-13x+8$ ③ $-13x+28$
④ $-7x-19$ ⑤ $-7x+28$

04 최다빈출

다음 중 ☐ 안에 알맞은 수가 가장 큰 것은?

① $(4x-y)^2=\square x^2-8xy+y^2$
② $(-x-5y)^2=x^2+\square xy+25y^2$
③ $(x+9)(x-6)=x^2+\square x-54$
④ $(-3x-7)(3x-7)=-9x^2+\square$
⑤ $(6-5x)(3x-2)=-15x^2+\square x-12$

05

한 변의 길이가 a인 정사각형에서 [그림 1]과 같이 합동인 2개의 삼각형을 잘라 내고 남은 부분으로 [그림 2], [그림 3]과 같이 바꾸었다. 다음 중 [그림 2]와 [그림 3]의 색칠한 부분의 넓이가 같음을 나타내는 식은?

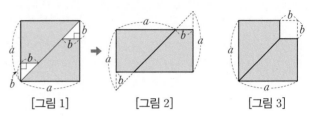

[그림 1]   [그림 2]   [그림 3]

① $(a+b)^2=a^2+2ab+b^2$
② $(a-b)^2=a^2-2ab+b^2$
③ $(a+b)(a-b)=a^2-b^2$
④ $(x+a)(x+b)=x^2+(a+b)x+ab$
⑤ $(ax+b)(cx+d)=acx^2+(ad+bc)x+bd$

06

$(x-2y+3)(x-2y+1)$을 전개하면
$x^2-4xy+4y^2+\boxed{}$일 때, ☐ 안에 알맞은 식은?

① $-4x-8y-3$ ② $-4x-8y+3$ ③ $4x-8y-3$
④ $4x-8y+3$ ⑤ $4x+8y+3$

07

$x+\dfrac{2}{x}=-6$일 때, $(x+1)(x+2)(x+4)(x+5)$의 값은?

① 18 ② 24 ③ 28

④ 30 ⑤ 40

08 최다빈출

$97 \times 103 \times (10^4+9)+81=10^a$일 때, 자연수 a의 값을 구하시오.

09

$(5+2\sqrt{6})(6+3\sqrt{2})(5-2\sqrt{6})(6-3\sqrt{2})$를 계산하시오.

10

$(\sqrt{15}-4)^{99}(\sqrt{15}+4)^{100}+3\sqrt{15}-5$의 값은?

① $-4\sqrt{15}-9$　② $-2\sqrt{15}-9$　③ $2\sqrt{15}-9$
④ $4\sqrt{15}-9$　⑤ $4\sqrt{15}-1$

11

$x=\sqrt{11}$일 때, $\dfrac{x+1}{x-1}-\dfrac{x-1}{x+1}$의 값은?

① $\dfrac{2\sqrt{11}}{5}$　② $\dfrac{\sqrt{11}}{2}$　③ $\sqrt{11}$
④ $2\sqrt{11}$　⑤ $3\sqrt{11}$

12

$x^2+\dfrac{1}{x^2}=10$일 때, $x-\dfrac{1}{x}$의 값은? (단, $0<x<1$)

① $-3\sqrt{2}$　② $-2\sqrt{2}$　③ $-\sqrt{2}$
④ $\sqrt{2}$　⑤ $2\sqrt{2}$

100점 공략

13

$x-y=4$일 때, 다음 등식을 만족시키는 자연수 a, b, c에 대하여 $a+b+c$의 값을 구하시오.

$$(x+y)(x^2+y^2)(x^4+y^4)(x^8+y^8)=\frac{1}{a}(x^b-y^c)$$

14 창의 역량

$(x+A)(x+B)$를 전개한 식이 x^2+Cx+8일 때, 다음 중 C의 값이 될 수 없는 것은? (단, A, B, C는 정수)

① -9　② -6　③ -3
④ 6　⑤ 9

15

가로의 길이가 a, 세로의 길이가 b인 직사각형 모양의 종이를 오른쪽 그림과 같이 접었을 때, 직사각형 GFCH의 넓이는? (단, $a>b$)

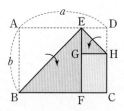

① $-2a^2+3ab-b^2$
② $-2a^2+3ab-2b^2$
③ $-a^2+3ab-2b^2$
④ $-a^2+3ab+2b^2$
⑤ $a^2+3ab-2b^2$

서술형

16

서원이는 $(x+5)(x-8)$을 전개하는데 -8을 A로 잘못 보아서 x^2+2x-B로 전개하였고, 혜수는 $(4x-3)(6x-5)$를 전개하는데 x의 계수 6을 C로 잘못 보아서 $Dx^2-29x+15$로 전개하였다. 이때 상수 A, B, C, D에 대하여 $A+B+C+D$의 값을 구하시오.

풀이

답 _____

17

다음 등식이 성립할 때, 자연수 a의 값을 구하시오.

$$(2+1)(2^2+1)(2^4+1)(2^8+1)=2^a-1$$

풀이

답 _____

18

$x=\dfrac{\sqrt{3}-1}{\sqrt{3}+1}$, $y=\dfrac{\sqrt{3}+1}{\sqrt{3}-1}$일 때, x^2+xy+y^2의 값을 구하시오.

풀이

답 _____

19

전개도가 오른쪽 그림과 같은 정육면체에서 마주 보는 면에 적힌 두 일차식의 곱을 각각 A, B, C라 할 때, $A+B+C$를 계산하시오.

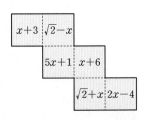

풀이

답 _____

20 〈100점〉

길이가 48 cm인 끈을 두 조각으로 잘라 넓이의 비가 $1:2$인 두 정사각형을 만들려고 한다. 이때 작은 정사각형의 한 변의 길이를 구하시오.

풀이

답 _____

21 〈100점〉

$x=\dfrac{1}{2\sqrt{6}-5}$일 때, $4x^2+38x-3$의 값을 구하시오.

풀이

답 _____

Ⅱ. 다항식의 곱셈과 인수분해

05 ◆ 다항식의 인수분해

유형북 65~80쪽
더블북 32~39쪽

Real 실전 개념

개념 1 인수분해

유형 01

(1) 인수분해의 뜻

① 인수: 하나의 다항식을 두 개 이상의 다항식의 곱으로 나타낼 때, 각각의 다항식을 처음 다항식의 인수라 한다.

② 인수분해: 하나의 다항식을 두 개 이상의 인수의 곱으로 나타내는 것을 다항식을 인수분해한다고 한다.

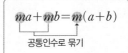

(2) 공통인수를 이용한 인수분해

① 공통인수: 다항식의 각 항에 공통으로 들어 있는 인수

② 공통인수를 이용한 인수분해: 분배법칙을 이용하여 공통인수를 묶어 내어 인수분해한다.

$$ma+mb=m(a+b)$$
공통인수로 묶기

+ 개념 노트

· $6=2\times3$으로 소인수분해하는 것처럼 다항식도 인수의 곱으로 나타낼 수 있다.

· 모든 다항식에서 1과 자기 자신은 그 다항식의 인수이다.

· 인수분해는 전개의 반대 과정이다.

· 인수분해할 때는 공통인수가 남지 않도록 모두 묶어 낸다.

개념 2 인수분해 공식

유형 02~10, 17

(1) $a^2 \pm 2ab+b^2$의 인수분해

① $a^2+2ab+b^2=(a+b)^2$ 예 $x^2+6x+9=(x+3)^2$

② $a^2-2ab+b^2=(a-b)^2$ 예 $x^2-6x+9=(x-3)^2$

③ 완전제곱식: 다항식의 제곱으로 된 식 또는 이 식에 상수를 곱한 식

   예 $(x+2)^2$, $(5a-3)^2$, $4(2x-y)^2$

④ x^2+ax+b가 완전제곱식이 되기 위한 b의 조건: $b=\left(\dfrac{a}{2}\right)^2$

⑤ x^2+ax+b $(b>0)$가 완전제곱식이 되기 위한 a의 조건: $a=\pm2\sqrt{b}$

$$a^2+2ab+b^2=(a+b)^2$$
$$a^2-2ab+b^2=(a-b)^2$$

· 다항식을 인수분해할 때, 각 항에 공통인수가 있으면 먼저 그 인수로 묶어 낸 다음 인수분해 공식을 이용한다.

· 특별한 조건이 없으면 다항식의 인수분해는 유리수의 범위에서 더 이상 인수분해할 수 없을 때까지 계속 한다.

(2) a^2-b^2의 인수분해: $a^2-b^2=(a+b)(a-b)$

예 $x^2-4=x^2-2^2=(x+2)(x-2)$

$$a^2-b^2=(a+b)(a-b)$$
제곱의 차   합   차

(3) $x^2+(a+b)x+ab$의 인수분해: $x^2+(a+b)x+ab=(x+a)(x+b)$

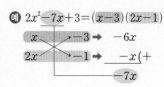

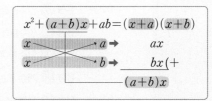

(4) $acx^2+(ad+bc)x+bd$의 인수분해: $acx^2+(ad+bc)x+bd=(ax+b)(cx+d)$

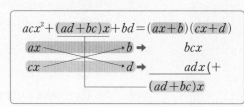

개념 ① 인수분해

[01~06] 다음 식을 인수분해하시오.

01 x^2+3x

02 a^2b+4ab

03 $x^3-x^2y+x^2z$

04 $2x^2y-6y$

05 $ax+2bx-7x$

06 $-5xy^2+10x^2y^3$

개념 ② 인수분해 공식

[07~10] 다음 식을 인수분해하시오.

07 $x^2+16x+64$

08 $a^2-12ab+36b^2$

09 $16x^2-24x+9$

10 $x^2-\dfrac{2}{5}x+\dfrac{1}{25}$

[11~16] 다음 식이 완전제곱식이 되도록 □ 안에 알맞은 수를 써넣으시오.

11 $x^2+18x+\boxed{}$

12 $a^2-a+\boxed{}$

13 $x^2+\boxed{}x+16$

14 $a^2+\boxed{}ab+49b^2$

15 $4x^2-12x+\boxed{}$

16 $9x^2+\boxed{}xy+16y^2$

[17~24] 다음 식을 인수분해하시오.

17 x^2-9

18 $16x^2-1$

19 $4a^2-9b^2$

20 $25a^2-b^2$

21 $36-x^2$

22 $3a^2-27$

23 $6x^2-24y^2$

24 $\dfrac{1}{9}x^2-\dfrac{1}{4}y^2$

25 다음은 $x^2-9x+18$을 인수분해하는 과정이다. (가)~(라)에 알맞은 것을 써넣으시오.

$$x^2-9x+18=(x-\boxed{\text{(라)}})(x-6)$$

$$x \diagdown \boxed{\text{(가)}} \Rightarrow \boxed{\text{(나)}}$$
$$x \diagup -6 \Rightarrow \underline{\boxed{\text{(다)}}}(+$$
$$\overline{-9x}$$

[26~29] 다음 식을 인수분해하시오.

26 x^2-4x+3

27 $x^2+2x-15$

28 $x^2-5x-24$

29 $x^2-11xy+30y^2$

30 다음은 $6x^2+5x-4$를 인수분해하는 과정이다. (가)~(바)에 알맞은 것을 써넣으시오.

$$6x^2+5x-4=(2x-\boxed{\text{(마)}})(\boxed{\text{(바)}}+4)$$

$$2x \diagdown \boxed{\text{(나)}} \Rightarrow \boxed{\text{(라)}}$$
$$\boxed{\text{(가)}} \diagup \boxed{\text{(다)}} \Rightarrow \underline{8x}(+$$
$$\overline{5x}$$

[31~36] 다음 식을 인수분해하시오.

31 $3x^2-5x-2$

32 $2x^2+xy-6y^2$

33 $5x^2-11x-36$

34 $9x^2-9x+2$

35 $2x^2+7x-15$

36 $10x^2-9xy+2y^2$

Real 실전 개념

개념 3 복잡한 식의 인수분해 유형 11~14

➕ 개념 노트

(1) 공통인수가 있으면 공통인수로 묶어 내고 인수분해 공식을 이용한다.

$$예\ 3x^3y-12x^2y+9xy=\underline{3xy}(x^2-4x+3)$$
$$=3xy(x-1)(x-3)$$

(2) 공통부분이 있으면 공통부분을 한 문자로 치환한다.

$$예\ \underset{A}{\underline{(x-y)}}\underset{A}{\underline{(x-y}}+2)-15=A(A+2)-15$$
$$=A^2+2A-15$$
$$=(A+5)(A-3)$$
$$=(x-y+5)(x-y-3)$$

• 치환하여 인수분해한 후 반드시 원래의 식을 대입하여 답을 쓴다.

(3) 항이 4개인 경우

① 공통인수가 있는 경우: (항 2개)+(항 2개)로 묶어 공통인수를 찾아 인수분해한다.

② A^2-B^2 꼴로 나타낼 수 있는 경우: (항 1개)+(항 3개)로 묶어 제곱의 차를 이용하여 인수분해한다.

$$예\ ①\ \underset{2개}{\underline{xy+x}}-\underset{2개}{\underline{y-1}}=x(y+1)-(y+1)$$
$$=(y+1)(x-1)$$
$$②\ \underset{3개}{\underline{x^2+2xy+y^2}}-\underset{1개}{\underline{4}}=(x^2+2xy+y^2)-2^2$$
$$=(x+y)^2-2^2$$
$$=(x+y+2)(x+y-2)$$

(4) 항이 5개 이상인 경우: 차수가 낮은 한 문자에 대하여 내림차순으로 정리한 후 인수분해한다.

$$예\ x^2+xy-4x-5y-5=(x-5)y+x^2-4x-5 ← y에 대하여 내림차순으로 정리$$
$$=(x-5)y+(x-5)(x+1)$$
$$=(x-5)(x+y+1)$$

• 내림차순: 다항식을 어떤 문자에 대하여 차수가 높은 항부터 낮은 항의 순서로 정리하여 나열하는 것

개념 4 인수분해 공식의 활용 유형 15, 16

(1) 수의 계산: 인수분해 공식을 이용할 수 있도록 수의 모양을 변형하여 계산한다.

① 완전제곱식 이용하기: $a^2+2ab+b^2=(a+b)^2$, $a^2-2ab+b^2=(a-b)^2$을 이용

② 제곱의 차 이용하기: $a^2-b^2=(a+b)(a-b)$를 이용

$$예\ ①\ 15^2+2×15×5+5^2=(15+5)^2$$
$$=20^2=400$$
$$②\ 97^2-3^2=(97+3)×(97-3)$$
$$=100×94=9400$$

(2) 식의 값: 주어진 식을 인수분해하여 식을 간단히 한 후 주어진 수를 대입하여 값을 구한다.

$$예\ x=52일 때, x^2-4x+4의 값은$$
$$x^2-4x+4=(x-2)^2=(52-2)^2=50^2=2500$$

• 식에 주어진 값을 직접 대입하여 구할 수도 있지만 식을 인수분해한 후 대입하여 계산하는 것이 더 편리하다.

개념 ③ 복잡한 식의 인수분해

[37~40] 다음 식을 인수분해하시오.

37 $x^2y - 12xy + 36y$

38 $x^3 - x$

39 $4a^3b - ab$

40 $3xy^2 - 3xy - 36x$

[41~44] 다음 식을 인수분해하시오.

41 $(a+b)^2 - 6(a+b) + 9$

42 $(a+2)^2 - 4(a+2) - 5$

43 $(x+3)^2 - 25$

44 $(2x-y)(2x-y-4) + 3$

[45~46] 다음은 공통인수를 이용하여 인수분해하는 과정이다. ☐ 안에 공통으로 들어갈 식을 구하시오.

45 $x^2 + xy - 3x - 3y = x(\boxed{}) - 3(\boxed{})$
$\qquad\qquad = (\boxed{})(x-3)$

46 $ab + a + b + 1 = a(\boxed{}) + b + 1$
$\qquad\qquad = (\boxed{})(a+1)$

[47~48] 다음은 $A^2 - B^2 = (A+B)(A-B)$임을 이용하여 인수분해하는 과정이다. ☐ 안에 공통으로 들어갈 식을 구하시오.

47 $x^2 + 6x + 9 - y^2 = (x^2 + 6x + 9) - y^2$
$\qquad\qquad = (\boxed{})^2 - y^2$
$\qquad\qquad = (\boxed{} + y)(\boxed{} - y)$

48 $x^2 - 10x + 25 - 4y^2 = (x^2 - 10x + 25) - 4y^2$
$\qquad\qquad = (\boxed{})^2 - (2y)^2$
$\qquad\qquad = (\boxed{} + 2y)(\boxed{} - 2y)$

개념 ④ 인수분해 공식의 활용

[49~54] 인수분해 공식을 이용하여 다음을 계산하시오.

49 $16 \times 25 - 16 \times 23$

50 $95^2 + 10 \times 95 + 25$

51 $55^2 - 45^2$

52 $103^2 - 6 \times 103 + 9$

53 $(\sqrt{2} - 1)^2 - (\sqrt{2} + 1)^2$

54 $12 \times 35^2 - 12 \times 15^2$

[55~60] 인수분해 공식을 이용하여 다음 식의 값을 구하시오.

55 $x = 46$일 때, $x^2 + 8x + 16$

56 $x = 36$, $y = 15$일 때, $xy^2 - 10xy + 25x$

57 $x = 16.5$, $y = 8.5$일 때, $x^2 - y^2$

58 $x = 35$일 때, $x^2 + 2x - 15$

59 $x = 3 + \sqrt{5}$일 때, $x^2 - 6x + 9$

60 $x = \sqrt{3} + 1$, $y = \sqrt{3} - 1$일 때, $x^2 - y^2$

Real 실전 유형

유형 01 공통인수를 이용한 인수분해 [개념1]

$$m\underline{x}+m\underline{y}+m\underline{z}=\underline{m}(x+y+z)$$
공통인수

참고 수는 최대공약수로, 문자는 같은 문자 중 차수가 낮은 것으로 묶는다.

01 대표문제

다음 중 $2x^2y^2-10xy^2$의 인수가 <u>아닌</u> 것은?

① 1 ② $2y$ ③ $x-5$
④ $x(x-5)$ ⑤ $2(x^2-1)$

02

다음 중 $-x+3x^2$, $12x^2y-4xy$의 공통인수는?

① xy ② $3x+1$ ③ $x(3x-1)$
④ $y(3x-1)$ ⑤ $xy(3x-1)$

03

다음 중 옳은 것을 모두 고르면? (정답 2개)

① $5a^2-a=5a(a-1)$
② $6xy+2y^2=2xy(3+y)$
③ $4a^2b+8ab^2=4ab(a+2)$
④ $a(x-1)+b(x-1)=(a+b)(x-1)$
⑤ $3x^2y+xy-xy^2=xy(3x+1-y)$

04 서술형

$(x-2)(x-5)-4(5-x)$는 x의 계수가 1인 두 일차식의 곱으로 인수분해된다. 이때 두 일차식의 합을 구하시오.

유형 02 인수분해 공식 (1); $a^2\pm2ab+b^2$ [개념2]

항이 3개이고 제곱인 항이 2개인 이차식의 인수분해
(1) $a^2+2ab+b^2=(a+b)^2$
같은 부호
(2) $a^2-2ab+b^2=(a-b)^2$
같은 부호

05 대표문제

다음 중 옳지 <u>않은</u> 것은?

① $x^2-16x+64=(x-8)^2$
② $a^2-a+\dfrac{1}{4}=\left(a-\dfrac{1}{2}\right)^2$
③ $9x^2+30x+25=(3x+5)^2$
④ $\dfrac{1}{16}x^2+\dfrac{1}{2}x+1=\left(\dfrac{1}{4}x+1\right)^2$
⑤ $36x^2-36xy+9y^2=(6x-y)^2$

06

다음 중 $25x^2-15x+\dfrac{9}{4}$의 인수인 것은?

① $x-\dfrac{3}{2}$ ② $x+\dfrac{3}{2}$ ③ $5x-\dfrac{3}{2}$
④ $5x+\dfrac{3}{2}$ ⑤ $5x-\dfrac{3}{4}$

07

다음 중 완전제곱식으로 인수분해할 수 <u>없는</u> 것은?

① $x^2-12xy+36y^2$ ② $9a^2-12ab+4b^2$
③ $2x^2-2x+\dfrac{1}{2}$ ④ $x^2+\dfrac{1}{3}xy+\dfrac{4}{9}y^2$
⑤ $3ax^2-24axy+48ay^2$

08

$ax^2+bx+25=(2x+c)^2$일 때, 양수 a, b, c에 대하여 $a+b+c$의 값을 구하시오.

집중 ⚡
유형 03 완전제곱식 만들기 개념2

(1) 이차항의 계수가 1인 경우

$$x^2 + \underset{\downarrow}{ax} + b = \left(x + \frac{a}{2}\right)^2 \text{(단, } b>0)$$
$$b = \left(\frac{a}{2}\right)^2, \ a = \pm 2\sqrt{b}$$

(2) 이차항의 계수가 1이 아닌 경우

$$(ax)^2 \pm 2 \times ax \times by + (by)^2 = (ax \pm by)^2$$

09 대표문제
다음 두 다항식이 모두 완전제곱식이 되도록 하는 양수 a, b에 대하여 ab의 값을 구하시오.

$$x^2 - 8x + a + 10, \quad \frac{1}{16}x^2 - bx + \frac{1}{9}$$

10 ▬
$(x-2)(x-8)+k$가 완전제곱식이 되도록 하는 상수 k의 값은?

① -15 ② -9 ③ 9
④ 15 ⑤ 25

중요
11 ▬
$9x^2 + (5a-3)xy + 4y^2$이 완전제곱식이 되도록 하는 상수 a의 값으로 옳은 것을 모두 고르면? (정답 2개)

① -3 ② $-\dfrac{9}{5}$ ③ -1
④ $\dfrac{9}{5}$ ⑤ 3

12 ▬
$5x^2 - 12x + A$가 완전제곱식이 되도록 하는 상수 A의 값을 구하시오.

집중 ⚡
유형 04 근호 안이 완전제곱식으로 인수분해되는 식 개념2

$0 < x < 1$이면 $x-1 < 0$이므로

부호에 주의하여 근호를 없앤다.
$$\sqrt{x^2 - 2x + 1} = \sqrt{(x-1)^2} = -(x-1) = -x+1$$
근호 안의 식을 완전제곱식으로 인수분해한다.

참고 $\sqrt{a^2} = \begin{cases} a & (a \geq 0) \\ -a & (a < 0) \end{cases}$

13 대표문제
$-1 < x < 4$일 때, $\sqrt{x^2 + 2x + 1} - \sqrt{x^2 - 8x + 16}$을 간단히 하면?

① $2x-5$ ② $2x-3$ ③ $2x$
④ 5 ⑤ $2x+5$

14 ▬
$-3 < a < 5$일 때, $\sqrt{a^2 - 10a + 25} + \sqrt{(a-3)^2 + 12a}$를 간단히 하면?

① $2a-4$ ② $2a-2$ ③ -2
④ 8 ⑤ $2a+2$

15 ▬
$0 < x < \dfrac{1}{2}$일 때, $\sqrt{x^2 - x + \dfrac{1}{4}} - \sqrt{x^2 + x + \dfrac{1}{4}}$을 간단히 하면?

① $-2x-1$ ② $-2x - \dfrac{1}{2}$ ③ $-2x$
④ $2x$ ⑤ $2x+1$

16 ▬ 서술형
$b < a < 0$일 때, 다음 식을 간단히 하시오.

$$\sqrt{b^2} + \sqrt{a^2 - 2ab + b^2} - \sqrt{a^2 + 2ab + b^2}$$

유형 **05** 인수분해 공식 (2); a^2-b^2 개념2

항이 2개이고 a^2-b^2 꼴인 이차식의 인수분해
→ $\underset{\text{제곱의 차}}{a^2-b^2}=(\underset{\text{합}}{a+b})(\underset{\text{차}}{a-b})$

17 대표문제

다음 중 x^4-x^2의 인수인 것을 모두 고르면? (정답 2개)

① x^2　　　　② x^4　　　　③ $x-1$

④ x^2+1　　　⑤ x^3-1

18 〔IIIII〕

다음 중 옳은 것은?

① $64x^2-9=(8x+9)(8x-9)$

② $4x^2-25y^2=(2x-5y)^2$

③ $-32x^2+18y^2=-2(4x+3)(4x-3)$

④ $-x^3+x=-x(x+1)(x-1)$

⑤ $\dfrac{1}{4}x^2-y^2=\dfrac{1}{4}(x+y)(x-y)$

19 〔IIIII〕 서술형

$(6x-1)(3x+1)-3x-7$을 인수분해하면
$a(bx+c)(bx-c)$일 때, 양수 a, b, c에 대하여
$a+b+c$의 값을 구하시오.

20 〔IIIII〕

다음 중 x^8-256의 인수가 <u>아닌</u> 것은?

① $x-2$　　　　② $x+2$　　　　③ x^2-4

④ x^2+16　　　⑤ x^4+16

유형 **06** 인수분해 공식 (3); $x^2+(a+b)x+ab$ 개념2

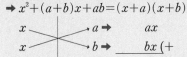

항이 3개이고 x^2의 계수가 1인 이차식의 인수분해
→ $x^2+(a+b)x+ab=(x+a)(x+b)$

21 대표문제

$x^2+ax-28=(x+4)(x-b)$일 때, 상수 a, b에 대하여
$b-a$의 값은?

① -10　　　　② -5　　　　③ 4

④ 10　　　　　⑤ 12

22 〔IIIII〕

다음 중 $x+3$을 인수로 갖지 <u>않는</u> 것은?

① $x^2-6x-27$　　　　② x^2+2x-3

③ $x^2-2x-15$　　　　④ $x^2+10x+21$

⑤ $x^2+5x-24$

23 〔IIIII〕

$(x-6)(x+2)-20$이 x의 계수가 1인 두 일차식의 곱으
로 인수분해될 때, 이 두 일차식의 합은?

① $2x-12$　　　② $2x-4$　　　③ $2x+4$

④ $2x+8$　　　　⑤ $2x+12$

중요
24 〔IIIII〕

$x^2+Ax-18=(x+a)(x+b)$일 때, 다음 중 상수 A의
값이 될 수 <u>없는</u> 것은? (단, a, b는 정수)

① -17　　　　② -7　　　　③ 3

④ 10　　　　　⑤ 17

집중⚡

유형 **07** 인수분해 공식 (4); $acx^2+(ad+bc)x+bd$ 개념**2**

항이 3개이고 x^2의 계수가 1이 아닌 이차식의 인수분해

$\rightarrow acx^2+(ad+bc)x+bd=(ax+b)(cx+d)$

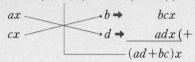

25 대표문제

$6x^2-ax+3=(3x+b)(cx-3)$일 때, 상수 a, b, c에 대하여 $a+b+c$의 값은?

① 10   ② 11   ③ 12
④ 13   ⑤ 14

26 〔IIII〕

다음 중 $2x+1$을 인수로 갖는 것을 모두 고르면? (정답 2개)

① $6x^2-11x-7$ ② $8x^2+10x-3$
③ $9x^2+3x-2$ ④ $8x^2-6x-5$
⑤ $6x^2-x-15$

27 〔IIII〕

$3x^2+ax-8$을 인수분해하면 $(bx-4)(x+c)$일 때, 상수 a, b, c에 대하여 abc의 값을 구하시오.

중요

28 〔IIII〕

$(4x+3)(x-5)+30$을 인수분해하면 x의 계수가 자연수이고 상수항이 정수인 두 일차식의 곱으로 인수분해된다. 이때 두 일차식의 합은?

① $4x-8$ ② $4x-6$ ③ $5x-8$
④ $5x-2$ ⑤ $5x+2$

유형 **08** 인수분해 공식 (5); 종합 개념**2**

(1) $ma+mb+mc=m(a+b+c)$
(2) $a^2+2ab+b^2=(a+b)^2$, $a^2-2ab+b^2=(a-b)^2$
(3) $a^2-b^2=(a+b)(a-b)$
(4) $x^2+(a+b)x+ab=(x+a)(x+b)$
(5) $acx^2+(ad+bc)x+bd=(ax+b)(cx+d)$

29 대표문제

다음 중 옳지 않은 것은?

① $x^2+14x+49=(x+7)^2$
② $3x^2-75y^2=3(x+5y)(x-5y)$
③ $x^2+4x-5=(x+5)(x-1)$
④ $3x^2+xy-10y^2=(x+2y)(3x-5y)$
⑤ $10x^2+3xy-4y^2=(2x+y)(5x-4y)$

30 〔IIII〕

다음 □ 안에 알맞은 수가 나머지 넷과 다른 하나는?

① $9x^2+6x+1=(\boxed{}x+1)^2$
② $2x^2+5x-\boxed{}=(2x-1)(x+3)$
③ $25x^2-9y^2=(5x+\boxed{}y)(5x-3y)$
④ $x^2-\boxed{}x+3=(x-1)(x-3)$
⑤ $6x^2-x-12=(2x-3)(\boxed{}x+4)$

31 〔IIII〕 ▲▲▲ 서술형

다음 등식을 만족시키는 상수 a, b, c, d에 대하여 $a+b+c+d$의 값을 구하시오.

- $25x^2+10x+1=(5x+a)^2$
- $x^2-144=(x+b)(x-12)$
- $x^2-4x-12=(x+c)(x-6)$
- $8x^2-10x+3=(2x-1)(dx-3)$

유형 **09** 인수가 주어진 이차식에서 미지수의 값 구하기 개념2

$mx+n$이 이차식 ax^2+bx+c의 인수이면

➡ $ax^2+bx+c=(mx+n)(\square x+\bigcirc)$
주어진 인수 나머지 인수

32 대표문제

$5x^2+ax-6$이 $5x-3$을 인수로 가질 때, 상수 a의 값은?

① 5 ② 6 ③ 7

④ 8 ⑤ 9

33 ▮▮▮

$12x^2-axy-2y^2$이 $3x-2y$를 인수로 가질 때, 다음 중 이 다항식의 인수인 것은? (단, a는 상수)

① $4x-3y$ ② $4x-2y$ ③ $4x-y$

④ $4x+y$ ⑤ $4x+3y$

34 ▮▮▮

두 다항식 $x^2+ax+32$, $2x^2-7x+b$의 공통인수가 $x-4$일 때, 상수 a, b에 대하여 $a-b$의 값은?

① -12 ② -8 ③ -6

④ 6 ⑤ 8

35 ▮▮▮ 서술형

다음 세 다항식은 x의 계수가 5인 일차식을 공통인수로 갖는다. 이때 상수 a의 값을 구하시오.

$$15x^2-7x-2, \quad 10x^2-3x-1, \quad 5x^2+ax-3$$

유형 **10** 계수 또는 상수항을 잘못 보고 인수분해한 경우 개념2

잘못 본 수를 제외한 나머지는 제대로 본 것임을 이용한다.

(1) 상수항을 잘못 본 식: x^2+ax+b
제대로 본 수 ←⌐   └→ 잘못 본 수

(2) x의 계수를 잘못 본 식: x^2+cx+d
잘못 본 수 ←⌐   └→ 제대로 본 수

➡ (1), (2)에서 처음 이차식은 x^2+ax+d

36 대표문제

x^2의 계수가 1인 어떤 이차식을 인수분해하는데 승현이는 x의 계수를 잘못 보고 $(x-10)(x+1)$로 인수분해하였고, 유진이는 상수항을 잘못 보고 $(x+4)(x-7)$로 인수분해하였다. 처음 이차식을 바르게 인수분해한 것은?

① $(x-4)(x-9)$ ② $(x-4)(x+9)$

③ $(x-7)(x+9)$ ④ $(x-5)(x+2)$

⑤ $(x-2)(x+7)$

37 ▮▮▮

x^2의 계수가 1인 어떤 이차식을 인수분해하는데 주영이는 x의 계수를 잘못 보고 $(x-3)(x+4)$로 인수분해하였고, 하은이는 상수항을 잘못 보고 $(x-7)(x+3)$으로 인수분해하였다. 처음 이차식을 바르게 인수분해하시오.

중요

38 ▮▮▮

x^2의 계수가 2인 어떤 이차식을 인수분해하는데 재민이는 x의 계수를 잘못 보고 $(2x-1)(x+5)$로 인수분해하였고, 수연이는 상수항을 잘못 보고 $(2x+3)(x-6)$으로 인수분해하였다. 처음 이차식을 바르게 인수분해하면 $(2x+a)(x-b)$라 할 때, 자연수 a, b에 대하여 $b-a$의 값을 구하시오.

집중⚡

유형 11 공통부분이 있을 때의 인수분해 개념3

$$(a+b)^2+2(a+b)-15$$
$$=A^2+2A-15$$
$$=(A+5)(A-3)$$
$$=(a+b+5)(a+b-3)$$

┐ 공통부분 $a+b$를 A로 놓는다.
┐ 인수분해한다.
┐ $A=a+b$를 대입하여 정리한다.

39 대표문제

$(x-y)^2-5(x-y+2)-14$를 인수분해하면?

① $(x-y-3)(x-y-8)$
② $(x-y-3)(x-y+8)$
③ $(x-y+3)(x-y-8)$
④ $(x-y+4)(x-y-6)$
⑤ $(x-y-4)(x-y+6)$

40

다음 두 다항식 A, B의 공통인수는?

$$A=(a-1)b^2+2(1-a)b+a-1$$
$$B=b^2(a+2)-(a+2)$$

① $a-1$ ② $a-2$ ③ $a+2$
④ $b-1$ ⑤ $b+1$

41

다음 중 $(2x^2+x-3)(2x^2+x-13)-24$의 인수가 <u>아닌</u> 것은?

① $x+1$ ② $x-3$ ③ $x+3$
④ $2x-1$ ⑤ $2x-5$

중요

42

$6(x+4)^2+11(x+4)(x-1)-10(x-1)^2$을 인수분해하였더니 $(x+a)(bx+c)$가 되었다. 이때 상수 a, b, c에 대하여 $a-b-c$의 값을 구하시오.

유형 12 ( )( )( )( )$+k$ 꼴의 인수분해 개념3

$$(x+1)(x+2)(x-2)(x-3)-5$$
$$=\{(x+1)(x-2)\}\{(x+2)(x-3)\}-5$$
$$=\underset{A}{(x^2-x-2)}\underset{A}{(x^2-x-6)}-5$$
$$=A^2-8A+7=(A-1)(A-7)$$
$$=(x^2-x-1)(x^2-x-7)$$

┐ 공통부분이 생기도록 2개씩 묶어 전개한다.
┐ 공통부분을 A로 놓고 인수분해한다.
┐ A에 원래의 식을 대입하여 정리한다.

43 대표문제

다음 중 $(x-1)(x-3)(x-5)(x-7)+15$의 인수가 <u>아닌</u> 것을 모두 고르면? (정답 2개)

① $x-6$ ② $x-2$ ③ $x+6$
④ $x^2-8x+10$ ⑤ $x^2+8x+10$

44

$(x+1)(x+2)(x+3)(x+4)-24$를 인수분해하면?

① $(x^2+5x+10)(x^2-5x+1)$
② $(x^2+5x+10)(x^2+5x+1)$
③ $x(x-5)(x^2+5x+10)$
④ $x(x+5)(x^2-5x+10)$
⑤ $x(x+5)(x^2+5x+10)$

45 서술형

$x(x-2)(x-4)(x-6)+16=(x^2+ax+b)^2$일 때, 상수 a, b에 대하여 ab의 값을 구하시오.

46

다음 식을 인수분해하시오.

$$(x+1)(x+2)(x+3)(x+6)-8x^2$$

05 다항식의 인수분해

Real 실전 유형

유형 13 항이 4개인 다항식의 인수분해 개념3

(1) (2항)+(2항)으로 묶어 인수분해하기
  항이 4개인 다항식은 공통부분이 생기도록 두 항씩 묶어 인수분해한다.
(2) (3항)+(1항)으로 묶어 인수분해하기
  항 4개 중 3개가 완전제곱식으로 인수분해될 때는 a^2-b^2 꼴로 변형하여 인수분해한다.

47 대표문제

다음 중 두 다항식의 공통인수는?

$$x^3+y-x-x^2y, \quad xy+1-x-y$$

① $x-1$ ② $x+1$ ③ $y-1$
④ $y+1$ ⑤ $x-y$

48

$x^3+3x^2-4x-12$가 x의 계수가 1인 세 일차식의 곱으로 인수분해될 때, 이 세 일차식의 합을 구하시오.

49 서술형

$x^2-49-6xy+9y^2$을 인수분해하였더니 $(x+ay+b)(x+ay-7)$이 되었다. 상수 a, b에 대하여 $a+b$의 값을 구하시오.

50

$25x^2-16y^2+8y-1$을 인수분해하면?

① $(5x+4y-1)(5x-4y+1)$
② $(5x+4y-1)(5x+4y+1)$
③ $(5x-4y-1)(5x+4y+1)$
④ $(5x+8y-1)(5x+8y+1)$
⑤ $(5x+8y-1)(5x-8y+1)$

유형 14 항이 5개 이상인 다항식의 인수분해 개념3

❶ 차수가 낮은 한 문자에 대하여 내림차순으로 정리한다. 이때 차수가 모두 같으면 어느 한 문자에 대하여 내림차순으로 정리한다.
❷ 공통인수를 묶어 내거나 인수분해 공식을 이용하여 인수분해한다.

51 대표문제

$x^2+xy-7x-2y+10$을 인수분해하면?

① $(x-2)(x-y-5)$ ② $(x-2)(x-y+5)$
③ $(x-2)(x+y-5)$ ④ $(x+2)(x-y-5)$
⑤ $(x+2)(x+y-5)$

52

$x^2+6xy+9y^2-4x-12y-32$는 x의 계수가 1인 두 일차식의 곱으로 인수분해된다. 이때 두 일차식의 합은?

① $2x-4$ ② $2x+4$ ③ $2x+6y-12$
④ $2x+6y-4$ ⑤ $2x+6y+12$

유형 15 인수분해 공식을 이용한 수의 계산 개념4

복잡한 수의 계산을 할 때, 인수분해 공식을 이용하면 편리하다.
예 $26^2-25^2=(26+25)(26-25)=51\times1=51$
  $17^2+2\times17\times13+13^2=(17+13)^2=30^2=900$

53 대표문제

인수분해 공식을 이용하여 다음 두 수 A, B의 합을 구하시오.

$$A=5\times101^2-5\times202+5$$
$$B=6.5^2\times1.5-3.5^2\times1.5$$

중요

54

$1^2-3^2+5^2-7^2+9^2-11^2+13^2-15^2$을 계산하시오.

집중 ⚡

유형 16 인수분해 공식을 이용하여 식의 값 구하기　개념 4

❶ 주어진 식을 인수분해하여 간단히 한다.

❷ 문자의 값을 대입하여 식의 값을 구한다. 이때 분모에 무리수가 있
으면 먼저 유리화한 후에 대입하는 것이 편리하다.

55 대표문제

$x=\dfrac{1}{\sqrt{5}-2}$, $y=\dfrac{1}{\sqrt{5}+2}$일 때, x^3y-xy^3의 값은?

① $-8\sqrt{5}$　　② $-4\sqrt{5}$　　③ $2\sqrt{5}$

④ $4\sqrt{5}$　　⑤ $8\sqrt{5}$

56 📶

$x^2+2x=5$일 때, $\dfrac{x^3+2x^2-10}{x-2}$의 값은?

① 2　　② 3　　③ 4

④ 5　　⑤ 6

57 📶 서술형

$\sqrt{10}$의 소수 부분을 x라 할 때, $(x+8)^2-10(x+8)+16$
의 값을 구하시오.

중요

58 📶

$x+y=5$이고 $x^2y+2x+xy^2+2y=20$일 때, x^2+y^2의 값
은?

① 21　　② 22　　③ 23

④ 24　　⑤ 25

집중 ⚡

유형 17 인수분해의 도형에의 활용　개념 2

❶ 도형의 넓이, 겉넓이를 구하는 공식을 이용하여 식을 세운다.

❷ 인수분해하여 다항식의 곱으로 나타낸다.

59 대표문제

다음 그림에서 두 도형 A, B의 넓이가 같을 때, 도형 B의
가로의 길이를 구하시오.

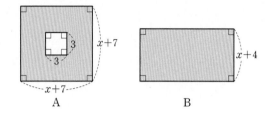

A　　　　　B

60 📶

다음 그림의 모든 직사각형을 겹치지 않게 이어 붙여 하나
의 큰 직사각형을 만들 때, 그 직사각형의 둘레의 길이를
구하시오.

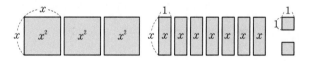

61 📶

부피가 $x^3+x^2y-4x-4y$인 직육면체의 밑면의 가로의 길
이와 세로의 길이가 각각 $x+y$, $x+2$일 때, 이 직육면체
의 겉넓이를 구하시오.

01

다음 중 $(x-3y)(x-1)-y(3y-x)$의 인수인 것을 모두 고르면? (정답 2개)

① $x-3y$ ② $x+3y$ ③ $x-y+1$

④ $x+y-1$ ⑤ $x+y+1$

02

다음 이차식이 모두 완전제곱식이 될 때, 양수 A의 값이 가장 큰 것은?

① x^2+Ax+9 ② $x^2+\dfrac{1}{2}x+A$

③ $Ax^2-12x+9$ ④ $25x^2+20x+A$

⑤ $\dfrac{1}{9}x^2-Ax+\dfrac{1}{16}$

03

$9x^2+Axy+\dfrac{1}{16}y^2=(3x+By)^2$일 때, 음수 A, B에 대하여 $A+B$의 값을 구하시오.

04

다음 중 두 다항식 $12x^2-3$, $2x^2+7x-4$의 공통인수는?

① $x-5$ ② $x-1$ ③ $2x-1$

④ $2x+1$ ⑤ $2x+3$

05

x^2+8x+k가 $(x+a)(x+b)$로 인수분해될 때, 상수 k의 값 중 가장 큰 값은? (단, a, b는 자연수)

① 7   ② 12   ③ 15

④ 16   ⑤ 18

06 최다빈출

다음 중 옳지 <u>않은</u> 것은?

① $x^2-8x+16=(x-4)^2$

② $5x^2-20y^2=5(x+2y)(x-2y)$

③ $x^2+2x-15=(x+5)(x-3)$

④ $2x^2+x-1=(2x+1)(x-1)$

⑤ $9x^2+22x-15=(x+3)(9x-5)$

07

$6x^2+ax-6$이 $2x+3$을 인수로 가질 때, 다음 중 이 다항식의 인수인 것은? (단, a는 상수)

① $2x-3$ ② $2x-2$ ③ $3x-3$

④ $3x-2$ ⑤ $3x+2$

08

$(x+1)(x+3)(x-3)(x-5)+k$가 완전제곱식이 되도록 하는 상수 k의 값은?

① 27   ② 36   ③ 40

④ 43   ⑤ 45

09 최다빈출

다음 중 $x^2+y^2-1-x^2y^2$의 인수가 <u>아닌</u> 것은?

① $x-1$ ② $x+1$ ③ $1-y$

④ $1+y$ ⑤ $x+y$

10

$36x^2-12x+1-y^2$이 x의 계수가 6인 두 일차식의 곱으로 인수분해될 때, 두 일차식의 합은?

① $10x-2$ ② $10x+2$ ③ $12x-2$

④ $12x+2$ ⑤ $12x+4$

11

$a+b=3$, $ab=1$일 때, $a^2-b^2-5a+5b$의 값을 구하시오.

(단, $a>b$)

12

오른쪽 그림과 같이 한 변의 길이가 각각 x, y인 두 정사각형이 있다. 두 정사각형의 둘레의 길이의 합이 100이고 넓이의 차가 375일 때, 두 정사각형의 한 변의 길이의 차를 구하시오. (단, $x>y$)

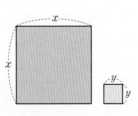

13

x^2-5x-k가 x의 계수가 1이고 상수항이 정수인 두 일차식의 곱으로 인수분해될 때, 10보다 크고 70보다 작은 양수 k의 개수를 구하시오.

14 창의 역량

자연수 $2^{40}-1$이 30과 40 사이에 있는 두 자연수에 의하여 나누어떨어진다. 이 두 자연수의 합을 구하시오.

15

오른쪽 그림과 같이 원 모양의 잔디밭 둘레에 폭이 3 m인 산책로가 있다. 이 산책로의 한가운데를 지나는 원의 둘레의 길이가 20π m일 때, 이 산책로의 넓이를 구하시오.

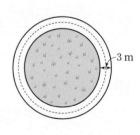
3 m

05
다항식의 인수분해

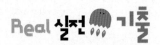

서 술 형

16

$0 < a < 1$일 때,

$$\sqrt{(-3a)^2} + \sqrt{a^2 + 2 + \frac{1}{a^2}} - \sqrt{a^2 - 2 + \frac{1}{a^2}}$$

을 간단히 하시오.

풀이

답 _____

17

어떤 이차식을 인수분해하는데 원준이는 x의 계수를 잘못 보고 $(2x-3)(x+6)$으로 인수분해하였고, 서윤이는 x^2의 계수를 잘못 보고 $9(x+1)(x-2)$로 인수분해하였다. 처음 이차식을 바르게 인수분해하시오.

풀이

답 _____

18

다음 두 다항식의 공통인수를 구하시오.

$$(x+1)^2 - 2(x+1) - 24, \quad (5x-3)^2 - (3x+7)^2$$

풀이

답 _____

19

$10^2 - 20^2 + 30^2 - 40^2 + \cdots + 90^2 - 100^2$의 값을 구하시오.

풀이

답 _____

20 {100점}

오른쪽 그림과 같이 넓이가 10인 정사각형 ABCD에 대하여 $\overline{AB} = \overline{AP}$, $\overline{AD} = \overline{AQ}$가 되도록 수직선 위에 두 점 P, Q를 정하자. 두 점 P, Q에 대응하는 수를 각각 a, b라 할 때, $a^3 - a^2 b - ab^2 + b^3$의 값을 구하시오.

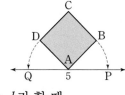

풀이

답 _____

21 {100점}

다음 그림의 두 도형 A, B는 둘레의 길이가 서로 같고, 도형 A의 넓이는 $x^2 + 14x + a$일 때, 도형 B의 넓이를 구하시오. (단, a는 상수)

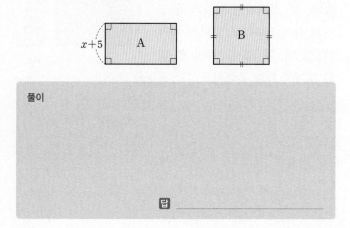

풀이

답 _____

06 ◆

III. 이차방정식

이차방정식 (1)

개념 ① **이차방정식의 뜻과 해** 유형 01~03

(1) x에 대한 **이차방정식**: 등식의 모든 항을 좌변으로 이항하여 정리하였을 때, (x에 대한 이차식)$=0$ 꼴로 나타내어지는 방정식

　예 $5x^2+5x-1=0$, $x^2+3=0$, $-2x^2+x=0$ ➡ 이차방정식이다.

　　$5x-1=0$, $x^2+\dfrac{1}{x^2}=0$, $x^3+3x^2+2=0$ ➡ 이차방정식이 아니다.

(2) 일반적으로 x에 대한 이차방정식은 다음과 같이 나타낼 수 있다.

$$ax^2+bx+c=0 \ (a, \ b, \ c는 \ 상수, \ \underline{a\neq0})$$
　　　　　　　　　　　　└→ (이차항의 계수)$\neq0$

(3) **이차방정식의 해(근)**: x에 대한 이차방정식 $ax^2+bx+c=0$을 참이 되게 하는 x의 값

➡ $x=p$가 이차방정식 $ax^2+bx+c=0$의 해이면 $x=p$를 대입했을 때 등식이 성립한다.

　예 이차방정식 $x^2+3x-4=0$에서

　　$x=1$일 때, $1^2+3\times1-4=0$

　　$x=2$일 때, $2^2+3\times2-4=6\neq0$

　　따라서 $x=1$은 이차방정식 $x^2+3x-4=0$의 해이고, $x=2$는 해가 아니다.

(4) 이차방정식의 해를 모두 구하는 것을 이차방정식을 푼다고 한다.

개념 ② **인수분해를 이용한 이차방정식의 풀이** 유형 04~06

(1) $AB=0$의 성질

두 수 또는 두 식 A, B에 대하여 다음이 성립한다.

　　$AB=0$이면 $A=0$ 또는 $B=0$

(2) **인수분해를 이용한 이차방정식의 풀이 순서**

❶ 주어진 방정식을 정리한다. ➡ $ax^2+bx+c=0$

❷ 좌변을 인수분해한다. ➡ $(px-q)(rx-s)=0$

❸ $AB=0$의 성질을 이용한다. ➡ $px-q=0$ 또는 $rx-s=0$

❹ 해를 구한다. ➡ $x=\dfrac{q}{p}$ 또는 $x=\dfrac{s}{r}$

개념 ③ **이차방정식의 중근** 유형 07, 08

(1) **이차방정식의 중근**

이차방정식의 두 해(근)가 중복되어 서로 같을 때, 이 해(근)를 중근이라 한다.

　예 이차방정식 $x^2+2x+1=0$에서 $(x+1)^2=0$이므로 $\underline{x=-1}$
　　　　　　　　　　　　　　　　　　　└→ 중근

(2) **중근을 가질 조건**

① 이차방정식이 (완전제곱식)$=0$ 꼴로 나타내어지면 이 이차방정식은 중근을 갖는다.
　　　　　　　　└→ (　)$^2=0$

② 이차방정식 $x^2+ax+b=0$이 중근을 가지려면 $b=\left(\dfrac{a}{2}\right)^2$이어야 한다.
　　　　　　　　　　　　　　　　　　└→ (상수항)$=\left(\dfrac{x의 \ 계수}{2}\right)^2$

⊕ 개념 노트

· 이차방정식 찾기
　❶ 등식인가?
　❷ 정리하여 (이차식)$=0$ 꼴로 나타낼 수 있는가?

· x에 대한 이차방정식에서 x에 대한 특별한 조건이 없으면 x의 값의 범위는 실수 전체로 생각한다.

· $A=0$ 또는 $B=0$은
　　$A=0$이고 $B=0$
　　$A=0$이고 $B\neq0$
　　$A\neq0$이고 $B=0$
　중 하나가 성립함을 의미한다.

· 완전제곱식: 다항식의 제곱으로 된 식 또는 이 식에 상수를 곱한 식

개념 1 이차방정식의 뜻과 해

[01~05] 다음 중 이차방정식인 것은 ○표, 이차방정식이 아닌 것은 ×표를 하시오.

01 $x^2 = 3x + 5$ ( )

02 $x^2 = (x+1)(x-1)$ ( )

03 $3x^2 - x + 3$ ( )

04 $\dfrac{1}{x^2} + x = 0$ ( )

05 $x^3 + x^2 = x^3 - 6x + 1$ ( )

06 방정식 $ax^2 + bx + c = 0$이 x에 대한 이차방정식이 되기 위한 조건을 구하시오. (단, a, b, c는 상수)

[07~10] 다음 [ ] 안의 수가 주어진 이차방정식의 해인 것은 ○표, 해가 아닌 것은 ×표를 하시오.

07 $x^2 + 2 = 8$ [2] ( )

08 $x^2 + 4x - 6 = 0$ [−2] ( )

09 $x^2 + 1 = 2x + 4$ [3] ( )

10 $2x^2 - 3x - 5 = 0$ [−1] ( )

[11~13] x의 값이 −1, 0, 1일 때, 다음 이차방정식을 푸시오.

11 $5x(x+1) = 0$

12 $x^2 + 9x - 10 = 0$

13 $4x^2 + 7x + 3 = 0$

개념 2 인수분해를 이용한 이차방정식의 풀이

[14~17] 다음 이차방정식을 푸시오.

14 $2x(x+1) = 0$

15 $\dfrac{1}{2}(x+5)(x-3) = 0$

16 $-(x+2)(x-1) = 0$

17 $(2x+7)(3x+1) = 0$

[18~23] 다음 이차방정식을 인수분해를 이용하여 푸시오.

18 $x^2 - 36 = 0$

19 $9x^2 = 4$

20 $3x^2 - 15x = 0$

21 $x^2 - 6x + 8 = 0$

22 $3x^2 - x - 2 = 0$

23 $2x^2 + 5x = 3$

개념 3 이차방정식의 중근

[24~26] 다음 이차방정식을 푸시오.

24 $(x+3)^2 = 0$

25 $2(x+1)^2 = 0$

26 $4x^2 - 20x = -25$

개념 4 이차방정식 구하기   유형 **09**

➕ 개념 노트

(1) 두 근이 α, β이고 x^2의 계수가 a인 이차방정식

  ➡ $a(x-\alpha)(x-\beta)=0$, 즉 $a\{x^2-(\alpha+\beta)x+\alpha\beta\}=0$

  예 두 근이 -2, 4이고 x^2의 계수가 1인 이차방정식을 구하면

    ➡ $(x+2)(x-4)=0$, 즉 $x^2-2x-8=0$

(2) 중근이 α이고 x^2의 계수가 a인 이차방정식

  ➡ $a(x-\alpha)^2=0$

  예 중근이 3이고 x^2의 계수가 4인 이차방정식을 구하면

    ➡ $4(x-3)^2=0$, 즉 $4x^2-24x+36=0$

• (1)의 결과에서 두 근의 합이 m, 두 근의 곱이 n이고, x^2의 계수가 a인 이차방정식은 $a(x^2-mx+n)=0$임을 알 수 있다.

개념 5 제곱근을 이용한 이차방정식의 풀이   유형 **10**

(1) 이차방정식 $x^2=q$ $(q\geq0)$의 해

  ➡ $x=\pm\sqrt{q}$

  예 이차방정식 $x^2=10$의 해 ➡ $x=\pm\sqrt{10}$

(2) 이차방정식 $(x+p)^2=q$ $(q\geq0)$의 해

  ➡ $x=-p\pm\sqrt{q}$

  예 이차방정식 $(x+2)^2=3$에서 $x+2=\pm\sqrt{3}$ $\therefore x=-2\pm\sqrt{3}$

• 제곱근: 어떤 수 x를 제곱하여 음이 아닌 수 a가 될 때, 즉 $x^2=a$를 만족시키는 x를 a의 제곱근이라 한다.

• $x=p\pm\sqrt{q}$
➡ $x=p+\sqrt{q}$와 $x=p-\sqrt{q}$를 한꺼번에 나타낸 것이다.

참고

	$q>0$	$q=0$	$q<0$
$x^2=q$의 해	$x=\pm\sqrt{q}$	$x=0 \leftarrow$ 중근	해는 없다.
$(x+p)^2=q$의 해	$x=-p\pm\sqrt{q}$	$x=-p \leftarrow$ 중근	해는 없다.

개념 6 완전제곱식을 이용한 이차방정식의 풀이   유형 **11, 12**

이차방정식 $ax^2+bx+c=0$에서

❶ x^2의 계수로 양변을 나누어 x^2의 계수를 1로 만든다. ➡ $x^2+\dfrac{b}{a}x+\dfrac{c}{a}=0$

❷ 상수항을 우변으로 이항한다.   ➡ $x^2+\dfrac{b}{a}x=-\dfrac{c}{a}$

❸ 양변에 $\left(\dfrac{x의 계수}{2}\right)^2$을 더한다.   ➡ $x^2+\dfrac{b}{a}x+\left(\dfrac{b}{2a}\right)^2=-\dfrac{c}{a}+\left(\dfrac{b}{2a}\right)^2$

❹ 좌변을 완전제곱식으로 고친다.   ➡ $\left(x+\dfrac{b}{2a}\right)^2=\dfrac{b^2-4ac}{4a^2}$

❺ 제곱근을 이용하여 해를 구한다.   ➡ $x=\dfrac{-b\pm\sqrt{b^2-4ac}}{2a}$ (단, $b^2-4ac\geq0$)

  예 이차방정식 $2x^2+8x+2=0$에서 ❶ $x^2+4x+1=0$

                         ❷ $x^2+4x=-1$

                         ❸ $x^2+4x+4=-1+4$

                         ❹ $(x+2)^2=3$

                         ❺ $x+2=\pm\sqrt{3}$ $\therefore x=-2\pm\sqrt{3}$

• 이차방정식 $ax^2+bx+c=0$의 좌변을 인수분해하기 어려울 때는 완전제곱식으로 만든 후 제곱근을 이용하여 풀 수 있다.

개념 4 이차방정식 구하기

[27~30] 다음 수를 근으로 하고 x^2의 계수가 1인 이차방정식을 $x^2+ax+b=0$ 꼴로 나타내시오. (단, a, b는 상수)

27 1, 5

28 -2, 7

29 4 (중근)

30 0, $\dfrac{1}{2}$

[31~34] 다음 이차방정식을 $ax^2+bx+c=0$ 꼴로 나타내시오. (단, a, b, c는 상수)

31 두 근이 -1, 3이고 x^2의 계수가 4인 이차방정식

32 두 근이 $\dfrac{1}{2}$, $\dfrac{1}{5}$이고 x^2의 계수가 10인 이차방정식

33 중근이 -1이고 x^2의 계수가 2인 이차방정식

34 중근이 $\dfrac{3}{2}$이고 x^2의 계수가 4인 이차방정식

개념 5 제곱근을 이용한 이차방정식의 풀이

[35~38] 다음 이차방정식을 제곱근을 이용하여 푸시오.

35 $x^2-8=0$

36 $4x^2-25=0$

37 $(x+1)^2-6=0$

38 $3(x-4)^2=15$

개념 6 완전제곱식을 이용한 이차방정식의 풀이

[39~42] 다음 이차방정식을 $(x+p)^2=q$ 꼴로 나타내시오. (단, p, q는 상수)

39 $x^2-2x-2=0$

40 $x^2-6x+2=0$

41 $-x^2-8x+1=0$

42 $2x^2+12x+5=0$

43 다음은 완전제곱식을 이용하여 이차방정식 $x^2+4x-1=0$의 해를 구하는 과정이다. □ 안에 알맞은 수를 써넣으시오.

$x^2+4x-1=0$에서 $x^2+4x=1$
$x^2+4x+\boxed{}=1+\boxed{}$
$(x+\boxed{})^2=\boxed{}$
$x+\boxed{}=\boxed{}$ $\therefore x=\boxed{}$

[44~47] 다음 이차방정식을 완전제곱식을 이용하여 푸시오.

44 $x^2-10x-10=0$

45 $x^2+18x+41=0$

46 $-3x^2-12x-6=0$

47 $\dfrac{1}{2}x^2+3x-9=0$

정답과 해설 51쪽 | 더블북 40쪽

유형 **01** 이차방정식과 그 해 `개념1`

(1) 등식의 모든 항을 좌변으로 이항하여 정리하였을 때,
   (x에 대한 이차식)$=0$ 꼴로 나타내어지면 x에 대한 이차방정식이다.
   $\rightarrow ax^2+bx+c=0$ (a, b, c는 상수, $a\neq0$)
(2) $x=p$를 이차방정식 $ax^2+bx+c=0$에 대입하여 등식이 성립하면
   $x=p$는 이 이차방정식의 해이다.

01 대표문제

다음 중 x에 대한 이차방정식인 것을 모두 고르면?

(정답 2개)

① x^2-2x+3
② $x^2=5x-x^2$
③ $\dfrac{1}{x^2}+x+1=0$
④ $x^2-x=3x(x+1)$
⑤ $2x^2+3x=(x+3)(2x-1)$

02 〔ⅲⅲ〕

다음 중 방정식 $ax^2-5x=(3x+1)(x+2)$가 x에 대한 이차방정식이 되도록 하는 상수 a의 값이 <u>아닌</u> 것은?

① 1
② 2
③ 3
④ 4
⑤ 5

중요
03 〔ⅲⅲ〕

다음 중 [ ] 안의 수가 주어진 이차방정식의 해가 <u>아닌</u> 것은?

① $x(x-2)=0$ [2]
② $x^2-9=0$ [-3]
③ $x^2-5x+4=0$ [-1]
④ $x^2+x-6=0$ [2]
⑤ $2x^2-3x-5=0$ [-1]

집중 ⚡
유형 **02** 한 근이 주어졌을 때 미지수의 값 구하기 `개념1`

이차방정식의 한 근이 주어지면 주어진 근을 이차방정식에 대입하여 미지수의 값을 구한다.

예 이차방정식 $x^2-5x+a=0$의 한 근이 $x=1$일 때, 상수 a의 값
   $\rightarrow x=1$을 $x^2-5x+a=0$에 대입하면
   $1-5+a=0$ $\therefore a=4$

04 대표문제

이차방정식 $x^2+2ax+a+2=0$의 한 근이 $x=4$일 때, 상수 a의 값은?

① -3
② -2
③ -1
④ 1
⑤ 2

05 〔ⅲⅲ〕

이차방정식 $x^2+ax-5=0$의 한 근이 $x=-5$일 때, 상수 a의 값을 구하시오.

06 〔ⅲⅲ〕 서술형

이차방정식 $x^2+ax-10=0$의 한 근이 $x=3$이고 이차방정식 $x^2+6x+b=0$의 한 근이 $x=-1$일 때, 상수 a, b에 대하여 $a+b$의 값을 구하시오.

07 〔ⅲⅲ〕

두 이차방정식 $x^2+4x+a=0$, $x^2+bx-2=0$의 한 근이 $x=2$로 같을 때, 상수 a, b에 대하여 ab의 값은?

① -13
② -12
③ -11
④ 12
⑤ 13

유형 03 한 근이 문자로 주어졌을 때 식의 값 구하기 _{개념1}

이차방정식 $x^2+px+q=0$의 한 근이 $x=\alpha$이면

➡ $\alpha^2+p\alpha+q=0$ ⋯ ㉠

(1) $\alpha^2+p\alpha=-q$

(2) $\alpha+\dfrac{q}{\alpha}=-p$ (단, $\alpha\neq0$) → ㉠의 양변을 α로 나누어 정리한 것이다.

08 대표문제

이차방정식 $x^2+3x-4=0$의 한 근을 $x=m$이라 할 때, 다음 중 옳지 <u>않은</u> 것은?

① $m^2+3m-4=0$ ② $m^2+3m+4=4$

③ $2m^2+6m=8$ ④ $-m^2-3m=-4$

⑤ $m-\dfrac{4}{m}=-3$

중요

09 ⅢⅢ

이차방정식 $x^2-9x+1=0$의 한 근이 k일 때, $k+\dfrac{1}{k}$의 값을 구하시오.

10 ⅢⅢ

이차방정식 $x^2+5x+1=0$의 한 근이 α일 때, $\alpha^2+\dfrac{1}{\alpha^2}$의 값을 구하시오.

11 ⅢⅢ 서술형

이차방정식 $3x^2-x-1=0$의 한 근을 $x=a$, 이차방정식 $x^2+2x+6=0$의 한 근을 $x=b$라 할 때, $3a^2+b^2-a+2b+1$의 값을 구하시오.

유형 04 인수분해를 이용한 이차방정식의 풀이 _{개념2}

이차방정식 $ax^2+bx+c=0$의 좌변을 인수분해하면 $(px+q)(rx+s)=0$일 때, 이 이차방정식의 해는

➡ $x=-\dfrac{q}{p}$ 또는 $x=-\dfrac{s}{r}$

12 대표문제

이차방정식 $2x^2+x-10=0$의 두 근을 α, β라 할 때, $\alpha-\beta$의 값을 구하시오. (단, $\alpha>\beta$)

13 ⅢⅢ

다음 이차방정식 중 두 근의 곱이 -2인 것은?

① $x(x+2)=0$ ② $(x-1)(x-2)=0$

③ $(x+3)(x-1)=0$ ④ $(3x+2)(x-3)=0$

⑤ $\left(x+\dfrac{1}{2}\right)(x+4)=0$

14 ⅢⅢ

이차방정식 $2(x-1)(x-3)=x^2-3x$를 풀면?

① $x=-2$ 또는 $x=7$ ② $x=-7$ 또는 $x=2$

③ $x=-3$ 또는 $x=-2$ ④ $x=2$ 또는 $x=3$

⑤ $x=-\dfrac{2}{3}$ 또는 $x=-3$

15 ⅢⅢ

이차방정식 $5(x+1)^2=3x+11$의 두 근 중 큰 근을 $x=a$라 할 때, $(5a-1)^2$의 값을 구하시오.

유형 **05** 이차방정식의 근의 활용 〔개념2〕

이차방정식의 한 근이 주어졌을 때 다른 한 근을 구하는 문제는 다음의
순서로 구한다.
❶ 주어진 근을 이차방정식에 대입하여 미지수의 값을 구한다.
❷ 미지수의 값을 주어진 이차방정식에 대입하여 이차방정식을 푼다.
❸ 이때 주어진 근을 제외한 나머지 근이 구하는 근이다.

16 대표문제

이차방정식 $x^2+2kx+k+3=0$의 한 근이 $x=-1$이고,
다른 한 근은 $x=a$일 때, 상수 k에 대하여 $a+k$의 값을
구하시오.

17 (IIII)

이차방정식 $2x^2+11x-6=0$의 두 근 중 음수인 근이 이
차방정식 $2x^2+kx-(4k+2)=0$의 한 근일 때, 상수 k의
값은?

① 5 　　　　　② 6 　　　　　③ 7
④ 8 　　　　　⑤ 9

18 (IIII) 서술형

이차방정식 $4x^2-6ax+11=0$의 두 근이 $\dfrac{1}{2}$, b일 때, ab
의 값을 구하시오. (단, a는 상수)

19 (IIII)

이차방정식 $x^2+2ax+2a-3=0$의 한 근이 $x=1$이고, 다
른 한 근이 이차방정식 $4x^2+5x+b=0$의 근일 때, b의 값
을 구하시오. (단, a, b는 상수)

유형 **06** 두 이차방정식의 공통인 근 〔개념2〕

두 이차방정식의 공통인 근을 구하려면
➡ 각 이차방정식의 해를 구해 공통으로 들어 있는 근을 찾는다.
예 $x^2-2x-3=0$의 해는
　$(x+1)(x-3)=0$　　∴ $x=-1$ 또는 $x=3$
　$x^2+6x+5=0$의 해는
　$(x+1)(x+5)=0$　　∴ $x=-1$ 또는 $x=-5$
➡ 따라서 공통인 근은 $x=-1$이다.

20 대표문제

다음 두 이차방정식의 공통인 근을 구하시오.

$$2x^2-9x-5=0, \quad x^2-9x+20=0$$

21 (IIII)

두 이차방정식 $x^2+8x+12=0$, $x^2+3x-18=0$의 공통인
근이 $x=m$일 때, m의 값은?

① -6 　　　　② -5 　　　　③ -4
④ -3 　　　　⑤ -2

22 (IIII)

두 이차방정식 $x^2+ax-21=0$, $3x^2+bx+3=0$의 공통
인 근이 $x=-3$일 때, 상수 a, b에 대하여 $a+b$의 값을 구
하시오.

23 (IIII) 서술형

두 이차방정식 $x^2-x-20=0$, $x^2-7x+10=0$의 공통인
근이 이차방정식 $x^2+3x-4k=0$의 한 근일 때, 상수 k의
값을 구하시오.

유형 07 이차방정식의 중근　개념 3

이차방정식이 $a(x-p)^2=0$ 꼴로 인수분해되면 이차방정식은 중근 $x=p$를 해로 갖는다.

24 대표문제

다음 중 중근을 갖는 이차방정식을 모두 고르면? (정답 2개)

① $x^2-9=0$
② $x^2=4(x-1)$
③ $2(x+1)^2=8$
④ $-3(x+2)^2=0$
⑤ $-1-3x=2(x+1)^2$

25

다음 **보기** 중 중근을 갖는 이차방정식을 모두 고른 것은?

─── 보기 ───
ㄱ. $x^2=4$
ㄴ. $4x^2=x$
ㄷ. $x^2=6x-9$
ㄹ. $x(x-1)=-\dfrac{1}{4}$
ㅁ. $(x-3)(x-7)=-4$

① ㄱ, ㄴ
② ㄴ, ㄷ
③ ㄷ, ㅁ
④ ㄱ, ㄴ, ㄹ
⑤ ㄷ, ㄹ, ㅁ

중요
26

이차방정식 $x^2+12x+36=0$이 $x=a$를 중근으로 갖고,
이차방정식 $x^2-\dfrac{2}{3}x+\dfrac{1}{9}=0$이 $x=b$를 중근으로 가질 때,
ab의 값을 구하시오.

집중
유형 08 이차방정식이 중근을 가질 조건 (1)　개념 3

이차방정식 $x^2+ax+b=0$이 중근을 가질 조건
→ $b=\left(\dfrac{a}{2}\right)^2$

참고 x^2의 계수가 1이 아닌 경우, 먼저 이차방정식의 양변을 x^2의 계수로 나눈다.

27 대표문제

이차방정식 $2x^2-12x+4k+10=0$이 중근을 가질 때, 상수 k의 값은?

① 1
② 2
③ 3
④ 4
⑤ 5

28

이차방정식 $x^2+10x+5k=0$이 중근을 가질 때, 그 근을 구하시오. (단, k는 상수)

29 서술형

두 이차방정식 $3x^2+12x+p+8=0$, $x^2-2px+3q+1=0$이 모두 중근을 가질 때, $p+q$의 값을 구하시오.

(단, p, q는 상수)

30

다음 중 이차방정식 $x^2-2mx+2m+3=0$이 중근을 갖도록 하는 상수 m의 값을 모두 고르면? (정답 2개)

① -2
② -1
③ 1
④ 2
⑤ 3

유형 **09** 두 근이 주어졌을 때 이차방정식 구하기   개념4

(1) 두 근이 α, β이고 x^2의 계수가 1인 이차방정식
 $\Rightarrow (x-\alpha)(x-\beta)=0$, 즉 $x^2-(\alpha+\beta)x+\alpha\beta=0$
(2) 두 근이 α, β이고 x^2의 계수가 a인 이차방정식
 $\Rightarrow a(x-\alpha)(x-\beta)=0$, 즉 $a\{x^2-(\alpha+\beta)x+\alpha\beta\}=0$
(3) $x=\alpha$를 중근으로 갖고 x^2의 계수가 a인 이차방정식
 $\Rightarrow a(x-\alpha)^2=0$

31 대표문제

두 근이 -2, $\dfrac{1}{3}$이고 x^2의 계수가 3인 이차방정식을
$ax^2+bx+c=0$ 꼴로 나타내시오. (단, a, b, c는 상수)

32 ▐▐▐▌

이차방정식 $x^2+px+q=0$이 중근 $x=-3$을 가질 때,
$p-q$의 값은? (단, p, q는 상수)

① -4 ② -3 ③ -2
④ -1 ⑤ 0

33 ▐▐▐▌

이차방정식 $9x^2+ax+b=0$이 중근 $x=-\dfrac{1}{3}$을 가질 때,
$a+b$의 값을 구하시오. (단, a, b는 상수)

34 ▐▐▐▌

이차방정식 $x^2+x-6=0$의 두 근을 α, $\beta(\alpha>\beta)$라 할 때,
$\alpha+1$, $\beta-1$을 두 근으로 하고 x^2의 계수가 1인 이차방정
식을 $x^2+ax+b=0$ 꼴로 나타내시오. (단, a, b는 상수)

유형 **10** 제곱근을 이용한 이차방정식의 풀이   개념5

(1) $x^2=q$ $(q\geq0)$ $\Rightarrow x=\pm\sqrt{q}$
(2) $ax^2=q$ $(a\neq0, aq\geq0)$ $\Rightarrow x=\pm\sqrt{\dfrac{q}{a}}$
(3) $(x+p)^2=q$ $(q\geq0)$ $\Rightarrow x=-p\pm\sqrt{q}$
(4) $a(x+p)^2=q$ $(a\neq0, aq\geq0)$ $\Rightarrow x=-p\pm\sqrt{\dfrac{q}{a}}$

35 대표문제

이차방정식 $2(x-5)^2=14$의 해가 $x=a\pm\sqrt{b}$일 때, 유리
수 a, b에 대하여 ab의 값은?

① -35 ② -32 ③ -30
④ 32 ⑤ 35

36 ▐▐▐▌

다음 이차방정식 중 해가 $x=-2\pm3\sqrt{2}$인 것은?

① $(x-2)^2=12$ ② $(x-2)^2=18$
③ $(x-1)^2=18$ ④ $(x+2)^2=12$
⑤ $(x+2)^2=18$

37 ▐▐▐▌

이차방정식 $(x+6)^2=4k-3$이 해를 가질 때, 정수 k의 최
솟값을 구하시오.

38 ▐▐▐▌ 서술형

이차방정식 $(x+3)^2=k$의 한 근이 $x=-3+\sqrt{7}$일 때, 다
른 한 근을 구하시오. (단, $k>0$)

유형 11 이차방정식을 완전제곱식 꼴로 나타내기 [개념 6]

이차방정식 $2x^2-12x-10=0$을 $(x+p)^2=q$ 꼴로 나타내기
① 이차항의 계수를 1로 만든다. ➡ $x^2-6x-5=0$
② 상수항을 우변으로 이항한다. ➡ $x^2-6x=5$
③ 양변에 $\left(\dfrac{x의 계수}{2}\right)^2$을 더한다. ➡ $x^2-6x+9=5+9$
④ 양변을 정리한다. ➡ $(x-3)^2=14$

39 대표문제

이차방정식 $x^2+8x-3=0$을 $(x+p)^2=q$ 꼴로 나타낼 때, 상수 p, q에 대하여 $p+q$의 값은?

① -20　　② -7　　③ 15
④ 20　　⑤ 23

40

이차방정식 $3(x-2)^2=2x^2-6x+14$를 $(x-m)^2=n$ 꼴로 나타낼 때, 상수 m, n에 대하여 $m+n$의 값을 구하시오.

중요
41

이차방정식 $2x^2+6x-4=0$을 $\left(x+\dfrac{3}{2}\right)^2=k$ 꼴로 나타낼 때, 상수 k의 값을 구하시오.

42

이차방정식 $\dfrac{1}{2}x^2-4x-1=0$을 $(x+p)^2=q$ 꼴로 나타낼 때, 상수 p, q에 대하여 $p-q$의 값을 구하시오.

유형 12 완전제곱식을 이용한 이차방정식의 풀이 [개념 6]

이차방정식이 인수분해되지 않을 때는 이차방정식을 완전제곱식 꼴로 고쳐서 푼다.
$ax^2+bx+c=0 \Rightarrow (x+p)^2=q \Rightarrow x=-p\pm\sqrt{q}$
예 $2x^2-4x-12=0$에서 $x^2-2x-6=0$
$x^2-2x=6$, $(x-1)^2=7$
$x-1=\pm\sqrt{7}$ ∴ $x=1\pm\sqrt{7}$

43 대표문제

다음은 완전제곱식을 이용하여 이차방정식 $3x^2-12x-3=0$의 해를 구하는 과정이다. 실수 $A\sim E$의 값을 잘못 구한 것은?

$3x^2-12x-3=0$의 양변을 A로 나누면
$x^2-4x-1=0$, $x^2-4x=B$
$x^2-4x+C=B+C$, $(x+D)^2=B+C$
∴ $x=E$

① $A=3$　　② $B=-1$　　③ $C=4$
④ $D=-2$　　⑤ $E=2\pm\sqrt{5}$

44

이차방정식 $x^2+5x-3=0$의 해가 $x=\dfrac{A\pm\sqrt{B}}{2}$일 때, 유리수 A, B에 대하여 $A+B$의 값을 구하시오.

45 서술형

이차방정식 $2x^2+4ax+2a^2-10=0$의 해가 $x=2\pm\sqrt{b}$일 때, 유리수 a, b에 대하여 $a+b$의 값을 구하시오.

46

이차방정식 $x^2-10x=k$를 완전제곱식을 이용하여 풀었더니 해가 $x=5\pm\sqrt{7}$이었다. 이때 유리수 k의 값을 구하시오.

01

다음 중 x에 대한 이차방정식인 것은?

① $x^2+2=x^2+3x$

② $3x^2-x=(3x-1)(x+2)$

③ $2(x-1)^2+1=2x^2+4x$

④ $-2x(x-5)=x^2+3$

⑤ $x^2-6x=x^3-1$

02

이차방정식 $2x^2+ax-15=0$의 한 근이 $x=-5$일 때, 상수 a의 값을 구하시오.

03

이차방정식 $x^2+9x-7=0$의 두 근이 m, n일 때, $(m^2+9m+1)(n^2+9n-4)$의 값을 구하시오.

04

이차방정식 $(3x-2)(x+3)=0$을 풀면?

① $x=-\dfrac{3}{2}$ 또는 $x=-\dfrac{1}{3}$

② $x=-\dfrac{3}{2}$ 또는 $x=-3$

③ $x=-\dfrac{2}{3}$ 또는 $x=-3$

④ $x=\dfrac{2}{3}$ 또는 $x=-3$

⑤ $x=\dfrac{2}{3}$ 또는 $x=\dfrac{1}{3}$

05

이차방정식 $8x^2-26x-45=0$의 두 근 사이에 있는 모든 정수의 합을 구하시오.

06

이차방정식 $x^2+3x-18=0$의 두 근 중 큰 근이 이차방정식 $2x^2+(a-1)x-6=0$의 근일 때, 상수 a의 값은?

① -5 ② -4 ③ -3

④ -2 ⑤ -1

07

두 이차방정식 $x^2+ax-4=0$, $x^2+5x-b=0$의 공통인 근이 $x=2$일 때, 상수 a, b에 대하여 $a-b$의 값을 구하시오.

08

이차방정식 $5(x-6)^2=30$의 해는?

① $x=-6\pm\sqrt{6}$ ② $x=-6\pm2\sqrt{6}$

③ $x=6\pm\sqrt{6}$ ④ $x=6\pm2\sqrt{6}$

⑤ $x=-6\sqrt{30}$

09

이차방정식 $x^2-12x+20=0$을 $(x-a)^2=b$ 꼴로 나타낼 때, $a+b$의 값을 구하시오. (단, a, b는 상수)

10

이차방정식 $3x^2+2ax+b=0$을 완전제곱식을 이용하여 풀었더니 해가 $x=-2\pm3\sqrt{2}$가 되었다. 이때 상수 a, b에 대하여 $a-b$의 값을 구하시오.

11 창의 역량

한 개의 주사위를 두 번 던져서 처음 나온 눈의 수를 a, 두 번째 나온 눈의 수를 b라 할 때, 이차방정식 $x^2+2ax+b=0$의 해가 중근이 되도록 하는 순서쌍 (a, b)를 모두 구하시오.

12 최다빈출

이차방정식 $x^2+ax+b=0$을 푸는데 민지는 x의 계수만을 잘못 보고 풀어 $x=1$ 또는 $x=-8$의 해를 얻었고, 현석이는 상수항만을 잘못 보고 풀어 $x=3$ 또는 $x=-5$의 해를 얻었다. 이때 처음 이차방정식의 해를 구하시오.
(단, a, b는 상수)

13

이차방정식 $2x^2+(k-2)x-2k-4=0$의 한 근이 $x=k$일 때, 다른 한 근을 구하시오. (단, k는 정수)

100점 공략

14

두 이차방정식 $x^2+(2a-1)x-12=0$, $(x+4)(x-b)=0$의 해가 서로 같을 때, 상수 a, b에 대하여 $a+b$의 값을 구하시오.

15

x에 대한 이차방정식 $(a+2)x^2+a(1-a)x+5a+4=0$의 한 근이 $x=-1$일 때, 상수 a의 값과 다른 한 근의 합을 구하시오.

16

이차방정식 $(x-10)^2=3k$의 두 근이 모두 자연수가 되도록 하는 모든 자연수 k의 값의 합을 구하시오.

서 술 형

17

이차방정식 $x^2+2ax+5=0$의 한 근이 $x=-1$일 때, 다른 한 근을 구하시오. (단, a는 상수)

풀이

답 _____

18

두 이차방정식 $x^2-3x-10=0$, $x^2+9x+14=0$의 공통인 근이 이차방정식 $x^2+2kx+5k-1=0$의 한 근일 때, 상수 k의 값을 구하시오.

풀이

답 _____

19

이차방정식 $x^2+2(a+1)x+16=0$이 중근을 가질 때, 상수 a의 값과 이때의 중근을 모두 구하시오.

풀이

답 _____

20

이차방정식 $2x^2-8x+3=0$의 해를 완전제곱식을 이용하여 구하시오.

풀이

답 _____

21 100점

이차방정식 $x^2+(3a+6)x+4a=0$의 일차항의 계수와 상수항을 바꾸어 놓은 이차방정식을 풀었더니 한 근이 $x=1$이었다. 처음 이차방정식의 해를 구하시오. (단, a는 상수)

풀이

답 _____

22 100점

이차방정식 $x^2-5x+1=0$의 한 근을 $x=m$이라 할 때, $m^2+4m-\dfrac{4}{m}+\dfrac{1}{m^2}$의 값을 구하시오. (단, $m>1$)

풀이

답 _____

07 ✦ 이차방정식 (2)

Ⅲ. 이차방정식

유형북 95 ~ 108쪽
더블북 46 ~ 53쪽

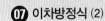

개념 1 이차방정식의 근의 공식
유형 01

(1) **근의 공식**: 이차방정식 $ax^2+bx+c=0$의 해는

$$\Rightarrow x=\frac{-b\pm\sqrt{b^2-4ac}}{2a}\ (\text{단},\ b^2-4ac\geq0)$$

예 이차방정식 $x^2-3x-5=0$에서 $a=1$, $b=-3$, $c=-5$이므로

$$x=\frac{-(-3)\pm\sqrt{(-3)^2-4\times1\times(-5)}}{2\times1}=\frac{3\pm\sqrt{29}}{2}$$

(2) **일차항의 계수가 짝수일 때의 근의 공식**: 이차방정식 $ax^2+2b'x+c=0$의 해는

$$\Rightarrow x=\frac{-b'\pm\sqrt{b'^2-ac}}{a}\ (\text{단},\ b'^2-ac\geq0)$$

예 이차방정식 $2x^2+4x-3=0$에서 $a=2$, $b'=2$, $c=-3$이므로

$$x=\frac{-2\pm\sqrt{2^2-2\times(-3)}}{2}=\frac{-2\pm\sqrt{10}}{2}$$

개념 2 복잡한 이차방정식의 풀이
유형 02, 03

(1) **괄호가 있는 이차방정식**: 괄호를 풀고 $ax^2+bx+c=0$ 꼴로 정리한다.
└→ 분배법칙, 곱셈 공식 등을 이용

(2) **계수 중에 소수 또는 분수가 있는 이차방정식**: 양변에 적당한 수를 곱하여 모든 계수를 정수로 바꾼다.

① 계수가 소수일 때 ➡ 10의 거듭제곱을 곱한다.

② 계수가 분수일 때 ➡ 분모의 최소공배수를 곱한다.

(3) **공통인 부분이 있는 이차방정식**: 공통인 부분을 한 문자로 치환하여 푼다.

개념 3 이차방정식의 근의 개수
유형 04~06

이차방정식 $ax^2+bx+c=0$의 근의 개수는 b^2-4ac의 부호에 의하여 결정된다.

① $b^2-4ac>0$ ➡ 서로 다른 두 근을 갖는다. ➡ 근이 2개

② $b^2-4ac=0$ ➡ 한 근 (중근)을 갖는다. ➡ 근이 1개

③ $b^2-4ac<0$ ➡ 근을 갖지 않는다. ➡ 근이 0개

개념 4 이차방정식의 활용
유형 07~15

이차방정식의 활용 문제는 다음과 같은 순서로 푼다.

❶ 미지수 정하기 ➡ 문제의 뜻을 이해하고 구하려는 것을 미지수 x로 놓는다.

❷ 방정식 세우기 ➡ x에 대한 이차방정식을 세운다.

❸ 방정식 풀기 ➡ 이차방정식을 풀어 해를 구한다.

❹ 답 구하기 ➡ 구한 해가 문제의 뜻에 맞는지 확인한다.

참고 이차방정식의 활용 문제의 경우 이차방정식의 해가 모두 답이 되는 것은 아니다. 따라서 이차방정식의 해를 구한 후에는 그것이 문제의 뜻에 맞는지 반드시 확인해야 한다.

➕ 개념 노트

· 이차방정식의 해를 구할 때, 인수분해가 되면 인수분해를 이용하여 풀고 인수분해가 되지 않으면 근의 공식을 이용하여 푸는 것이 편리하다.

· 이차방정식의 x의 계수가 짝수일 때, (2)의 공식을 이용하면 (1)의 공식에서 분모, 분자를 약분하는 과정이 생략되어 계산이 간단해진다.

· 양변에 어떤 수를 곱할 때는 모든 항에 곱해 주어야 한다.
· x^2의 계수가 음수일 때는 양변에 -1을 곱하여 양수로 만든다.

· 이차방정식 $ax^2+bx+c=0$의 근이 존재할 조건은
➡ $b^2-4ac\geq0$
· 일차항의 계수가 짝수일 때는 b'^2-ac의 부호를 확인하여 판단하면 편리하다.

· 시간, 속력, 길이, 넓이, 부피 등은 양수가 되어야 하고, 개수, 나이 등은 자연수가 되어야 한다.

개념 1 이차방정식의 근의 공식

01 다음은 이차방정식 $ax^2+bx+c=0$의 근을 구하는 과정이다. □ 안에 알맞은 것을 써넣으시오.

> 양변을 a로 나누면 $x^2+\dfrac{b}{a}x+\dfrac{c}{a}=0$
>
> 상수항을 우변으로 이항하면 $x^2+\dfrac{b}{a}x=\boxed{}$
>
> 좌변을 완전제곱식으로 만들면
>
> $x^2+\dfrac{b}{a}x+\left(\boxed{}\right)^2=\boxed{}+\left(\boxed{}\right)^2$
>
> $\left(x+\boxed{}\right)^2=\dfrac{\boxed{}}{4a^2}$, $x+\boxed{}=\pm\sqrt{\dfrac{\boxed{}}{2a}}$
>
> $\therefore\ x=\dfrac{\boxed{}\pm\sqrt{\boxed{}}}{2a}$

[02~05] 다음 이차방정식을 근의 공식을 이용하여 푸시오.

02 $x^2+3x+1=0$

03 $2x^2-6x+3=0$

04 $x^2-4x-1=0$

05 $x^2+2=5x$

개념 2 복잡한 이차방정식의 풀이

[06~08] 다음 이차방정식을 푸시오.

06 $(x+1)(x-3)=21$

07 $0.2x^2-0.5x+0.3=0$

08 $\dfrac{1}{3}x^2-\dfrac{3}{2}x+\dfrac{1}{4}=0$

[09~11] 이차방정식 $(x+1)^2+5(x+1)-14=0$에 대하여 다음 물음에 답하시오.

09 $x+1=A$로 놓고 주어진 이차방정식을 A에 대한 이차방정식으로 나타내시오.

10 09의 이차방정식을 풀어 A의 값을 구하시오.

11 x의 값을 구하시오.

개념 3 이차방정식의 근의 개수

[12~14] 다음은 주어진 이차방정식을 $ax^2+bx+c=0$이라 할 때, 근의 개수를 구하는 과정이다. 빈칸에 알맞은 수를 써넣으시오.

$ax^2+bx+c=0$	b^2-4ac의 값	근의 개수
12 $2x^2-x+1=0$		
13 $9x^2-6x+1=0$		
14 $3x^2+5x-2=0$		

[15~17] 다음 이차방정식의 근의 개수를 구하시오.

15 $x^2-4x+5=0$

16 $x^2-3x-3=0$

17 $2x^2-8x+8=0$

개념 4 이차방정식의 활용

[18~20] 연속하는 두 홀수의 곱이 143일 때, 다음 물음에 답하시오.

18 연속하는 두 홀수 중 작은 수를 x라 할 때, 다른 한 수를 x에 대한 식으로 나타내시오.

19 x의 값을 구하시오.

20 연속하는 두 홀수를 구하시오.

Real 실전 유형

유형 01 이차방정식의 근의 공식 개념 1

이차방정식	근의 공식
$ax^2+bx+c=0$	$x=\dfrac{-b\pm\sqrt{b^2-4ac}}{2a}$ (단, $b^2-4ac\geq0$)
$ax^2+2b'x+c=0$	$x=\dfrac{-b'\pm\sqrt{b'^2-ac}}{a}$ (단, $b'^2-ac\geq0$)

01 대표문제

이차방정식 $2x^2+5x-2=0$의 근이 $x=\dfrac{A\pm\sqrt{B}}{4}$일 때, 유리수 A, B에 대하여 $A+B$의 값은?

① 32   ② 33   ③ 34

④ 35   ⑤ 36

02 중요

이차방정식 $2x^2-6x-k=0$의 근이 $x=\dfrac{3\pm\sqrt{15}}{2}$일 때, 상수 k의 값을 구하시오.

03 서술형

이차방정식 $2x^2+3x-1=0$의 두 근 중 큰 근을 α라 할 때, $4\alpha+3$의 값을 구하시오.

04

이차방정식 $x^2+ax-3=0$의 근이 $x=-2\pm\sqrt{b}$일 때, 유리수 a, b에 대하여 $a+b$의 값을 구하시오.

유형 02 복잡한 이차방정식의 풀이 개념 2

(1) 괄호가 있는 경우
   ➡ 괄호를 풀어 $ax^2+bx+c=0$ 꼴로 정리한다.
(2) 계수에 소수가 있는 경우
   ➡ 양변에 10, 100, 1000, …을 곱하여 계수를 정수로 바꾼다.
(3) 계수에 분수가 있는 경우
   ➡ 양변에 분모의 최소공배수를 곱하여 계수를 정수로 바꾼다.

05 대표문제

이차방정식 $\dfrac{x(x+7)}{6}=0.5\left(x-\dfrac{1}{3}\right)$의 근이 $x=p\pm\sqrt{q}$일 때, 유리수 p, q에 대하여 $p+q$의 값은?

① 1   ② 2   ③ 3

④ 4   ⑤ 5

06

이차방정식 $x(x-1)=\dfrac{1}{3}(x-3)^2$을 풀면?

① $x=-3$ 또는 $x=-\dfrac{3}{2}$ ② $x=-3$ 또는 $x=\dfrac{3}{2}$

③ $x=-2$ 또는 $x=3$ ④ $x=-2\pm\sqrt{2}$

⑤ $x=5\pm\sqrt{5}$

07

이차방정식 $x^2-0.4x-0.1=0$의 근이 $x=\dfrac{p\pm\sqrt{q}}{10}$일 때, 유리수 p, q에 대하여 $p+q$의 값을 구하시오.

08 (III)

이차방정식 $0.01x^2-0.06x+0.04=0$을 풀면?

① $x=-6\pm\sqrt{2}$ ② $x=-5\pm\sqrt{3}$

③ $x=1\pm\sqrt{6}$ ④ $x=3\pm\sqrt{5}$

⑤ $x=5\pm\sqrt{10}$

09 (III) 서술형

이차방정식 $\dfrac{1}{4}x^2-0.4x-\dfrac{1}{5}=0$의 두 근을 α, β라 할 때, $\alpha-5\beta$의 값을 구하시오. (단, $\alpha>\beta$)

10 (III)

두 이차방정식 $\dfrac{1}{5}x^2-0.1x-1=0$, $0.4(1-x^2)=0.6x$의 공통인 근을 구하시오.

11 (III)

이차방정식 $0.1(3x^2+x+3)=\dfrac{x(x-1)}{2}$의 두 근의 곱을 구하시오.

유형 **03** 공통인 부분이 있는 이차방정식의 풀이   개념2

❶ 공통인 부분을 A로 치환한다.
❷ 인수분해 또는 근의 공식을 이용하여 A의 값을 구한다.
❸ 치환한 식에 A의 값을 대입하여 x의 값을 구한다.

12 대표문제

이차방정식 $(x+5)^2+2(x+5)-35=0$의 두 근의 합은?

① -12 ② -10 ③ -8

④ -6 ⑤ -4

13 (III)

이차방정식 $(x+3)^2-2(x+3)-8=0$의 음수인 해를 구하시오.

14 (III)

이차방정식 $15\left(x+\dfrac{1}{2}\right)^2-2\left(x+\dfrac{1}{2}\right)-1=0$의 해가 $x=a$ 또는 $x=b$일 때, $6a+10b$의 값을 구하시오. (단, $a>b$)

중요
15 (III)

$a>b$이고 $(a-b)(a-b+1)=12$일 때, $a-b$의 값을 구하시오.

유형 04 이차방정식의 근의 개수 개념3

이차방정식 $ax^2+bx+c=0$의 근의 개수는 b^2-4ac의 부호에 따라 결정된다.

예

이차방정식	b^2-4ac의 부호	근의 개수
$x^2+x-3=0$	$1^2-4\times1\times(-3)=13>0$	2
$x^2-2x+1=0$	$(-2)^2-4\times1\times1=0$	1
$2x^2-x+1=0$	$(-1)^2-4\times2\times1=-7<0$	0

16 대표문제

다음 이차방정식 중 근의 개수가 나머지 넷과 다른 하나는?

① $x^2+5x+2=0$
② $x^2+\dfrac{1}{2}x-\dfrac{1}{4}=0$
③ $2x^2-3x+2=0$
④ $3x^2-7x+3=0$
⑤ $3x^2+6x+1=0$

17 〔IIII〕

다음 **보기**의 이차방정식 중 서로 다른 두 근을 갖는 것을 모두 고르시오.

┌─────── 보기 ───────┐
ㄱ. $x^2-4x-5=0$ ㄴ. $3x^2+6x-1=0$
ㄷ. $4x^2-x+2=0$ ㄹ. $4x^2+20x+25=0$
└──────────────────┘

18 〔IIII〕 서술형

이차방정식 $x^2-6x+7=0$의 근의 개수를 a,
$x^2+3x+9=0$의 근의 개수를 b, $4x^2-12x+9=0$의 근의 개수를 c라 할 때, $a+b-c$의 값을 구하시오.

집중
유형 05 이차방정식이 중근을 가질 조건 (2) 개념3

이차방정식 $ax^2+bx+c=0$이 중근을 가질 조건
➡ $b^2-4ac=0$

19 대표문제

이차방정식 $x^2+(k+2)x+2k+1=0$이 중근을 갖도록 하는 양수 k의 값을 구하시오.

20 〔IIII〕

이차방정식 $2x(x-3)+k=0$이 중근 $x=m$을 가질 때, $k+m$의 값은? (단, k는 상수)

① 3
② 4
③ 5
④ 6
⑤ 7

21 〔IIII〕

다음 두 이차방정식이 모두 중근을 가질 때, 상수 a, b에 대하여 $a-b$의 값을 구하시오.

┌──────────────────────────────┐
$(x-3)^2=2x+a,\ x^2-2(a+5)x+b=0$
└──────────────────────────────┘

중요
22 〔IIII〕

이차방정식 $(k-1)x^2+(k-1)x+2=0$의 근이 1개일 때, 상수 k의 값을 구하시오.

집중⚡
유형 **06** 근의 개수에 따른 미지수의 값의 범위 구하기 　개념**3**

이차방정식 $ax^2+bx+c=0$이
(1) 서로 다른 두 근을 가질 때 ➡ $b^2-4ac>0$ ┐근을 가질 조건은
(2) 중근을 가질 때 ➡ $b^2-4ac=0$ 　┘$b^2-4ac≥0$
(3) 근을 갖지 않을 때 ➡ $b^2-4ac<0$

23 대표문제
이차방정식 $2x^2-8x+k-3=0$이 해를 갖도록 하는 상수 k의 값의 범위는?

① $k>-11$　　② $k≥-11$　　③ $k≤-11$
④ $k≥11$　　　⑤ $k≤11$

24 〔IIII〕 서술형
이차방정식 $x^2-5x+k+5=0$이 서로 다른 두 근을 갖도록 하는 가장 큰 정수 k의 값을 구하시오.

25 〔IIII〕
이차방정식 $3x^2-4x+2-k=0$의 해가 없을 때, 다음 중 상수 k의 값이 될 수 **없는** 것은?

① -3　　② -2　　③ -1
④ 0　　　⑤ 1

중요
26 〔IIII〕
이차방정식 $(m-1)x^2+4x-1=0$이 서로 다른 두 근을 갖도록 하는 상수 m의 값의 범위는?

① $m<-3$　　　　② $m>-3$
③ $-3<m<1$　　④ $m>1$
⑤ $-3<m<1$ 또는 $m>1$

유형 **07** 이차방정식의 활용; 식이 주어진 경우 　개념**4**

❶ 문제의 뜻에 따라 이차방정식을 세운다.
❷ 이차방정식을 풀어 해를 구한다.
❸ 문제의 뜻에 맞는 것만을 답으로 택한다.

27 대표문제
n각형의 대각선의 총 개수는 $\dfrac{n(n-3)}{2}$이다. 대각선의 총 개수가 90인 다각형은?

① 십각형　　② 십이각형　　③ 십삼각형
④ 십사각형　　⑤ 십오각형

28 〔IIII〕
자연수 1부터 n까지의 합은 $\dfrac{n(n+1)}{2}$이다. 합이 136이 되려면 1부터 얼마까지의 자연수를 더해야 하는지 구하시오.

29 〔IIII〕
다음 그림과 같이 점을 찍어 삼각형 모양을 만들 때, n단계에 사용한 점의 개수는 $\dfrac{n(n+1)}{2}$이다. 점의 개수가 45인 삼각형 모양은 몇 단계인지 구하시오.

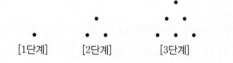

[1단계]　　[2단계]　　[3단계]

집중⚡

유형 08 이차방정식의 활용; 수   개념 4

(1) 연속하는 두 자연수 ➡ x, $x+1$
(2) 연속하는 세 자연수 ➡ $x-1$, x, $x+1$
(3) 연속하는 두 짝수
    ➡ x, $x+2$ (x는 짝수) 또는 $2x$, $2x+2$ (x는 자연수)
(4) 연속하는 두 홀수
    ➡ x, $x+2$ (x는 홀수) 또는 $2x-1$, $2x+1$ (x는 자연수)

30 대표문제

연속하는 세 자연수가 있다. 가장 큰 수의 제곱이 나머지 두 수의 제곱의 합보다 32만큼 작을 때, 이 세 자연수의 합을 구하시오.

31 ▥

연속하는 두 홀수의 제곱의 합이 290일 때, 두 홀수의 합을 구하시오.

32 ▥

어떤 양수에 그 수보다 3이 더 큰 수를 곱해야 하는데 잘못하여 3이 더 작은 수를 곱하였더니 108이 되었다. 처음 구하려던 두 수의 곱을 구하시오.

중요

33 ▥ 서술형

두 자리 자연수에서 십의 자리의 숫자와 일의 자리의 숫자의 합은 11이고, 십의 자리의 숫자와 일의 자리의 숫자의 곱은 이 자연수보다 19만큼 작을 때, 이 자연수를 구하시오.

유형 09 이차방정식의 활용; 실생활   개념 4

❶ 구하려는 것을 미지수 x로 놓는다.
❷ 문제의 뜻에 맞는 이차방정식을 세운다.
❸ 이차방정식을 풀어 해를 구한다.
❹ 문제의 뜻에 맞는 것만을 답으로 택한다.

34 대표문제

정욱이는 동생보다 5살이 많고 정욱이의 나이의 제곱은 동생의 나이의 2배를 제곱한 것보다 23살이 적다고 한다. 이때 정욱이의 나이는?

① 7살   ② 8살   ③ 9살
④ 10살   ⑤ 11살

35 ▥

수학책을 펼쳤더니 펼쳐진 두 면의 쪽수의 곱이 420이었다. 이 두 면의 쪽수의 합을 구하시오.

36 ▥

초콜릿 180개를 몇 명의 학생들에게 남김없이 똑같이 나누어 주려고 한다. 학생 1명이 받는 초콜릿의 개수가 학생 수보다 3만큼 작다고 할 때, 학생은 모두 몇 명인가?

① 13명   ② 14명   ③ 15명
④ 16명   ⑤ 17명

37 ▥

어느 도서관은 매달 첫째 주, 셋째 주 월요일에 휴관을 한다. 이번 달 휴관일의 날짜의 곱이 72일 때, 이번 달 첫째 주 월요일의 날짜를 구하시오.

집중 ⚡ 유형 10 이차방정식의 활용; 쏘아 올린 물체 [개념4]

(1) 위로 쏘아 올린 물체의 높이가 h m인 경우는 올라갈 때와 내려올 때 두 번 생긴다.
(단, 가장 높이 올라간 경우는 제외)

(2) 물체가 지면에 떨어졌을 때의 높이는 0 m이다.

38 대표문제

지면에서 초속 50 m로 똑바로 위로 던진 공의 t초 후의 높이는 $(50t-5t^2)$ m이다. 이 공이 다시 지면에 떨어지는 것은 위로 던진 지 몇 초 후인가?

① 6초 후   ② 7초 후   ③ 8초 후
④ 9초 후   ⑤ 10초 후

39

지면으로부터 100 m 높이의 분수대에서 수직인 방향으로 초속 25 m로 쏘아 올린 물의 x초 후의 지면으로부터 높이는 $(100+25x-5x^2)$ m라 한다. 쏘아 올린 물이 처음으로 지면으로부터 높이가 120 m가 되는 것은 몇 초 후인지 구하시오.

중요 40

물 로켓을 지면으로부터 50 m 높이의 건물에서 수직인 방향으로 초속 35 m로 쏘아 올렸을 때, x초 후의 지면으로부터의 높이는 $(50+35x-5x^2)$ m이다. 쏘아 올린 물 로켓이 지면으로부터 높이가 80 m가 되는 것은 물 로켓을 쏘아 올린 지 몇 초 후인지 모두 구하시오.

집중 ⚡ 유형 11 이차방정식의 활용; 삼각형과 사각형 [개념4]

도형의 둘레 또는 넓이 공식을 이용하여 이차방정식을 세우고, 이차방정식의 해를 구할 때는 다각형의 변의 길이는 항상 양수임에 유의한다.

41 대표문제

오른쪽 그림과 같은 두 정사각형의 넓이의 합이 160 cm²일 때, 큰 정사각형의 한 변의 길이를 구하시오.

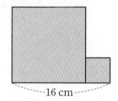

─16 cm─

42

둘레의 길이가 30 cm이고 넓이가 54 cm²인 직사각형이 있다. 가로의 길이보다 세로의 길이가 더 길 때, 이 직사각형의 가로의 길이를 구하시오.

중요 43

오른쪽 그림과 같은 직사각형 ABCD에서 $\overline{AB}$ 위의 점 P와 $\overline{BC}$ 위의 점 Q에 대하여 $\overline{AP}=\overline{QC}$이다. △PBQ의 넓이가 54 cm²일 때 $\overline{PB}$의 길이를 구하시오.

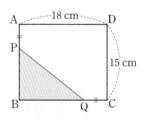

44 서술형

오른쪽 그림과 같이 $\overline{AC}=\overline{BC}=14$ cm인 직각이등변삼각형 ABC에서 $\overline{AB}$ 위의 한 점 P에서 $\overline{BC}$, $\overline{AC}$에 내린 수선의 발을 각각 Q, R라 하자. ▱PQCR의 넓이가 48 cm²일 때, $\overline{PQ}$의 길이를 구하시오. (단, $\overline{PR}>\overline{PQ}$)

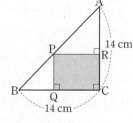

집중 ⚡

유형 12 이차방정식의 활용; 변의 길이를 줄이거나 늘인 도형 개념 4

한 변의 길이가 x인 정사각형의 가로의 길이를 a만큼 줄이고, 세로의 길이를 b만큼 늘이면 이 사각형의 넓이는
$$(x-a)(x+b)$$
임을 이용하여 이차방정식을 세운다.

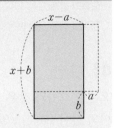

45 대표문제

오른쪽 그림과 같이 가로, 세로의 길이가 각각 12 m, 5 m인 직사각형 모양의 텃밭이 있다. 이 텃밭의 가로, 세로의 길이를 똑같은 길이만큼 늘였더니 처음 텃밭의 넓이보다 38 m²만큼 늘어났다. 가로, 세로의 길이를 몇 m씩 늘였는지 구하시오.

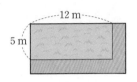

46 서술형

어떤 정사각형의 가로의 길이를 6 cm, 세로의 길이를 9 cm 늘여서 만든 직사각형의 넓이가 처음 정사각형의 넓이의 2배가 될 때, 처음 정사각형의 한 변의 길이를 구하시오.

47 중요

가로의 길이와 세로의 길이가 각각 20 cm, 14 cm인 직사각형에서 가로의 길이는 매초 1 cm씩 줄어들고, 세로의 길이는 매초 2 cm씩 늘어나고 있다. 이때 변화되는 직사각형의 넓이가 처음 직사각형의 넓이와 같아지는 것은 몇 초 후인지 구하시오.

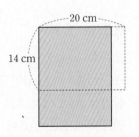

유형 13 이차방정식의 활용; 원 개념 4

(1) 원의 반지름의 길이가 r cm일 때,
　(원의 둘레의 길이)$=2\pi r$ cm, 　(원의 넓이)$=\pi r^2$ cm²
　임을 이용하여 이차방정식을 세운다.
(2) 원의 반지름의 길이는 항상 양수가 되어야 한다.

48 대표문제

어떤 원의 반지름의 길이를 2 cm만큼 늘였더니 그 넓이는 처음 원의 넓이의 3배가 되었다. 이때 처음 원의 반지름의 길이를 구하시오.

49

높이와 밑면인 원의 반지름의 길이의 비가 3 : 2이고 옆넓이가 108π cm²인 원기둥이 있다. 이 원기둥의 높이를 구하시오.

50

오른쪽 그림과 같이 반지름의 길이가 8 m인 원 모양의 호수의 둘레에 폭이 x m인 산책로를 만들었다. 산책로의 넓이가 연못과 산책로의 넓이의 합의 $\dfrac{1}{3}$이라 할 때, x의 값을 구하시오.

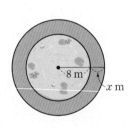

51

오른쪽 그림과 같이 세 개의 반원으로 이루어진 도형에서 가장 큰 반원의 지름은 26 cm이고 색칠한 부분의 넓이는 30π cm²일 때, 가장 작은 반원의 반지름의 길이를 구하시오.

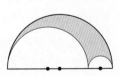

유형 14 이차방정식의 활용; 상자를 만드는 경우 `개념 4`

구하는 길이를 x로 놓고,
(직육면체의 부피)=(가로)×(세로)×(높이)
임을 이용하여 이차방정식을 세운다. → 밑넓이

52 대표문제

오른쪽 그림과 같은 정사각형 모양의 종이의 네 귀퉁이에서 한 변의 길이가 4 cm인 정사각형을 잘라 내고 그 나머지로 윗면이 없는 직육면체 모양의 상자를 만들었더니 부피가 324 cm³가 되었다. 이때 처음 정사각형 모양의 종이의 한 변의 길이를 구하시오.

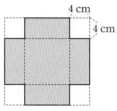

53 ▪▪▫▫

오른쪽 그림과 같이 가로, 세로의 길이가 각각 10 cm, 16 cm인 직사각형 모양의 종이의 네 귀퉁이에서 정사각형 모양을 잘라 내어 윗면이 없는 직육면체 모양의 상자를 만들려고 한다. 상자의 밑면의 넓이가 40 cm²일 때, 잘라 낸 정사각형의 한 변의 길이는 몇 cm인지 구하시오.

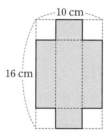

중요 54 ▪▪▪▪

오른쪽 그림과 같이 너비가 80 cm인 철판의 양쪽을 같은 폭만큼 직각으로 접어 올려 물받이를 만들려고 한다. 빗금 친 부분의 넓이가 800 cm²일 때, 물받이의 높이는 몇 cm인지 구하시오.

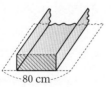

유형 15 이차방정식의 활용; 도로를 만드는 경우 `개념 4`

다음 직사각형에서 색칠된 부분의 넓이는 모두 같음을 이용하여 넓이에 대한 이차방정식을 세운다.

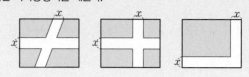

55 대표문제

오른쪽 그림과 같이 가로, 세로의 길이가 각각 30 m, 20 m인 직사각형 모양의 땅에 폭이 일정한 도로를 만들었다. 도로를 제외한 땅의 넓이가 459 m²일 때, 도로의 폭은 몇 m인지 구하시오.

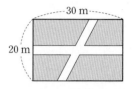

56 ▪▪▪▫

오른쪽 그림과 같이 가로, 세로의 길이가 각각 24 m, 20 m인 직사각형 모양의 땅에 폭이 일정한 길을 만들었다. 길의 넓이가 84 m²일 때, 길의 폭을 구하시오.

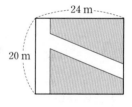

57 ▪▪▪▫ 서술형

오른쪽 그림과 같이 가로의 길이가 세로의 길이보다 6 m 더 긴 직사각형 모양의 땅에 폭이 1 m인 길을 내었더니 남은 땅의 넓이가 91 m²가 되었다. 이 땅의 세로의 길이를 구하시오.

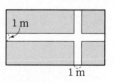

Real 실전 기출

01

이차방정식 $x^2-3x+k=0$의 해가 $x=\dfrac{3\pm\sqrt{33}}{2}$일 때, 유리수 k의 값을 구하시오.

02

이차방정식 $\dfrac{x(x+3)}{3}=\dfrac{(x-2)(x-1)}{5}$의 근이 $x=p\pm\sqrt{q}$일 때, 유리수 p, q에 대하여 $p+q$의 값은?

① 27　　　　② 33　　　　③ 39
④ 45　　　　⑤ 47

03

$2x>3y$이고 $(2x-3y)(2x-3y+3)=10$일 때, $6y-4x$의 값을 구하시오.

04

다음 **보기**에서 이차방정식 $2x^2-6x+k=0$의 근에 대한 설명으로 옳은 것을 모두 고르시오.

------ 보기 ------
ㄱ. $k=1$이면 서로 다른 두 근을 갖는다.
ㄴ. $k=5$이면 근이 없다.
ㄷ. $k=9$이면 중근을 갖는다.

05

이차방정식 $x^2-(2k+1)x+4=0$이 중근을 갖도록 하는 상수 k의 값 중에서 큰 값이 이차방정식 $ax^2-2ax+9=0$의 한 근일 때, 상수 a의 값은?

① 9　　　　② 10　　　　③ 11
④ 12　　　　⑤ 13

06 최다빈출

이차방정식 $x^2+2x-(k-6)=0$이 해를 갖도록 하는 상수 k의 값의 범위를 구하시오.

07

다음 중 이차방정식 $x^2-6x+5-k=0$은 서로 다른 두 근을 갖고, 이차방정식 $(k^2+1)x^2+2(k-3)x+2=0$은 중근을 갖는다. 이때 상수 k의 값을 구하시오.

08 창의 역량

이차방정식 $x^2+8x-\square=0$의 $\square$ 안에 들어갈 수를 다음 카드 중에서 하나를 뽑아 정할 때, 나올 수 있는 이차방정식의 해 중 가장 큰 정수인 해를 구하시오.

, , , , ,

09

두 자리 자연수에서 일의 자리의 숫자와 십의 자리의 숫자의 합은 10이고, 일의 자리의 숫자와 십의 자리의 숫자의 곱은 이 자연수보다 52만큼 작다고 한다. 이 자연수를 구하시오.

10

다은이네 학교는 2박 3일간 수련회를 가기로 했다. 3일간의 날짜를 각각 제곱하여 더했더니 365일 때, 수련회에서 돌아오는 날짜는?

① 9일 ② 10일 ③ 11일
④ 12일 ⑤ 13일

11

오른쪽 그림과 같이 $\angle A=90°$인 직각삼각형 ABC의 꼭짓점 A에서 $\overline{BC}$에 내린 수선의 발을 D라 할 때, x의 값을 구하시오.

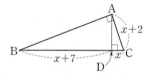

12 최다빈출

오른쪽 그림과 같이 가로, 세로의 길이가 각각 8 m, 3 m인 직사각형 모양의 꽃밭이 있다. 이 꽃밭의 둘레에 폭이 일정하고, 넓이가 42 m²인 산책로를 만들려고 할 때, 산책로의 폭을 구하시오.

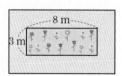

13

$x^2-2xy+y^2-6x+6y-3=0$일 때, $x-y$의 값을 구하시오. (단, $x>y$)

14

한 개에 4000원인 햄버거의 가격을 x %만큼 인상하면 판매량이 $0.8x$ %만큼 감소한다고 한다. 이때 매출액에 변화가 없도록 하려면 햄버거 한 개의 가격을 얼마로 인상해야 하는가?

① 4250원 ② 4500원 ③ 4750원
④ 5000원 ⑤ 5500원

15

지면에서 초속 60 m로 똑바로 위로 던진 공의 t초 후의 높이를 h m라 하면 $h=60t-5t^2$의 관계가 성립한다. 이때 공이 지면으로부터 높이가 100 m 이상인 지점을 지나는 것은 몇 초 동안인지 구하시오.

16

오른쪽 그림과 같이 일차함수 $y=-\dfrac{1}{3}x+4$의 그래프 위의 한 점 A에서 x축, y축에 내린 수선의 발을 각각 P, Q라 하면 □AQOP의 넓이는 9가 된다고 한다. 점 A가 제1사분면 위의 점일 때, 점 A의 좌표를 모두 구하시오.

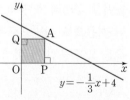

(단, O는 원점)

서 술 형

17

이차방정식 $\frac{1}{5}(4x-1)(x+2)=0.5(x+2)^2$의 두 근 사이의 정수는 몇 개인지 구하시오.

풀이

답 _____

18

이차방정식 $x^2+(5-2k)x-10k=0$이 중근을 가질 때, 이차방정식 $(1+k)x^2-3x+1=0$의 해를 구하시오.

(단, k는 상수)

풀이

답 _____

19

지면으로부터 10 m의 높이에서 지면에 수직인 방향으로 초속 60 m로 폭죽을 쏘아 올렸을 때, 이 폭죽의 t초 후의 높이를 h m라 하면 $h=10+60t-5t^2$이라 한다. 이 폭죽이 처음으로 지면으로부터 높이가 170 m가 되는 것은 폭죽을 쏘아 올린 지 몇 초 후인지 구하시오.

풀이

답 _____

20

오른쪽 그림과 같이 점 O를 중심으로 하는 두 원이 있다. $\overline{OA}$의 길이는 $\overline{AB}$의 길이보다 3 cm만큼 길고 색칠한 부분의 넓이가 24π cm^{2}일 때, $\overline{AB}$의 길이를 구하시오.

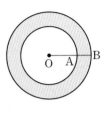

풀이

답 _____

21 100점

오른쪽 그림과 같은 직사각형 ABCD에서 점 P는 점 A에서부터 점 B까지 매초 1 cm의 속력으로 움직이고, 점 Q는 점 B에서부터 점 C까지 매초 2 cm의 속력으로 움직인다. 두 점 P, Q가 동시에 출발하여 $\triangle$PBQ의 넓이가 26 cm^{2}가 되는 것은 몇 초 후인지 구하시오.

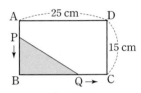

풀이

답 _____

22 100점

가로, 세로의 길이의 비가 2 : 1인 직사각형 모양의 잔디밭에 오른쪽 그림과 같이 폭이 각각 일정한 길을 내었더니 남은 잔디밭의 넓이가 136 m^{2}가 되었다. 처음 잔디밭의 가로의 길이를 구하시오.

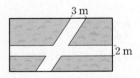

풀이

답 _____

08 ✦

IV. 이차함수

이차함수와 그래프 (1)

유형북 | 109 ~ 124쪽
더블북 | 54 ~ 61쪽

Real 실전 개념

개념 1 이차함수

유형 01~03

함수 $y=f(x)$에서

$$y=ax^2+bx+c \ (a, b, c는 \ 상수, \ a \neq 0)$$

와 같이 y가 x에 대한 이차식으로 나타내어질 때, 이 함수를 x에 대한 이차함수라 한다.

예 $y=\dfrac{1}{3}x^2$, $y=-x^2+1$, $y=3x^2-2x+5$ ➡ 이차함수이다.

$y=\dfrac{1}{x^2}$, $y=2x+1$, $y=3x^3-2x+5$ ➡ 이차함수가 아니다.

➕ 개념 노트

· 두 변수 x, y에 대하여 x의 값이 정해짐에 따라 y의 값이 오직 하나씩 정해지는 관계가 있으면 y는 x의 함수이다.

· 특별한 말이 없으면 이차함수에서 x의 값의 범위는 실수 전체로 생각한다.

개념 2 이차함수 $y=x^2$의 그래프

(1) 이차함수 $y=x^2$의 그래프

① 원점을 지나고 아래로 볼록한 곡선이다.

② y축에 대칭이다.

③ $x<0$일 때, x의 값이 증가하면 y의 값은 감소한다.

 $x>0$일 때, x의 값이 증가하면 y의 값도 증가한다.

④ 원점을 제외한 부분은 모두 x축보다 위쪽에 있다.

⑤ $y=-x^2$의 그래프와 x축에 대칭이다.

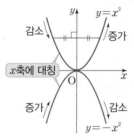

(2) 포물선: 이차함수 $y=x^2$, $y=-x^2$의 그래프와 같은 모양의 곡선

① **축:** 포물선은 한 직선에 대칭이며 그 직선을 포물선의 축이라 한다.

② **꼭짓점:** 포물선과 축과의 교점을 포물선의 꼭짓점이라 한다.

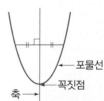

· 이차함수 $y=-x^2$의 그래프

① 원점을 지나고 위로 볼록한 곡선이다.

② y축에 대칭이다.

③ $x<0$일 때, x의 값이 증가하면 y의 값도 증가한다.

 $x>0$일 때, x의 값이 증가하면 y의 값은 감소한다.

④ 원점을 제외한 부분은 모두 x축보다 아래쪽에 있다.

개념 3 이차함수 $y=ax^2$의 그래프

유형 04~08

이차함수 $y=ax^2$의 그래프는

① 원점을 꼭짓점으로 한다.

② y축에 대칭이다.

 └→ 축의 방정식: $x=0(y축)$

③ $a>0$이면 아래로 볼록, $a<0$이면 위로 볼록하다.

④ a의 절댓값이 클수록 그래프의 폭이 좁아진다.

 └→ 그래프가 y축에 가까워진다.

⑤ $y=-ax^2$의 그래프와 x축에 대칭이다.

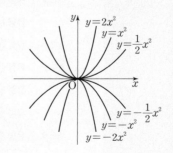

· 이차함수 $y=ax^2$에서

① a의 부호: 그래프의 모양 결정 (볼록한 방향 결정)

② a의 절댓값: 그래프의 폭 결정

개념 1 이차함수

[01~05] 다음 중 이차함수인 것은 ○표, 이차함수가 아닌 것은 ×표를 하시오.

01 $y=-5+2x$　　　　　　　　　　　　(　)

02 $y=x(x+1)+6$　　　　　　　　　　(　)

03 $y=2x^2-x(x-1)$　　　　　　　　(　)

04 $2x^2+6x-1$　　　　　　　　　　　(　)

05 $y=-\dfrac{1}{x^2}$　　　　　　　　　　　　(　)

[06~09] 다음에서 y를 x에 대한 식으로 나타내고, 이차함수인 것은 ○표, 이차함수가 아닌 것은 ×표를 하시오.

06 한 변의 길이가 $(x+1)$ cm인 정사각형의 둘레의 길이 y cm

➡ _____　　　(　)

07 가로의 길이가 x cm이고, 세로의 길이가 $(x+6)$ cm인 직사각형의 넓이 y cm²

➡ _____　　　(　)

08 한 모서리의 길이가 x cm인 정육면체의 부피 y cm³

➡ _____　　　(　)

09 반지름의 길이가 x cm인 원의 넓이 y cm²

➡ _____　　　(　)

[10~13] 이차함수 $f(x)=2x^2-x+3$에 대하여 다음 함숫값을 구하시오.

10 $f(-3)$　　　　　　**11** $f(0)$

12 $f\left(\dfrac{1}{2}\right)$　　　　　　**13** $f(2)$

개념 2 이차함수 $y=x^2$의 그래프

[14~17] 다음은 이차함수 $y=x^2$의 그래프에 대한 설명이다. □ 안에 알맞은 것을 써넣으시오.

14 그래프의 모양은 □로 볼록하다.

15 꼭짓점의 좌표는 (□, □)이다.

16 □축에 대칭이다.

17 $y=$□의 그래프와 x축에 대칭이다.

개념 3 이차함수 $y=ax^2$의 그래프

[18~21] 다음은 이차함수 $y=-2x^2$의 그래프에 대한 설명이다. □ 안에 알맞은 것을 써넣으시오.

18 꼭짓점의 좌표는 (□, □)이고, □축을 축으로 하는 포물선이다.

19 그래프의 모양은 □로 볼록하다.

20 $x>0$일 때, x의 값이 증가하면 y의 값은 □한다.

21 점 $(-2,$ □$)$을 지난다.

[22~24] 다음 보기의 이차함수에 대하여 물음에 답하시오.

```
┌─────────────── 보기 ───────────────┐
  ㄱ. y=-3x²      ㄴ. y=½x²      ㄷ. y=-⅕x²
  ㄹ. y=2x²       ㅁ. y=3x²      ㅂ. y=-⅓x²
└────────────────────────────────────┘
```

22 그래프가 아래로 볼록한 것을 모두 고르시오.

23 그래프의 폭이 가장 넓은 것을 고르시오.

24 그래프가 x축에 서로 대칭인 것끼리 짝 지으시오.

Real 실전 개념

개념 4 이차함수 $y=ax^2+q$의 그래프   유형 09, 10

이차함수 $y=ax^2+q$의 그래프는

① 이차함수 $y=ax^2$의 그래프를 y축의 방향으로 q만큼 평행이동한 것이다.

② 꼭짓점의 좌표: $(0,\ q)$

③ 축의 방정식: $x=0(y$축$)$

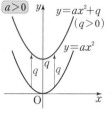

예 $y=x^2+2$의 그래프는 $y=x^2$의 그래프를 y축의 방향으로 2만큼 평행이동한 것이다.
→ 꼭짓점의 좌표: $(0,2)$, 축의 방정식: $x=0(y$축$)$

개념 5 이차함수 $y=a(x-p)^2$의 그래프   유형 09, 11

이차함수 $y=a(x-p)^2$의 그래프는

① 이차함수 $y=ax^2$의 그래프를 x축의 방향으로 p만큼 평행이동한 것이다.

② 꼭짓점의 좌표: $(p,\ 0)$

③ 축의 방정식: $x=p$

예 $y=2(x-1)^2$의 그래프는 $y=2x^2$의 그래프를 x축의 방향으로 1만큼 평행이동한 것이다.
→ 꼭짓점의 좌표: $(1,0)$, 축의 방정식: $x=1$

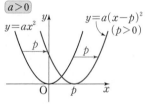

개념 6 이차함수 $y=a(x-p)^2+q$의 그래프   유형 09, 12~15

이차함수 $y=a(x-p)^2+q$의 그래프는

① 이차함수 $y=ax^2$의 그래프를 x축의 방향으로 p만큼, y축의 방향으로 q만큼 평행이동한 것이다.

② 꼭짓점의 좌표: $(p,\ q)$

③ 축의 방정식: $x=p$

예 $y=4(x-3)^2-2$의 그래프는 $y=4x^2$의 그래프를 x축의 방향으로 3만큼, y축의 방향으로 -2만큼 평행이동한 것이다.
→ 꼭짓점의 좌표: $(3,\ -2)$, 축의 방정식: $x=3$

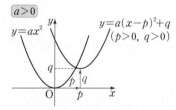

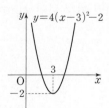

참고 이차함수 $y=ax^2$의 그래프의 평행이동

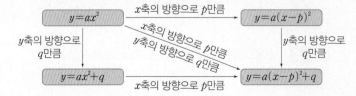

➕ 개념 노트

· 평행이동: 한 도형을 일정한 방향으로 일정한 거리만큼 옮기는 것

· $q>0$이면 ➡ 그래프가 y축의 양의 방향(위쪽)으로 이동

· $q<0$이면 ➡ 그래프가 y축의 음의 방향(아래쪽)으로 이동

· 이차함수의 그래프를 평행이동 하여도 x^2의 계수 a는 변하지 않으므로 그래프의 모양과 폭은 변하지 않고 위치만 바뀐다.

· $p>0$이면 ➡ 그래프가 x축의 양의 방향(오른쪽)으로 이동

· $p<0$이면 ➡ 그래프가 x축의 음의 방향(왼쪽)으로 이동

· 이차함수의 그래프를 x축의 방향으로 평행이동하면 축의 방정식도 변하므로 그래프가 증가 또는 감소하는 x의 값의 범위도 변한다.

· $y=a(x-p)^2+q$ 꼴을 이차함수의 표준형이라 한다.

· $y=a(x-p)^2+q$의 그래프 그리기
❶ 꼭짓점의 좌표를 구하여 좌표평면 위에 나타낸다.
❷ y축과의 교점을 구하여 좌표평면 위에 나타낸다.
❸ 꼭짓점과 y축과의 교점을 포물선으로 나타낸다.

· x축에 대칭인 그래프의 식
➡ y 대신 $-y$를 대입
y축에 대칭인 그래프의 식
➡ x 대신 $-x$를 대입

개념 4 이차함수 $y=ax^2+q$의 그래프

[25~26] 다음 이차함수의 그래프를 y축의 방향으로 q만큼 평행이동한 그래프의 식을 구하시오.

25 $y=\dfrac{2}{3}x^2$ $[q=2]$

26 $y=-5x^2$ $[q=-3]$

[27~28] 다음 이차함수의 그래프의 꼭짓점의 좌표와 축의 방정식을 각각 구하시오.

27 $y=-3x^2+1$ **28** $y=\dfrac{1}{4}x^2-2$

[29~30] 주어진 그래프를 이용하여 다음 이차함수의 그래프를 좌표평면 위에 그리시오.

29 $y=2x^2+1$ **30** $y=-\dfrac{1}{2}x^2-3$

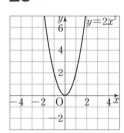   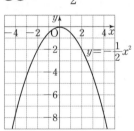

개념 5 이차함수 $y=a(x-p)^2$의 그래프

[31~32] 다음 이차함수의 그래프를 x축의 방향으로 p만큼 평행이동한 그래프의 식을 구하시오.

31 $y=\dfrac{2}{3}x^2$ $[p=2]$

32 $y=-5x^2$ $[p=-3]$

[33~34] 다음 이차함수의 그래프의 꼭짓점의 좌표와 축의 방정식을 각각 구하시오.

33 $y=\dfrac{1}{2}(x+6)^2$ **34** $y=-4(x-5)^2$

[35~36] 주어진 그래프를 이용하여 다음 이차함수의 그래프를 좌표평면 위에 그리시오.

35 $y=\dfrac{1}{2}(x-3)^2$ **36** $y=-2(x+1)^2$

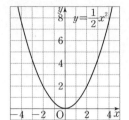   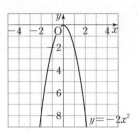

개념 6 이차함수 $y=a(x-p)^2+q$의 그래프

[37~39] 다음 이차함수의 그래프를 x축의 방향으로 p만큼, y축의 방향으로 q만큼 평행이동한 그래프의 식을 구하시오.

37 $y=4x^2$ $[p=1,\ q=-3]$

38 $y=-\dfrac{1}{5}x^2$ $[p=-2,\ q=4]$

39 $y=-2x^2$ $\left[p=\dfrac{1}{3},\ q=-\dfrac{1}{3}\right]$

[40~41] 다음 이차함수의 그래프의 꼭짓점의 좌표와 축의 방정식을 각각 구하시오.

40 $y=3(x+3)^2-4$ **41** $y=-2\left(x-\dfrac{4}{3}\right)^2+\dfrac{1}{3}$

[42~43] 다음 이차함수의 그래프를 좌표평면 위에 그리시오.

42 $y=2(x-2)^2-6$ **43** $y=-\dfrac{1}{3}(x+2)^2-2$

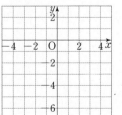   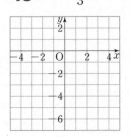

유형 01 이차함수   개념1

y가 x에 대한 이차함수 → $y=(x$에 대한 이차식$)$

→ $y=ax^2+bx+c$ (a, b, c는 상수, $a\neq0$)

01 대표문제

다음 중 이차함수인 것을 모두 고르면? (정답 2개)

① x^2-x+3 ② $y=-\dfrac{x^2}{5}-1$

③ $y=x(3-x)$ ④ $y=2-\dfrac{1}{x^2}$

⑤ $y=(x-2)^2-x^2$

02 〔IIII〕

다음 **보기** 중 y가 x에 대한 이차함수인 것을 모두 고르시오.

┌─────── 보기 ───────┐

ㄱ. $y=(2-x)^2$ ㄴ. $y=\dfrac{1}{x}$

ㄷ. $y=9x^2-(3x-2)^2$ ㄹ. $3x^2+x+y=0$

ㅁ. $y=(x+1)(5-x)$ ㅂ. $y=-x(x+1)+x^2$

└──────────────────┘

03 〔IIII〕

다음 중 y가 x에 대한 이차함수인 것을 모두 고르면?

(정답 2개)

① 시속 x km로 10시간 동안 달린 거리 y km

② 한 변의 길이가 x cm인 정오각형의 둘레의 길이 y cm

③ 한 모서리의 길이가 x cm인 정육면체의 겉넓이 y cm²

④ 농도가 x %인 소금물 500 g 속에 들어 있는 소금의 양 y g

⑤ 가로, 세로의 길이가 각각 x cm, $4x$ cm인 직사각형의 넓이 y cm²

유형 02 이차함수가 되도록 하는 조건   개념1

주어진 함수를 $y=ax^2+bx+c$ 꼴로 정리한 후 $a\neq0$이 되도록 하는 조건을 구한다.

04 대표문제

$y=a(x-1)^2-3x^2+x$가 x에 대한 이차함수가 되도록 하는 상수 a의 조건을 구하시오.

05 〔IIII〕

$y=(3a+2)x^2+5x-4$가 x에 대한 이차함수일 때, 다음 중 상수 a의 값이 될 수 <u>없는</u> 것은?

① $-\dfrac{2}{3}$ ② $-\dfrac{1}{3}$ ③ 0

④ $\dfrac{1}{3}$ ⑤ $\dfrac{2}{3}$

중요

06 〔IIII〕

$y=k(k-4)x^2-6x+2-12x^2$이 x에 대한 이차함수일 때, 다음 중 상수 k의 값이 될 수 <u>없는</u> 것을 모두 고르면?

(정답 2개)

① -2 ② 0 ③ 2

④ 4 ⑤ 6

집중⚡

유형 03 이차함수의 함숫값   개념1

함수 $y=f(x)$에 대하여 함숫값 $f(a)$
→ $f(x)$에 x 대신 a를 대입하여 얻은 값
예 이차함수 $f(x)=-x^2-2x$에서 $x=3$일 때의 함숫값은
$f(3)=-3^2-2\times3=-15$

07 대표문제

이차함수 $f(x)=3x^2-ax-7$에서 $f(-2)=15$일 때, 상수 a의 값은?

① 1   ② 2   ③ 3
④ 4   ⑤ 5

08

이차함수 $f(x)=2x^2-5x+1$에서 $f(-1)-f(2)$의 값을 구하시오.

09

이차함수 $f(x)=-x^2+6x-4$에서 $f(a)=-11$일 때, 양수 a의 값을 구하시오.

10 서술형

이차함수 $f(x)=x^2+ax+b$에서 $f(-1)=-6$, $f(-4)=3$일 때, $f(-5)$의 값을 구하시오.

(단, a, b는 상수)

유형 04 이차함수 $y=ax^2$의 그래프의 폭   개념3

a의 절댓값의 크기가 그래프의 폭을 결정한다.
→ a의 절댓값이 클수록 그래프의 폭이 좁아진다.

11 대표문제

다음 이차함수의 그래프 중 위로 볼록하면서 폭이 가장 넓은 것은?

① $y=\dfrac{2}{5}x^2$ ② $y=-2x^2$ ③ $y=-\dfrac{1}{2}x^2$
④ $y=\dfrac{1}{6}x^2$ ⑤ $y=-6x^2$

12

다음 이차함수의 그래프 중 폭이 가장 좁은 것은?

① $y=\dfrac{1}{3}x^2$ ② $y=-x^2$ ③ $y=4x^2$
④ $y=-\dfrac{1}{3}x^2$ ⑤ $y=2x^2$

중요

13

세 이차함수 $y=ax^2$, $y=-3x^2$, $y=-\dfrac{3}{4}x^2$의 그래프가 오른쪽 그림과 같을 때, 다음 중 상수 a의 값이 될 수 있는 것은?

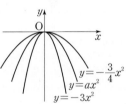

① $\dfrac{1}{10}$ ② $\dfrac{1}{2}$ ③ $-\dfrac{2}{3}$
④ $-\dfrac{9}{4}$ ⑤ $-\dfrac{9}{2}$

14

오른쪽 그림은 이차함수 $y=ax^2$의 그래프이다. 이 중 a의 값이 큰 것부터 차례로 나열하시오.

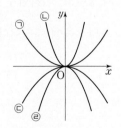

유형 05 이차함수 $y=ax^2$, $y=-ax^2$의 그래프의 관계 개념3

두 이차함수 $y=ax^2$과 $y=-ax^2$의 그래프는 x축에 서로 대칭이다.

15 대표문제

다음 보기 중 이차함수의 그래프가 x축에 서로 대칭인 것 끼리 짝 지은 것을 모두 고르면? (정답 2개)

보기
ㄱ. $y=-4x^2$ ㄴ. $y=-\dfrac{1}{3}x^2$
ㄷ. $y=\dfrac{2}{3}x^2$ ㄹ. $y=4x^2$
ㅁ. $y=\dfrac{3}{2}x^2$ ㅂ. $y=-\dfrac{2}{3}x^2$

① ㄱ, ㄴ   ② ㄱ, ㄹ   ③ ㄴ, ㄹ
④ ㄷ, ㅁ   ⑤ ㄷ, ㅂ

16 []

다음 이차함수 중 그래프가 $y=-\dfrac{1}{5}x^2$의 그래프와 x축에 대칭인 것은?

① $y=-5x^2$ ② $y=5x^2$ ③ $y=\dfrac{1}{5}x^2$
④ $y=-x^2$ ⑤ $y=10x^2$

17 [] 서술형

이차함수 $y=4x^2$의 그래프는 $y=ax^2$의 그래프와 x축에 대칭이고, 이차함수 $y=bx^2$의 그래프는 $y=-\dfrac{1}{4}x^2$의 그래프와 x축에 대칭이다. 이때 $\dfrac{a}{b}$의 값을 구하시오.

(단, a, b는 상수)

집중 ⚡
유형 06 이차함수 $y=ax^2$의 그래프의 성질 개념3

(1) y축을 축으로 하고, 원점을 꼭짓점으로 하는 포물선이다.
(2) $a>0$이면 아래로 볼록하고, $a<0$이면 위로 볼록하다.
(3) a의 절댓값이 클수록 그래프의 폭이 좁아진다.
(4) 이차함수 $y=-ax^2$의 그래프와 x축에 대칭이다.

18 대표문제

다음 중 이차함수 $y=ax^2$의 그래프에 대한 설명으로 옳지 않은 것은? (단, a는 상수)

① 점 $(1, a)$를 지난다.
② y축에 대칭인 포물선이다.
③ $x>0$일 때, x의 값이 증가하면 y의 값도 증가한다.
④ $a>0$이면 아래로 볼록하고, $a<0$이면 위로 볼록하다.
⑤ 이차함수 $y=-ax^2$의 그래프와 x축에 대칭이다.

19 []

다음 중 이차함수 $y=-\dfrac{1}{6}x^2$의 그래프에 대한 설명으로 옳은 것은?

① 아래로 볼록한 포물선이다.
② 점 $(-6, 6)$을 지난다.
③ 축의 방정식은 $y=0$이다.
④ 제1, 2사분면을 지난다.
⑤ 원점을 제외한 모든 부분은 x축보다 아래쪽에 있다.

중요
20 []

다음 보기의 이차함수의 그래프에 대한 설명으로 옳은 것을 모두 고르면? (정답 2개)

보기
ㄱ. $y=\dfrac{3}{4}x^2$ ㄴ. $y=-2x^2$
ㄷ. $y=-\dfrac{3}{4}x^2$ ㄹ. $y=-\dfrac{1}{2}x^2$

① 그래프의 폭이 가장 넓은 것은 ㄴ이다.
② 그래프가 위로 볼록한 것은 ㄱ이다.
③ 그래프는 모두 y축에 대칭이다.
④ 그래프가 x축에 서로 대칭인 것은 ㄴ과 ㄹ이다.
⑤ $x<0$일 때, x의 값이 증가하면 y의 값이 감소하는 것은 ㄱ이다.

유형 07 이차함수 $y=ax^2$의 그래프가 지나는 점 개념3

점 (p, q)가 이차함수 $y=ax^2$의 그래프 위에 있다.
→ 이차함수 $y=ax^2$의 그래프가 점 (p, q)를 지난다.
→ $y=ax^2$에 $x=p$, $y=q$를 대입하면 등식이 성립한다.

21 대표문제

이차함수 $y=ax^2$의 그래프가 두 점 $(3, -18)$, $(-2, b)$를 지날 때, $a+b$의 값을 구하시오. (단, a는 상수)

22

다음 중 이차함수 $y=\dfrac{1}{2}x^2$의 그래프 위의 점이 <u>아닌</u> 것은?

① $(-2, 2)$ ② $\left(-1, \dfrac{1}{2}\right)$ ③ $\left(3, \dfrac{9}{4}\right)$

④ $(4, 8)$ ⑤ $(6, 18)$

23

이차함수 $y=4x^2$의 그래프가 점 $(a, 100)$을 지날 때, 양수 a의 값을 구하시오.

24 중요

이차함수 $y=ax^2$의 그래프와 x축에 대칭인 그래프가 점 $(3, -36)$을 지날 때, 상수 a의 값을 구하시오.

유형 08 이차함수 $y=ax^2$의 식 구하기 개념3

(1) 그래프가 원점을 꼭짓점으로 하고 y축을 축으로 하는 포물선이면 이차함수의 식을 $y=ax^2$으로 놓는다.
(2) 그래프가 지나는 다른 한 점의 좌표를 대입하여 a의 값을 구한다.

25 대표문제

오른쪽 그림과 같이 원점을 꼭짓점으로 하고 점 $\left(\dfrac{1}{3}, \dfrac{1}{6}\right)$을 지나는 포물선을 그래프로 하는 이차함수의 식을 구하시오.

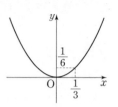

26

원점을 꼭짓점으로 하고 y축을 축으로 하는 포물선이 점 $(-2, -2)$를 지날 때, 이 포물선을 그래프로 하는 이차함수의 식을 구하시오.

27 서술형

원점을 꼭짓점으로 하는 포물선이 두 점 $(2, -6)$, $(k, -24)$를 지날 때, 양수 k의 값을 구하시오.

28

오른쪽 그림과 같은 이차함수의 그래프와 x축에 대칭인 이차함수의 그래프가 점 $(6, k)$를 지날 때, 상수 k의 값을 구하시오.

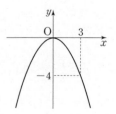

집중 ⚡

유형 09 이차함수 $y=ax^2$의 그래프의 평행이동 개념 4~6

(1) 그래프를 평행이동하면 그래프의 모양은 변하지 않고 위치만 변한다.
(2) 이차함수 $y=ax^2$의 그래프를
　① x축의 방향으로 p만큼 평행이동 ➡ $y=a(x-p)^2$
　② y축의 방향으로 q만큼 평행이동 ➡ $y=ax^2+q$
　③ x축의 방향으로 p만큼, y축의 방향으로 q만큼 평행이동
　　➡ $y=a(x-p)^2+q$

29 대표문제

이차함수 $y=ax^2$의 그래프를 x축의 방향으로 p만큼, y축의 방향으로 q만큼 평행이동한 그래프의 식은
$y=-2(x+1)^2-4$이다. 이때 $a+p+q$의 값을 구하시오.
　　　　　　　　　　　　　　　　(단, a는 상수)

30

$y=3x^2$의 그래프를 x축의 방향으로 -4만큼 평행이동한 그래프의 식을 구하시오.

31 서술형

이차함수 $y=-\dfrac{1}{2}x^2$의 그래프를 y축의 방향으로 -5만큼 평행이동한 그래프의 식은 $y=ax^2+q$이다. 이때 aq의 값을 구하시오. (단, a, q는 상수)

중요
32

다음 이차함수의 그래프 중 이차함수 $y=-\dfrac{1}{3}x^2$의 그래프를 평행이동하여 완전히 포갤 수 있는 것을 모두 고르면?
　　　　　　　　　　　　　　　　(정답 2개)

① $y=\dfrac{1}{3}(x+1)^2$　　② $y=-3x^2+\dfrac{1}{3}$

③ $y=-\dfrac{1}{3}(x+1)^2$　　④ $y=3-\dfrac{1}{3}x^2$

⑤ $y=-3(x+3)^2+3$

유형 10 이차함수 $y=ax^2+q$의 그래프 개념 4

이차함수 $y=ax^2+q$의 그래프는 이차함수 $y=ax^2$의 그래프를 y축의 방향으로 q만큼 평행이동한 것이다.
➡ 꼭짓점의 좌표: $(0, q)$, 축의 방정식: $x=0$

33 대표문제

이차함수 $y=-\dfrac{4}{3}x^2$의 그래프를 y축의 방향으로 -6만큼 평행이동한 그래프의 꼭짓점의 좌표를 (p, q), 축의 방정식을 $x=m$이라 할 때, $p+q+m$의 값을 구하시오.

34

이차함수 $y=ax^2$의 그래프를 y축의 방향으로 1만큼 평행이동한 그래프가 점 $(-1, 4)$를 지날 때, 상수 a의 값을 구하시오.

35

이차함수 $y=x^2$의 그래프를 y축의 방향으로 2만큼 평행이동한 그래프가 두 점 $(a, 3)$, $(3, b)$를 지날 때, $a+b$의 값을 구하시오. (단, $a>0$)

중요
36

다음 중 이차함수 $y=2x^2-4$의 그래프에 대한 설명으로 옳은 것은?
① 꼭짓점의 좌표는 $(0, 4)$이다.
② 축의 방정식은 $y=0$이다.
③ 위로 볼록한 포물선이다.
④ $y=2x^2$의 그래프를 평행이동한 그래프이다.
⑤ 이차함수 $y=x^2$의 그래프보다 폭이 넓다.

유형 **11** 이차함수 $y=a(x-p)^2$의 그래프 개념 5

이차함수 $y=a(x-p)^2$의 그래프는 이차함수 $y=ax^2$의 그래프를 x축의 방향으로 p만큼 평행이동한 것이다.
→ 꼭짓점의 좌표: $(p, 0)$, 축의 방정식: $x=p$

37 대표문제

이차함수 $y=-\dfrac{2}{3}x^2$의 그래프를 x축의 방향으로 3만큼 평행이동한 그래프에서 x의 값이 증가할 때 y의 값은 감소하는 x의 값의 범위가 될 수 있는 것은?

① $x<-3$ ② $x>-3$ ③ $x<-\dfrac{2}{3}$

④ $x<3$ ⑤ $x>3$

38

이차함수 $y=-(x-1)^2$의 그래프에서 꼭짓점의 좌표는 (p, q)이고, 축의 방정식은 $x=r$일 때, $p+q+r$의 값을 구하시오.

39 서술형

오른쪽 그림은 이차함수 $y=a(x-p)^2$의 그래프이다. 이 그래프가 점 $(3, k)$를 지날 때, k의 값을 구하시오.
(단, a, p는 상수)

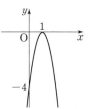

40 중요

다음 중 $y=-\dfrac{1}{2}(x+2)^2$의 그래프에 대한 설명으로 옳지 <u>않은</u> 것은?

① 꼭짓점의 좌표는 $(-2, 0)$이다.
② 축의 방정식은 $x=-2$이다.
③ 위로 볼록한 포물선이다.
④ y축과 만나는 점의 좌표는 $(0, 2)$이다.
⑤ $y=-\dfrac{1}{2}x^2$의 그래프를 x축의 방향으로 -2만큼 평행이동한 그래프이다.

유형 **12** 이차함수 $y=a(x-p)^2+q$의 그래프 개념 6
집중

이차함수 $y=a(x-p)^2+q$의 그래프는 이차함수 $y=ax^2$의 그래프를 x축의 방향으로 p만큼, y축의 방향으로 q만큼 평행이동한 것이다.
→ 꼭짓점의 좌표: (p, q), 축의 방정식: $x=p$
참고 이차함수 $y=a(x-p)^2+q$의 그래프는 이차함수 $y=-a(x-p)^2-q$의 그래프와 x축에 대칭이다.

41 대표문제

이차함수 $y=a(x-p)^2+q$의 그래프의 꼭짓점의 좌표가 $(-5, 2)$이고, 점 $(-3, 4)$를 지난다고 할 때, apq의 값은?
(단, a, p, q는 상수)

① -15 ② -10 ③ -5
④ 5 ⑤ 10

42

이차함수 $y=\dfrac{3}{2}(x+2p)^2+p+1$의 그래프의 꼭짓점이 직선 $y=-2x+3$ 위에 있을 때, 상수 p의 값을 구하시오.

43 중요

다음 중 이차함수 $y=(x-2)^2-1$의 그래프에 대한 설명으로 옳은 것을 모두 고르면? (정답 2개)

① 꼭짓점의 좌표는 $(-2, -1)$이다.
② 제1사분면은 지나지 않는다.
③ y축과 만나는 점의 좌표는 $(0, 3)$이다.
④ $x>2$일 때, x의 값이 증가하면 y의 값은 감소한다.
⑤ 이차함수 $y=-(x-2)^2+1$의 그래프와 x축에 대칭이다.

정답과 해설 67쪽 | 더블북 60쪽

집중 ⚡

유형 **13** 이차함수 $y=a(x-p)^2+q$의 그래프의 평행이동 개념 6

이차함수 $y=a(x-p)^2+q$의 그래프를 x축의 방향으로 m만큼, y축의 방향으로 n만큼 평행이동한 그래프의 식은
$$y=a(x-m-p)^2+q+n$$
➡ 꼭짓점의 좌표: $(p+m, q+n)$, 축의 방정식: $x=p+m$

44 대표문제

이차함수 $y=\dfrac{1}{2}(x-5)^2+1$의 그래프를 x축의 방향으로 p만큼, y축의 방향으로 q만큼 평행이동하였더니 $y=\dfrac{1}{2}x^2$의 그래프와 일치하였다. 이때 $p+q$의 값을 구하시오.

45 ⅠⅢ

이차함수 $y=a(x+3)^2+5$의 그래프를 y축의 방향으로 -2만큼 평행이동한 그래프가 점 $(-1, -9)$를 지날 때, 상수 a의 값은?

① -3 ② -1 ③ 1
④ 3 ⑤ 5

46 ⅠⅢ

이차함수 $y=-(x+1)^2-4$의 그래프를 x축의 방향으로 p만큼, y축의 방향으로 $2p$만큼 평행이동한 그래프가 점 $(-3, -11)$을 지날 때, 양수 p의 값은?

① 1 ② 2 ③ 3
④ 4 ⑤ 5

유형 **14** 이차함수 $y=a(x-p)^2+q$의 식 구하기 개념 6

(1) 꼭짓점의 좌표 (p, q)와 다른 한 점이 주어진 경우
➡ $y=a(x-p)^2+q$로 놓고 이 식에 다른 한 점의 좌표를 대입하여 a의 값을 구한다.
(2) 축의 방정식 $x=p$와 다른 두 점이 주어진 경우
➡ $y=a(x-p)^2+q$로 놓고 이 식에 다른 두 점의 좌표를 대입하여 a, q의 값을 구한다.

47 대표문제

이차함수 $y=\dfrac{1}{3}x^2$의 그래프와 모양이 같고, 꼭짓점의 좌표가 $(4, -9)$인 포물선을 그래프로 하는 이차함수의 식을 $y=a(x+p)^2+q$라 할 때, apq의 값을 구하시오.
(단, a, p, q는 상수)

48 ⅠⅢ

직선 $x=-2$를 축으로 하고 두 점 $(1, 8)$, $(-3, -16)$을 지나는 포물선을 그래프로 하는 이차함수의 식을 $y=a(x-p)^2+q$ 꼴로 나타내시오. (단, a, p, q는 상수)

중요
49 ⅠⅢ 서술형 ★★★

오른쪽 그림과 같은 이차함수의 그래프가 점 $(k, -22)$를 지날 때, 양수 k의 값을 구하시오.

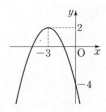

집중 ⚡

유형 15 이차함수 $y=a(x-p)^2+q$의 그래프에서 a, p, q의 부호

개념 6

(1) a의 부호: 그래프의 모양에 따라 결정된다.

(2) p, q의 부호: 꼭짓점의 위치에 따라 결정된다.
 ① 꼭짓점이 제1사분면에 있으면 ➡ $p>0$, $q>0$
 ② 꼭짓점이 제2사분면에 있으면 ➡ $p<0$, $q>0$
 ③ 꼭짓점이 제3사분면에 있으면 ➡ $p<0$, $q<0$
 ④ 꼭짓점이 제4사분면에 있으면 ➡ $p>0$, $q<0$

50 대표문제

이차함수 $y=a(x-p)^2+q$의 그래프가 오른쪽 그림과 같을 때, 다음 중 옳은 것은? (단, a, p, q는 상수)

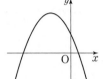

① $a>0$, $p>0$, $q>0$
② $a>0$, $p<0$, $q<0$
③ $a<0$, $p>0$, $q>0$
④ $a<0$, $p<0$, $q>0$
⑤ $a<0$, $p<0$, $q<0$

51 ▮▮▮

이차함수 $y=a(x+p)^2$의 그래프가 오른쪽 그림과 같을 때, 다음 중 옳은 것은? (단, a, p는 상수)

① $a>0$, $p>0$
② $a>0$, $p<0$
③ $a<0$, $p>0$
④ $a<0$, $p<0$
⑤ $a<0$, $p=0$

52 ▮▮▮

이차함수 $y=ax^2-q$의 그래프가 모든 사분면을 지날 때, 다음 중 항상 옳은 것은? (단, a, q는 상수)

① $a-q=0$
② $a-q>0$
③ $a-q<0$
④ $aq>0$
⑤ $aq<0$

중요 💬

53 ▮▮▮

이차함수 $y=a(x+p)^2+q$의 그래프가 오른쪽 그림과 같을 때, 다음 중 이차함수 $y=p(x-q)^2+a$의 그래프로 알맞은 것은? (단, a, p, q는 상수)

①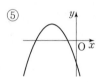
②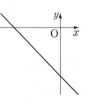
③
④
⑤

54 ▮▮▮

일차함수 $y=ax+b$의 그래프가 오른쪽 그림과 같을 때, 다음 중 이차함수 $y=ax^2+b$의 그래프로 알맞은 것은? (단, a, b는 상수)

①
②
③
④
⑤

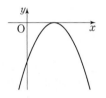

01

다음 중 y가 x에 대한 이차함수가 <u>아닌</u> 것은?

① 반지름의 길이가 x cm인 구의 겉넓이 y cm²
② 가로, 세로의 길이가 각각 x cm, $(x+2)$ cm인 직사각형의 넓이 y cm²
③ 둘레의 길이가 40 cm이고, 가로의 길이가 x cm인 직사각형의 넓이 y cm²
④ 60 km의 거리를 시속 x km로 갈 때, 걸리는 시간 y시간
⑤ 밑면의 반지름의 길이가 x cm이고, 높이가 15 cm인 원뿔의 부피 y cm³

02

$y=2(1-x)^2+ax(x+1)$이 x에 대한 이차함수일 때, 다음 중 상수 a의 값이 될 수 <u>없는</u> 것은?

① -2 ② -1 ③ 0
④ 1 ⑤ 2

03

이차함수 $f(x)=x^2-6x+1$에서 $f(-1)=a$, $f(b)=-8$일 때, $a+b$의 값을 구하시오.

04 최다빈출

다음 이차함수의 그래프 중 아래로 볼록하면서 폭이 가장 좁은 것은?

① $y=-\dfrac{3}{2}(x-1)^2$ ② $y=\dfrac{1}{3}(x-3)^2-1$
③ $y=3x^2-5$ ④ $y=-4x^2$
⑤ $y=\dfrac{3}{4}\left(x+\dfrac{2}{3}\right)^2+\dfrac{1}{3}$

05

다음 중 이차함수 $y=-6x^2$의 그래프에 대한 설명으로 옳은 것을 모두 고르면? (정답 2개)

① 아래로 볼록한 그래프이다.
② 꼭짓점의 좌표는 $(-6, 0)$이다.
③ 축의 방정식은 $x=0$이다.
④ $y=6x^2$의 그래프와 x축에 대칭이다.
⑤ 이차함수 $y=3x^2$의 그래프보다 폭이 넓다.

06

이차함수 $y=f(x)$의 그래프가 오른쪽 그림과 같을 때, $f\left(-\dfrac{3}{2}\right)$의 값을 구하시오.

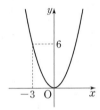

07

다음 중 이차함수의 그래프 중 이차함수 $y=-x^2$의 그래프를 평행이동하여 완전히 포갤 수 <u>없는</u> 것은?

① $y=-x^2+1$ ② $y=-(x+6)^2$
③ $y=(1-x)^2-1$ ④ $y=-(x-2)^2+1$
⑤ $y=(3+x)(3-x)$

08

$y=-\dfrac{1}{5}(x-1)^2+2$의 그래프에서 x의 값이 증가할 때, y의 값은 감소하는 x의 값의 범위는?

① $x>1$ ② $x>-1$ ③ $x>2$
④ $x<1$ ⑤ $x<-1$

09

다음 중 이차함수 $y=-2(x+4)^2+3$의 그래프에 대한 설명으로 옳지 <u>않은</u> 것은?

① 그래프는 위로 볼록하다.

② 축의 방정식은 $x=4$이다.

③ 꼭짓점의 좌표는 $(-4, 3)$이다.

④ $x<-4$일 때 x의 값이 증가하면 y의 값도 증가한다.

⑤ $y=-2x^2$의 그래프를 x축의 방향으로 -4만큼, y축의 방향으로 3만큼 평행이동한 그래프이다.

10 창의 역량

오른쪽 그림은 어떤 이차함수의 그래프인데 일부분이 찢어져서 잘 보이지 않는다. 이 그래프가 두 점 $(-1, a)$, $(7, b)$를 지날 때, $a+b$의 값은?

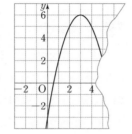

① -8 ② -12

③ -16 ④ -20

⑤ -24

11

$y=a(x-p)^2+q$의 그래프가 오른쪽 그림과 같을 때, 다음 중 옳지 <u>않은</u> 것은? (단, a, p, q는 상수)

① $ap>0$ ② $aq<0$

③ $pq<0$ ④ $apq>0$

⑤ $a-q>0$

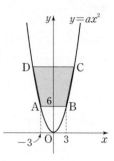

12

오른쪽 그림과 같이 이차함수 $y=ax^2$의 그래프 위에 두 점 $A(-3, 6)$, $B(3, 6)$이 있다. 이 그래프 위에 y좌표가 같고 거리가 12인 두 점 C, D를 잡을 때, $\square ABCD$의 넓이를 구하시오. (단, a는 상수)

13

두 이차함수 $y=-2(x-2)^2+6$, $y=-2(x+3)^2+6$의 그래프가 오른쪽 그림과 같다. 두 점 A, B는 두 그래프의 꼭짓점일 때, 색칠한 부분의 넓이를 구하시오.

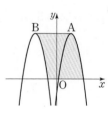

14

이차함수 $y=a(x+2)^2-5$의 그래프가 모든 사분면을 지나도록 하는 정수 a의 값을 구하시오.

서술형

15

이차함수 $y=3x^2$의 그래프를 x축의 방향으로 2만큼, y축의 방향으로 -2만큼 평행이동하면 점 $(k, 10)$을 지난다고 할 때, 양수 k의 값을 구하시오.

풀이

답 _____

16

이차함수 $y=-6(x+k-3)^2+4k$의 꼭짓점이 직선 $y=-2x+5$ 위에 있을 때, 상수 k의 값을 구하시오.

풀이

답 _____

17

축의 방정식이 $x=-4$이고, 두 점 $(-2, 2)$, $(-5, -4)$를 지나는 이차함수의 그래프의 꼭짓점의 좌표를 구하시오.

풀이

답 _____

18

이차함수 $y=a\left(x+\dfrac{1}{2}\right)^2-\dfrac{1}{2}$의 그래프는 이차함수 $y=-2(x+b)^2+c$의 그래프를 x축의 방향으로 $-\dfrac{5}{2}$만큼, y축의 방향으로 $\dfrac{1}{2}$만큼 평행이동한 것이다. 이때 $a+b+c$의 값을 구하시오. (단, a, b, c는 상수)

풀이

답 _____

19 ⟨100점⟩

오른쪽 그림에서 네 점 A, B, C, D는 두 이차함수 $y=3x^2$, $y=-x^2$의 그래프 위의 점이다. □ABCD가 정사각형일 때, □ABCD의 넓이를 구하시오.

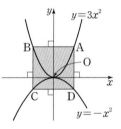

풀이

답 _____

20 ⟨100점⟩

오른쪽 그림과 같이 이차함수 $y=-\dfrac{1}{3}(x-3)^2+5$의 그래프의 꼭짓점을 A, y축과의 교점을 B라 할 때, △ABO의 넓이를 구하시오.

(단, O는 원점)

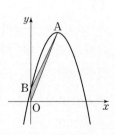

풀이

답 _____

09

이차함수와 그래프 (2)

유형북 125~140쪽

더블북 62~69쪽

개념 1 이차함수 $y=ax^2+bx+c$의 그래프　　　　　　유형 01~08, 14

➕ 개념 노트

(1) 이차함수 $y=ax^2+bx+c$의 그래프

이차함수 $y=ax^2+bx+c$의 그래프는 $y=a(x-p)^2+q$ 꼴로 고쳐서 그린다.

➡ $y=ax^2+bx+c$

　　$=a\left(x^2+\dfrac{b}{a}x\right)+c$　←x^2의 계수로 이차항과 일차항을 묶는다.

　　$=a\left\{x^2+\dfrac{b}{a}x+\left(\dfrac{b}{2a}\right)^2-\left(\dfrac{b}{2a}\right)^2\right\}+c$　← 괄호 안에서 $\left(\dfrac{x의\ 계수}{2}\right)^2$을 더하고 뺀다.

　　$=a\left\{x^2+\dfrac{b}{a}x+\left(\dfrac{b}{2a}\right)^2\right\}-\dfrac{b^2}{4a}+c$

　　$=a\left(x+\dfrac{b}{2a}\right)^2-\dfrac{b^2-4ac}{4a}$　←$y=$(완전제곱식)+(상수) 꼴로 나타낸다.

① 꼭짓점의 좌표: $\left(-\dfrac{b}{2a},\ -\dfrac{b^2-4ac}{4a}\right)$

② 축의 방정식: $x=-\dfrac{b}{2a}$

③ y축과의 교점의 좌표: $(0,\ c)$
　　　　　　　　　　　　↳ y절편은 c이다.

예 $y=2x^2-4x+3=2(x^2-2x+1-1)+3=2(x-1)^2+1$
　➡ ① 꼭짓점의 좌표: $(1, 1)$　② 축의 방정식: $x=1$　③ y축과의 교점의 좌표: $(0, 3)$

• $y=ax^2+bx+c$ 꼴을 이차함수의 일반형이라 하고, $y=a(x-p)^2+q$ 꼴을 이차함수의 표준형이라 한다.

(2) 이차함수 $y=ax^2+bx+c$의 그래프와 x축, y축과의 교점

① x축과의 교점의 x좌표: $y=0$일 때의 x의 값 → x절편

② y축과의 교점의 y좌표: $x=0$일 때의 y의 값 → y절편

• 이차함수의 그래프에서 y축과의 교점은 항상 존재하지만 x축과의 교점은 존재하지 않을 수도 있다.

개념 2 이차함수 $y=ax^2+bx+c$의 그래프에서 a, b, c의 부호　　　유형 09

(1) a의 부호: 그래프의 모양에 따라 결정

　① 아래로 볼록 ($\lor$) ➡ $a>0$

　② 위로 볼록 ($\land$) ➡ $a<0$

(2) b의 부호: 축의 위치에 따라 결정

　① 축이 y축의 왼쪽에 위치 ➡ a, b는 서로 같은 부호 ($ab>0$)

　② 축이 y축과 일치 ➡ $b=0$ ($ab=0$)

　③ 축이 y축의 오른쪽에 위치 ➡ a, b는 서로 다른 부호 ($ab<0$)

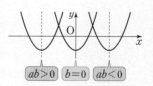

(3) c의 부호: y축과의 교점의 위치에 따라 결정

　① y축과의 교점이 x축의 위쪽에 위치 ➡ $c>0$

　② y축과의 교점이 원점에 위치 ➡ $c=0$

　③ y축과의 교점이 x축의 아래쪽에 위치 ➡ $c<0$

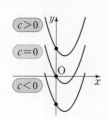

• 이차함수 $y=ax^2+bx+c$의 그래프에서 b의 부호는 a의 부호를 먼저 구해야 알 수 있다.

개념 1 이차함수 $y=ax^2+bx+c$의 그래프

01 다음은 이차함수 $y=-3x^2-6x-5$를
$y=a(x-p)^2+q$ 꼴로 나타내는 과정이다. □ 안에 알맞은
수를 써넣으시오.

$$y=-3x^2-6x-5$$
$$=-3(x^2+\boxed{}x)-5$$
$$=-3(x^2+\boxed{}x+\boxed{}-\boxed{})-5$$
$$=-3(x+\boxed{})^2-\boxed{}$$

[02~05] 다음 이차함수를 $y=a(x-p)^2+q$ 꼴로 나타내시오.

02 $y=x^2+8x+2$

03 $y=-x^2+4x+7$

04 $y=2x^2-10x+9$

05 $y=\dfrac{1}{2}x^2-x+3$

[06~09] 다음 이차함수의 그래프의 꼭짓점의 좌표와 축의 방정식을 각각 구하시오.

06 $y=3x^2-6x-2$

07 $y=-2x^2+12x+10$

08 $y=-4x^2-4x-2$

09 $y=-\dfrac{1}{3}x^2-2x-3$

[10~12] 다음 이차함수의 그래프와 x축, y축과의 교점의 좌표를 각각 구하시오.

10 $y=x^2-3x+2$

11 $y=-x^2+7x-10$

12 $y=\dfrac{1}{4}x^2-x-3$

개념 2 이차함수 $y=ax^2+bx+c$의 그래프에서 a, b, c의 부호

[13~15] 이차함수 $y=ax^2+bx+c$의 그래프가 오른쪽 그림과 같을 때, □ 안에 알맞은 부등호를 써넣으시오.
(단, a, b, c는 상수)

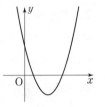

13 그래프가 아래로 볼록하므로
$a \boxed{} 0$

14 그래프의 축이 y축의 오른쪽에 있으므로
$ab \boxed{} 0$ $\therefore b \boxed{} 0$

15 y축과의 교점이 x축의 위쪽에 있으므로
$c \boxed{} 0$

[16~18] 이차함수 $y=ax^2+bx+c$의 그래프가 오른쪽 그림과 같을 때, □ 안에 알맞은 부등호를 써넣으시오.
(단, a, b, c는 상수)

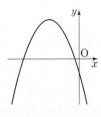

16 그래프가 위로 볼록하므로
$a \boxed{} 0$

17 그래프의 축이 y축의 왼쪽에 있으므로
$ab \boxed{} 0$ $\therefore b \boxed{} 0$

18 y축과의 교점이 x축의 아래쪽에 있으므로
$c \boxed{} 0$

개념 3 이차함수의 식 구하기 (1) 유형 10

꼭짓점의 좌표 (p, q)와 그래프 위의 다른 한 점의 좌표를 알 때

❶ 이차함수의 식을 $y=a(x-p)^2+q$로 놓는다.

❷ 이 식에 다른 한 점의 좌표를 대입하여 a의 값을 구한다.

📝 그래프의 꼭짓점의 좌표가 $(2, 1)$이고, 점 $(-2, 9)$를 지나는 이차함수의 식은

 ❶ 이차함수의 식을 $y=a(x-2)^2+1$로 놓고

 ❷ 그래프가 점 $(-2, 9)$를 지나므로 $x=-2, y=9$를 대입하면 $9=a(-2-2)^2+1$ $\therefore a=\dfrac{1}{2}$

 ➡ $y=\dfrac{1}{2}(x-2)^2+1$

➕ 개념 노트

• 꼭짓점의 좌표에 따른 이차함수의 식

꼭짓점	이차함수의 식
$(0, 0)$	$y=ax^2$
$(0, q)$	$y=ax^2+q$
$(p, 0)$	$y=a(x-p)^2$
(p, q)	$y=a(x-p)^2+q$

개념 4 이차함수의 식 구하기 (2) 유형 11

축의 방정식 $x=p$와 그래프 위의 서로 다른 두 점의 좌표를 알 때

❶ 이차함수의 식을 $y=a(x-p)^2+q$로 놓는다.

❷ 이 식에 두 점의 좌표를 각각 대입하여 a, q의 값을 구한다.

📝 그래프의 축의 방정식이 $x=1$이고, 두 점 $(0, 5), (3, 2)$를 지나는 이차함수의 식은

 ❶ 이차함수의 식을 $y=a(x-1)^2+q$로 놓고

 ❷ 그래프가 점 $(0, 5)$를 지나므로 $x=0, y=5$를 대입하면 $5=a(0-1)^2+q$ $\therefore a+q=5$ ··· ㉠

  그래프가 점 $(3, 2)$를 지나므로 $x=3, y=2$를 대입하면 $2=a(3-1)^2+q$ $\therefore 4a+q=2$ ··· ㉡

  ㉠, ㉡을 연립하여 풀면 $a=-1, q=6$

 ➡ $y=-(x-1)^2+6$

• 축의 방정식이 $x=p$이면 꼭짓점의 x좌표는 p이다.

개념 5 이차함수의 식 구하기 (3) 유형 12

y축과의 교점 $(0, k)$와 그래프 위의 서로 다른 두 점의 좌표를 알 때

❶ 이차함수의 식을 $y=ax^2+bx+k$로 놓는다.

❷ 이 식에 두 점의 좌표를 각각 대입하여 a, b의 값을 구한다.

📝 그래프가 y축과 점 $(0, 8)$에서 만나고, 두 점 $(-1, 5), (2, 8)$을 지나는 이차함수의 식은

 ❶ 이차함수의 식을 $y=ax^2+bx+8$로 놓고

 ❷ 그래프가 점 $(-1, 5)$를 지나므로 $x=-1, y=5$를 대입하면 $5=a-b+8$ $\therefore a-b=-3$ ··· ㉠

  그래프가 점 $(2, 8)$을 지나므로 $x=2, y=8$을 대입하면 $8=4a+2b+8$ $\therefore 2a+b=0$ ··· ㉡

  ㉠, ㉡을 연립하여 풀면 $a=-1, b=2$

 ➡ $y=-x^2+2x+8$

• 그래프 위의 서로 다른 세 점이 주어진 경우 이차함수의 식을 $y=a(x-p)^2+q$로 놓는 것보다 $y=ax^2+bx+c$로 놓는 것이 계산이 간단하다.

개념 6 이차함수의 식 구하기 (4) 유형 13

x축과의 두 교점의 좌표 $(m, 0), (n, 0)$과 그래프 위의 다른 한 점의 좌표를 알 때

❶ 이차함수의 식을 $y=a(x-m)(x-n)$으로 놓는다.

❷ 이 식에 다른 한 점의 좌표를 대입하여 a의 값을 구한다.

📝 그래프와 x축과의 교점의 좌표가 $(-2, 0), (3, 0)$이고, 점 $(1, 12)$를 지나는 이차함수의 식은

 ❶ 이차함수의 식을 $y=a(x+2)(x-3)$으로 놓고

 ❷ 그래프가 점 $(1, 12)$를 지나므로 $x=1, y=12$를 대입하면 $12=a(1+2)(1-3)$ $\therefore a=-2$

 ➡ $y=-2(x+2)(x-3)$

• x축과의 두 교점의 좌표가 $(m, 0), (n, 0)$이면 이차함수의 그래프는 축에 대칭이므로 축의 방정식은 $x=\dfrac{m+n}{2}$이다.

개념 3 이차함수의 식 구하기 (1)

[19~20] 다음 이차함수의 식을 $y=a(x-p)^2+q$ 꼴로 나타내시오.

19 꼭짓점의 좌표가 $(3, 1)$이고, 점 $(-1, 5)$를 지나는 포물선을 그래프로 하는 이차함수의 식

20 꼭짓점의 좌표가 $(2, -1)$이고, 점 $(1, -6)$을 지나는 포물선을 그래프로 하는 이차함수의 식

21 오른쪽 그림과 같은 포물선을 그래프로 하는 이차함수의 식을 $y=a(x-p)^2+q$ 꼴로 나타내시오.

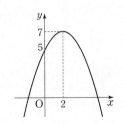

개념 4 이차함수의 식 구하기 (2)

[22~23] 다음 이차함수의 식을 $y=a(x-p)^2+q$ 꼴로 나타내시오.

22 축의 방정식이 $x=3$이고, 두 점 $(2, -6)$, $(5, 3)$을 지나는 포물선을 그래프로 하는 이차함수의 식

23 축의 방정식이 $x=-1$이고, 두 점 $(-2, 7)$, $(3, -8)$을 지나는 포물선을 그래프로 하는 이차함수의 식

24 오른쪽 그림과 같이 축의 방정식이 $x=-2$인 포물선을 그래프로 하는 이차함수의 식을 $y=a(x-p)^2+q$ 꼴로 나타내시오.

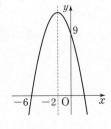

개념 5 이차함수의 식 구하기 (3)

[25~26] 다음 이차함수의 식을 $y=ax^2+bx+c$ 꼴로 나타내시오.

25 세 점 $(0, 5)$, $(-1, 0)$, $(1, 8)$을 지나는 포물선을 그래프로 하는 이차함수의 식

26 세 점 $(0, -3)$, $(3, -3)$, $(-1, -11)$을 지나는 포물선을 그래프로 하는 이차함수의 식

27 오른쪽 그림과 같은 포물선을 그래프로 하는 이차함수의 식을 $y=ax^2+bx+c$ 꼴로 나타내시오.

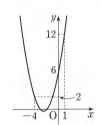

개념 6 이차함수의 식 구하기 (4)

[28~29] 다음 이차함수의 식을 $y=a(x-m)(x-n)$ 꼴로 나타내시오.

28 x축과 두 점 $(1, 0)$, $(-5, 0)$에서 만나고 점 $(3, 8)$을 지나는 포물선을 그래프로 하는 이차함수의 식

29 x축과 두 점 $(2, 0)$, $(7, 0)$에서 만나고 점 $(1, 12)$를 지나는 포물선을 그래프로 하는 이차함수의 식

30 오른쪽 그림과 같은 포물선을 그래프로 하는 이차함수의 식을 $y=a(x-m)(x-n)$ 꼴로 나타내시오.

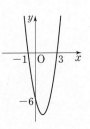

Real 실전 유형

유형 **01** 이차함수 $y=ax^2+bx+c$를 $y=a(x-p)^2+q$ 꼴로 변형하기 **개념1**

$$y=2x^2-12x+3=2(x^2-6x)+3$$
$$=2(x^2-6x+9-9)+3$$
$$=2(x^2-6x+9)-18+3$$
$$=2(x-3)^2-15$$

01 대표문제

이차함수 $y=3x^2-6x+5$를 $y=a(x-p)^2+q$ 꼴로 나타낼 때, apq의 값을 구하시오. (단, a, p, q는 상수)

02 ▪▪▪▫

두 이차함수 $y=-x^2+8x-5$, $y=-(x-p)^2+q$의 그래프가 일치할 때, 상수 p, q에 대하여 $p+q$의 값을 구하시오.

03 ▪▪▪▫

다음 중 이차함수의 식을 $y=a(x-p)^2+q$ 꼴로 바르게 나타낸 것은? (단, a, p, q는 상수)

① $y=2x^2-4x \Rightarrow y=2(x-1)^2$

② $y=x^2+4x+8 \Rightarrow y=(x+2)^2-4$

③ $y=-3x^2+9x-2 \Rightarrow y=-3\left(x-\dfrac{3}{2}\right)^2+\dfrac{9}{2}$

④ $y=\dfrac{1}{2}x^2-x-1 \Rightarrow y=\dfrac{1}{2}(x-1)^2+\dfrac{3}{2}$

⑤ $y=-\dfrac{1}{4}x^2+x+1 \Rightarrow y=-\dfrac{1}{4}(x-2)^2+2$

집중 ⚡
유형 **02** 이차함수 $y=ax^2+bx+c$의 그래프의 꼭짓점의 좌표와 축의 방정식 **개념1**

$y=ax^2+bx+c$를 $y=a(x-p)^2+q$ 꼴로 변형한 후 꼭짓점의 좌표와 축의 방정식을 구한다.
(1) 꼭짓점의 좌표: (p, q)
(2) 축의 방정식: $x=p$

04 대표문제

이차함수 $y=3x^2-kx+11$의 그래프가 점 $(-3, 2)$를 지날 때, 이 그래프의 꼭짓점의 좌표를 구하시오.

(단, k는 상수)

중요
05 ▪▪▪▫

다음 이차함수의 그래프 중 꼭짓점이 제4사분면에 있는 것은?

① $y=-\dfrac{1}{2}x^2-x+\dfrac{5}{2}$　　② $y=-2x^2-12x-17$

③ $y=2x^2-16x+24$　　④ $y=-\dfrac{3}{2}x^2+6x-1$

⑤ $y=4x^2+12x+3$

06 ▪▪▪▫

이차함수 $y=x^2-3px+7$의 그래프의 축의 방정식이 $x=3$일 때, 상수 p의 값을 구하시오.

07 ▪▪▪▫ 서술형

이차함수 $y=-x^2+2x+k$의 그래프의 꼭짓점이 직선 $y=x+1$ 위에 있을 때, 상수 k의 값을 구하시오.

유형 03 이차함수 $y=ax^2+bx+c$의 그래프와 축의 교점 　개념1

(1) x축과 만나는 점의 좌표 ➡ $y=0$을 대입하여 구한다.
(2) y축과 만나는 점의 좌표 ➡ $x=0$을 대입하여 구한다.

08 대표문제

이차함수 $y=3x^2-8x+4$의 그래프가 x축과 만나는 두 점의 x좌표가 각각 p, q이고, y축과 만나는 점의 y좌표가 r일 때, $p+q+r$의 값을 구하시오.

09

이차함수 $y=-2x^2-3x+k$의 그래프가 점 $(-2, -6)$을 지날 때, 이 그래프가 y축과 만나는 점의 좌표를 구하시오. (단 k는 상수)

10

이차함수 $y=\frac{1}{3}x^2-x-6$의 그래프가 x축과 만나는 두 점을 각각 A, B라 할 때, $\overline{AB}$의 길이를 구하시오.

 중요

11 서술형

$y=-2x^2+8x-k$의 그래프가 x축과 만나는 두 점을 각각 A, B라 하자. $\overline{AB}=6$일 때, 상수 k의 값을 구하시오.

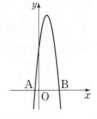

유형 04 이차함수 $y=ax^2+bx+c$의 그래프 그리기 　개념1

❶ $y=a(x-p)^2+q$ 꼴로 변형한다.
➡ 꼭짓점의 좌표 (p, q)를 구한다.
❷ a의 부호로 그래프의 모양을 결정한다.
└→ $a>0$이면 아래로 볼록, $a<0$이면 위로 볼록
❸ y축과 만나는 점 $(0, c)$를 지나게 포물선을 그린다.

12 대표문제

다음 중 이차함수 $y=-\frac{5}{4}x^2-5x+1$의 그래프는?

① ② ③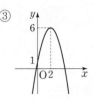

④ ⑤

13

다음 중 이차함수 $y=-3x^2-8x-2$의 그래프가 지나지 <u>않는</u> 사분면은?

① 제1사분면　② 제2사분면　③ 제3사분면
④ 제4사분면　⑤ 없다.

14

다음 이차함수 중 그 그래프가 모든 사분면을 지나는 것은?

① $y=-x^2+4x-1$　② $y=-\frac{1}{2}x^2+x$
③ $y=\frac{1}{2}x^2+2x-1$　④ $y=x^2+3x+3$
⑤ $y=2x^2-8x+6$

05 x축과의 교점에 따른 이차함수 $y=ax^2+bx+c$의 그래프 〔개념1〕

이차함수의 식을 $y=a(x-p)^2+q$ 꼴로 나타내었을 때 → 꼭짓점의 좌표는 (p, q)이다.
(1) 그래프가 x축과 한 점에서 만난다. (접한다.)
→ (꼭짓점의 y좌표)$=0$, 즉 $q=0$

(2) 그래프가 x축과 서로 다른 두 점에서 만난다.
→ $a>0$일 때, (꼭짓점의 y좌표)<0, 즉 $q<0$
$a<0$일 때, (꼭짓점의 y좌표)>0, 즉 $q>0$

15 대표문제

다음 이차함수의 그래프 중 x축과 서로 다른 두 점에서 만나는 것을 모두 고르면? (정답 2개)

① $y=-3x^2-3x-3$ ② $y=-\dfrac{3}{2}x^2+2x$
③ $y=\dfrac{1}{4}x^2-5x+25$ ④ $y=x^2+6x+10$
⑤ $y=4x^2+2x-1$

16 〔▮▮▮▮〕

다음 이차함수의 그래프 중 x축과 한 점에서 만나는 것은?

① $y=-x^2-4x+4$ ② $y=\dfrac{1}{3}x^2+2x-2$
③ $y=x^2+x$ ④ $y=x^2+\dfrac{1}{2}x+\dfrac{1}{4}$
⑤ $y=9x^2-6x+1$

중요
17 〔▮▮▮▮〕

이차함수 $y=\dfrac{1}{4}x^2+3x-3k$의 그래프가 x축과 서로 다른 두 점에서 만나도록 하는 상수 k의 값의 범위를 구하시오.

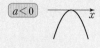 **06** 이차함수 $y=ax^2+bx+c$의 그래프의 증가, 감소 〔개념1〕

이차함수의 식을 $y=a(x-p)^2+q$ 꼴로 나타내었을 때, 축 $x=p$를 기준으로 y의 값이 증가 · 감소하는 x의 값의 범위가 나뉜다.

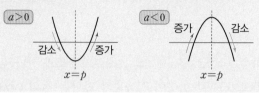

18 대표문제

이차함수 $y=-x^2+8x-6$에서 x의 값이 증가할 때 y의 값도 증가하는 x의 값의 범위는?

① $x>-8$ ② $x<-6$ ③ $x>-4$
④ $x<4$ ⑤ $x<8$

19 〔▮▮▮▮〕

이차함수 $y=2x^2+2x-3$에서 x의 값이 증가할 때 y의 값은 감소하는 x의 값의 범위를 구하시오.

20 〔▮▮▮▮〕 서술형

이차함수 $y=-2x^2-kx+1$의 그래프가 점 $(4, 1)$을 지난다. 이 그래프에서 x의 값이 증가할 때 y의 값은 감소하는 x의 값의 범위를 구하시오. (단, k는 상수)

집중

유형 07 이차함수 $y=ax^2+bx+c$의 그래프의 평행이동 [개념1]

이차함수 $y=ax^2+bx+c$의 그래프를 x축의 방향으로 m만큼, y축의 방향으로 n만큼 평행이동한 그래프의 식 구하기

❶ $y=a(x-p)^2+q$ 꼴로 변형한다.

❷ x 대신 $x-m$, y 대신 $y-n$을 대입한다.

➡ $y=a(x-m-p)^2+q+n$

21 대표문제

이차함수 $y=2x^2-8x+1$의 그래프를 x축의 방향으로 a만큼, y축의 방향으로 b만큼 평행이동하면 $y=2x^2+12x-2$의 그래프와 일치한다. 이때 ab의 값은? (단, a, b는 상수)

① 55 ② 60 ③ 65

④ 70 ⑤ 75

22 ▭

이차함수 $y=-\dfrac{1}{3}x^2-x+1$의 그래프는 이차함수 $y=ax^2$의 그래프를 x축의 방향으로 b만큼, y축의 방향으로 c만큼 평행이동한 것이다. 이때 $3a+2b+4c$의 값을 구하시오.

(단, a, b, c는 상수)

중요

23 ▭ 서술형

이차함수 $y=-4x^2+8x-1$의 그래프를 x축의 방향으로 -3만큼 평행이동한 그래프는 점 $(-2, k)$를 지난다. 이때 k의 값을 구하시오.

유형 08 이차함수 $y=ax^2+bx+c$의 그래프의 성질 [개념1]

(1) 꼭짓점의 좌표와 축의 방정식을 구할 때

➡ $y=a(x-p)^2+q$ 꼴로 변형한다.

(2) 축과의 교점을 구할 때

➡ x축과의 교점은 $y=0$, y축과의 교점은 $x=0$을 대입한다.

(3) 그래프가 지나는 사분면, 증가·감소하는 범위를 구할 때

➡ 그래프를 그린다.

24 대표문제

다음 중 이차함수 $y=-x^2-8x-7$의 그래프에 대한 설명으로 옳지 <u>않은</u> 것은?

① 축의 방정식은 $x=-4$이다.

② 함숫값의 범위는 $y\le9$이다.

③ 꼭짓점의 좌표는 $(-4, 9)$이다.

④ $x<-4$일 때, x의 값이 증가하면 y의 값도 증가한다.

⑤ $y=x^2$의 그래프를 x축의 방향으로 -4만큼, y축의 방향으로 9만큼 평행이동한 그래프이다.

25 ▭

이차함수 $y=\dfrac{3}{2}x^2+6x-1$의 그래프를 x축의 방향으로 -1만큼, y축의 방향으로 2만큼 평행이동한 그래프에 대한 설명으로 옳은 것을 **보기**에서 모두 고른 것은?

---- 보기 ----

ㄱ. $y=\dfrac{3}{2}x^2$의 그래프보다 폭이 넓다.

ㄴ. 꼭짓점의 좌표는 $(-3, -5)$이다.

ㄷ. 그래프가 모든 사분면을 지난다.

ㄹ. y축과의 교점의 좌표는 $\left(0, \dfrac{17}{2}\right)$이다.

① ㄱ, ㄴ ② ㄱ, ㄷ ③ ㄴ, ㄹ

④ ㄷ, ㄹ ⑤ ㄱ, ㄴ, ㄹ

집중⚡

유형 **09** 이차함수 $y=ax^2+bx+c$의 그래프에서 a, b, c의 부호 개념2

(1) a의 부호: 그래프의 모양에 따라 결정
  ① 아래로 볼록 ➡ $a>0$
  ② 위로 볼록 ➡ $a<0$

(2) b의 부호: 축의 위치에 따라 결정 ← a의 부호를 먼저 구해야 한다.
  ① 축이 y축의 왼쪽 ➡ $ab>0$
  ② 축이 y축과 일치 ➡ $b=0$
  ③ 축이 y축의 오른쪽 ➡ $ab<0$

(3) c의 부호: y축과의 교점의 위치에 따라 결정
  ① y축과의 교점이 x축의 위쪽 ➡ $c>0$
  ② y축과의 교점이 원점 ➡ $c=0$
  ③ y축과의 교점이 x축의 아래쪽 ➡ $c<0$

26 대표문제

이차함수 $y=ax^2+bx+c$의 그래프가 오른쪽 그림과 같을 때, 다음 중 옳지 않은 것은? (단, a, b, c는 상수)

① $b<0$ 　② $bc>0$
③ $a-c>0$ 　④ $b+c<0$
⑤ $abc<0$

27 ▮▮▮▮

$a<0$, $b<0$, $c>0$일 때, 다음 중 이차함수 $y=ax^2+bx+c$의 그래프로 알맞은 것은? (단, a, b, c는 상수)

①   ②   ③

④   ⑤

28 ▮▮▮▮

$a<0$, $b>0$, $c>0$일 때, 이차함수 $y=ax^2+bx+c$의 그래프의 꼭짓점이 있는 사분면을 구하시오.

(단, a, b, c는 상수)

29 ▮▮▮▮

이차함수 $y=ax^2+bx-c$의 그래프가 오른쪽 그림과 같을 때, 이차함수 $y=cx^2+bx$의 그래프가 지나지 않는 사분면은? (단, a, b, c는 상수)

① 제1사분면 　② 제2사분면
③ 제3사분면 　④ 제4사분면
⑤ 없다.

중요

30 ▮▮▮▮

일차함수 $y=ax+b$의 그래프가 오른쪽 그림과 같을 때, 다음 중 이차함수 $y=bx^2+ax-ab$의 그래프로 알맞은 것은? (단, a, b는 상수)

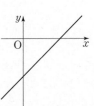

①   ②   ③

④   ⑤

집중 ⚡

유형 **10** 이차함수의 식 구하기 (1); 꼭짓점과 다른 한 점을 알 때   개념 **3**

❶ 꼭짓점의 좌표가 (p, q)이다.
  ➡ 이차함수의 식을 $y=a(x-p)^2+q$로 놓는다.
❷ 점 (x_1, y_1)을 지난다.
  ➡ $x=x_1$, $y=y_1$을 대입하여 a의 값을 구한다.

31 대표문제

꼭짓점의 좌표가 $(1, -6)$이고, y축과의 교점의 y좌표가 3인 포물선을 그래프로 하는 이차함수의 식을 $y=ax^2+bx+c$라 할 때, $a-b+c$의 값을 구하시오.

(단, a, b, c는 상수)

32 ▭

다음 중 꼭짓점의 좌표가 $(2, 5)$이고, 점 $(3, 10)$을 지나는 포물선을 그래프로 하는 이차함수의 식은?

① $y=-6x^2-12x+10$ ② $y=-2x^2-16x-5$
③ $y=-x^2-4x+14$ ④ $y=3x^2-12x+8$
⑤ $y=5x^2-20x+25$

33 ▭

이차함수 $y=ax^2+bx+c$의 그래프가 오른쪽 그림과 같을 때, abc의 값을 구하시오. (단, a, b, c는 상수)

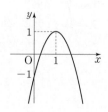

유형 **11** 이차함수의 식 구하기 (2); 축의 방정식과 두 점을 알 때   개념 **4**

❶ 축의 방정식이 $x=p$이다.
  ➡ 이차함수의 식을 $y=a(x-p)^2+q$로 놓는다.
❷ 두 점 (x_1, y_1), (x_2, y_2)를 지난다.
  ➡ 두 점의 좌표를 각각 대입하여 a, q의 값을 구한다.

34 대표문제

다음 중 축의 방정식이 $x=-4$이고 두 점 $(-2, 3)$, $(0, -9)$를 지나는 포물선을 그래프로 하는 이차함수의 식은?

① $y=-3x^2-9x+10$ ② $y=-2x^2+16x+9$
③ $y=-x^2-8x-9$ ④ $y=\frac{1}{2}x^2-4x+3$
⑤ $y=2x^2-4x-6$

35 ▭

축의 방정식이 $x=-2$이고 두 점 $(-3, 1)$, $(0, -5)$를 지나는 포물선을 그래프로 하는 이차함수의 식을 $y=ax^2+bx+c$라 할 때, $ab+c$의 값을 구하시오.

(단, a, b, c는 상수)

중요

36 ▭ 서술형

축의 방정식이 $x=1$이고 두 점 $(1, -8)$, $(3, -6)$을 지나는 이차함수의 그래프가 x축과 만나는 두 점을 각각 A, B라 할 때, $\overline{AB}$의 길이를 구하시오.

Real 실전 유형

유형 **12** 이차함수의 식 구하기 (3); y축과의 교점과 다른 두 점을 알 때 개념 **5**

❶ y축과 점 $(0, k)$에서 만난다.
→ 이차함수의 식을 $y=ax^2+bx+k$로 놓는다.
❷ 두 점 (x_1, y_1), (x_2, y_2)를 지난다.
→ 두 점의 좌표를 각각 대입하여 a, b의 값을 구한다.

37 대표문제

세 점 $(0, -3)$, $(-1, 3)$, $(4, 13)$을 지나는 포물선을 그래프로 하는 이차함수의 식은?

① $y=-x^2+5x-3$　　② $y=-\dfrac{1}{2}x^2+3x-3$

③ $y=\dfrac{1}{4}x^2-x-3$　　④ $y=x^2-3x-3$

⑤ $y=2x^2-4x-3$

38

세 점 $(0, 10)$, $(3, 1)$, $(9, 1)$을 지나는 이차함수의 그래프의 꼭짓점의 좌표를 구하시오.

중요
39

오른쪽 그림과 같은 이차함수의 그래프가 점 $(-1, k)$를 지날 때, k의 값을 구하시오.

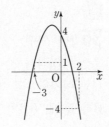

유형 **13** 이차함수의 식 구하기 (4); x축과의 두 교점과 다른 한 점을 알 때 개념 **6**

❶ x축과 만나는 두 점의 좌표가 $(m, 0)$, $(n, 0)$이다.
→ 이차함수의 식을 $y=a(x-m)(x-n)$으로 놓는다.
❷ 점 (x_1, y_1)을 지난다.
→ $x=x_1$, $y=y_1$을 대입하여 a의 값을 구한다.

40 대표문제

이차함수 $y=ax^2+bx+c$의 그래프가 x축과 두 점 $(-5, 0)$, $(3, 0)$에서 만나고 y축과 만나는 점의 y좌표가 -6일 때, $a+b+c$의 값을 구하시오. (단, a, b, c는 상수)

41

이차함수 $y=3x^2$의 그래프와 모양이 같고, x축과의 두 교점의 x좌표가 1, 6인 포물선을 그래프로 하는 이차함수의 식은?

① $y=-3x^2-18x+12$　　② $y=-\dfrac{1}{3}x^2+2x+6$

③ $y=\dfrac{1}{3}x^2+2x-6$　　④ $y=3x^2-21x+18$

⑤ $y=3x^2-14x-18$

42 서술형

오른쪽 그림과 같은 이차함수의 그래프의 꼭짓점의 좌표를 구하시오.

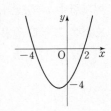

유형 14 이차함수의 그래프와 도형의 넓이 　**개념 1**

이차함수 $y=ax^2+bx+c$의 그래프에서
$\triangle ABC$, $\triangle A'BC$의 넓이는 네 점 A, A', B, C
의 좌표를 이용하여 구한다.

(1) 점 A의 좌표
 ➡ $y=a(x-p)^2+q$ 꼴로 고쳐서 구한다.
 ➡ A(p, q)
(2) 점 A'의 좌표 ➡ A'$(0, c)$
(3) 두 점 B, C의 좌표 ➡ 이차방정식 $ax^2+bx+c=0$의 해를 구한다.
 ➡ $\triangle ABC=\dfrac{1}{2}\times\overline{BC}\times|q|$
 　$\triangle A'BC=\dfrac{1}{2}\times\overline{BC}\times|c|$

---

43 대표문제

오른쪽 그림과 같이 이차함수
$y=-2x^2+8x+10$의 그래프와 y축과
의 교점을 A, x축과의 두 교점을 각각
B, C라 할 때, $\triangle ABC$의 넓이는?

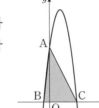

① 25 　② 30
③ 35 　④ 40
⑤ 45

44

오른쪽 그림과 같이 이차함수
$y=2x^2-12x+10$의 그래프와 x축과
두 교점을 각각 A, B라 하고, 꼭짓점을
C라 할 때, $\triangle ABC$의 넓이는?

① 16 　② 18
③ 20 　④ 22
⑤ 24

중요
45

오른쪽 그림과 같이 이차함수
$y=-\dfrac{1}{3}x^2+bx+c$의 그래프의 꼭짓
점을 A라 하고, 이 그래프와 x축의
두 교점을 각각 O, B라 할 때, $\triangle AOB$
의 넓이를 구하시오.
(단, O는 원점이고, b, c는 상수)

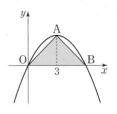

46

오른쪽 그림과 같이 이차함수
$y=-\dfrac{1}{2}x^2+3x+\dfrac{7}{2}$의 그래프의 꼭짓점
을 A, 이 그래프와 y축의 교점을 B라 할
때, $\triangle ABO$의 넓이를 구하시오.
(단, O는 원점)

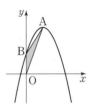

---

47 서술형

오른쪽 그림과 같이 꼭짓점의 좌표가
$(1, -4)$이고, 점 $(2, -3)$을 지나는
이차함수의 그래프가 x축과 만나는 두
점을 각각 A, B라 하고, y축과 만나는
점을 C라 할 때, $\triangle ABC$의 넓이를 구
하시오.

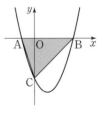

01

이차함수 $y=-3x^2-12x+8$의 꼭짓점의 좌표를 $(p,\ q)$, 축의 방정식을 $x=r$라 할 때, $p+q+r$의 값은?

① 4 ② 8 ③ 12

④ 16 ⑤ 20

02

이차함수 $y=-4x^2-16x+k$의 그래프가 x축과 만나는 두 점을 각각 A, B라 할 때, $\overline{AB}=4\sqrt{3}$이다. 이때 상수 k의 값은?

① 8 ② 16 ③ 32

④ 48 ⑤ 64

03

다음 중 이차함수 $y=2x^2-4x-1$의 그래프는?

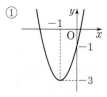 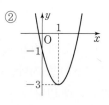 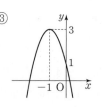

 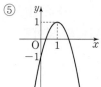

04

이차함수 $y=-2x^2-12x+a$의 그래프가 x축에 접할 때, 상수 a의 값을 구하시오.

05

이차함수 $y=\dfrac{3}{4}x^2+2kx+2$의 그래프가 점 $(-2,\ 3)$을 지난다. 이 그래프에서 x의 값이 증가할 때 y의 값도 증가하는 x의 값의 범위를 구하시오. (단, k는 상수)

06 최다빈출

이차함수 $y=-5x^2+20x-8$의 그래프를 x축의 방향으로 -4만큼, y축의 방향으로 -5만큼 평행이동한 그래프의 꼭짓점의 좌표를 구하시오.

07

다음 중 이차함수 $y=-3x^2+6x-5$의 그래프에 대한 설명으로 옳지 <u>않은</u> 것을 모두 고르면? (정답 2개)

① 꼭짓점의 좌표는 $(1,\ -2)$이다.
② 축의 방정식은 $x=1$이다.
③ y축과의 교점의 좌표는 $(0,\ -5)$이다.
④ x축과 서로 다른 두 점에서 만난다.
⑤ $y=3x^2$의 그래프를 x축의 방향으로 1만큼, y축의 방향으로 2만큼 평행이동한 것이다.

08 창의 역량

이차함수 $y=ax^2+bx+c$의 그래프의 꼭짓점이 제1사분면에 있고 $a<0$, $c<0$일 때, 이 함수의 그래프가 지나지 <u>않는</u> 사분면은? (단, a, b, c는 상수)

① 제1사분면   ② 제2사분면   ③ 제3사분면
④ 제4사분면   ⑤ 없다.

09 최다빈출

이차함수 $y=2x^2+4x-3$의 그래프와 꼭짓점의 좌표가 같고, 점 $(-2, -2)$를 지나는 그래프가 나타내는 이차함수의 식을 $y=ax^2+bx+c$라 할 때, abc의 값을 구하시오.
(단, a, b, c는 상수)

10

세 점 $(0, -2)$, $(-2, 6)$, $(3, 1)$을 지나는 이차함수의 그래프가 x축과 만나는 두 점을 각각 A, B라 할 때, $\overline{AB}$의 길이는?

① $\sqrt{3}$ ② $\sqrt{5}$ ③ $2\sqrt{3}$
④ $2\sqrt{6}$ ⑤ $4\sqrt{2}$

11

x축과 두 점 $(-3, 0)$, $(5, 0)$에서 만나고 점 $(0, 10)$을 지나는 이차함수의 그래프의 꼭짓점의 y좌표를 구하시오.

12

오른쪽 그림과 같이 이차함수 $y=-x^2+2x+3$의 그래프가 x축과 만나는 두 점을 각각 A, B라 하고, y축과의 교점을 C, 꼭짓점을 D라 할 때, △ABC : △ABD는?

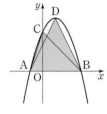

① $2:3$ ② $3:4$ ③ $4:3$
④ $6:5$ ⑤ $8:9$

100점 공략

13

이차함수 $y=ax^2+bx+c$의 그래프가 오른쪽 그림과 같을 때, 다음 중 옳지 <u>않은</u> 것은? (단, a, b, c는 상수)

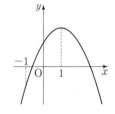

① $bc>0$ ② $b+c>0$
③ $abc>0$ ④ $a+b+c>0$
⑤ $a-b+c<0$

14

이차함수 $y=kx^2+6kx+9k+10$의 그래프가 모든 사분면을 지날 때, 정수 k의 값을 구하시오.

15

두 이차함수 $y=x^2-2x-3$, $y=x^2-12x+32$의 그래프가 오른쪽 그림과 같다. 두 점 B, C는 두 그래프의 꼭짓점이고, 두 점 A, D는 각각 두 그래프와 x축과의 교점일 때, □ABCD의 넓이를 구하시오.

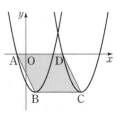

서술형

16

이차함수 $y=2x^2+kx-3$의 그래프가 점 $(-1, -9)$를 지날 때, 이 그래프의 꼭짓점의 좌표를 구하시오.

(단, k는 상수)

풀이

답 _____

17

이차함수 $y=-\frac{1}{2}x^2+6x+k$의 그래프가 x축과 만나는 두 점을 각각 A, B라 하자. $\overline{AB}=12$일 때, 이 그래프의 꼭짓점의 좌표를 구하시오. (단, k는 상수)

풀이

답 _____

18

이차함수 $y=-x^2$의 그래프를 x축의 방향으로 -6만큼, y축의 방향으로 2만큼 평행이동하였더니 이차함수 $y=ax^2+bx+c$의 그래프와 완전히 포개어졌다. 이때 $a+b-c$의 값을 구하시오. (단, a, b, c는 상수)

풀이

답 _____

19

오른쪽 그림과 같이 이차함수 $y=-\frac{1}{4}x^2-kx+3$의 그래프의 꼭짓점을 A라 하고, x축과의 교점 중 한 점을 B라 하자. 점 B의 좌표가 $(-6, 0)$일 때, $\triangle ABO$의 넓이를 구하시오. (단, O는 원점이고, k는 상수)

풀이

답 _____

20 {100점}

오른쪽 그림과 같이 두 이차함수 $y=\frac{1}{2}x^2-6x+k+18$, $y=-(x-2)^2+3k-6$의 그래프를 좌표평면 위에 그렸더니 두 그래프의 꼭짓점을 지나는 직선이 x축에 평행하였다. 이때 상수 k의 값을 구하시오.

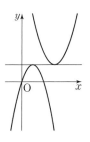

풀이

답 _____

21 {100점}

오른쪽 그림은 두 이차함수 $y=x^2-9$, $y=-\frac{1}{3}x^2+k$의 그래프이다. 두 그래프가 x축 위에서 만나는 두 점을 각각 A, B라 하고, 두 그래프의 꼭짓점을 각각 C, D라 할 때, $\square ACBD$의 넓이를 구하시오. (단, k는 상수)

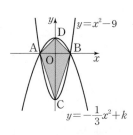

풀이

답 _____

수	0	1	2	3	4	5	6	7	8	9
1.0	1.000	1.005	1.010	1.015	1.020	1.025	1.030	1.034	1.039	1.044
1.1	1.049	1.054	1.058	1.063	1.068	1.072	1.077	1.082	1.086	1.091
1.2	1.095	1.100	1.105	1.109	1.114	1.118	1.122	1.127	1.131	1.136
1.3	1.140	1.145	1.149	1.153	1.158	1.162	1.166	1.170	1.175	1.179
1.4	1.183	1.187	1.192	1.196	1.200	1.204	1.208	1.212	1.217	1.221
1.5	1.225	1.229	1.233	1.237	1.241	1.245	1.249	1.253	1.257	1.261
1.6	1.265	1.269	1.273	1.277	1.281	1.285	1.288	1.292	1.296	1.300
1.7	1.304	1.308	1.311	1.315	1.319	1.323	1.327	1.330	1.334	1.338
1.8	1.342	1.345	1.349	1.353	1.356	1.360	1.364	1.367	1.371	1.375
1.9	1.378	1.382	1.386	1.389	1.393	1.396	1.400	1.404	1.407	1.411
2.0	1.414	1.418	1.421	1.425	1.428	1.432	1.435	1.439	1.442	1.446
2.1	1.449	1.453	1.456	1.459	1.463	1.466	1.470	1.473	1.476	1.480
2.2	1.483	1.487	1.490	1.493	1.497	1.500	1.503	1.507	1.510	1.513
2.3	1.517	1.520	1.523	1.526	1.530	1.533	1.536	1.539	1.543	1.546
2.4	1.549	1.552	1.556	1.559	1.562	1.565	1.568	1.572	1.575	1.578
2.5	1.581	1.584	1.587	1.591	1.594	1.597	1.600	1.603	1.606	1.609
2.6	1.612	1.616	1.619	1.622	1.625	1.628	1.631	1.634	1.637	1.640
2.7	1.643	1.646	1.649	1.652	1.655	1.658	1.661	1.664	1.667	1.670
2.8	1.673	1.676	1.679	1.682	1.685	1.688	1.691	1.694	1.697	1.700
2.9	1.703	1.706	1.709	1.712	1.715	1.718	1.720	1.723	1.726	1.729
3.0	1.732	1.735	1.738	1.741	1.744	1.746	1.749	1.752	1.755	1.758
3.1	1.761	1.764	1.766	1.769	1.772	1.775	1.778	1.780	1.783	1.786
3.2	1.789	1.792	1.794	1.797	1.800	1.803	1.806	1.808	1.811	1.814
3.3	1.817	1.819	1.822	1.825	1.828	1.830	1.833	1.836	1.838	1.841
3.4	1.844	1.847	1.849	1.852	1.855	1.857	1.860	1.863	1.865	1.868
3.5	1.871	1.873	1.876	1.879	1.881	1.884	1.887	1.889	1.892	1.895
3.6	1.897	1.900	1.903	1.905	1.908	1.910	1.913	1.916	1.918	1.921
3.7	1.924	1.926	1.929	1.931	1.934	1.936	1.939	1.942	1.944	1.947
3.8	1.949	1.952	1.954	1.957	1.960	1.962	1.965	1.967	1.970	1.972
3.9	1.975	1.977	1.980	1.982	1.985	1.987	1.990	1.992	1.995	1.997
4.0	2.000	2.002	2.005	2.007	2.010	2.012	2.015	2.017	2.020	2.022
4.1	2.025	2.027	2.030	2.032	2.035	2.037	2.040	2.042	2.045	2.047
4.2	2.049	2.052	2.054	2.057	2.059	2.062	2.064	2.066	2.069	2.071
4.3	2.074	2.076	2.078	2.081	2.083	2.086	2.088	2.090	2.093	2.095
4.4	2.098	2.100	2.102	2.105	2.107	2.110	2.112	2.114	2.117	2.119
4.5	2.121	2.124	2.126	2.128	2.131	2.133	2.135	2.138	2.140	2.142
4.6	2.145	2.147	2.149	2.152	2.154	2.156	2.159	2.161	2.163	2.166
4.7	2.168	2.170	2.173	2.175	2.177	2.179	2.182	2.184	2.186	2.189
4.8	2.191	2.193	2.195	2.198	2.200	2.202	2.205	2.207	2.209	2.211
4.9	2.214	2.216	2.218	2.220	2.223	2.225	2.227	2.229	2.232	2.234
5.0	2.236	2.238	2.241	2.243	2.245	2.247	2.249	2.252	2.254	2.256
5.1	2.258	2.261	2.263	2.265	2.267	2.269	2.272	2.274	2.276	2.278
5.2	2.280	2.283	2.285	2.287	2.289	2.291	2.293	2.296	2.298	2.300
5.3	2.302	2.304	2.307	2.309	2.311	2.313	2.315	2.317	2.319	2.322
5.4	2.324	2.326	2.328	2.330	2.332	2.335	2.337	2.339	2.341	2.343

수	0	1	2	3	4	5	6	7	8	9
5.5	2.345	2.347	2.349	2.352	2.354	2.356	2.358	2.360	2.362	2.364
5.6	2.366	2.369	2.371	2.373	2.375	2.377	2.379	2.381	2.383	2.385
5.7	2.387	2.390	2.392	2.394	2.396	2.398	2.400	2.402	2.404	2.406
5.8	2.408	2.410	2.412	2.415	2.417	2.419	2.421	2.423	2.425	2.427
5.9	2.429	2.431	2.433	2.435	2.437	2.439	2.441	2.443	2.445	2.447
6.0	2.449	2.452	2.454	2.456	2.458	2.460	2.462	2.464	2.466	2.468
6.1	2.470	2.472	2.474	2.476	2.478	2.480	2.482	2.484	2.486	2.488
6.2	2.490	2.492	2.494	2.496	2.498	2.500	2.502	2.504	2.506	2.508
6.3	2.510	2.512	2.514	2.516	2.518	2.520	2.522	2.524	2.526	2.528
6.4	2.530	2.532	2.534	2.536	2.538	2.540	2.542	2.544	2.546	2.548
6.5	2.550	2.551	2.553	2.555	2.557	2.559	2.561	2.563	2.565	2.567
6.6	2.569	2.571	2.573	2.575	2.577	2.579	2.581	2.583	2.585	2.587
6.7	2.588	2.590	2.592	2.594	2.596	2.598	2.600	2.602	2.604	2.606
6.8	2.608	2.610	2.612	2.613	2.615	2.617	2.619	2.621	2.623	2.625
6.9	2.627	2.629	2.631	2.632	2.634	2.636	2.638	2.640	2.642	2.644
7.0	2.646	2.648	2.650	2.651	2.653	2.655	2.657	2.659	2.661	2.663
7.1	2.665	2.666	2.668	2.670	2.672	2.674	2.676	2.678	2.680	2.681
7.2	2.683	2.685	2.687	2.689	2.691	2.693	2.694	2.696	2.698	2.700
7.3	2.702	2.704	2.706	2.707	2.709	2.711	2.713	2.715	2.717	2.718
7.4	2.720	2.722	2.724	2.726	2.728	2.729	2.731	2.733	2.735	2.737
7.5	2.739	2.740	2.742	2.744	2.746	2.748	2.750	2.751	2.753	2.755
7.6	2.757	2.759	2.760	2.762	2.764	2.766	2.768	2.769	2.771	2.773
7.7	2.775	2.777	2.778	2.780	2.782	2.784	2.786	2.787	2.789	2.791
7.8	2.793	2.795	2.796	2.798	2.800	2.802	2.804	2.805	2.807	2.809
7.9	2.811	2.812	2.814	2.816	2.818	2.820	2.821	2.823	2.825	2.827
8.0	2.828	2.830	2.832	2.834	2.835	2.837	2.839	2.841	2.843	2.844
8.1	2.846	2.848	2.850	2.851	2.853	2.855	2.857	2.858	2.860	2.862
8.2	2.864	2.865	2.867	2.869	2.871	2.872	2.874	2.876	2.877	2.879
8.3	2.881	2.883	2.884	2.886	2.888	2.890	2.891	2.893	2.895	2.897
8.4	2.898	2.900	2.902	2.903	2.905	2.907	2.909	2.910	2.912	2.914
8.5	2.915	2.917	2.919	2.921	2.922	2.924	2.926	2.927	2.929	2.931
8.6	2.933	2.934	2.936	2.938	2.939	2.941	2.943	2.944	2.946	2.948
8.7	2.950	2.951	2.953	2.955	2.956	2.958	2.960	2.961	2.963	2.965
8.8	2.966	2.968	2.970	2.972	2.973	2.975	2.977	2.978	2.980	2.982
8.9	2.983	2.985	2.987	2.988	2.990	2.992	2.993	2.995	2.997	2.998
9.0	3.000	3.002	3.003	3.005	3.007	3.008	3.010	3.012	3.013	3.015
9.1	3.017	3.018	3.020	3.022	3.023	3.025	3.027	3.028	3.030	3.032
9.2	3.033	3.035	3.036	3.038	3.040	3.041	3.043	3.045	3.046	3.048
9.3	3.050	3.051	3.053	3.055	3.056	3.058	3.059	3.061	3.063	3.064
9.4	3.066	3.068	3.069	3.071	3.072	3.074	3.076	3.077	3.079	3.081
9.5	3.082	3.084	3.085	3.087	3.089	3.090	3.092	3.094	3.095	3.097
9.6	3.098	3.100	3.102	3.103	3.105	3.106	3.108	3.110	3.111	3.113
9.7	3.114	3.116	3.118	3.119	3.121	3.122	3.124	3.126	3.127	3.129
9.8	3.130	3.132	3.134	3.135	3.137	3.138	3.140	3.142	3.143	3.145
9.9	3.146	3.148	3.150	3.151	3.153	3.154	3.156	3.158	3.159	3.161

수	0	1	2	3	4	5	6	7	8	9
10	3.162	3.178	3.194	3.209	3.225	3.240	3.256	3.271	3.286	3.302
11	3.317	3.332	3.347	3.362	3.376	3.391	3.406	3.421	3.435	3.450
12	3.464	3.479	3.493	3.507	3.521	3.536	3.550	3.564	3.578	3.592
13	3.606	3.619	3.633	3.647	3.661	3.674	3.688	3.701	3.715	3.728
14	3.742	3.755	3.768	3.782	3.795	3.808	3.821	3.834	3.847	3.860
15	3.873	3.886	3.899	3.912	3.924	3.937	3.950	3.962	3.975	3.987
16	4.000	4.012	4.025	4.037	4.050	4.062	4.074	4.087	4.099	4.111
17	4.123	4.135	4.147	4.159	4.171	4.183	4.195	4.207	4.219	4.231
18	4.243	4.254	4.266	4.278	4.290	4.301	4.313	4.324	4.336	4.347
19	4.359	4.370	4.382	4.393	4.405	4.416	4.427	4.438	4.450	4.461
20	4.472	4.483	4.494	4.506	4.517	4.528	4.539	4.550	4.561	4.572
21	4.583	4.593	4.604	4.615	4.626	4.637	4.648	4.658	4.669	4.680
22	4.690	4.701	4.712	4.722	4.733	4.743	4.754	4.764	4.775	4.785
23	4.796	4.806	4.817	4.827	4.837	4.848	4.858	4.868	4.879	4.889
24	4.899	4.909	4.919	4.930	4.940	4.950	4.960	4.970	4.980	4.990
25	5.000	5.010	5.020	5.030	5.040	5.050	5.060	5.070	5.079	5.089
26	5.099	5.109	5.119	5.128	5.138	5.148	5.158	5.167	5.177	5.187
27	5.196	5.206	5.215	5.225	5.235	5.244	5.254	5.263	5.273	5.282
28	5.292	5.301	5.310	5.320	5.329	5.339	5.348	5.357	5.367	5.376
29	5.385	5.394	5.404	5.413	5.422	5.431	5.441	5.450	5.459	5.468
30	5.477	5.486	5.495	5.505	5.514	5.523	5.532	5.541	5.550	5.559
31	5.568	5.577	5.586	5.595	5.604	5.612	5.621	5.630	5.639	5.648
32	5.657	5.666	5.675	5.683	5.692	5.701	5.710	5.718	5.727	5.736
33	5.745	5.753	5.762	5.771	5.779	5.788	5.797	5.805	5.814	5.822
34	5.831	5.840	5.848	5.857	5.865	5.874	5.882	5.891	5.899	5.908
35	5.916	5.925	5.933	5.941	5.950	5.958	5.967	5.975	5.983	5.992
36	6.000	6.008	6.017	6.025	6.033	6.042	6.050	6.058	6.066	6.075
37	6.083	6.091	6.099	6.107	6.116	6.124	6.132	6.140	6.148	6.156
38	6.164	6.173	6.181	6.189	6.197	6.205	6.213	6.221	6.229	6.237
39	6.245	6.253	6.261	6.269	6.277	6.285	6.293	6.301	6.309	6.317
40	6.325	6.332	6.340	6.348	6.356	6.364	6.372	6.380	6.387	6.395
41	6.403	6.411	6.419	6.427	6.434	6.442	6.450	6.458	6.465	6.473
42	6.481	6.488	6.496	6.504	6.512	6.519	6.527	6.535	6.542	6.550
43	6.557	6.565	6.573	6.580	6.588	6.595	6.603	6.611	6.618	6.626
44	6.633	6.641	6.648	6.656	6.663	6.671	6.678	6.686	6.693	6.701
45	6.708	6.716	6.723	6.731	6.738	6.745	6.753	6.760	6.768	6.775
46	6.782	6.790	6.797	6.804	6.812	6.819	6.826	6.834	6.841	6.848
47	6.856	6.863	6.870	6.877	6.885	6.892	6.899	6.907	6.914	6.921
48	6.928	6.935	6.943	6.950	6.957	6.964	6.971	6.979	6.986	6.993
49	7.000	7.007	7.014	7.021	7.029	7.036	7.043	7.050	7.057	7.064
50	7.071	7.078	7.085	7.092	7.099	7.106	7.113	7.120	7.127	7.134
51	7.141	7.148	7.155	7.162	7.169	7.176	7.183	7.190	7.197	7.204
52	7.211	7.218	7.225	7.232	7.239	7.246	7.253	7.259	7.266	7.273
53	7.280	7.287	7.294	7.301	7.308	7.314	7.321	7.328	7.335	7.342
54	7.348	7.355	7.362	7.369	7.376	7.382	7.389	7.396	7.403	7.409

수	0	1	2	3	4	5	6	7	8	9
55	7.416	7.423	7.430	7.436	7.443	7.450	7.457	7.463	7.470	7.477
56	7.483	7.490	7.497	7.503	7.510	7.517	7.523	7.530	7.537	7.543
57	7.550	7.556	7.563	7.570	7.576	7.583	7.589	7.596	7.603	7.609
58	7.616	7.622	7.629	7.635	7.642	7.649	7.655	7.662	7.668	7.675
59	7.681	7.688	7.694	7.701	7.707	7.714	7.720	7.727	7.733	7.740
60	7.746	7.752	7.759	7.765	7.772	7.778	7.785	7.791	7.797	7.804
61	7.810	7.817	7.823	7.829	7.836	7.842	7.849	7.855	7.861	7.868
62	7.874	7.880	7.887	7.893	7.899	7.906	7.912	7.918	7.925	7.931
63	7.937	7.944	7.950	7.956	7.962	7.969	7.975	7.981	7.987	7.994
64	8.000	8.006	8.012	8.019	8.025	8.031	8.037	8.044	8.050	8.056
65	8.062	8.068	8.075	8.081	8.087	8.093	8.099	8.106	8.112	8.118
66	8.124	8.130	8.136	8.142	8.149	8.155	8.161	8.167	8.173	8.179
67	8.185	8.191	8.198	8.204	8.210	8.216	8.222	8.228	8.234	8.240
68	8.246	8.252	8.258	8.264	8.270	8.276	8.283	8.289	8.295	8.301
69	8.307	8.313	8.319	8.325	8.331	8.337	8.343	8.349	8.355	8.361
70	8.367	8.373	8.379	8.385	8.390	8.396	8.402	8.408	8.414	8.420
71	8.426	8.432	8.438	8.444	8.450	8.456	8.462	8.468	8.473	8.479
72	8.485	8.491	8.497	8.503	8.509	8.515	8.521	8.526	8.532	8.538
73	8.544	8.550	8.556	8.562	8.567	8.573	8.579	8.585	8.591	8.597
74	8.602	8.608	8.614	8.620	8.626	8.631	8.637	8.643	8.649	8.654
75	8.660	8.666	8.672	8.678	8.683	8.689	8.695	8.701	8.706	8.712
76	8.718	8.724	8.729	8.735	8.741	8.746	8.752	8.758	8.764	8.769
77	8.775	8.781	8.786	8.792	8.798	8.803	8.809	8.815	8.820	8.826
78	8.832	8.837	8.843	8.849	8.854	8.860	8.866	8.871	8.877	8.883
79	8.888	8.894	8.899	8.905	8.911	8.916	8.922	8.927	8.933	8.939
80	8.944	8.950	8.955	8.961	8.967	8.972	8.978	8.983	8.989	8.994
81	9.000	9.006	9.011	9.017	9.022	9.028	9.033	9.039	9.044	9.050
82	9.055	9.061	9.066	9.072	9.077	9.083	9.088	9.094	9.099	9.105
83	9.110	9.116	9.121	9.127	9.132	9.138	9.143	9.149	9.154	9.160
84	9.165	9.171	9.176	9.182	9.187	9.192	9.198	9.203	9.209	9.214
85	9.220	9.225	9.230	9.236	9.241	9.247	9.252	9.257	9.263	9.268
86	9.274	9.279	9.284	9.290	9.295	9.301	9.306	9.311	9.317	9.322
87	9.327	9.333	9.338	9.343	9.349	9.354	9.359	9.365	9.370	9.375
88	9.381	9.386	9.391	9.397	9.402	9.407	9.413	9.418	9.423	9.429
89	9.434	9.439	9.445	9.450	9.455	9.460	9.466	9.471	9.476	9.482
90	9.487	9.492	9.497	9.503	9.508	9.513	9.518	9.524	9.529	9.534
91	9.539	9.545	9.550	9.555	9.560	9.566	9.571	9.576	9.581	9.586
92	9.592	9.597	9.602	9.607	9.612	9.618	9.623	9.628	9.633	9.638
93	9.644	9.649	9.654	9.659	9.664	9.670	9.675	9.680	9.685	9.690
94	9.695	9.701	9.706	9.711	9.716	9.721	9.726	9.731	9.737	9.742
95	9.747	9.752	9.757	9.762	9.767	9.772	9.778	9.783	9.788	9.793
96	9.798	9.803	9.808	9.813	9.818	9.823	9.829	9.834	9.839	9.844
97	9.849	9.854	9.859	9.864	9.869	9.874	9.879	9.884	9.889	9.894
98	9.899	9.905	9.910	9.915	9.920	9.925	9.930	9.935	9.940	9.945
99	9.950	9.955	9.960	9.965	9.970	9.975	9.980	9.985	9.990	9.995

[유형북] Real 실전 유형에서 틀린 문제를 체크해 보세요.

유형 **01** 제곱근   개념**1**

□ **01** 대표문제

x가 7의 제곱근일 때, 다음 중 x와 7 사이의 관계식으로 옳은 것은?

① $\sqrt{x}=7$ ② $x^2=7^2$ ③ $x=7^2$

④ $\sqrt{x}=\sqrt{7}$ ⑤ $x^2=7$

□ **02**

다음 중 제곱근이 <u>없는</u> 수를 모두 고르면? (정답 2개)

① -1 ② 0 ③ 1

④ $\dfrac{4}{25}$ ⑤ -1.69

□ **03**

x가 양수 a의 음의 제곱근일 때, 다음 중 x와 a의 사이의 관계식으로 옳은 것을 모두 고르면? (정답 2개)

① $x^2=a$ ② $x=\sqrt{a}$ ③ $-\sqrt{x}=a$

④ $x=-\sqrt{a}$ ⑤ $x=\sqrt{-a}$

□ **04** 서술형

81의 제곱근을 a, 36의 제곱근을 b라 할 때, a^2-b^2의 값을 구하시오.

집중⚡

유형 **02** 제곱근의 이해   개념**1**

□ **05** 대표문제

다음 중 옳은 것은?

① $-\dfrac{1}{4}$의 제곱근은 $\pm\dfrac{1}{2}$이다.

② $\sqrt{16}$의 제곱근은 ±4이다.

③ 제곱하여 0.7이 되는 수는 없다.

④ 제곱근 3과 3의 제곱근은 서로 같다.

⑤ 제곱근 1.44는 1.2이다.

□ **06**

다음 중 그 값이 나머지 넷과 <u>다른</u> 하나는?

① 25의 제곱근

② 제곱하여 25가 되는 수

③ $x^2=25$를 만족시키는 x의 값

④ $\sqrt{625}$의 제곱근

⑤ 넓이가 25인 정사각형의 한 변의 길이

중요

□ **07**

다음 **보기** 중 제곱근에 대한 설명으로 옳은 것을 모두 고르시오.

┌─────── 보기 ───────┐

ㄱ. $\pm0.\dot{4}$는 $0.\dot{1}\dot{6}$의 제곱근이다.

ㄴ. $\sqrt{121}$의 제곱근은 ±11이다.

ㄷ. 제곱근 $\sqrt{\dfrac{81}{16}}$은 $\dfrac{3}{2}$이다.

ㄹ. 음이 아닌 모든 수의 제곱근은 2개이다.

└─────────────────────┘

집중

유형 03 제곱근 구하기 | 개념 1

☐ **08** 대표문제

$\sqrt{625}$의 음의 제곱근을 a, $(-8)^2$의 양의 제곱근을 b라 할 때, $a+b$의 값은?

① -17　　　② -13　　　③ 3

④ 17　　　⑤ 33

중요

☐ **09**

다음 중 옳지 <u>않은</u> 것을 모두 고르면? (정답 2개)

① $\left(-\dfrac{1}{4}\right)^2$의 제곱근 ➡ $\pm\dfrac{1}{4}$

② 196의 음의 제곱근 ➡ -14

③ $\sqrt{10000}$의 제곱근 ➡ ± 10

④ $\sqrt{2.56}$의 제곱근 ➡ ± 1.6

⑤ $-\sqrt{\dfrac{25}{324}}$의 음의 제곱근 ➡ $-\sqrt{\dfrac{5}{18}}$

☐ **10** 서술형

제곱근 36을 a, 제곱근 $\sqrt{\dfrac{1}{256}}$의 음의 제곱근을 b라 할 때, $2(a-b)$의 값을 구하시오.

☐ **11**

오른쪽 그림과 같은 $\triangle ABC$에서 $\overline{AD} \perp \overline{BC}$이고 $\overline{AB}=13\ \text{cm}$, $\overline{BD}=12\ \text{cm}$, $\overline{DC}=7\ \text{cm}$일 때, $\overline{AC}$의 길이를 구하시오.

유형 04 근호를 사용하지 않고 제곱근 나타내기 | 개념 1

☐ **12** 대표문제

다음 수의 제곱근 중 근호를 사용하지 않고 나타낼 수 <u>없는</u> 것을 모두 고르면? (정답 2개)

① $\sqrt{81}$　　　② $\dfrac{9}{16}$　　　③ $\sqrt{2.89}$

④ $0.\dot{4}$　　　⑤ $\sqrt{\dfrac{1}{100}}$

☐ **13**

다음 수의 제곱근 중 근호를 사용하지 않고 나타낼 수 있는 것의 개수를 구하시오.

$0.0\dot{9}$	2.25	$\sqrt{\dfrac{1}{49}}$	$\dfrac{1}{10000}$	$\dfrac{25}{144}$

☐ **14**

다음 **보기** 중 근호를 사용하지 않고 나타낼 수 있는 것을 모두 고르시오.

─ 보기 ─

ㄱ. 넓이가 9π인 반원의 반지름의 길이

ㄴ. 넓이가 $\dfrac{121}{9}$인 정사각형의 한 변의 길이

ㄷ. 겉넓이가 48인 정육면체의 한 모서리의 길이

ㄹ. 직각을 낀 두 변의 길이가 각각 8, 15인 직각삼각형의 빗변의 길이

집중 ⚡
유형 **05** 제곱근의 성질 개념**2**

☐ **15** 대표문제

다음 중 옳은 것은?

① $-\sqrt{\dfrac{121}{196}}=\dfrac{11}{14}$ ② $\sqrt{(-7)^2}=-7$

③ $(-\sqrt{5})^2=-5$ ④ $-\sqrt{36}=6$

⑤ $\sqrt{0.04}=0.2$

☐ **16** ▭

다음 중 그 값이 나머지 넷과 다른 하나는?

① $\sqrt{(-11)^2}$ ② $(-\sqrt{11})^2$ ③ $(\sqrt{11})^2$

④ $\sqrt{11^2}$ ⑤ $-\sqrt{11^2}$

☐ **17** ▭

다음 중 가장 작은 수는?

① $\sqrt{\left(-\dfrac{1}{2}\right)^2}$ ② $\left(\sqrt{\dfrac{2}{3}}\right)^2$ ③ $\sqrt{\dfrac{1}{4}}$

④ $\left(-\sqrt{\dfrac{4}{9}}\right)^2$ ⑤ $\sqrt{\left(-\dfrac{1}{3}\right)^2}$

중요
☐ **18** ▭

다음 중 옳지 않은 것은?

① $\sqrt{(-2)^2}$의 제곱근은 ±2이다.

② $\sqrt{0.09}=0.3$

③ $\sqrt{0.4^2}=0.4$

④ $-\sqrt{(-6)^2}=-6$

⑤ $\sqrt{\left(\dfrac{25}{81}\right)^2}$의 제곱근은 $\pm\dfrac{5}{9}$이다.

집중 ⚡
유형 **06** 제곱근의 성질을 이용한 계산 개념**2**

☐ **19** 대표문제

다음 중 옳지 않은 것은?

① $(\sqrt{6})^2+\sqrt{(-2)^2}=8$

② $\sqrt{5^2}-(-\sqrt{(-3)^2})=2$

③ $\sqrt{(-7)^2}\times(-\sqrt{2})^2=14$

④ $\left(-\sqrt{\dfrac{1}{4}}\right)^2\div\sqrt{\left(-\dfrac{3}{4}\right)^2}=\dfrac{1}{3}$

⑤ $\sqrt{0.81}\times\sqrt{(-10)^2}-\sqrt{8^2}=1$

☐ **20** ▭

$\sqrt{900}\div\sqrt{(-6)^2}-(-\sqrt{2})^2$을 계산하면?

① 3 ② 5 ③ 7

④ 9 ⑤ 11

☐ **21** ▭

$(\sqrt{2})^2\times(-\sqrt{5})^2-\sqrt{441}\times\sqrt{\left(-\dfrac{1}{3}\right)^2}-(-\sqrt{3})^2$을 계산하면?

① -6 ② -4 ③ 0

④ 4 ⑤ 6

☐ **22** ▭ 서술형 ▲▲▲

두 수 A, B가 다음과 같을 때, $A+B$의 값을 구하시오.

$$A=\sqrt{\left(-\dfrac{4}{5}\right)^2}\div\sqrt{\dfrac{1}{25}}\times\left(-\sqrt{\dfrac{3}{4}}\right)^2$$
$$B=\sqrt{2.56}+\sqrt{(-0.4)^2}+(-\sqrt{0.2})^2\times\sqrt{0.25}$$

유형 07 $\sqrt{a^2}$ 의 성질 개념2

☐ 23 대표문제

$a>0$일 때, 다음 중 옳지 <u>않은</u> 것은?

① $\sqrt{a^2}=a$ ② $-\sqrt{a^2}=-a$

③ $\sqrt{(-a)^2}=a$ ④ $\sqrt{\left(-\dfrac{a}{4}\right)^2}=\dfrac{a}{4}$

⑤ $-\sqrt{(-3a)^2}=3a$

☐ 24 ▥

$a>0$일 때, $-\sqrt{49a^2}$을 간단히 하면?

① $49a$ ② $7a^2$ ③ $7a$

④ $-7a$ ⑤ $-7a^2$

☐ 25 ▥

$a<0$일 때, 다음 중 옳지 <u>않은</u> 것은?

① $\sqrt{a^2}=-a$ ② $-\sqrt{a^2}=a$

③ $\sqrt{(-2a)^2}=-2a$ ④ $-\sqrt{\dfrac{a^2}{100}}=-\dfrac{a}{10}$

⑤ $\sqrt{9a^2}=-3a$

☐ 26 ▥

$a<0$일 때, 다음 수 중 가장 큰 수와 가장 작은 수의 곱을 구하시오.

$$-\sqrt{9a^2},\quad \sqrt{(-7a)^2},\quad \sqrt{\left(-\dfrac{1}{5}a\right)^2},\quad \sqrt{\dfrac{81}{25}a^2}$$

집중⚡

유형 08 $\sqrt{a^2}$ 꼴을 포함한 식 간단히 하기 개념2

☐ 27 대표문제

$a<0$, $b>0$일 때, $\sqrt{25a^2}-\sqrt{(-2a)^2}+\sqrt{(-4b)^2}$을 간단히 하면?

① $3a+2b$ ② $3a+4b$ ③ $-3a+2b$

④ $-3a+4b$ ⑤ $-3a-4b$

☐ 28 ▥

$a<0$일 때, $\sqrt{(-3a)^2}-\sqrt{(5a)^2}$을 간단히 하면?

① $8a$ ② $2a$ ③ $-2a$

④ $-4a$ ⑤ $-8a$

☐ 29 ▥ 서술형

$a<0$, $b<0$일 때, $\sqrt{9a^2}\times 2\sqrt{(-b)^2}-\sqrt{\dfrac{9}{4}a^2}\div\sqrt{\left(\dfrac{3}{2b}\right)^2}$을 간단히 하시오.

중요

☐ 30 ▥

두 수 a, b에 대하여 $a-b<0$, $ab<0$일 때,

$\sqrt{9a^2}+\sqrt{\dfrac{25}{16}b^2}$을 간단히 하면?

① $-3a+\dfrac{5}{4}b$ ② $-3a-\dfrac{5}{4}b$ ③ $-3a-\dfrac{5}{2}b$

④ $3a+\dfrac{5}{4}b$ ⑤ $3a+\dfrac{5}{2}b$

유형 **09** $\sqrt{(a-b)^2}$ 꼴을 포함한 식 간단히 하기 개념2

31 대표문제

$5<a<9$일 때, $\sqrt{(a-5)^2}+\sqrt{(a-9)^2}$을 간단히 하면?

① 14   ② 4   ③ -4

④ $2a-14$ ⑤ $2a+4$

32

$a<1$일 때, $\sqrt{(a-1)^2}+\sqrt{(1-a)^2}$을 간단히 하면?

① $-2a+2$ ② $-2a-2$ ③ $2a$

④ 0   ⑤ 2

33

$-4<a<2$일 때, $\sqrt{(a+4)^2}-\sqrt{(2-a)^2}$을 간단히 하면?

① -2 ② 2   ③ 6

④ $2a+2$ ⑤ $2a+6$

34

$b<0<a$일 때,
$$\sqrt{(a-b)^2}-\sqrt{(b-a)^2}+\sqrt{(-b)^2}$$
을 간단히 하시오.

유형 **10** $\sqrt{Ax}$가 자연수가 되도록 하는 자연수 x의 값 구하기 개념2

35 대표문제

$\sqrt{200x}$가 자연수가 되도록 하는 가장 작은 두 자리 자연수 x의 값은?

① 20   ② 18   ③ 15

④ 12   ⑤ 10

36

다음 중 $\sqrt{5^5 \times 3^3 \times x}$가 자연수가 되도록 하는 가장 작은 자연수 x의 값은?

① 3   ② 5   ③ 9

④ 15   ⑤ 20

37 서술형

$10<n\leq100$인 자연수 n에 대하여 $\sqrt{80n}$이 자연수가 되도록 하는 n의 개수를 구하시오.

중요
38

자연수 a, b에 대하여 $\sqrt{\dfrac{192a}{5}}=b$일 때, $a+b$의 값 중 가장 작은 값은?

① 39   ② 42   ③ 54

④ 60   ⑤ 63

유형 **11** $\sqrt{\dfrac{A}{x}}$가 자연수가 되도록 하는 자연수 x의 값 구하기 **개념2**

☐ **39** 대표문제

$\sqrt{\dfrac{160}{x}}$이 자연수가 되도록 하는 가장 작은 자연수 x의 값을 구하시오.

☐ **40** ▥

x가 두 자리 자연수일 때, $\sqrt{\dfrac{108}{x}}$이 자연수가 되도록 하는 모든 x의 값의 합은?

① 12   ② 27   ③ 39
④ 46   ⑤ 75

☐ **41** ▥

자연수 a, b에 대하여 $\sqrt{\dfrac{126}{a}}=b$라 할 때, 가장 큰 b의 값은?

① 2   ② 3   ③ 5
④ 6   ⑤ 8

☐ **42** ▥ 서술형

자연수 x, y에 대하여 $\sqrt{\dfrac{240}{x}}=y$가 성립하도록 하는 순서쌍 (x, y)의 개수를 구하시오.

유형 **12** $\sqrt{A+x}$가 자연수가 되도록 하는 자연수 x의 값 구하기 **개념2**

☐ **43** 대표문제

$\sqrt{70+x}$가 자연수가 되도록 하는 가장 작은 자연수 x의 값을 구하시오.

☐ **44** ▥

$\sqrt{18+x}$가 한 자리 자연수가 되도록 하는 모든 자연수 x의 값의 합은?

① 31   ② 56   ③ 102
④ 165   ⑤ 184

유형 **13** $\sqrt{A-x}$가 정수 또는 자연수가 되도록 하는 자연수 x의 값 구하기 **개념2**

☐ **45** 대표문제

$\sqrt{42-x}$가 가장 큰 자연수가 되도록 하는 자연수 x의 값을 구하시오.

☐ **46** ▥

$\sqrt{57-x}$가 정수가 되도록 하는 자연수 x의 개수는?

① 5   ② 6   ③ 7
④ 8   ⑤ 9

유형 14 제곱근의 대소 관계 　　개념 3

47 대표문제

다음 중 두 수의 대소 관계가 옳은 것은?

① $\sqrt{60} > 8$ 　　② $\sqrt{(-4)^2} < \sqrt{2^2}$

③ $-\sqrt{26} > -5$ 　　④ $\sqrt{0.01} < 0.2$

⑤ $\sqrt{\dfrac{1}{4}} < \dfrac{1}{3}$

중요

48

다음 **보기** 중 두 수의 대소 관계가 옳은 것을 모두 고른 것은?

보기
ㄱ. $\sqrt{0.2} > 0.2$ 　　ㄴ. $-\sqrt{40} > -6$

ㄷ. $2 - \sqrt{\dfrac{25}{4}} > 0$ 　　ㄹ. $\sqrt{\dfrac{100}{9}} - \sqrt{3.24} > 0$

① ㄱ, ㄴ 　　② ㄱ, ㄷ 　　③ ㄱ, ㄹ

④ ㄴ, ㄷ 　　⑤ ㄷ, ㄹ

49 서술형

다음 중 가장 작은 수를 a, 가장 큰 수를 b라 할 때, $a^2 + b^2$의 값을 구하시오.

$$-\sqrt{11}, \quad -\sqrt{\dfrac{25}{9}}, \quad -\sqrt{(-2)^2}, \quad -0.7, \quad -\sqrt{0.6}$$

유형 15 제곱근의 성질과 대소 관계 　　개념 2, 3

50 대표문제

$\sqrt{(\sqrt{11}-4)^2} + \sqrt{(\sqrt{11}-3)^2}$을 간단히 하면?

① -7 　　② $-2\sqrt{11}$ 　　③ 1

④ $2\sqrt{11}$ 　　⑤ 7

51

$\sqrt{(\sqrt{7}-3)^2} - \sqrt{(3-\sqrt{7})^2}$을 간단히 하면?

① $2\sqrt{7}$ 　　② 6 　　③ 0

④ -6 　　⑤ $-2\sqrt{7}$

52

다음 식을 간단히 하면?

$$\sqrt{\left(-\dfrac{3}{4}\right)^2} + \left(-\sqrt{\dfrac{1}{4}}\right)^2 + \sqrt{(3-\sqrt{8})^2} - \sqrt{(\sqrt{8}-3)^2}$$

① -7 　　② $-\dfrac{13}{2}$ 　　③ $-2\sqrt{8}$

④ 1 　　⑤ 7

집중 ⚡

유형 16 제곱근을 포함한 부등식 개념 3

☐ **53** 대표문제

$5<\sqrt{5x}<7$을 만족시키는 자연수 x의 개수는?

① 2 ② 3 ③ 4

④ 5 ⑤ 6

☐ **54** ▥

$\sqrt{3}<n<\sqrt{31}$을 만족시키는 모든 자연수 n의 값의 합은?

① 20 ② 14 ③ 10

④ 9 ⑤ 5

☐ **55** ▥

$4<\sqrt{5x-2}<9$를 만족시키는 자연수 x의 개수는?

① 10 ② 11 ③ 12

④ 13 ⑤ 14

☐ **56** ▥ 서술형

$-\sqrt{19}<-\sqrt{4x-1}<-2$를 만족시키는 자연수 x의 값 중에서 가장 큰 수를 a, 가장 작은 수를 b라 할 때, a^2-b^2의 값을 구하시오.

유형 17 $\sqrt{x}$ 이하의 자연수 구하기 개념 3

☐ **57** 대표문제

자연수 x에 대하여 $\sqrt{x}$ 이하의 자연수의 개수를 $f(x)$라 할 때, $f(110)-f(35)$의 값은?

① 9 ② 8 ③ 7

④ 6 ⑤ 5

중요
☐ **58** ▥

자연수 x에 대하여 $\sqrt{x}$ 이하의 자연수 중 가장 큰 수를 $N(x)$라 할 때, $N(84)-N(41)+N(155)$의 값은?

① 20 ② 18 ③ 17

④ 15 ⑤ 13

☐ **59** ▥

자연수 x에 대하여 $\sqrt{x}$ 이하의 자연수의 개수를 $f(x)$라 할 때, $f(11)+f(12)+f(13)+\cdots+f(26)$의 값을 구하시오.

Real 실전 유형 again

02 무리수와 실수

[유형북] Real 실전 유형에서 틀린 문제를 체크해 보세요.

집중

유형 01 유리수와 무리수 구별하기 개념1

01 대표문제

다음 중 무리수의 개수는?

$$\pi, \quad \sqrt{2.89}, \quad 0.7\dot{6}, \quad \sqrt{\frac{4}{25}}, \quad -\sqrt{(-0.3)^2}, \quad 6-\sqrt{4}$$

① 1   ② 2   ③ 3
④ 4   ⑤ 5

02 서술형

다음 **보기**의 정사각형 중 한 변의 길이가 유리수인 것을 모두 고르시오.

─ 보기 ─

ㄱ. 넓이가 5인 정사각형

ㄴ. 넓이가 16인 정사각형

ㄷ. 넓이가 $\frac{81}{49}$인 정사각형

ㄹ. 넓이가 40인 정사각형

ㅁ. 둘레의 길이가 $16\sqrt{2}$인 정사각형

중요

03

다음 중 순환소수가 아닌 무한소수로 나타내어지는 것을 모두 고르면? (정답 2개)

① $\sqrt{3.\dot{2}}$ ② 제곱근 14.4   ③ 0.25의 제곱근
④ $\sqrt{361}$ ⑤ $\sqrt{\dfrac{16}{9}}$

유형 02 실수의 이해 개념1

04 대표문제

다음 중 옳지 <u>않은</u> 것은?

① 유한소수는 모두 유리수이다.

② 무한소수는 모두 무리수이다.

③ 무리수는 $\dfrac{(정수)}{(0이\ 아닌\ 정수)}$ 꼴로 나타낼 수 없다.

④ 실수는 유리수와 무리수로 이루어져 있다.

⑤ 실수에서 무리수가 아닌 수는 모두 유리수이다.

05

다음 중 $\sqrt{27}$에 대한 설명으로 옳지 <u>않은</u> 것은?

① 27의 양의 제곱근이다.

② 제곱하면 정수가 된다.

③ 순환소수로 나타낼 수 있다.

④ 5보다 크고 6보다 작은 무리수이다.

⑤ $\dfrac{(정수)}{(0이\ 아닌\ 정수)}$ 꼴로 나타낼 수 없다.

06

다음 중 옳은 것을 모두 고르면? (정답 2개)

① 순환소수가 아닌 무한소수는 무리수이다.

② 근호가 있는 수는 무리수이다.

③ 유한소수 중에는 무리수도 있다.

④ 유리수이면서 무리수인 수는 없다.

⑤ 어떠한 실수도 제곱하면 모두 양수가 된다.

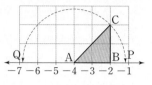

유형 03 제곱근표를 이용하여 제곱근의 값 구하기   개념2

07 대표문제

다음 제곱근표에서 $\sqrt{33.4}=a$, $\sqrt{b}=5.692$일 때, $1000a+10b$의 값은?

수	0	1	2	3	4
32	5.657	5.666	5.675	5.683	5.692
33	5.745	5.753	5.762	5.771	5.779
34	5.831	5.840	5.848	5.857	5.865

① 5981   ② 6006   ③ 6086
④ 6094   ⑤ 6103

08 ⬛⬛⬛

다음 제곱근표에서 $\sqrt{8.85}$의 값을 a, $\sqrt{8.97}$의 값을 b라 할 때, $100(a+b)$의 값을 구하시오.

수	5	6	7	8	9
8.7	2.958	2.960	2.961	2.963	2.965
8.8	2.975	2.977	2.978	2.980	2.982
8.9	2.992	2.993	2.995	2.997	2.998

09 ⬛⬛⬛

다음 제곱근표를 이용하여 $\sqrt{a}=7.443$, $\sqrt{b}=7.497$, $\sqrt{c}=7.550$을 만족시키는 a, b, c에 대하여 $\sqrt{\dfrac{a+b+c}{3}}$의 값을 구하시오.

수	0	1	2	3	4
55	7.416	7.423	7.430	7.436	7.443
56	7.483	7.490	7.497	7.503	7.510
57	7.550	7.556	7.563	7.570	7.576

집중⚡
유형 04 무리수를 수직선 위에 나타내기   개념3

10 대표문제

오른쪽 그림과 같이 한 눈금의 길이가 1인 모눈종이 위에 수직선과 직각삼각형 ABC를 그리고 점 A를 중심으로 하고 $\overline{AC}$를 반지름으로 하는 원을 그렸다. 원과 수직선이 만나는 두 점을 각각 P, Q라 할 때, 다음 중 옳지 않은 것은?

① $\overline{AC}=\sqrt{8}$ ② $\overline{AQ}=\sqrt{8}$ ③ $P(-4+\sqrt{8})$
④ $Q(-4-\sqrt{8})$ ⑤ $\overline{BP}=\sqrt{8}+2$

11 ⬛⬛⬛

아래 그림은 넓이가 7인 정사각형 ABCD와 넓이가 18인 정사각형 EFGH를 수직선 위에 그린 것이다. 다음 중 옳지 않은 것은?

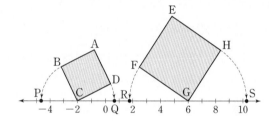

① $\overline{CP}=\sqrt{7}$ ② $\overline{GS}=\sqrt{18}$ ③ $Q(-2-\sqrt{7})$
④ $R(6-\sqrt{18})$ ⑤ $S(6+\sqrt{18})$

12 ⬛⬛⬛ 서술형 ⭐⭐⭐⭐

다음 그림은 한 눈금의 길이가 1인 모눈종이 위에 수직선과 직각삼각형 ABC를 그린 것이다. 수직선 위의 두 점 P, Q에 대하여 $\overline{AC}=\overline{AP}=\overline{AQ}$이고 점 Q에 대응하는 수가 $-5+\sqrt{13}$일 때, 점 P에 대응하는 수를 구하시오.

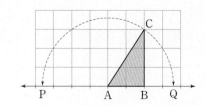

유형 **05** 실수와 수직선 개념3

☐ **13** 대표문제

다음 중 옳지 <u>않은</u> 것을 모두 고르면? (정답 2개)

① -3과 -2 사이에는 무수히 많은 무리수가 있다.

② 0과 1 사이에는 무수히 많은 정수가 있다.

③ $\sqrt{5}$와 $\sqrt{6}$ 사이에는 무수히 많은 유리수가 있다.

④ 1에 가장 가까운 무리수는 $\sqrt{2}$이다.

⑤ 수직선은 무리수에 대응하는 점들로 완전히 메울 수 없다.

☐ **14** ▥

다음 중 옳은 것은?

① $-\dfrac{5}{9}$와 $-\dfrac{1}{9}$ 사이에는 3개의 유리수가 있다.

② $\sqrt{12}$와 $\sqrt{13}$ 사이에는 유리수가 없다.

③ 1에 가장 가까운 유리수는 $\dfrac{1}{10}$이다.

④ 모든 무리수는 각각 수직선 위의 한 점에 대응한다.

⑤ 서로 다른 두 유리수 사이에는 유리수만 있다.

☐ **15** ▥

다음 **보기** 중 유리수와 무리수에 대한 설명으로 옳은 것을 모두 고르시오.

─── 보기 ───

ㄱ. 무리수는 수직선 위에 나타낼 수 있다.

ㄴ. -7과 $\dfrac{1}{2}$ 사이에는 무수히 많은 유리수가 있다.

ㄷ. 서로 다른 두 무리수 사이에는 적어도 1개의 정수가 존재한다.

ㄹ. 유리수 중에는 수직선 위의 점에 대응하지 않는 수도 있다.

유형 **06** 수직선에서 무리수에 대응하는 점 찾기 개념3

☐ **16** 대표문제

다음 수직선 위의 점 중 $\sqrt{11}-5$에 대응하는 점은?

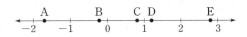

① 점 A   ② 점 B   ③ 점 C

④ 점 D   ⑤ 점 E

☐ **17** ▥

다음 수직선 위의 5개의 점 A, B, C, D, E 중 $\sqrt{51}$에 대응하는 점을 구하시오.

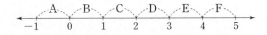

☐ **18** ▥ 서술형

다음 수직선에서 세 수 $3-\sqrt{5}$, $\sqrt{24}$, $-1+\sqrt{7}$에 대응하는 점이 있는 구간을 차례대로 구하시오.

A   B   C   D   E   F
-1 0 1 2 3 4 5

중요

☐ **19** ▥

다음 수직선 위의 네 점 A, B, C, D는 각각 네 수 $\sqrt{13}$, $-\sqrt{7}$, $1+\sqrt{2}$, $3-\sqrt{8}$ 중 하나에 대응한다. 두 점 A, D에 대응하는 수를 각각 구하시오.

A   B   C   D
-3 -2 -1 0 1 2 3 4

유형 07 두 실수 사이의 수 [개념3]

20 대표문제

다음 중 두 수 6과 7 사이에 있는 수의 개수는?

$$\sqrt{23}, \quad \sqrt{29}, \quad \sqrt{37}, \quad \sqrt{41}, \quad \sqrt{44}, \quad \sqrt{47}$$

① 1   ② 2   ③ 3
④ 4   ⑤ 5

21

다음 중 두 수 $\sqrt{3}$과 $\sqrt{6}$ 사이에 있는 수가 <u>아닌</u> 것은?
(단, $\sqrt{3}=1.732$, $\sqrt{6}=2.449$로 계산한다.)

① 2   ② $\sqrt{3}+\dfrac{1}{2}$ ③ $\sqrt{3}+\dfrac{4}{5}$
④ $\dfrac{\sqrt{3}+\sqrt{6}}{2}$ ⑤ $\sqrt{6}-\dfrac{1}{2}$

22

다음 중 두 수 $\sqrt{22}$와 6 사이에 있는 수가 <u>아닌</u> 것은?

① $\sqrt{22}+1$ ② 5   ③ $3+\sqrt{7}$
④ $\dfrac{\sqrt{22}+6}{2}$ ⑤ $2+\sqrt{17}$

23 서술형

$\sqrt{a}$의 값이 13과 14 사이에 있도록 하는 자연수 a의 개수를 구하시오.

유형 08 실수의 대소 관계 [개념3]
집중⚡

24 대표문제

다음 수직선 위의 네 점 A, B, C, D는 각각 아래의 네 수 중 하나에 대응한다. 네 점 A, B, C, D에 대응하는 수를 각각 구하고, 네 수의 대소를 비교하시오.

$$2+\sqrt{5}, \quad 5-\sqrt{6}, \quad 1-\sqrt{8}, \quad \sqrt{3}-2$$

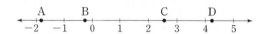

25

다음 중 두 실수의 대소 관계가 옳지 <u>않은</u> 것은?

① $-\sqrt{7}<-2.5$ ② $-\dfrac{1}{4}>-\sqrt{\dfrac{1}{11}}$
③ $\sqrt{\dfrac{22}{3}}<3$ ④ $\sqrt{10}-3>0$
⑤ $\sqrt{6}<\dfrac{9}{4}$

26

다음 수직선 위의 네 점 A, B, C, D는 각각 아래의 네 수 중 하나에 대응한다. 네 점 A, B, C, D에 대응하는 수를 이용하여 가장 큰 수와 가장 작은 수를 각각 구하시오.

$$-\sqrt{10}, \quad 2-\sqrt{2}, \quad \sqrt{6}-5, \quad -3+\sqrt{8}$$

❸ 근호를 포함한 식의 계산

[유형북] Real 실전 유형에서 틀린 문제를 체크해 보세요.

유형 01 제곱근의 곱셈 _{개념 1}

□ 01 대표문제

$2\sqrt{7} \times \left(-\sqrt{\dfrac{15}{14}} \right) \times (-3\sqrt{2})$를 간단히 하면?

① $-6\sqrt{15}$　　② $-6\sqrt{7}$　　③ $3\sqrt{15}$

④ $6\sqrt{7}$　　⑤ $6\sqrt{15}$

□ 02

다음 중 옳지 않은 것은?

① $\sqrt{6} \times \sqrt{7} = \sqrt{42}$　　② $-\sqrt{3} \times \sqrt{12} = -6$

③ $4\sqrt{5} \times 3\sqrt{2} = 12\sqrt{10}$　　④ $\sqrt{\dfrac{10}{3}} \times \sqrt{\dfrac{3}{5}} = \sqrt{2}$

⑤ $\sqrt{\dfrac{11}{26}} \times \sqrt{\dfrac{13}{22}} = \dfrac{1}{4}$

□ 03

다음을 만족시키는 유리수 a, b에 대하여 $a-b$의 값은?

$$2\sqrt{3} \times \sqrt{6} \times \sqrt{8} = a, \qquad 2\sqrt{\dfrac{14}{15}} \times \sqrt{\dfrac{30}{7}} = b$$

① 8　　② 16　　③ 20

④ 24　　⑤ 28

□ 04 서술형

$\sqrt{3} \times \sqrt{5} \times \sqrt{a} \times \sqrt{20} \times \sqrt{3a} = 120$일 때, 자연수 a의 값을 구하시오.

집중 ⚡

유형 02 근호가 있는 식의 변형; $\sqrt{a^2 b}$ _{개념 1}

□ 05 대표문제

$\sqrt{24} = a\sqrt{6}$, $8\sqrt{2} = \sqrt{b}$일 때, 양의 유리수 a, b에 대하여 $\sqrt{ab}$의 값은?

① $10\sqrt{3}$　　② 12　　③ $12\sqrt{3}$

④ 16　　⑤ $16\sqrt{6}$

□ 06

다음 중 $a\sqrt{b}$ 꼴로 나타낸 것으로 옳지 않은 것은?

① $\sqrt{32} = 4\sqrt{2}$　　② $-\sqrt{150} = -5\sqrt{6}$

③ $-\sqrt{288} = -12\sqrt{2}$　　④ $\sqrt{343} = 7\sqrt{7}$

⑤ $\sqrt{480} = 16\sqrt{3}$

중요

□ 07

$\sqrt{72 + 5x} = 9\sqrt{2}$를 만족시키는 x의 값은?

① 12　　② 14　　③ 16

④ 18　　⑤ 20

유형 03 제곱근의 나눗셈 | 개념 1

☐ 08 대표문제

다음 중 옳지 <u>않은</u> 것은?

① $\dfrac{\sqrt{32}}{\sqrt{8}}=2$ ② $12\sqrt{12}\div6\sqrt{6}=2\sqrt{2}$

③ $4\sqrt{30}\div8\sqrt{5}=\dfrac{\sqrt{6}}{2}$ ④ $\dfrac{\sqrt{40}}{\sqrt{12}}\div\dfrac{2\sqrt{15}}{\sqrt{8}}=\dfrac{4}{9}$

⑤ $\sqrt{36}\div\sqrt{18}\div\dfrac{1}{\sqrt{12}}=2\sqrt{6}$

☐ 09

다음 중 계산 결과가 가장 작은 것은?

① $\sqrt{52}\div2$ ② $2\sqrt{20}\div4\sqrt{2}$

③ $\sqrt{0.8}\div\sqrt{0.2}$ ④ $\sqrt{\dfrac{35}{11}}\div\sqrt{\dfrac{14}{33}}$

⑤ $\dfrac{\sqrt{5}}{\sqrt{6}}\div\dfrac{\sqrt{45}}{\sqrt{18}}$

☐ 10

$6\sqrt{3}\div\dfrac{\sqrt{15}}{\sqrt{8}}\div\dfrac{1}{\sqrt{30}}=n\sqrt{3}$일 때, 자연수 n의 값을 구하시오.

☐ 11 서술형

다음을 만족시키는 유리수 a, b에 대하여 $\sqrt{a}$는 $\sqrt{b}$의 몇 배인지 구하시오.

$$\sqrt{\dfrac{16}{3}}\div\sqrt{\dfrac{5}{12}}\div\sqrt{\dfrac{8}{15}}=\sqrt{a}, \quad 4\sqrt{5}\div\sqrt{8}\div\sqrt{15}=\sqrt{b}$$

유형 04 근호가 있는 식의 변형; $\sqrt{\dfrac{b}{a^2}}$ | 개념 1

☐ 12 대표문제

다음 보기 중 옳은 것을 모두 고른 것은?

─ 보기 ─

ㄱ. $\sqrt{0.48}=\dfrac{3\sqrt{3}}{5}$ ㄴ. $\sqrt{\dfrac{15}{27}}=\dfrac{\sqrt{5}}{9}$

ㄷ. $\sqrt{0.45}=\dfrac{3\sqrt{5}}{10}$ ㄹ. $-\sqrt{\dfrac{35}{112}}=-\dfrac{\sqrt{5}}{4}$

① ㄱ, ㄷ   ② ㄱ, ㄹ   ③ ㄴ, ㄷ

④ ㄴ, ㄹ   ⑤ ㄷ, ㄹ

☐ 13

$\sqrt{1.5}=k\sqrt{6}$일 때, 유리수 k의 값은?

① $\dfrac{1}{8}$ ② $\dfrac{1}{5}$ ③ $\dfrac{1}{4}$

④ $\dfrac{1}{3}$ ⑤ $\dfrac{1}{2}$

☐ 14

$\dfrac{5\sqrt{2}}{\sqrt{12}}=\sqrt{a}$, $\dfrac{5\sqrt{3}}{6}=\sqrt{b}$일 때, 유리수 a, b에 대하여 $\dfrac{b}{a}$의 값을 구하시오.

 중요

☐ 15

$\sqrt{0.009}$는 $\sqrt{10}$의 a배이고, $\sqrt{\dfrac{180}{81}}$은 $\sqrt{5}$의 b배일 때, ab의 값을 구하시오.

03 근호를 포함한 식의 계산

집중⚡
유형 **05** 제곱근표에 없는 수의 제곱근의 값 구하기 개념1

☐ **16** 대표문제

$\sqrt{6.32}=2.514$, $\sqrt{63.2}=7.950$일 때, 다음 중 옳지 <u>않은</u> 것은?

① $\sqrt{632}=25.14$ ② $\sqrt{6320}=79.50$

③ $\sqrt{63200}=251.4$ ④ $\sqrt{0.0632}=0.7950$

⑤ $\sqrt{0.00632}=0.07950$

☐ **17** ▐▐▐▐

다음 중 $\sqrt{70}=8.367$임을 이용하여 그 값을 구할 수 <u>없는</u> 것을 모두 고르면? (정답 2개)

① $\sqrt{700000}$ ② $\sqrt{7000}$ ③ $\sqrt{700}$

④ $\sqrt{0.07}$ ⑤ $\sqrt{0.007}$

☐ **18** ▐▐▐▐

다음 중 주어진 제곱근표를 이용하여 그 값을 구할 수 <u>없는</u> 것은?

수	0	1	2	3	4
5.6	2.366	2.369	2.371	2.373	2.375
5.7	2.387	2.390	2.392	2.394	2.396
5.8	2.408	2.410	2.412	2.415	2.417

① $\sqrt{562}$ ② $\sqrt{58200}$ ③ $\sqrt{0.571}$

④ $\sqrt{0.0564}$ ⑤ $\sqrt{0.000573}$

중요
☐ **19** ▐▐▐▐

$\sqrt{2}=1.414$, $\sqrt{20}=4.472$일 때, $\dfrac{1}{\sqrt{500}}$의 값을 구하시오.

유형 **06** 문자를 사용한 제곱근의 표현 개념1

☐ **20** 대표문제

$\sqrt{5}=a$, $\sqrt{7}=b$일 때, $\sqrt{700}$을 a, b를 사용하여 나타내면?

① $2ab$ ② $2a^2b$ ③ $3ab^2$

④ $5ab^2$ ⑤ $5a^2b^2$

☐ **21** ▐▐▐▐

$\sqrt{2}=x$, $\sqrt{6}=y$일 때, $\sqrt{162}-\sqrt{96}$을 x, y를 사용하여 나타내면?

① $-9x-4y$ ② $-9x-2y$ ③ $9x-4y$

④ $3x-4y$ ⑤ $3x-2y$

☐ **22** ▐▐▐▐

$\sqrt{2.5}=a$, $\sqrt{25}=b$일 때, $\sqrt{0.025}+\sqrt{250000}$을 a, b를 사용하여 나타내면?

① $\dfrac{a}{100}+100b$ ② $\dfrac{a}{100}+10b$ ③ $\dfrac{a}{10}+100b$

④ $\dfrac{b}{10}+100a$ ⑤ $\dfrac{b}{100}+100a$

☐ **23** ▐▐▐▐ 서술형

$\sqrt{50}=a$, $\sqrt{60}=b$일 때, $\sqrt{500000}+\sqrt{0.006}=xa+yb$이다. 이때 유리수 x, y에 대하여 xy의 값을 구하시오.

집중⚡
유형 **07** 분모의 유리화   개념 2

24 대표문제

$\dfrac{\sqrt{2}}{4\sqrt{3}}=a\sqrt{6}$, $\dfrac{4}{\sqrt{80}}=b\sqrt{5}$일 때, $\sqrt{3ab}$의 값을 구하시오.

(단, a, b는 유리수)

25

다음 중 분모를 유리화한 것으로 옳지 <u>않은</u> 것은?

① $\dfrac{18}{\sqrt{6}}=3\sqrt{6}$ ② $\dfrac{\sqrt{5}}{\sqrt{11}}=\dfrac{\sqrt{55}}{11}$

③ $\dfrac{8}{\sqrt{20}}=\dfrac{4\sqrt{5}}{5}$ ④ $\dfrac{9}{4\sqrt{3}}=\dfrac{3\sqrt{3}}{2}$

⑤ $\dfrac{\sqrt{2}}{2\sqrt{6}}=\dfrac{\sqrt{3}}{6}$

26

$\sqrt{\dfrac{125}{108}}=\dfrac{b\sqrt{5}}{a\sqrt{3}}=c\sqrt{15}$일 때, a, b, c에 대하여 abc의 값을 구하시오. (단, a, b는 서로소인 자연수, c는 유리수)

27

$\dfrac{8\sqrt{a}}{3\sqrt{6}}$의 분모를 유리화하였더니 $\dfrac{8\sqrt{3}}{9}$이 되었다. 이때 양수 a의 값은?

① 2   ② 3   ③ 5
④ 8   ⑤ 10

유형 **08** 제곱근의 곱셈과 나눗셈의 혼합 계산   개념 1, 2

28 대표문제

$\dfrac{\sqrt{10}}{\sqrt{56}}\times\dfrac{2\sqrt{2}}{\sqrt{5}}\div\dfrac{3}{\sqrt{14}}$ 을 간단히 하면?

① $\dfrac{1}{3}$ ② $\dfrac{1}{2}$ ③ $\dfrac{2}{3}$

④ $\sqrt{2}$ ⑤ 2

29

$\sqrt{24}\div\sqrt{96}\times\sqrt{80}=a\sqrt{5}$를 만족시키는 유리수 a의 값을 구하시오.

30

다음 중 옳지 <u>않은</u> 것은?

① $5\sqrt{2}\times\sqrt{6}\div\sqrt{10}=\sqrt{30}$

② $\sqrt{75}\div\sqrt{18}\times\sqrt{6}=5$

③ $\dfrac{3}{\sqrt{2}}\times\dfrac{\sqrt{35}}{\sqrt{3}}\div\dfrac{\sqrt{7}}{\sqrt{10}}=5\sqrt{3}$

④ $\sqrt{0.4}\times\sqrt{\dfrac{5}{8}}\div\dfrac{7}{\sqrt{20}}=\dfrac{\sqrt{2}}{7}$

⑤ $\dfrac{2\sqrt{3}}{3}\times\sqrt{\dfrac{5}{12}}\div\dfrac{\sqrt{5}}{9}=3$

31

$\dfrac{\sqrt{98}}{3}\div(-6\sqrt{3})\times A=-\dfrac{7\sqrt{2}}{2}$일 때, A의 값은?

① $3\sqrt{2}$ ② $6\sqrt{2}$ ③ $9\sqrt{2}$
④ $3\sqrt{3}$ ⑤ $9\sqrt{3}$

유형 09 제곱근의 곱셈과 나눗셈의 도형에의 활용 · 개념 1, 2

32 대표문제

오른쪽 그림과 같이 ∠B=90°인 삼각형 ABC에서 $\overline{AB}$, $\overline{BC}$를 각각 한 변으로 하는 두 정사각형을 그렸더니 그 넓이가 각각 24, 50이 되었다. 이때 직각삼각형 ABC의 넓이를 구하시오.

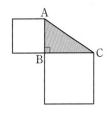

33 ▮▮▮▯

오른쪽 그림의 삼각형과 직사각형의 넓이가 서로 같을 때, x의 값은?

① $2\sqrt{2}$ ② $2\sqrt{3}$

③ $3\sqrt{2}$ ④ $3\sqrt{3}$

⑤ $6\sqrt{3}$

34 ▮▮▮▯

오른쪽 그림과 같이 밑면의 반지름의 길이가 $4\sqrt{2}$ cm인 원뿔의 부피가 $64\sqrt{5}\pi$ cm³일 때, 이 원뿔의 높이를 구하시오.

$4\sqrt{2}$ cm

35 ▮▮▮▮ 서술형

다음 그림에서 A, B, C, D는 모두 정사각형이고 정사각형 B의 넓이는 정사각형 A의 넓이의 3배, 정사각형 C의 넓이는 정사각형 B의 넓이의 3배, 정사각형 D의 넓이는 정사각형 C의 넓이의 3배이다. 정사각형 D의 넓이가 8 cm² 일 때, 정사각형 A의 한 변의 길이를 구하시오.

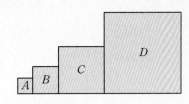

유형 10 제곱근의 덧셈과 뺄셈 · 개념 3

36 대표문제

다음 중 옳은 것을 모두 고르면? (정답 2개)

① $\sqrt{24}+\sqrt{6}=\sqrt{30}$ ② $\sqrt{8}-\sqrt{2}=\sqrt{6}$

③ $3\sqrt{7}-2\sqrt{7}=1$ ④ $\sqrt{75}-\sqrt{12}=3\sqrt{3}$

⑤ $\sqrt{40}+\sqrt{90}=5\sqrt{10}$

37 ▮▮▮▯

$A=2\sqrt{7}+5\sqrt{7}-10\sqrt{7}$, $B=\sqrt{5}-3\sqrt{5}+7\sqrt{5}$일 때, $B-A$의 값은?

① $-5\sqrt{5}+\sqrt{7}$ ② $-5\sqrt{5}-3\sqrt{7}$

③ $-5\sqrt{5}+3\sqrt{7}$ ④ $5\sqrt{5}+\sqrt{7}$

⑤ $5\sqrt{5}+3\sqrt{7}$

38 ▮▮▮▯

$\sqrt{32}+\sqrt{50}-\sqrt{98}$을 간단히 하면?

① $\sqrt{2}$ ② 2 ③ $2\sqrt{2}$

④ $3\sqrt{2}$ ⑤ $4\sqrt{2}$

39 ▮▮▮▯

$\sqrt{75}-\sqrt{63}+\sqrt{28}-\sqrt{27}=a\sqrt{3}+b\sqrt{7}$일 때, 유리수 a, b에 대하여 $a-b$의 값을 구하시오.

유형 11 분모에 근호를 포함한 제곱근의 덧셈과 뺄셈 개념3

40 대표문제

$\dfrac{4\sqrt{2}}{5}+\dfrac{\sqrt{5}}{5}-\dfrac{3}{\sqrt{2}}+\dfrac{11}{2\sqrt{5}}=a\sqrt{2}+b\sqrt{5}$일 때, 유리수 a, b에 대하여 $b-a$의 값은?

① $\dfrac{2}{5}$ ② $\dfrac{3}{5}$ ③ $\dfrac{9}{5}$

④ 2 ⑤ $\dfrac{13}{5}$

41

$3\sqrt{75}-7\sqrt{3}+\dfrac{18}{\sqrt{12}}=k\sqrt{3}$일 때, 유리수 k의 값을 구하시오.

42

$\sqrt{96}-\dfrac{2\sqrt{3}}{\sqrt{2}}-\dfrac{\sqrt{45}}{6}-\dfrac{15}{2\sqrt{5}}$ 를 간단히 하면?

① $2\sqrt{6}-2\sqrt{5}$ ② $2\sqrt{6}+\sqrt{5}$ ③ $3\sqrt{6}-2\sqrt{5}$
④ $3\sqrt{6}-\sqrt{5}$ ⑤ $3\sqrt{6}+\sqrt{5}$

43

$a=\sqrt{12}$, $b=\sqrt{15}$일 때, $\dfrac{a}{b}+\dfrac{b}{a}$의 값은?

① $\dfrac{\sqrt{3}}{2}$ ② $\dfrac{\sqrt{5}}{2}$ ③ $\dfrac{4\sqrt{5}}{5}$

④ $\dfrac{9\sqrt{3}}{10}$ ⑤ $\dfrac{9\sqrt{5}}{10}$

유형 12 분배법칙을 이용한 제곱근의 덧셈과 뺄셈 개념4

44 대표문제

$\sqrt{6}\left(\dfrac{21}{\sqrt{18}}-\dfrac{10}{\sqrt{12}}\right)+\sqrt{2}(10-\sqrt{6})$을 간단히 하면?

① $5\sqrt{3}+15\sqrt{2}$ ② $5\sqrt{3}+5\sqrt{2}$
③ $9\sqrt{3}-5\sqrt{2}$ ④ $9\sqrt{3}+5\sqrt{2}$
⑤ $9\sqrt{3}+15\sqrt{2}$

45

$\sqrt{80}+2\sqrt{48}-\sqrt{5}(6-\sqrt{15})=a\sqrt{3}+b\sqrt{5}$일 때, 유리수 a, b에 대하여 $a+b$의 값은?

① 11 ② 9 ③ 7
④ 5 ⑤ 4

중요
46

$x=\sqrt{7}-\sqrt{2}$, $y=\sqrt{2}-\sqrt{7}$일 때, $\sqrt{2}x-2\sqrt{7}y$의 값은?

① 16 ② 12 ③ $16-3\sqrt{14}$
④ $12+3\sqrt{14}$ ⑤ $12-\sqrt{14}$

47 서술형

다음 식을 간단히 하시오.

$$\sqrt{3}\left(\dfrac{15}{\sqrt{21}}-\dfrac{10}{\sqrt{15}}\right)-\sqrt{5}\left(\dfrac{1}{\sqrt{35}}-6\right)$$

03 근호를 포함한 식의 계산

유형 13 $\dfrac{\sqrt{b}+\sqrt{c}}{\sqrt{a}}$ 꼴의 분모의 유리화 　개념 2, 4

□ 48 대표문제

$\dfrac{3\sqrt{5}+2\sqrt{2}}{\sqrt{2}}-\dfrac{6\sqrt{2}-\sqrt{5}}{\sqrt{5}}$ 를 간단히 하시오.

□ 49 ▯

$\dfrac{\sqrt{98}-20}{\sqrt{24}}$ 의 분모를 유리화하였더니 $a\sqrt{3}+b\sqrt{6}$ 이 되었다. 유리수 a, b에 대하여 $6(a+b)$의 값은?

① -1 　　② -3 　　③ -5

④ -7 　　⑤ -8

□ 50 ▯

$\dfrac{\sqrt{75}-\sqrt{2}}{\sqrt{3}}-\dfrac{3\sqrt{3}+\sqrt{50}}{\sqrt{2}}$ 을 간단히 하면?

① $-\dfrac{11\sqrt{6}}{6}-10$ 　② $-\dfrac{11\sqrt{6}}{6}$ 　③ $-\dfrac{11\sqrt{6}}{6}+10$

④ $\dfrac{11\sqrt{6}}{6}-10$ 　⑤ $\dfrac{11\sqrt{6}}{6}+10$

□ 51 ▯ 서술형

$x=\dfrac{\sqrt{10}+\sqrt{3}}{\sqrt{2}}$, $y=\dfrac{\sqrt{10}-\sqrt{3}}{\sqrt{2}}$ 일 때, $\dfrac{x+y}{\sqrt{2}(x-y)}$ 의 값을 구하시오.

집중 ⚡
유형 14 근호를 포함한 복잡한 식의 계산 　개념 4

□ 52 대표문제

$\sqrt{125}+\dfrac{2\sqrt{6}}{\sqrt{3}}-\dfrac{\sqrt{15}-\sqrt{6}}{\sqrt{3}}=a\sqrt{2}+b\sqrt{5}$ 일 때, 유리수 a, b에 대하여 ab의 값은?

① -12 　　② -6 　　③ -8

④ 6 　　⑤ 12

□ 53 ▯

다음 등식을 만족시키는 유리수 a, b에 대하여 $a+2b$의 값을 구하시오.

$$\sqrt{2}\left(\dfrac{7}{\sqrt{14}}-\dfrac{12}{\sqrt{6}}\right)-\sqrt{27}+\sqrt{63}=a\sqrt{3}+b\sqrt{7}$$

중요
□ 54 ▯

$\sqrt{50}-\dfrac{12-\sqrt{6}}{\sqrt{3}}+\sqrt{2}(2\sqrt{6}-\sqrt{8})$ 을 간단히 하면?

① $4\sqrt{2}-4$ 　　② $4\sqrt{2}-2$ 　　③ $6\sqrt{2}-4$

④ $6\sqrt{6}-2$ 　　⑤ $6\sqrt{6}+4$

□ 55 ▯

$A=\dfrac{\sqrt{3}}{2}-\dfrac{1}{\sqrt{2}}$, $B=\dfrac{6}{\sqrt{3}}-3\sqrt{2}$ 일 때, $\sqrt{8}A-\sqrt{3}B$ 의 값을 구하시오.

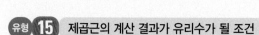 **유형 15** 제곱근의 계산 결과가 유리수가 될 조건 개념 4

56 대표문제

$\sqrt{56}\left(\dfrac{3}{\sqrt{7}}-\dfrac{1}{\sqrt{14}}\right)-\dfrac{4}{\sqrt{8}}(a-\sqrt{18})$ 이 유리수가 되도록 하는 유리수 a의 값은?

① -6 ② -3 ③ -1

④ 3 ⑤ 6

57

$\sqrt{5}(8-11\sqrt{5})-2a(\sqrt{5}+1)$ 이 유리수가 되도록 하는 유리수 a의 값은?

① 2 ② 4 ③ 6

④ 8 ⑤ 10

58

$5\sqrt{2}(2a-\sqrt{2})-\dfrac{10-3\sqrt{8}}{\sqrt{2}}$ 이 유리수가 되도록 하는 유리수 a의 값을 구하시오.

59 서술형

A, a가 유리수일 때, $A+a$의 값을 구하시오.

$$A=\dfrac{a}{\sqrt{2}}(\sqrt{32}-\sqrt{80})-\sqrt{10}\left(\dfrac{3\sqrt{5}}{\sqrt{2}}+3\right)$$

유형 16 제곱근의 값을 이용한 계산 개념 4

60 대표문제

$\sqrt{6}=2.449$, $\sqrt{22}=4.690$ 일 때, $\dfrac{\sqrt{11}-\sqrt{3}}{\sqrt{2}}$ 의 값은?

① 1.1195 ② 1.1205 ③ 1.1245

④ 1.129 ⑤ 1.133

61

$\sqrt{10}=3.162$ 일 때, $\sqrt{250}+\sqrt{\dfrac{1}{90}}$ 의 값은?

① 11.6474 ② 12.562 ③ 13.6275

④ 14.6738 ⑤ 15.9154

62

$\sqrt{2.22}=1.490$, $\sqrt{22.2}=4.712$ 일 때, $\sqrt{8880}$ 의 값은?

① 14.90 ② 29.8 ③ 47.12

④ 94.24 ⑤ 471.2

 중요

63

다음 중 $\sqrt{3}=1.732$ 임을 이용하여 제곱근의 값을 구할 수 없는 것은?

① $\sqrt{0.03}$ ② $\sqrt{0.27}$ ③ $\sqrt{1.2}$

④ $\sqrt{48}$ ⑤ $\sqrt{7500}$

03 근호를 포함한 식의 계산

유형 **17** 무리수의 정수 부분과 소수 부분   개념 **4**

64 대표문제

$6-\sqrt{5}$의 정수 부분을 x, 소수 부분을 y라 할 때, $x^2+(3-y)^2$의 값은?

① $10-\sqrt{5}$ ② 9 ③ 11

④ $10+2\sqrt{5}$ ⑤ 14

65 ▮▮▮

$\sqrt{40}$의 정수 부분을 a, $2+\sqrt{11}$의 소수 부분을 b라 할 때, $a-\sqrt{11}b$의 값을 구하시오.

66 ▮▮▮

$\sqrt{2}$의 소수 부분을 a라 할 때, $\sqrt{98}$의 소수 부분을 a를 사용하여 나타내면?

① $7a$ ② $2-7a$ ③ $7a-1$

④ $7a-2$ ⑤ $7a+7$

67 ▮▮▮

자연수 n에 대하여 $\sqrt{n}$의 소수 부분을 $f(n)$이라 할 때, $f(112)-f(28)$의 값은?

① $2\sqrt{7}-6$ ② $2\sqrt{7}-5$ ③ $2\sqrt{7}-4$

④ $2\sqrt{7}$ ⑤ $2\sqrt{7}+4$

집중 ⚡
유형 **18** 제곱근의 덧셈과 뺄셈의 도형에의 활용   개념 **4**

68 대표문제

오른쪽 그림과 같은 사다리꼴 ABCD의 넓이는?

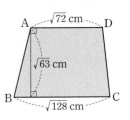

① $21\sqrt{14}\,\text{cm}^2$ ② $22\sqrt{14}\,\text{cm}^2$

③ $23\sqrt{14}\,\text{cm}^2$ ④ $24\sqrt{14}\,\text{cm}^2$

⑤ $25\sqrt{14}\,\text{cm}^2$

69 ▮▮▮

오른쪽 그림과 같이 가로의 길이가 $\sqrt{216}\,\text{cm}$, 세로의 길이가 $\sqrt{150}\,\text{cm}$인 직사각형 모양의 종이의 네 귀퉁이에서 각각 한 변의 길이가 $\sqrt{6}\,\text{cm}$인 정사각형을 잘라 내어 만든 뚜껑이 없는 직육면체 모양의 상자의 부피를 구하시오.

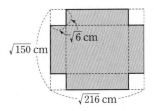

70 ▮▮▮ 서술형

오른쪽 그림과 같은 직육면체의 겉넓이가 $120\,\text{cm}^2$일 때, 이 직육면체의 높이를 구하시오.

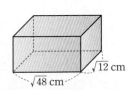

중요
71 ▮▮▮

다음 그림과 같이 넓이가 각각 $18\,\text{cm}^2$, $32\,\text{cm}^2$, $72\,\text{cm}^2$인 정사각형 모양의 타일을 이어 붙일 때, 타일로 이루어진 도형의 둘레의 길이는 $p\sqrt{q}\,\text{cm}$이다. $p+q$의 값을 구하시오. (단, p는 유리수, q는 가장 작은 자연수)

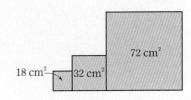

유형 **19** 제곱근의 덧셈과 뺄셈의 수직선에의 활용 개념4

72 대표문제

다음 그림은 한 변의 길이가 각각 4, 6인 두 정사각형을 수직선 위에 그린 것이다. $\overline{PA}=\overline{PQ}$, $\overline{RB}=\overline{RS}$가 되도록 수직선 위에 두 점 A, B를 정할 때, $\overline{AB}$의 길이를 구하시오.

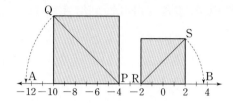

73 서술형

다음 그림은 넓이가 각각 21, 7인 두 정사각형을 수직선 위에 그린 것이다. $\overline{BP}=\overline{BA}$, $\overline{FQ}=\overline{FG}$이고 두 점 P, Q에 대응하는 수를 각각 a, b라 할 때, $a+\sqrt{3}b$의 값을 구하시오.

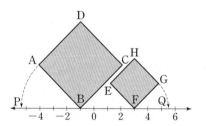

74

다음 그림은 수직선 위에 정사각형 P, Q, R의 넓이를 5배씩 늘려 차례대로 그린 것이다. 정사각형 P의 넓이가 3이고 세 점 A, B, C에 대응하는 수를 각각 a, b, c라 할 때, $a+b+c$의 값을 구하시오.

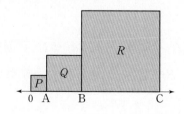

집중 유형 **20** 실수의 대소 관계 개념5

75 대표문제

다음 중 두 실수의 대소 관계가 옳지 <u>않은</u> 것은?

① $5-3\sqrt{3}<\sqrt{3}+1$
② $2\sqrt{7}+1<7-2\sqrt{7}$
③ $-3+\sqrt{13}<\sqrt{14}-3$
④ $\sqrt{72}>5\sqrt{2}+1$
⑤ $2-\sqrt{\dfrac{1}{10}}<2-\sqrt{\dfrac{1}{11}}$

76

다음 중 □ 안에 들어갈 부등호가 나머지 넷과 <u>다른</u> 하나는?

① $2\sqrt{5}-1 \,\square\, \sqrt{5}+1$
② $2 \,\square\, \sqrt{8}-1$
③ $7-\sqrt{6} \,\square\, 1+\sqrt{6}$
④ $\sqrt{32}-\sqrt{3} \,\square\, \sqrt{3}+\sqrt{8}$
⑤ $\sqrt{20}-6 \,\square\, 4-\sqrt{80}$

77

세 수 $a=\sqrt{162}-\sqrt{6}$, $b=\sqrt{216}$, $c=\sqrt{98}+2\sqrt{6}$의 대소 관계를 부등호를 사용하여 나타내면?

① $a<b<c$
② $b<a<c$
③ $b<c<a$
④ $c<a<b$
⑤ $c<b<a$

 중요

78

다음 수를 크기가 작은 수부터 차례대로 나열할 때, 오른쪽에서 두 번째에 오는 수와 왼쪽에서 두 번째에 오는 수를 차례대로 구하시오.

$$3\sqrt{5}, \quad \sqrt{2}+\sqrt{5}, \quad -2\sqrt{5}+3, \quad 3-\sqrt{10}, \quad 2\sqrt{2}-\sqrt{5}$$

[유형북] Real 실전 유형에서 틀린 문제를 체크해 보세요.

유형 01 다항식과 다항식의 곱셈 _{개념1}

☐ 01 대표문제

$(2x-y)(5x+2y-4)$를 전개하였을 때, xy의 계수는?

① -8 ② -1 ③ 2

④ 4 ⑤ 10

☐ 02 ▥

$(3x+y)(4y-x)=ax^2+bxy+cy^2$일 때, 상수 a, b, c에 대하여 $a+b+c$의 값을 구하시오.

☐ 03 ▥

$(x-ay-4)(x+2y-1)$을 전개한 식에서 y의 계수와 xy의 계수가 같을 때, 상수 a의 값은?

① 2 ② 4 ③ 5

④ 8 ⑤ 10

☐ 04 ▥

$(ax-y)(2x-6y-1)$의 전개식에서 xy의 계수가 16일 때, x^2의 계수는? (단, a는 상수)

① -6 ② -3 ③ -2

④ -1 ⑤ 1

유형 02 곱셈 공식 (1); 합의 제곱, 차의 제곱 _{개념2}

☐ 05 대표문제

$(Ax-4)^2=36x^2+Bx+C$일 때, 상수 A, B, C에 대하여 $A-B+C$의 값을 구하시오. (단, $A>0$)

중요

☐ 06 ▥

다음 중 $(-2x+3y)^2$과 전개식이 같은 것은?

① $(2x+3y)^2$ ② $(2x-3y)^2$ ③ $(-2x-3y)^2$

④ $-(2x+3y)^2$ ⑤ $-(2x-3y)^2$

☐ 07 ▥

다음 중 옳은 것은?

① $(x+7)^2=x^2+49$

② $(2x-3)^2=4x^2-6x+9$

③ $\left(\dfrac{1}{5}x+4\right)^2=\dfrac{1}{25}x^2+\dfrac{8}{5}x+16$

④ $(-2a+1)^2=4a^2-8a+1$

⑤ $\left(-\dfrac{1}{2}x-1\right)^2=-\dfrac{1}{4}x^2-x-1$

☐ 08 ▥ 서술형

한 변의 길이가 각각 $a+\dfrac{1}{4}b$, $3a-b$인 두 정사각형의 넓이를 각각 A, B라 할 때, $A+B$를 간단히 하시오.

유형 **03** 곱셈 공식 (2); 합과 차의 곱 개념 **2**

09 대표문제

다음 중 옳지 **않은** 것은?

① $(x+8)(x-8)=x^2-64$

② $(-2x-y)(-2x+y)=4x^2-y^2$

③ $\left(2-\dfrac{1}{3}x\right)\left(\dfrac{1}{3}x+2\right)=4-\dfrac{1}{9}x^2$

④ $(-x-y)(y-x)=-x^2-y^2$

⑤ $\left(\dfrac{1}{7}x+\dfrac{1}{2}y\right)\left(\dfrac{1}{7}x-\dfrac{1}{2}y\right)=\dfrac{1}{49}x^2-\dfrac{1}{4}y^2$

10

$(6x+1)(6x-1)-2(3x+1)(3x-1)$을 간단히 하면?

① $-34x^2+1$ ② $-18x^2+1$ ③ $18x^2-1$

④ $18x^2+1$ ⑤ $34x^2+1$

11

$(-5x+2y)(-2y-5x)=Ax^2+Bxy+Cy^2$일 때, 상수 A, B, C에 대하여 $A+B+C$의 값은?

① -29 ② -7 ③ 3

④ 21 ⑤ 25

중요

12

$\left(x-\dfrac{1}{2}\right)\left(x+\dfrac{1}{2}\right)\left(x^2+\dfrac{1}{4}\right)\left(x^4+\dfrac{1}{16}\right)=x^a-\dfrac{1}{b}$일 때, 자연수 a, b에 대하여 $\dfrac{b}{a}$의 값을 구하시오.

유형 **04** 곱셈 공식 (3); $(x+a)(x+b)$ 개념 **2**

13 대표문제

$(x+a)(x-8)=x^2+bx-32$일 때, 상수 a, b에 대하여 $a-b$의 값은?

① -2 ② 2 ③ 4

④ 6 ⑤ 8

14

$\left(x+\dfrac{5}{4}y\right)\left(x-\dfrac{1}{4}y\right)=x^2+axy+by^2$일 때, 상수 a, b에 대하여 $a+b$의 값을 구하시오.

15

다음 중 □ 안에 알맞은 수가 가장 큰 것은?

① $(x+6)(x-2)=x^2+\square x-12$

② $(x-8)(x-4)=x^2-\square x+32$

③ $(x+4)(x-1)=x^2+3x-\square$

④ $(x-y)(x+5y)=x^2+\square xy-5y^2$

⑤ $\left(-x+\dfrac{2}{3}y\right)(-x+2y)=x^2-\square xy+\dfrac{4}{3}y^2$

16 서술형

$(x-5)(x+a)+(7-x)(3-x)$의 전개식에서 x의 계수와 상수항이 같을 때, 상수 a의 값을 구하시오.

유형 05 곱셈 공식 (4); $(ax+b)(cx+d)$ 개념 2

☐ 17 대표문제

$(2x+a)(bx-5)=10x^2+cx-15$일 때, 상수 a, b, c에 대하여 $a-b+c$의 값은?

① 3　　　② 7　　　③ 9
④ 11　　　⑤ 13

☐ 18 ▱

$\left(4x-\dfrac{1}{5}y\right)\left(20x-\dfrac{3}{2}y\right)$의 전개식에서 xy의 계수와 y^2의 계수의 곱은?

① -10　　　② -3　　　③ 10
④ 20　　　⑤ 30

☐ 19 ▱

다음 식의 전개에서 상수 a, b, c, d에 대하여 $a+b+c+d$의 값을 구하시오.

- $(3x+4)(5x-2)=15x^2+ax-8$
- $(x-4)(2x+3)=2x^2-5x+b$
- $(5x+3y)(-4x+y)=cx^2-7xy+3y^2$
- $\left(\dfrac{1}{4}x-3y\right)\left(\dfrac{1}{3}x-8y\right)=\dfrac{1}{12}x^2-dxy+24y^2$

☐ 20 ▱ 서술형

$3x+a$에 $5x-1$을 곱해야 할 것을 잘못하여 $x-5$를 곱하였더니 $3x^2-10x-25$가 되었다. 바르게 계산한 답을 구하시오. (단, a는 상수)

유형 06 곱셈 공식 (5); 종합 개념 2

집중⚡

☐ 21 대표문제

다음 중 옳지 <u>않은</u> 것을 모두 고르면? (정답 2개)

① $(2x-7)^2=4x^2-28x+7$
② $(-4x+y)^2=16x^2-8xy+y^2$
③ $(x+5)(x-4)=x^2+x-20$
④ $\left(-x+\dfrac{1}{3}\right)\left(-x-\dfrac{1}{3}\right)=x^2-\dfrac{1}{9}$
⑤ $(2x+y)(3x-5y)=6x^2+13xy-5y^2$

☐ 22 ▱

다음 중 식을 전개하였을 때, x의 계수가 나머지 넷과 <u>다른</u> 하나는?

① $(x-3)^2$　　　② $(x-5)(x-1)$
③ $(8x+7)(2x-1)$　　　④ $(x+6)(x-12)$
⑤ $(3-2x)(4x+9)$

☐ 23 ▱

$2(2x-5)^2+(3x+a)(4-x)$를 전개한 식에서 x의 계수가 -13일 때, 상수항을 구하시오. (단, a는 상수)

중요

☐ 24 ▱

오른쪽 그림은 가로, 세로의 길이가 각각 $3x+y$, $2x+2y$인 직사각형을 네 개의 직사각형으로 나눈 것이다. 이때 색칠한 부분의 넓이를 구하시오.

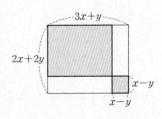

유형 07 공통부분이 있는 식의 전개 **개념 3**

□ 25 대표문제

$(4x-y-6)^2$의 전개식에서 x의 계수를 a, xy의 계수를 b라 할 때, $b-a$의 값은?

① 24 ② 30 ③ 36
④ 40 ⑤ 45

□ 26

$(2x-5y-3)(2x-5y+5)$를 전개한 식에서 상수항을 포함한 모든 항의 계수의 합은?

① -25 ② -12 ③ -10
④ 4 ⑤ 5

□ 27

다음 식을 전개하시오.

$$(3x-2y+5)(3x+2y-5)$$

중요

□ 28

$(2+x+x^2)(2-x+x^2)(4-3x^2+x^4)=16-x^a+x^b$일 때, 자연수 a, b에 대하여 ab의 값은?

① 21 ② 24 ③ 28
④ 32 ⑤ 35

유형 08 ( )( )( )( ) 꼴의 전개 **개념 3**

□ 29 대표문제

$(x-3)(x+1)(x+2)(x+6)$을 전개한 식에서 x^3의 계수를 p, x의 계수를 q라 할 때, $p+q$의 값은?

① -55 ② -48 ③ -42
④ -36 ⑤ -32

□ 30

$(x+2)(x+3)(x-3)(x-4)$를 전개하시오.

□ 31

다음 식의 전개에서 상수 a, b, c, d에 대하여 $a-b-c+d$의 값은?

$$(x+4)(x+6)(x-1)(x-3)=x^4+ax^3+bx^2+cx+d$$

① 124 ② 130 ③ 142
④ 157 ⑤ 168

□ 32 서술형

$x^2+5x-2=0$일 때, $(x-1)(x-2)(x+6)(x+7)$의 값을 구하시오.

집중

유형 09 곱셈 공식을 이용한 수의 계산 (1) 개념 4

33 대표문제

다음 중 주어진 수의 계산을 편리하게 하기 위해 이용하는 곱셈 공식의 연결이 옳지 <u>않은</u> 것은?

① 1004^2 ➡ $(a+b)^2=a^2+2ab+b^2$

② 5.9^2 ➡ $(a-b)^2=a^2-2ab+b^2$

③ 97×103 ➡ $(a+b)(a-b)=a^2-b^2$

④ 8.01×8.1 ➡ $(a+b)(a-b)=a^2-b^2$

⑤ 195×202 ➡ $(x+a)(x+b)=x^2+(a+b)x+ab$

34

곱셈 공식을 이용하여 $88\times86-85^2$을 계산하시오.

35

$4(5+1)(5^2+1)(5^4+1)(5^8+1)(5^{16}+1)=5^a-b$일 때, 자연수 a, b에 대하여 $a-b$의 값은?

(단, b는 한 자리 자연수)

① 9   ② 17   ③ 24

④ 31   ⑤ 45

36 서술형

두 수 A, B가 다음과 같을 때, AB의 값을 구하시오.

$$A=\frac{2021^2-2016\times2026}{2020^2-2018\times2022}, \quad B=\frac{999\times1001+1}{1000}$$

유형 10 곱셈 공식을 이용한 수의 계산 (2) 개념 4

37 대표문제

$(2\sqrt{3}+1)^2-(\sqrt{3}-2)(3\sqrt{3}+5)=a+b\sqrt{3}$일 때, 유리수 a, b에 대하여 $\sqrt{a-b}$의 값은?

① 2   ② $2\sqrt{2}$ ③ 3

④ $2\sqrt{3}$ ⑤ $\sqrt{15}$

38

$(4+2\sqrt{7})(a-5\sqrt{7})$을 계산한 결과가 유리수가 되도록 하는 유리수 a의 값은?

① -3 ② 3   ③ 8

④ 10   ⑤ 12

39

오른쪽 그림과 같은 도형의 넓이는?

① $16+2\sqrt{5}$ ② $16+4\sqrt{5}$

③ $22-2\sqrt{5}$ ④ $22+2\sqrt{5}$

⑤ $26+2\sqrt{5}$

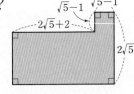

중요

40

$(4\sqrt{5}-9)^{1001}(4\sqrt{5}+9)^{1001}$을 계산하시오.

☐ **41** 대표문제

$\dfrac{3+2\sqrt{2}}{3-2\sqrt{2}}-\dfrac{4+2\sqrt{2}}{3+2\sqrt{2}}=a+b\sqrt{2}$일 때, 유리수 a, b에 대하여 $b-a$의 값을 구하시오.

☐ **42** (IIII)

다음 중 분모를 유리화한 것으로 옳지 <u>않은</u> 것은?

① $\dfrac{3-\sqrt{2}}{\sqrt{2}}=\dfrac{3\sqrt{2}-2}{2}$　　② $\dfrac{1}{\sqrt{5}-2}=\sqrt{5}+2$

③ $\dfrac{3}{\sqrt{5}+\sqrt{2}}=\sqrt{5}-\sqrt{2}$　　④ $\dfrac{5}{\sqrt{7}+2\sqrt{3}}=\sqrt{7}-2\sqrt{3}$

⑤ $\dfrac{\sqrt{6}-\sqrt{3}}{\sqrt{6}+\sqrt{3}}=3-2\sqrt{2}$

중요
☐ **43** (IIII)

$x=\dfrac{8-3\sqrt{7}}{8+3\sqrt{7}}$일 때, $x+\dfrac{1}{x}$의 값은?

① -254　　② $-96\sqrt{7}$　　③ $96\sqrt{7}$

④ 254　　⑤ $254+96\sqrt{7}$

☐ **44** (IIII) 서술형

다음 식을 계산하시오.

$$\dfrac{1}{\sqrt{2}+1}+\dfrac{1}{\sqrt{3}+\sqrt{2}}+\dfrac{1}{2+\sqrt{3}}+\dfrac{1}{\sqrt{5}+2}+\cdots+\dfrac{1}{5+2\sqrt{6}}$$

☐ **45** 대표문제

$x-y=6$, $xy=9$일 때, $\dfrac{y}{x}+\dfrac{x}{y}$의 값은?

① $\dfrac{14}{3}$　　② $\dfrac{16}{3}$　　③ 6

④ $\dfrac{20}{3}$　　⑤ $\dfrac{22}{3}$

☐ **46** (IIII)

$x-y=2$, $x^2+y^2=8$일 때, $(x+y)^2$의 값을 구하시오.

☐ **47** (IIII)

$xy=-2$, $(x+2)(y+2)=4$일 때, x^2-xy+y^2의 값은?

① 3　　② 5　　③ 7

④ 9　　⑤ 11

☐ **48** (IIII) 서술형

$a+b=2\sqrt{10}$, $a-b=2\sqrt{6}$일 때, $(a^2-5)(b^2-5)$의 값을 구하시오.

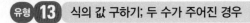

유형 **13** 식의 값 구하기; 두 수가 주어진 경우 개념 2, 4, 5

□49 대표문제

$x=\dfrac{1}{\sqrt{5}-2}$, $y=\dfrac{1}{\sqrt{5}+2}$일 때, $x^2+6xy+y^2$의 값은?

① 20   ② 21   ③ 22

④ 23   ⑤ 24

□50 ▮

$x=\sqrt{3}-\sqrt{2}$, $y=3-\sqrt{6}$일 때, $(3x+y)(3x-y)$의 값은?

① $30-24\sqrt{6}$ ② $30-12\sqrt{6}$ ③ $45-24\sqrt{6}$

④ $45-12\sqrt{6}$ ⑤ 60

□51 ▮

$x=\dfrac{\sqrt{3}}{2+\sqrt{3}}$, $y=\dfrac{3}{2-\sqrt{3}}$일 때, $(x+y)^2-(x-y)^2$의 값은?

① $8\sqrt{3}$ ② $12\sqrt{3}$ ③ $16\sqrt{3}$

④ $20\sqrt{3}$ ⑤ $24\sqrt{3}$

□52 ▮

$x=\dfrac{3-\sqrt{7}}{3+\sqrt{7}}$, $y=\dfrac{3+\sqrt{7}}{3-\sqrt{7}}$일 때, $\dfrac{1}{x^2}+\dfrac{1}{y^2}$의 값을 구하시오.

유형 **14** 식의 값 구하기; 역수의 합 또는 차가 주어진 경우 개념 5

□53 대표문제

$x-\dfrac{1}{x}=2\sqrt{6}$일 때, $\left(x+\dfrac{1}{x}\right)^2$의 값은?

① 24   ② 26   ③ 28

④ 30   ⑤ 32

□54 ▮

$a+\dfrac{1}{a}=2\sqrt{3}$일 때, $a^4+\dfrac{1}{a^4}$의 값은?

① 56   ② 72   ③ 98

④ 121   ⑤ 144

중요

□55 ▮

$x^2+7x-1=0$일 때, $x+\dfrac{1}{x}$의 값은?

① ± 7 ② $\pm\sqrt{53}$ ③ $\pm 3\sqrt{7}$

④ $\pm 4\sqrt{7}$ ⑤ $\pm\sqrt{115}$

□56 ▮ 서술형

$x^2+4x+1=0$일 때, $x^2+x+\dfrac{1}{x}+\dfrac{1}{x^2}-5$의 값을 구하시오.

유형 15 식의 값 구하기; $x=a+\sqrt{b}$ 꼴이 주어진 경우 개념 2, 4

☐ 57 대표문제

$x=4+\sqrt{3}$일 때, $x^2-8x+11$의 값은?

① -13 ② -11 ③ -10
④ -7 ⑤ -2

☐ 58 서술형

$x=(\sqrt{2}-4)(2\sqrt{2}+3)$일 때, $x^2+16x+10$의 값을 구하시오.

☐ 59

$x=4\sqrt{5}-3$일 때, $\sqrt{x^2+6x+1}$의 값은?

① $3\sqrt{5}$ ② 7 ③ $2\sqrt{15}$
④ 8 ⑤ $6\sqrt{2}$

☐ 60

$x=\dfrac{3+\sqrt{6}}{3-\sqrt{6}}$일 때, $x^2-10x+9$의 값은?

① 7 ② 8 ③ 9
④ 10 ⑤ 11

집중⚡
유형 16 곱셈 공식과 도형의 넓이의 활용 개념 2

☐ 61 대표문제

오른쪽 그림과 같이 가로의 길이가 $6a$, 세로의 길이가 $4a$인 직사각형 모양의 화단에 폭이 1로 일정한 길을 만들었다. 길을 제외한 화단의 넓이를 구하시오.

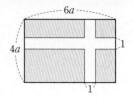

☐ 62

오른쪽 그림과 같이 한 변의 길이가 $3x$인 정사각형에서 가로의 길이는 2만큼 줄이고 세로의 길이는 5만큼 늘여서 새로운 직사각형을 만들었다. 처음 정사각형과 새로 만든 직사각형의 넓이의 합을 구하시오.

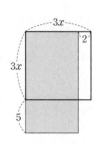

중요
☐ 63

오른쪽 그림의 직사각형 ABCD에서 사각형 GBFH와 사각형 EFCD는 정사각형이다. $\overline{AD}=4a+2$, $\overline{DC}=3a-1$일 때, 직사각형 AGHE의 넓이를 구하시오.

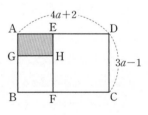

☐ 64

오른쪽 그림과 같이 직사각형의 한 변 위에 두 반원 O, O′의 중심이 있고, 두 반원의 반지름의 길이는 각각 $x+3$, $2x+1$이다. 직사각형의 넓이를 A, 두 반원의 넓이의 합을 $B\pi$라 할 때, $A+B$를 간단히 하시오.

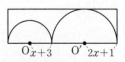

[유형북] Real 실전 유형에서 틀린 문제를 체크해 보세요.

유형 01 공통인수를 이용한 인수분해 개념1

☐ **01** 대표문제

다음 중 $3x^3 - 15x^2y$의 인수가 <u>아닌</u> 것은?

① x　　　　　② x^2　　　　　③ $x-5y$

④ $3x(x-5y)$　　　⑤ $x^2(x+5y)$

☐ **02** ▯▯▯

다음 중 $-3x^2+6x$, $5x^2y-10xy$의 공통인수는?

① xy　　　　　② $3x$　　　　　③ $x(x-2)$

④ $x(x+2)$　　　⑤ $xy(x-2)$

☐ **03** ▯▯▯

다음 중 옳은 것을 모두 고르면? (정답 2개)

① $4a^2-8a^3=4a^2(a-2)$

② $8xy^2+2y^2=2xy^2(4+y)$

③ $3a^2b^2+9ab^2=3a^2b^2(1+3b)$

④ $(x-y)(x-1)-y(y-x)=(x-y)(x-1+y)$

⑤ $ab^2-6a^2b+2ab=ab(b-6a+2)$

☐ **04** ▯▯▯ 서술형

$(x-1)(x-3)-2(3-x)$는 x의 계수가 1인 두 일차식의 곱으로 인수분해된다. 이때 두 일차식의 합을 구하시오.

유형 02 인수분해 공식 (1); $a^2 \pm 2ab + b^2$ 개념2

☐ **05** 대표문제

다음 중 옳지 <u>않은</u> 것은?

① $x^2-12x+36=(x-6)^2$

② $a^2+a+\frac{1}{4}=\left(a+\frac{1}{2}\right)^2$

③ $4x^2-12x+9y^2=(2x-3y)^2$

④ $\frac{25}{4}x^2+5x+1=\left(\frac{5}{2}x+1\right)^2$

⑤ $4x^2-16xy+16y^2=4(x-y)^2$

☐ **06** ▯▯▯

다음 중 $36x^2-60x+25$의 인수인 것은?

① $3x-5$　　　② $3x+5$　　　③ $6x-5$

④ $6x+5$　　　⑤ $12x-5$

☐ **07** ▯▯▯

다음 중 완전제곱식으로 인수분해할 수 <u>없는</u> 것은?

① $x^2-16xy+64y^2$　　② $4x^2-12x+9$

③ $2x^2+4x+2$　　　　④ $\frac{1}{16}x^2+\frac{1}{24}x+\frac{1}{9}$

⑤ $x^2+5xy+\frac{25}{4}y^2$

☐ **08** ▯▯▯

$ax^2+bx+81=(5x+c)^2$일 때, 양수 a, b, c에 대하여 $a+b+c$의 값을 구하시오.

집중 ⚡

유형 03 완전제곱식 만들기 　개념2

☐ **09** 대표문제

다음 두 다항식이 모두 완전제곱식이 되도록 하는 양수 a, b에 대하여 ab의 값을 구하시오.

$$4x^2-12x+a+7, \quad \frac{1}{25}x^2-bx+\frac{1}{16}$$

☐ **10** ▥

$(2x-1)(2x+5)+k$가 완전제곱식이 되도록 하는 상수 k의 값은?

① -9　　　② -1　　　③ 1

④ 9　　　⑤ 21

중요

☐ **11** ▥

$25x^2+(2a-4)xy+16y^2$이 완전제곱식이 되도록 하는 상수 a의 값으로 옳은 것을 모두 고르면? (정답 2개)

① -22　　　② -18　　　③ 10

④ 18　　　⑤ 22

☐ **12** ▥

$3x^2-10x+A$가 완전제곱식이 되도록 하는 상수 A의 값을 구하시오.

집중 ⚡

유형 04 근호 안이 완전제곱식으로 인수분해되는 식 　개념2

☐ **13** 대표문제

$3<x<7$일 때, $\sqrt{x^2-6x+9}-\sqrt{x^2-14x+49}$를 간단히 하면?

① $-2x+10$　　　② $-2x+4$　　　③ 4

④ $2x-10$　　　⑤ $2x+10$

☐ **14** ▥

$-4<a<3$일 때, $\sqrt{(a+3)^2-12a}+\sqrt{(a-4)^2+16a}$를 간단히 하면?

① $-2a-7$　　　② $-2a-1$　　　③ 7

④ $2a+1$　　　⑤ $2a+7$

☐ **15** ▥

$0<x<\frac{1}{3}$일 때, $\sqrt{x^2-\frac{2}{3}x+\frac{1}{9}}-\sqrt{x^2+\frac{2}{3}x+\frac{1}{9}}$을 간단히 하면?

① $-2x-\frac{2}{3}$　　　② $-2x-\frac{1}{3}$　　　③ $-2x$

④ $2x-\frac{2}{3}$　　　⑤ $2x+\frac{2}{3}$

☐ **16** ▥ 서술형

$0<a<b$일 때, 다음 식을 간단히 하시오.

$$\sqrt{a^2}+\sqrt{a^2+2ab+b^2}-\sqrt{a^2-2ab+b^2}$$

05
다항식의 인수분해

유형 05 인수분해 공식 (2); a^2-b^2 개념 2

☐ **17** 대표문제

다음 중 $4x^3-x$의 인수인 것을 모두 고르면? (정답 2개)

① x ② x^3 ③ $2x-1$

④ x^2-1 ⑤ x^3-1

☐ **18** ▭

다음 중 옳은 것은?

① $49x^2-4=(7x+4)(7x-4)$

② $25x^2-y^2=(5x-y)^2$

③ $-4x^2+y^2=(2x+y)(2x-y)$

④ $\dfrac{1}{16}x^2-y^2=\dfrac{1}{16}(x+4y)(x-4y)$

⑤ $a^2-\dfrac{1}{9}b^2=\left(a+\dfrac{1}{3}\right)\left(a-\dfrac{1}{3}\right)$

☐ **19** ▭ 서술형

$(-4x+3)(3x+2)-x+21$을 인수분해하면
$a(bx+c)(bx-c)$일 때, 상수 a, b, c에 대하여
$a+b+c$의 값을 구하시오. (단, $a<0$, $b>0$, $c>0$)

☐ **20** ▭

다음 중 $3x^8-3$의 인수가 아닌 것은?

① $x-1$ ② $x+1$ ③ x^2-1

④ x^3+1 ⑤ x^4+1

유형 06 인수분해 공식 (3); $x^2+(a+b)x+ab$ 개념 2

☐ **21** 대표문제

$x^2+ax+30=(x+b)(x-6)$일 때, 상수 a, b에 대하여
ab의 값은?

① -55 ② -35 ③ 1

④ 35 ⑤ 55

☐ **22** ▭

다음 중 $x+5$를 인수로 갖지 않는 것은?

① x^2+4x-5 ② $x^2+8x+15$

③ x^2+x-20 ④ $x^2+7x+10$

⑤ $x^2+3x-40$

☐ **23** ▭

$(x+3)(x-8)-5x$가 x의 계수가 1인 두 일차식의 곱으
로 인수분해될 때, 이 두 일차식의 합은?

① $2x-12$ ② $2x-10$ ③ $2x-2$

④ $2x+10$ ⑤ $2x+12$

중요

☐ **24** ▭

x에 대한 이차식 $x^2+Ax-12$가 $(x+a)(x+b)$로 인수
분해될 때, 상수 A가 될 수 있는 가장 큰 값을 M, 가장 작
은 값을 m이라 하자. 이때 $M-m$의 값을 구하시오.

(단, a, b는 정수)

☐ **25** 대표문제

$8x^2+ax-20=(2x+b)(cx-4)$일 때, 상수 a, b, c에 대하여 $a+b+c$의 값은?

① 13 ② 15 ③ 17
④ 19 ⑤ 21

☐ **26**

다음 중 $3x-4$를 인수로 갖는 것을 모두 고르면? (정답 2개)

① $6x^2+5x-4$ ② $12x^2-19x+4$
③ $12x^2-x-6$ ④ $3x^2+4x-15$
⑤ $6x^2+7x-20$

☐ **27**

$8x^2+ax-3$을 인수분해하면 $(bx+3)(4x+c)$일 때, 상수 a, b, c에 대하여 $a-b-c$의 값을 구하시오.

 중요
☐ **28**

$(6x-5)(2x+1)-13x$를 인수분해하면 x의 계수가 자연수이고 상수항이 정수인 두 일차식의 곱으로 인수분해된다. 이때 두 일차식의 합은?

① $7x-6$ ② $7x-4$ ③ $7x+4$
④ $8x-4$ ⑤ $8x+6$

☐ **29** 대표문제

다음 중 옳지 <u>않은</u> 것은?

① $a(x-y)-5(y-x)=(x-y)(a+5)$
② $x^2+12x+36=(x+6)^2$
③ $x^2-169=(x+13)(x-13)$
④ $x^2-x-12=(x+3)(x-4)$
⑤ $8x^2-2x-3=(2x-1)(4x+3)$

☐ **30**

다음 ☐ 안에 알맞은 수가 나머지 넷과 <u>다른</u> 하나는?

① $4x^2-100y^2=4(x+\boxed{}y)(x-5y)$
② $25x^2-10x+1=(\boxed{}x-1)^2$
③ $x^2-xy-20y^2=(x+4y)(x-\boxed{}y)$
④ $4x^2-5x+1=(\boxed{}x-1)(x-1)$
⑤ $5x^2-10x-15=\boxed{}(x-3)(x+1)$

☐ **31** 서술형

다음 등식을 만족시키는 상수 a, b, c, d에 대하여 $abcd$의 값을 구하시오.

- $x^2-3x+\dfrac{9}{4}=(x+a)^2$
- $x^3-4x=x(x+2)(x+b)$
- $x^2-3x-28=(x+c)(x-7)$
- $2x^2-xy-10y^2=(2x+dy)(x+2y)$

유형 **09** 인수가 주어진 이차식에서 미지수의 값 구하기 개념2

☐ 32 대표문제

$6x^2+ax-25$가 $3x-5$를 인수로 가질 때, 상수 a의 값은?

① 5 　　　　② 6 　　　　③ 7

④ 8 　　　　⑤ 9

☐ 33 ▮▮▮▮

$18x^2-axy-4y^2$이 $3x-4y$를 인수로 가질 때, 다음 중 이 다항식의 인수인 것은? (단, a는 상수)

① $6x-3y$ 　　② $6x-2y$ 　　③ $6x-y$

④ $6x+y$ 　　⑤ $6x+3y$

☐ 34 ▮▮▮▮

두 다항식 x^2+2x+a, $4x^2+bx-25$의 공통인수가 $x-5$일 때, 상수 a, b에 대하여 $a-b$의 값은?

① -25 　　② -20 　　③ -15

④ 15 　　　⑤ 20

☐ 35 ▮▮▮▮ 서술형

다음 세 다항식은 x의 계수가 1인 일차식을 공통인수로 갖는다. 이때 상수 a의 값을 구하시오.

$$2x^2+7x-4, \quad 5x^2+17x-12, \quad 3x^2+ax-8$$

유형 **10** 계수 또는 상수항을 잘못 보고 인수분해한 경우 개념2

☐ 36 대표문제

x^2의 계수가 1인 어떤 이차식을 인수분해하는데 현민이는 x의 계수를 잘못 보고 $(x-2)(x-9)$로 인수분해하였고, 현아는 상수항을 잘못 보고 $(x-2)(x-7)$로 인수분해하였다. 처음 이차식을 바르게 인수분해한 것은?

① $(x-4)(x-5)$ 　　② $(x-3)(x+6)$

③ $(x-7)(x+3)$ 　　④ $(x-3)(x-6)$

⑤ $(x-2)(x+7)$

☐ 37 ▮▮▮▮

x^2의 계수가 1인 어떤 이차식을 인수분해하는데 재욱이는 x의 계수를 잘못 보고 $(x-5)(x+4)$로 인수분해하였고, 한나는 상수항을 잘못 보고 $(x-4)(x+12)$로 인수분해하였다. 처음 이차식을 바르게 인수분해하시오.

중요

☐ 38 ▮▮▮▮

x^2의 계수가 4인 어떤 이차식을 인수분해하는데 하연이는 x의 계수를 잘못 보고 $(2x+3)(2x-5)$로 인수분해하였고, 하준이는 상수항을 잘못 보고 $(4x+1)(x-2)$로 인수분해하였다. 처음 이차식을 바르게 인수분해하면 $(4x+a)(x-b)$라 할 때, 자연수 a, b에 대하여 $a-b$의 값을 구하시오.

집중 ⚡

유형 **11** 공통부분이 있을 때의 인수분해 개념3

39 대표문제

$(x-2y)^2+2(x-2y-3)-9$를 인수분해하면?

① $(x-2y-3)(x-2y-5)$

② $(x-2y-3)(x-2y+5)$

③ $(x-2y+3)(x-2y-5)$

④ $(x-2y+3)(x-2y-6)$

⑤ $(x-2y-3)(x-2y+6)$

40 ▥▥

다음 두 다항식 A, B의 공통인수는?

$$A=a^2(b-3)-4(b-3)$$
$$B=(b-3)a^2+2(3-b)a-3(b-3)$$

① $a-3$ ② $a-2$ ③ $a+1$

④ $b-3$ ⑤ $b+1$

41 ▥▥

다음 중 $(3x^2-5x-5)(3x^2-5x-9)-21$의 인수가 아닌 것은?

① $x-4$ ② $x-3$ ③ $x-2$

④ $3x+1$ ⑤ $3x+4$

중요

42 ▥▥

$12(x+3)^2-(x+3)(x-5)-6(x-5)^2$을 인수분해하였더니 $(ax+b)(x+c)$가 되었다. 이때 상수 a, b, c에 대하여 $a+b+c$의 값을 구하시오.

유형 **12** ( )( )( )( )$+k$ 꼴의 인수분해 개념3

43 대표문제

다음 중 $(x+1)(x+2)(x+5)(x+6)-12$의 인수가 아닌 것을 모두 고르면? (정답 2개)

① $x+3$ ② $x+4$ ③ $x+6$

④ x^2+7x+4 ⑤ x^2+7x+6

44 ▥▥

$(x-5)(x-3)(x+1)(x+3)+35$를 인수분해하면?

① $(x-2)(x-5)(x^2-2x+8)$

② $(x+2)(x-5)(x^2-2x+8)$

③ $(x-2)(x-4)(x^2-2x-10)$

④ $(x-2)(x+4)(x^2-2x-10)$

⑤ $(x+2)(x-4)(x^2-2x-10)$

45 ▥▥ 서술형

$x(x-2)(x-3)(x-5)+9=(x^2+ax+b)^2$일 때, 상수 a, b에 대하여 ab의 값을 구하시오.

46 ▥▥

다음 식을 인수분해하시오.

$$(x-1)(x-8)(x+2)(x+4)+14x^2$$

집중⚡
유형 **13** 항이 4개인 다항식의 인수분해 개념 **3**

☐ **47** 대표문제

다음 두 다항식의 공통인수는?

$$x^2y-4+x^2-4y, \quad x^2-2x-xy+2y$$

① $x-2$　　　② $x+1$　　　③ $x+2$
④ $y+1$　　　⑤ $x-y$

☐ **48** ▥

$x^3+4x^2-9x-36$이 x의 계수가 1인 세 일차식의 곱으로 인수분해될 때, 이 세 일차식의 합은?

① $3x-4$　　　② $3x-2$　　　③ $3x$
④ $3x+3$　　　⑤ $3x+4$

☐ **49** ▥ 서술형

$16x^2-8xy+y^2-121$을 인수분해하였더니 $(4x+ay+b)(4x+ay-11)$이 되었다. 상수 a, b에 대하여 $a+b$의 값을 구하시오.

☐ **50** ▥

$36x^2-25y^2+10y-1$을 인수분해하면?

① $(6x+5y-1)(6x-5y+1)$
② $(6x+5y-1)(6x-5y-1)$
③ $(6x+5y+1)(6x-5y-1)$
④ $(6x+10y-1)(6x-10y-1)$
⑤ $(6x+10y-1)(6x-10y+1)$

집중⚡
유형 **14** 항이 5개 이상인 다항식의 인수분해 개념 **3**

☐ **51** 대표문제

$x^2+xy-8x-3y+15$를 인수분해하면?

① $(x-3)(x-y-5)$　　② $(x-3)(x-y+5)$
③ $(x-3)(x+y-5)$　　④ $(x+3)(x-y-5)$
⑤ $(x+3)(x+y-5)$

☐ **52** ▥

$2x^2+5xy-3y^2+13y-5x-12$는 x의 계수가 1인 두 일차식의 곱으로 인수분해된다. 이때 두 일차식의 합은?

① $3x+2y-7$　　② $3x+2y-1$　　③ $3x+2y+1$
④ $3x+4y-7$　　⑤ $3x+4y-1$

집중⚡
유형 **15** 인수분해 공식을 이용한 수의 계산 개념 **4**

☐ **53** 대표문제

인수분해 공식을 이용하여 다음 두 수 A, B의 합을 구하시오.

$$A=22.5^2-5\times22.5+2.5^2$$
$$B=8.5^2\times0.5-1.5^2\times0.5$$

중요

☐ **54** ▥

$1^2-2^2+3^2-4^2+\cdots+9^2-10^2$을 계산하면?

① -75　　　② -65　　　③ -55
④ -45　　　⑤ -35

유형 16 인수분해 공식을 이용하여 식의 값 구하기 개념4

55 대표문제

$x=\dfrac{1}{2-\sqrt{3}}$, $y=\dfrac{1}{2+\sqrt{3}}$일 때, $4x^3y-xy^3$의 값은?

① $8\sqrt{3}$ ② $16\sqrt{3}$ ③ $12+20\sqrt{3}$
④ $15+20\sqrt{3}$ ⑤ $21+20\sqrt{3}$

56

$x^2+3x=10$일 때, $\dfrac{x^3+3x^2-5}{2x-1}$의 값은?

① 2 ② 3 ③ 4
④ 5 ⑤ 6

57 서술형

$\sqrt{15}$의 소수 부분을 x라 할 때, $(x-2)^2+10(x-2)+25$의 값을 구하시오.

중요
58

$xy=3$이고 $x^2y+3x-xy^2-3y=30$일 때, x^2+y^2의 값은?

① 31 ② 33 ③ 35
④ 37 ⑤ 39

유형 17 인수분해의 도형에의 활용 개념2

59 대표문제

다음 그림의 두 도형 A, B의 둘레의 길이가 서로 같다. 도형 A의 넓이가 $3x^2+8x+4$일 때, 도형 B의 넓이를 구하시오.

60

다음 그림의 모든 직사각형을 겹치지 않게 이어 붙여 하나의 큰 직사각형을 만들 때, 새로 만든 직사각형의 둘레의 길이를 구하시오.

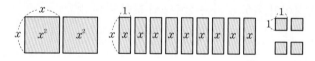

61

부피가 $a^3+2a^2-9a-18$인 직육면체의 밑면의 가로의 길이와 세로의 길이가 각각 $a+3$, $a+2$일 때, 이 직육면체의 모든 모서리의 길이의 합을 구하시오.

[유형북] Real 실전 유형에서 틀린 문제를 체크해 보세요.

유형 01 이차방정식과 그 해 개념1

☐ **01** 대표문제

다음 중 x에 대한 이차방정식인 것을 모두 고르면?

(정답 2개)

① $(x^2+2)^2$

② $\dfrac{1}{2}x^2+3x+8=0$

③ $(x+1)(x-1)=x^2-4x$

④ $\dfrac{4}{x^2}-x+6=0$

⑤ $3x^2-4x+2=x^2+x-1$

☐ **02** ▰▰▰

다음 중 방정식 $-4x(ax+2)=2x^2-1$이 x에 대한 이차방정식이 되도록 하는 상수 a의 값이 <u>아닌</u> 것은?

① -1 ② $-\dfrac{1}{2}$ ③ 0

④ $\dfrac{1}{2}$ ⑤ 1

☐ **03** ▰▰▰

다음 중 [   ] 안의 수가 주어진 이차방정식의 해인 것을 모두 고르면? (정답 2개)

① $x^2-4x+4=0$ $[2]$ ② $x^2+5x+4=0$ $[4]$

③ $x^2-7x+10=0$ $[3]$ ④ $x^2+x-2=0$ $[-1]$

⑤ $x^2+x-6=0$ $[-3]$

유형 02 한 근이 주어졌을 때 미지수의 값 구하기 개념1

집중⚡

☐ **04** 대표문제

이차방정식 $x^2+ax+a-1=0$의 한 근이 $x=3$일 때, 상수 a의 값은?

① -3 ② -2 ③ -1

④ 1 ⑤ 2

☐ **05** ▰▰▰

이차방정식 $2x^2+2x-a=0$의 한 근이 $x=-2$일 때, 상수 a의 값을 구하시오.

☐ **06** ▰▰▰ 서술형

이차방정식 $2x^2+(a-1)x+3=0$의 한 근이 $x=-1$이고 이차방정식 $x^2-5x+b=0$의 한 근이 $x=3$일 때, 상수 a, b에 대하여 $a-b$의 값을 구하시오.

☐ **07** ▰▰▰

두 이차방정식 $x^2-x+a=0$, $3x^2+bx+2=0$의 한 근이 $x=-2$로 같을 때, 상수 a, b에 대하여 $a+b$의 값은?

① -2 ② -1 ③ 0

④ 1 ⑤ 2

유형 03 한 근이 문자로 주어졌을 때 식의 값 구하기   개념1

□ 08 대표문제

이차방정식 $x^2-4x-1=0$의 한 근을 $x=m$이라 할 때, 다음 중 옳지 <u>않은</u> 것은?

① $m^2-4m-1=0$ ② $m^2-4m+1=2$

③ $2m^2-8m=2$ ④ $-m^2+4m=1$

⑤ $m-\dfrac{1}{m}=4$

중요

□ 09 ▮▮▮

이차방정식 $x^2+6x+4=0$의 한 근이 $x=a$일 때, $a+\dfrac{4}{a}$의 값을 구하시오.

□ 10 ▮▮▮

이차방정식 $x^2+3x-1=0$의 한 근이 k일 때, $k^2+\dfrac{1}{k^2}$의 값을 구하시오.

□ 11 ▮▮▮ 서술형

이차방정식 $x^2-6x-16=0$의 한 근을 $x=a$, 이차방정식 $2x^2+3x+9=0$의 한 근을 $x=b$라 할 때, $a^2+2b^2-6a+3b+3$의 값을 구하시오.

유형 04 인수분해를 이용한 이차방정식의 풀이   개념2

□ 12 대표문제

이차방정식 $2x^2-9x-5=0$의 두 근을 α, β라 할 때, $\alpha-\beta$의 값을 구하시오. (단, $\alpha>\beta$)

□ 13 ▮▮▮

다음 이차방정식 중 두 근의 곱이 -6인 것을 모두 고르면?

(정답 2개)

① $x^2-2x=0$ ② $(2x+1)(x-12)=0$

③ $(x+3)(x-2)=0$ ④ $(3x+1)(x-2)=0$

⑤ $3(x+3)(x+2)=0$

□ 14 ▮▮▮

이차방정식 $3(x+1)(x-3)=2x^2-x-3$을 풀면?

① $x=-1$ 또는 $x=-6$ ② $x=-6$ 또는 $x=1$

③ $x=-1$ 또는 $x=6$ ④ $x=1$ 또는 $x=6$

⑤ $x=-2$ 또는 $x=-3$

□ 15 ▮▮▮

이차방정식 $6(x-1)^2=-7x+5$의 두 근 중 작은 근을 α라 할 때, $(3\alpha+1)^2$의 값을 구하시오.

유형 05 이차방정식의 근의 활용 〔개념 2〕

☐ 16 대표문제

이차방정식 $2x^2-(a-3)x+10=0$의 한 근이 $x=2$이고, 다른 한 근은 $x=k$일 때, 상수 a에 대하여 ak의 값은?

① 6   ② 12   ③ 18

④ 24   ⑤ 30

☐ 17 ▮▮▮

이차방정식 $3x^2+8x-3=0$의 두 근 중 작은 근이 이차방 정식 $x^2+2ax+3a=0$의 근일 때, 상수 a의 값을 구하시 오.

☐ 18 ▮▮▮ 서술형

이차방정식 $2x^2-5x+3a=0$의 두 근이 $-\dfrac{1}{2}$, b일 때, ab의 값을 구하시오. (단, a는 상수)

☐ 19 ▮▮▮▮

이차방정식 $x^2+ax-8=0$의 한 근이 $x=2$이고, 다른 한 근이 이차방정식 $3x^2+bx-8=0$의 근일 때, $a+b$의 값을 구하시오. (단, a, b는 상수)

집중 ⚡ 유형 06 두 이차방정식의 공통인 근 〔개념 2〕

☐ 20 대표문제

다음 두 이차방정식의 공통인 근을 구하시오.

$$x^2-5x+4=0, \ 3x^2-4x+1=0$$

☐ 21 ▮▮▮▮

두 이차방정식 $3x^2-5x-2=0$, $x(x+2)=8$의 공통인 근이 $x=m$일 때, m의 값은?

① 1   ② 2   ③ 3

④ 4   ⑤ 5

중요

☐ 22 ▮▮▮▮

두 이차방정식 $2x^2+ax+a-6=0$, $x^2+x+b=0$의 공통 인 근이 $x=3$일 때, 상수 a, b에 대하여 $a+b$의 값을 구하 시오.

☐ 23 ▮▮▮▮ 서술형

두 이차방정식 $x^2+2x-35=0$, $3x^2-17x+10=0$의 공 통인 근이 이차방정식 $x^2+x-2k=0$의 한 근일 때, 상수 k의 값을 구하시오.

유형 07 이차방정식의 중근 〔개념3〕

☐ 24 대표문제
다음 중 중근을 갖는 이차방정식은?

① $4x^2-4=0$ ② $(x-1)^2=1$
③ $x-2=(4-x)^2$ ④ $x^2+8x+12=0$
⑤ $4x^2-20x+25=0$

☐ 25
다음 보기 중 중근을 갖는 이차방정식을 모두 고른 것은?

┌─────── 보기 ───────┐
ㄱ. $x^2+4x+4=0$ ㄴ. $x^2=16$
ㄷ. $x^2=4x+32$ ㄹ. $x^2-12x=-36$
ㅁ. $25x^2+10x+1=0$
└──────────────────┘

① ㄱ, ㄴ ② ㄴ, ㄷ ③ ㄹ, ㅁ
④ ㄱ, ㄴ, ㄹ ⑤ ㄱ, ㄹ, ㅁ

중요
☐ 26
이차방정식 $x^2-\dfrac{1}{3}x+\dfrac{1}{36}=0$이 $x=a$를 중근으로 갖고, 이차방정식 $9x^2-12x+4=0$이 $x=b$를 중근으로 가질 때, $\dfrac{b}{a}$의 값을 구하시오.

집중⚡
유형 08 이차방정식이 중근을 가질 조건 (1) 〔개념3〕

☐ 27 대표문제
이차방정식 $\dfrac{1}{2}x^2-5x+\dfrac{3}{2}k-1=0$이 중근을 가질 때, 상수 k의 값은?

① 1 ② 3 ③ 5
④ 7 ⑤ 9

☐ 28
이차방정식 $x^2+2x-k=-4x-10$이 중근을 가질 때, 그 근을 구하시오. (단, k는 상수)

☐ 29 서술형
두 이차방정식 $x^2-8x+4+3p=0$, $x^2-3px+q+8=0$이 모두 중근을 가질 때, $p+q$의 값을 구하시오.
(단, p, q는 상수)

☐ 30
다음 중 이차방정식 $x^2-4mx+12-13m=0$이 중근을 갖도록 하는 모든 상수 m의 값의 곱은?

① -3 ② -2 ③ 1
④ 2 ⑤ 3

유형 09 두 근이 주어졌을 때 이차방정식 구하기 〈개념 4〉

☐ 31 대표문제

두 근이 $-\dfrac{1}{3}$, $\dfrac{1}{2}$이고 x^2의 계수가 6인 이차방정식을 $ax^2+bx+c=0$의 꼴로 나타내시오. (단, a, b, c는 상수)

☐ 32 〔▮▯▯〕

이차방정식 $x^2+px+q=0$이 중근 $x=-4$를 가질 때, $p-q$의 값은? (단, p, q는 상수)

① -16 ② -8 ③ -4
④ 8 ⑤ 16

☐ 33 〔▮▮▯〕

이차방정식 $4x^2+ax+b=0$의 두 근이 $\dfrac{1}{4}$, -2일 때, $a+b$의 값을 구하시오. (단, a, b는 상수)

☐ 34 〔▮▮▮〕

이차방정식 $x^2+3x-10=0$의 두 근을 α, $\beta\,(\alpha>\beta)$라 할 때, $\alpha-1$, $\beta-1$을 두 근으로 하고 x^2의 계수가 1인 이차방정식을 $x^2+ax+b=0$ 꼴로 나타내시오. (단, a, b는 상수)

유형 10 제곱근을 이용한 이차방정식의 풀이 〈개념 5〉

☐ 35 대표문제

이차방정식 $4(x-3)^2=20$의 해가 $x=a\pm\sqrt{b}$일 때, 유리수 a, b에 대하여 ab의 값은?

① -20 ② -15 ③ 15
④ 20 ⑤ 25

☐ 36 〔▮▯▯〕

다음 이차방정식 중 해가 $x=-2\pm3\sqrt{6}$인 것은?

① $(x+2)^2=15$ ② $(x-3)^2=3$
③ $(5-x)^2=8$ ④ $(x+2)^2=54$
⑤ $(x-2)^2=18$

중요
☐ 37 〔▮▮▯〕

이차방정식 $(x+7)^2=3k+4$가 해를 가질 때, 정수 k의 최솟값을 구하시오.

☐ 38 〔▮▮▮▮〕 서술형

이차방정식 $(x+6)^2=k$의 한 근이 $x=-6+\sqrt{7}$일 때, 다른 한 근을 구하시오. (단, $k>0$)

유형 11 이차방정식을 완전제곱식 꼴로 나타내기 　**개념 6**

39 대표문제

이차방정식 $x^2+10x+4=0$을 $(x+p)^2=q$ 꼴로 나타낼 때, 상수 p, q에 대하여 $p+q$의 값은?

① 6 　　　　② 16 　　　　③ 26

④ 36 　　　　⑤ 46

40

이차방정식 $2(x-1)^2=x^2-8x+20$을 $(x-m)^2=n$ 꼴로 나타낼 때, 상수 m, n에 대하여 $m+n$의 값을 구하시오.

중요

41

이차방정식 $2x^2+3x-1=0$을 $\left(x+\dfrac{3}{4}\right)^2=k$ 꼴로 나타낼 때, 상수 k의 값을 구하시오.

42

이차방정식 $\dfrac{1}{2}x^2-5x+11=0$을 $(x+p)^2=q$ 꼴로 나타낼 때, 상수 p, q에 대하여 $p+q$의 값을 구하시오.

유형 12 완전제곱식을 이용한 이차방정식의 풀이 　**개념 6**

43 대표문제

다음은 완전제곱식을 이용하여 이차방정식 $2x^2-16x+12=0$의 해를 구하는 과정이다. 실수 $A{\sim}E$의 값을 잘못 구한 것은?

> $2x^2-16x+12=0$의 양변을 A로 나누면
> $x^2-8x+6=0$, $x^2-8x=B$
> $x^2-8x+C=B+C$, $(x+D)^2=B+C$
> $\therefore x=E$

① $A=2$ 　　　　② $B=-6$ 　　　　③ $C=16$

④ $D=4$ 　　　　⑤ $E=4\pm\sqrt{10}$

44

이차방정식 $x^2-3x-2=0$의 해가 $x=\dfrac{A\pm\sqrt{B}}{2}$일 때, 유리수 A, B에 대하여 $A+B$의 값을 구하시오.

45 서술형

이차방정식 $7x^2-14ax+7a^2-21=0$의 해가 $x=1\pm\sqrt{b}$일 때, 유리수 a, b에 대하여 $a+b$의 값을 구하시오.

46

이차방정식 $x^2+5x+a=0$을 완전제곱식을 이용하여 풀었더니 해가 $x=\dfrac{-5\pm\sqrt{21}}{2}$이었다. 이때 유리수 a의 값을 구하시오.

[유형북] Real 실전 유형에서 틀린 문제를 체크해 보세요.

집중⚡️
유형 **01** 이차방정식의 근의 공식 　　개념 **1**

☐ **01** 대표문제

이차방정식 $x^2-3x+1=0$의 근이 $x=\dfrac{A\pm\sqrt{B}}{2}$일 때, 유리수 A, B에 대하여 $A+B$의 값은?

① -8　　　　② -5　　　　③ -3

④ 5　　　　⑤ 8

중요
☐ **02** ▥▥

이차방정식 $3x^2+4x+p=0$의 근이 $x=\dfrac{-2\pm\sqrt{13}}{3}$일 때, 상수 p의 값을 구하시오.

☐ **03** ▥▥ 서술형

이차방정식 $2x^2-6x+1=0$의 두 근 중 작은 근을 a라 할 때, $2a-3$의 값을 구하시오.

☐ **04** ▥▥

이차방정식 $9x^2+ax-1=0$의 근이 $x=\dfrac{1\pm\sqrt{b}}{3}$일 때, 유리수 a, b에 대하여 $a+b$의 값을 구하시오.

집중⚡️
유형 **02** 복잡한 이차방정식의 풀이 　　개념 **2**

☐ **05** 대표문제

이차방정식 $\dfrac{x^2-2}{3}+2=0.5(x-1)(x-3)$의 근이 $x=p\pm\sqrt{q}$일 때, 유리수 p, q에 대하여 $p+q$의 값은?

① 29　　　　② 35　　　　③ 41

④ 47　　　　⑤ 53

☐ **06** ▥▥

이차방정식 $\dfrac{(x-3)(x+1)}{3}=\dfrac{x(x-1)}{5}$을 풀면?

① $x=-5$ 또는 $x=-\dfrac{3}{2}$　　② $x=-5$ 또는 $x=\dfrac{3}{2}$

③ $x=-3$ 또는 $x=\dfrac{5}{2}$　　④ $x=-\dfrac{3}{2}$ 또는 $x=5$

⑤ $x=\dfrac{3}{2}$ 또는 $x=5$

☐ **07** ▥▥

이차방정식 $0.3x^2-1.5x+\dfrac{3}{5}=0$의 근이 $x=\dfrac{p\pm\sqrt{q}}{2}$일 때, 유리수 p, q에 대하여 $p+q$의 값을 구하시오.

08

이차방정식 $0.01x^2 - 0.03x - 0.09 = 0$을 풀면?

① $x = -3 \pm 3\sqrt{2}$
② $x = \dfrac{-3 \pm 3\sqrt{5}}{2}$
③ $x = 3 \pm 3\sqrt{2}$
④ $x = 3 \pm 3\sqrt{5}$
⑤ $x = \dfrac{3 \pm 3\sqrt{5}}{2}$

09 서술형

이차방정식 $0.5x^2 - \dfrac{2}{3}x - \dfrac{3}{4} = 0$의 두 근을 α, β라 할 때, $\alpha + \beta$의 값을 구하시오. (단, $\alpha > \beta$)

10

두 이차방정식 $0.5x^2 - \dfrac{5}{2}x + 3 = 0$, $0.3x\left(x - \dfrac{1}{3}\right) = 1$의 공통인 근을 구하시오.

11

이차방정식 $0.1x(x+1) - \dfrac{6}{5} = \dfrac{2(x-1)}{5}$의 두 근의 곱을 구하시오.

유형 03 공통인 부분이 있는 이차방정식의 풀이 **개념2**

12 대표문제

이차방정식 $(x-1)^2 + 3(x-1) + 2 = 0$의 두 근의 곱은?

① -2
② -1
③ 0
④ 1
⑤ 2

13

이차방정식 $(x+4)^2 - 4(x+4) = 21$의 음수인 해를 구하시오.

14

이차방정식 $4\left(x - \dfrac{1}{2}\right)^2 + 8\left(x - \dfrac{1}{2}\right) - 5 = 0$의 해가 $x = a$ 또는 $x = b$일 때, $a - b$의 값을 구하시오. (단, $a > b$)

15 중요

양수 a, b에 대하여 $(a+2b)(a+2b+10) = 39$일 때, $a+2b$의 값을 구하시오.

유형 04 이차방정식의 근의 개수   개념3

16 대표문제

다음 이차방정식 중 근의 개수가 나머지 넷과 <u>다른</u> 하나는?

① $9x^2-4=0$ ② $2x^2+3x-1=0$

③ $x^2-10x+25=0$ ④ $x^2-7x+6=0$

⑤ $x^2-5x-8=0$

17

다음 **보기**의 이차방정식 중 서로 다른 두 근을 갖는 것을 모두 고르시오.

———— 보기 ————

ㄱ. $x^2-3x+5=0$ ㄴ. $2x^2-4x+2=0$

ㄷ. $3x^2-10x-5=0$ ㄹ. $(x-3)^2=-8x+9$

18 서술형

이차방정식 $x^2-5x+8=0$의 근의 개수를 a,
$3x^2+3x-1=0$의 근의 개수를 b, $9x^2-6x+1=0$의 근의 개수를 c라 할 때, $a-b+c$의 값을 구하시오.

유형 05 이차방정식이 중근을 가질 조건 (2)   개념3

집중

19 대표문제

이차방정식 $x^2+(k-1)x+2+k=0$이 중근을 갖도록 하는 음수 k의 값을 구하시오.

20

이차방정식 $x^2-2k(x-2)-4=0$이 중근 $x=m$을 가질 때, $k+m$의 값은? (단, k는 상수)

① 2   ② 3   ③ 4

④ 5   ⑤ 6

21

다음 두 이차방정식이 모두 중근을 가질 때, 상수 a, b에 대하여 $a-b$의 값을 구하시오.

$$9x^2+6x=a-4, \quad x^2-2x+(b-5)=0$$

22

이차방정식 $(k-1)x^2-(k-1)x+1=0$의 근이 1개일 때, 상수 k의 값을 구하시오.

집중⚡

유형 06 근의 개수에 따른 미지수의 값의 범위 구하기 개념3

23 대표문제

이차방정식 $x^2-4x+2k-4=0$이 해를 갖도록 하는 상수 k의 값의 범위는?

① $k>-4$ 　　② $k\geq-4$ 　　③ $k\leq-4$

④ $k\geq4$ 　　⑤ $k\leq4$

24 서술형

이차방정식 $2x^2-3x-2+\dfrac{5}{2}k=0$이 서로 다른 두 근을 갖도록 하는 가장 큰 정수 k의 값을 구하시오.

25 ▥

이차방정식 $x^2-(2k+1)x+k^2+1=0$의 해가 없을 때, 다음 중 상수 k의 값이 될 수 <u>없는</u> 것은?

① -3 　　② -2 　　③ -1

④ 0 　　⑤ 1

중요

26 ▥

이차방정식 $(m-1)x^2-2x+1=0$이 서로 <u>다른</u> 두 근을 갖도록 하는 상수 m의 값의 범위는?

① $m<-1$

② $m>-1$

③ $m<-1$ 또는 $-1<m<2$

④ $m<2$

⑤ $m<1$ 또는 $1<m<2$

유형 07 이차방정식의 활용; 식이 주어진 경우 개념4

27 대표문제

n각형의 대각선의 총 개수는 $\dfrac{n(n-3)}{2}$이다. 대각선의 총 개수가 65인 다각형은?

① 십각형 　　② 십이각형 　　③ 십삼각형

④ 십사각형 　　⑤ 십오각형

28 ▥

n명 중에서 대표 2명을 뽑는 경우의 수는 $\dfrac{n(n-1)}{2}$이다. 어떤 모임의 회원 중에서 대표 2명을 뽑는 경우의 수가 210일 때, 이 모임의 회원은 모두 몇 명인지 구하시오.

29 ▥

다음 그림과 같이 성냥개비를 이용하여 도형을 만들 때, n단계에 사용한 성냥개비의 개수는 $n(n+3)$이다. 성냥개비의 개수가 180인 도형은 몇 단계인지 구하시오.

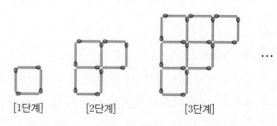

[1단계]　　　[2단계]　　　　[3단계]

집중⚡
유형 08 이차방정식의 활용; 수 개념 4

30 대표문제
연속하는 세 자연수가 있다. 나머지 두 수의 제곱의 합이 가장 큰 수의 제곱보다 60만큼 클 때, 이 세 자연수의 합을 구하시오.

31 ▯▯▯
연속하는 두 짝수의 제곱의 합이 340일 때, 두 짝수의 합을 구하시오.

32 ▯▯▯
어떤 양수에 그 수보다 6이 더 작은 수를 곱해야 하는데 잘못하여 6이 더 큰 수를 곱하였더니 187이 되었다. 처음 구하려던 두 수의 곱을 구하시오.

중요
33 ▯▯▯ 서술형
두 자리 자연수에서 십의 자리의 숫자와 일의 자리의 숫자의 합은 13이고, 십의 자리의 숫자와 일의 자리의 숫자의 곱은 이 자연수보다 34만큼 작을 때, 이 자연수를 구하시오.

유형 09 이차방정식의 활용; 실생활 개념 4

34 대표문제
정윤이는 동생보다 4살이 많고 정윤이의 나이의 제곱은 동생의 나이의 제곱의 3배보다 8살이 적다고 한다. 이때 정윤이의 나이는?

① 9살 ② 10살 ③ 11살
④ 12살 ⑤ 13살

35 ▯▯▯
수학책을 펼쳤더니 펼쳐진 두 면의 쪽수의 곱이 342이었다. 이 두 면의 쪽수의 합을 구하시오.

36 ▯▯▯
사탕 140개를 몇 명의 학생들에게 남김없이 똑같이 나누어 주려고 한다. 학생 1명이 받는 사탕의 개수가 학생 수보다 4만큼 작다고 할 때, 학생은 모두 몇 명인가?

① 11명 ② 12명 ③ 13명
④ 14명 ⑤ 15명

37 ▯▯▯
시윤이는 매달 첫째 주, 셋째 주 화요일마다 도서관에 간다. 이번 달에 도서관에 간 날짜의 곱이 51일 때, 이번 달 첫째 주 화요일의 날짜를 구하시오.

유형 10 이차방정식의 활용; 쏘아 올린 물체 〔개념4〕

38 대표문제

지면에서 초속 40 m로 똑바로 위로 던진 공의 t초 후의 높이는 $(40t-5t^2)$ m이다. 이 공이 다시 지면에 떨어지는 것은 위로 던진 지 몇 초 후인가?

① 6초 후 ② 7초 후 ③ 8초 후

④ 9초 후 ⑤ 10초 후

39 ▥▥

지면으로부터 145 m 높이의 건물 옥상에서 수직인 방향으로 초속 30 m로 쏘아 올린 폭죽의 x초 후의 지면으로부터 높이는 $(145+30x-5x^2)$ m라 한다. 이 폭죽이 처음으로 지면으로부터 높이가 185 m인 지점에서 터지도록 하려면 몇 초 후에 터지도록 해야 하는지 구하시오.

중요
40 ▥▥

물 로켓을 지면으로부터 70 m 높이의 건물에서 수직인 방향으로 초속 20 m로 쏘아 올렸을 때, x초 후의 지면으로부터의 높이는 $(70+20x-5x^2)$ m이다. 쏘아 올린 물 로켓이 지면으로부터 높이가 85 m가 되는 것은 물 로켓을 쏘아 올린 지 몇 초 후인지 모두 구하시오.

유형 11 이차방정식의 활용; 삼각형과 사각형 〔개념4〕

41 대표문제

오른쪽 그림과 같은 두 정사각형의 넓이의 합이 73 cm²일 때, 작은 정사각형의 한 변의 길이를 구하시오.

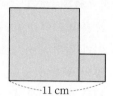

━11 cm━

42 ▥▥

둘레의 길이가 26 cm이고 넓이가 40 cm²인 직사각형이 있다. 가로의 길이가 세로의 길이보다 더 길 때, 이 직사각형의 가로의 길이를 구하시오.

중요
43 ▥▥

오른쪽 그림과 같은 직각삼각형 ABC에서 $\overline{AC}$ 위의 점 P와 $\overline{BC}$ 위의 점 Q에 대하여 $\overline{AP}=\overline{BQ}$이다. △PQC의 넓이가 20 cm²일 때 $\overline{BQ}$의 길이를 구하시오.

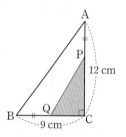

44 ▥▥ 서술형

오른쪽 그림과 같이 ∠C=90°이고, $\overline{AC}=\overline{BC}=15$ cm인 직각이등변삼각형 ABC에서 $\overline{AB}$ 위의 한 점 P에서 $\overline{BC}$, $\overline{AC}$에 내린 수선의 발을 각각 Q, R라 하자. □PQCR의 넓이가 44 cm²일 때, $\overline{PR}$의 길이를 구하시오. (단, $\overline{PR}>\overline{PQ}$)

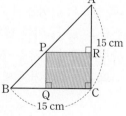

유형 12 이차방정식의 활용; 변의 길이를 줄이거나 늘인 도형 개념 4

☐ 45 대표문제

오른쪽 그림과 같이 가로, 세로의 길이가 각각 9 m, 8 m인 직사각형 모양의 꽃밭이 있다. 이 꽃밭의 가로, 세로의 길이를 똑같은 길이만큼 늘였더니 처음 꽃밭의 넓이보다 60 m² 만큼 늘어났다. 가로, 세로의 길이를 몇 m씩 늘였는지 구하시오.

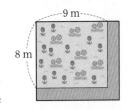

☐ 46 ⅢⅢ 서술형

어떤 정사각형의 가로의 길이를 2 cm, 세로의 길이를 6 cm 늘여서 만든 직사각형의 넓이가 처음 정사각형의 넓이의 5배가 될 때, 처음 정사각형의 한 변의 길이를 구하시오.

중요
☐ 47 ⅢⅢ

가로의 길이와 세로의 길이가 각각 8 cm, 12 cm인 직사각형에서 가로의 길이는 매초 2 cm씩 늘어나고, 세로의 길이는 매초 1 cm씩 줄어들고 있다. 이때 변화되는 직사각형의 넓이가 처음 직사각형의 넓이와 같아지는 것은 몇 초 후인지 구하시오.

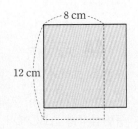

유형 13 이차방정식의 활용; 원 개념 4

☐ 48 대표문제

어떤 원의 반지름의 길이를 3 cm만큼 늘였더니 그 넓이는 처음 원의 넓이의 4배가 되었다. 이때 처음 원의 반지름의 길이를 구하시오.

☐ 49 ⅢⅢ

높이와 밑면인 원의 반지름의 길이의 비가 5 : 2이고 겉넓이가 112π cm²인 원기둥이 있다. 이 원기둥의 높이를 구하시오.

☐ 50 ⅢⅢ

오른쪽 그림과 같이 반지름의 길이가 r m인 원 모양의 호수의 둘레에 폭이 10 m인 산책로를 만들었다. 산책로의 넓이가 연못과 산책로의 넓이의 합의 $\frac{1}{2}$이라 할 때, r의 값을 구하시오.

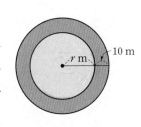

☐ 51 ⅢⅢ

오른쪽 그림과 같이 세 개의 반원으로 이루어진 도형에서 가장 큰 반원의 지름은 20 cm이고 색칠한 부분의 넓이는 16π cm²일 때, 가장 작은 반원의 반지름의 길이를 구하시오.

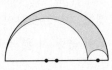

유형 **14** 이차방정식의 활용; 상자를 만드는 경우 개념 **4**

52 대표문제

오른쪽 그림과 같은 정사각형 모양의 종이의 네 귀퉁이에서 한 변의 길이가 2 cm인 정사각형을 잘라 내고 그 나머지로 윗면이 없는 직육면체 모양의 상자를 만들었더니 부피가 338 cm³가 되었다. 이때 처음 정사각형 모양의 종이의 한 변의 길이를 구하시오.

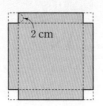

53

오른쪽 그림과 같이 가로, 세로의 길이가 각각 12 cm, 18 cm인 직사각형 모양의 종이의 네 귀퉁이에서 정사각형 모양을 잘라 내어 윗면이 없는 직육면체 모양의 상자를 만들려고 한다. 상자의 밑면의 넓이가 40 cm²일 때, 잘라 낸 정사각형의 한 변의 길이는 몇 cm인지 구하시오.

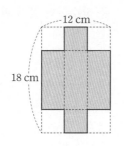

중요
54

오른쪽 그림과 같이 너비가 30 cm인 철판의 양쪽을 같은 폭만큼 직각으로 접어 올려 물받이를 만들려고 한다. 색칠한 부분의 넓이가 72 cm²일 때, 물받이의 높이는 몇 cm인지 구하시오.

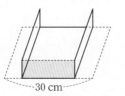

유형 **15** 이차방정식의 활용; 도로를 만드는 경우 개념 **4**

55 대표문제

오른쪽 그림과 같이 가로, 세로의 길이가 각각 50 m, 30 m인 직사각형 모양의 땅에 폭이 일정한 도로를 만들었다. 도로를 제외한 땅의 넓이가 1196 m²일 때, 도로의 폭은 몇 m인지 구하시오.

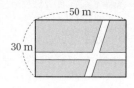

56

오른쪽 그림과 같이 가로, 세로의 길이가 각각 12 m, 10 m인 직사각형 모양의 땅에 폭이 일정한 길을 만들었다. 길의 넓이가 40 m²일 때, 길의 폭을 구하시오.

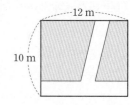

57 서술형

오른쪽 그림과 같이 가로의 길이가 세로의 길이보다 4 m 더 긴 직사각형 모양의 밭에 폭이 각각 3 m, 2 m인 길을 내었더니 남은 밭의 넓이가 378 m²가 되었다. 이 밭의 가로의 길이를 구하시오.

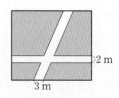

Real 실전 유형 again

⑱ 이차함수와 그래프 (1)

[유형북] Real 실전 유형에서 틀린 문제를 체크해 보세요.

유형 01 이차함수   개념1

☐ 01 대표문제

다음 중 이차함수인 것을 모두 고르면? (정답 2개)

① $y = -2x\left(\dfrac{3}{2} - x\right)$

② $y = -\dfrac{1}{x^2} + 4$

③ $y = (x-1)^2 - (x^2 - 1)$

④ $y = \dfrac{2x^2 + x}{3}$

⑤ $(x+1)(x-3) + 2$

☐ 02

다음 **보기** 중 y가 x에 대한 이차함수인 것을 모두 고르시오.

보기
ㄱ. $y = x(x+4) - 1$ ㄴ. $y = 2x^2 + 5x + 6$
ㄷ. $y = (2x+5)^2 - 4x^2$ ㄹ. $x^2 + 7x + 2y = 0$
ㅁ. $6x^2 - 5x - 3$ ㅂ. $y = \dfrac{5}{x^2}$

☐ 03

다음 중 y가 x에 대한 이차함수인 것을 모두 고르면?

(정답 2개)

① 밑변의 길이가 x cm, 높이가 $(x+3)$ cm인 평행사변형의 넓이 y cm^2

② 시속 5 km로 x시간 동안 달린 거리 y km

③ 농도가 x %인 소금물 200 g 속에 들어 있는 소금의 양 y g

④ 한 모서리의 길이가 x cm인 정육면체의 부피 y cm^3

⑤ 밑면의 반지름의 길이가 x cm, 높이가 10 cm인 원기둥의 부피 y cm^3

유형 02 이차함수가 되도록 하는 조건   개념1

☐ 04 대표문제

$y = (ax+1)(2x-3) - x(x-3)$이 x에 대한 이차함수가 되도록 하는 상수 a의 조건을 구하시오.

☐ 05

$y = (4-5a)x^2 - 2x + 7$이 x에 대한 이차함수일 때, 다음 중 상수 a의 값이 될 수 <u>없는</u> 것은?

① $-\dfrac{4}{5}$ ② $-\dfrac{2}{5}$ ③ -1

④ $\dfrac{2}{5}$ ⑤ $\dfrac{4}{5}$

중요
☐ 06

$y = k(k-5)x^2 - 8x + 1 + 4x^2$이 x에 대한 이차함수일 때, 다음 중 상수 k의 값이 될 수 <u>없는</u> 것을 모두 고르면?

(정답 2개)

① -4 ② -1 ③ 1

④ 4   ⑤ 5

집중⚡
유형 **03** 이차함수의 함숫값 개념 **1**

☐ **07** 대표문제

이차함수 $f(x)=4x^2+ax-5$에서 $f(-3)=1$일 때, 상수 a의 값은?

① 2   ② 5   ③ 7

④ 10   ⑤ 12

☐ **08**

이차함수 $f(x)=-x^2+6x-5$에서 $2f(2)+4f\left(\dfrac{1}{2}\right)$의 값을 구하시오.

☐ **09**

이차함수 $f(x)=-x^2+3x+7$에서 $f(a)=3$일 때, 양수 a의 값을 구하시오.

☐ **10** 서술형

이차함수 $f(x)=x^2+ax+b$에서 $f(2)=5$, $f(-3)=0$일 때, $f(3)$의 값을 구하시오. (단, a, b는 상수)

유형 **04** 이차함수 $y=ax^2$의 그래프의 폭 개념 **3**

☐ **11** 대표문제

다음 이차함수의 그래프 중 아래로 볼록하면서 폭이 가장 좁은 것은?

① $y=\dfrac{1}{3}x^2$ ② $y=\dfrac{1}{2}x^2$ ③ $y=-\dfrac{2}{3}x^2$

④ $y=-\dfrac{3}{4}x^2$ ⑤ $y=\dfrac{3}{4}x^2$

☐ **12**

다음 이차함수의 그래프 중 폭이 가장 넓은 것은?

① $y=\dfrac{3}{2}x^2$ ② $y=-\dfrac{1}{2}x^2$ ③ $y=3x^2$

④ $y=-\dfrac{4}{5}x^2$ ⑤ $y=-4x^2$

중요
☐ **13**

세 이차함수 $y=ax^2$, $y=-2x^2$, $y=-\dfrac{2}{5}x^2$의 그래프가 오른쪽 그림과 같을 때, 다음 중 상수 a의 값이 될 수 <u>없는</u> 것은?

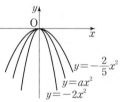

① $-\dfrac{1}{2}$ ② $-\dfrac{2}{3}$ ③ -1

④ $-\dfrac{5}{4}$ ⑤ $-\dfrac{5}{2}$

☐ **14**

오른쪽 그림은 이차함수 $y=ax^2$의 그래프이다. 이 중 a의 값이 큰 것부터 차례로 나열하시오.

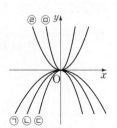

유형 **05** 이차함수 $y=ax^2$, $y=-ax^2$의 그래프의 관계 (개념3)

□ **15** 대표문제

다음 **보기** 중 이차함수의 그래프가 x축에 서로 대칭인 것끼리 짝 지은 것을 모두 고르면? (정답 2개)

──── 보기 ────
ㄱ. $y=-\dfrac{3}{4}x^2$ ㄴ. $y=-\dfrac{5}{2}x^2$

ㄷ. $y=5x^2$ ㄹ. $y=-5x^2$

ㅁ. $y=\dfrac{5}{2}x^2$ ㅂ. $y=\dfrac{4}{3}x^2$

① ㄱ, ㄹ   ② ㄴ, ㄹ   ③ ㄴ, ㅁ

④ ㄷ, ㄹ   ⑤ ㄷ, ㅂ

□ **16** (IIII)

다음 이차함수 중 그래프가 $y=\dfrac{1}{3}x^2$의 그래프와 x축에 대칭인 것은?

① $y=-3x^2$ ② $y=-x^2$ ③ $y=-\dfrac{1}{3}x^2$

④ $y=x^2$ ⑤ $y=3x^2$

□ **17** (IIII) 서술형

이차함수 $y=-2x^2$의 그래프는 $y=ax^2$의 그래프와 x축에 대칭이고, 이차함수 $y=bx^2$의 그래프는 $y=\dfrac{1}{2}x^2$의 그래프와 x축에 대칭이다. 이때 ab의 값을 구하시오.

(단, a, b는 상수)

집중⚡

유형 **06** 이차함수 $y=ax^2$의 그래프의 성질 (개념3)

□ **18** 대표문제

다음 중 이차함수 $y=ax^2$의 그래프에 대한 설명으로 옳은 것은? (단, a는 상수)

① 꼭짓점의 좌표는 $(1, a)$이다.

② $a=-2$일 때, 점 $(2, -1)$을 지난다.

③ $a<0$이면 $x>0$일 때 x의 값이 증가하면 y의 값은 감소한다.

④ $a>0$이면 위로 볼록한 포물선이다.

⑤ a의 절댓값이 작을수록 그래프의 폭이 좁아진다.

□ **19** (IIII)

다음 중 이차함수 $y=\dfrac{5}{4}x^2$의 그래프에 대한 설명으로 옳지 않은 것은?

① 꼭짓점의 좌표는 $(0, 0)$이다.

② 제1, 2사분면을 지난다.

③ 축의 방정식은 $x=0$이다.

④ 점 $(4, 5)$를 지난다.

⑤ $y=-\dfrac{5}{4}x^2$의 그래프와 x축에 대칭이다.

중요

□ **20** (IIII)

다음 **보기**의 이차함수의 그래프에 대한 설명으로 옳은 것을 모두 고르면? (정답 2개)

──── 보기 ────
ㄱ. $y=2x^2$ ㄴ. $y=\dfrac{1}{3}x^2$

ㄷ. $y=-x^2$ ㄹ. $y=-\dfrac{2}{3}x^2$

① 그래프의 폭이 가장 좁은 것은 ㄴ이다.

② 그래프가 아래로 볼록한 것은 ㄱ, ㄴ이다.

③ 모든 그래프의 축의 방정식은 $y=0$이다.

④ 두 그래프가 x축에 서로 대칭인 것은 ㄴ, ㄹ이다.

⑤ $x>0$일 때, x의 값이 증가하면 y의 값이 감소하는 것은 ㄷ, ㄹ이다.

유형 **07** 이차함수 $y=ax^2$의 그래프가 지나는 점 　개념 **3**

집중 ⚡
유형 **08** 이차함수 $y=ax^2$의 식 구하기 　개념 **3**

☐ **21** 대표문제

이차함수 $y=ax^2$의 그래프가 두 점 $(4, -2)$, $(-4, b)$를 지날 때, $\dfrac{b}{a}$의 값을 구하시오. (단, a는 상수)

☐ **25** 대표문제

오른쪽 그림과 같이 원점을 꼭짓점으로 하고 점 $(-6, -12)$를 지나는 포물선을 그래프로 하는 이차함수의 식을 구하시오.

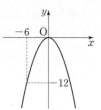

☐ **22** 📶

다음 중 이차함수 $y=-\dfrac{3}{2}x^2$의 그래프 위의 점이 <u>아닌</u> 것은?

① $(-2, -6)$　　② $\left(-1, -\dfrac{2}{3}\right)$　　③ $\left(1, -\dfrac{3}{2}\right)$

④ $(2, -6)$　　⑤ $(4, -24)$

☐ **26** 📶

원점을 꼭짓점으로 하고 y축을 축으로 하는 포물선이 점 $\left(\dfrac{1}{4}, -\dfrac{1}{16}\right)$을 지날 때, 이 포물선을 그래프로 하는 이차함수의 식을 구하시오.

☐ **23** 📶

이차함수 $y=-\dfrac{1}{5}x^2$의 그래프가 점 $(a, -45)$를 지날 때, 양수 a의 값을 구하시오.

☐ **27** 📶 서술형

원점을 꼭짓점으로 하는 포물선이 두 점 $(3, -5)$, $(k, -20)$을 지날 때, 양수 k의 값을 구하시오.

중요
☐ **24** 📶

이차함수 $y=ax^2$의 그래프와 x축에 대칭인 그래프가 점 $\left(-\dfrac{1}{2}, 5\right)$를 지날 때, 상수 a의 값을 구하시오.

☐ **28** 📶

오른쪽 그림과 같은 이차함수의 그래프와 x축에 대칭인 이차함수의 그래프가 점 $(-6, k)$를 지날 때, 상수 k의 값을 구하시오.

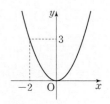

집중⚡
유형 **09** 이차함수 $y=ax^2$의 그래프의 평행이동 개념 4~6

☐ **29** 대표문제

이차함수 $y=ax^2$의 그래프를 x축의 방향으로 p만큼, y축의 방향으로 q만큼 평행이동한 그래프의 식은 $y=3(x-1)^2+6$이다. 이때 $a+p+q$의 값을 구하시오.
(단, a는 상수)

☐ **30** (IIII)

$y=-\dfrac{1}{12}x^2$의 그래프를 x축의 방향으로 3만큼 평행이동한 그래프의 식을 구하시오.

☐ **31** (IIII) 서술형

이차함수 $y=\dfrac{7}{3}x^2$의 그래프를 y축의 방향으로 -6만큼 평행이동한 그래프의 식은 $y=ax^2+q$이다. 이때 aq의 값을 구하시오. (단, a, q는 상수)

☐ **32** (IIII)

다음 이차함수의 그래프 중 이차함수 $y=\dfrac{3}{4}x^2$의 그래프를 평행이동하여 완전히 포갤 수 있는 것을 모두 고르면?
(정답 2개)

① $y=4x^2$ ② $y=-\dfrac{3}{4}x^2+1$

③ $y=\dfrac{4}{3}(x-2)^2$ ④ $y=\dfrac{3}{4}x^2+2$

⑤ $y=\dfrac{3}{4}(x-2)^2-1$

유형 **10** 이차함수 $y=ax^2+q$의 그래프 개념 4

☐ **33** 대표문제

이차함수 $y=-\dfrac{1}{2}x^2$의 그래프를 y축의 방향으로 -4만큼 평행이동한 그래프의 꼭짓점의 좌표를 (p, q), 축의 방정식을 $x=m$이라 할 때, $p-q+m$의 값을 구하시오.

☐ **34** (IIII)

이차함수 $y=ax^2$의 그래프를 y축의 방향으로 3만큼 평행이동한 그래프가 점 $(-2, 23)$을 지날 때, 상수 a의 값을 구하시오.

☐ **35** (IIII)

이차함수 $y=-x^2$의 그래프를 y축의 방향으로 $-\dfrac{1}{4}$만큼 평행이동한 그래프가 두 점 $\left(\dfrac{3}{2}, a\right)$, $\left(b, -\dfrac{17}{4}\right)$을 지날 때, $a+b$의 값을 구하시오. (단, $b>0$)

중요
☐ **36** (IIII)

다음 중 이차함수 $y=-4x^2+2$의 그래프에 대한 설명으로 옳은 것은?

① 아래로 볼록한 포물선이다.
② 축의 방정식은 $x=2$이다.
③ 꼭짓점의 좌표는 $(0, 2)$이다.
④ $y=4x^2$의 그래프를 평행이동한 그래프이다.
⑤ $x>0$일 때, x의 값이 증가하면 y의 값도 증가한다.

유형 **11**　이차함수 $y=a(x-p)^2$의 그래프　개념 5

□ **37** 대표문제

$y=-\dfrac{9}{4}x^2$의 그래프를 x축의 방향으로 -3만큼 평행이동한 그래프에서 x의 값이 증가할 때 y의 값은 감소하는 x의 값의 범위가 될 수 있는 것은?

① $x<-3$　　② $x>-3$　　③ $x<-\dfrac{9}{4}$

④ $x<-4$　　⑤ $x>-4$

□ **38** 🔋

이차함수 $y=3(x-2)^2$의 그래프에서 꼭짓점의 좌표는 (p, q)이고, 축의 방정식은 $x=r$일 때, $p-q-r$의 값을 구하시오.

□ **39** 🔋 서술형

오른쪽 그림은 이차함수 $y=a(x-p)^2$의 그래프이다. 이 그래프가 점 $(-1, k)$를 지날 때, k의 값을 구하시오.

　　　　　　　　(단, a, p는 상수)

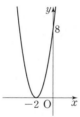

□ **40** 🔋 중요

다음 중 $y=-3(x-4)^2$의 그래프에 대한 설명으로 옳지 않은 것은?

① $y=-3x^2$의 그래프를 x축의 방향으로 4만큼 평행이동한 그래프이다.

② 꼭짓점의 좌표는 $(4, 0)$이다.

③ 위로 볼록한 포물선이다.

④ y축과 만나는 점의 좌표는 $(0, -48)$이다.

⑤ 제3, 4사분면을 지나지 않는다.

집중 ⚡
유형 **12**　이차함수 $y=a(x-p)^2+q$의 그래프　개념 6

□ **41** 대표문제

이차함수 $y=a(x-p)^2+q$의 그래프의 꼭짓점의 좌표가 $(4, -11)$이고, 점 $(2, -3)$을 지난다고 할 때, $ap+q$의 값은? (단, a, p, q는 상수)

① -3　　② -1　　③ 1

④ 3　　⑤ 5

□ **42** 🔋

이차함수 $y=-\dfrac{1}{2}(x+p)^2-2p^2$의 그래프의 꼭짓점이 직선 $y=-2x-4$ 위에 있을 때, 양수 p의 값을 구하시오.

□ **43** 🔋 중요

다음 중 이차함수 $y=\dfrac{1}{4}(x+3)^2-2$의 그래프에 대한 설명으로 옳지 않은 것을 모두 고르면? (정답 2개)

① 꼭짓점의 좌표는 $(-3, -2)$이다.

② y축과 만나는 점의 좌표는 $\left(0, \dfrac{1}{4}\right)$이다.

③ 모든 사분면을 지난다.

④ $x<-3$일 때, x의 값이 증가하면 y의 값은 감소한다.

⑤ 이차함수 $y=-\dfrac{1}{4}(x+3)^2-2$의 그래프와 x축에 대칭이다.

유형 13 이차함수 $y=a(x-p)^2+q$의 그래프의 평행이동   개념6

44 대표문제

이차함수 $y=-2(x+1)^2-4$의 그래프를 x축의 방향으로 p만큼, y축의 방향으로 q만큼 평행이동하였더니 $y=-2x^2$의 그래프와 일치하였다. 이때 $p+q$의 값을 구하시오.

45

이차함수 $y=a\left(x-\dfrac{1}{3}\right)^2+\dfrac{5}{6}$의 그래프를 x축의 방향으로 -1만큼 평행이동한 그래프가 점 $\left(-2, -\dfrac{1}{2}\right)$을 지날 때, 상수 a의 값은?

① -2 ② $-\dfrac{3}{4}$ ③ $-\dfrac{2}{3}$

④ $\dfrac{2}{3}$ ⑤ $\dfrac{3}{4}$

46

이차함수 $y=(x+3)^2-4$의 그래프를 x축의 방향으로 p만큼, y축의 방향으로 $2p-1$만큼 평행이동한 그래프가 점 $(2, 29)$를 지날 때, 양수 p의 값은?

① 1   ② 6   ③ 9

④ 12   ⑤ 15

 집중 ⚡

유형 14 이차함수 $y=a(x-p)^2+q$의 식 구하기   개념6

47 대표문제

이차함수 $y=-\dfrac{7}{6}x^2$의 그래프와 모양이 같고, 꼭짓점의 좌표가 $(-2, 3)$인 포물선을 그래프로 하는 이차함수의 식을 $y=a(x-p)^2+q$라 할 때, apq의 값을 구하시오.

(단, a, p, q는 상수)

48

직선 $x=3$을 축으로 하고 두 점 $(4, -2)$, $(1, 7)$을 지나는 포물선을 그래프로 하는 이차함수의 식을 $y=a(x-p)^2+q$ 꼴로 나타내시오. (단, a, p, q는 상수)

중요

49 서술형

오른쪽 그림과 같은 이차함수의 그래프가 점 $(k, -18)$을 지날 때, 양수 k의 값을 구하시오.

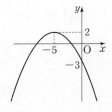

집중⚡
유형 **15** 이차함수 $y=a(x-p)^2+q$의 그래프에서 개념**6**
a, p, q의 부호

50 대표문제

이차함수 $y=a(x+p)^2+q$의 그래프가 오른쪽 그림과 같을 때, 다음 중 옳은 것은? (단, a, p, q는 상수)

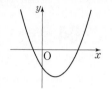

① $a>0$, $p>0$, $q<0$
② $a>0$, $p<0$, $q>0$
③ $a>0$, $p<0$, $q<0$
④ $a<0$, $p>0$, $q<0$
⑤ $a<0$, $p<0$, $q>0$

51 ▭

이차함수 $y=a(x-p)^2$의 그래프가 오른쪽 그림과 같을 때, 다음 중 옳은 것은? (단, a, p는 상수)

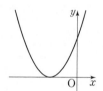

① $a>0$, $p>0$ ② $a>0$, $p<0$
③ $a>0$, $p=0$ ④ $a<0$, $p>0$
⑤ $a<0$, $p<0$

52 ▭

이차함수 $y=a(x-p)^2+q$의 그래프가 제1, 3, 4사분면만 지날 때, 다음 중 항상 옳은 것은? (단, a, p, q는 상수)

① $a-q>0$ ② $a+q<0$ ③ $aq>0$
④ $apq<0$ ⑤ $p-q>0$

중요
53 ▭

이차함수 $y=a(x-p)^2+q$의 그래프가 오른쪽 그림과 같을 때, 다음 중 이차함수 $y=p(x-q)^2+a$의 그래프로 알맞은 것은? (단, a, p, q는 상수)

①   ②

③   ④

⑤

54 ▭

일차함수 $y=ax-b$의 그래프가 오른쪽 그림과 같을 때, 다음 중 이차함수 $y=bx^2-a$의 그래프로 알맞은 것은? (단, a, b는 상수)

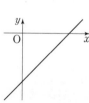

①   ②

③   ④

⑤

[유형북] Real 실전 유형에서 틀린 문제를 체크해 보세요.

유형 01 이차함수 $y=ax^2+bx+c$를 $y=a(x-p)^2+q$ 꼴로 변형하기   개념 **1**

☐ 01 대표문제

이차함수 $y=-\dfrac{1}{3}x^2-4x+1$를 $y=a(x-p)^2+q$ 꼴로 나타낼 때, apq의 값을 구하시오. (단, a, p, q는 상수)

☐ 02 (IIII)

두 이차함수 $y=-x^2+4x-3$, $y=-(x+p)^2+q$의 그래프가 일치할 때, 상수 p, q에 대하여 $p+q$의 값을 구하시오.

☐ 03 (IIII)

다음 중 이차함수의 식을 $y=a(x-p)^2+q$ 꼴로 바르게 나타낸 것은? (단, a, p, q는 상수)

① $y=-2x^2+6x \Rightarrow y=-2\left(x-\dfrac{3}{2}\right)^2-\dfrac{9}{4}$

② $y=-x^2+2x-2 \Rightarrow y=-(x+1)^2-1$

③ $y=x^2-2x-3 \Rightarrow y=(x-1)^2-4$

④ $y=\dfrac{1}{2}x^2-x-\dfrac{1}{2} \Rightarrow y=\dfrac{1}{2}(x-1)^2+1$

⑤ $y=-\dfrac{2}{3}x^2+6x-1 \Rightarrow y=-\dfrac{2}{3}\left(x-\dfrac{9}{2}\right)^2-\dfrac{29}{2}$

집중 ⚡

유형 02 이차함수 $y=ax^2+bx+c$의 그래프의 꼭짓점의 좌표와 축의 방정식   개념 **1**

☐ 04 대표문제

이차함수 $y=-3x^2-6x+a$의 그래프가 점 $(1, -5)$를 지날 때, 이 그래프의 꼭짓점의 좌표를 구하시오.

(단, a는 상수)

중요

☐ 05 (IIII)

다음 이차함수의 그래프 중 꼭짓점이 제2사분면에 있는 것은?

① $y=\dfrac{1}{3}x^2-6x+10$ ② $y=x^2-2x+4$

③ $y=x^2+3x+1$ ④ $y=\dfrac{1}{2}x^2-4x+3$

⑤ $y=-2x^2-4x+1$

☐ 06 (IIII)

이차함수 $y=\dfrac{1}{3}x^2+2px+5$의 그래프의 축의 방정식이 $x=-6$일 때, 상수 p의 값을 구하시오.

☐ 07 (IIII) 서술형

이차함수 $y=-2x^2+8x-k$의 그래프의 꼭짓점이 직선 $y=3x-1$ 위에 있을 때, 상수 k의 값을 구하시오.

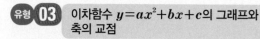

유형 03 이차함수 $y=ax^2+bx+c$의 그래프와 축의 교점 〔개념 1〕

08 대표문제

이차함수 $y=-\dfrac{1}{2}x^2+4x-6$의 그래프가 x축과 만나는 두 점의 x좌표가 각각 p, q이고, y축과 만나는 점의 y좌표가 r일 때, $p+q+r$의 값을 구하시오.

09

이차함수 $y=-2x^2+8x+k$의 그래프가 점 $(1, 3)$을 지날 때, 이 그래프가 y축과 만나는 점의 좌표를 구하시오.

(단 k는 상수)

10

이차함수 $y=-x^2-4x+5$의 그래프가 x축과 만나는 두 점을 각각 A, B라 할 때, $\overline{AB}$의 길이를 구하시오.

중요

11 서술형

$y=-x^2-3x+k$의 그래프가 x축과 만나는 두 점을 각각 A, B라 하자.
$\overline{AB}=5$일 때, 상수 k의 값을 구하시오.

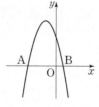

집중 ⚡
유형 04 이차함수 $y=ax^2+bx+c$의 그래프 그리기 〔개념 1〕

12 대표문제

다음 중 이차함수 $y=-2x^2-8x-7$의 그래프는?

①   ②   ③

④   ⑤

13

다음 중 이차함수 $y=-3x^2-6x-2$의 그래프가 지나지 않는 사분면은?

① 제1사분면   ② 제2사분면   ③ 제3사분면
④ 제4사분면   ⑤ 없다.

14

다음 이차함수 중 그 그래프가 모든 사분면을 지나는 것은?

① $y=-x^2-2x$ ② $y=-\dfrac{1}{2}x^2-3x-1$

③ $y=x^2-3x-\dfrac{11}{4}$ ④ $y=2x^2+4x+1$

⑤ $y=\dfrac{1}{4}x^2-x+2$

Real 실전 유형 again

☐ **15** 대표문제

다음 이차함수의 그래프 중 x축과 서로 다른 두 점에서 만나는 것을 모두 고르면? (정답 2개)

① $y=-3x^2-6x-3$ ② $y=-\dfrac{1}{2}x^2+3x-4$

③ $y=-x^2+2x-3$ ④ $y=\dfrac{1}{4}x^2+x+2$

⑤ $y=2x^2+4x+1$

☐ **16** ▥

다음 이차함수의 그래프 중 x축과 한 점에서 만나는 것은?

① $y=-x^2+x+\dfrac{3}{2}$ ② $y=-5x^2-20x-20$

③ $y=x^2+8x+12$ ④ $y=3x^2+4x+3$

⑤ $y=\dfrac{4}{3}x^2-8x+10$

중요
☐ **17** ▥

이차함수 $y=-\dfrac{1}{2}x^2+x+3k$의 그래프가 x축과 서로 다른 두 점에서 만나도록 하는 상수 k의 값의 범위를 구하시오.

☐ **18** 대표문제

이차함수 $y=x^2-4x+1$에서 x의 값이 증가할 때 y의 값도 증가하는 x의 값의 범위는?

① $x<-3$ ② $x>-3$ ③ $x>-2$

④ $x<2$ ⑤ $x>2$

☐ **19** ▥

이차함수 $y=-4x^2-2x-1$에서 x의 값이 증가할 때 y의 값은 감소하는 x의 값의 범위를 구하시오.

☐ **20** ▥ 서술형

이차함수 $y=-\dfrac{1}{2}x^2-kx-2$의 그래프가 점 $(2, -2)$를 지난다. 이 그래프에서 x의 값이 증가할 때 y의 값은 감소하는 x의 값의 범위를 구하시오. (단, k는 상수)

유형 07 이차함수 $y=ax^2+bx+c$의 그래프의 평행이동 개념1

21 대표문제

이차함수 $y=3x^2+6x+1$의 그래프를 x축의 방향으로 a만큼, y축의 방향으로 b만큼 평행이동하면 $y=3x^2-6x+2$의 그래프와 일치한다. 이때 $a+b$의 값은?

(단, a, b는 상수)

① -1 ② 0 ③ 1
④ 2 ⑤ 3

22

이차함수 $y=-x^2+x+1$의 그래프는 이차함수 $y=ax^2$의 그래프를 x축의 방향으로 b만큼, y축의 방향으로 c만큼 평행이동한 것이다. 이때 $a+2b+4c$의 값을 구하시오.

(단, a, b, c는 상수)

23 서술형

이차함수 $y=\frac{1}{3}x^2-x+\frac{1}{4}$의 그래프를 x축의 방향으로 -2만큼 평행이동한 그래프는 점 $(1, k)$를 지난다. 이때 k의 값을 구하시오.

유형 08 이차함수 $y=ax^2+bx+c$의 그래프의 성질 개념1

24 대표문제

다음 중 이차함수 $y=4x^2-8x+7$의 그래프에 대한 설명으로 옳지 <u>않은</u> 것은?

① $y=4x^2$의 그래프를 x축의 방향으로 1만큼, y축의 방향으로 3만큼 평행이동한 그래프이다.
② 축의 방정식은 $x=1$이다.
③ 꼭짓점의 좌표는 $(-1, 3)$이다.
④ y축과의 교점의 좌표는 $(0, 7)$이다.
⑤ 축은 y축의 오른쪽에 위치한다.

25

이차함수 $y=\frac{1}{2}x^2-x+\frac{7}{2}$의 그래프를 x축의 방향으로 1만큼 y축의 방향으로 -2만큼 평행이동한 그래프에 대한 설명으로 옳은 것을 **보기**에서 모두 고른 것은?

─ 보기 ─
ㄱ. $y=-\frac{1}{2}x^2+3$의 그래프와 폭이 같다.
ㄴ. 꼭짓점의 좌표는 $(2, 1)$이다.
ㄷ. $x<2$일 때, x의 값이 증가하면 y의 값도 증가한다.
ㄹ. 그래프가 모든 사분면을 지난다.

① ㄱ, ㄴ   ② ㄱ, ㄷ   ③ ㄴ, ㄹ
④ ㄷ, ㄹ   ⑤ ㄱ, ㄴ, ㄹ

집중 ⚡

유형 **09** 이차함수 $y=ax^2+bx+c$의 그래프에서 a, b, c의 부호 개념**2**

26 대표문제

이차함수 $y=ax^2-bx+c$의 그래프가 오른쪽 그림과 같을 때, 다음 중 옳지 <u>않은</u> 것은? (단, a, b, c는 상수)

① $b>0$ ② $ac<0$

③ $c-a>0$ ④ $b+c<0$

⑤ $abc<0$

27 〔

$a<0$, $b>0$, $c<0$일 때, 다음 중 이차함수 $y=cx^2+bx+a$의 그래프로 알맞은 것은? (단, a, b, c는 상수)

①   ②   ③

④   ⑤

28 〔

$a<0$, $b<0$, $c<0$일 때, 이차함수 $y=ax^2+bx-c$의 그래프의 꼭짓점이 있는 사분면을 구하시오.

(단, a, b, c는 상수)

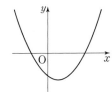

29 〔

이차함수 $y=ax^2-bx+c$의 그래프가 오른쪽 그림과 같을 때, 이차함수 $y=bx^2+ax+bc$의 그래프가 지나지 <u>않는</u> 사분면은? (단, a, b, c는 상수)

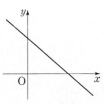

① 제1사분면   ② 제2사분면

③ 제3사분면   ④ 제4사분면

⑤ 없다.

중요

30 〔

일차함수 $y=ax-b$의 그래프가 오른쪽 그림과 같을 때, 다음 중 이차함수 $y=ax^2-bx-(a+b)$의 그래프로 알맞은 것은? (단, a, b는 상수)

①   ②   ③

④   ⑤

집중 ⚡

유형 **10** 이차함수의 식 구하기 (1);
꼭짓점과 다른 한 점을 알 때 　개념 **3**

☐ **31** 대표문제

꼭짓점의 좌표가 $(2, 8)$이고, y축과의 교점의 y좌표가 11
인 포물선을 그래프로 하는 이차함수의 식을
$y=ax^2+bx+c$라 할 때, $4a+2b+c$의 값을 구하시오.

(단, a, b, c는 상수)

☐ **32**

다음 중 꼭짓점의 좌표가 $(-6, 2)$이고, 점 $(-3, 8)$을 지
나는 포물선을 그래프로 하는 이차함수의 식은?

① $y=-\dfrac{3}{2}x^2-8x-26$ 　② $y=-\dfrac{2}{3}x^2-8x+26$

③ $y=-\dfrac{2}{3}x^2+8x+26$ 　④ $y=\dfrac{2}{3}x^2-8x+26$

⑤ $y=\dfrac{2}{3}x^2+8x+26$

☐ **33**

이차함수 $y=ax^2+bx+c$의 그래프가
오른쪽 그림과 같을 때, abc의 값을
구하시오. (단, a, b, c는 상수)

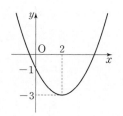

유형 **11** 이차함수의 식 구하기 (2);
축의 방정식과 두 점을 알 때 　개념 **4**

☐ **34** 대표문제

다음 중 축의 방정식이 $x=5$이고 두 점 $(1, -8)$, $(3, 4)$
를 지나는 포물선을 그래프로 하는 이차함수의 식은?

① $y=-x^2-10x+9$ 　② $y=-x^2-10x+17$

③ $y=-x^2+10x-17$ 　④ $y=x^2-10x-17$

⑤ $y=x^2+10x+17$

☐ **35**

축의 방정식이 $x=-\dfrac{1}{2}$이고 두 점 $(-1, 5)$, $(1, 13)$을
지나는 포물선을 그래프로 하는 이차함수의 식을
$y=ax^2+bx+c$라 할 때, $a+b-c$의 값을 구하시오.

(단, a, b, c는 상수)

중요

☐ **36** 서술형

축의 방정식이 $x=4$이고 두 점 $(1, -5)$, $(3, 3)$을 지나
는 이차함수의 그래프가 x축과 만나는 두 점을 각각 A, B
라 할 때, $\overline{AB}$의 길이를 구하시오.

유형 **12** 이차함수의 식 구하기 (3);   개념 **5**
    y축과의 교점과 다른 두 점을 알 때

☐ 37 대표문제

세 점 $(0, 5)$, $(-1, -5)$, $(2, 13)$을 지나는 포물선을 그래프로 하는 이차함수의 식은?

① $y=-2x^2-8x-5$ ② $y=-2x^2-8x+5$

③ $y=-2x^2+8x+5$ ④ $y=2x^2-8x+5$

⑤ $y=2x^2+8x+5$

☐ 38 ▮▮▮

세 점 $(0, 3)$, $(-4, 3)$, $(2, 0)$을 지나는 이차함수의 그래프의 꼭짓점의 좌표를 구하시오.

중요
☐ 39 ▮▮▮▮

오른쪽 그림과 같은 이차함수의 그래프가 점 $(4, k)$를 지날 때, k의 값을 구하시오.

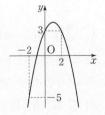

유형 **13** 이차함수의 식 구하기 (4);   개념 **6**
    x축과의 두 교점과 다른 한 점을 알 때

☐ 40 대표문제

이차함수 $y=ax^2+bx+c$의 그래프가 x축과 두 점 $(-2, 0)$, $(1, 0)$에서 만나고 y축과 만나는 점의 y좌표가 -3일 때, $a+b+c$의 값을 구하시오. (단, a, b, c는 상수)

☐ 41 ▮▮▮

이차함수 $y=-2x^2$의 그래프와 모양이 같고, x축과의 두 교점의 x좌표가 -3, 2인 포물선을 그래프로 하는 이차함수의 식은?

① $y=-2x^2-2x-6$ ② $y=-2x^2-2x+12$

③ $y=-2x^2+2x+12$ ④ $y=2x^2-2x-12$

⑤ $y=2x^2-2x+12$

☐ 42 ▮▮▮▮ 서술형

오른쪽 그림과 같은 이차함수의 그래프의 꼭짓점의 좌표를 구하시오.

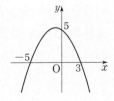

유형 **14** 이차함수의 그래프와 도형의 넓이 `개념1`

43 대표문제

오른쪽 그림과 같이 이차함수 $y=-x^2+2x+8$의 그래프와 x축의 두 교점을 각각 A, B, y축과의 교점을 C라 할 때, △ABC의 넓이는?

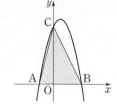

① 24   ② 36
③ 48   ④ 60
⑤ 72

44

오른쪽 그림과 같이 이차함수 $y=-2x^2+4x+6$의 그래프의 꼭짓점을 A, 이 그래프와 x축과 두 교점을 각각 B, C라 할 때, △ABC의 넓이는?

① 8   ② 16
③ 32   ④ 48
⑤ 64

 45

오른쪽 그림과 같이 이차함수 $y=\frac{4}{3}x^2+bx+c$의 그래프의 꼭짓점을 A라 하고, 이 그래프와 x축의 두 교점을 각각 O, B라 할 때, △OAB의 넓이를 구하시오. (단, O는 원점이고, b, c는 상수)

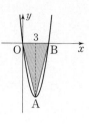

46

오른쪽 그림과 같이 이차함수 $y=\frac{1}{2}x^2-2x-4$의 그래프와 y축의 교점을 A, 꼭짓점을 B라 할 때, △OAB의 넓이를 구하시오.

(단, O는 원점)

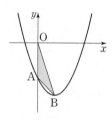

47 서술형

오른쪽 그림과 같이 꼭짓점의 좌표가 $(-2, -9)$이고, 점 $(-1, -8)$을 지나는 이차함수의 그래프가 x축과 만나는 두 점을 각각 A, B라 하고, y축과 만나는 점을 C라 할 때, △ABC의 넓이를 구하시오.

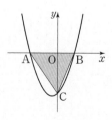

• Memo •

• Memo •

중등 수학의 완성

월개수

― 월등한 개념 수학 ―

NE 능률

연산부터 개념까지

월등한 개념 수학

기본+

*온/오프라인 서점 절찬 판매 중

1학기

2학기

나의 실력과 학습 패턴에 맞게 선택 가능한 계통수학 월개수

✅ 기초력을 강화하고, 유형 문제로 기본 실력까지 탄탄하게 학습

✅ 개념북에서 익힌 유형별 문제를 워크북에서 완벽하게 복습

✅ 개념과 유형을 최종 복습하고, 복합 유형 문제를 통해 고난도 문제 해결력 향상

유형 반복 훈련서

유형
더블

중등수학 3-1

정답과 해설

중등수학 3-1

유형
더블

중등수학
3-1

정답과 해설

 **빠른 정답**

01 제곱근의 뜻과 성질

개념 **9**쪽 풀이 9쪽

01 ± 1 **02** ± 8 **03** $\pm\dfrac{3}{5}$ **04** 없다.   **05** 0

06 $\pm\sqrt{7}$ **07** ± 12 **08** ± 0.2 **09** 없다.   **10** $\pm\dfrac{1}{11}$

11

x	x의 양의 제곱근	x의 음의 제곱근
36	6	-6
17	$\sqrt{17}$	$-\sqrt{17}$
5.2	$\sqrt{5.2}$	$-\sqrt{5.2}$
$\dfrac{1}{9}$	$\dfrac{1}{3}$	$-\dfrac{1}{3}$

12 $\pm\sqrt{5}$ **13** $\sqrt{5}$ **14** $-\sqrt{5}$ **15** $\sqrt{5}$ **16** 10

17 -9 **18** 0.6   **19** $\pm\dfrac{3}{7}$ **20** 5   **21** -7

22 0.6   **23** $\dfrac{3}{2}$ **24** 15   **25** 7   **26** 10

27 2   **28** $4a$ **29** $-a$ **30** $-4a$ **31** a

32 $<$ **33** $<$ **34** $<$ **35** $>$

36 8, $\sqrt{75}$, $\sqrt{80}$, 9

유형 **10~17**쪽 풀이 9~14쪽

01 ④   **02** ③, ⑤   **03** ㄱ, ㅁ   **04** 9   **05** ④

06 ⑤   **07** ㄱ   **08** 8   **09** ④   **10** 5

11 $\sqrt{61}\,$cm   **12** ④   **13** 4   **14** ㄷ, ㄹ   **15** ④

16 ④   **17** ⑤   **18** ⑤   **19** ②   **20** ①

21 ③   **22** 85   **23** ④   **24** ②   **25** ④

26 $-30a^2$ **27** ⑤   **28** ③   **29** $-6ab$ **30** ⑤

31 ③   **32** ⑤   **33** ④   **34** $-a$ **35** ①

36 14   **37** 5   **38** ④   **39** 10   **40** ②

41 ①   **42** $(3, 8), (12, 4), (48, 2), (192, 1)$

43 8   **44** ⑤   **45** 8   **46** 6   **47** ③

48 ②   **49** 10.09   **50** ⑤   **51** ③   **52** ②

53 ④   **54** ④   **55** ⑤   **56** 26   **57** ④

58 ③   **59** ⑤

기출 **18~20**쪽 풀이 14~16쪽

01 ⑤   **02** ④   **03** ④   **04** ①, ③   **05** ④

06 ③   **07** ④   **08** ②   **09** ③   **10** 12

11 ⑤   **12** ②   **13** 5   **14** $\dfrac{1}{a}$ **15** 16

16 $\sqrt{45}\,$cm   **17** $-\dfrac{7}{4}a^2$ **18** 15   **19** 5   **20** $9a$

21 910

02 무리수와 실수

개념 **23**쪽 풀이 17쪽

01 무   **02** 유   **03** 유   **04** 무   **05** 유

06 무   **07** ×   **08** ○   **09** ×   **10** ○

11 ○   **12** 2.302   **13** 2.247   **14** 2.263   **15** 2.289

16 $\sqrt{10}$ **17** $\sqrt{10}$ **18** $\sqrt{5}$ **19** $3+\sqrt{5}$ **20** ○

21 ○   **22** ×

23  , $\sqrt{10}-1<2+\sqrt{2}$

24 $\sqrt{8}$, 0.6, $\dfrac{1}{2}$, 0, $-\sqrt{\dfrac{1}{3}}$, $-\sqrt{5}$

유형 **24~27**쪽 풀이 17~19쪽

01 ②   **02** ㄴ, ㄹ   **03** ②, ④   **04** ③, ⑤   **05** ④

06 ④   **07** ④   **08** 4.324   **09** 8.438   **10** ⑤

11 ⑤   **12** $-4+\sqrt{8}$ **13** ③, ⑤   **14** ②, ⑤

15 ㄴ, ㄹ   **16** ③   **17** 점 A

18 구간 D, 구간 F, 구간 E   **19** A: $-\sqrt{5}$, C: $1+\sqrt{3}$

20 ③   **21** ⑤   **22** ④   **23** 22

24 A: $1-\sqrt{5}$, B: $2-\sqrt{7}$, C: $4-\sqrt{2}$, D: $3+\sqrt{3}$,
     $1-\sqrt{5}<2-\sqrt{7}<4-\sqrt{2}<3+\sqrt{3}$

25 ④   **26** 가장 큰 수: $3-\sqrt{5}$, 가장 작은 수: $-6+\sqrt{7}$

기출 **28~30**쪽 풀이 19~21쪽

01 ③   **02** ②, ③   **03** 1809   **04** ①   **05** 29

06 ③   **07** ①   **08** ①, ⑤   **09** ③   **10** ①

11 6   **12** $4-\sqrt{2}$ **13** $5+\sqrt{8}$ **14** 6

15 P$(5-\sqrt{8})$, Q$(5+\sqrt{8})$

16 A: $1-\sqrt{7}$, B: $\sqrt{10}-4$, C: $\sqrt{12}-2$, D: $\sqrt{15}$

17 $c<a<b$ **18** 84   **19** 12

03 근호를 포함한 식의 계산

개념 **33, 35**쪽 풀이 21~22쪽

01 $\sqrt{15}$ **02** $2\sqrt{30}$ **03** $\sqrt{42}$ **04** $-20\sqrt{21}$ **05** $12\sqrt{22}$

06 $\sqrt{6}$ **07** $\sqrt{2}$ **08** $\dfrac{\sqrt{5}}{6}$ **09** $\sqrt{7}$ **10** 15

11 3, 3   **12** 5, 5   **13** 10, 10   **14** $3\sqrt{7}$ **15** $5\sqrt{2}$

16 $-7\sqrt{2}$ **17** $-9\sqrt{2}$ **18** $\sqrt{72}$ **19** $\sqrt{75}$ **20** $-\sqrt{90}$

21 $-\sqrt{112}$ **22** 5, 3, 5   **23** 18, 2, 2, 10   **24** $\dfrac{\sqrt{7}}{6}$

25 $\dfrac{\sqrt{3}}{7}$ **26** $\dfrac{\sqrt{3}}{10}$ **27** $\dfrac{\sqrt{6}}{5}$ **28** $\dfrac{\sqrt{6}}{6}$ **29** $\sqrt{5}$

30 $\dfrac{\sqrt{14}}{7}$ **31** $\dfrac{\sqrt{6}}{4}$ **32** $\dfrac{\sqrt{2}}{2}$ **33** $\dfrac{2\sqrt{3}}{9}$ **34** $\dfrac{3\sqrt{10}}{5}$

35 $\dfrac{\sqrt{33}}{22}$ **36** $7\sqrt{3}$ **37** $6\sqrt{2}$ **38** $-\sqrt{5}$

39 $-3\sqrt{5}+12\sqrt{3}$ **40** $10\sqrt{13}-6\sqrt{7}$

41 (가) 2 (나) 3 (다) 3 (라) 7 (마) 2 **42** $\sqrt{2}$ **43** $5\sqrt{3}$

44 $24\sqrt{5}$ **45** $2\sqrt{2}-3\sqrt{3}$ **46** $2\sqrt{2}+4\sqrt{3}$

47 $5\sqrt{2}+2\sqrt{6}$ **48** $3\sqrt{14}-14\sqrt{2}$ **49** $3\sqrt{3}-2\sqrt{6}$

50 $3+\sqrt{5}$ **51** $\sqrt{15}-2\sqrt{3}$

52 (가) $\sqrt{2}$ (나) 2 (다) $\sqrt{12}$ (라) 3 **53** $>$ **54** $>$

55 $<$ **56** $>$

유형 36~45쪽 풀이 23~29쪽

01 ⑤ **02** ④ **03** ⑤ **04** 3 **05** ⑤

06 ④ **07** ③ **08** ④ **09** ① **10** 16

11 6배 **12** ② **13** ④ **14** $\dfrac{10}{9}$ **15** $\dfrac{1}{28}$

16 ⑤ **17** ②, ⑤ **18** ② **19** 0.07071 **20** ④

21 ② **22** ⑤ **23** 10 **24** $\dfrac{\sqrt{3}}{6}$ **25** ③

26 $\dfrac{9}{2}$ **27** ⑤ **28** ② **29** 2 **30** ③

31 ② **32** $8\sqrt{6}$ **33** ③ **34** $6\sqrt{3}$ cm **35** $\dfrac{\sqrt{10}}{4}$ cm

36 ③, ⑤ **37** ③ **38** ⑤ **39** 2 **40** ①

41 7 **42** ① **43** ④ **44** ③ **45** ⑤

46 ③ **47** $-2\sqrt{3}+\sqrt{6}$ **48** $\dfrac{17\sqrt{6}}{6}$ **49** ①

50 ④ **51** $\dfrac{\sqrt{10}}{10}$ **52** ④ **53** 10 **54** ②

55 $6+4\sqrt{3}$ **56** ④ **57** ⑤ **58** $\dfrac{1}{6}$ **59** -10

60 ① **61** ④ **62** ③ **63** ④ **64** ③

65 $9-2\sqrt{5}$ **66** ② **67** ① **68** ④ **69** $60\sqrt{3}$ cm³

70 $3\sqrt{2}$ cm **71** 33 **72** $2+5\sqrt{2}$ **73** $-3\sqrt{2}+1$

74 $4\sqrt{5}+5\sqrt{10}$ **75** ④ **76** ⑤ **77** ①

78 $2\sqrt{2}$, $3-\sqrt{11}$

기출 46~48쪽 풀이 29~31쪽

01 ① **02** ① **03** ⑤ **04** ⑤ **05** ③

06 $\sqrt{5}\pi$ **07** ① **08** ② **09** ② **10** ①

11 $\dfrac{1}{2}$ **12** $\dfrac{3}{2}$ **13** $2\sqrt{7}$ **14** 8

15 $(7\sqrt{2}+21)$ m² **16** $\dfrac{\sqrt{5}}{3}$ **17** $12\sqrt{3}$ cm²

18 $\dfrac{4\sqrt{3}}{3}-2\sqrt{2}$ **19** $10\sqrt{2}$ **20** $2\sqrt{3}$ **21** $4\sqrt{13}-13$

---

04 다항식의 곱셈

개념 51, 53쪽 풀이 32쪽

01 $3xy-15x+2y-10$ **02** $-3ac+ad-6bc+2bd$

03 $3x^2+5xy-2y^2+3x-y$ **04** x^2+6x+9

05 $16x^2+8x+1$ **06** $4a^2+20ab+25b^2$

07 $\dfrac{1}{9}a^2+\dfrac{2}{3}a+1$ **08** $a^2-12ab+36b^2$

09 $9x^2+6xy+y^2$ **10** $25x^2-20xy+4y^2$

11 $x^2-\dfrac{2}{7}x+\dfrac{1}{49}$ **12** 3, 9 **13** 10, 100 **14** x^2-16

15 $25x^2-9y^2$ **16** $9-16x^2$ **17** $\dfrac{1}{9}x^2-\dfrac{1}{4}$

18 $a^2+11a+18$ **19** x^2+6x-7

20 $a^2-8a+15$ **21** $x^2-\dfrac{1}{6}x-\dfrac{1}{6}$

22 $x^2+3xy-10y^2$ **23** 3, 4 **24** 5, 2

25 $2x^2+9x+4$ **26** $6a^2-a-12$

27 $6x^2-23x+7$ **28** $6x^2+13xy-15y^2$

29 $10x^2+\dfrac{4}{3}xy-\dfrac{1}{2}y^2$ **30** 3, 5 **31** 2, 7

32 10, $x^2+2xy+y^2$ **33** 4, 3 **34** 3, 9, 10609

35 2, 400, 9604 **36** 60, 60, 3600, 3596

37 5, 5, 25, 24.99 **38** 80, 80, 320, 6723

39 200, 200, 40000, 39402 **40** $\sqrt{5}+2$ **41** $\dfrac{\sqrt{3}-1}{2}$

42 $2\sqrt{3}+3$ **43** $\dfrac{7-3\sqrt{5}}{2}$ **44** $\sqrt{10}-3$ **45** $3+2\sqrt{2}$

46 $3\sqrt{2}+4$ **47** $2\sqrt{3}-\sqrt{7}$ **48** $2xy$, 4, 12 **49** $4xy$, 8, 8

50 $2xy$, 1, 17 **51** $4xy$, 2, 16

52 $2xy$, -2, 18 **53** $4xy$, -4, 16

유형 54~61쪽 풀이 32~38쪽

01 ② **02** -30 **03** ① **04** ③ **05** 58

06 ④ **07** ⑤ **08** $26a^2-9ab+\dfrac{5}{4}b^2$ **09** ②

10 ④ **11** ① **12** 264 **13** ④ **14** $-\dfrac{2}{11}$

15 ② **16** $\dfrac{27}{5}$ **17** ③ **18** ④ **19** 4

20 $15x^2-26x+7$ **21** ④, ⑤ **22** ⑤ **23** 16

24 $21x^2-22xy+8y^2$ **25** ② **26** ②

27 a^2-9b^2+6b-1 **28** ③ **29** ③

30 $x^4-2x^3-21x^2+22x+40$ **31** ⑤ **32** 16

33 ③ **34** -63 **35** ③ **36** 4036 **37** ⑤

38 ④ **39** ④ **40** 1 **41** 13 **42** ③

43 ④ **44** -4 **45** ① **46** -4 **47** ⑤

48 -71 **49** ④ **50** ③ **51** ⑤ **52** 14

53 ③ **54** ② **55** ④ **56** 4 **57** ④

58 -4 **59** ④ **60** ② **61** $20a^2-9a+1$

62 9 **63** $2a^2+3a-35$ **64** $6\pi xy$

기출 62~64쪽 풀이 38~40쪽

01 ② 02 ⑤ 03 ③ 04 ④ 05 ③
06 ④ 07 ① 08 8 09 18 10 ③
11 ① 12 ② 13 36 14 ③ 15 ③
16 27 17 16 18 15 19 $10x^2-9x+16$
20 $12(\sqrt{2}-1)$cm 21 $3+4\sqrt{6}$

05 다항식의 인수분해

개념 67, 69쪽 풀이 40~42쪽

01 $x(x+3)$ 02 $ab(a+4)$ 03 $x^2(x-y+z)$
04 $2y(x^2-3)$ 05 $x(a+2b-7)$
06 $-5xy^2(1-2xy)$ 07 $(x+8)^2$ 08 $(a-6b)^2$
09 $(4x-3)^2$ 10 $\left(x-\dfrac{1}{5}\right)^2$ 11 81
12 $\dfrac{1}{4}$ 13 ±8 14 ±14 15 9 16 ±24
17 $(x+3)(x-3)$ 18 $(4x+1)(4x-1)$
19 $(2a+3b)(2a-3b)$ 20 $(5a+b)(5a-b)$
21 $(6+x)(6-x)$ 22 $3(a+3)(a-3)$
23 $6(x+2y)(x-2y)$ 24 $\left(\dfrac{1}{3}x+\dfrac{1}{2}y\right)\left(\dfrac{1}{3}x-\dfrac{1}{2}y\right)$
25 (가) -3 (나) $-3x$ (다) $-6x$ (라) 3 26 $(x-1)(x-3)$
27 $(x+5)(x-3)$ 28 $(x+3)(x-8)$
29 $(x-5y)(x-6y)$
30 (가) $3x$ (나) -1 (다) 4 (라) $-3x$ (마) 1 (바) $3x$
31 $(3x+1)(x-2)$ 32 $(2x-3y)(x+2y)$
33 $(5x+9)(x-4)$ 34 $(3x-1)(3x-2)$
35 $(2x-3)(x+5)$ 36 $(5x-2y)(2x-y)$
37 $y(x-6)^2$ 38 $x(x+1)(x-1)$
39 $ab(2a+1)(2a-1)$ 40 $3x(y-4)(y+3)$
41 $(a+b-3)^2$ 42 $(a-3)(a+3)$
43 $(x+8)(x-2)$ 44 $(2x-y-3)(2x-y-1)$
45 $x+y$ 46 $b+1$ 47 $x+3$ 48 $x-5$ 49 32
50 10000 51 1000 52 10000 53 $-4\sqrt{2}$ 54 12000
55 2500 56 3600 57 200 58 1280 59 5
60 $4\sqrt{3}$

유형 70~77쪽 풀이 42~47쪽

01 ⑤ 02 ③ 03 ④, ⑤ 04 $2x-3$ 05 ⑤
06 ③ 07 ④ 08 29 09 1 10 ③
11 ②, ⑤ 12 $\dfrac{36}{5}$ 13 ② 14 ④ 15 ③
16 $2a-b$ 17 ①, ③ 18 ④ 19 7 20 ④
21 ④ 22 ⑤ 23 ② 24 ④ 25 ③

26 ①, ④ 27 12 28 ③ 29 ⑤ 30 ④
31 19 32 ③ 33 ④ 34 ② 35 -14
36 ④ 37 $(x+2)(x-6)$ 38 4 39 ③
40 ④ 41 ③ 42 4 43 ③, ⑤ 44 ⑤
45 -24 46 $(x^2+3x+6)(x^2+9x+6)$ 47 ①
48 $3x+3$ 49 4 50 ① 51 ③ 52 ④
53 50045 54 -128 55 ⑤ 56 ④ 57 1
58 ① 59 $x+10$ 60 $8x+6$ 61 $6x^2+4xy-8$

기출 78~80쪽 풀이 47~49쪽

01 ①, ④ 02 ① 03 $-\dfrac{7}{4}$ 04 ③ 05 ④
06 ④ 07 ④ 08 ② 09 ⑤ 10 ③
11 $-2\sqrt{5}$ 12 15 13 5 14 64 15 60π m²
16 $5a$ 17 $(2x+3)(x-6)$ 18 $x-5$ 19 -5500
20 400 21 $x^2+14x+49$

06 이차방정식 (1)

개념 83, 85쪽 풀이 49~50쪽

01 ○ 02 × 03 × 04 × 05 ○
06 $a\neq0$ 07 × 08 × 09 ○ 10 ○
11 $x=-1$ 또는 $x=0$ 12 $x=1$ 13 $x=-1$
14 $x=0$ 또는 $x=-1$ 15 $x=-5$ 또는 $x=3$
16 $x=-2$ 또는 $x=1$ 17 $x=-\dfrac{7}{2}$ 또는 $x=-\dfrac{1}{3}$
18 $x=-6$ 또는 $x=6$ 19 $x=-\dfrac{2}{3}$ 또는 $x=\dfrac{2}{3}$
20 $x=0$ 또는 $x=5$ 21 $x=2$ 또는 $x=4$
22 $x=-\dfrac{2}{3}$ 또는 $x=1$ 23 $x=-3$ 또는 $x=\dfrac{1}{2}$
24 $x=-3$ 25 $x=-1$ 26 $x=\dfrac{5}{2}$
27 $x^2-6x+5=0$ 28 $x^2-5x-14=0$
29 $x^2-8x+16=0$ 30 $x^2-\dfrac{1}{2}x=0$
31 $4x^2-8x-12=0$ 32 $10x^2-7x+1=0$
33 $2x^2+4x+2=0$ 34 $4x^2-12x+9=0$
35 $x=\pm2\sqrt{2}$ 36 $x=\pm\dfrac{5}{2}$
37 $x=-1\pm\sqrt{6}$ 38 $x=4\pm\sqrt{5}$
39 $(x-1)^2=3$ 40 $(x-3)^2=7$
41 $(x+4)^2=17$ 42 $(x+3)^2=\dfrac{13}{2}$
43 4, 4, 2, 5, 2, $\pm\sqrt{5}$, $-2\pm\sqrt{5}$ 44 $x=5\pm\sqrt{35}$
45 $x=-9\pm2\sqrt{10}$ 46 $x=-2\pm\sqrt{2}$
47 $x=-3\pm3\sqrt{3}$

01 ②, ④ **02** ③ **03** ③ **04** ② **05** 4

06 $\dfrac{16}{3}$ **07** ④ **08** ② **09** 9 **10** 23

11 -4 **12** $\dfrac{9}{2}$ **13** ④ **14** ④ **15** 4

16 -3 **02** ③ **18** 22 **19** -6 **20** $x=5$

21 ① **22** 6 **23** 10 **24** ②, ④ **25** ⑤

26 -2 **27** ② **28** $x=-5$ **29** 9 **30** ②, ⑤

31 $3x^2+5x-2=0$ **32** ② **33** 7

34 $x^2+x-12=0$ **35** ⑤ **36** ⑤ **37** 1

38 $x=-3-\sqrt{7}$ **39** ⑤ **40** 14 **41** $\dfrac{17}{4}$

42 -22 **43** ② **44** 32 **45** 3 **46** -18

01 ④ **02** 7 **03** 24 **04** ④ **05** 9

06 ③ **07** -14 **08** ③ **09** 22 **10** 48

11 $(1, 1)$, $(2, 4)$ **12** $x=-4$ 또는 $x=2$ **13** $x=-2$

14 4 **15** -14 **16** 42 **17** $x=-5$ **18** -3

19 $a=-5$일 때 $x=4$, $a=3$일 때 $x=-4$

20 $x=2\pm\dfrac{\sqrt{10}}{2}$ **21** $x=-4$ 또는 $x=1$ **22** $23+4\sqrt{21}$

07 이차방정식 (2)

01 $-\dfrac{c}{a}$, $\dfrac{b}{2a}$, $-\dfrac{c}{a}$, $\dfrac{b}{2a}$, $\dfrac{b}{2a}$, b^2-4ac, $\dfrac{b}{2a}$, b^2-4ac, $-b$, b^2-4ac

02 $x=\dfrac{-3\pm\sqrt{5}}{2}$ **03** $x=\dfrac{3\pm\sqrt{3}}{2}$ **04** $x=2\pm\sqrt{5}$

05 $x=\dfrac{5\pm\sqrt{17}}{2}$ **06** $x=-4$ 또는 $x=6$

07 $x=1$ 또는 $x=\dfrac{3}{2}$ **08** $x=\dfrac{9\pm\sqrt{69}}{4}$

09 $A^2+5A-14=0$ **10** $A=-7$ 또는 $A=2$

11 $x=-8$ 또는 $x=1$ **12** -7, 0 **13** 0, 1 **14** 49, 2

15 0 **16** 2 **17** 1 **18** $x+2$ **19** $x=11$

20 11, 13

01 ⑤ **02** 3 **03** $\sqrt{17}$ **04** 11 **05** ①

06 ② **07** 16 **08** ④ **09** 4 **10** $x=-2$

11 $-\dfrac{3}{2}$ **12** ① **13** $x=-5$ **14** -8 **15** 3

---

16 ③ **17** ㄱ, ㄴ **18** 1 **19** 4 **20** ④

21 -11 **22** 9 **23** ⑤ **24** 1 **25** ⑤

26 ⑤ **27** ⑤ **28** 16 **29** 9단계 **30** 24

31 24 **32** 180 **33** 47 **34** ⑤ **35** 41

36 ③ **37** 4일 **38** ⑤ **39** 1초 후

40 1초 후, 6초 후 **41** 12 cm **42** 6 cm **43** 9 cm

44 6 cm **45** 2 m **46** 18 cm **47** 13초 후

48 $(1+\sqrt{3})$ cm **49** 9 cm **50** $-8+4\sqrt{6}$

51 3 cm **52** 17 cm **53** 3 cm **54** 20 cm **55** 3 m

56 2 m **57** 8 m

01 -6 **02** ② **03** -4 **04** ㄱ, ㄴ **05** ④

06 $k\geq5$ **07** 1 **08** 1 **09** 73 **10** ④

11 1 **12** $\dfrac{3}{2}$ m **13** $3+2\sqrt{3}$ **14** ④ **15** 8초

16 $(3, 3)$, $(9, 1)$ **17** 5개 **18** $x=\dfrac{-3\pm\sqrt{15}}{3}$

19 4초 후 **20** 2 cm **21** 2초 후 **22** 20 m

08 이차함수와 그래프 (1)

01 × **02** ○ **03** ○ **04** × **05** ×

06 $y=4(x+1)$ 또는 $y=4x+4$, ×

07 $y=x(x+6)$ 또는 $y=x^2+6x$, ○

08 $y=x^3$, × **09** $y=\pi x^2$, ○ **10** 24

11 3 **12** 3 **13** 9 **14** 아래 **15** 0, 0

16 y **17** $-x^2$ **18** 0, 0, y **19** 위 **20** 감소

21 -8 **22** ㄴ, ㄹ, ㅁ **23** ㄷ **24** ㄱ, ㅁ

25 $y=\dfrac{2}{3}x^2+2$ **26** $y=-5x^2-3$

27 꼭짓점의 좌표: $(0, 1)$, 축의 방정식: $x=0$

28 꼭짓점의 좌표: $(0, -2)$, 축의 방정식: $x=0$

29 **30**

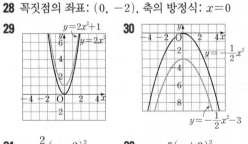

31 $y=\dfrac{2}{3}(x-2)^2$ **32** $y=-5(x+3)^2$

33 꼭짓점의 좌표: $(-6, 0)$, 축의 방정식: $x=-6$

34 꼭짓점의 좌표: $(5, 0)$, 축의 방정식: $x=5$

34 $y=\frac{1}{2}(x-3)^2$

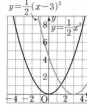

36

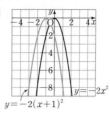

37 $y=4(x-1)^2-3$ **38** $y=-\frac{1}{5}(x+2)^2+4$

39 $y=-2\left(x-\frac{1}{3}\right)^2-\frac{1}{3}$

40 꼭짓점의 좌표: $(-3, -4)$, 축의 방정식: $x=-3$

41 꼭짓점의 좌표: $\left(\frac{4}{3}, \frac{1}{3}\right)$, 축의 방정식: $x=\frac{4}{3}$

42

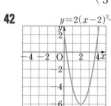

43

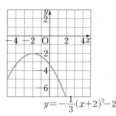

$y=-\frac{1}{3}(x+2)^2-2$

유형 114~121쪽 풀이 64~68쪽

01 ②, ③ **02** ㄱ, ㄹ, ㅁ **03** ③, ⑤ **04** $a\neq3$
05 ① **06** ①, ⑤ **07** ⑤ **08** 9 **09** 7
10 10 **11** ③ **12** ③ **13** ④
14 ㉡, ㉠, ㉢, ㉣ **15** ②, ⑤ **16** ③ **17** -16
18 ③ **19** ⑤ **20** ③, ⑤ **21** -10 **22** ③
23 5 **24** 4 **25** $y=\frac{3}{2}x^2$ **26** $y=-\frac{1}{2}x^2$
27 4 **28** 16 **29** -7 **30** $y=3(x+4)^2$
31 $\frac{5}{2}$ **32** ③, ④ **33** -6 **34** 3 **35** 12
36 ④ **37** ⑤ **38** 2 **39** -16 **40** ④
41 ③ **42** $-\frac{2}{3}$ **43** ③, ⑤ **44** -6 **45** ①
46 ① **47** 12 **48** $y=3(x+2)^2-19$ **49** 3
50 ④ **51** ④ **52** ④ **53** ② **54** ④

기출 122~124쪽 풀이 68~70쪽

01 ④ **02** ① **03** 11 **04** ③ **05** ③, ④
06 $\frac{3}{2}$ **07** ③ **08** ① **09** ② **10** ④
11 ⑤ **12** 162 **13** 30 **14** 1 **15** 4
16 $-\frac{1}{2}$ **17** $(-4, -6)$ **18** -5 **19** 1
20 3

09 이차함수와 그래프 (2)

개념 127, 129쪽 풀이 70~72쪽

01 2, 2, 1, 1, 1, 2 **02** $y=(x+4)^2-14$
03 $y=-(x-2)^2+11$ **04** $y=2\left(x-\frac{5}{2}\right)^2-\frac{7}{2}$
05 $y=\frac{1}{2}(x-1)^2+\frac{5}{2}$
06 꼭짓점의 좌표: $(1, -5)$, 축의 방정식: $x=1$
07 꼭짓점의 좌표: $(3, 28)$, 축의 방정식: $x=3$
08 꼭짓점의 좌표: $\left(-\frac{1}{2}, -1\right)$, 축의 방정식: $x=-\frac{1}{2}$
09 꼭짓점의 좌표: $(-3, 0)$, 축의 방정식: $x=-3$
10 x축: $(1, 0)$, $(2, 0)$, y축: $(0, 2)$
11 x축: $(2, 0)$, $(5, 0)$, y축: $(0, -10)$
12 x축: $(-2, 0)$, $(6, 0)$, y축: $(0, -3)$
13 > **14** <, < **15** > **16** < **17** >, <
18 < **19** $y=\frac{1}{4}(x-3)^2+1$ **20** $y=-5(x-2)^2-1$
21 $y=-\frac{1}{2}(x-2)^2+7$ **22** $y=3(x-3)^2-9$
23 $y=-(x+1)^2+8$ **24** $y=-\frac{3}{4}(x+2)^2+12$
25 $y=-x^2+4x+5$ **26** $y=-2x^2+6x-3$
27 $y=x^2+5x+6$ **28** $y=\frac{1}{2}(x-1)(x+5)$
29 $y=2(x-2)(x-7)$ **30** $y=2(x+1)(x-3)$

유형 130~137쪽 풀이 72~76쪽

01 6 **02** 15 **03** ⑤ **04** $(-2, -1)$
05 ③ **06** 2 **07** 1 **08** $\frac{20}{3}$ **09** $(0, -4)$
10 9 **11** -10 **12** ④ **13** ① **14** ③
15 ②, ⑤ **16** ⑤ **17** $k>-3$ **18** ④ **19** $x<-\frac{1}{2}$
20 $x>2$ **21** ③ **22** 3 **23** 3 **24** ⑤
25 ③ **26** ⑤ **27** ⑤ **28** 제1사분면
29 ② **30** ③ **31** 30 **32** ⑤ **33** 8
34 ③ **35** 11 **36** 8 **37** ⑤ **38** $(6, -2)$
39 5 **40** $-\frac{24}{5}$ **41** ④ **42** $\left(-1, -\frac{9}{2}\right)$
43 ② **44** ① **45** 9 **46** $\frac{21}{4}$ **47** 6

기출 138~140쪽 풀이 77~79쪽

01 ④ **02** ③ **03** ② **04** -18 **05** $x>-\frac{2}{3}$
06 $(-2, 7)$ **07** ④, ⑤ **08** ② **09** -36
10 ③ **11** $\frac{32}{3}$ **12** ② **13** ③ **14** -1
15 20 **16** $(-2, -11)$ **17** $(6, 18)$ **18** 21
19 12 **20** 3 **21** 36

01 제곱근의 뜻과 성질

2~9쪽 풀이 80~84쪽

01 ⑤	02 ①, ⑤	03 ①, ④	04 45	05 ⑤
06 ⑤	07 ㄷ	08 ③	09 ④, ⑤	10 13
11 $\sqrt{74}$ cm	12 ③, ⑤	13 3	14 ㄴ, ㄹ	15 ⑤
16 ⑤	17 ⑤	18 ①	19 ②	20 ①
21 ③	22 5, 1	23 ⑤	24 ④	25 ④
26 $-21a^2$	27 ④	28 ②	29 $5ab$	30 ①
31 ②	32 ①	33 ④	34 $-b$	35 ②
36 ④	37 3	38 ①	39 10	40 ④
41 ②	42 3	43 11	44 ④	45 6
46 ④	47 ④	48 ③	49 11.49	50 ③
51 ③	52 ④	53 ④	54 ②	55 ④
56 12	57 ④	58 ④	59 61	

02 무리수와 실수

10~13쪽 풀이 84~86쪽

01 ①	02 ㄴ, ㄷ	03 ①, ②	04 ②	05 ③
06 ①, ④	07 ⑤	08 597	09 7.497	10 ⑤
11 ③	12 $-5-\sqrt{13}$		13 ②, ④	14 ④
15 ㄱ, ㄴ	16 ①	17 점 B		

18 구간 B, 구간 F, 구간 C   19 A: $-\sqrt{7}$, D: $\sqrt{13}$

20 ④	21 ②	22 ⑤	23 26

24 A: $1-\sqrt{8}$, B: $\sqrt{3}-2$, C: $5-\sqrt{6}$, D: $2+\sqrt{5}$,
     $1-\sqrt{8}<\sqrt{3}-2<5-\sqrt{6}<2+\sqrt{5}$

25 ⑤   26 가장 큰 수: $2-\sqrt{2}$, 가장 작은 수: $-\sqrt{10}$

03 근호를 포함한 식의 계산

14~23쪽 풀이 86~92쪽

01 ⑤	02 ⑤	03 ③	04 4	05 ④
06 ⑤	07 ④	08 ④	09 ⑤	10 24
11 6배	12 ⑤	13 ⑤	14 $\frac{1}{2}$	15 $\frac{1}{50}$
16 ④	17 ③, ④	18 ③	19 0.04472	20 ②
21 ③	22 ④	23 1	24 $\frac{\sqrt{5}}{10}$	25 ④
26 $\frac{25}{3}$	27 ①	28 ④	29 2	30 ④
31 ⑤	32 $10\sqrt{3}$	33 ⑤	34 $6\sqrt{5}$ cm	35 $\frac{2\sqrt{6}}{9}$ cm

36 ④, ⑤	37 ⑤	38 ③	39 3	40 ④
41 11	42 ③	43 ⑤	44 ②	45 ①
46 ⑤	47 $2\sqrt{7}+4\sqrt{5}$		48 $\frac{3\sqrt{10}}{10}+3$	
49 ②	50 ②	51 $\frac{\sqrt{15}}{3}$	52 ⑤	53 1
54 ③	55 $4\sqrt{6}-8$	56 ⑤	57 ②	58 $\frac{1}{2}$
59 $-\frac{45}{2}$	60 ②	61 ②	62 ④	63 ③
64 ⑤	65 $3\sqrt{11}-5$		66 ④	67 ②
68 ①	69 $72\sqrt{6}$ cm³		70 $2\sqrt{3}$ cm	71 40
72 $2+10\sqrt{2}$		73 $3\sqrt{3}-1$	74 $8\sqrt{3}+2\sqrt{15}$	
75 ②	76 ④	77 ①	78 $\sqrt{2}+\sqrt{5}$, $3-\sqrt{10}$	

04 다항식의 곱셈

24~31쪽 풀이 93~98쪽

01 ②	02 12	03 ③	04 ①	05 70
06 ②	07 ③	08 $10a^2-\frac{11}{2}ab+\frac{17}{16}b^2$		09 ④
10 ④	11 ④	12 32	13 ⑤	14 $\frac{11}{16}$
15 ②	16 6	17 ①	18 ②	19 -15
20 $15x^2+22x-5$	21 ①, ⑤	22 ③	23 -10
24 $3x^2+6xy+7y^2$	25 ④	26 ②		
27 $9x^2-4y^2+20y-25$	28 ④	29 ②		
30 $x^4-2x^3-17x^2+18x+72$	31 ⑤	32 48		
33 ④	34 343	35 ④	36 6250	37 ③
38 ④	39 ④	40 -1	41 1	42 ④
43 ④	44 4	45 ③	46 12	47 ③
48 -119	49 ⑤	50 ②	51 ②	52 254
53 ③	54 ③	55 ②	56 5	57 ⑤
58 -4	59 ⑤	60 ②	61 $24a^2-10a+1$	
62 $18x^2+9x-10$		63 $2a^2+2a-12$		
64 $\frac{29}{2}x^2+27x+13$				

05 다항식의 인수분해

32~39쪽 풀이 98~103쪽

01 ⑤	02 ③	03 ④, ⑤	04 $2x-2$	05 ⑤
06 ③	07 ④	08 124	09 $\frac{1}{5}$	10 ④
11 ②, ⑤	12 $\frac{25}{3}$	13 ④	14 ①	15 ⑤

16 $3a$　**17** ①, ③　**18** ④　**19** 2　**20** ④
21 ⑤　**22** ⑤　**23** ②　**24** 22　**25** ⑤
26 ②, ⑤　**27** 9　**28** ②　**29** ⑤　**30** ④
31 -60　**32** ①　**33** ④　**34** ②　**35** 10
36 ④　**37** $(x-2)(x+10)$　**38** 2　**39** ②
40 ④　**41** ①　**42** 31　**43** ③, ⑤　**44** ⑤
45 -15　**46** $(x^2+5x+8)(x^2-8x+8)$　**47** ①
48 ⑤　**49** 10　**50** ①　**51** ③　**52** ②
53 435　**54** ③　**55** ⑤　**56** ④　**57** 15
58 ①　**59** $4x^2+8x+4$　**60** $6x+10$　**61** $12a+8$

06 이차방정식 (1)

40~45쪽 풀이 103~106쪽

01 ②, ⑤　**02** ②　**03** ①, ⑤　**04** ②　**05** 4
06 0　**07** ④　**08** ④　**09** -6　**10** 11
11 10　**12** $\frac{11}{2}$　**13** ②, ③　**14** ③　**15** 4
16 ⑤　**17** 3　**18** -3　**19** 12　**20** $x=1$
21 ②　**22** -15　**23** 15　**24** ⑤　**25** ⑤
26 4　**27** ⑤　**28** $x=-3$　**29** 32　**30** ①
31 $6x^2-x-1=0$　**32** ②　**33** 5
34 $x^2+5x-6=0$　**35** ③　**36** ④　**37** -1
38 $x=-6-\sqrt{7}$　**39** ③　**40** 20　**41** $\frac{17}{16}$
42 -2　**43** ④　**44** 20　**45** 4　**46** 1

07 이차방정식 (2)

46~53쪽 풀이 107~111쪽

01 ⑤　**02** -3　**03** $-\sqrt{7}$　**04** -4　**05** ③
06 ④　**07** 22　**08** ⑤　**09** $\frac{4}{3}$　**10** $x=2$
11 -8　**12** ③　**13** $x=-7$　**14** 3　**15** 3
16 ③　**17** ㄷ, ㄹ　**18** -1　**19** -1　**20** ③
21 -3　**22** 5　**23** ⑤　**24** 1　**25** ⑤
26 ⑤　**27** ③　**28** 21명　**29** 12단계　**30** 30
31 26　**32** 55　**33** 76　**34** ②　**35** 37
36 ④　**37** 3일　**38** ③　**39** 2초 후
40 1초 후, 3초 후　**41** 3 cm　**42** 8 cm　**43** 4 cm
44 11 cm　**45** 3 m　**46** 3 cm　**47** 8초 후　**48** 3 cm
49 10 cm　**50** $10+10\sqrt{2}$　**51** 2 cm　**52** 17 cm
53 4 cm　**54** 3 cm 또는 12 cm　**55** 4 m　**56** 2 m
57 24 m

08 이차함수와 그래프 (1)

54~61쪽 풀이 111~115쪽

01 ①, ④　**02** ㄱ, ㄴ, ㄹ　**03** ①, ⑤　**04** $a\neq\frac{1}{2}$
05 ⑤　**06** ③, ④　**07** ④　**08** -3　**09** 4
10 12　**11** ⑤　**12** ②　**13** ⑤
14 ㅁ, ㄹ, ㄱ, ㄴ, ㄷ　**15** ③, ④　**16** ③　**17** -1
18 ③　**19** ④　**20** ②, ⑤　**21** 16　**22** ②
23 15　**24** -20　**25** $y=-\frac{1}{3}x^2$　**26** $y=-x^2$
27 6　**28** -27　**29** 10　**30** $y=-\frac{1}{12}(x-3)^2$
31 -14　**32** ④, ⑤　**33** 4　**34** 5　**35** $-\frac{1}{2}$
36 ③　**37** ②　**38** 0　**39** 2　**40** ⑤
41 ①　**42** 1　**43** ③, ⑤　**44** 5　**45** ①
46 ③　**47** 7　**48** $y=3(x-3)^2-5$　**49** 5
50 ③　**51** ①　**52** ④　**53** ④　**54** ②

09 이차함수와 그래프 (2)

62~69쪽 풀이 115~119쪽

01 26　**02** -1　**03** ③　**04** $(-1, 7)$
05 ⑤　**06** 2　**07** 3　**08** 2　**09** $(0, -3)$
10 6　**11** 4　**12** ⑤　**13** ①　**14** ③
15 ②, ⑤　**16** ②　**17** $k>-\frac{1}{6}$　**18** ⑤　**19** $x>-\frac{1}{4}$
20 $x>1$　**21** ⑤　**22** 5　**23** $\frac{1}{4}$　**24** ④
25 ①　**26** ④　**27** ③　**28** 제2사분면
29 ⑤　**30** ②　**31** 8　**32** ⑤　**33** 1
34 ③　**35** 3　**36** 4　**37** ③　**38** $(-2, 4)$
39 -5　**40** 0　**41** ②　**42** $\left(-1, \frac{16}{3}\right)$
43 ①　**44** ②　**45** 36　**46** 4　**47** 15

I. 실수와 그 계산

01 제곱근의 뜻과 성질

Real 실전 개념

9쪽

01 답 ± 1

02 답 ± 8

03 답 $\pm \dfrac{3}{5}$

04 답 없다.

05 답 0

06 답 $\pm \sqrt{7}$

07 답 ± 12

08 답 ± 0.2

09 답 없다.

10 답 $\pm \dfrac{1}{11}$

11 답

x	x의 양의 제곱근	x의 음의 제곱근
36	6	-6
17	$\sqrt{17}$	$-\sqrt{17}$
5.2	$\sqrt{5.2}$	$-\sqrt{5.2}$
$\dfrac{1}{9}$	$\dfrac{1}{3}$	$-\dfrac{1}{3}$

12 답 $\pm \sqrt{5}$

13 답 $\sqrt{5}$

14 답 $-\sqrt{5}$

15 답 $\sqrt{5}$

16 답 10

17 답 -9

18 답 0.6

19 답 $\pm \dfrac{3}{7}$

20 답 5

21 답 -7

22 답 0.6

23 답 $\dfrac{3}{2}$

24 (주어진 식)$=2+13=15$ 답 15

25 (주어진 식)$=10-3=7$ 답 7

26 (주어진 식)$=6 \times \dfrac{5}{3}=10$ 답 10

27 (주어진 식)$=8 \div 4=2$ 답 2

28 (주어진 식)$=a+\{-(-3a)\}=4a$ 답 $4a$

29 (주어진 식)$=6a-\{-(-7a)\}=-a$ 답 $-a$

30 (주어진 식)$=-a+(-3a)=-4a$ 답 $-4a$

31 (주어진 식)$=-6a-(-7a)=a$ 답 a

32 $5<7$이므로 $\sqrt{5}<\sqrt{7}$ 답 $<$

33 $6=\sqrt{36}$이고 $6<36$이므로 $\sqrt{6}<\sqrt{36}$ $\therefore \sqrt{6}<6$ 답 $<$

34 $3=\sqrt{9}$이고 $8<9$이므로 $\sqrt{8}<\sqrt{9}$ $\therefore \sqrt{8}<3$ 답 $<$

35 $13<15$이므로 $\sqrt{13}<\sqrt{15}$ $\therefore -\sqrt{13}>-\sqrt{15}$ 답 $>$

36 $9=\sqrt{81}$, $8=\sqrt{64}$이고 $64<75<80<81$이므로 $8<\sqrt{75}<\sqrt{80}<9$ 답 8, $\sqrt{75}$, $\sqrt{80}$, 9

Real 실전 유형

10~17쪽

01 x가 5의 제곱근이므로 $x^2=5$ 또는 $x=\pm\sqrt{5}$ 답 ④

02 음수의 제곱근은 없으므로 제곱근이 없는 수는 ③, ⑤이다. 답 ③, ⑤

03 x가 a의 제곱근이므로 $x^2=a$ 또는 $x=\pm\sqrt{a}$ 따라서 옳은 것은 ㄱ, ㅁ이다. 답 ㄱ, ㅁ

04 a가 16의 제곱근이므로 $a^2=16$ … ❶
b가 25의 제곱근이므로 $b^2=25$ … ❷
$\therefore b^2-a^2=25-16=9$ … ❸
답 9

채점 기준	배점
❶ a^2의 값 구하기	40%
❷ b^2의 값 구하기	40%
❸ b^2-a^2의 값 구하기	20%

05 ① -36의 제곱근은 없다.
② $\sqrt{9}=3$이므로 3의 제곱근은 $\pm\sqrt{3}$이다.
③ 0.04의 제곱근은 0.2와 -0.2이다.
④ $\sqrt{0.16}=\sqrt{(0.4)^2}=0.4$
⑤ 제곱하여 0.3이 되는 수는 $\pm\sqrt{0.3}$의 2개이다. 답 ④

06 ①, ②, ③, ④ ± 3

⑤ 3

따라서 그 값이 나머지 넷과 다른 하나는 ⑤이다. **답** ⑤

07 ㄱ. $\sqrt{16}=4$이고 제곱근 4는 $\sqrt{4}=2$이다.

ㄴ. 0의 제곱근은 0의 1개이다.

ㄷ. $(\pm 0.\dot{5})^2=\left(\pm\dfrac{5}{9}\right)^2=\dfrac{25}{81}\neq 0.\dot{2}\dot{5}$

ㄹ. 음수의 제곱근은 없다.

따라서 옳은 것은 ㄱ뿐이다. **답** ㄱ

> **보충 TIP** a의 제곱근과 제곱근 a의 비교
>
> $a>0$일 때,
> (1) a의 제곱근 ➡ 제곱해서 a가 되는 수 ➡ $\pm\sqrt{a}$
> (2) 제곱근 a ➡ a의 제곱근 중에서 양의 제곱근 ➡ $\sqrt{a}$

08 $(-5)^2=25$이므로 25의 양의 제곱근은 5이다.

$\therefore a=5$

$\sqrt{81}=9$이므로 9의 음의 제곱근은 -3이다.

$\therefore b=-3$

$\therefore a-b=5-(-3)=8$ **답** 8

09 ③ $\left(-\dfrac{1}{9}\right)^2=\dfrac{1}{81}$이므로 $\dfrac{1}{81}$의 양의 제곱근은 $\dfrac{1}{9}$이다.

④ $\sqrt{100}=10$이므로 10의 제곱근은 $\pm\sqrt{10}$이다.

⑤ $\sqrt{\dfrac{144}{169}}=\dfrac{12}{13}$이므로 $\dfrac{12}{13}$의 음의 제곱근은 $-\sqrt{\dfrac{12}{13}}$이다.

답 ④

> **보충 TIP** 어떤 수의 제곱으로 표현된 수 또는 근호를 포함한 수의 제곱근을 구할 때 실수를 줄이려면 먼저 주어진 수를 간단히 한 후 구한다.
>
> 즉, $\left(-\dfrac{1}{9}\right)^2=\dfrac{1}{81}$, $\sqrt{100}=10$, $\sqrt{\dfrac{144}{169}}=\dfrac{12}{13}$로 간단히 한 후 구한다.

10 제곱근 49는 $\sqrt{49}=7$이므로 $a=7$ $\cdots$ ❶

$\sqrt{256}=16$이고 제곱근 16은 4이므로 4의 음의 제곱근은 -2이다.

$\therefore b=-2$ $\cdots$ ❷

$\therefore a+b=7+(-2)=5$ $\cdots$ ❸

답 5

채점 기준	배점
❶ a의 값 구하기	40%
❷ b의 값 구하기	40%
❸ $a+b$의 값 구하기	20%

> **참고** 다음의 제곱수를 외워두면 편리하다.
> $11^2=121$, $12^2=144$, $13^2=169$, $14^2=196$, $15^2=225$,
> $16^2=256$, $17^2=289$, $18^2=324$, $19^2=361$, $25^2=625$

11 직각삼각형 ABD에서 $\overline{AD}=\sqrt{10^2-8^2}=6(\text{cm})$

직각삼각형 ADC에서 $\overline{AC}=\sqrt{6^2+5^2}=\sqrt{61}(\text{cm})$

답 $\sqrt{61}\,\text{cm}$

> **참고** [피타고라스 정리]
> 직각삼각형에서 빗변의 길이의 제곱은 직각을 낀 두 변의 길이의 제곱의 합과 같다.
> ➡ $c^2=a^2+b^2$, 즉, $c=\sqrt{a^2+b^2}$

12 ① $\sqrt{16}=4$의 제곱근은 ± 2이다.

② $\dfrac{4}{25}$의 제곱근은 $\pm\dfrac{2}{5}$이다.

③ $0.\dot{1}=\dfrac{1}{9}$의 제곱근은 $\pm\dfrac{1}{3}$이다.

④ 0.4의 제곱근은 $\pm\sqrt{0.4}$이다.

⑤ $\sqrt{\dfrac{1}{81}}=\dfrac{1}{9}$의 제곱근은 $\pm\dfrac{1}{3}$이다.

따라서 제곱근을 근호를 사용하지 않고 나타낼 수 없는 것은 ④이다. **답** ④

13 주어진 수의 제곱근을 각각 구해 보면

$14 \Rightarrow \pm\sqrt{14}$, $\quad 1.69 \Rightarrow \pm\sqrt{1.69}=\pm 1.3$, $\quad \dfrac{1}{64} \Rightarrow \pm\dfrac{1}{8}$,

$0.\dot{4}=\dfrac{4}{9} \Rightarrow \pm\dfrac{2}{3}$, $\quad \dfrac{16}{25} \Rightarrow \pm\dfrac{4}{5}$

따라서 제곱근을 근호를 사용하지 않고 나타낼 수 있는 수는 1.69, $\dfrac{1}{64}$, $0.\dot{4}$, $\dfrac{16}{25}$의 4개이다. **답** 4

14 ㄱ. 원의 반지름의 길이를 r라 하면

$\pi r^2=15\pi$, $r^2=15$ $\quad \therefore r=\sqrt{15} \ (\because r>0)$

ㄴ. 정사각형의 한 변의 길이를 x라 하면

$x^2=30$ $\quad \therefore x=\sqrt{30} \ (\because x>0)$

ㄷ. 정육면체의 한 모서리의 길이를 x라 하면

$6x^2=54$, $x^2=9$ $\quad \therefore x=3 \ (\because x>0)$

ㄹ. 빗변의 길이를 x라 하면 $x^2=5^2+12^2$

$x^2=169$ $\quad \therefore x=13 \ (\because x>0)$

따라서 근호를 사용하지 않고 나타낼 수 있는 것은 ㄷ, ㄹ이다. **답** ㄷ, ㄹ

15 ① $(-\sqrt{11})^2=11$ $\qquad$ ② $\sqrt{(-4)^2}=4$

③ $\sqrt{(-3)^2}=3$ $\qquad$ ④ $(\sqrt{0.5})^2=0.5$

⑤ $-\sqrt{\left(\dfrac{3}{16}\right)^2}=-\dfrac{3}{16}$ **답** ④

16 ①, ②, ③, ⑤ 7

④ -7

따라서 그 값이 나머지 넷과 다른 하나는 ④이다. **답** ④

17 ① $\dfrac{1}{3}$ $\quad$ ② $\dfrac{1}{2}$ $\quad$ ③ $\dfrac{1}{5}$ $\quad$ ④ $\dfrac{1}{3}$ $\quad$ ⑤ $\dfrac{1}{25}$ **답** ⑤

18 ⑤ $\sqrt{\left(-\dfrac{4}{9}\right)^2}=\dfrac{4}{9}$의 제곱근은 $\pm\dfrac{2}{3}$이다.　　**답** ⑤

19 ① $(\sqrt{8})^2+(-\sqrt{10})^2=8+10=18$

② $\sqrt{(-6)^2}-(-\sqrt{3^2})=6-(-3)=9$

③ $\sqrt{(-5)^2}\times(-\sqrt{2^2})=5\times(-2)=-10$

④ $\left(-\sqrt{\dfrac{3}{2}}\right)^2\div\sqrt{\left(-\dfrac{1}{2}\right)^2}=\dfrac{3}{2}\div\dfrac{1}{2}=\dfrac{3}{2}\times2=3$

⑤ $\sqrt{(-4)^2}-\sqrt{0.49}\times\sqrt{(-20)^2}=4-0.7\times20$
$\qquad\qquad\qquad\qquad\qquad\qquad =4-14=-10$　　**답** ②

20 $\sqrt{400}-\sqrt{(-11)^2}+(-\sqrt{3})^2$
$=\sqrt{20^2}-\sqrt{(-11)^2}+(-\sqrt{3})^2$
$=20-11+3=12$　　**답** ①

21 $\sqrt{144}+\left(\sqrt{\dfrac{1}{3}}\right)^2\times(-\sqrt{6})^2-3\times\sqrt{(-5)^2}$
$=12+\dfrac{1}{3}\times6-3\times5$
$=12+2-15=-1$　　**답** ③

22 $A=(\sqrt{0.8})^2\div(-\sqrt{0.2})^2\times\sqrt{100}$
$\quad=0.8\div0.2\times10$
$\quad=\dfrac{8}{10}\div\dfrac{2}{10}\times10$
$\quad=\dfrac{8}{10}\times\dfrac{10}{2}\times10=40$　　…❶
$B=\sqrt{(-8)^2}-\sqrt{81}+\sqrt{121}\times(-\sqrt{4^2})$
$\quad=8-9+11\times(-4)$
$\quad=8-9-44=-45$　　…❷
$\therefore A-B=40-(-45)=85$　　…❸
　　답 85

채점 기준	배점
❶ A의 값 구하기	40%
❷ B의 값 구하기	40%
❸ $A-B$의 값 구하기	20%

23 ① $a>0$이므로 $\sqrt{a^2}=a$

② $a>0$이므로 $-\sqrt{a^2}=-a$

③ $-a<0$이므로 $-\sqrt{(-a)^2}=-\{-(-a)\}=-a$

④ $-\sqrt{9a^2}=-\sqrt{(3a)^2}$이고 $3a>0$이므로
$\quad-\sqrt{9a^2}=-\sqrt{(3a)^2}=-3a$

⑤ $\sqrt{4a^2}=\sqrt{(2a)^2}$이고 $2a>0$이므로
$\quad\sqrt{4a^2}=\sqrt{(2a)^2}=2a$　　**답** ④

24 $\sqrt{25a^2}=\sqrt{(5a)^2}$이고 $5a<0$이므로
$\sqrt{25a^2}=\sqrt{(5a)^2}=-5a$　　**답** ②

25 ① $a<0$이므로 $\sqrt{a^2}=-a$

② $a<0$이므로 $-\sqrt{a^2}=-(-a)=a$

③ $-a>0$이므로 $\sqrt{(-a)^2}=-a$

④ $3a<0$이므로 $\sqrt{(3a)^2}=-3a$

⑤ $-\sqrt{16a^2}=-\sqrt{(4a)^2}$이고 $4a<0$이므로
$\quad-\sqrt{16a^2}=-\sqrt{(4a)^2}=-(-4a)=4a$　　**답** ④

26 $-\sqrt{36a^2}=-\sqrt{(6a)^2}$이고 $6a>0$이므로
$-\sqrt{36a^2}=-\sqrt{(6a)^2}=-6a$
$-5a<0$이므로 $\sqrt{(-5a)^2}=-(-5a)=5a$
$-\dfrac{1}{9}a<0$이므로 $-\sqrt{\left(-\dfrac{1}{9}a\right)^2}=-\left\{-\left(-\dfrac{1}{9}a\right)\right\}=-\dfrac{1}{9}a$
$\sqrt{\dfrac{49}{4}a^2}=\sqrt{\left(\dfrac{7}{2}a\right)^2}$이고 $\dfrac{7}{2}a>0$이므로
$\sqrt{\dfrac{49}{4}a^2}=\sqrt{\left(\dfrac{7}{2}a\right)^2}=\dfrac{7}{2}a$
이때 $a>0$이므로 가장 큰 수는 $5a$, 가장 작은 수는 $-6a$이다.
따라서 구하는 곱은
$5a\times(-6a)=-30a^2$　　**답** $-30a^2$

27 $a>0$이므로 $-a<0$, $4a>0$
$b<0$이므로 $-7b>0$
$\therefore \sqrt{(-a)^2}+\sqrt{16a^2}-\sqrt{(-7b)^2}$
$\quad=\sqrt{(-a)^2}+\sqrt{(4a)^2}-\sqrt{(-7b)^2}$
$\quad=-(-a)+4a-(-7b)$
$\quad=a+4a+7b=5a+7b$　　**답** ⑤

28 $a>0$이므로 $-6a<0$, $2a>0$
$\therefore \sqrt{(-6a)^2}-\sqrt{(2a)^2}=-(-6a)-2a$
$\qquad\qquad\qquad\qquad\quad =6a-2a=4a$　　**답** ③

29 $a<0$, $b>0$이므로 $2b>0$, $-3a>0$, $\dfrac{2}{3}b>0$　　…❶
$\therefore 2\sqrt{a^2}\times\sqrt{4b^2}+\sqrt{(-3a)^2}\times\sqrt{\dfrac{4}{9}b^2}$
$\quad=2\sqrt{a^2}\times\sqrt{(2b)^2}+\sqrt{(-3a)^2}\times\sqrt{\left(\dfrac{2}{3}b\right)^2}$
$\quad=2\times(-a)\times2b+(-3a)\times\dfrac{2}{3}b$
$\quad=-4ab-2ab=-6ab$　　…❷
　　답 $-6ab$

채점 기준	배점
❶ $2b$, $-3a$, $\dfrac{2}{3}b$의 부호 구하기	40%
❷ 주어진 식 간단히 하기	60%

30 $a-b>0$에서 $a>b$이고, $ab<0$에서 a, b의 부호가 서로 다르므로

$a>0$, $b<0$

이때 $\frac{2}{3}a>0$, $2b<0$이므로

$$\sqrt{0.\dot{4}a^2}-\sqrt{4b^2}=\sqrt{\frac{4}{9}a^2}-\sqrt{(2b)^2}$$
$$=\sqrt{\left(\frac{2}{3}a\right)^2}-\sqrt{(2b)^2}$$
$$=\frac{2}{3}a-(-2b)=\frac{2}{3}a+2b \qquad \text{답 } ⑤$$

~~~~~~~~
보충 TIP

· $ab>0$ ➡ a, b는 같은 부호
      ➡ $a>0$, $b>0$ 또는 $a<0$, $b<0$
· $ab<0$ ➡ a, b는 다른 부호
      ➡ $a>0$, $b<0$ 또는 $a<0$, $b>0$
~~~~~~~~

31 $1<a<4$에서 $a-1>0$, $a-4<0$이므로
$$\sqrt{(a-1)^2}+\sqrt{(a-4)^2}=a-1-(a-4)$$
$$=a-1-a+4=3 \qquad \text{답 } ③$$

32 $a<3$에서 $a-3<0$, $3-a>0$이므로
$$\sqrt{(a-3)^2}+\sqrt{(3-a)^2}=-(a-3)+3-a$$
$$=-a+3+3-a$$
$$=-2a+6 \qquad \text{답 } ⑤$$

33 $-2<a<5$에서 $5-a>0$, $a+2>0$이므로
$$\sqrt{(5-a)^2}-\sqrt{(a+2)^2}=5-a-(a+2)$$
$$=5-a-a-2$$
$$=-2a+3 \qquad \text{답 } ④$$

34 $a<b$, $ab<0$에서 $a<0$, $b>0$이므로
$-a>0$, $b-a>0$, $a-b<0$
$$\therefore \sqrt{(-a)^2}+\sqrt{(b-a)^2}-\sqrt{(a-b)^2}$$
$$=-a+b-a-\{-(a-b)\}$$
$$=-a+b-a+a-b=-a \qquad \text{답 } -a$$

35 $\sqrt{75x}=\sqrt{3\times5^2\times x}$가 자연수가 되려면 $x=3\times$(자연수)^2 꼴이어야 한다.

따라서 가장 작은 두 자리 자연수 x는

$3\times2^2=12$ 답 ①

36 $\sqrt{2^3\times7\times x}$가 자연수가 되려면 $x=2\times7\times$(자연수)^2 꼴이어야 한다.

따라서 가장 작은 자연수 x는

$2\times7=14$ 답 14

37 $\sqrt{18n}=\sqrt{2\times3^2\times n}$이 자연수가 되려면 $n=2\times$(자연수)^2 꼴이어야 한다.   …❶

따라서 $10<n<100$인 자연수 n은

$2\times3^2=18$, $2\times4^2=32$, $2\times5^2=50$, $2\times6^2=72$, $2\times7^2=98$

의 5개이다.   …❷

답 5

채점 기준	배점
❶ $n=2\times$(자연수)^2 꼴임을 알기	50%
❷ n의 개수 구하기	50%

38 $\sqrt{\frac{48a}{7}}=\sqrt{\frac{2^4\times3\times a}{7}}$가 자연수가 되려면

$a=3\times7\times$(자연수)^2 꼴이어야 한다.

a의 값이 가장 작을 때, $a+b$의 값도 가장 작으므로

$a=3\times7=21$

$$\therefore b=\sqrt{\frac{2^4\times3\times3\times7}{7}}=\sqrt{2^4\times3^2}=\sqrt{(2^2\times3)^2}=12$$

$\therefore a+b=21+12=33$ 답 ④

39 $\sqrt{\frac{90}{x}}=\sqrt{\frac{2\times3^2\times5}{x}}$가 자연수가 되려면 x는 90의 약수이면서 $2\times5\times$(자연수)^2 꼴이어야 한다.

따라서 가장 작은 자연수 x는

$2\times5=10$ 답 10

40 $\sqrt{\frac{56}{x}}=\sqrt{\frac{2^3\times7}{x}}$이 자연수가 되려면 x는 56의 약수이면서 $2\times7\times$(자연수)^2 꼴이어야 한다.

이때 x가 두 자리의 자연수이므로 x는

$2\times7=14$, $2\times7\times2^2=56$

따라서 구하는 모든 x의 값의 합은

$14+56=70$ 답 ②

41 $\sqrt{\frac{60}{a}}=\sqrt{\frac{2^2\times3\times5}{a}}$가 자연수가 되려면 a는 60의 약수이면서 $3\times5\times$(자연수)^2 꼴이어야 한다.

b의 값이 가장 크려면 a의 값은 가장 작아야 하므로

$a=3\times5=15$

$\therefore b=\sqrt{\frac{60}{15}}=\sqrt{4}=2$ 답 ①

42 $\sqrt{\frac{192}{x}}=\sqrt{\frac{2^6\times3}{x}}$이 자연수가 되려면 x는 192의 약수이면서 $3\times$(자연수)^2 꼴이어야 한다.   …❶

따라서 자연수 x는 3, 3×2^2, 3×2^4, 3×2^6이므로   …❷

순서쌍 (x, y)는 $(3, 8)$, $(12, 4)$, $(48, 2)$, $(192, 1)$이다.

    …❸

답 $(3, 8)$, $(12, 4)$, $(48, 2)$, $(192, 1)$

채점 기준	배점
❶ x는 192의 약수이면서 $3 \times (\text{자연수})^2$ 꼴임을 알기	30%
❷ x의 값 구하기	40%
❸ 순서쌍 (x, y) 구하기	30%

43 $\sqrt{28+x}$가 자연수가 되려면 $28+x$가 28보다 큰 $(\text{자연수})^2$
꼴이어야 하므로

$28+x=36, 49, 64, \cdots$

이때 x가 가장 작은 자연수이므로

$28+x=36$ ∴ $x=8$ 　　　답 8

44 $\sqrt{30+x}$가 자연수가 되려면 $30+x$가 30보다 큰 $(\text{자연수})^2$
꼴이어야 하므로

$30+x=36, 49, 64, 81, \cdots$

이때 $\sqrt{30+x}$가 한 자리 자연수이므로

$30+x=36$ ∴ $x=6$

$30+x=49$ ∴ $x=19$

$30+x=64$ ∴ $x=34$

$30+x=81$ ∴ $x=51$

따라서 구하는 모든 자연수 x의 값의 합은

$6+19+34+51=110$ 　　　답 ⑤

45 $\sqrt{24-x}$가 자연수가 되려면 $24-x$가 24보다 작은 $(\text{자연수})^2$
꼴이어야 하므로

$24-x=1, 4, 9, 16$

이때 $\sqrt{24-x}$가 가장 큰 자연수가 되어야 하므로

$24-x=16$ ∴ $x=8$ 　　　답 8

46 $\sqrt{35-x}$가 정수가 되려면 $35-x$가 35보다 작은 $(\text{정수})^2$ 꼴
이어야 하므로

$35-x=0, 1, 4, 9, 16, 25$

∴ $x=35, 34, 31, 26, 19, 10$

따라서 자연수 x의 개수는 6이다. 　　　답 6

보충 TIP $\sqrt{A-x}$ (A는 자연수) 꼴을 정수로 만들기

$\sqrt{A-x}$ (A는 자연수)가 정수가 되도록 하는 x의 값을 구할 때는
$A-x$가 A보다 작은 $(\text{자연수})^2$뿐만 아니라 0이 되는 경우도 생각
해야 한다.

47 ① $\sqrt{(-3)^2}=3$, $\sqrt{2^2}=2$이므로
　　$\sqrt{(-3)^2}>\sqrt{2^2}$

② $4=\sqrt{16}$이고 $\sqrt{14}<\sqrt{16}$이므로
　　$-\sqrt{14}>-4$

③ $7=\sqrt{49}$이고 $\sqrt{50}>\sqrt{49}$이므로
　　$\sqrt{50}>7$

④ $0.1=\sqrt{0.01}$이고 $\sqrt{0.1}>\sqrt{0.01}$이므로
　　$\sqrt{0.1}>0.1$

⑤ $\dfrac{1}{2}=\sqrt{\dfrac{1}{4}}$이고 $\sqrt{\dfrac{1}{3}}>\sqrt{\dfrac{1}{4}}$이므로
　　$\sqrt{\dfrac{1}{3}}>\dfrac{1}{2}$ 　　　답 ③

48 ㄱ. $0.5=\sqrt{0.25}$이고 $\sqrt{0.25}<\sqrt{0.5}$이므로
　　$0.5<\sqrt{0.5}$

ㄴ. $6=\sqrt{36}$이고 $\sqrt{35}<\sqrt{36}$이므로 $-\sqrt{35}>-\sqrt{36}$
　　∴ $-\sqrt{35}>-6$

ㄷ. $4=\sqrt{16}$이고 $\sqrt{16}>\sqrt{15}$이므로 $4>\sqrt{15}$
　　∴ $4-\sqrt{15}>0$

ㄹ. $9=\sqrt{81}=\sqrt{\dfrac{243}{3}}$이고 $\sqrt{\dfrac{242}{3}}<\sqrt{\dfrac{243}{3}}$이므로
　　$\sqrt{\dfrac{242}{3}}<9$

따라서 옳은 것은 ㄱ, ㄷ이다. 　　　답 ②

49 $\sqrt{\dfrac{42}{5}}=\sqrt{8.4}$, $\sqrt{(-3)^2}=\sqrt{9}$, $0.3=\sqrt{0.09}$이고

$\sqrt{0.09}<\sqrt{0.9}<\sqrt{8.4}<\sqrt{9}<\sqrt{10}$이므로

$0.3<\sqrt{0.9}<\sqrt{\dfrac{42}{5}}<\sqrt{(-3)^2}<\sqrt{10}$ 　　⋯❶

따라서 $a=0.3$, $b=\sqrt{10}$이므로 　　⋯❷

$a^2+b^2=(0.3)^2+(\sqrt{10})^2=0.09+10=10.09$ 　　⋯❸

답 10.09

채점 기준	배점
❶ 주어진 수의 대소를 비교하기	60%
❷ a, b의 값 구하기	20%
❸ a^2+b^2의 값 구하기	20%

50 $\sqrt{4}<\sqrt{8}<\sqrt{9}$에서 $2<\sqrt{8}<3$이므로

$3-\sqrt{8}>0$, $2-\sqrt{8}<0$

∴ $\sqrt{(3-\sqrt{8})^2}+\sqrt{(2-\sqrt{8})^2}=3-\sqrt{8}+\{-(2-\sqrt{8})\}$

　　$=3-\sqrt{8}-2+\sqrt{8}=1$ 　　　답 ③

51 $\sqrt{9}>\sqrt{5}$에서 $3>\sqrt{5}$이므로

$3-\sqrt{5}>0$, $\sqrt{5}-3<0$

∴ $\sqrt{(3-\sqrt{5})^2}-\sqrt{(\sqrt{5}-3)^2}=3-\sqrt{5}-\{-(\sqrt{5}-3)\}$

　　$=3-\sqrt{5}+\sqrt{5}-3=0$ 　　　답 ③

52 $\sqrt{4}<\sqrt{5}$에서 $2<\sqrt{5}$이므로

$\sqrt{5}-2>0$, $2-\sqrt{5}<0$

∴ $\sqrt{(\sqrt{5}-2)^2}-\sqrt{(2-\sqrt{5})^2}+\sqrt{(-2)^2}-(-\sqrt{5})^2$

　　$=\sqrt{5}-2-\{-(2-\sqrt{5})\}+2-5$

　　$=\sqrt{5}-2+2-\sqrt{5}+2-5=-3$ 　　　답 ②

53 $4<\sqrt{3x}<6$에서 $4^2<(\sqrt{3x})^2<6^2$이므로

$16<3x<36$ ∴ $\dfrac{16}{3}<x<12$

따라서 자연수 x는 6, 7, 8, 9, 10, 11의 6개이다. 　　　답 ④

01 제곱근의 뜻과 성질 **13**

54 $\sqrt{5}<n<\sqrt{37}$에서 $(\sqrt{5})^2<n^2<(\sqrt{37})^2$

$\therefore 5<n^2<37$

따라서 자연수 n은 3, 4, 5, 6이므로 구하는 모든 자연수 n의 합은

$3+4+5+6=18$ 　　　　　　　　　　　　　　**답** ④

55 $3<\sqrt{3(x-1)}<6$에서 $3^2<(\sqrt{3(x-1)})^2<6^2$

$9<3(x-1)<36,\ 3<x-1<12$

$\therefore 4<x<13$

따라서 자연수 x는 5, 6, 7, 8, 9, 10, 11, 12의 8개이다.

　　　　　　　　　　　　　　　　　　　　　답 ⑤

> **보충 TIP 부등식의 성질**
>
> (1) $a<b$이면 $a+c<b+c,\ \ a-c<b-c$
> (2) $a<b,\ c>0$이면 $ac<bc,\ \dfrac{a}{c}<\dfrac{b}{c}$
> (3) $a<b,\ c<0$이면 $ac>bc,\ \dfrac{a}{c}>\dfrac{b}{c}$

56 $-9<-\sqrt{2x+5}<-5$에서 $5<\sqrt{2x+5}<9$

$5^2<(\sqrt{2x+5})^2<9^2,\ 25<2x+5<81$

$20<2x<76$ 　　$\therefore 10<x<38$ 　　　　 … ❶

따라서 자연수 x는 11, 12, 13, $\cdots$, 37이므로

$a=37,\ b=11$ 　　　　　　　　　　　　　　 … ❷

$\therefore a-b=37-11=26$ 　　　　　　　　　 … ❸

　　　　　　　　　　　　　　　　　　　　　답 26

채점 기준	배점
❶ x의 값의 범위 구하기	60%
❷ a, b의 값 구하기	30%
❸ $a-b$의 값 구하기	10%

57 $\sqrt{81}<\sqrt{90}<\sqrt{100}$에서 $9<\sqrt{90}<10$이므로

$f(90)=9$

$\sqrt{9}<\sqrt{15}<\sqrt{16}$에서 $3<\sqrt{15}<4$이므로

$f(15)=3$

$\therefore f(90)-f(15)=9-3=6$ 　　　　　　　**답** ④

58 $\sqrt{144}<\sqrt{165}<\sqrt{169}$에서 $12<\sqrt{165}<13$이므로

$N(165)=12$

$\sqrt{36}<\sqrt{45}<\sqrt{49}$에서 $6<\sqrt{45}<7$이므로

$N(45)=6$

$\sqrt{64}<\sqrt{74}<\sqrt{81}$에서 $8<\sqrt{74}<9$이므로

$N(74)=8$

$\therefore N(165)-N(45)+N(74)=12-6+8=14$ 　**답** ③

59 $\sqrt{1}=1,\ \sqrt{4}=2,\ \sqrt{9}=3,\ \sqrt{16}=4,\ \sqrt{25}=5$이므로

$f(1)=f(2)=f(3)=1$

$f(4)=f(5)=f(6)=f(7)=2$

$f(9)=f(10)=f(11)=f(12)=f(13)=f(14)=f(15)=3$

$f(16)=f(17)=f(18)=4$

$\therefore f(1)+f(2)+f(3)+\cdots+f(18)$

　$=1\times3+2\times5+3\times7+4\times3$

　$=3+10+21+12=46$ 　　　　　　　　　　**답** ⑤

Real 실전 기출

01 ① $\sqrt{1.21}=1.1$이므로 제곱근 $\sqrt{1.21}$은 $\sqrt{1.1}$이다.

② 제곱하여 0.1이 되는 수는 $\pm\sqrt{0.1}$의 2개이다.

③ 제곱하여 0이 되는 수는 0이다.

④ 음수인 -5의 제곱근은 없고, $-\sqrt{5}$는 5의 음의 제곱근이다.

⑤ $\sqrt{(-3)^2}=3$이므로 $\sqrt{(-3)^2}$의 제곱근은 $\pm\sqrt{3}$이다.

　　　　　　　　　　　　　　　　　　　　　답 ⑤

02 현우: $\dfrac{25}{4}$의 제곱근은 $\pm\dfrac{5}{2}$의 2개이고, 두 제곱근의 합은 0이다.

진아: $9^2=81$의 제곱근은 ±9이다.

사랑: 제곱근 0.81은 $\sqrt{0.81}=\sqrt{(0.9)^2}=0.9$이다.

승유: $\sqrt{256}=16$의 양의 제곱근은 4이다.

하은: $\left(-\dfrac{1}{6}\right)^2=\dfrac{1}{36}$의 음의 제곱근은 $-\dfrac{1}{6}$이다.

따라서 잘못 말한 학생은 승유이다. 　　　　　**답** ④

03 (직사각형의 넓이)$=5\times8=40(cm^2)$

넓이가 40 cm^2인 정사각형의 한 변의 길이를 x cm라 하면

$x^2=40$ 　　$\therefore x=\sqrt{40}\ (\because x>0)$

따라서 구하는 정사각형의 한 변의 길이는 $\sqrt{40}$ cm이다.

　　　　　　　　　　　　　　　　　　　　　답 ④

04 ① $\sqrt{0.04}=0.2$의 제곱근은 $\pm\sqrt{0.2}$이다.

② $2.\dot{7}=\dfrac{25}{9}$의 제곱근은 $\pm\sqrt{\dfrac{25}{9}}=\pm\dfrac{5}{3}$이다.

③ $\sqrt{\dfrac{9}{25}}=\dfrac{3}{5}$의 제곱근은 $\pm\sqrt{\dfrac{3}{5}}$이다.

④ $\sqrt{625}=25$의 제곱근은 $\pm\sqrt{25}=\pm5$이다.

⑤ 1.69의 제곱근은 $\pm\sqrt{1.69}=\pm1.3$이다.

따라서 제곱근을 근호를 사용하지 않고 나타낼 수 없는 것은 ①, ③이다.

　　　　　　　　　　　　　　　　　　　　답 ①, ③

05 ㄹ. $\sqrt{\left(-\dfrac{9}{4}\right)^2}=\dfrac{9}{4}$

따라서 옳은 것은 ㄱ, ㄴ, ㄷ이다. 　　　　　**답** ④

06 ① $(-\sqrt{5})^2+\sqrt{(-7)^2}+\sqrt{81}=5+7+9=21$

② $\sqrt{121}-\sqrt{4^2}-\sqrt{(-2)^2}=11-4-2=5$

③ $\sqrt{49}\div(-\sqrt{7})^2=7\div7=1$

④ $\sqrt{2^4}-\sqrt{(-9)^2}+\sqrt{25}=4-9+5=0$

⑤ $\sqrt{\dfrac{9}{64}}\times\sqrt{0.04}\div\sqrt{\left(\dfrac{1}{2}\right)^2}=\dfrac{3}{8}\times0.2\div\dfrac{1}{2}$

$\qquad\qquad\qquad\qquad\qquad =\dfrac{3}{8}\times\dfrac{2}{10}\times2=\dfrac{3}{20}$ **답 ③**

07 $a-b<0$에서 $a<b$이고, $ab<0$에서 a, b의 부호가 서로 다르므로

$a<0,\ b>0$

이때 $-2a>0$, $3a<0$, $5b>0$이므로

$\sqrt{(-2a)^2}-\sqrt{9a^2}+\sqrt{(5b)^2}$

$=\sqrt{(-2a)^2}-\sqrt{(3a)^2}+\sqrt{(5b)^2}$

$=-2a-(-3a)+5b$

$=-2a+3a+5b$

$=a+5b$ **답 ④**

08 $-3<x<6$이므로 $6-x>0$, $-3-x<0$

$\therefore\ \sqrt{(6-x)^2}+\sqrt{(-3-x)^2}=6-x-(-3-x)$

$\qquad\qquad\qquad\qquad\qquad\qquad =6-x+3+x=9$ **답 ②**

09 (i) $180x=2^2\times3^2\times5\times x$이므로 $x=5\times(자연수)^2$ 꼴이어야 한다.

(ii) $\dfrac{320}{x}=\dfrac{2^6\times5}{x}$이므로 x는 320의 약수이면서 $5\times(자연수)^2$ 꼴이어야 한다.

(i), (ii)에서 가장 작은 두 자리 자연수 x는

$5\times2^2=20$ **답 ③**

10 (i) A 색종이의 한 변의 길이는 $\sqrt{37-x}$이므로 이 변의 길이가 자연수이려면 $37-x$가 37보다 작은 $(자연수)^2$ 꼴이어야 한다.

$37-x=1,\ 4,\ 9,\ 16,\ 25,\ 36$

$\therefore\ x=36,\ 33,\ 28,\ 21,\ 12,\ 1$

(ii) B 색종이의 한 변의 길이는 $\sqrt{3x}$이므로 이 변의 길이가 자연수이려면 $x=3\times(자연수)^2$ 꼴이어야 한다.

$\therefore\ x=3,\ 3\times2^2(=12),\ 3\times3^2(=27),\ \cdots$

(i), (ii)에서 조건을 모두 만족시키는 x의 값은 12이다. **답 12**

11 ① $\dfrac{1}{a^2}>1$　　　② $\dfrac{1}{a}>1$　　　③ $\sqrt{\dfrac{1}{a}}>1$

④ $0<\sqrt{a}<1$　　⑤ $0<a^2<1$

그런데 $0<a<1$일 때, $\sqrt{a}>a^2$이므로 a^2의 값이 가장 작다. **답 ⑤**

참고 $a=\dfrac{1}{4}$이라 하면

$\dfrac{1}{a^2}=16$, $\dfrac{1}{a}=4$, $\sqrt{\dfrac{1}{a}}=2$, $\sqrt{a}=\dfrac{1}{2}$, $a^2=\dfrac{1}{16}$이므로

$a^2<\sqrt{a}<\sqrt{\dfrac{1}{a}}<\dfrac{1}{a}<\dfrac{1}{a^2}$임을 알 수 있다.

12 (i) $3<\sqrt{2x}<4$에서 $3^2<(\sqrt{2x})^2<4^2$

$9<2x<16$　　$\therefore\ \dfrac{9}{2}<x<8$

따라서 이를 만족시키는 자연수 x의 값은 5, 6, 7이다.

(ii) $\sqrt{30}<x<\sqrt{85}$에서 $(\sqrt{30})^2<x^2<(\sqrt{85})^2$

$30<x^2<85$

따라서 이를 만족시키는 자연수 x의 값은 6, 7, 8, 9이다.

(i), (ii)에서 두 부등식을 동시에 만족시키는 자연수 x는 6, 7이므로 구하는 합은

$6+7=13$ **답 ②**

13 $\sqrt{100+x}-\sqrt{80-y}$가 가장 작은 정수가 되려면

$\sqrt{100+x}$는 가장 작은 자연수이고, $\sqrt{80-y}$는 가장 큰 자연수가 되어야 한다.

$100+x$가 100보다 큰 $(자연수)^2$ 꼴 중에서 가장 작은 수가 되어야 하므로

$100+x=121$　　$\therefore\ x=21$

$80-y$가 80보다 작은 $(자연수)^2$ 꼴 중에서 가장 큰 수가 되어야 하므로

$80-y=64$　　$\therefore\ y=16$

$\therefore\ x-y=21-16=5$ **답 5**

14 $a-1<0$이므로 $\sqrt{(a-1)^2}=-(a-1)=-a+1$

$b-1<0$이므로 $\sqrt{(b-1)^2}=-(b-1)=-b+1$

$ab-1<0$이므로 $\sqrt{(ab-1)^2}=-(ab-1)=-ab+1$

$a>0$이므로 $\dfrac{1}{\sqrt{a^2}}=\dfrac{1}{a}$

$b>0$이므로 $\dfrac{1}{\sqrt{b^2}}=\dfrac{1}{b}$

이때 $0<ab<b<a<1$이므로

$\sqrt{(a-1)^2}<\sqrt{(b-1)^2}<\sqrt{(ab-1)^2}<1$

또, $\dfrac{1}{b}>\dfrac{1}{a}>1$이므로

$1<\dfrac{1}{\sqrt{a^2}}<\dfrac{1}{\sqrt{b^2}}$

$\therefore\ \sqrt{(a-1)^2}<\sqrt{(b-1)^2}<\sqrt{(ab-1)^2}<\dfrac{1}{\sqrt{a^2}}<\dfrac{1}{\sqrt{b^2}}$

따라서 작은 값부터 차례대로 나열할 때, 네 번째에 오는 식은

$\dfrac{1}{\sqrt{a^2}}=\dfrac{1}{a}$ **답 $\dfrac{1}{a}$**

15 $f(1)=1$

$f(2)=f(3)=f(4)=2$

$f(5)=f(6)=f(7)=3$

$f(8)=f(9)=f(10)=f(11)=f(12)=4$

$f(13)=f(14)=f(15)=f(16)=5$

따라서

$f(1)+f(2)+f(3)+\cdots+f(16)$

$=1+2\times3+3\times3+4\times5+5\times4=56$

이므로 구하는 n의 값은 16이다.   **답** 16

16 (두 정사각형의 넓이의 합)$=3^2+6^2$

$\qquad\qquad\qquad\qquad\quad =9+36=45(\text{cm}^2)$ ···**❶**

넓이가 45 cm²인 정사각형의 한 변의 길이를 x cm라 하면

$x^2=45 \qquad \therefore x=\sqrt{45}\ (\because x>0)$

따라서 구하는 정사각형의 한 변의 길이는 $\sqrt{45}$ cm이다.

  ···**❷**

    답 $\sqrt{45}$ cm

채점 기준	배점
❶ 두 정사각형의 넓이의 합 구하기	40%
❷ 새로 만들어진 정사각형의 한 변의 길이 구하기	60%

17 $a<0$이므로

$-3a>0, \dfrac{3}{4}a<0, 8a<0, 0.5a<0$ ···**❶**

$\therefore$ (주어진 식)

$=\sqrt{(-3a)^2}\times\sqrt{\left(\dfrac{3}{4}a\right)^2}-\sqrt{(8a)^2}\times\sqrt{(0.5a)^2}$

$=-3a\times\left(-\dfrac{3}{4}a\right)-(-8a)\times(-0.5a)$

$=\dfrac{9}{4}a^2-4a^2=-\dfrac{7}{4}a^2$ ···**❷**

    답 $-\dfrac{7}{4}a^2$

채점 기준	배점
❶ $-3a, \dfrac{3}{4}a, 8a, 0.5a$의 부호 구하기	40%
❷ 주어진 식 간단히 하기	60%

18 $54-x$가 54보다 작은 (자연수)² 꼴인 수이어야 하므로

$54-x=1, 4, 9, 16, 25, 36, 49$

이때 $\sqrt{54-x}$가 가장 큰 자연수가 되어야 하므로

$54-x=49 \qquad \therefore x=5 \qquad \therefore a=5$ ···**❶**

$\dfrac{90}{y}=\dfrac{2\times3^2\times5}{y}$이므로 y는 90의 약수이면서

$2\times5\times$(자연수)² 꼴이어야 한다.

이때 $\sqrt{\dfrac{90}{y}}$이 가장 큰 자연수가 되려면 y는 가장 작은 수이

어야 하므로

19 $-5<-\sqrt{4x+1}<-2$에서 $2<\sqrt{4x+1}<5$

$2^2<(\sqrt{4x+1})^2<5^2, 4<4x+1<25$

$3<4x<24 \qquad \therefore \dfrac{3}{4}<x<6$ ···**❶**

따라서 이를 만족시키는 자연수 x는 1, 2, 3, 4, 5의 5개

이다.   ···**❷**

    답 5

채점 기준	배점
❶ x의 값의 범위 구하기	70%
❷ 부등식을 만족시키는 모든 자연수 x의 개수 구하기	30%

20 $0<a<1$에서 $\dfrac{1}{a}>1$이므로

$a+\dfrac{1}{a}>0, a-\dfrac{1}{a}<0, 7a>0$ ···**❶**

$\therefore \sqrt{\left(a+\dfrac{1}{a}\right)^2}-\sqrt{\left(a-\dfrac{1}{a}\right)^2}+\sqrt{(7a)^2}$

$=a+\dfrac{1}{a}-\left\{-\left(a-\dfrac{1}{a}\right)\right\}+7a$

$=a+\dfrac{1}{a}+a-\dfrac{1}{a}+7a=9a$ ···**❷**

    답 $9a$

채점 기준	배점
❶ $a+\dfrac{1}{a}, a-\dfrac{1}{a}, 7a$의 부호 구하기	50%
❷ 주어진 식 간단히 하기	50%

21 $1\times2\times3\times\cdots\times9$

$=1\times2\times3\times2^2\times5\times(2\times3)\times7\times2^3\times3^2$

$=2^7\times3^4\times5\times7$ ···**❶**

이므로 $\sqrt{1\times2\times3\times\cdots\times9\times x}$가 자연수가 되려면

$x=2\times5\times7\times$(자연수)² 꼴이어야 한다.   ···**❷**

따라서 세 자리 자연수 x는

$2\times5\times7\times2^2, 2\times5\times7\times3^2$ ···**❸**

이므로 구하는 합은 $280+630=910$ ···**❹**

    답 910

채점 기준	배점
❶ $1\times2\times3\times\cdots\times9$를 소인수분해하기	30%
❷ x의 조건 구하기	30%
❸ x의 값 구하기	30%
❹ x의 값의 합 구하기	10%

위쪽 (이어서)

$y=2\times5=10 \qquad \therefore b=10$ ···**❷**

$\therefore a+b=5+10=15$ ···**❸**

    답 15

채점 기준	배점
❶ a의 값 구하기	40%
❷ b의 값 구하기	40%
❸ $a+b$의 값 구하기	20%

02 무리수와 실수

Real 실전 개념
23쪽

01 답 무   **02** 답 유

03 답 유   **04** 답 무

05 답 유   **06** 답 무

07 답 ×   **08** 답 ○

09 순환소수는 무한소수이지만 유리수이다.   답 ×

10 답 ○   **11** 답 ○

12 답 2.302   **13** 답 2.247

14 답 2.263   **15** 답 2.289

16 $\overline{AP}=\overline{AC}=\sqrt{1^2+3^2}=\sqrt{10}$ 답 $\sqrt{10}$

17 답 $\sqrt{10}$

18 $\overline{AP}=\overline{AC}=\sqrt{1^2+2^2}=\sqrt{5}$ 답 $\sqrt{5}$

19 답 $3+\sqrt{5}$ **20** 답 ○

21 답 ○   **22** 답 ×

23 $\sqrt{10}-1$, $2+\sqrt{2}$에 대응하는 점을 수직선 위에 나타내면 다음 그림과 같다.

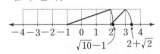

$$\therefore \sqrt{10}-1<2+\sqrt{2}$$ 답 풀이 참조

24 답 $\sqrt{8}$, 0.6, $\dfrac{1}{2}$, 0, $-\sqrt{\dfrac{1}{3}}$, $-\sqrt{5}$

Real 실전 유형
24~27쪽

01 $\sqrt{1.44}=1.2$, $-\sqrt{(-6)^2}=-6$은 유리수이다.

따라서 무리수는 $\sqrt{\dfrac{5}{9}}$, $3+\sqrt{5}$의 2개이다.   답 ②

02 각 정사각형의 한 변의 길이를 구해 보면 다음과 같다.

ㄱ. $\sqrt{3}$ ㄴ. $\sqrt{9}=3$ ㄷ. $\sqrt{20}$

ㄹ. $\sqrt{25}=5$ ㅁ. $3\sqrt{3}$ … ❶

따라서 한 변의 길이가 유리수인 것은 ㄴ, ㄹ이다.   … ❷

답 ㄴ, ㄹ

채점 기준	배점
❶ 각 정사각형의 한 변의 길이 구하기	60%
❷ 한 변의 길이가 유리수인 것 찾기	40%

03 ① $\sqrt{169}=13$

③ $\sqrt{5.\dot4}=\sqrt{\dfrac{49}{9}}=\dfrac{7}{3}$

⑤ $\pm\sqrt{0.16}=\pm0.4$ 답 ②, ④

04 ③ 실수 중 무리수가 아닌 수는 유리수이다.

⑤ $\sqrt{36}=6$과 같이 근호 안의 수가 어떤 유리수의 제곱이면 그 수는 유리수이다.   답 ③, ⑤

05 ④ 무리수는 $\dfrac{(정수)}{(0이\ 아닌\ 정수)}$ 꼴로 나타낼 수 없다.   답 ④

06 ① $\dfrac{1}{3}$은 정수가 아니지만 유리수이다.

② 순환소수가 아닌 무한소수는 무리수이고 실수이다.

③ 순환소수는 유리수이지만 유한소수는 아니다.

⑤ 순환소수는 무한소수이지만 유리수이다.   답 ④

07 $\sqrt{28.2}=5.310$이므로 $a=5.310$

$\sqrt{30.3}=5.505$이므로 $b=30.3$

$\therefore 1000a-10b=5310-303=5007$ 답 ④

08 $\sqrt{4.59}=2.142$이므로 $a=2.142$

$\sqrt{4.76}=2.182$이므로 $b=2.182$

$\therefore a+b=2.142+2.182=4.324$ 답 4.324

09 $\sqrt{70.1}=8.373$이므로 $a=70.1$

$\sqrt{72.3}=8.503$이므로 $b=72.3$

$\sqrt{71.2}=8.438$이므로 $c=71.2$

$\dfrac{a+b+c}{3}=\dfrac{70.1+72.3+71.2}{3}=71.2$이므로

$\sqrt{\dfrac{a+b+c}{3}}=\sqrt{71.2}=8.438$ 답 8.438

10 ①, ③ $\overline{AB}=\sqrt{1^2+2^2}=\sqrt{5}$이므로

$\overline{AP}=\overline{AB}=\sqrt{5}$ $\therefore P(-2+\sqrt{5})$

②, ④ $\overline{AQ}=\overline{AB}=\sqrt{5}$이므로 $Q(-2-\sqrt{5})$

⑤ $\overline{OP}=\overline{AP}-\overline{AO}=\sqrt{5}-2$ 답 ⑤

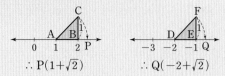
11 ① 정사각형 ABOC의 넓이가 13이므로 $\overline{OB}=\sqrt{13}$
∴ $\overline{OP}=\overline{OB}=\sqrt{13}$
② 정사각형 DEFG의 넓이가 5이므로 $\overline{FE}=\sqrt{5}$
∴ $\overline{FR}=\overline{FE}=\sqrt{5}$
③ $\overline{OP}=\sqrt{13}$이므로 $P(-\sqrt{13})$
④ $\overline{FR}=\sqrt{5}$이므로 $R(7-\sqrt{5})$
⑤ $\overline{FS}=\overline{FG}=\overline{FE}=\sqrt{5}$이므로 $S(7+\sqrt{5})$ **답** ⑤

12 $\overline{AB}=\sqrt{2^2+2^2}=\sqrt{8}$ …❶
$\overline{AP}=\overline{AB}=\sqrt{8}$이므로 점 A에 대응하는 수는
$(-4-\sqrt{8})+\sqrt{8}=-4$ …❷
$\overline{AQ}=\overline{AP}=\sqrt{8}$이므로 점 Q에 대응하는 수는
$-4+\sqrt{8}$ …❸

답 $-4+\sqrt{8}$

채점 기준	배점
❶ $\overline{AB}$의 길이 구하기	30%
❷ 점 A에 대응하는 수 구하기	40%
❸ 점 Q에 대응하는 수 구하기	30%

13 ③ $\sqrt{3}$과 $\sqrt{8}$ 사이에 있는 정수는 2 하나뿐이다.
⑤ 수직선은 실수에 대응하는 점들로 완전히 메울 수 있다.
답 ③, ⑤

14 ① $\sqrt{10}$과 $\sqrt{11}$ 사이에는 무수히 많은 유리수가 있다.
③ 서로 다른 두 무리수 사이에는 무수히 많은 무리수와 유리수가 있다.
④ $\dfrac{2}{11}$와 $\dfrac{9}{11}$ 사이에는 무수히 많은 유리수가 있다.
답 ②, ⑤

15 ㄱ. 2에 가장 가까운 무리수는 알 수 없다.
ㄷ. 모든 무리수는 수직선 위의 한 점에 대응한다.
따라서 옳은 것은 ㄴ, ㄹ이다. **답** ㄴ, ㄹ

16 $\sqrt{4}<\sqrt{8}<\sqrt{9}$, 즉 $2<\sqrt{8}<3$이므로
$0<\sqrt{8}-2<1$
따라서 $\sqrt{8}-2$에 대응하는 점은 C이다. **답** ③

17 $\sqrt{25}<\sqrt{32}<\sqrt{36}$, 즉 $5<\sqrt{32}<6$이므로 $\sqrt{32}$에 대응하는 점은 A이다. **답** 점 A

18 (i) $\sqrt{4}<\sqrt{7}<\sqrt{9}$, 즉 $2<\sqrt{7}<3$이므로 $-3<-\sqrt{7}<-2$
∴ $1<4-\sqrt{7}<2$
따라서 $4-\sqrt{7}$에 대응하는 점이 있는 구간은 D이다.
…❶
(ii) $\sqrt{9}<\sqrt{10}<\sqrt{16}$, 즉 $3<\sqrt{10}<4$이므로 $\sqrt{10}$에 대응하는 점이 있는 구간은 F이다.
…❷
(iii) $\sqrt{1}<\sqrt{2}<\sqrt{4}$, 즉 $1<\sqrt{2}<2$이므로 $2<1+\sqrt{2}<3$
따라서 $1+\sqrt{2}$에 대응하는 점이 있는 구간은 E이다.
…❸
(i), (ii), (iii)에서 구하는 구간은 차례대로 구간 D, 구간 F, 구간 E이다. …❹
답 구간 D, 구간 F, 구간 E

채점 기준	배점
❶ $4-\sqrt{7}$에 대응하는 점이 있는 구간 구하기	30%
❷ $\sqrt{10}$에 대응하는 점이 있는 구간 구하기	30%
❸ $1+\sqrt{2}$에 대응하는 점이 있는 구간 구하기	30%
❹ 구간을 차례대로 구하기	10%

19 $\sqrt{9}<\sqrt{11}<\sqrt{16}$, 즉 $3<\sqrt{11}<4$
$\sqrt{4}<\sqrt{5}<\sqrt{9}$, 즉 $2<\sqrt{5}<3$ ∴ $-3<-\sqrt{5}<-2$
$\sqrt{1}<\sqrt{3}<\sqrt{4}$, 즉 $1<\sqrt{3}<2$ ∴ $2<1+\sqrt{3}<3$
$\sqrt{4}<\sqrt{6}<\sqrt{9}$, 즉 $2<\sqrt{6}<3$이므로 $-3<-\sqrt{6}<-2$
∴ $-2<1-\sqrt{6}<-1$
따라서 점 A에 대응하는 수는 $-\sqrt{5}$이고, 점 C에 대응하는 수는 $1+\sqrt{3}$이다. **답** A: $-\sqrt{5}$, C: $1+\sqrt{3}$

20 $5=\sqrt{25}$, $6=\sqrt{36}$이므로 5와 6 사이에 있는 수는 $\sqrt{28}$, $\sqrt{30}$, $\sqrt{34}$의 3개이다. **답** ③

21 ① $\sqrt{2}<\sqrt{3}<\sqrt{5}$
② $\sqrt{2}+0.5=1.414+0.5=1.914$
③ $\sqrt{5}-0.1=2.236-0.1=2.136$
④ $\dfrac{\sqrt{2}+\sqrt{5}}{2}=\dfrac{1.414+2.236}{2}=1.825$
⑤ $\sqrt{2}+1=1.414+1=2.414>\sqrt{5}$
따라서 $\sqrt{2}+1$은 $\sqrt{2}$와 $\sqrt{5}$ 사이에 있는 수가 아니다.
답 ⑤

참고 $\dfrac{\sqrt{2}+\sqrt{5}}{2}$는 $\sqrt{2}$와 $\sqrt{5}$의 평균이므로 $\sqrt{2}$와 $\sqrt{5}$ 사이에 있는 수이다.

22 $\sqrt{9}<\sqrt{14}<\sqrt{16}$, 즉 $3<\sqrt{14}<4$이고 $5=\sqrt{25}$이다.
① $3<\sqrt{14}<4$에서 $4<\sqrt{14}+1<5$
② $4=\sqrt{16}$ ∴ $\sqrt{14}<4<5$

③ $\dfrac{\sqrt{14}+5}{2}$는 $\sqrt{14}$와 5의 평균이므로 $\sqrt{14}$와 5 사이에 있는 수이다.

④ $3<\sqrt{14}<4$에서 $5<\sqrt{14}+2<6$이므로 $\sqrt{14}$와 5 사이에 있는 수가 아니다.

⑤ $\sqrt{4}<\sqrt{7}<\sqrt{9}$에서 $2<\sqrt{7}<3$ ∴ $4<\sqrt{7}+2<5$

답 ④

23 $11<\sqrt{a}<12$에서 $\sqrt{121}<\sqrt{a}<\sqrt{144}$

∴ $121<a<144$ … ❶

따라서 구하는 자연수 a는

$122, 123, 124, \cdots, 143$의 22개이다. … ❷

답 22

채점 기준	배점
❶ a의 값의 범위 구하기	50%
❷ 자연수 a의 개수 구하기	50%

24 $\sqrt{1}<\sqrt{3}<\sqrt{4}$, 즉 $1<\sqrt{3}<2$이므로 $4<3+\sqrt{3}<5$

$\sqrt{1}<\sqrt{2}<\sqrt{4}$, 즉 $1<\sqrt{2}<2$이므로 $-2<-\sqrt{2}<-1$

∴ $2<4-\sqrt{2}<3$

$\sqrt{4}<\sqrt{5}<\sqrt{9}$, 즉 $2<\sqrt{5}<3$이므로 $-3<-\sqrt{5}<-2$

∴ $-2<1-\sqrt{5}<-1$

$\sqrt{4}<\sqrt{7}<\sqrt{9}$, 즉 $2<\sqrt{7}<3$이므로 $-3<-\sqrt{7}<-2$

∴ $-1<2-\sqrt{7}<0$

따라서 네 점 A, B, C, D에 대응하는 수는 각각

$1-\sqrt{5}, 2-\sqrt{7}, 4-\sqrt{2}, 3+\sqrt{3}$

이고, 주어진 네 수의 대소를 비교하면

$1-\sqrt{5}<2-\sqrt{7}<4-\sqrt{2}<3+\sqrt{3}$

답 풀이 참조

다른 풀이 $3+\sqrt{3}=3+1.\times\times\times=4.\times\times\times$

$4-\sqrt{2}=4-1.\times\times\times=2.\times\times\times$

$1-\sqrt{5}=1-2.\times\times\times=-1.\times\times\times$

$2-\sqrt{7}=2-2.\times\times\times=-0.\times\times\times$

따라서 네 점 A, B, C, D에 대응하는 수는 각각

$1-\sqrt{5}, 2-\sqrt{7}, 4-\sqrt{2}, 3+\sqrt{3}$

이고, 주어진 네 수의 대소를 비교하면

$1-\sqrt{5}<2-\sqrt{7}<4-\sqrt{2}<3+\sqrt{3}$

25 ① $\sqrt{5}=\sqrt{\dfrac{20}{4}}$, $\dfrac{5}{2}=\sqrt{\dfrac{25}{4}}$이므로 $\sqrt{\dfrac{20}{4}}<\sqrt{\dfrac{25}{4}}$ ∴ $\sqrt{5}<\dfrac{5}{2}$

② $3=\sqrt{9}$이고 $\sqrt{\dfrac{41}{7}}<\sqrt{9}$이므로 $\sqrt{\dfrac{41}{7}}<3$

③ $3=\sqrt{9}$이고 $\sqrt{12}>\sqrt{9}$이므로 $\sqrt{12}>3$ ∴ $\sqrt{12}-3>0$

④ $4=\sqrt{16}$이고 $\sqrt{15}<\sqrt{16}$이므로 $-\sqrt{15}>-\sqrt{16}$

∴ $-\sqrt{15}>-4$

⑤ $\dfrac{1}{2}=\sqrt{\dfrac{1}{4}}$이므로 $\sqrt{\dfrac{1}{4}}>\sqrt{\dfrac{1}{6}}$, $-\sqrt{\dfrac{1}{4}}<-\sqrt{\dfrac{1}{6}}$

∴ $-\dfrac{1}{2}<-\sqrt{\dfrac{1}{6}}$

답 ④

26 $\sqrt{4}<\sqrt{8}<\sqrt{9}$, 즉 $2<\sqrt{8}<3$이므로

$-3<-\sqrt{8}<-2$

$\sqrt{4}<\sqrt{5}<\sqrt{9}$, 즉 $2<\sqrt{5}<3$이므로

$-3<-\sqrt{5}<-2$ ∴ $0<3-\sqrt{5}<1$

$\sqrt{1}<\sqrt{2}<\sqrt{4}$, 즉 $1<\sqrt{2}<2$이므로

$-1<\sqrt{2}-2<0$

$\sqrt{4}<\sqrt{7}<\sqrt{9}$, 즉 $2<\sqrt{7}<3$이므로

$-4<-6+\sqrt{7}<-3$

따라서 네 점 A, B, C, D에 대응하는 수는 각각

$-6+\sqrt{7}, -\sqrt{8}, \sqrt{2}-2, 3-\sqrt{5}$

이므로 가장 큰 수는 $3-\sqrt{5}$, 가장 작은 수는 $-6+\sqrt{7}$이다.

답 가장 큰 수: $3-\sqrt{5}$, 가장 작은 수: $-6+\sqrt{7}$

Real 실전 기출

28~30쪽

01 □ 안의 수는 순환소수가 아닌 무한소수, 즉 무리수이다.

① $\sqrt{8.\dot{9}}=\sqrt{\dfrac{81}{9}}=3$ ② $\sqrt{\dfrac{9}{16}}=\dfrac{3}{4}$

④ $-\sqrt{0.49}=-0.7$ ⑤ $\dfrac{\sqrt{64}}{5}=\dfrac{8}{5}$ 답 ③

02 ① 소수는 유한소수와 무한소수(순환소수, 순환소수가 아닌 무한소수)로 이루어져 있다.

④ 실수는 양의 실수, 0, 음의 실수로 구분할 수 있다.

⑤ 순환소수는 무한소수이지만 유리수이다.   답 ②, ③

03 $\sqrt{5.46}=2.337$이므로 $a=2.337$

$\sqrt{5.28}=2.298$이므로 $b=5.28$

∴ $1000a-100b=2337-528=1809$ 답 1809

04 한 변의 길이가 1인 정사각형의 대각선의 길이는 $\sqrt{2}$이므로

① A$(-\sqrt{2})$ ② B$(-1+\sqrt{2})$ ③ C$(2-\sqrt{2})$

④ D$(1+\sqrt{2})$ ⑤ E$(2+\sqrt{2})$

따라서 각 점에 대응하는 수로 옳지 않은 것은 ①이다.

답 ①

05 $\overline{AP}=\overline{AC}=\sqrt{3^2+2^2}=\sqrt{13}$이므로 P$(2-\sqrt{13})$

$\overline{DQ}=\overline{DF}=\sqrt{1^2+3^2}=\sqrt{10}$이므로 Q$(4+\sqrt{10})$

∴ $a-\sqrt{b}=2-\sqrt{13}$, $c+\sqrt{d}=4+\sqrt{10}$

따라서 $a=2$, $b=13$, $c=4$, $d=10$이므로

$a+b+c+d=2+13+4+10=29$ 답 29

06 ③ $-\sqrt{3}$과 $\sqrt{10}$ 사이에 있는 정수는 $-1, 0, 1, 2, 3$의 5개이다.

⑤ 수직선은 유리수와 무리수, 즉 실수에 대응하는 점들로
완전히 메울 수 있다.　　　　　　　　　　　　답 ⑤

07 $\sqrt{4}<\sqrt{7}<\sqrt{9}$, 즉 $2<\sqrt{7}<3$이므로
$-3<-\sqrt{7}<-2$ 　∴ $3<6-\sqrt{7}<4$
$\sqrt{9}<\sqrt{10}<\sqrt{16}$, 즉 $3<\sqrt{10}<4$이므로
$5<\sqrt{10}+2<6$
따라서 $6-\sqrt{7}$, $\sqrt{10}+2$에 대응하는 점이 있는 구간은 차례
대로 구간 A, 구간 C이다.　　　　　　　　　　　답 ①

08 $\overline{AP}=\overline{AC}=\sqrt{3^2+3^2}=\sqrt{18}$이므로 점 P에 대응하는 수는
$a=-1+\sqrt{18}$
$4<\sqrt{18}<5$에서 $3<-1+\sqrt{18}<4$ 　∴ $3<a<4$
① $2<\sqrt{5}<3$이므로 $\sqrt{5}<a$
② $\dfrac{9}{2}=4.5$이므로 $a<\dfrac{9}{2}<5$
③ $3<a<4$이므로 $\dfrac{3}{2}<\dfrac{a}{2}<2$, $\dfrac{9}{2}<\dfrac{a}{2}+3<5$
　∴ $a<\dfrac{a}{2}+3<5$
④ $3<a<4$이므로 $4<a+1<5$ 　∴ $a<a+1<5$
⑤ $3<a<4$이므로 $-4<-a<-3$ 　∴ $5<-a+9<6$
따라서 a와 5 사이에 있지 않은 것은 ①, ⑤이다.
　　　　　　　　　　　　　　　　　　　　　답 ①, ⑤

09 ① $3<\sqrt{13}<4$, $5<\sqrt{26}<6$이므로 정수 x는 4, 5의 2개이다.
③ 무리수 x는 무수히 많다.
⑤ $3<\sqrt{10}<4$에서 $4<1+\sqrt{10}<5$
　∴ $\sqrt{13}<1+\sqrt{10}<\sqrt{26}$　　　　　　　답 ③

10 $\sqrt{9}<\sqrt{11}<\sqrt{16}$, 즉 $3<\sqrt{11}<4$이므로
$-4<-\sqrt{11}<-3$ 　∴ $-2<2-\sqrt{11}<-1$
$\sqrt{25}<\sqrt{27}<\sqrt{36}$, 즉 $5<\sqrt{27}<6$이므로
$4<\sqrt{27}-1<5$
따라서 두 수 $2-\sqrt{11}$과 $\sqrt{27}-1$ 사이에 있는 정수는 -1,
0, 1, 2, 3, 4이므로
$a=4$, $b=-1$
$∴ b-a=-1-4=-5$　　　　　　　　　　　　답 ①

11 $f(n)=\sqrt{0.\dot{n}}=\sqrt{\dfrac{n}{9}}=\sqrt{\dfrac{n}{3^2}}$이므로 $\sqrt{\dfrac{n}{3^2}}$이 유리수가 되도
록 하는 10 미만의 자연수 n은 1^2, 2^2, 3^2의 3개이다.
따라서 $f(1)$, $f(2)$, $f(3)$, $\cdots$, $f(9)$ 중에서 무리수의 개
수는
$9-3=6$　　　　　　　　　　　　　　　　　　답 6

12 $\overline{BQ}=\overline{BD}=\sqrt{1^2+1^2}=\sqrt{2}$이므로 점 B에 대응하는 수는
$(\sqrt{2}+3)-\sqrt{2}=3$

이때 □ABCD는 한 변의 길이가 1인 정사각형이므로 점
C에 대응하는 수는
$3+1=4$
$\overline{PC}=\overline{AC}=\sqrt{2}$이므로 점 P에 대응하는 수는 $4-\sqrt{2}$
　　　　　　　　　　　　　　　　　　　　답 $4-\sqrt{2}$

13 직각이등변삼각형 ABC에서
$\overline{AC}=\sqrt{2^2+2^2}=\sqrt{8}$
이때 점 C는 다음 그림과 같이 이동한다.

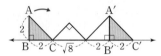

따라서 점 C'에 대응하는 수는
$1+\sqrt{8}+2+2=5+\sqrt{8}$　　　　　　　　答 $5+\sqrt{8}$

14 $\overline{AB}=\sqrt{3^2+3^2}=\sqrt{18}$이므로
$\overline{BP}=\overline{BA}=\sqrt{18}$, $\overline{OQ}=\overline{OC}=\sqrt{18}$　　…❶
두 점 P, Q의 x좌표를 각각 구하면
$a=6-\sqrt{18}$, $b=\sqrt{18}$　　　　　　　　…❷
$∴ a+b=(6-\sqrt{18})+\sqrt{18}=6$　　　　…❸
　　　　　　　　　　　　　　　　　　　　　답 6

채점 기준	배점
❶ $\overline{BP}$, $\overline{OQ}$의 길이 각각 구하기	40%
❷ a, b의 값 각각 구하기	40%
❸ $a+b$의 값 구하기	20%

15 오른쪽 그림과 같이 $\overline{OD}$, $\overline{OC}$를
그으면 △ODA에서
$\overline{OD}=\sqrt{2^2+2^2}=\sqrt{8}$
△OCB에서
$\overline{OC}=\sqrt{2^2+2^2}=\sqrt{8}$　　　　…❶
$\overline{OP}=\overline{OD}=\sqrt{8}$이므로 P$(5-\sqrt{8})$　　…❷
$\overline{OQ}=\overline{OC}=\sqrt{8}$이므로 Q$(5+\sqrt{8})$　　…❸
　　　　　　　　　　　　　답 P$(5-\sqrt{8})$, Q$(5+\sqrt{8})$

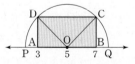

채점 기준	배점
❶ $\overline{OD}$, $\overline{OC}$의 길이 각각 구하기	40%
❷ 점 P의 좌표 구하기	30%
❸ 점 Q의 좌표 구하기	30%

16 $\sqrt{4}<\sqrt{7}<\sqrt{9}$, 즉 $2<\sqrt{7}<3$이므로
$-3<-\sqrt{7}<-2$ 　∴ $-2<1-\sqrt{7}<-1$
$\sqrt{9}<\sqrt{12}<\sqrt{16}$, 즉 $3<\sqrt{12}<4$ 　∴ $1<\sqrt{12}-2<2$
$\sqrt{9}<\sqrt{10}<\sqrt{16}$, 즉 $3<\sqrt{10}<4$ 　∴ $-1<\sqrt{10}-4<0$
$\sqrt{9}<\sqrt{15}<\sqrt{16}$, 즉 $3<\sqrt{15}<4$　　　　…❶

따라서 네 점 A, B, C, D에 대응하는 수는 각각

$1-\sqrt{7}$, $\sqrt{10}-4$, $\sqrt{12}-2$, $\sqrt{15}$ ··· ❷

🅐 A: $1-\sqrt{7}$, B: $\sqrt{10}-4$, C: $\sqrt{12}-2$, D: $\sqrt{15}$

채점 기준	배점
❶ 네 수 $1-\sqrt{7}$, $\sqrt{12}-2$, $\sqrt{10}-4$, $\sqrt{15}$가 어떤 연속된 두 정수 사이에 있는지 구하기	80%
❷ 네 점에 대응하는 수 각각 구하기	20%

17 (i) $\sqrt{8}<\sqrt{9}$에서 $\sqrt{8}<3$이므로 $\sqrt{6}+\sqrt{8}<3+\sqrt{6}$

∴ $a<b$ ··· ❶

(ii) $\sqrt{6}>\sqrt{5}$이므로 $\sqrt{6}+\sqrt{8}>\sqrt{5}+\sqrt{8}$

∴ $a>c$ ··· ❷

(i), (ii)에서 $c<a<b$ ··· ❸

🅐 $c<a<b$

채점 기준	배점
❶ a, b의 대소 비교하기	40%
❷ a, c의 대소 비교하기	40%
❸ a, b, c의 대소 관계를 부등호를 사용하여 나타내기	20%

18 두 자리 자연수는 10, 11, 12, ···, 99의 90개이다. ··· ❶

x가 제곱인 자연수이면 $\sqrt{x}$는 유리수가 되므로 $\sqrt{x}$가 유리수가 되도록 하는 두 자리 자연수 x는 4^2, 5^2, 6^2, 7^2, 8^2, 9^2의 6개이다. ··· ❷

따라서 $\sqrt{x}$가 무리수가 되도록 하는 x의 개수는

$90-6=84$ ··· ❸

🅐 84

채점 기준	배점
❶ 두 자리 자연수의 개수 구하기	20%
❷ $\sqrt{x}$가 유리수가 되도록 하는 x의 개수 구하기	40%
❸ $\sqrt{x}$가 무리수가 되도록 하는 x의 개수 구하기	40%

19 $4<\sqrt{18}<5$이므로 두 정수 m, n에 대하여 $m+\sqrt{18}$과 $n-\sqrt{18}$을 수직선 위에 나타내면 다음 그림과 같다.

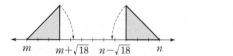

··· ❶

m과 $m+\sqrt{18}$ 사이에 있는 정수는 4개, $m+\sqrt{18}$과 $n-\sqrt{18}$ 사이에 있는 정수는 3개, $n-\sqrt{18}$과 n 사이에 있는 정수는 4개이므로 m과 n 사이에 있는 정수의 개수는

$4+3+4=11$ ··· ❷

따라서 $n=m+12$이므로 $n-m=12$ ··· ❸

🅐 12

채점 기준	배점
❶ $m+\sqrt{18}$과 $n-\sqrt{18}$을 수직선 위에 나타내기	40%
❷ m, n 사이에 있는 정수의 개수 구하기	40%
❸ $n-m$의 값 구하기	20%

03 근호를 포함한 식의 계산

Real 실전 개념

33, 35쪽

01 🅐 $\sqrt{15}$

02 🅐 $2\sqrt{30}$

03 🅐 $\sqrt{42}$

04 🅐 $-20\sqrt{21}$

05 🅐 $12\sqrt{22}$

06 $\sqrt{\dfrac{5}{3}}\times\sqrt{\dfrac{18}{5}}=\sqrt{\dfrac{5}{3}\times\dfrac{18}{5}}=\sqrt{6}$ 🅐 $\sqrt{6}$

07 $\dfrac{\sqrt{14}}{\sqrt{7}}=\sqrt{\dfrac{14}{7}}=\sqrt{2}$ 🅐 $\sqrt{2}$

08 $\dfrac{\sqrt{15}}{\sqrt{108}}=\sqrt{\dfrac{15}{108}}=\sqrt{\dfrac{5}{36}}=\sqrt{\dfrac{5}{6^2}}=\dfrac{\sqrt{5}}{6}$ 🅐 $\dfrac{\sqrt{5}}{6}$

09 $\sqrt{56}\div\sqrt{8}=\dfrac{\sqrt{56}}{\sqrt{8}}=\sqrt{\dfrac{56}{8}}=\sqrt{7}$ 🅐 $\sqrt{7}$

10 $15\sqrt{75}\div5\sqrt{3}=\dfrac{15\sqrt{75}}{5\sqrt{3}}=3\sqrt{\dfrac{75}{3}}=3\sqrt{25}$
$=3\sqrt{5^2}=3\times5=15$ 🅐 15

11 🅐 3, 3

12 🅐 5, 5

13 🅐 10, 10

14 $\sqrt{63}=\sqrt{3^2\times7}=3\sqrt{7}$ 🅐 $3\sqrt{7}$

15 $\sqrt{50}=\sqrt{5^2\times2}=5\sqrt{2}$ 🅐 $5\sqrt{2}$

16 $-\sqrt{98}=-\sqrt{7^2\times2}=-7\sqrt{2}$ 🅐 $-7\sqrt{2}$

17 $-\sqrt{162}=-\sqrt{9^2\times2}=-9\sqrt{2}$ 🅐 $-9\sqrt{2}$

18 $6\sqrt{2}=\sqrt{6^2\times2}=\sqrt{72}$ 🅐 $\sqrt{72}$

19 $5\sqrt{3}=\sqrt{5^2\times3}=\sqrt{75}$ 🅐 $\sqrt{75}$

20 $-3\sqrt{10}=-\sqrt{3^2\times10}=-\sqrt{90}$ 🅐 $-\sqrt{90}$

21 $-4\sqrt{7}=-\sqrt{4^2\times7}=-\sqrt{112}$ 🅐 $-\sqrt{112}$

22 🅐 5, 3, 5

23 답 18, 2, 2, 10

24 $\sqrt{\dfrac{7}{36}}=\sqrt{\dfrac{7}{6^2}}=\dfrac{\sqrt{7}}{6}$ 　　　　답 $\dfrac{\sqrt{7}}{6}$

25 $\sqrt{\dfrac{6}{98}}=\sqrt{\dfrac{3}{49}}=\sqrt{\dfrac{3}{7^2}}=\dfrac{\sqrt{3}}{7}$ 　　答 $\dfrac{\sqrt{3}}{7}$

26 $\sqrt{0.03}=\sqrt{\dfrac{3}{100}}=\sqrt{\dfrac{3}{10^2}}=\dfrac{\sqrt{3}}{10}$ 　答 $\dfrac{\sqrt{3}}{10}$

27 $\sqrt{0.24}=\sqrt{\dfrac{24}{100}}=\sqrt{\dfrac{6}{25}}=\sqrt{\dfrac{6}{5^2}}=\dfrac{\sqrt{6}}{5}$ 　答 $\dfrac{\sqrt{6}}{5}$

28 $\dfrac{1}{\sqrt{6}}=\dfrac{\sqrt{6}}{\sqrt{6}\times\sqrt{6}}=\dfrac{\sqrt{6}}{6}$ 　　答 $\dfrac{\sqrt{6}}{6}$

29 $\dfrac{5}{\sqrt{5}}=\dfrac{5\times\sqrt{5}}{\sqrt{5}\times\sqrt{5}}=\dfrac{5\sqrt{5}}{5}=\sqrt{5}$ 　　答 $\sqrt{5}$

30 $\dfrac{\sqrt{2}}{\sqrt{7}}=\dfrac{\sqrt{2}\times\sqrt{7}}{\sqrt{7}\times\sqrt{7}}=\dfrac{\sqrt{14}}{7}$ 　　答 $\dfrac{\sqrt{14}}{7}$

31 $\dfrac{3}{2\sqrt{6}}=\dfrac{3\times\sqrt{6}}{2\sqrt{6}\times\sqrt{6}}=\dfrac{3\sqrt{6}}{12}=\dfrac{\sqrt{6}}{4}$ 　答 $\dfrac{\sqrt{6}}{4}$

32 $\dfrac{3}{\sqrt{18}}=\dfrac{3}{3\sqrt{2}}=\dfrac{1}{\sqrt{2}}=\dfrac{\sqrt{2}}{\sqrt{2}\times\sqrt{2}}=\dfrac{\sqrt{2}}{2}$ 　答 $\dfrac{\sqrt{2}}{2}$

33 $\dfrac{2}{\sqrt{27}}=\dfrac{2}{3\sqrt{3}}=\dfrac{2\times\sqrt{3}}{3\sqrt{3}\times\sqrt{3}}=\dfrac{2\sqrt{3}}{9}$ 　答 $\dfrac{2\sqrt{3}}{9}$

34 $\dfrac{3\sqrt{2}}{\sqrt{5}}=\dfrac{3\sqrt{2}\times\sqrt{5}}{\sqrt{5}\times\sqrt{5}}=\dfrac{3\sqrt{10}}{5}$ 　答 $\dfrac{3\sqrt{10}}{5}$

35 $\dfrac{\sqrt{3}}{2\sqrt{11}}=\dfrac{\sqrt{3}\times\sqrt{11}}{2\sqrt{11}\times\sqrt{11}}=\dfrac{\sqrt{33}}{22}$ 　答 $\dfrac{\sqrt{33}}{22}$

36 $2\sqrt{3}+5\sqrt{3}=(2+5)\sqrt{3}=7\sqrt{3}$ 　　答 $7\sqrt{3}$

37 $3\sqrt{2}+7\sqrt{2}-4\sqrt{2}=(3+7-4)\sqrt{2}=6\sqrt{2}$ 　答 $6\sqrt{2}$

38 $10\sqrt{5}-3\sqrt{5}-8\sqrt{5}=(10-3-8)\sqrt{5}=-\sqrt{5}$ 　答 $-\sqrt{5}$

39 $4\sqrt{5}+8\sqrt{3}+4\sqrt{3}-7\sqrt{5}=(4-7)\sqrt{5}+(8+4)\sqrt{3}$
　　　　　$=-3\sqrt{5}+12\sqrt{3}$
　　　　　　　　　　　答 $-3\sqrt{5}+12\sqrt{3}$

40 $2\sqrt{13}-5\sqrt{7}-\sqrt{7}+8\sqrt{13}=(2+8)\sqrt{13}+(-5-1)\sqrt{7}$
　　　　　　　$=10\sqrt{13}-6\sqrt{7}$
　　　　　　　　　答 $10\sqrt{13}-6\sqrt{7}$

41 답 (가) 2 　(나) 3 　(다) 3 　(라) 7 　(마) 2

42 $\sqrt{50}-\sqrt{32}=5\sqrt{2}-4\sqrt{2}=\sqrt{2}$ 　　　答 $\sqrt{2}$

43 $\sqrt{48}+\sqrt{75}-2\sqrt{12}=4\sqrt{3}+5\sqrt{3}-4\sqrt{3}=5\sqrt{3}$ 　答 $5\sqrt{3}$

44 $4\sqrt{80}-\sqrt{5}+3\sqrt{45}=16\sqrt{5}-\sqrt{5}+9\sqrt{5}=24\sqrt{5}$ 　答 $24\sqrt{5}$

45 $\sqrt{27}-\sqrt{18}+\sqrt{50}-\sqrt{108}=3\sqrt{3}-3\sqrt{2}+5\sqrt{2}-6\sqrt{3}$
　　　　　　　$=2\sqrt{2}-3\sqrt{3}$ 　答 $2\sqrt{2}-3\sqrt{3}$

46 $\sqrt{72}-\sqrt{32}-\sqrt{12}+2\sqrt{27}=6\sqrt{2}-4\sqrt{2}-2\sqrt{3}+6\sqrt{3}$
　　　　　　　$=2\sqrt{2}+4\sqrt{3}$ 　答 $2\sqrt{2}+4\sqrt{3}$

47 $\sqrt{2}(5+2\sqrt{3})=\sqrt{2}\times5+\sqrt{2}\times2\sqrt{3}$
　　　　　$=5\sqrt{2}+2\sqrt{6}$ 　答 $5\sqrt{2}+2\sqrt{6}$

48 $\sqrt{7}(3\sqrt{2}-2\sqrt{14})=\sqrt{7}\times3\sqrt{2}-\sqrt{7}\times2\sqrt{14}$
　　　　　　$=3\sqrt{14}-2\sqrt{98}$
　　　　　　$=3\sqrt{14}-14\sqrt{2}$ 　答 $3\sqrt{14}-14\sqrt{2}$

49 $(\sqrt{6}-\sqrt{12})\sqrt{2}+\sqrt{3}=\sqrt{6}\times\sqrt{2}-\sqrt{12}\times\sqrt{2}+\sqrt{3}$
　　　　　　$=\sqrt{12}-\sqrt{24}+\sqrt{3}$
　　　　　　$=2\sqrt{3}-2\sqrt{6}+\sqrt{3}$
　　　　　　$=3\sqrt{3}-2\sqrt{6}$ 　答 $3\sqrt{3}-2\sqrt{6}$

50 $(\sqrt{27}+\sqrt{15})\div\sqrt{3}=(\sqrt{27}+\sqrt{15})\times\dfrac{1}{\sqrt{3}}$
　　　　　　$=\sqrt{27}\times\dfrac{1}{\sqrt{3}}+\sqrt{15}\times\dfrac{1}{\sqrt{3}}$
　　　　　　$=\sqrt{9}+\sqrt{5}=3+\sqrt{5}$ 　答 $3+\sqrt{5}$

51 $(\sqrt{75}-\sqrt{60})\div\sqrt{5}=(\sqrt{75}-\sqrt{60})\times\dfrac{1}{\sqrt{5}}$
　　　　　　$=\sqrt{75}\times\dfrac{1}{\sqrt{5}}-\sqrt{60}\times\dfrac{1}{\sqrt{5}}$
　　　　　　$=\sqrt{15}-\sqrt{12}=\sqrt{15}-2\sqrt{3}$ 答 $\sqrt{15}-2\sqrt{3}$

52 답 (가) $\sqrt{2}$ 　(나) 2 　(다) $\sqrt{12}$ 　(라) 3

53 $(\sqrt{15}-3)-(\sqrt{11}-3)=\sqrt{15}-3-\sqrt{11}+3=\sqrt{15}-\sqrt{11}>0$
　　∴ $\sqrt{15}-3>\sqrt{11}-3$ 　　　　答 $>$

54 $(4+\sqrt{2})-(\sqrt{2}+3)=4+\sqrt{2}-\sqrt{2}-3=1>0$
　　∴ $4+\sqrt{2}>\sqrt{2}+3$ 　　　　答 $>$

55 $(2-\sqrt{20})-(1-\sqrt{5})=2-2\sqrt{5}-1+\sqrt{5}=1-\sqrt{5}<0$
　　∴ $2-\sqrt{20}<1-\sqrt{5}$ 　　　答 $<$

56 $(2+\sqrt{8})-(3+\sqrt{2})=2+2\sqrt{2}-3-\sqrt{2}=-1+\sqrt{2}>0$
　　∴ $2+\sqrt{8}>3+\sqrt{2}$ 　　　答 $>$

01
$$3\sqrt{6}\times\left(-\sqrt{\frac{7}{6}}\right)\times(-4\sqrt{2})=12\sqrt{6\times\frac{7}{6}\times2}$$
$$=12\sqrt{14}$$
답 ⑤

02
① $\sqrt{5}\times\sqrt{7}=\sqrt{5\times7}=\sqrt{35}$

② $-\sqrt{2}\times\sqrt{8}=-\sqrt{2\times8}=-\sqrt{16}=-4$

③ $3\sqrt{3}\times2\sqrt{7}=6\sqrt{3\times7}=6\sqrt{21}$

④ $\sqrt{\frac{3}{7}}\times\sqrt{\frac{14}{3}}=\sqrt{\frac{3}{7}\times\frac{14}{3}}=\sqrt{2}$

⑤ $2\sqrt{\frac{10}{11}}\times\sqrt{\frac{11}{5}}=2\sqrt{\frac{10}{11}\times\frac{11}{5}}=2\sqrt{2}$

답 ④

03
$$4\sqrt{\frac{6}{5}}\times\sqrt{\frac{15}{2}}=4\sqrt{\frac{6}{5}\times\frac{15}{2}}=4\sqrt{9}=12 \qquad \therefore a=12$$
$$3\sqrt{2}\times2\sqrt{5}\times\sqrt{10}=6\sqrt{2\times5\times10}=6\sqrt{100}=60$$
$$\therefore b=60$$
$$\therefore a+b=12+60=72$$
답 ⑤

04
$$\sqrt{2}\times\sqrt{a}\times3\sqrt{3}\times\sqrt{6a}=3\sqrt{2\times a\times3\times6a}$$
$$=3\sqrt{6^2\times a^2}=3\sqrt{(6a)^2}$$
$$=18a\ (\because a>0) \qquad \cdots ❶$$
따라서 $18a=54$이므로 $a=3$ $\qquad \cdots ❷$

답 3

채점 기준	배점
❶ 주어진 식의 좌변을 간단히 나타내기	80%
❷ a의 값 구하기	20%

05
$\sqrt{50}=\sqrt{5^2\times2}=5\sqrt{2}$이므로 $a=5$
$6\sqrt{5}=\sqrt{6^2\times5}=\sqrt{180}$이므로 $b=180$
$$\therefore \sqrt{ab}=\sqrt{5\times180}=\sqrt{900}=30$$
답 ⑤

06
① $\sqrt{112}=\sqrt{4^2\times7}=4\sqrt{7}$

② $-\sqrt{125}=-\sqrt{5^2\times5}=-5\sqrt{5}$

③ $\sqrt{252}=\sqrt{6^2\times7}=6\sqrt{7}$

④ $\sqrt{500}=\sqrt{10^2\times5}=10\sqrt{5}$

⑤ $-\sqrt{432}=-\sqrt{12^2\times3}=-12\sqrt{3}$

답 ④

07
$6\sqrt{3}=\sqrt{6^2\times3}=\sqrt{108}$이므로
$$48+6x=108,\ 6x=60 \qquad \therefore x=10$$
답 ③

08
① $\sqrt{27}\div\sqrt{3}=\dfrac{\sqrt{27}}{\sqrt{3}}=\sqrt{\dfrac{27}{3}}=\sqrt{9}=3$

② $2\sqrt{40}\div4\sqrt{8}=\dfrac{2\sqrt{40}}{4\sqrt{8}}=\dfrac{1}{2}\sqrt{\dfrac{40}{8}}=\dfrac{\sqrt{5}}{2}$

③ $6\sqrt{6}\div3\sqrt{3}=\dfrac{6\sqrt{6}}{3\sqrt{3}}=2\sqrt{\dfrac{6}{3}}=2\sqrt{2}$

④ $\dfrac{\sqrt{45}}{\sqrt{15}}\div\dfrac{\sqrt{6}}{2\sqrt{14}}=\dfrac{\sqrt{45}}{\sqrt{15}}\times\dfrac{2\sqrt{14}}{\sqrt{6}}=2\sqrt{\dfrac{45}{15}\times\dfrac{14}{6}}=2\sqrt{7}$

⑤ $\sqrt{24}\div\sqrt{12}\div\dfrac{1}{\sqrt{18}}=\sqrt{24}\times\dfrac{1}{\sqrt{12}}\times\sqrt{18}$
$$=\sqrt{24\times\dfrac{1}{12}\times18}=\sqrt{36}=6$$
답 ④

09
① $\sqrt{24}\div\sqrt{3}=\dfrac{\sqrt{24}}{\sqrt{3}}=\sqrt{\dfrac{24}{3}}=\sqrt{8}=2\sqrt{2}$

② $2\sqrt{18}\div4\sqrt{6}=\dfrac{2\sqrt{18}}{4\sqrt{6}}=\dfrac{1}{2}\sqrt{\dfrac{18}{6}}=\dfrac{\sqrt{3}}{2}$

③ $\sqrt{0.7}\div\sqrt{0.1}=\sqrt{\dfrac{7}{10}}\div\sqrt{\dfrac{1}{10}}=\sqrt{\dfrac{7}{10}\times10}=\sqrt{7}$

④ $\sqrt{\dfrac{28}{3}}\div\sqrt{\dfrac{14}{9}}=\sqrt{\dfrac{28}{3}\times\dfrac{9}{14}}=\sqrt{6}$

⑤ $\dfrac{\sqrt{3}}{\sqrt{5}}\div\dfrac{\sqrt{12}}{\sqrt{40}}=\dfrac{\sqrt{3}}{\sqrt{5}}\times\dfrac{\sqrt{40}}{\sqrt{12}}=\sqrt{\dfrac{3}{5}\times\dfrac{40}{12}}=\sqrt{2}$

답 ①

10
$$4\sqrt{2}\div\dfrac{\sqrt{5}}{\sqrt{8}}\div\dfrac{1}{\sqrt{35}}=4\sqrt{2}\times\dfrac{\sqrt{8}}{\sqrt{5}}\times\sqrt{35}$$
$$=4\sqrt{2\times\dfrac{8}{5}\times35}=16\sqrt{7}$$
$$\therefore n=16$$
답 16

11
$$\sqrt{a}=2\sqrt{5}\div\sqrt{10}\div\sqrt{6}=\sqrt{20}\times\dfrac{1}{\sqrt{10}}\times\dfrac{1}{\sqrt{6}}$$
$$=\sqrt{20\times\dfrac{1}{10}\times\dfrac{1}{6}}=\sqrt{\dfrac{1}{3}} \qquad \cdots ❶$$
$$\sqrt{b}=\sqrt{\dfrac{15}{2}}\div\sqrt{\dfrac{10}{3}}\div\sqrt{\dfrac{3}{16}}$$
$$=\sqrt{\dfrac{15}{2}}\times\sqrt{\dfrac{3}{10}}\times\sqrt{\dfrac{16}{3}}$$
$$=\sqrt{\dfrac{15}{2}\times\dfrac{3}{10}\times\dfrac{16}{3}}=\sqrt{12} \qquad \cdots ❷$$
$$\sqrt{b}\div\sqrt{a}=\sqrt{12}\div\sqrt{\dfrac{1}{3}}=\sqrt{12}\times\sqrt{3}=\sqrt{36}=6$$
따라서 $\sqrt{b}$는 $\sqrt{a}$의 6배이다. $\qquad \cdots ❸$

답 6배

채점 기준	배점
❶ $\sqrt{a}$의 값 구하기	30%
❷ $\sqrt{b}$의 값 구하기	30%
❸ $\sqrt{b}$가 $\sqrt{a}$의 몇 배인지 구하기	40%

12
ㄱ. $\sqrt{0.27}=\sqrt{\dfrac{27}{100}}=\sqrt{\dfrac{3^2\times3}{10^2}}=\dfrac{3\sqrt{3}}{10}$

ㄴ. $-\sqrt{\dfrac{15}{48}}=-\sqrt{\dfrac{5}{16}}=-\sqrt{\dfrac{5}{4^2}}=-\dfrac{\sqrt{5}}{4}$

ㄷ. $\sqrt{0.24}=\sqrt{\dfrac{24}{100}}=\sqrt{\dfrac{2^2\times6}{10^2}}=\dfrac{2\sqrt{6}}{10}=\dfrac{\sqrt{6}}{5}$

ㄹ. $\sqrt{\dfrac{21}{108}}=\sqrt{\dfrac{7}{36}}=\sqrt{\dfrac{7}{6^2}}=\dfrac{\sqrt{7}}{6}$

따라서 옳은 것은 ㄱ, ㄹ이다. 답 ②

13 $\sqrt{0.8}=\sqrt{\dfrac{80}{100}}=\sqrt{\dfrac{4^2\times5}{10^2}}=\dfrac{4\sqrt5}{10}=\dfrac{2\sqrt5}{5}$

$\therefore k=\dfrac{2}{5}$ **답** ④

14 $\dfrac{4\sqrt3}{\sqrt{15}}=\dfrac{\sqrt{4^2\times3}}{\sqrt{15}}=\dfrac{\sqrt{48}}{\sqrt{15}}=\sqrt{\dfrac{48}{15}}=\sqrt{\dfrac{16}{5}}$

$\therefore a=\dfrac{16}{5}$

$\dfrac{6\sqrt2}{5}=\dfrac{\sqrt{6^2\times2}}{\sqrt{5^2}}=\dfrac{\sqrt{72}}{\sqrt{25}}=\sqrt{\dfrac{72}{25}}$

$\therefore b=\dfrac{72}{25}$

$\therefore \dfrac{a}{b}=a\div b=\dfrac{16}{5}\div\dfrac{72}{25}=\dfrac{16}{5}\times\dfrac{25}{72}=\dfrac{10}{9}$ **답** $\dfrac{10}{9}$

15 $\sqrt{\dfrac{150}{49}}=\sqrt{\dfrac{2\times3\times5^2}{7^2}}=\dfrac{5\sqrt6}{7}$이므로

$a=\dfrac{5}{7}$

$\sqrt{0.005}=\sqrt{\dfrac{50}{10000}}=\sqrt{\dfrac{5^2\times2}{100^2}}=\dfrac{5\sqrt2}{100}=\dfrac{\sqrt2}{20}$이므로

$b=\dfrac{1}{20}$

$\therefore ab=\dfrac{5}{7}\times\dfrac{1}{20}=\dfrac{1}{28}$ **답** $\dfrac{1}{28}$

16 ① $\sqrt{581}=\sqrt{5.81\times100}=10\sqrt{5.81}=10\times2.410=24.10$
② $\sqrt{5810}=\sqrt{58.1\times100}=10\sqrt{58.1}=10\times7.622=76.22$
③ $\sqrt{0.581}=\sqrt{\dfrac{58.1}{100}}=\dfrac{\sqrt{58.1}}{10}=\dfrac{7.622}{10}=0.7622$
④ $\sqrt{0.0581}=\sqrt{\dfrac{5.81}{100}}=\dfrac{\sqrt{5.81}}{10}=\dfrac{2.410}{10}=0.2410$
⑤ $\sqrt{0.00581}=\sqrt{\dfrac{58.1}{10000}}=\dfrac{\sqrt{58.1}}{100}=\dfrac{7.622}{100}=0.07622$

답 ⑤

17 ① $\sqrt{0.006}=\sqrt{\dfrac{60}{10000}}=\dfrac{\sqrt{60}}{100}=\dfrac{7.746}{100}=0.07746$
② $\sqrt{0.06}=\sqrt{\dfrac{6}{100}}=\dfrac{\sqrt6}{10}$이므로 $\sqrt6$의 값이 주어져야 한다.
③ $\sqrt{0.6}=\sqrt{\dfrac{60}{100}}=\dfrac{\sqrt{60}}{10}=\dfrac{7.746}{10}=0.7746$
④ $\sqrt{6000}=\sqrt{60\times100}=10\sqrt{60}=10\times7.746=77.46$
⑤ $\sqrt{60000}=\sqrt{6\times10000}=100\sqrt6$이므로 $\sqrt6$의 값이 주어져야 한다. **답** ②, ⑤

18 ① $\sqrt{332}=\sqrt{3.32\times100}=10\sqrt{3.32}=10\times1.822=18.22$
② $\sqrt{3430}=\sqrt{34.3\times100}=10\sqrt{34.3}$이므로 $\sqrt{34.3}$의 값이 주어져야 한다.

③ $\sqrt{32100}=\sqrt{3.21\times10000}=100\sqrt{3.21}$
$=100\times1.792=179.2$
④ $\sqrt{0.0331}=\sqrt{\dfrac{3.31}{100}}=\dfrac{\sqrt{3.31}}{10}=\dfrac{1.819}{10}=0.1819$
⑤ $\sqrt{0.000324}=\sqrt{\dfrac{3.24}{10000}}=\dfrac{\sqrt{3.24}}{100}=\dfrac{1.800}{100}=0.01800$

답 ②

19 $\dfrac{1}{\sqrt{200}}=\sqrt{\dfrac{1}{200}}=\sqrt{\dfrac{50}{10000}}=\dfrac{\sqrt{50}}{100}$
$=\dfrac{7.071}{100}=0.07071$ **답** 0.07071

20 $\sqrt{450}=\sqrt{2\times3^2\times5^2}=\sqrt2\times(\sqrt3)^2\times5=5ab^2$ **답** ④

21 $\sqrt{147}-\sqrt{80}=\sqrt{3\times7^2}-\sqrt{4^2\times5}$
$=7\sqrt3-4\sqrt5=7x-4y$ **답** ②

22 $\sqrt{32000}-\sqrt{0.32}=\sqrt{3.2\times10000}-\sqrt{\dfrac{32}{100}}$
$=100\sqrt{3.2}-\dfrac{\sqrt{32}}{10}$
$=100a-\dfrac{b}{10}$ **답** ⑤

23 $\sqrt{0.3}=\sqrt{\dfrac{30}{100}}=\dfrac{\sqrt{30}}{10}=\dfrac{a}{10}$ …❶
$\sqrt{400000}=\sqrt{40\times10000}=100\sqrt{40}=100b$ …❷
따라서 $\sqrt{0.3}+\sqrt{400000}=\dfrac{a}{10}+100b$이므로
$x=\dfrac{1}{10},\ y=100$ …❸
$\therefore xy=\dfrac{1}{10}\times100=10$ …❹

답 10

채점 기준	배점
❶ $\sqrt{0.3}$을 a를 사용하여 나타내기	30%
❷ $\sqrt{400000}$을 b를 사용하여 나타내기	30%
❸ $x,\ y$의 값 각각 구하기	20%
❹ xy의 값 구하기	20%

24 $\dfrac{\sqrt5}{2\sqrt2}=\dfrac{\sqrt5\times\sqrt2}{2\sqrt2\times\sqrt2}=\dfrac{\sqrt{10}}{4}$이므로 $a=\dfrac{1}{4}$

$\dfrac{5}{\sqrt{75}}=\dfrac{5}{5\sqrt3}=\dfrac{1}{\sqrt3}=\dfrac{\sqrt3}{\sqrt3\times\sqrt3}=\dfrac{\sqrt3}{3}$이므로 $b=\dfrac{1}{3}$

$\therefore \sqrt{ab}=\sqrt{\dfrac{1}{4}\times\dfrac{1}{3}}=\sqrt{\dfrac{1}{12}}=\dfrac{1}{\sqrt{12}}=\dfrac{1}{2\sqrt3}=\dfrac{\sqrt3}{6}$

답 $\dfrac{\sqrt3}{6}$

25 ① $\dfrac{14}{\sqrt7}=\dfrac{14\times\sqrt7}{\sqrt7\times\sqrt7}=\dfrac{14\sqrt7}{7}=2\sqrt7$
② $\dfrac{\sqrt7}{\sqrt5}=\dfrac{\sqrt7\times\sqrt5}{\sqrt5\times\sqrt5}=\dfrac{\sqrt{35}}{5}$

③ $\dfrac{7}{\sqrt{18}}=\dfrac{7}{3\sqrt{2}}=\dfrac{7\times\sqrt{2}}{3\sqrt{2}\times\sqrt{2}}=\dfrac{7\sqrt{2}}{6}$

④ $\dfrac{15}{2\sqrt{5}}=\dfrac{15\times\sqrt{5}}{2\sqrt{5}\times\sqrt{5}}=\dfrac{15\sqrt{5}}{10}=\dfrac{3\sqrt{5}}{2}$

⑤ $\dfrac{\sqrt{3}}{3\sqrt{6}}=\dfrac{1}{3\sqrt{2}}=\dfrac{\sqrt{2}}{3\sqrt{2}\times\sqrt{2}}=\dfrac{\sqrt{2}}{6}$　답 ③

보충 TIP 근호 안의 수를 소인수분해하였을 때, 제곱인 인수가 포함되어 있으면 $\sqrt{a^2 b}=a\sqrt{b}$임을 이용하여 제곱인 인수를 근호 밖으로 꺼낸 다음 분모를 유리화한다.

26 $\sqrt{\dfrac{45}{98}}=\dfrac{\sqrt{45}}{\sqrt{98}}=\dfrac{3\sqrt{5}}{7\sqrt{2}}=\dfrac{3\sqrt{5}\times\sqrt{2}}{7\sqrt{2}\times\sqrt{2}}=\dfrac{3\sqrt{10}}{14}$

따라서 $a=7$, $b=3$, $c=\dfrac{3}{14}$이므로

$abc=7\times3\times\dfrac{3}{14}=\dfrac{9}{2}$　답 $\dfrac{9}{2}$

27 $\dfrac{3\sqrt{a}}{2\sqrt{6}}=\dfrac{3\sqrt{a}\times\sqrt{6}}{2\sqrt{6}\times\sqrt{6}}=\dfrac{3\sqrt{6a}}{12}=\dfrac{\sqrt{6a}}{4}$이므로

$\dfrac{\sqrt{6a}}{4}=\dfrac{3\sqrt{10}}{4}$에서 $\sqrt{6a}=3\sqrt{10}$, $\sqrt{6a}=\sqrt{90}$

$6a=90$　∴ $a=15$　답 ⑤

28 $\dfrac{\sqrt{14}}{\sqrt{40}}\times\dfrac{2\sqrt{2}}{\sqrt{7}}\div\dfrac{\sqrt{10}}{4}=\dfrac{\sqrt{14}}{2\sqrt{10}}\times\dfrac{2\sqrt{2}}{\sqrt{7}}\times\dfrac{4}{\sqrt{10}}$

$=\dfrac{4}{5}$　답 ②

29 $\sqrt{18}\div\sqrt{72}\times\sqrt{48}=3\sqrt{2}\times\dfrac{1}{6\sqrt{2}}\times4\sqrt{3}=2\sqrt{3}$

∴ $a=2$　답 2

30 ① $2\sqrt{5}\times\sqrt{7}\div\sqrt{10}=2\sqrt{5}\times\sqrt{7}\times\dfrac{1}{\sqrt{10}}=\dfrac{2\sqrt{7}}{\sqrt{2}}=\sqrt{14}$

② $\sqrt{27}\div\sqrt{6}\times\sqrt{2}=3\sqrt{3}\times\dfrac{1}{\sqrt{6}}\times\sqrt{2}=3$

③ $\dfrac{4}{\sqrt{3}}\times\dfrac{\sqrt{15}}{\sqrt{8}}\div\dfrac{\sqrt{5}}{\sqrt{6}}=\dfrac{4}{\sqrt{3}}\times\dfrac{\sqrt{15}}{2\sqrt{2}}\times\dfrac{\sqrt{6}}{\sqrt{5}}=2\sqrt{3}$

④ $\sqrt{\dfrac{4}{5}}\div\sqrt{0.2}\times\dfrac{3}{\sqrt{12}}=\dfrac{2}{\sqrt{5}}\times\dfrac{\sqrt{10}}{\sqrt{2}}\times\dfrac{3}{2\sqrt{3}}=\sqrt{3}$

⑤ $\dfrac{3\sqrt{2}}{2}\times\sqrt{\dfrac{5}{18}}\div\dfrac{\sqrt{5}}{4}=\dfrac{3\sqrt{2}}{2}\times\dfrac{\sqrt{5}}{3\sqrt{2}}\times\dfrac{4}{\sqrt{5}}=2$　답 ③

31 $\dfrac{\sqrt{75}}{2}\div(-6\sqrt{2})\times A=-\dfrac{5\sqrt{3}}{3}$에서

$\dfrac{5\sqrt{3}}{2}\times\left(-\dfrac{1}{6\sqrt{2}}\right)\times A=-\dfrac{5\sqrt{3}}{3}$

$-\dfrac{5\sqrt{6}}{24}\times A=-\dfrac{5\sqrt{3}}{3}$

∴ $A=-\dfrac{5\sqrt{3}}{3}\div\left(-\dfrac{5\sqrt{6}}{24}\right)=-\dfrac{5\sqrt{3}}{3}\times\left(-\dfrac{24}{5\sqrt{6}}\right)$

$=\dfrac{8}{\sqrt{2}}=4\sqrt{2}$　답 ②

32 $\overline{\mathrm{AB}}$를 한 변으로 하는 정사각형의 넓이가 12이므로

$\overline{\mathrm{AB}}=\sqrt{12}=2\sqrt{3}$

$\overline{\mathrm{BC}}$를 한 변으로 하는 정사각형의 넓이가 32이므로

$\overline{\mathrm{BC}}=\sqrt{32}=4\sqrt{2}$

∴ $\square\mathrm{ABCD}=\overline{\mathrm{AB}}\times\overline{\mathrm{BC}}=2\sqrt{3}\times4\sqrt{2}=8\sqrt{6}$　답 $8\sqrt{6}$

33 (삼각형의 넓이)$=\dfrac{1}{2}\times x\times\sqrt{72}=\dfrac{1}{2}\times x\times6\sqrt{2}=3\sqrt{2}x$

(직사각형의 넓이)$=\sqrt{54}\times\sqrt{27}=3\sqrt{6}\times3\sqrt{3}=27\sqrt{2}$

따라서 $3\sqrt{2}x=27\sqrt{2}$이므로 $x=9$　답 ③

34 원뿔의 높이를 x cm라 하면

$\dfrac{1}{3}\times\pi\times(2\sqrt{5})^2\times x=40\sqrt{3}\pi$, $\dfrac{20}{3}x=40\sqrt{3}$

∴ $x=40\sqrt{3}\times\dfrac{3}{20}=6\sqrt{3}$

따라서 원뿔의 높이는 $6\sqrt{3}$ cm이다.　답 $6\sqrt{3}$ cm

35 정사각형 A의 한 변의 길이를 x cm라 하면 정사각형 A의 넓이는 $x^2\,\mathrm{cm}^2$이므로 정사각형 D의 넓이는

$x^2\times2\times2\times2=8x^2(\mathrm{cm}^2)$　…❶

이때 $8x^2=5$이므로 $x^2=\dfrac{5}{8}$

∴ $x=\sqrt{\dfrac{5}{8}}=\dfrac{\sqrt{5}}{\sqrt{8}}=\dfrac{\sqrt{5}}{2\sqrt{2}}=\dfrac{\sqrt{10}}{4}$ ($\because x>0$)

따라서 정사각형 A의 한 변의 길이는 $\dfrac{\sqrt{10}}{4}$ cm이다.　…❷

답 $\dfrac{\sqrt{10}}{4}$ cm

채점 기준	배점
❶ 정사각형 A의 한 변의 길이를 x cm라 할 때, 정사각형 D의 넓이를 x에 대한 식으로 나타내기	50%
❷ 정사각형 A의 한 변의 길이 구하기	50%

36 ① $\sqrt{12}+3\sqrt{3}=2\sqrt{3}+3\sqrt{3}=5\sqrt{3}$

② $5\sqrt{6}-4\sqrt{6}=\sqrt{6}$

③ $\sqrt{72}-\sqrt{50}=6\sqrt{2}-5\sqrt{2}=\sqrt{2}$

④ $\sqrt{10}-\sqrt{3}$은 더 이상 간단히 할 수 없다.

⑤ $\sqrt{20}+\sqrt{45}=2\sqrt{5}+3\sqrt{5}=5\sqrt{5}$　답 ③, ⑤

37 $A=3\sqrt{5}+2\sqrt{5}-9\sqrt{5}=(3+2-9)\sqrt{5}=-4\sqrt{5}$

$B=4\sqrt{3}-7\sqrt{3}+\sqrt{3}=(4-7+1)\sqrt{3}=-2\sqrt{3}$

∴ $A-B=-4\sqrt{5}-(-2\sqrt{3})=-4\sqrt{5}+2\sqrt{3}$　답 ③

38 $\sqrt{75}+\sqrt{27}-\sqrt{48}=5\sqrt{3}+3\sqrt{3}-4\sqrt{3}$
$=(5+3-4)\sqrt{3}=4\sqrt{3}$　　　답 ⑤

39 $\sqrt{98}-\sqrt{80}+\sqrt{45}-\sqrt{32}=7\sqrt{2}-4\sqrt{5}+3\sqrt{5}-4\sqrt{2}$
$=3\sqrt{2}-\sqrt{5}$

따라서 $a=3$, $b=-1$이므로
$a+b=3+(-1)=2$　　　답 2

40 $\dfrac{2\sqrt{2}}{3}+\dfrac{\sqrt{3}}{3}-\dfrac{7}{2\sqrt{3}}+\dfrac{3}{\sqrt{2}}=\dfrac{2\sqrt{2}}{3}+\dfrac{\sqrt{3}}{3}-\dfrac{7\sqrt{3}}{6}+\dfrac{3\sqrt{2}}{2}$
$=\dfrac{13\sqrt{2}}{6}-\dfrac{5\sqrt{3}}{6}$

따라서 $a=\dfrac{13}{6}$, $b=-\dfrac{5}{6}$이므로
$a+b=\dfrac{13}{6}+\left(-\dfrac{5}{6}\right)=\dfrac{8}{6}=\dfrac{4}{3}$　　　답 ①

41 $2\sqrt{50}-6\sqrt{2}+\dfrac{12}{\sqrt{8}}=10\sqrt{2}-6\sqrt{2}+\dfrac{12}{2\sqrt{2}}$
$=10\sqrt{2}-6\sqrt{2}+3\sqrt{2}=7\sqrt{2}$
$\therefore k=7$　　　답 7

42 $\sqrt{54}-\dfrac{3\sqrt{2}}{\sqrt{3}}-\dfrac{\sqrt{12}}{4}-\dfrac{3}{2\sqrt{3}}=3\sqrt{6}-\sqrt{6}-\dfrac{2\sqrt{3}}{4}-\dfrac{\sqrt{3}}{2}$
$=3\sqrt{6}-\sqrt{6}-\dfrac{\sqrt{3}}{2}-\dfrac{\sqrt{3}}{2}$
$=2\sqrt{6}-\sqrt{3}$　　　답 ①

43 $\dfrac{b}{a}+\dfrac{a}{b}=\dfrac{\sqrt{8}}{\sqrt{3}}+\dfrac{\sqrt{3}}{\sqrt{8}}=\dfrac{2\sqrt{2}}{\sqrt{3}}+\dfrac{\sqrt{3}}{2\sqrt{2}}$
$=\dfrac{2\sqrt{6}}{3}+\dfrac{\sqrt{6}}{4}=\dfrac{11\sqrt{6}}{12}$　　　답 ⑤

44 $\sqrt{3}\left(\dfrac{2}{\sqrt{6}}-\dfrac{20}{\sqrt{15}}\right)+\sqrt{2}(3-\sqrt{10})$
$=\dfrac{2}{\sqrt{2}}-\dfrac{20}{\sqrt{5}}+3\sqrt{2}-2\sqrt{5}$
$=\sqrt{2}-4\sqrt{5}+3\sqrt{2}-2\sqrt{5}$
$=4\sqrt{2}-6\sqrt{5}$　　　답 ③

45 $\sqrt{50}-2\sqrt{24}-\sqrt{2}(2+4\sqrt{3})=5\sqrt{2}-4\sqrt{6}-2\sqrt{2}-4\sqrt{6}$
$=3\sqrt{2}-8\sqrt{6}$

따라서 $a=3$, $b=-8$이므로
$a-b=3-(-8)=11$　　　답 ⑤

46 $2\sqrt{3}x-\sqrt{5}y=2\sqrt{3}(\sqrt{5}-\sqrt{3})-\sqrt{5}(\sqrt{5}+\sqrt{3})$
$=2\sqrt{15}-6-5-\sqrt{15}$
$=\sqrt{15}-11$　　　답 ③

47 $\sqrt{5}\left(\dfrac{6}{\sqrt{15}}+\dfrac{5}{\sqrt{30}}\right)+\sqrt{3}\left(\dfrac{1}{\sqrt{18}}-4\right)$
$=\dfrac{6}{\sqrt{3}}+\dfrac{5}{\sqrt{6}}+\dfrac{1}{\sqrt{6}}-4\sqrt{3}$　　　…❶
$=2\sqrt{3}+\dfrac{5\sqrt{6}}{6}+\dfrac{\sqrt{6}}{6}-4\sqrt{3}$
$=-2\sqrt{3}+\sqrt{6}$　　　…❷
답 $-2\sqrt{3}+\sqrt{6}$

채점 기준	배점
❶ 분배법칙을 이용하여 괄호 풀기	40%
❷ 제곱근의 덧셈과 뺄셈 계산하기	60%

48 $\dfrac{\sqrt{27}+2\sqrt{2}}{\sqrt{2}}-\dfrac{2\sqrt{3}-\sqrt{32}}{\sqrt{3}}$
$=\dfrac{3\sqrt{3}+2\sqrt{2}}{\sqrt{2}}-\dfrac{2\sqrt{3}-4\sqrt{2}}{\sqrt{3}}$
$=\dfrac{(3\sqrt{3}+2\sqrt{2})\times\sqrt{2}}{\sqrt{2}\times\sqrt{2}}-\dfrac{(2\sqrt{3}-4\sqrt{2})\times\sqrt{3}}{\sqrt{3}\times\sqrt{3}}$
$=\dfrac{3\sqrt{6}+4}{2}-\dfrac{6-4\sqrt{6}}{3}$
$=\dfrac{3\sqrt{6}}{2}+2-2+\dfrac{4\sqrt{6}}{3}=\dfrac{17\sqrt{6}}{6}$　　　답 $\dfrac{17\sqrt{6}}{6}$

49 $\dfrac{\sqrt{32}-24}{\sqrt{12}}=\dfrac{4\sqrt{2}-24}{2\sqrt{3}}=\dfrac{2\sqrt{2}-12}{\sqrt{3}}$
$=\dfrac{(2\sqrt{2}-12)\times\sqrt{3}}{\sqrt{3}\times\sqrt{3}}=\dfrac{2\sqrt{6}-12\sqrt{3}}{3}$
$=-4\sqrt{3}+\dfrac{2}{3}\sqrt{6}$

따라서 $a=-4$, $b=\dfrac{2}{3}$이므로
$\dfrac{a}{b}=a\times\dfrac{1}{b}=-4\times\dfrac{3}{2}=-6$　　　답 ①

50 $\dfrac{\sqrt{30}-\sqrt{3}}{\sqrt{5}}-\dfrac{\sqrt{18}-2\sqrt{5}}{\sqrt{3}}$
$=\dfrac{\sqrt{30}-\sqrt{3}}{\sqrt{5}}-\dfrac{3\sqrt{2}-2\sqrt{5}}{\sqrt{3}}$
$=\dfrac{(\sqrt{30}-\sqrt{3})\times\sqrt{5}}{\sqrt{5}\times\sqrt{5}}-\dfrac{(3\sqrt{2}-2\sqrt{5})\times\sqrt{3}}{\sqrt{3}\times\sqrt{3}}$
$=\dfrac{5\sqrt{6}-\sqrt{15}}{5}-\dfrac{3\sqrt{6}-2\sqrt{15}}{3}$
$=\sqrt{6}-\dfrac{\sqrt{15}}{5}-\sqrt{6}+\dfrac{2\sqrt{15}}{3}=\dfrac{7\sqrt{15}}{15}$　　　답 ④

51 $x=\dfrac{10+\sqrt{10}}{\sqrt{5}}=\dfrac{(10+\sqrt{10})\times\sqrt{5}}{\sqrt{5}\times\sqrt{5}}$
$=\dfrac{10\sqrt{5}+5\sqrt{2}}{5}=2\sqrt{5}+\sqrt{2}$　　　…❶
$y=\dfrac{10-\sqrt{10}}{\sqrt{5}}=\dfrac{(10-\sqrt{10})\times\sqrt{5}}{\sqrt{5}\times\sqrt{5}}$
$=\dfrac{10\sqrt{5}-5\sqrt{2}}{5}=2\sqrt{5}-\sqrt{2}$　　　…❷

$$x-y=(2\sqrt{5}+\sqrt{2})-(2\sqrt{5}-\sqrt{2})=2\sqrt{2}$$
$$x+y=(2\sqrt{5}+\sqrt{2})+(2\sqrt{5}-\sqrt{2})=4\sqrt{5} \qquad \cdots ❸$$
$$\therefore \frac{x-y}{x+y}=\frac{2\sqrt{2}}{4\sqrt{5}}=\frac{\sqrt{2}}{2\sqrt{5}}=\frac{\sqrt{10}}{10} \qquad \cdots ❹$$

답 $\dfrac{\sqrt{10}}{10}$

채점 기준	배점
❶ x의 분모를 유리화하기	20%
❷ y의 분모를 유리화하기	20%
❸ $x-y$, $x+y$의 값 각각 구하기	30%
❹ $\dfrac{x-y}{x+y}$의 값 구하기	30%

52
$$\sqrt{75}-\frac{2\sqrt{10}}{\sqrt{2}}-\frac{\sqrt{6}+\sqrt{10}}{\sqrt{2}}=5\sqrt{3}-2\sqrt{5}-\frac{2\sqrt{3}+2\sqrt{5}}{2}$$
$$=5\sqrt{3}-2\sqrt{5}-\sqrt{3}-\sqrt{5}$$
$$=4\sqrt{3}-3\sqrt{5}$$
따라서 $a=4$, $b=-3$이므로
$$a-b=4-(-3)=7 \qquad 답 ④$$

53
$$\sqrt{24}+\sqrt{48}-\sqrt{2}\left(\frac{6}{\sqrt{12}}+\frac{9}{\sqrt{3}}\right)$$
$$=2\sqrt{6}+4\sqrt{3}-\frac{6}{\sqrt{6}}-\frac{9\sqrt{2}}{\sqrt{3}}$$
$$=2\sqrt{6}+4\sqrt{3}-\sqrt{6}-3\sqrt{6}=4\sqrt{3}-2\sqrt{6}$$
따라서 $a=4$, $b=-2$이므로
$$3a+b=3\times 4+(-2)=10 \qquad 답 10$$

54
$$\sqrt{2}(\sqrt{8}-2\sqrt{3})-\sqrt{54}+\frac{9\sqrt{2}-\sqrt{3}}{\sqrt{3}}$$
$$=4-2\sqrt{6}-3\sqrt{6}+\frac{9\sqrt{6}-3}{3}$$
$$=4-2\sqrt{6}-3\sqrt{6}+3\sqrt{6}-1=3-2\sqrt{6} \qquad 답 ②$$

55
$$\sqrt{6}A-\sqrt{2}B=\sqrt{6}\left(\frac{1}{\sqrt{2}}+\frac{3\sqrt{6}}{2}\right)-\sqrt{2}\left(\frac{3}{\sqrt{2}}-\frac{9}{\sqrt{6}}\right)$$
$$=\sqrt{3}+9-3+\frac{9}{\sqrt{3}}$$
$$=\sqrt{3}+9-3+3\sqrt{3}$$
$$=6+4\sqrt{3} \qquad 답\ 6+4\sqrt{3}$$

56
$$\frac{2}{\sqrt{2}}(\sqrt{8}-a)+\sqrt{40}\left(\frac{1}{\sqrt{5}}-\frac{1}{\sqrt{10}}\right)$$
$$=4-\frac{2}{\sqrt{2}}a+2\sqrt{2}-2$$
$$=4-a\sqrt{2}+2\sqrt{2}-2=2+(2-a)\sqrt{2}$$
유리수가 되려면 $2-a=0$이어야 하므로
$$a=2 \qquad 답 ④$$

57
$$\sqrt{3}(5\sqrt{3}-7)-a(1-\sqrt{3})=15-7\sqrt{3}-a+a\sqrt{3}$$
$$=15-a+(a-7)\sqrt{3}$$

유리수가 되려면 $a-7=0$이어야 하므로
$$a=7 \qquad 답 ⑤$$

58
$$\frac{3-4\sqrt{12}}{\sqrt{3}}-2\sqrt{3}(3a+\sqrt{3})=\frac{3\sqrt{3}-24}{3}-6a\sqrt{3}-6$$
$$=\sqrt{3}-8-6a\sqrt{3}-6$$
$$=-14+(1-6a)\sqrt{3}$$
유리수가 되려면 $1-6a=0$이어야 하므로
$$a=\frac{1}{6} \qquad 답\ \frac{1}{6}$$

59
$$A=\frac{a}{\sqrt{3}}(\sqrt{18}+\sqrt{27})-\sqrt{6}\left(\frac{2\sqrt{3}}{\sqrt{2}}-1\right)$$
$$=a\sqrt{6}+3a-6+\sqrt{6}$$
$$=3a-6+(a+1)\sqrt{6} \qquad \cdots ❶$$
A가 유리수이므로 $a+1=0$이어야 한다.
$$\therefore a=-1 \qquad \cdots ❷$$
$A=3a-6+(a+1)\sqrt{6}$에 $a=-1$을 대입하면
$$A=3a-6=3\times(-1)-6=-9 \qquad \cdots ❸$$
$$\therefore A+a=-9+(-1)=-10 \qquad \cdots ❹$$

답 -10

채점 기준	배점
❶ A를 간단히 하기	50%
❷ a의 값 구하기	20%
❸ A의 값 구하기	20%
❹ $A+a$의 값 구하기	10%

60
$$\frac{\sqrt{7}-\sqrt{5}}{\sqrt{2}}=\frac{\sqrt{14}-\sqrt{10}}{2}=\frac{3.742-3.162}{2}$$
$$=\frac{0.580}{2}=0.290 \qquad 답 ①$$

61
$$\sqrt{180}=6\sqrt{5}=6\times 2.236=13.416$$
$$\sqrt{\frac{1}{80}}=\frac{1}{\sqrt{80}}=\frac{1}{4\sqrt{5}}=\frac{\sqrt{5}}{20}=\frac{1}{20}\times 2.236=0.1118$$
$$\therefore \sqrt{180}+\sqrt{\frac{1}{80}}=13.416+0.1118=13.5278 \qquad 답 ④$$

62
$$\sqrt{54000}=\sqrt{60\times 900}=30\sqrt{60}$$
$$=30\times 7.746=232.38 \qquad 답 ③$$

63
① $\sqrt{0.02}=\sqrt{\frac{2}{100}}=\frac{\sqrt{2}}{10}=\frac{1.414}{10}=0.1414$

② $\sqrt{0.32}=\sqrt{\frac{32}{100}}=\frac{4\sqrt{2}}{10}=\frac{2\sqrt{2}}{5}=\frac{2}{5}\times 1.414=0.5656$

③ $\sqrt{0.5}=\sqrt{\frac{50}{100}}=\frac{5\sqrt{2}}{10}=\frac{\sqrt{2}}{2}=\frac{1.414}{2}=0.707$

④ $\sqrt{1.8}=\sqrt{\frac{180}{100}}=\frac{6\sqrt{5}}{10}=\frac{3\sqrt{5}}{5}$이므로 $\sqrt{5}$의 값이 주어져야 한다.

⑤ $\sqrt{50}=5\sqrt{2}=5\times 1.414=7.07 \qquad 답 ④$

64 $1<\sqrt{2}<2$에서 $-2<-\sqrt{2}<-1$이므로
$3<5-\sqrt{2}<4$
따라서 $a=3$, $b=(5-\sqrt{2})-3=2-\sqrt{2}$이므로
$ab=3(2-\sqrt{2})=6-3\sqrt{2}$ 　　　**답** ③

65 $4<\sqrt{20}<5$이므로 $a=4$
$2<\sqrt{5}<3$에서 $5<3+\sqrt{5}<6$이므로
$b=(3+\sqrt{5})-5=\sqrt{5}-2$
$\therefore a+\sqrt{5}b=4+\sqrt{5}(\sqrt{5}-2)$
$\qquad\qquad =4+5-2\sqrt{5}=9-2\sqrt{5}$ 　**답** $9-2\sqrt{5}$

66 $2<\sqrt{6}<3$이므로 $a=\sqrt{6}-2$
$\therefore \sqrt{6}=2+a$
이때 $9<\sqrt{96}<10$이므로 $\sqrt{96}$의 소수 부분은
$\sqrt{96}-9=4\sqrt{6}-9=4(2+a)-9=4a-1$ 　**답** ②

67 $8<\sqrt{75}<9$이므로
$f(75)=\sqrt{75}-8=5\sqrt{3}-8$
$5<\sqrt{27}<6$이므로
$f(27)=\sqrt{27}-5=3\sqrt{3}-5$
$\therefore f(75)-f(27)=5\sqrt{3}-8-(3\sqrt{3}-5)$
$\qquad\qquad\qquad =2\sqrt{3}-3$ 　　　**답** ①

68 $\square\mathrm{ABCD}=\dfrac{1}{2}(\sqrt{75}+\sqrt{108})\times\sqrt{72}$
$\qquad\qquad =\dfrac{1}{2}(5\sqrt{3}+6\sqrt{3})\times6\sqrt{2}$
$\qquad\qquad =\dfrac{1}{2}\times11\sqrt{3}\times6\sqrt{2}=33\sqrt{6}(\mathrm{cm}^2)$ 　**답** ④

69 (밑면의 가로의 길이)$=\sqrt{147}-\sqrt{3}\times2$
$\qquad\qquad\qquad\qquad =7\sqrt{3}-2\sqrt{3}=5\sqrt{3}(\mathrm{cm})$
(밑면의 세로의 길이)$=\sqrt{108}-\sqrt{3}\times2$
$\qquad\qquad\qquad\qquad =6\sqrt{3}-2\sqrt{3}=4\sqrt{3}(\mathrm{cm})$
이때 직육면체의 높이는 $\sqrt{3}$ cm이므로 직육면체의 부피는
$5\sqrt{3}\times4\sqrt{3}\times\sqrt{3}=60\sqrt{3}(\mathrm{cm}^3)$ 　**답** $60\sqrt{3}$ cm³

70 직육면체의 높이를 x cm라 하면
$2(\sqrt{32}\times\sqrt{8}+\sqrt{32}x+\sqrt{8}x)=104$ 　　　❶
$2(16+4\sqrt{2}x+2\sqrt{2}x)=104$
$32+12\sqrt{2}x=104$, $12\sqrt{2}x=72$
$\therefore x=\dfrac{72}{12\sqrt{2}}=\dfrac{6}{\sqrt{2}}=3\sqrt{2}$
따라서 이 직육면체의 높이는 $3\sqrt{2}$ cm이다. 　　　❷
답 $3\sqrt{2}$ cm

채점 기준	배점
❶ 직육면체의 겉넓이를 이용하여 식 세우기	50%
❷ 직육면체의 높이 구하기	50%

71 세 정사각형의 한 변의 길이는 각각
$\sqrt{12}=2\sqrt{3}(\mathrm{cm})$, $\sqrt{27}=3\sqrt{3}(\mathrm{cm})$, $\sqrt{75}=5\sqrt{3}(\mathrm{cm})$
오른쪽 그림에서
(둘레의 길이)
$=(2\sqrt{3}+3\sqrt{3}+5\sqrt{3})\times2$
$\quad +(a+b+c)+5\sqrt{3}$
$=20\sqrt{3}+5\sqrt{3}+5\sqrt{3}$
$=30\sqrt{3}(\mathrm{cm})$
따라서 $p=30$, $q=3$이므로
$p+q=30+3=33$ 　　　**답** 33

72 $\overline{\mathrm{PA}}=\overline{\mathrm{PQ}}=\sqrt{2^2+2^2}=\sqrt{8}=2\sqrt{2}$이므로 점 A에 대응하는
수는 $-3-2\sqrt{2}$
$\overline{\mathrm{RB}}=\overline{\mathrm{RS}}=\sqrt{3^2+3^2}=\sqrt{18}=3\sqrt{2}$이므로 점 B에 대응하는
수는 $-1+3\sqrt{2}$
$\therefore \overline{\mathrm{AB}}=-1+3\sqrt{2}-(-3-2\sqrt{2})$
$\qquad\quad =-1+3\sqrt{2}+3+2\sqrt{2}$
$\qquad\quad =2+5\sqrt{2}$ 　　　**답** $2+5\sqrt{2}$

73 정사각형 ABCD의 넓이가 5이므로 $\overline{\mathrm{BP}}=\overline{\mathrm{BA}}=\sqrt{5}$
$\therefore a=-3-\sqrt{5}$ 　　　　❶
정사각형 EFGH의 넓이가 10이므로 $\overline{\mathrm{FQ}}=\overline{\mathrm{FG}}=\sqrt{10}$
$\therefore b=1+\sqrt{10}$ 　　　　❷
$\therefore \sqrt{2}a+b=\sqrt{2}(-3-\sqrt{5})+1+\sqrt{10}$
$\qquad\qquad =-3\sqrt{2}-\sqrt{10}+1+\sqrt{10}$
$\qquad\qquad =-3\sqrt{2}+1$ 　　　❸
답 $-3\sqrt{2}+1$

채점 기준	배점
❶ a의 값 구하기	40%
❷ b의 값 구하기	40%
❸ $\sqrt{2}a+b$의 값 구하기	20%

74 정사각형 P의 넓이가 10이므로 두 정사각형 Q, R의 넓이는 각각 20, 40이다.
따라서 세 정사각형 P, Q, R의 한 변의 길이는 각각 $\sqrt{10}$, $2\sqrt{5}$, $2\sqrt{10}$이므로
$a=\sqrt{10}$, $b=\sqrt{10}+2\sqrt{5}$,
$c=(\sqrt{10}+2\sqrt{5})+2\sqrt{10}=2\sqrt{5}+3\sqrt{10}$
$\therefore a+b+c=\sqrt{10}+(\sqrt{10}+2\sqrt{5})+(2\sqrt{5}+3\sqrt{10})$
$\qquad\qquad =4\sqrt{5}+5\sqrt{10}$ 　**답** $4\sqrt{5}+5\sqrt{10}$

75 ① $(\sqrt{2}+2)-(3\sqrt{2}-1)=-2\sqrt{2}+3=-\sqrt{8}+\sqrt{9}>0$

$\quad\therefore \sqrt{2}+2>3\sqrt{2}-1$

② $(\sqrt{14}-4)-(-4+\sqrt{13})=\sqrt{14}-\sqrt{13}>0$

$\quad\therefore \sqrt{14}-4>-4+\sqrt{13}$

③ $(2\sqrt{5}-8)-(1-2\sqrt{5})=4\sqrt{5}-9=\sqrt{80}-\sqrt{81}<0$

$\quad\therefore 2\sqrt{5}-8<1-2\sqrt{5}$

④ $(2\sqrt{6}+1)-\sqrt{54}=2\sqrt{6}+1-3\sqrt{6}=1-\sqrt{6}<0$

$\quad\therefore 2\sqrt{6}+1<\sqrt{54}$

⑤ $\left(3-\sqrt{\dfrac{1}{7}}\right)-\left(3-\sqrt{\dfrac{1}{6}}\right)=-\sqrt{\dfrac{1}{7}}+\sqrt{\dfrac{1}{6}}>0$

$\quad\therefore 3-\sqrt{\dfrac{1}{7}}>3-\sqrt{\dfrac{1}{6}}$ 　　**답** ④

76 ① $(\sqrt{2}+1)-(3\sqrt{2}-1)=-2\sqrt{2}+2=-\sqrt{8}+\sqrt{4}<0$

$\quad\therefore \sqrt{2}+1<3\sqrt{2}-1$

② $1-(\sqrt{10}-2)=3-\sqrt{10}=\sqrt{9}-\sqrt{10}<0$

$\quad\therefore 1<\sqrt{10}-2$

③ $(6-\sqrt{5})-(2+\sqrt{5})=4-2\sqrt{5}=\sqrt{16}-\sqrt{20}<0$

$\quad\therefore 6-\sqrt{5}<2+\sqrt{5}$

④ $(\sqrt{5}-\sqrt{3})-(\sqrt{12}-\sqrt{5})=\sqrt{5}-\sqrt{3}-(2\sqrt{3}-\sqrt{5})$

$\quad\quad\quad\quad=2\sqrt{5}-3\sqrt{3}=\sqrt{20}-\sqrt{27}<0$

$\quad\therefore \sqrt{5}-\sqrt{3}<\sqrt{12}-\sqrt{5}$

⑤ $(\sqrt{18}-5)-(3-\sqrt{32})=3\sqrt{2}-5-(3-4\sqrt{2})$

$\quad\quad\quad\quad=7\sqrt{2}-8=\sqrt{98}-\sqrt{64}>0$

$\quad\therefore \sqrt{18}-5>3-\sqrt{32}$ 　　**답** ⑤

77 $a-b=\sqrt{125}-(\sqrt{27}+3\sqrt{5})=5\sqrt{5}-(3\sqrt{3}+3\sqrt{5})$

$\quad\quad=2\sqrt{5}-3\sqrt{3}=\sqrt{20}-\sqrt{27}<0$

이므로 $a<b$

$b-c=(\sqrt{27}+3\sqrt{5})-(\sqrt{243}-\sqrt{5})$

$\quad\quad=(3\sqrt{3}+3\sqrt{5})-(9\sqrt{3}-\sqrt{5})$

$\quad\quad=4\sqrt{5}-6\sqrt{3}=\sqrt{80}-\sqrt{108}<0$

이므로 $b<c$

$\therefore a<b<c$ 　　**답** ①

78 $-2\sqrt{3}+3$과 $3-\sqrt{11}$은 음수이고, $\sqrt{3}+\sqrt{2}$, $2\sqrt{2}$, $3\sqrt{2}-\sqrt{5}$ 는 양수이다.

(ⅰ) $(-2\sqrt{3}+3)-(3-\sqrt{11})=-2\sqrt{3}+\sqrt{11}$

$\quad\quad\quad\quad\quad\quad\quad\quad=-\sqrt{12}+\sqrt{11}<0$

$\quad\therefore -2\sqrt{3}+3<3-\sqrt{11}$

(ⅱ) $(\sqrt{3}+\sqrt{2})-2\sqrt{2}=\sqrt{3}-\sqrt{2}>0$이므로

$\quad\quad\sqrt{3}+\sqrt{2}>2\sqrt{2}$

$\quad2\sqrt{2}-(3\sqrt{2}-\sqrt{5})=\sqrt{5}-\sqrt{2}>0$이므로

$\quad2\sqrt{2}>3\sqrt{2}-\sqrt{5}$

$\quad\therefore 3\sqrt{2}-\sqrt{5}<2\sqrt{2}<\sqrt{3}+\sqrt{2}$

(ⅰ), (ⅱ)에서

$-2\sqrt{3}+3<3-\sqrt{11}<3\sqrt{2}-\sqrt{5}<2\sqrt{2}<\sqrt{3}+\sqrt{2}$

따라서 오른쪽에서 두 번째에 오는 수는 $2\sqrt{2}$, 왼쪽에서 두 번째에 오는 수는 $3-\sqrt{11}$이다. 　　**답** $2\sqrt{2}$, $3-\sqrt{11}$

Real 실전 기출

01 ① $-3\sqrt{2}=-\sqrt{3^2\times2}=-\sqrt{18}$　　$\therefore \square=18$

② $\sqrt{80}=\sqrt{4^2\times5}=4\sqrt{5}$　　$\therefore \square=4$

③ $\sqrt{5}\times\sqrt{10}=\sqrt{50}=\sqrt{5^2\times2}=5\sqrt{2}$　　$\therefore \square=5$

④ $\sqrt{24}\times\sqrt{\dfrac{2}{3}}=\sqrt{24\times\dfrac{2}{3}}=\sqrt{16}=4$　　$\therefore \square=4$

⑤ $\sqrt{108}\div2\sqrt{3}=\dfrac{\sqrt{108}}{2\sqrt{3}}=\dfrac{6\sqrt{3}}{2\sqrt{3}}=3$　　$\therefore \square=3$ 　　**답** ①

02 $\sqrt{2}\times\sqrt{5}\times\sqrt{a}\times2\sqrt{20}\times\sqrt{2a}=2\sqrt{2\times5\times a\times20\times2a}$

$\quad\quad\quad\quad\quad\quad\quad\quad\quad\quad=2\sqrt{20^2\times a^2}$

$\quad\quad\quad\quad\quad\quad\quad\quad\quad\quad=2\sqrt{(20a)^2}=40a\ (\because a>0)$

따라서 $40a=80$이므로 $a=2$ 　　**답** ①

03 $\dfrac{9\sqrt{3}}{\sqrt{5}}=\dfrac{9\sqrt{3}\times\sqrt{5}}{\sqrt{5}\times\sqrt{5}}=\dfrac{9\sqrt{15}}{5}$이므로 $a=\dfrac{9}{5}$

$\dfrac{20}{\sqrt{27}}=\dfrac{20}{3\sqrt{3}}=\dfrac{20\times\sqrt{3}}{3\sqrt{3}\times\sqrt{3}}=\dfrac{20\sqrt{3}}{9}$이므로 $b=\dfrac{20}{9}$

$\therefore \sqrt{ab}=\sqrt{\dfrac{9}{5}\times\dfrac{20}{9}}=\sqrt{4}=2$ 　　**답** ①

04 $\dfrac{\sqrt{20}}{\sqrt{3}}\times A\div\dfrac{\sqrt{5}}{\sqrt{24}}=\dfrac{2\sqrt{3}}{3}$에서

$\dfrac{2\sqrt{5}}{\sqrt{3}}\times A\times\dfrac{2\sqrt{6}}{\sqrt{5}}=\dfrac{2\sqrt{3}}{3}$, $4\sqrt{2}A=\dfrac{2\sqrt{3}}{3}$

$\therefore A=\dfrac{2\sqrt{3}}{3}\div4\sqrt{2}=\dfrac{2\sqrt{3}}{3}\times\dfrac{1}{4\sqrt{2}}=\dfrac{\sqrt{3}}{6\sqrt{2}}=\dfrac{\sqrt{6}}{12}$ 　　**답** ⑤

05 $\sqrt{2000}=\sqrt{400\times5}=20\sqrt{5}=20a$

$\sqrt{0.025}=\sqrt{\dfrac{250}{10000}}=\dfrac{5\sqrt{10}}{100}=\dfrac{\sqrt{10}}{20}=\dfrac{1}{20}b$

$\therefore \sqrt{2000}+\sqrt{0.025}=20a+\dfrac{1}{20}b$ 　　**답** ③

06 (직육면체의 부피)$=2\sqrt{2}\times\sqrt{6}\times x=4\sqrt{3}x$

(원기둥의 부피)$=\pi\times2^2\times\sqrt{15}=4\sqrt{15}\pi$

따라서 $4\sqrt{3}x=4\sqrt{15}\pi$이므로 $x=\sqrt{5}\pi$ 　　**답** $\sqrt{5}\pi$

07 $\overline{\mathrm{AD}}=a$ cm라 하면 $\triangle\mathrm{ABD}$에서

$a^2+a^2=(3\sqrt{6})^2$, $a^2=27$

$\therefore a=3\sqrt{3}\ (\because a>0)$

오른쪽 그림과 같이 꼭짓점 E에서 $\overline{AD}$에 내린 수선의 발을 H라 하면

$\overline{AH} = \overline{DH} = \dfrac{1}{2}\overline{AD} = \dfrac{3}{2}\sqrt{3}\,(cm)$

$\triangle EAH$에서

$\overline{EH} = \sqrt{(3\sqrt{3})^2 - \left(\dfrac{3}{2}\sqrt{3}\right)^2}$

$\quad\quad = \sqrt{\dfrac{81}{4}} = \dfrac{9}{2}\,(cm)$ **답** ①

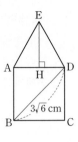

08 레귤러사이즈 피자의 반지름의 길이를 a, 라지사이즈 피자의 반지름의 길이를 b라 하면

$a^2\pi : b^2\pi = 24000 : 28000$, $a^2 : b^2 = 6 : 7$

$6b^2 = 7a^2$, $b^2 = \dfrac{7}{6}a^2$

$\therefore b = \dfrac{\sqrt{7}}{\sqrt{6}}a = \dfrac{\sqrt{42}}{6}a \;(\because b > 0)$

따라서 라지사이즈 피자의 반지름의 길이는 레귤러사이즈 피자의 반지름의 길이의 $\dfrac{\sqrt{42}}{6}$배이다. **답** ②

09 $\sqrt{150} + \sqrt{54} - a\sqrt{6} = 5\sqrt{6} + 3\sqrt{6} - a\sqrt{6}$

$\quad\quad\quad\quad\quad\quad\quad\quad\quad = (8-a)\sqrt{6}$

이때 $\sqrt{96} = 4\sqrt{6}$이므로 $(8-a)\sqrt{6} = 4\sqrt{6}$

$8-a = 4$ $\therefore a = 4$ **답** ②

10 $\sqrt{2}\left(\dfrac{3}{\sqrt{6}} + \dfrac{4}{\sqrt{12}}\right) - \dfrac{3}{4\sqrt{3}} - \sqrt{6} \div \dfrac{4\sqrt{2}}{3}$

$= \dfrac{3}{\sqrt{3}} + \dfrac{4}{\sqrt{6}} - \dfrac{3}{4\sqrt{3}} - \sqrt{6} \times \dfrac{3}{4\sqrt{2}}$

$= \sqrt{3} + \dfrac{2\sqrt{6}}{3} - \dfrac{\sqrt{3}}{4} - \dfrac{3\sqrt{3}}{4} = \dfrac{2\sqrt{6}}{3}$ **답** ①

11 $\sqrt{2}a(\sqrt{8}-2) + \dfrac{2-\sqrt{32}}{\sqrt{2}}$

$= 4a - 2a\sqrt{2} + \dfrac{2\sqrt{2}-8}{2}$

$= 4a - 2a\sqrt{2} + \sqrt{2} - 4$

$= (4a-4) + (-2a+1)\sqrt{2}$

유리수가 되려면 $-2a+1 = 0$이어야 하므로

$a = \dfrac{1}{2}$ **답** $\dfrac{1}{2}$

12 분모가 12인 기약분수의 분자를 x라 하면

$\dfrac{\sqrt{5}}{4} < \dfrac{x}{12} < \dfrac{2\sqrt{2}}{3}$, $\dfrac{3\sqrt{5}}{12} < \dfrac{x}{12} < \dfrac{8\sqrt{2}}{12}$

$3\sqrt{5} < x < 8\sqrt{2}$ $\therefore \sqrt{45} < x < \sqrt{128}$

x는 자연수이므로

$x = 7, 8, 9, 10, 11$

이때 $\dfrac{x}{12}$가 기약분수가 되려면 $x = 7, 11$

따라서 구하는 모든 기약분수의 합은

$\dfrac{7}{12} + \dfrac{11}{12} = \dfrac{18}{12} = \dfrac{3}{2}$ **답** $\dfrac{3}{2}$

13 $\dfrac{\sqrt{12}}{\sqrt{5}} \div \dfrac{\sqrt{b}}{\sqrt{a}} = \dfrac{\sqrt{12}}{\sqrt{5}} \times \dfrac{\sqrt{a}}{\sqrt{b}} = \sqrt{\dfrac{12}{5} \times \dfrac{a}{b}}$

승유는 a를 40으로 잘못 보았으므로

$\sqrt{\dfrac{12}{5} \times \dfrac{40}{b}} = \sqrt{\dfrac{96}{b}} = 4\sqrt{2}$에서

$\sqrt{\dfrac{96}{b}} = \sqrt{32}$, $\dfrac{96}{b} = 32$ $\therefore b = 3$

하영이는 b를 4로 잘못 보았으므로

$\sqrt{\dfrac{12}{5} \times \dfrac{a}{4}} = \sqrt{\dfrac{3a}{5}} = \sqrt{21}$에서

$\dfrac{3a}{5} = 21$ $\therefore a = 35$

$\therefore \dfrac{\sqrt{12}}{\sqrt{5}} \div \dfrac{\sqrt{3}}{\sqrt{35}} = \dfrac{\sqrt{12}}{\sqrt{5}} \times \dfrac{\sqrt{35}}{\sqrt{3}}$

$\quad\quad\quad\quad\quad\quad = \sqrt{\dfrac{12}{5} \times \dfrac{35}{3}}$

$\quad\quad\quad\quad\quad\quad = \sqrt{28} = 2\sqrt{7}$ **답** $2\sqrt{7}$

14 $\sqrt{n} = a+b$이고 $3 < a < 6$, $0.2 < b < 0.6$에서 a는 4 또는 5이므로

(i) $a = 4$일 때, $4.2 < \sqrt{n} < 4.6$

$\quad \therefore 17.64 < n < 21.16$

따라서 자연수 n은 18, 19, 20, 21이다.

(ii) $a = 5$일 때, $5.2 < \sqrt{n} < 5.6$

$\quad \therefore 27.04 < n < 31.36$

따라서 자연수 n은 28, 29, 30, 31이다.

(i), (ii)에서 구하는 자연수 n은 18, 19, 20, 21, 28, 29, 30, 31의 8개이다. **답** 8

15 $x + \sqrt{2} + x = 2$에서

$2x = 2 - \sqrt{2}$ $\therefore x = \dfrac{2-\sqrt{2}}{2}$

따라서 길을 제외한 화단과 촬영지의 넓이의 합은

$(\sqrt{3}+2\sqrt{6}) \times 2\sqrt{6} - 2 \times 2 + \sqrt{2}\left(2 - \dfrac{2-\sqrt{2}}{2}\right)$

$= (\sqrt{3}+2\sqrt{6}) \times 2\sqrt{6} - 2 \times 2 + \sqrt{2} \times \dfrac{2+\sqrt{2}}{2}$

$= 6\sqrt{2} + 24 - 4 + \sqrt{2} + 1$

$= 7\sqrt{2} + 21\,(m^2)$ **답** $(7\sqrt{2}+21)\ m^2$

16 $\dfrac{\sqrt{75}}{2} \div 6\sqrt{2} \times \sqrt{32} = \dfrac{5\sqrt{3}}{2} \times \dfrac{1}{6\sqrt{2}} \times 4\sqrt{2} = \dfrac{5\sqrt{3}}{3}$이므로

$a = \dfrac{5}{3}$ $\cdots$ ❶

$3\sqrt{15}\div2\sqrt{18}\times2\sqrt{6}=3\sqrt{15}\times\dfrac{1}{6\sqrt{2}}\times2\sqrt{6}=3\sqrt{5}$이므로

$b=3$ … ❷

$\therefore \sqrt{\dfrac{a}{b}}=\sqrt{a\times\dfrac{1}{b}}=\sqrt{\dfrac{5}{3}\times\dfrac{1}{3}}=\dfrac{\sqrt{5}}{3}$ … ❸

답 $\dfrac{\sqrt{5}}{3}$

채점 기준	배점
❶ a의 값 구하기	40%
❷ b의 값 구하기	40%
❸ $\sqrt{\dfrac{a}{b}}$의 값 구하기	20%

17 오른쪽 그림과 같이 꼭짓점 A에서 $\overline{BC}$에 내린 수선의 발을 H라 하면

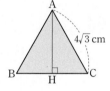

$\overline{HC}=\dfrac{1}{2}\overline{BC}=\dfrac{1}{2}\times4\sqrt{3}$
$\quad\quad=2\sqrt{3}\,(\mathrm{cm})$ … ❶

△AHC에서
$\overline{AH}=\sqrt{(4\sqrt{3})^2-(2\sqrt{3})^2}$
$\quad\quad=\sqrt{36}=6\,(\mathrm{cm})$ … ❷

$\therefore \triangle ABC=\dfrac{1}{2}\times4\sqrt{3}\times6$
$\quad\quad\quad\quad=12\sqrt{3}\,(\mathrm{cm}^2)$ … ❸

답 $12\sqrt{3}\ \mathrm{cm}^2$

채점 기준	배점
❶ $\overline{HC}$의 길이 구하기	30%
❷ $\overline{AH}$의 길이 구하기	40%
❸ $\triangle ABC$의 넓이 구하기	30%

보충 TIP 한 변의 길이가 a인 정삼각형의 높이를 h, 넓이를 S라 하면

(1) $h=\dfrac{\sqrt{3}}{2}a$ (2) $S=\dfrac{\sqrt{3}}{4}a^2$

18 $\dfrac{\sqrt{12}-\sqrt{8}}{\sqrt{2}}*\dfrac{1}{\sqrt{3}}=\left(\dfrac{\sqrt{12}-\sqrt{8}}{\sqrt{2}}\right)\times\dfrac{1}{\sqrt{3}}-\sqrt{3}\times\left(\dfrac{\sqrt{12}-\sqrt{8}}{\sqrt{2}}\right)$ … ❶

$=(\sqrt{6}-2)\times\dfrac{1}{\sqrt{3}}-\sqrt{3}(\sqrt{6}-2)$

$=\sqrt{2}-\dfrac{2\sqrt{3}}{3}-3\sqrt{2}+2\sqrt{3}$

$=\dfrac{4\sqrt{3}}{3}-2\sqrt{2}$ … ❷

답 $\dfrac{4\sqrt{3}}{3}-2\sqrt{2}$

채점 기준	배점
❶ 새로운 연산 기호에 따라 식으로 나타내기	40%
❷ 식을 간단히 하기	60%

19 사다리꼴의 높이를 x라 하면

(사다리꼴의 넓이)$=\dfrac{1}{2}\times(\sqrt{18}+\sqrt{50})\times x$
$\quad\quad\quad\quad\quad\quad=\dfrac{1}{2}\times(3\sqrt{2}+5\sqrt{2})\times x$
$\quad\quad\quad\quad\quad\quad=4\sqrt{2}x$ … ❶

(정사각형의 넓이)$=(4\sqrt{5})^2=80$ … ❷
따라서 $4\sqrt{2}x=80$이므로 $x=10\sqrt{2}$ … ❸

답 $10\sqrt{2}$

채점 기준	배점
❶ 사다리꼴의 넓이를 식으로 나타내기	40%
❷ 정사각형의 넓이 구하기	30%
❸ 사다리꼴의 높이 구하기	30%

20 $a>0$, $b>0$이므로

$\sqrt{4ab}-a\sqrt{\dfrac{b}{a}}+\dfrac{\sqrt{9b}}{b\sqrt{a}}=\sqrt{4ab}-\sqrt{a^2\times\dfrac{b}{a}}+\dfrac{\sqrt{9b}}{\sqrt{b^2\times a}}$

$\quad\quad\quad\quad\quad\quad=2\sqrt{ab}-\sqrt{ab}+\sqrt{\dfrac{9b}{ab^2}}$

$\quad\quad\quad\quad\quad\quad=2\sqrt{ab}-\sqrt{ab}+\sqrt{\dfrac{9}{ab}}$

$\quad\quad\quad\quad\quad\quad=\sqrt{ab}+\dfrac{3}{\sqrt{ab}}$ … ❶

$ab=3$을 위의 식에 대입하면

(주어진 식)$=\sqrt{3}+\dfrac{3}{\sqrt{3}}$
$\quad\quad\quad=\sqrt{3}+\sqrt{3}=2\sqrt{3}$ … ❷

답 $2\sqrt{3}$

채점 기준	배점
❶ 근호 밖의 양수를 제곱하여 근호 안으로 넣고 주어진 식을 간단히 하기	70%
❷ ❶의 식에 $ab=3$을 대입하여 식의 값 구하기	30%

21 $\overline{AC}=\sqrt{3^2+2^2}=\sqrt{13}$이므로

$a=2-\sqrt{13}$, $b=2+\sqrt{13}$ … ❶

$3<\sqrt{13}<4$에서 $5<2+\sqrt{13}<6$이므로

$x=5$, $y=(2+\sqrt{13})-5=\sqrt{13}-3$ … ❷

$\therefore a+xy=(2-\sqrt{13})+5(\sqrt{13}-3)$
$\quad\quad\quad=2-\sqrt{13}+5\sqrt{13}-15$
$\quad\quad\quad=4\sqrt{13}-13$ … ❸

답 $4\sqrt{13}-13$

채점 기준	배점
❶ a, b의 값 각각 구하기	30%
❷ x, y의 값 각각 구하기	40%
❸ $a+xy$의 값 구하기	30%

Ⅱ. 다항식의 곱셈과 인수분해

04 다항식의 곱셈

01 답 $3xy-15x+2y-10$

02 답 $-3ac+ad-6bc+2bd$

03 답 $3x^2+5xy-2y^2+3x-y$

04 답 x^2+6x+9 **05** 답 $16x^2+8x+1$

06 답 $4a^2+20ab+25b^2$ **07** 답 $\dfrac{1}{9}a^2+\dfrac{2}{3}a+1$

08 답 $a^2-12ab+36b^2$ **09** 답 $9x^2+6xy+y^2$

10 답 $25x^2-20xy+4y^2$ **11** 답 $x^2-\dfrac{2}{7}x+\dfrac{1}{49}$

12 답 3, 9 **13** 답 10, 100

14 답 x^2-16 **15** 답 $25x^2-9y^2$

16 답 $9-16x^2$ **17** 답 $\dfrac{1}{9}x^2-\dfrac{1}{4}$

18 답 $a^2+11a+18$ **19** 답 x^2+6x-7

20 답 $a^2-8a+15$ **21** 답 $x^2-\dfrac{1}{6}x-\dfrac{1}{6}$

22 답 $x^2+3xy-10y^2$ **23** 답 3, 4

24 답 5, 2 **25** 답 $2x^2+9x+4$

26 답 $6a^2-a-12$ **27** 답 $6x^2-23x+7$

28 답 $6x^2+13xy-15y^2$ **29** 답 $10x^2+\dfrac{4}{3}xy-\dfrac{1}{2}y^2$

30 답 3, 5 **31** 답 2, 7

32 답 10, $x^2+2xy+y^2$ **33** 답 4, 3

34 답 3, 9, 10609 **35** 답 2, 400, 9604

36 답 60, 60, 3600, 3596 **37** 답 5, 5, 25, 24.99

38 답 80, 80, 320, 6723

39 답 200, 200, 40000, 39402

40 $\dfrac{1}{\sqrt{5}-2}=\dfrac{\sqrt{5}+2}{(\sqrt{5}-2)(\sqrt{5}+2)}=\dfrac{\sqrt{5}+2}{5-4}=\sqrt{5}+2$ 답 $\sqrt{5}+2$

41 $\dfrac{1}{\sqrt{3}+1}=\dfrac{\sqrt{3}-1}{(\sqrt{3}+1)(\sqrt{3}-1)}$
$=\dfrac{\sqrt{3}-1}{3-1}=\dfrac{\sqrt{3}-1}{2}$ 답 $\dfrac{\sqrt{3}-1}{2}$

42 $\dfrac{\sqrt{3}}{2-\sqrt{3}}=\dfrac{\sqrt{3}(2+\sqrt{3})}{(2-\sqrt{3})(2+\sqrt{3})}=\dfrac{2\sqrt{3}+3}{4-3}$
$=2\sqrt{3}+3$ 답 $2\sqrt{3}+3$

43 $\dfrac{3-\sqrt{5}}{3+\sqrt{5}}=\dfrac{(3-\sqrt{5})^2}{(3+\sqrt{5})(3-\sqrt{5})}=\dfrac{9-6\sqrt{5}+5}{9-5}$
$=\dfrac{14-6\sqrt{5}}{4}=\dfrac{7-3\sqrt{5}}{2}$ 답 $\dfrac{7-3\sqrt{5}}{2}$

44 $\dfrac{1}{\sqrt{10}+3}=\dfrac{\sqrt{10}-3}{(\sqrt{10}+3)(\sqrt{10}-3)}=\dfrac{\sqrt{10}-3}{10-9}$
$=\sqrt{10}-3$ 답 $\sqrt{10}-3$

45 $\dfrac{\sqrt{6}+\sqrt{3}}{\sqrt{6}-\sqrt{3}}=\dfrac{(\sqrt{6}+\sqrt{3})^2}{(\sqrt{6}-\sqrt{3})(\sqrt{6}+\sqrt{3})}=\dfrac{6+2\sqrt{6}\times\sqrt{3}+3}{6-3}$
$=\dfrac{9+6\sqrt{2}}{3}=3+2\sqrt{2}$ 답 $3+2\sqrt{2}$

46 $\dfrac{\sqrt{2}}{3-2\sqrt{2}}=\dfrac{\sqrt{2}(3+2\sqrt{2})}{(3-2\sqrt{2})(3+2\sqrt{2})}=\dfrac{3\sqrt{2}+4}{9-8}$
$=3\sqrt{2}+4$ 답 $3\sqrt{2}+4$

47 $\dfrac{5}{\sqrt{7}+2\sqrt{3}}=\dfrac{5(\sqrt{7}-2\sqrt{3})}{(\sqrt{7}+2\sqrt{3})(\sqrt{7}-2\sqrt{3})}=\dfrac{5(\sqrt{7}-2\sqrt{3})}{7-12}$
$=\dfrac{5(\sqrt{7}-2\sqrt{3})}{-5}=2\sqrt{3}-\sqrt{7}$ 답 $2\sqrt{3}-\sqrt{7}$

48 답 $2xy$, 4, 12 **49** 답 $4xy$, 8, 8

50 답 $2xy$, 1, 17 **51** 답 $4xy$, 2, 16

52 답 $2xy$, -2, 18 **53** 답 $4xy$, -4, 16

01 주어진 식을 전개한 식에서 ab항은
$4a\times(-5b)+2b\times2a=-20ab+4ab=-16ab$
따라서 ab의 계수는 -16이다. 답 ②

채점 기준	배점
❶ A를 a, b의 식으로 나타내기	35%
❷ B를 a, b의 식으로 나타내기	35%
❸ $A+B$를 간단히 하기	30%

다른 풀이 $(4a+2b+3)(2a-5b)$

$=8a^2-20ab+4ab-10b^2+6a-15b$

$=8a^2-16ab-10b^2+6a-15b$

따라서 ab의 계수는 -16이다.

02 $(5x+y)(y-2x)=5xy-10x^2+y^2-2xy$

$\qquad\qquad\qquad\quad =-10x^2+3xy+y^2$

따라서 $a=-10$, $b=3$, $c=1$이므로

$abc=-10\times3\times1=-30$ 　　　**답** -30

03 주어진 식을 전개한 식에서 y항은

$-5y\times(-1)+(-4)\times ay=5y-4ay=(5-4a)y$

xy항은

$x\times ay+(-5y)\times x=(a-5)xy$

이때 y의 계수와 xy의 계수가 같으므로

$5-4a=a-5$, $-5a=-10$ 　$\therefore a=2$ 　　**답** ①

04 주어진 식의 전개식에서 xy항은

$ax\times(-5y)+4y\times3x=-5axy+12xy=(-5a+12)xy$

xy의 계수가 17이므로

$-5a+12=17$, $-5a=5$ 　$\therefore a=-1$

따라서 x항은

$ax\times2=2ax=-2x$

이므로 x의 계수는 -2이다. 　　**답** ③

05 $(Ax-3)^2=A^2x^2-6Ax+9$

$\qquad\qquad\quad =49x^2+Bx+C$

이므로 $A^2=49$, $-6A=B$, $9=C$

이때 $A>0$이므로 $A=7$, $B=-42$, $C=9$

$\therefore A-B+C=7-(-42)+9=58$ 　　**답** 58

06 $(-x+y)^2=\{-(x-y)\}^2=(x-y)^2$ 　　**답** ④

07 ① $(x+4)^2=x^2+8x+16$

② $(3x-1)^2=9x^2-6x+1$

③ $\left(\dfrac{1}{5}x+2\right)^2=\dfrac{1}{25}x^2+\dfrac{4}{5}x+4$

④ $(-2x+7y)^2=4x^2-28xy+49y^2$ 　　**답** ⑤

08 한 변의 길이가 $a+\dfrac{1}{2}b$인 정사각형의 넓이 A는

$A=\left(a+\dfrac{1}{2}b\right)^2=a^2+ab+\dfrac{1}{4}b^2$ 　…❶

한 변의 길이가 $5a-b$인 정사각형의 넓이 B는

$B=(5a-b)^2=25a^2-10ab+b^2$ 　…❷

$\therefore A+B=\left(a^2+ab+\dfrac{1}{4}b^2\right)+(25a^2-10ab+b^2)$

$\qquad\qquad =26a^2-9ab+\dfrac{5}{4}b^2$ 　…❸

답 $26a^2-9ab+\dfrac{5}{4}b^2$

09 ② $(-3+x)(-3-x)=9-x^2$ 　　**답** ②

10 $(5x+1)(5x-1)-(3x+2)(2-3x)$

$=25x^2-1-(4-9x^2)$

$=25x^2-1-4+9x^2=34x^2-5$ 　　**답** ④

11 $(-y-4x)(4x-y)=(-y-4x)(-y+4x)$

$\qquad\qquad\qquad\qquad =(-y)^2-(4x)^2$

$\qquad\qquad\qquad\qquad =y^2-16x^2$

따라서 $A=-16$, $B=0$, $C=1$이므로

$A+B-C=-16+0-1=-17$ 　　**답** ①

12 $(x-2)(x+2)(x^2+4)(x^4+16)$

$=(x^2-4)(x^2+4)(x^4+16)$

$=(x^4-16)(x^4+16)$

$=x^8-256$

따라서 $a=8$, $b=256$이므로

$a+b=8+256=264$ 　　**답** 264

13 $(x+a)(x-6)=x^2+(a-6)x-6a=x^2+bx-24$이므로

$a-6=b$, $-6a=-24$

따라서 $a=4$, $b=-2$이므로

$a-b=4-(-2)=6$ 　　**답** ④

14 $\left(x-\dfrac{2}{5}y\right)\left(x-\dfrac{1}{3}y\right)=x^2+\left(-\dfrac{2}{5}-\dfrac{1}{3}\right)xy+\dfrac{2}{15}y^2$

$\qquad\qquad\qquad\qquad\qquad =x^2-\dfrac{11}{15}xy+\dfrac{2}{15}y^2$

따라서 $a=-\dfrac{11}{15}$, $b=\dfrac{2}{15}$이므로

$\dfrac{b}{a}=b\div a=\dfrac{2}{15}\div\left(-\dfrac{11}{15}\right)$

$\qquad =\dfrac{2}{15}\times\left(-\dfrac{15}{11}\right)=-\dfrac{2}{11}$ 　　**답** $-\dfrac{2}{11}$

15 ① 2 　② 9 　③ $\dfrac{1}{2}$ 　④ 3 　⑤ 2

따라서 가장 큰 수는 ②이다. 　　**답** ②

참고 $\left(-x+\dfrac{5}{6}y\right)\left(-x+\dfrac{7}{6}y\right)=\left\{-\left(x-\dfrac{5}{6}y\right)\right\}\left\{-\left(x-\dfrac{7}{6}y\right)\right\}$

$\qquad\qquad\qquad\qquad\qquad =\left(x-\dfrac{5}{6}y\right)\left(x-\dfrac{7}{6}y\right)$

$\qquad\qquad\qquad\qquad\qquad =x^2-2xy+\dfrac{35}{36}y^2$

16 $(x-4)(x+a)+(5-x)(3-x)$
$=x^2+(-4+a)x-4a+15-8x+x^2$
$=2x^2+(-12+a)x-4a+15$ ··· ❶
이때 x의 계수와 상수항이 같으므로
$-12+a=-4a+15,\ 5a=27$ ∴ $a=\dfrac{27}{5}$ ··· ❷

답 $\dfrac{27}{5}$

채점 기준	배점
❶ 주어진 식을 전개하여 간단히 하기	60%
❷ a의 값 구하기	40%

17 $(4x+a)(bx+5)=4bx^2+(20+ab)x+5a$
$\qquad\qquad\qquad=12x^2+cx-10$
이므로 $4b=12$, $20+ab=c$, $5a=-10$
따라서 $a=-2$, $b=3$, $c=14$이므로
$a-b+c=-2-3+14=9$ 답 ③

18 $\left(4x+\dfrac{3}{2}y\right)(8x-5y)=32x^2-8xy-\dfrac{15}{2}y^2$
따라서 xy의 계수는 -8, y^2의 계수는 $-\dfrac{15}{2}$이므로 구하는
곱은 $-8\times\left(-\dfrac{15}{2}\right)=60$ 답 ④

19 $a=5$, $b=5$, $c=-10$, $d=4$
∴ $a+b+c+d=5+5+(-10)+4=4$ 답 4

20 $(5x-a)(3x+1)=15x^2+(5-3a)x-a$
$\qquad\qquad\qquad=15x^2-16x-7$
이므로 $5-3a=-16$, $-a=-7$ ∴ $a=7$ ··· ❶
따라서 바르게 계산하면
$(5x-7)(3x-1)=15x^2-26x+7$ ··· ❷

답 $15x^2-26x+7$

채점 기준	배점
❶ a의 값 구하기	50%
❷ 바르게 계산한 답 구하기	50%

21 ④ $(-x-5)(-x+5)=x^2-25$
⑤ $\left(2x-\dfrac{1}{3}y\right)\left(5x+\dfrac{3}{2}y\right)=10x^2+\dfrac{4}{3}xy-\dfrac{1}{2}y^2$

답 ④, ⑤

22 ① $x^2-8x+16$ ② $x^2-8x+15$
③ $3x^2-8x-35$ ④ $x^2-8x-48$
⑤ $-8x^2+18x+5$
따라서 x의 계수가 다른 하나는 ⑤이다. 답 ⑤

23 $(3x-2)^2+(x+3)(2x+a)$
$=9x^2-12x+4+2x^2+(a+6)x+3a$
$=11x^2+(a-6)x+3a+4$
이때 x의 계수가 -2이므로
$a-6=-2$ ∴ $a=4$
따라서 구하는 상수항은
$3a+4=3\times4+4=16$ 답 16

24 (색칠한 부분의 넓이)
$=\{4x-(2y-x)\}\{3x-(2y-x)\}+(2y-x)^2$
$=(5x-2y)(4x-2y)+(2y-x)^2$
$=(20x^2-18xy+4y^2)+(4y^2-4xy+x^2)$
$=21x^2-22xy+8y^2$ 답 $21x^2-22xy+8y^2$

25 $3x+y=A$로 놓으면
$(3x+y-5)^2=(A-5)^2=A^2-10A+25$
$\qquad=(3x+y)^2-10(3x+y)+25$
$\qquad=9x^2+6xy+y^2-30x-10y+25$
따라서 x^2의 계수는 9, xy의 계수는 6이므로
$a=9$, $b=6$
∴ $a+b=9+6=15$ 답 ②

26 $3x-2=A$로 놓으면
$(3x+4y-2)(3x-4y-2)=(A+4y)(A-4y)$
$\qquad=A^2-16y^2$
$\qquad=(3x-2)^2-16y^2$
$\qquad=9x^2-12x+4-16y^2$
따라서 상수항을 포함한 모든 항의 계수의 합은
$9+(-12)+4+(-16)=-15$ 답 ②

27 $3b-1=A$로 놓으면
$(a-3b+1)(a+3b-1)=\{a-(3b-1)\}\{a+(3b-1)\}$
$\qquad=(a-A)(a+A)$
$\qquad=a^2-A^2$
$\qquad=a^2-(3b-1)^2$
$\qquad=a^2-9b^2+6b-1$
답 a^2-9b^2+6b-1

28 $1+x^2=A$로 놓으면
$(1+x+x^2)(1-x+x^2)=(A+x)(A-x)$
$\qquad=A^2-x^2$
$\qquad=(1+x^2)^2-x^2$
$\qquad=1+2x^2+x^4-x^2$
$\qquad=1+x^2+x^4$

따라서 주어진 식은 $(1+x^2+x^4)(1-x^2+x^4)$이므로
$1+x^4=B$로 놓으면
$$\text{(주어진 식)}=(B+x^2)(B-x^2)$$
$$=B^2-x^4$$
$$=(1+x^4)^2-x^4$$
$$=1+2x^4+x^8-x^4$$
$$=1+x^4+x^8$$
따라서 $a=4$, $b=8$ 또는 $a=8$, $b=4$이므로
$ab=4\times 8=32$ 　　　　　　　　　　　　답 ③

29 $(x-3)(x-1)(x+2)(x+4)$
$$=\{(x-3)(x+4)\}\{(x-1)(x+2)\}$$
$$=(x^2+x-12)(x^2+x-2)$$
$x^2+x=A$로 놓으면
$$(x^2+x-12)(x^2+x-2)=(A-12)(A-2)$$
$$=A^2-14A+24$$
$$=(x^2+x)^2-14(x^2+x)+24$$
$$=x^4+2x^3+x^2-14x^2-14x+24$$
$$=x^4+2x^3-13x^2-14x+24$$
따라서 x^3의 계수는 2, x의 계수는 -14이므로
$p=2$, $q=-14$ 　　$\therefore p+q=2+(-14)=-12$ 　답 ③

30 $(x+1)(x+4)(x-2)(x-5)$
$$=\{(x+1)(x-2)\}\{(x+4)(x-5)\}$$
$$=(x^2-x-2)(x^2-x-20)$$
$x^2-x=A$로 놓으면
$$(x^2-x-2)(x^2-x-20)=(A-2)(A-20)$$
$$=A^2-22A+40$$
$$=(x^2-x)^2-22(x^2-x)+40$$
$$=x^4-2x^3+x^2-22x^2+22x+40$$
$$=x^4-2x^3-21x^2+22x+40$$
　　　　　　　　　답 $x^4-2x^3-21x^2+22x+40$

31 $(x-1)(x-2)(x+5)(x+6)$
$$=\{(x-1)(x+5)\}\{(x-2)(x+6)\}$$
$$=(x^2+4x-5)(x^2+4x-12)$$
$x^2+4x=A$로 놓으면
$$(x^2+4x-5)(x^2+4x-12)$$
$$=(A-5)(A-12)$$
$$=A^2-17A+60$$
$$=(x^2+4x)^2-17(x^2+4x)+60$$
$$=x^4+8x^3+16x^2-17x^2-68x+60$$
$$=x^4+8x^3-x^2-68x+60$$
따라서 $a=8$, $b=-1$, $c=-68$, $d=60$이므로
$a-b-c+d=8-(-1)-(-68)+60=137$ 　답 ⑤

32 $x^2-3x-6=0$에서 $x^2-3x=6$ 　　　　　 … ❶
$$\therefore (x+1)(x-2)(x-4)(x-1)$$
$$=\{(x+1)(x-4)\}\{(x-2)(x-1)\}$$
$$=(x^2-3x-4)(x^2-3x+2)$$ 　　　　 … ❷
$$=(6-4)(6+2)=2\times 8=16$$ 　　　　 … ❸
　　　　　　　　　　　　　　　　　　답 16

채점 기준	배점
❶ x^2-3x의 값 구하기	30%
❷ x^2-3x가 나오도록 주어진 식을 두 개씩 짝 지어 전개하기	40%
❸ 주어진 식의 값 구하기	30%

33 ③ $1003\times 993=(1000+3)(1000-7)$
　　$\Rightarrow (x+a)(x+b)=x^2+(a+b)x+ab$ 　답 ③

34 $59\times 62-61^2=(60-1)(60+2)-(60+1)^2$
$$=60^2+1\times 60-2-(60^2+2\times 60+1^2)$$
$$=60^2+60-2-60^2-120-1$$
$$=-63$$ 　　　　　　　　　　　　答 -63

35 $2(3+1)(3^2+1)(3^4+1)(3^8+1)$
$$=(3-1)(3+1)(3^2+1)(3^4+1)(3^8+1)$$
$$=(3^2-1)(3^2+1)(3^4+1)(3^8+1)$$
$$=(3^4-1)(3^4+1)(3^8+1)$$
$$=(3^8-1)(3^8+1)=3^{16}-1$$
따라서 $a=16$, $b=1$이므로
$a-b=16-1=15$ 　　　　　　　　　答 ③

36 $A=\dfrac{(2021-3)(2021+3)+9}{2021}$
$$=\dfrac{2021^2-3^2+9}{2021}=\dfrac{2021^2}{2021}=2021$$ 　 … ❶
$B=\dfrac{(2021-3)^2-3^2}{2021}=\dfrac{2021^2-6\times 2021+9-9}{2021}$
$$=\dfrac{2021^2-6\times 2021}{2021}=2021-6=2015$$ 　 … ❷
$\therefore A+B=2021+2015=4036$ 　　　　 … ❸
　　　　　　　　　　　　　　　　　　답 4036

채점 기준	배점
❶ A의 값 구하기	40%
❷ B의 값 구하기	40%
❸ $A+B$의 값 구하기	20%

37 $(\sqrt{5}-3\sqrt{2})(\sqrt{5}-4\sqrt{2})$
$$=(\sqrt{5})^2+(-4-3)\sqrt{10}+(-3\sqrt{2})\times(-4\sqrt{2})$$
$$=5-7\sqrt{10}+24=29-7\sqrt{10}$$
따라서 $a=29$, $b=-7$이므로
$\sqrt{a-b}=\sqrt{29-(-7)}=\sqrt{36}=6$ 　　답 ⑤

38 $(\sqrt{3}-4a)(\sqrt{3}+7)+5\sqrt{3}=3+(7-4a)\sqrt{3}-28a+5\sqrt{3}$
$\qquad\qquad\qquad\qquad\qquad\qquad =3-28a+(12-4a)\sqrt{3}$

이때 계산한 결과가 유리수이려면 $12-4a=0$이어야 하므로
$4a=12$ $\quad\therefore a=3$ **답** ④

39 오른쪽 그림과 같이 주어진 도형을 직사각형 A와 정사각형 B로 나누면
(직사각형 A의 넓이)
$=(2\sqrt{6}-3)(\sqrt{6}+1+\sqrt{6}+3)$
$=(2\sqrt{6}-3)(2\sqrt{6}+4)$
$=24+(8-6)\sqrt{6}-12$
$=12+2\sqrt{6}$
(정사각형 B의 넓이)$=(\sqrt{6}+3)^2$
$\qquad\qquad\qquad\quad =6+6\sqrt{6}+9$
$\qquad\qquad\qquad\quad =15+6\sqrt{6}$
$\therefore$ (구하는 도형의 넓이)
$\quad=$(직사각형 A의 넓이)$+$(정사각형 B의 넓이)
$\quad=(12+2\sqrt{6})+(15+6\sqrt{6})$
$\quad=27+8\sqrt{6}$ **답** ④

40 $(8-3\sqrt{7})^{2021}(8+3\sqrt{7})^{2021}=\{(8-3\sqrt{7})(8+3\sqrt{7})\}^{2021}$
$\qquad\qquad\qquad\qquad\qquad\qquad =(64-63)^{2021}$
$\qquad\qquad\qquad\qquad\qquad\qquad =1^{2021}=1$ **답** 1

> **보충 TIP** 지수법칙―지수의 분배
> n이 자연수일 때,
> ① $(ab)^n=a^nb^n$ ② $\left(\dfrac{a}{b}\right)^n=\dfrac{a^n}{b^n}$ (단, $b\neq0$)

41 $\dfrac{\sqrt{5}+2}{\sqrt{5}-2}-\dfrac{\sqrt{5}+5}{\sqrt{5}+2}=\dfrac{(\sqrt{5}+2)^2}{(\sqrt{5}-2)(\sqrt{5}+2)}-\dfrac{(\sqrt{5}+5)(\sqrt{5}-2)}{(\sqrt{5}+2)(\sqrt{5}-2)}$
$\qquad\qquad\qquad\qquad =9+4\sqrt{5}-(-5+3\sqrt{5})$
$\qquad\qquad\qquad\qquad =14+\sqrt{5}$

따라서 $a=14$, $b=1$이므로
$a-b=14-1=13$ **답** 13

42 ③ $\dfrac{\sqrt{10}}{\sqrt{10}-3}=\dfrac{\sqrt{10}(\sqrt{10}+3)}{(\sqrt{10}-3)(\sqrt{10}+3)}$
$\qquad\qquad\quad =10+3\sqrt{10}$ **답** ③

43 $x+\dfrac{1}{x}=\dfrac{5-2\sqrt{6}}{5+2\sqrt{6}}+\dfrac{5+2\sqrt{6}}{5-2\sqrt{6}}$
$\qquad\quad =\dfrac{(5-2\sqrt{6})^2}{(5+2\sqrt{6})(5-2\sqrt{6})}+\dfrac{(5+2\sqrt{6})^2}{(5-2\sqrt{6})(5+2\sqrt{6})}$
$\qquad\quad =49-20\sqrt{6}+49+20\sqrt{6}=98$ **답** ④

44 (주어진 식)
$=\dfrac{1}{\sqrt{2}-\sqrt{1}}-\dfrac{1}{\sqrt{3}-\sqrt{2}}+\dfrac{1}{\sqrt{4}-\sqrt{3}}-\dfrac{1}{\sqrt{5}-\sqrt{4}}$
$\qquad\qquad\qquad\qquad +\cdots-\dfrac{1}{\sqrt{25}-\sqrt{24}}$
$=(\sqrt{2}+\sqrt{1})-(\sqrt{3}+\sqrt{2})+(\sqrt{4}+\sqrt{3})-(\sqrt{5}+\sqrt{4})$
$\qquad\qquad\qquad\qquad +\cdots-(\sqrt{25}+\sqrt{24})$ ···❶
$=\sqrt{1}-\sqrt{25}=1-5=-4$ ···❷
답 -4

채점 기준	배점
❶ 주어진 식의 규칙을 찾고 분모를 유리화하기	60%
❷ 주어진 식의 값 구하기	40%

45 $\dfrac{y}{x}+\dfrac{x}{y}=\dfrac{x^2+y^2}{xy}=\dfrac{(x+y)^2-2xy}{xy}$
$\qquad\qquad =\dfrac{(2\sqrt{5})^2-2\times3}{3}=\dfrac{14}{3}$ **답** ①

46 $4xy=(x+y)^2-(x-y)^2$
$\qquad\quad =(2\sqrt{3})^2-4^2$
$\qquad\quad =12-16=-4$ **답** -4

47 $(x-4)(y+4)=xy+4x-4y-16$
$\qquad\qquad\qquad =xy+4(x-y)-16$
$\qquad\qquad\qquad =4+4(x-y)-16$
$\qquad\qquad\qquad =4(x-y)-12$
따라서 $4(x-y)-12=20$이므로
$4(x-y)=32$ $\quad\therefore x-y=8$
$\therefore x^2-xy+y^2=(x-y)^2+xy$
$\qquad\qquad\qquad =8^2+4=68$ **답** ⑤

48 $(a+b)^2=a^2+2ab+b^2$이므로
$(2\sqrt{10})^2=32+2ab$ $\quad\therefore ab=4$ ···❶
$\therefore (a^2-3)(b^2-3)=a^2b^2-3a^2-3b^2+9$
$\qquad\qquad\qquad\qquad =(ab)^2-3(a^2+b^2)+9$
$\qquad\qquad\qquad\qquad =4^2-3\times32+9=-71$ ···❷
답 -71

채점 기준	배점
❶ ab의 값 구하기	40%
❷ $(a^2-3)(b^2-3)$의 값 구하기	60%

49 $x=\dfrac{1}{\sqrt{3}-\sqrt{2}}=\dfrac{\sqrt{3}+\sqrt{2}}{(\sqrt{3}-\sqrt{2})(\sqrt{3}+\sqrt{2})}=\sqrt{3}+\sqrt{2}$
$y=\dfrac{1}{\sqrt{3}+\sqrt{2}}=\dfrac{\sqrt{3}-\sqrt{2}}{(\sqrt{3}+\sqrt{2})(\sqrt{3}-\sqrt{2})}=\sqrt{3}-\sqrt{2}$
$x+y=(\sqrt{3}+\sqrt{2})+(\sqrt{3}-\sqrt{2})=2\sqrt{3}$
$xy=(\sqrt{3}+\sqrt{2})(\sqrt{3}-\sqrt{2})=1$
$\therefore x^2+5xy+y^2=(x+y)^2+3xy=(2\sqrt{3})^2+3\times1$
$\qquad\qquad\qquad\qquad =12+3=15$ **답** ④

50
$$(x+2y)(x-2y)=x^2-4y^2$$
$$=(5+\sqrt{10})^2-4(\sqrt{2}+\sqrt{5})^2$$
$$=35+10\sqrt{10}-4(7+2\sqrt{10})$$
$$=35+10\sqrt{10}-28-8\sqrt{10}$$
$$=7+2\sqrt{10}$$
답 ③

51
$$x=\frac{3}{\sqrt{5}-2}=\frac{3(\sqrt{5}+2)}{(\sqrt{5}-2)(\sqrt{5}+2)}=3(\sqrt{5}+2)$$
$$y=\frac{2}{\sqrt{5}+2}=\frac{2(\sqrt{5}-2)}{(\sqrt{5}+2)(\sqrt{5}-2)}=2(\sqrt{5}-2)$$
$$\therefore (x+y)^2-(x-y)^2=x^2+2xy+y^2-(x^2-2xy+y^2)$$
$$=4xy$$
$$=4\times3(\sqrt{5}+2)\times2(\sqrt{5}-2)$$
$$=24$$
답 ⑤

52
$$x=\frac{\sqrt{6}+\sqrt{2}}{\sqrt{6}-\sqrt{2}}=\frac{(\sqrt{6}+\sqrt{2})^2}{(\sqrt{6}-\sqrt{2})(\sqrt{6}+\sqrt{2})}$$
$$=\frac{8+4\sqrt{3}}{4}=2+\sqrt{3}$$
$$y=\frac{\sqrt{6}-\sqrt{2}}{\sqrt{6}+\sqrt{2}}=\frac{(\sqrt{6}-\sqrt{2})^2}{(\sqrt{6}+\sqrt{2})(\sqrt{6}-\sqrt{2})}$$
$$=\frac{8-4\sqrt{3}}{4}=2-\sqrt{3}$$
$$x+y=(2+\sqrt{3})+(2-\sqrt{3})=4$$
$$xy=(2+\sqrt{3})(2-\sqrt{3})=1$$
$$\therefore \frac{1}{x^2}+\frac{1}{y^2}=\frac{x^2+y^2}{x^2y^2}=\frac{(x+y)^2-2xy}{(xy)^2}$$
$$=\frac{4^2-2\times1}{1^2}=14$$
답 14

53
$$x^2+\frac{1}{x^2}=\left(x-\frac{1}{x}\right)^2+2=(2\sqrt{3})^2+2$$
$$=12+2=14$$
답 ③

54
$$a^2+\frac{1}{a^2}=\left(a-\frac{1}{a}\right)^2+2=(\sqrt{5})^2+2=7\text{이므로}$$
$$a^4+\frac{1}{a^4}=\left(a^2+\frac{1}{a^2}\right)^2-2$$
$$=7^2-2=47$$
답 ②

55
$x^2-6x+1=0$에서 $x\neq0$이므로 양변을 x로 나누면
$$x-6+\frac{1}{x}=0 \quad \therefore x+\frac{1}{x}=6$$
따라서 $\left(x-\frac{1}{x}\right)^2=\left(x+\frac{1}{x}\right)^2-4=6^2-4=32$이므로
$$x-\frac{1}{x}=\pm\sqrt{32}=\pm4\sqrt{2}$$
답 ④

참고 $x^2-6x+1=0$에 $x=0$을 대입하면 등식이 성립하지 않으므로 $x\neq0$이다. 따라서 등식의 양변을 x로 나누어 $x+\frac{1}{x}$의 값을 얻을 수 있다.

56
$x^2+3x+1=0$에서 $x\neq0$이므로 양변을 x로 나누면
$$x+3+\frac{1}{x}=0 \quad \therefore x+\frac{1}{x}=-3 \quad \cdots❶$$
$$\therefore x^2+x+\frac{1}{x}+\frac{1}{x^2}=x^2+\frac{1}{x^2}+x+\frac{1}{x}$$
$$=\left(x+\frac{1}{x}\right)^2-2+x+\frac{1}{x} \quad \cdots❷$$
$$=(-3)^2-2+(-3)=4 \quad \cdots❸$$
답 4

채점 기준	배점
❶ $x+\frac{1}{x}$의 값 구하기	30%
❷ 주어진 식 변형하기	40%
❸ 주어진 식의 값 구하기	30%

57
$x=\sqrt{3}+5$에서 $x-5=\sqrt{3}$이므로
$$(x-5)^2=3$$
$$x^2-10x+25=3,\ x^2-10x=-22$$
$$\therefore x^2-10x+15=-22+15=-7$$
답 ④

다른풀이 $x=\sqrt{3}+5$이므로
$$x^2-10x+15=(\sqrt{3}+5)^2-10(\sqrt{3}+5)+15$$
$$=3+10\sqrt{3}+25-10\sqrt{3}-50+15$$
$$=-7$$

58
$$x=(3\sqrt{2}-2)(\sqrt{2}+1)$$
$$=6+\sqrt{2}-2$$
$$=4+\sqrt{2} \quad \cdots❶$$
$x-4=\sqrt{2}$이므로 $(x-4)^2=2$
$$x^2-8x+16=2,\ x^2-8x=-14 \quad \cdots❷$$
$$\therefore x^2-8x+10=-14+10=-4 \quad \cdots❸$$
답 -4

채점 기준	배점
❶ x의 값 구하기	30%
❷ x^2-8x의 값 구하기	40%
❸ $x^2-8x+10$의 값 구하기	30%

59
$x=3\sqrt{6}-2$에서 $x+2=3\sqrt{6}$이므로
$$(x+2)^2=54$$
$$x^2+4x+4=54,\ x^2+4x=50$$
$$\therefore \sqrt{x^2+4x+2}=\sqrt{50+2}$$
$$=\sqrt{52}=2\sqrt{13}$$
답 ④

60
$$x=\frac{3-\sqrt{7}}{3+\sqrt{7}}=\frac{(3-\sqrt{7})^2}{(3+\sqrt{7})(3-\sqrt{7})}$$
$$=\frac{16-6\sqrt{7}}{2}=8-3\sqrt{7}$$
$x-8=-3\sqrt{7}$이므로 $(x-8)^2=63$
$$x^2-16x+64=63,\ x^2-16x=-1$$
$$\therefore x^2-16x+15=-1+15=14$$
답 ②

61 오른쪽 그림에서 화단의 넓이는
$(5a-1)(4a-1)$
$=20a^2-9a+1$

답 $20a^2-9a+1$

62 (처음 정사각형의 넓이)$=a^2$
(새로 만든 직사각형의 넓이)$=(a-3)(a+3)=a^2-9$
따라서 처음 정사각형과 새로 만든 직사각형의 넓이의 차는
$a^2-(a^2-9)=9$　　　**답** 9

63 $\overline{BF}=\overline{AB}=3a-2$이므로
$\overline{FC}=\overline{BC}-\overline{BF}=4a+3-(3a-2)=a+5$
이때 $\overline{HC}=\overline{GH}=\overline{FC}=a+5$이므로
$\overline{DH}=\overline{DC}-\overline{HC}=3a-2-(a+5)=2a-7$
따라서 직사각형 EGHD의 넓이는
$(a+5)(2a-7)=2a^2+3a-35$　　**답** $2a^2+3a-35$

64 가장 큰 반원의 반지름의 길이는 $2x+3y$이므로
(색칠한 부분의 넓이)
$=$(가장 큰 반원의 넓이)$-$(반원 O의 넓이)
　　　　　　　　　　　　　$-$(반원 O′의 넓이)
$=\dfrac{1}{2}\pi\times(2x+3y)^2-\dfrac{1}{2}\pi\times(2x)^2-\dfrac{1}{2}\pi\times(3y)^2$
$=\dfrac{1}{2}\pi(4x^2+12xy+9y^2)-2\pi x^2-\dfrac{9}{2}\pi y^2$
$=6\pi xy$　　　　　　　　　　　　　　**답** $6\pi xy$

Real 실전 기출

62~64쪽

01 $(3x+a)\left(x-\dfrac{1}{3}\right)=3x^2+(-1+a)x-\dfrac{1}{3}a$
이때 상수항이 $\dfrac{1}{6}$이므로
$-\dfrac{1}{3}a=\dfrac{1}{6}$　　$\therefore a=-\dfrac{1}{2}$
따라서 x의 계수는
$-1+a=-1-\dfrac{1}{2}=-\dfrac{3}{2}$　　**답** ②

02 $(2x+A)^2=4x^2+4Ax+A^2$
　　　　　　　$=4x^2+Bx+9$
이므로 $4A=B$, $A^2=9$
따라서 $B^2=16A^2=16\times9=144$이므로
$A^2+B^2=9+144=153$　　**답** ⑤

03 $2(x-3)^2-(2x+5)(x-2)$
$=2(x^2-6x+9)-(2x^2+x-10)$
$=2x^2-12x+18-2x^2-x+10$
$=-13x+28$　　**답** ③

04 ① 16　② 10　③ 3　④ 49　⑤ 28
따라서 □ 안에 알맞은 수가 가장 큰 것은 ④이다.　**답** ④

05 [그림 2]의 색칠한 부분의 넓이는 $(a+b)(a-b)$
[그림 3]의 색칠한 부분의 넓이는 a^2-b^2
$\therefore (a+b)(a-b)=a^2-b^2$　　**답** ③

06 $x-2y=A$로 놓으면
$(x-2y+3)(x-2y+1)=(A+3)(A+1)$
　　　　　　　　　　　　$=A^2+4A+3$
　　　　　　　　　　　　$=(x-2y)^2+4(x-2y)+3$
　　　　　　　　　　　　$=x^2-4xy+4y^2+4x-8y+3$
따라서 □ 안에 알맞은 식은 ④이다.　**답** ④

07 $x+\dfrac{2}{x}=-6$의 양변에 x를 곱하면
$x^2+2=-6x$　　$\therefore x^2+6x=-2$
$\therefore (x+1)(x+2)(x+4)(x+5)$
$=\{(x+1)(x+5)\}\{(x+2)(x+4)\}$
$=(x^2+6x+5)(x^2+6x+8)$
$=(-2+5)(-2+8)$
$=3\times6=18$　　**답** ①

08 $97\times103\times(10^4+9)+81$
$=(100-3)(100+3)(10^4+9)+81$
$=(10^4-9)(10^4+9)+81$
$=10^8-81+81=10^8$
$\therefore a=8$　　**답** 8

09 $(5+2\sqrt{6})(6+3\sqrt{2})(5-2\sqrt{6})(6-3\sqrt{2})$
$=(5+2\sqrt{6})(5-2\sqrt{6})(6+3\sqrt{2})(6-3\sqrt{2})$
$=\{5^2-(2\sqrt{6})^2\}\{6^2-(3\sqrt{2})^2\}$
$=(25-24)(36-18)=18$　　**답** 18

10 $(\sqrt{15}-4)^{99}(\sqrt{15}+4)^{100}+3\sqrt{15}-5$
$=(\sqrt{15}-4)^{99}(\sqrt{15}+4)^{99}(\sqrt{15}+4)+3\sqrt{15}-5$
$=\{(\sqrt{15}-4)(\sqrt{15}+4)\}^{99}(\sqrt{15}+4)+3\sqrt{15}-5$
$=(15-16)^{99}(\sqrt{15}+4)+3\sqrt{15}-5$
$=(-1)^{99}(\sqrt{15}+4)+3\sqrt{15}-5$
$=-\sqrt{15}-4+3\sqrt{15}-5$
$=2\sqrt{15}-9$　　**답** ③

11 $\dfrac{x+1}{x-1}-\dfrac{x-1}{x+1}=\dfrac{(x+1)^2-(x-1)^2}{(x-1)(x+1)}$

$\qquad\qquad\qquad\ =\dfrac{4x}{x^2-1}$

$\qquad\qquad\qquad\ =\dfrac{4\sqrt{11}}{(\sqrt{11})^2-1}=\dfrac{2\sqrt{11}}{5}$ 　　답 ①

12 $\left(x-\dfrac{1}{x}\right)^2=x^2+\dfrac{1}{x^2}-2=10-2=8$이므로

$x-\dfrac{1}{x}=\pm2\sqrt{2}$

이때 $0<x<1$이므로 $x<\dfrac{1}{x}$ 　　 $\therefore x-\dfrac{1}{x}<0$

$\therefore x-\dfrac{1}{x}=-2\sqrt{2}$ 　　답 ②

13 $x-y=4$이므로

(좌변)

$=\dfrac{1}{4}\times4\times(x+y)(x^2+y^2)(x^4+y^4)(x^8+y^8)$

$=\dfrac{1}{4}(x-y)(x+y)(x^2+y^2)(x^4+y^4)(x^8+y^8)$

$=\dfrac{1}{4}(x^2-y^2)(x^2+y^2)(x^4+y^4)(x^8+y^8)$

$=\dfrac{1}{4}(x^4-y^4)(x^4+y^4)(x^8+y^8)$

$=\dfrac{1}{4}(x^8-y^8)(x^8+y^8)$

$=\dfrac{1}{4}(x^{16}-y^{16})$

따라서 $a=4$, $b=16$, $c=16$이므로

$a+b+c=4+16+16=36$ 　　답 36

14 $(x+A)(x+B)=x^2+(A+B)x+AB$

$\qquad\qquad\qquad\ =x^2+Cx+8$

이므로 $A+B=C$, $AB=8$

이때 A, B, C가 정수이므로 $AB=8$을 만족시키는 순서
쌍 (A, B)는

$(1, 8)$, $(8, 1)$, $(2, 4)$, $(4, 2)$, $(-1, -8)$, $(-8, -1)$,

$(-2, -4)$, $(-4, -2)$

따라서 C의 값이 될 수 있는 수는 9, 6, -9, -6이므로 C의
값이 될 수 없는 것은 ③이다. 　　답 ③

15 $\overline{\mathrm{BF}}=\overline{\mathrm{AB}}=b$이므로

$\overline{\mathrm{FC}}=\overline{\mathrm{BC}}-\overline{\mathrm{BF}}=a-b$

이때 $\overline{\mathrm{DH}}=\overline{\mathrm{ED}}-\overline{\mathrm{FC}}=a-b$이므로

$\overline{\mathrm{HC}}=\overline{\mathrm{DC}}-\overline{\mathrm{DH}}=b-(a-b)=2b-a$

따라서 직사각형 GFCH의 넓이는

$(a-b)(2b-a)=-a^2+3ab-2b^2$ 　　답 ③

16 서원: $(x+5)(x+A)=x^2+(A+5)x+5A$

$\qquad\qquad\qquad\qquad\quad =x^2+2x-B$

$\qquad$이므로 $A+5=2$, $5A=-B$

$\qquad \therefore A=-3$, $B=15$ 　　⋯❶

$\qquad$혜수: $(4x-3)(Cx-5)=4Cx^2+(-20-3C)x+15$

$\qquad\qquad\qquad\qquad\qquad\ =Dx^2-29x+15$

$\qquad$이므로 $4C=D$, $-20-3C=-29$

$\qquad \therefore C=3$, $D=12$ 　　⋯❷

$\therefore A+B+C+D=-3+15+3+12=27$ 　　⋯❸

　　답 27

채점 기준	배점
❶ A, B의 값 구하기	40%
❷ C, D의 값 구하기	40%
❸ $A+B+C+D$의 값 구하기	20%

17 (좌변)$=(2-1)(2+1)(2^2+1)(2^4+1)(2^8+1)$ 　　⋯❶

$\qquad\quad =(2^2-1)(2^2+1)(2^4+1)(2^8+1)$

$\qquad\quad =(2^4-1)(2^4+1)(2^8+1)$

$\qquad\quad =(2^8-1)(2^8+1)=2^{16}-1$ 　　⋯❷

$\therefore a=16$ 　　⋯❸

　　답 16

채점 기준	배점
❶ 좌변에 $(2-1)$ 곱하기	30%
❷ 주어진 식 전개하기	40%
❸ a의 값 구하기	30%

18 $x=\dfrac{\sqrt{3}-1}{\sqrt{3}+1}=\dfrac{(\sqrt{3}-1)^2}{(\sqrt{3}+1)(\sqrt{3}-1)}$

$\qquad =\dfrac{4-2\sqrt{3}}{2}=2-\sqrt{3}$

$\quad y=\dfrac{\sqrt{3}+1}{\sqrt{3}-1}=\dfrac{(\sqrt{3}+1)^2}{(\sqrt{3}-1)(\sqrt{3}+1)}$

$\qquad =\dfrac{4+2\sqrt{3}}{2}=2+\sqrt{3}$ 　　⋯❶

$x+y=(2-\sqrt{3})+(2+\sqrt{3})=4$

$xy=(2-\sqrt{3})(2+\sqrt{3})=1$ 　　⋯❷

$\therefore x^2+xy+y^2=(x+y)^2-2xy+xy$

$\qquad\qquad\qquad\ =(x+y)^2-xy$

$\qquad\qquad\qquad\ =4^2-1=15$ 　　⋯❸

　　답 15

채점 기준	배점
❶ x, y의 분모 유리화하기	40%
❷ $x+y$, xy의 값 구하기	20%
❸ x^2+xy+y^2의 값 구하기	40%

19 $(x+3)(x+6)=x^2+9x+18$

$(\sqrt{2}-x)(\sqrt{2}+x)=2-x^2$

$(5x+1)(2x-4)=10x^2-18x-4$ 　　⋯❶

$\therefore A+B+C$

$= (x^2+9x+18)+(2-x^2)+(10x^2-18x-4)$

$= 10x^2-9x+16$ ··· ❷

답 $10x^2-9x+16$

채점 기준	배점
❶ 마주 보는 면에 적힌 두 일차식의 곱 각각 구하기	70%
❷ $A+B+C$ 계산하기	30%

20 두 정사각형의 넓이의 비가 1 : 2이므로 한 변의 길이의 비는 1 : $\sqrt{2}$이다. ··· ❶

작은 정사각형의 한 변의 길이를 x cm라 하면 큰 정사각형의 한 변의 길이는 $\sqrt{2}x$ cm이므로

$4x+4\sqrt{2}x=48$ ··· ❷

$4(1+\sqrt{2})x=48$

$\therefore x=\dfrac{12}{1+\sqrt{2}}=\dfrac{12(1-\sqrt{2})}{(1+\sqrt{2})(1-\sqrt{2})}=12(\sqrt{2}-1)$

따라서 작은 정사각형의 한 변의 길이는 $12(\sqrt{2}-1)$ cm이다. ··· ❸

답 $12(\sqrt{2}-1)$ cm

채점 기준	배점
❶ 두 정사각형의 한 변의 길이의 비 구하기	30%
❷ 주어진 조건을 이용하여 식 세우기	30%
❸ 작은 정사각형의 한 변의 길이 구하기	40%

21 $x=\dfrac{1}{2\sqrt{6}-5}=\dfrac{2\sqrt{6}+5}{(2\sqrt{6}-5)(2\sqrt{6}+5)}$

$=\dfrac{2\sqrt{6}+5}{-1}=-2\sqrt{6}-5$ ··· ❶

$x+5=-2\sqrt{6}$이므로 $(x+5)^2=24$

$x^2+10x+25=24$, $x^2+10x=-1$ ··· ❷

$\therefore 4x^2+38x-3=4(x^2+10x)-2x-3$

$=4\times(-1)-2(-2\sqrt{6}-5)-3$

$=-4+4\sqrt{6}+10-3$

$=3+4\sqrt{6}$ ··· ❸

답 $3+4\sqrt{6}$

채점 기준	배점
❶ x의 분모 유리화하기	30%
❷ x^2+10x의 값 구하기	30%
❸ $4x^2+38x-3$의 값 구하기	40%

05 다항식의 인수분해

Real 실전 개념

67, 69쪽

01 답 $x(x+3)$

02 답 $ab(a+4)$

03 답 $x^2(x-y+z)$

04 답 $2y(x^2-3)$

05 답 $x(a+2b-7)$

06 답 $-5xy^2(1-2xy)$

07 답 $(x+8)^2$

08 답 $(a-6b)^2$

09 답 $(4x-3)^2$

10 답 $\left(x-\dfrac{1}{5}\right)^2$

11 $x^2+2\times x\times 9+\square$이므로 $\square=9^2=81$ 답 81

12 $a^2-2\times a\times \dfrac{1}{2}+\square$이므로 $\square=\left(\dfrac{1}{2}\right)^2=\dfrac{1}{4}$ 답 $\dfrac{1}{4}$

13 $x^2+\square x+(\pm 4)^2$이므로
$\square=\pm 2\times 1\times 4=\pm 8$ 답 ± 8

14 $a^2+\square ab+(\pm 7b)^2$이므로
$\square=\pm 2\times 1\times 7=\pm 14$ 답 ± 14

15 $(2x)^2-2\times 2x\times 3+\square$이므로 $\square=3^2=9$ 답 9

16 $(3x)^2+\square xy+(\pm 4y)^2$이므로
$\square=\pm 2\times 3\times 4=\pm 24$ 답 ± 24

17 답 $(x+3)(x-3)$

18 답 $(4x+1)(4x-1)$

19 답 $(2a+3b)(2a-3b)$

20 답 $(5a+b)(5a-b)$

21 답 $(6+x)(6-x)$

22 $3a^2-27=3(a^2-9)=3(a+3)(a-3)$
답 $3(a+3)(a-3)$

23 $6x^2-24y^2=6(x^2-4y^2)=6(x+2y)(x-2y)$
답 $6(x+2y)(x-2y)$

24 답 $\left(\dfrac{1}{3}x+\dfrac{1}{2}y\right)\left(\dfrac{1}{3}x-\dfrac{1}{2}y\right)$

25 답 (가) -3 (나) $-3x$ (다) $-6x$ (라) 3

26 답 $(x-1)(x-3)$

27 답 $(x+5)(x-3)$

28 답 $(x+3)(x-8)$

29 답 $(x-5y)(x-6y)$

30 답 (가) $3x$ (나) -1 (다) 4 (라) $-3x$ (마) 1 (바) $3x$

31 답 $(3x+1)(x-2)$

32 답 $(2x-3y)(x+2y)$

33 답 $(5x+9)(x-4)$

34 답 $(3x-1)(3x-2)$

35 답 $(2x-3)(x+5)$

36 답 $(5x-2y)(2x-y)$

37 $x^2y-12xy+36y=y(x^2-12x+36)=y(x-6)^2$
답 $y(x-6)^2$

38 $x^3-x=x(x^2-1)=x(x+1)(x-1)$
답 $x(x+1)(x-1)$

39 $4a^3b-ab=ab(4a^2-1)=ab(2a+1)(2a-1)$
답 $ab(2a+1)(2a-1)$

40 $3xy^2-3xy-36x=3x(y^2-y-12)=3x(y-4)(y+3)$
답 $3x(y-4)(y+3)$

41 $a+b=A$로 놓으면
$(a+b)^2-6(a+b)+9=A^2-6A+9=(A-3)^2$
$=(a+b-3)^2$ 답 $(a+b-3)^2$

42 $a+2=A$로 놓으면
$(a+2)^2-4(a+2)-5=A^2-4A-5$
$=(A-5)(A+1)$
$=(a+2-5)(a+2+1)$
$=(a-3)(a+3)$
답 $(a-3)(a+3)$

43 $x+3=A$로 놓으면
$(x+3)^2-25=A^2-25=(A+5)(A-5)$
$=(x+3+5)(x+3-5)=(x+8)(x-2)$
답 $(x+8)(x-2)$

44 $2x-y=A$로 놓으면
$(2x-y)(2x-y-4)+3=A(A-4)+3$
$=A^2-4A+3$
$=(A-3)(A-1)$
$=(2x-y-3)(2x-y-1)$
답 $(2x-y-3)(2x-y-1)$

45 답 $x+y$ **46** 답 $b+1$

47 답 $x+3$ **48** 답 $x-5$

49 $16\times25-16\times23=16\times(25-23)$
$=16\times2=32$ 답 32

50 $95^2+10\times95+25=95^2+2\times95\times5+5^2=(95+5)^2$
$=100^2=10000$ 답 10000

51 $55^2-45^2=(55+45)\times(55-45)$
$=100\times10=1000$ 답 1000

52 $103^2-6\times103+9=103^2-2\times103\times3+3^2$
$=(103-3)^2=100^2=10000$ 답 10000

53 $(\sqrt{2}-1)^2-(\sqrt{2}+1)^2$
$=(\sqrt{2}-1+\sqrt{2}+1)\times(\sqrt{2}-1-\sqrt{2}-1)$
$=2\sqrt{2}\times(-2)=-4\sqrt{2}$ 답 $-4\sqrt{2}$

54 $12\times35^2-12\times15^2=12\times(35^2-15^2)$
$=12\times(35+15)\times(35-15)$
$=12\times50\times20=12000$ 답 12000

55 $x^2+8x+16=(x+4)^2=(46+4)^2$
$=50^2=2500$ 답 2500

56 $xy^2-10xy+25x=x(y^2-10y+25)=x(y-5)^2$
$=36(15-5)^2=3600$ 답 3600

57 $x^2-y^2=(x+y)(x-y)=(16.5+8.5)\times(16.5-8.5)$
$=25\times8=200$ 답 200

58 $x^2+2x-15=(x+5)(x-3)=(35+5)\times(35-3)$
$=40\times32=1280$ 답 1280

59 $x^2-6x+9=(x-3)^2=(3+\sqrt{5}-3)^2$
$\qquad\qquad =(\sqrt{5})^2=5$ 　　답 5

60 $x^2-y^2=(x+y)(x-y)$
$\qquad =(\sqrt{3}+1+\sqrt{3}-1)\times(\sqrt{3}+1-\sqrt{3}+1)$
$\qquad =2\sqrt{3}\times 2=4\sqrt{3}$ 　　답 $4\sqrt{3}$

Real 실전 유형

70~77쪽

01 $2x^2y^2-10xy^2=2xy^2(x-5)$
따라서 주어진 다항식의 인수가 아닌 것은 ⑤이다. 　　답 ⑤

02 두 다항식을 각각 인수분해하면
$-x+3x^2=x(3x-1)$
$12x^2y-4xy=4xy(3x-1)$
따라서 두 다항식의 공통인수는 $x(3x-1)$이다. 　　답 ③

03 ① $5a^2-a=a(5a-1)$
② $6xy+2y^2=2y(3x+y)$
③ $4a^2b+8ab^2=4ab(a+2b)$ 　　답 ④, ⑤

04 $(x-2)(x-5)-4(5-x)$
$=(x-2)(x-5)+4(x-5)$
$=(x-5)(x-2+4)$
$=(x-5)(x+2)$ $\qquad\qquad$ … ❶
따라서 두 일차식은 $x-5$, $x+2$이므로 두 일차식의 합은
$(x-5)+(x+2)=2x-3$ $\qquad$ … ❷
　　답 $2x-3$

채점 기준	배점
❶ 주어진 식 인수분해하기	60%
❷ 두 일차식의 합 구하기	40%

05 ⑤ $36x^2-36xy+9y^2=9(4x^2-4xy+y^2)$
$\qquad\qquad\qquad\qquad =9(2x-y)^2$ 　　답 ⑤

06 $25x^2-15x+\dfrac{9}{4}=(5x)^2-2\times 5x\times \dfrac{3}{2}+\left(\dfrac{3}{2}\right)^2$
$\qquad\qquad\qquad =\left(5x-\dfrac{3}{2}\right)^2$
따라서 주어진 다항식의 인수인 것은 ③이다. 　　답 ③

07 ① $(x-6y)^2$
② $(3a-2b)^2$
③ $2x^2-2x+\dfrac{1}{2}=2\left(x^2-x+\dfrac{1}{4}\right)=2\left(x-\dfrac{1}{2}\right)^2$

05 ⑤ $3ax^2-24axy+48ay^2=3a(x^2-8xy+16y^2)$
$\qquad\qquad\qquad\qquad =3a(x-4y)^2$ 　　답 ④

08 $(2x+c)^2=4x^2+4cx+c^2$이므로
$a=4$, $b=4c$, $25=c^2$
이때 a, b, c는 양수이므로
$a=4$, $b=20$, $c=5$
$\therefore a+b+c=4+20+5=29$ 　　답 29

09 $x^2-8x+a+10$에서 $a+10=\left(\dfrac{-8}{2}\right)^2$
$a+10=16$ $\quad \therefore a=6$
$\dfrac{1}{16}x^2-bx+\dfrac{1}{9}=\left(\dfrac{1}{4}x\right)^2-bx+\left(\pm\dfrac{1}{3}\right)^2=\left(\dfrac{1}{4}x\pm\dfrac{1}{3}\right)^2$에서
$-b=\pm 2\times\dfrac{1}{4}\times\dfrac{1}{3}=\pm\dfrac{1}{6}$ $\quad \therefore b=\dfrac{1}{6}\ (\because b>0)$
$\therefore ab=6\times\dfrac{1}{6}=1$ 　　답 1

10 $(x-2)(x-8)+k=x^2-10x+16+k$가 완전제곱식이 되려면
$16+k=\left(\dfrac{-10}{2}\right)^2$, $16+k=25$ $\quad\therefore k=9$ 　　답 ③

11 $9x^2+(5a-3)xy+4y^2=(3x)^2+(5a-3)xy+(\pm 2y)^2$
$\qquad\qquad\qquad\qquad\qquad =(3x\pm 2y)^2$
에서 $5a-3=\pm 2\times 3\times 2=\pm 12$
(i) $5a-3=12$일 때, $5a=15$ $\quad\therefore a=3$
(ii) $5a-3=-12$일 때, $5a=-9$ $\quad\therefore a=-\dfrac{9}{5}$
(i), (ii)에서 $a=3$ 또는 $a=-\dfrac{9}{5}$ 　　답 ②, ⑤

12 $5x^2-12x+A=5\left(x^2-\dfrac{12}{5}x+\dfrac{A}{5}\right)$이므로
$\dfrac{A}{5}=\left\{\left(-\dfrac{12}{5}\right)\times\dfrac{1}{2}\right\}^2=\dfrac{36}{25}$ $\quad\therefore A=\dfrac{36}{5}$ 　　답 $\dfrac{36}{5}$

13 $-1<x<4$이므로 $x+1>0$, $x-4<0$
$\therefore \sqrt{x^2+2x+1}-\sqrt{x^2-8x+16}=\sqrt{(x+1)^2}-\sqrt{(x-4)^2}$
$\qquad\qquad\qquad\qquad\qquad\qquad =x+1-\{-(x-4)\}$
$\qquad\qquad\qquad\qquad\qquad\qquad =x+1+x-4$
$\qquad\qquad\qquad\qquad\qquad\qquad =2x-3$ 　　답 ②

14 $-3<a<5$이므로 $a-5<0$, $a+3>0$
$\therefore \sqrt{a^2-10a+25}+\sqrt{(a-3)^2+12a}$
$=\sqrt{(a-5)^2}+\sqrt{a^2+6a+9}$
$=\sqrt{(a-5)^2}+\sqrt{(a+3)^2}$
$=-(a-5)+a+3$
$=-a+5+a+3=8$ 　　답 ④

15 $0<x<\dfrac{1}{2}$이므로 $x-\dfrac{1}{2}<0$, $x+\dfrac{1}{2}>0$

$\therefore \sqrt{x^2-x+\dfrac{1}{4}}-\sqrt{x^2+x+\dfrac{1}{4}}$

$=\sqrt{\left(x-\dfrac{1}{2}\right)^2}-\sqrt{\left(x+\dfrac{1}{2}\right)^2}$

$=-\left(x-\dfrac{1}{2}\right)-\left(x+\dfrac{1}{2}\right)$

$=-x+\dfrac{1}{2}-x-\dfrac{1}{2}$

$=-2x$ 　　　　　　　　　　　　　**답** ③

16 $b<a<0$이므로 $b<0$, $a-b>0$, $a+b<0$ 　…❶

$\therefore \sqrt{b^2}+\sqrt{a^2-2ab+b^2}-\sqrt{a^2+2ab+b^2}$

$=\sqrt{b^2}+\sqrt{(a-b)^2}-\sqrt{(a+b)^2}$ 　…❷

$=-b+(a-b)-\{-(a+b)\}$

$=-b+a-b+a+b$

$=2a-b$ 　…❸

답 $2a-b$

채점 기준	배점
❶ b, $a-b$, $a+b$의 부호 구하기	30%
❷ 근호 안의 식 인수분해하기	40%
❸ 주어진 식 간단히 하기	30%

17 $x^4-x^2=x^2(x^2-1)=x^2(x+1)(x-1)$

따라서 주어진 다항식의 인수인 것은 ①, ③이다.

답 ①, ③

18 ① $64x^2-9=(8x)^2-3^2=(8x+3)(8x-3)$

② $4x^2-25y^2=(2x)^2-(5y)^2$

　　　　　　$=(2x+5y)(2x-5y)$

③ $-32x^2+18y^2=-2(16x^2-9y^2)$

　　　　　　　$=-2\{(4x)^2-(3y)^2\}$

　　　　　　　$=-2(4x+3y)(4x-3y)$

④ $-x^3+x=-x(x^2-1)$

　　　　　$=-x(x+1)(x-1)$

⑤ $\dfrac{1}{4}x^2-y^2=\dfrac{1}{4}(x^2-4y^2)=\dfrac{1}{4}\{x^2-(2y)^2\}$

　　　　　$=\dfrac{1}{4}(x+2y)(x-2y)$ 　**답** ④

19 $(6x-1)(3x+1)-3x-7=18x^2+3x-1-3x-7$

　　　　　　　　　　$=18x^2-8$

　　　　　　　　　　$=2(9x^2-4)$

　　　　　　　　　　$=2(3x+2)(3x-2)$ 　…❶

이때 a, b, c는 양수이므로

$a=2$, $b=3$, $c=2$ 　…❷

$\therefore a+b+c=2+3+2=7$ 　…❸

답 7

채점 기준	배점
❶ 주어진 식 인수분해하기	60%
❷ a, b, c의 값 구하기	30%
❸ $a+b+c$의 값 구하기	10%

20 $x^8-256=x^8-16^2$

　　　　$=(x^4+16)(x^4-16)$

　　　　$=(x^4+16)(x^2+4)(x^2-4)$

　　　　$=(x^4+16)(x^2+4)(x+2)(x-2)$ 　**답** ④

21 $x^2+ax-28=(x+4)(x-b)=x^2+(4-b)x-4b$이므로

$a=4-b$, $-28=-4b$

따라서 $a=-3$, $b=7$이므로

$b-a=7-(-3)=10$ 　**답** ④

22 ① $(x+3)(x-9)$ 　　　② $(x+3)(x-1)$

③ $(x+3)(x-5)$ 　　　④ $(x+3)(x+7)$

⑤ $(x-3)(x+8)$

따라서 $x+3$을 인수로 갖지 않는 것은 ⑤이다. 　**답** ⑤

23 $(x-6)(x+2)-20=x^2-4x-12-20$

　　　　　　　　$=x^2-4x-32$

　　　　　　　　$=(x+4)(x-8)$

따라서 두 일차식은 $x+4$, $x-8$이므로 두 일차식의 합은

$(x+4)+(x-8)=2x-4$ 　**답** ②

24 $x^2+Ax-18=(x+a)(x+b)=x^2+(a+b)x+ab$이므로

$a+b=A$, $ab=-18$

곱이 -18인 두 정수는

1, -18 또는 2, -9 또는 3, -6 또는 6, -3 또는 9, -2 또는 18, -1

이때 A의 값이 될 수 있는 것은

-17, -7, -3, 3, 7, 17

따라서 A의 값이 될 수 없는 것은 ④이다. 　**답** ④

25 $6x^2-ax+3=(3x+b)(cx-3)$

　　　　　　$=3cx^2+(-9+bc)x-3b$

이므로 $6=3c$, $-a=-9+bc$, $3=-3b$

따라서 $a=11$, $b=-1$, $c=2$이므로

$a+b+c=11+(-1)+2=12$ 　**답** ③

26 ① $(2x+1)(3x-7)$ 　　　② $(2x+3)(4x-1)$

③ $(3x+2)(3x-1)$ 　　　④ $(2x+1)(4x-5)$

⑤ $(2x+3)(3x-5)$

따라서 $2x+1$을 인수로 갖는 것은 ①, ④이다. 　**답** ①, ④

27 $3x^2+ax-8=(bx-4)(x+c)$
$\qquad\qquad\quad=bx^2+(bc-4)x-4c$
이므로 $3=b$, $a=bc-4$, $-8=-4c$
따라서 $a=2$, $b=3$, $c=2$이므로
$abc=2\times3\times2=12$ **답** 12

28 $(4x+3)(x-5)+30=4x^2-17x-15+30$
$\qquad\qquad\qquad\qquad\quad=4x^2-17x+15$
$\qquad\qquad\qquad\qquad\quad=(4x-5)(x-3)$
따라서 두 일차식은 $4x-5$, $x-3$이므로 두 일차식의 합은
$(4x-5)+(x-3)=5x-8$ **답** ③

29 ⑤ $10x^2+3xy-4y^2=(2x-y)(5x+4y)$ **답** ⑤

30 ①, ②, ③, ⑤ 3 ④ 4 **답** ④

31 $25x^2+10x+1=(5x+1)^2$ $\quad\therefore a=1$
$x^2-144=(x+12)(x-12)$ $\quad\therefore b=12$
$x^2-4x-12=(x+2)(x-6)$ $\quad\therefore c=2$
$8x^2-10x+3=(2x-1)(4x-3)$ $\quad\therefore d=4$ …❶
$\therefore a+b+c+d=1+12+2+4=19$ …❷
답 19

채점 기준	배점
❶ a, b, c, d의 값 구하기	80%
❷ $a+b+c+d$의 값 구하기	20%

32 $5x^2+ax-6=(5x-3)(x+m)$ (m은 상수)로 놓으면
$a=5m-3$, $-6=-3m$ $\quad\therefore m=2$, $a=7$ **답** ③

33 $12x^2-axy-2y^2=(3x-2y)(4x+my)$ (m은 상수)로 놓으면
$-a=3m-8$, $-2=-2m$ $\quad\therefore m=1$, $a=5$
따라서 $12x^2-5xy-2y^2=(3x-2y)(4x+y)$이므로 이 다항식의 인수인 것은 $4x+y$이다. **답** ④

34 $x^2+ax+32=(x-4)(x+m)$ (m은 상수)로 놓으면
$a=m-4$, $32=-4m$ $\quad\therefore m=-8$, $a=-12$
$2x^2-7x+b=(x-4)(2x+n)$ (n은 상수)로 놓으면
$-7=n-8$, $b=-4n$ $\quad\therefore n=1$, $b=-4$
$\therefore a-b=-12-(-4)=-8$ **답** ②

35 $15x^2-7x-2=(5x+1)(3x-2)$
$10x^2-3x-1=(2x-1)(5x+1)$
두 다항식의 공통인수가 $5x+1$이므로 $5x^2+ax-3$도 $5x+1$을 인수로 갖는다. …❶

$5x^2+ax-3=(5x+1)(x+m)$ (m은 상수)로 놓으면
$a=5m+1$, $-3=m$ $\quad\therefore m=-3$, $a=-14$ …❷
답 -14

채점 기준	배점
❶ 세 다항식의 공통인수 구하기	50%
❷ a의 값 구하기	50%

36 승현이는 상수항을 제대로 보았으므로
$(x-10)(x+1)=x^2-9x-10$
에서 처음 이차식의 상수항은 -10이다.
유진이는 x의 계수를 제대로 보았으므로
$(x+4)(x-7)=x^2-3x-28$
에서 처음 이차식의 x의 계수는 -3이다.
따라서 처음 이차식을 바르게 인수분해하면
$x^2-3x-10=(x-5)(x+2)$ **답** ④

37 주영이는 상수항을 제대로 보았으므로
$(x-3)(x+4)=x^2+x-12$
에서 처음 이차식의 상수항은 -12이다.
하은이는 x의 계수를 제대로 보았으므로
$(x-7)(x+3)=x^2-4x-21$
에서 처음 이차식의 x의 계수는 -4이다.
따라서 처음 이차식을 바르게 인수분해하면
$x^2-4x-12=(x+2)(x-6)$ **답** $(x+2)(x-6)$

38 재민이는 상수항을 제대로 보았으므로
$(2x-1)(x+5)=2x^2+9x-5$
에서 처음 이차식의 상수항은 -5이다.
수연이는 x의 계수를 제대로 보았으므로
$(2x+3)(x-6)=2x^2-9x-18$
에서 처음 이차식의 x의 계수는 -9이다.
따라서 처음 이차식을 바르게 인수분해하면
$2x^2-9x-5=(2x+1)(x-5)$
이므로 $a=1$, $b=5$
$\therefore b-a=5-1=4$ **답** 4

39 $x-y=A$로 놓으면
$(x-y)^2-5(x-y+2)-14$
$=A^2-5(A+2)-14=A^2-5A-24$
$=(A+3)(A-8)=(x-y+3)(x-y-8)$ **답** ③

40 $A=(a-1)b^2+2(1-a)b+a-1$
$\quad=(a-1)b^2-2(a-1)b+a-1$
$\quad=(a-1)(b^2-2b+1)$
$\quad=(a-1)(b-1)^2$

$B=b^2(a+2)-(a+2)$
　$=(a+2)(b^2-1)$
　$=(a+2)(b+1)(b-1)$
따라서 두 다항식의 공통인수는 $b-1$이다.　　答 ④

41 $2x^2+x=A$로 놓으면
$(2x^2+x-3)(2x^2+x-13)-24$
$=(A-3)(A-13)-24$
$=A^2-16A+39-24$
$=A^2-16A+15$
$=(A-1)(A-15)$
$=(2x^2+x-1)(2x^2+x-15)$
$=(2x-1)(x+1)(2x-5)(x+3)$
따라서 주어진 다항식의 인수가 아닌 것은 ②이다.　답 ②

42 $x+4=A$, $x-1=B$로 놓으면
$6(x+4)^2+11(x+4)(x-1)-10(x-1)^2$
$=6A^2+11AB-10B^2$
$=(3A-2B)(2A+5B)$
$=\{3(x+4)-2(x-1)\}\{2(x+4)+5(x-1)\}$
$=(x+14)(7x+3)$
따라서 $a=14$, $b=7$, $c=3$이므로
$a-b-c=14-7-3=4$　　답 4

43 $(x-1)(x-3)(x-5)(x-7)+15$
$=\{(x-1)(x-7)\}\{(x-3)(x-5)\}+15$
$=(x^2-8x+7)(x^2-8x+15)+15$
$x^2-8x=A$로 놓으면
$(x^2-8x+7)(x^2-8x+15)+15$
$=(A+7)(A+15)+15=A^2+22A+120$
$=(A+10)(A+12)=(x^2-8x+10)(x^2-8x+12)$
$=(x^2-8x+10)(x-2)(x-6)$
따라서 주어진 다항식의 인수가 아닌 것은 ③, ⑤이다.
　　　　　　　　　　　　답 ③, ⑤

44 $(x+1)(x+2)(x+3)(x+4)-24$
$=\{(x+1)(x+4)\}\{(x+2)(x+3)\}-24$
$=(x^2+5x+4)(x^2+5x+6)-24$
$x^2+5x=A$로 놓으면
$(x^2+5x+4)(x^2+5x+6)-24$
$=(A+4)(A+6)-24=A^2+10A$
$=A(A+10)=(x^2+5x)(x^2+5x+10)$
$=x(x+5)(x^2+5x+10)$　　답 ⑤

45 $x(x-2)(x-4)(x-6)+16$
$=\{x(x-6)\}\{(x-2)(x-4)\}+16$
$=(x^2-6x)(x^2-6x+8)+16$　　…❶

$x^2-6x=A$로 놓으면
$(x^2-6x)(x^2-6x+8)+16$
$=A(A+8)+16=A^2+8A+16$
$=(A+4)^2=(x^2-6x+4)^2$　　…❷
따라서 $a=-6$, $b=4$이므로　　…❸
$ab=-6\times4=-24$　　…❹
　　　　　　　　　　　　　　答 -24

채점 기준	배점
❶ 공통부분이 생기도록 2개씩 묶어 전개하기	40%
❷ 공통부분을 A로 놓고 인수분해하기	40%
❸ a, b의 값 구하기	10%
❹ ab의 값 구하기	10%

46 $(x+1)(x+2)(x+3)(x+6)-8x^2$
$=\{(x+1)(x+6)\}\{(x+2)(x+3)\}-8x^2$
$=(x^2+7x+6)(x^2+5x+6)-8x^2$
$x^2+6=A$로 놓으면
$(x^2+7x+6)(x^2+5x+6)-8x^2$
$=(A+7x)(A+5x)-8x^2$
$=A^2+12Ax+27x^2$
$=(A+3x)(A+9x)$
$=(x^2+3x+6)(x^2+9x+6)$
　　答 $(x^2+3x+6)(x^2+9x+6)$

47 $x^3+y-x-x^2y=x^3-x+y-x^2y$
　　　　　　$=x(x^2-1)-y(x^2-1)$
　　　　　　$=(x^2-1)(x-y)$
　　　　　　$=(x+1)(x-1)(x-y)$
$xy+1-x-y=xy-y-x+1$
　　　　　$=y(x-1)-(x-1)$
　　　　　$=(x-1)(y-1)$
따라서 두 다항식의 공통인수는 $x-1$이다.　答 ①

48 $x^3+3x^2-4x-12=x^2(x+3)-4(x+3)$
　　　　　　　　$=(x+3)(x^2-4)$
　　　　　　　　$=(x+3)(x+2)(x-2)$
따라서 세 일차식의 합은
$(x+3)+(x+2)+(x-2)=3x+3$　　答 $3x+3$

49 $x^2-49-6xy+9y^2=x^2-6xy+9y^2-49$
　　　　　　　　$=(x-3y)^2-7^2$
　　　　　　　　$=(x-3y+7)(x-3y-7)$　…❶
따라서 $a=-3$, $b=7$이므로　　…❷
$a+b=-3+7=4$　　…❸
　　　　　　　　　　　　　　答 4

채점 기준	배점
❶ 주어진 식 인수분해하기	60%
❷ a, b의 값 구하기	30%
❸ $a+b$의 값 구하기	10%

50
$$25x^2-16y^2+8y-1=25x^2-(16y^2-8y+1)$$
$$=(5x)^2-(4y-1)^2$$
$$=(5x+4y-1)(5x-4y+1) \quad \text{답 ①}$$

51 y에 대하여 내림차순으로 정리하면
$$x^2+xy-7x-2y+10$$
$$=xy-2y+x^2-7x+10$$
$$=y(x-2)+(x-2)(x-5)$$
$$=(x-2)(x+y-5) \quad \text{답 ③}$$

52 x에 대하여 내림차순으로 정리하면
$$x^2+6xy+9y^2-4x-12y-32$$
$$=x^2+(6y-4)x+9y^2-12y-32$$
$$=x^2+(6y-4)x+(3y+4)(3y-8)$$
$$=(x+3y+4)(x+3y-8)$$
따라서 두 일차식은 $x+3y+4$, $x+3y-8$이므로 두 일차식의 합은
$$(x+3y+4)+(x+3y-8)=2x+6y-4 \quad \text{답 ④}$$

53 $A=5\times101^2-5\times202+5$
$$=5\times(101^2-2\times101\times1+1^2)=5\times(101-1)^2$$
$$=5\times100^2=50000$$
$B=6.5^2\times1.5-3.5^2\times1.5$
$$=1.5\times(6.5^2-3.5^2)=1.5\times(6.5+3.5)\times(6.5-3.5)$$
$$=1.5\times10\times3=45$$
$$\therefore A+B=50000+45=50045 \quad \text{답 50045}$$

54 $1^2-3^2+5^2-7^2+9^2-11^2+13^2-15^2$
$$=(1^2-3^2)+(5^2-7^2)+(9^2-11^2)+(13^2-15^2)$$
$$=(1+3)\times(1-3)+(5+7)\times(5-7)$$
$$\quad+(9+11)\times(9-11)+(13+15)\times(13-15)$$
$$=4\times(-2)+12\times(-2)+20\times(-2)+28\times(-2)$$
$$=(4+12+20+28)\times(-2)$$
$$=64\times(-2)=-128 \quad \text{답 } -128$$

55 $x=\dfrac{1}{\sqrt{5}-2}=\dfrac{\sqrt{5}+2}{(\sqrt{5}-2)(\sqrt{5}+2)}=\sqrt{5}+2$
$$y=\dfrac{1}{\sqrt{5}+2}=\dfrac{\sqrt{5}-2}{(\sqrt{5}+2)(\sqrt{5}-2)}=\sqrt{5}-2$$

$$\therefore x^3y-xy^3=xy(x^2-y^2)$$
$$=xy(x+y)(x-y)$$
$$=(\sqrt{5}+2)\times(\sqrt{5}-2)\times\{(\sqrt{5}+2)+(\sqrt{5}-2)\}$$
$$\times\{(\sqrt{5}+2)-(\sqrt{5}-2)\}$$
$$=1\times2\sqrt{5}\times4$$
$$=8\sqrt{5} \quad \text{답 ⑤}$$

56 $\dfrac{x^3+2x^2-10}{x-2}=\dfrac{x(x^2+2x)-10}{x-2}=\dfrac{5x-10}{x-2}$
$$=\dfrac{5(x-2)}{x-2}=5 \quad \text{답 ④}$$

57 $3<\sqrt{10}<4$이므로 $x=\sqrt{10}-3$ ⋯❶
$x+8=A$로 놓으면
$$(x+8)^2-10(x+8)+16=A^2-10A+16$$
$$=(A-8)(A-2)$$
$$=(x+8-8)(x+8-2)$$
$$=x(x+6) \quad ⋯❷$$
$$=(\sqrt{10}-3)(\sqrt{10}-3+6)$$
$$=(\sqrt{10}-3)(\sqrt{10}+3)=1 \quad ⋯❸$$
$$\text{답 } 1$$

채점 기준	배점
❶ x의 값 구하기	30%
❷ 주어진 식 인수분해하기	40%
❸ 주어진 식의 값 구하기	30%

58 (좌변)$=x^2y+xy^2+2x+2y$
$$=xy(x+y)+2(x+y)$$
$$=(x+y)(xy+2)$$
이때 $(x+y)(xy+2)=20$에 $x+y=5$를 대입하면
$$5(xy+2)=20, \ xy+2=4 \quad \therefore xy=2$$
$$\therefore x^2+y^2=(x+y)^2-2xy$$
$$=5^2-2\times2=21 \quad \text{답 ①}$$

59 도형 A의 넓이는
$$(x+7)^2-3^2=(x+7+3)(x+7-3)$$
$$=(x+10)(x+4)$$
따라서 도형 B의 가로의 길이는 $x+10$이다. 답 $x+10$

60 (넓이)$=3x^2+7x+2=(x+2)(3x+1)$
따라서 새로운 직사각형의 가로의 길이, 세로의 길이는 각각 $x+2$, $3x+1$ 또는 $3x+1$, $x+2$이므로 구하는 둘레의 길이는
$$2\{(x+2)+(3x+1)\}=2(4x+3)=8x+6 \quad \text{답 } 8x+6$$

61
$$x^3+x^2y-4x-4y=x^2(x+y)-4(x+y)$$
$$=(x+y)(x^2-4)$$
$$=(x+y)(x+2)(x-2)$$
따라서 직육면체의 높이는 $x-2$이므로 겉넓이는
$$2\{(x+y)(x-2)+(x+2)(x-2)+(x+y)(x+2)\}$$
$$=2\{(x^2-2x+xy-2y)+(x^2-4)+(x^2+2x+xy+2y)\}$$
$$=2(3x^2+2xy-4)$$
$$=6x^2+4xy-8$$
답 $6x^2+4xy-8$

Real 실전 기출

01
$$(x-3y)(x-1)-y(3y-x)$$
$$=(x-3y)(x-1)+y(x-3y)$$
$$=(x-3y)(x+y-1)$$
따라서 주어진 다항식의 인수인 것은 ①, ④이다.

답 ①, ④

02 ① $x^2+Ax+9=x^2+Ax+(\pm3)^2$이므로
$$A=\pm2\times1\times3=\pm6 \quad \therefore A=6 \ (\because A>0)$$
② $x^2+\dfrac{1}{2}x+A=x^2+2\times x\times\dfrac{1}{4}+A$이므로
$$A=\left(\dfrac{1}{4}\right)^2=\dfrac{1}{16}$$
③ $Ax^2-12x+9=Ax^2-2\times2x\times3+3^2$이므로
$$A=2^2=4$$
④ $25x^2+20x+A=(5x)^2+2\times5x\times2+A$이므로
$$A=2^2=4$$
⑤ $\dfrac{1}{9}x^2-Ax+\dfrac{1}{16}=\left(\dfrac{1}{3}x\right)^2-Ax+\left(\pm\dfrac{1}{4}\right)^2$이므로
$$-A=\pm2\times\dfrac{1}{3}\times\dfrac{1}{4}=\pm\dfrac{1}{6}$$
$$\therefore A=\dfrac{1}{6} \ (\because A>0)$$
따라서 A의 값이 가장 큰 것은 ①이다.

답 ①

03
$$9x^2+Axy+\dfrac{1}{16}y^2=(3x)^2+Axy+\left(\pm\dfrac{1}{4}y\right)^2$$
$$=\left(3x\pm\dfrac{1}{4}y\right)^2$$
이므로 $B=\pm\dfrac{1}{4} \quad \therefore B=-\dfrac{1}{4} \ (\because B<0)$
이때 $A=2\times3\times\left(-\dfrac{1}{4}\right)=-\dfrac{3}{2}$이므로
$$A+B=-\dfrac{1}{4}+\left(-\dfrac{3}{2}\right)=-\dfrac{7}{4}$$
답 $-\dfrac{7}{4}$

04 두 다항식을 각각 인수분해하면
$$12x^2-3=3(4x^2-1)=3(2x+1)(2x-1)$$
$$2x^2+7x-4=(2x-1)(x+4)$$
따라서 두 다항식의 공통인수는 ③이다.

답 ③

05 $x^2+8x+k=(x+a)(x+b)=x^2+(a+b)x+ab$
이므로 $a+b=8$, $ab=k$
합이 8인 두 자연수는
1, 7 또는 2, 6 또는 3, 5 또는 4, 4
이때 k의 값이 될 수 있는 것은 7, 12, 15, 16이므로 k의 값
중 가장 큰 값은 16이다.

답 ④

06 ④ $2x^2+x-1=(2x-1)(x+1)$

답 ④

07 $6x^2+ax-6=(2x+3)(3x+m)$ (m은 상수)으로 놓으면
$$a=2m+9, \ -6=3m \quad \therefore m=-2, \ a=5$$
따라서 $6x^2+5x-6=(2x+3)(3x-2)$이므로 이 다항식
의 인수인 것은 ④이다.

답 ④

08
$$(x+1)(x+3)(x-3)(x-5)+k$$
$$=\{(x+1)(x-3)\}\{(x+3)(x-5)\}+k$$
$$=(x^2-2x-3)(x^2-2x-15)+k$$
$x^2-2x=A$로 놓으면
$$(x^2-2x-3)(x^2-2x-15)+k=(A-3)(A-15)+k$$
$$=A^2-18A+45+k$$
이 식이 완전제곱식이어야 하므로
$$45+k=\left(\dfrac{-18}{2}\right)^2=81 \quad \therefore k=36$$
답 ②

09
$$x^2+y^2-1-x^2y^2=x^2-x^2y^2+y^2-1$$
$$=x^2(1-y^2)-(1-y^2)$$
$$=(x^2-1)(1-y^2)$$
$$=(x+1)(x-1)(1+y)(1-y)$$
따라서 주어진 다항식의 인수가 아닌 것은 ⑤이다.

답 ⑤

10
$$36x^2-12x+1-y^2=(36x^2-12x+1)-y^2$$
$$=(6x-1)^2-y^2$$
$$=(6x-1+y)(6x-1-y)$$
$$=(6x+y-1)(6x-y-1)$$
따라서 두 일차식은 $6x+y-1$, $6x-y-1$이므로 두 일차
식의 합은
$$(6x+y-1)+(6x-y-1)=12x-2$$
답 ③

11
$$a^2-b^2-5a+5b=(a^2-b^2)-5(a-b)$$
$$=(a+b)(a-b)-5(a-b)$$
$$=(a-b)(a+b-5)$$

한편 $(a-b)^2=(a+b)^2-4ab=3^2-4\times1=5$이므로
$a-b=\sqrt{5}$ $(\because a>b)$
$\therefore a^2-b^2-5a+5b=(a-b)(a+b-5)$
$\qquad\qquad\qquad\qquad =\sqrt{5}\times(3-5)=-2\sqrt{5}$ 답 $-2\sqrt{5}$

12 두 정사각형의 둘레의 길이의 합이 100이므로
$4x+4y=100$, $4(x+y)=100$
$\therefore x+y=25$
두 정사각형의 넓이의 차가 375이므로
$x^2-y^2=375$, $(x+y)(x-y)=375$
$25(x-y)=375$ $\therefore x-y=15$
따라서 두 정사각형의 한 변의 길이의 차는 15이다.   답 15

13 $x^2-5x-k=(x+a)(x+b)$ $(a>b)$라 하면
$a+b=-5$, $ab=-k$ ……㉠
이때 $10<k<70$에서 $ab<0$이므로
$a>0$, $b<0$, $-70<ab<-10$ ……㉡
㉠, ㉡을 만족시키는 정수 a, b의 순서쌍 (a, b)는
$(2, -7)$, $(3, -8)$, $(4, -9)$, $(5, -10)$, $(6, -11)$
따라서 k는 14, 24, 36, 50, 66의 5개이다.   답 5

14 $2^{40}-1=(2^{20}+1)(2^{20}-1)$
$\qquad\quad =(2^{20}+1)(2^{10}+1)(2^{10}-1)$
$\qquad\quad =(2^{20}+1)(2^{10}+1)(2^5+1)(2^5-1)$
따라서 자연수 $2^{40}-1$은 2^5+1과 2^5-1, 즉 33과 31로 나누어 떨어지므로 구하는 합은
$33+31=64$ 답 64

15 잔디밭의 반지름의 길이를 r m라 하면 산책로의 한가운데를 지나는 원의 반지름의 길이는 $\left(r+\dfrac{3}{2}\right)$ m이므로
$2\pi\times\left(r+\dfrac{3}{2}\right)=20\pi$, $r+\dfrac{3}{2}=10$ $\therefore r=\dfrac{17}{2}$
$\therefore$ (산책로의 넓이)$=\pi(r+3)^2-\pi r^2$
$\qquad\qquad\qquad =\pi\{(r+3)^2-r^2\}$
$\qquad\qquad\qquad =\pi(r+3+r)(r+3-r)$
$\qquad\qquad\qquad =3\pi(2r+3)$
$\qquad\qquad\qquad =3\pi\left(2\times\dfrac{17}{2}+3\right)$
$\qquad\qquad\qquad =60\pi\,(\text{m}^2)$ 답 60π m^2

16 $0<a<1$이므로 $-3a<0$, $a+\dfrac{1}{a}>0$, $a-\dfrac{1}{a}<0$ …❶

$\therefore \sqrt{(-3a)^2}+\sqrt{a^2+2+\dfrac{1}{a^2}}-\sqrt{a^2-2+\dfrac{1}{a^2}}$
$=\sqrt{(-3a)^2}+\sqrt{\left(a+\dfrac{1}{a}\right)^2}-\sqrt{\left(a-\dfrac{1}{a}\right)^2}$ …❷
$=-(-3a)+\left(a+\dfrac{1}{a}\right)-\left\{-\left(a-\dfrac{1}{a}\right)\right\}$
$=3a+a+\dfrac{1}{a}+a-\dfrac{1}{a}=5a$ …❸

답 $5a$

채점 기준	배점
❶ $-3a$, $a+\dfrac{1}{a}$, $a-\dfrac{1}{a}$의 부호 구하기	30%
❷ 근호 안의 식 인수분해하기	40%
❸ 주어진 식 간단히 하기	30%

17 원준이는 x^2의 계수와 상수항을 제대로 보았으므로
$(2x-3)(x+6)=2x^2+9x-18$에서 처음 이차식의 x^2의 계수는 2, 상수항은 -18이다.   …❶
서윤이는 x의 계수와 상수항을 제대로 보았으므로
$9(x+1)(x-2)=9x^2-9x-18$에서 처음 이차식의 x의 계수는 -9, 상수항은 -18이다.   …❷
즉, 처음 이차식은 $2x^2-9x-18$이다.   …❸
따라서 처음 이차식을 바르게 인수분해하면
$2x^2-9x-18=(2x+3)(x-6)$ …❹

답 $(2x+3)(x-6)$

채점 기준	배점
❶ 처음 이차식의 x^2의 계수와 상수항 구하기	30%
❷ 처음 이차식의 x의 계수와 상수항 구하기	30%
❸ 처음 이차식 구하기	20%
❹ 처음 이차식을 바르게 인수분해하기	20%

18 $x+1=A$로 놓으면
$(x+1)^2-2(x+1)-24$
$=A^2-2A-24=(A+4)(A-6)$
$=(x+1+4)(x+1-6)=(x+5)(x-5)$ …❶
$5x-3=B$, $3x+7=C$로 놓으면
$(5x-3)^2-(3x+7)^2$
$=B^2-C^2$
$=(B+C)(B-C)$
$=\{(5x-3)+(3x+7)\}\{(5x-3)-(3x+7)\}$
$=(8x+4)(2x-10)$
$=8(2x+1)(x-5)$ …❷
따라서 두 다항식의 공통인수는 $x-5$이다.   …❸

답 $x-5$

채점 기준	배점
❶ $(x+1)^2-2(x+1)-24$ 인수분해하기	40%
❷ $(5x-3)^2-(3x+7)^2$ 인수분해하기	40%
❸ 두 다항식의 공통인수 구하기	20%

19

$10^2-20^2+30^2-40^2+\cdots+90^2-100^2$

$=(10^2-20^2)+(30^2-40^2)+\cdots+(90^2-100^2)$

$=(10+20)\times(10-20)+(30+40)\times(30-40)$
$\qquad+\cdots+(90+100)\times(90-100)$ … ❶

$=(10+20)\times(-10)+(30+40)\times(-10)$
$\qquad+\cdots+(90+100)\times(-10)$

$=(10+20+30+40+\cdots+90+100)\times(-10)$

$=550\times(-10)=-5500$ … ❷

답 -5500

채점 기준	배점
❶ 두 개씩 묶어서 $a^2-b^2=(a+b)(a-b)$임을 이용하기	50%
❷ 식의 값 구하기	50%

20 $\overline{AP}=\overline{AB}=\sqrt{10}$, $\overline{AQ}=\overline{AD}=\sqrt{10}$이므로

$a=5+\sqrt{10}$, $b=5-\sqrt{10}$ … ❶

$\therefore a^3-a^2b-ab^2+b^3$

$=a^2(a-b)-b^2(a-b)$

$=(a-b)(a^2-b^2)$

$=(a-b)(a+b)(a-b)$

$=(a-b)^2(a+b)$ … ❷

$=\{(5+\sqrt{10})-(5-\sqrt{10})\}^2\times\{(5+\sqrt{10})+(5-\sqrt{10})\}$

$=(2\sqrt{10})^2\times10=400$ … ❸

답 400

채점 기준	배점
❶ a, b의 값 구하기	30%
❷ 주어진 식 인수분해하기	40%
❸ 주어진 식의 값 구하기	30%

21 $x^2+14x+a=(x+5)(x+b)$ (b는 상수)로 놓으면

$14=b+5$, $a=5b$ $\quad\therefore b=9$, $a=45$

즉, 도형 A의 가로의 길이는 $x+9$이다. … ❶

이때 도형 A의 둘레의 길이는

$2\{(x+9)+(x+5)\}=4x+28=4(x+7)$ … ❷

두 도형 A, B의 둘레의 길이가 같으므로 도형 B의 둘레의 길이도 $4(x+7)$이고 도형 B는 정사각형이므로 도형 B의 한 변의 길이는 $x+7$이다.

따라서 도형 B의 넓이는

$(x+7)^2=x^2+14x+49$ … ❸

답 $x^2+14x+49$

채점 기준	배점
❶ 도형 A의 가로의 길이 구하기	30%
❷ 도형 A의 둘레의 길이 구하기	40%
❸ 도형 B의 넓이 구하기	30%

06 이차방정식 (1)

Real 실전 개념

83, 85쪽

01 $x^2=3x+5$에서 $x^2-3x-5=0$ **답** ○

02 $x^2=(x+1)(x-1)$에서 $x^2=x^2-1$, $1=0$ **답** ×

03 등식이 아니므로 이차방정식이 아니다. **답** ×

04 x^2이 분모에 있으므로 이차방정식이 아니다. **답** ×

05 $x^3+x^2=x^3-6x+1$에서 $x^2+6x-1=0$ **답** ○

06 **답** $a\neq0$

07 $2^2+2\neq8$ **답** ×

08 $(-2)^2+4\times(-2)-6\neq0$ **답** ×

09 $3^2+1=2\times3+4$ **답** ○

10 $2\times(-1)^2-3\times(-1)-5=0$ **답** ○

11 $x=-1$일 때, $5\times(-1)\times(-1+1)=0$
$x=0$일 때, $5\times0\times(0+1)=0$
$x=1$일 때, $5\times1\times(1+1)\neq0$ **답** $x=-1$ 또는 $x=0$

12 $x=-1$일 때, $(-1)^2+9\times(-1)-10\neq0$
$x=0$일 때, $0^2+9\times0-10\neq0$
$x=1$일 때, $1^2+9\times1-10=0$ **답** $x=1$

13 $x=-1$일 때, $4\times(-1)^2+7\times(-1)+3=0$
$x=0$일 때, $4\times0^2+7\times0+3\neq0$
$x=1$일 때, $4\times1^2+7\times1+3\neq0$ **답** $x=-1$

14 $2x=0$ 또는 $x+1=0$이므로
$x=0$ 또는 $x=-1$ **답** $x=0$ 또는 $x=-1$

15 $x+5=0$ 또는 $x-3=0$이므로
$x=-5$ 또는 $x=3$ **답** $x=-5$ 또는 $x=3$

16 $x+2=0$ 또는 $x-1=0$이므로
$x=-2$ 또는 $x=1$ **답** $x=-2$ 또는 $x=1$

17 $2x+7=0$ 또는 $3x+1=0$이므로
$x=-\dfrac{7}{2}$ 또는 $x=-\dfrac{1}{3}$ **답** $x=-\dfrac{7}{2}$ 또는 $x=-\dfrac{1}{3}$

18 $x^2-36=0$에서 $(x+6)(x-6)=0$이므로
$x=-6$ 또는 $x=6$ 　　　　답 $x=-6$ 또는 $x=6$

19 $9x^2=4$에서 $9x^2-4=0$, $(3x+2)(3x-2)=0$
$\therefore x=-\dfrac{2}{3}$ 또는 $x=\dfrac{2}{3}$ 　　답 $x=-\dfrac{2}{3}$ 또는 $x=\dfrac{2}{3}$

20 $3x^2-15x=0$에서 $3x(x-5)=0$
$\therefore x=0$ 또는 $x=5$ 　　　　답 $x=0$ 또는 $x=5$

21 $x^2-6x+8=0$에서 $(x-2)(x-4)=0$
$\therefore x=2$ 또는 $x=4$ 　　　　답 $x=2$ 또는 $x=4$

22 $3x^2-x-2=0$에서 $(3x+2)(x-1)=0$
$\therefore x=-\dfrac{2}{3}$ 또는 $x=1$ 　　답 $x=-\dfrac{2}{3}$ 또는 $x=1$

23 $2x^2+5x=3$에서 $2x^2+5x-3=0$, $(x+3)(2x-1)=0$
$\therefore x=-3$ 또는 $x=\dfrac{1}{2}$ 　　답 $x=-3$ 또는 $x=\dfrac{1}{2}$

24 답 $x=-3$

25 답 $x=-1$

26 $4x^2-20x=-25$에서 $4x^2-20x+25=0$
$(2x-5)^2=0$ 　　$\therefore x=\dfrac{5}{2}$ 　　답 $x=\dfrac{5}{2}$

27 $(x-1)(x-5)=0$ 　　$\therefore x^2-6x+5=0$
답 $x^2-6x+5=0$

28 $(x+2)(x-7)=0$ 　　$\therefore x^2-5x-14=0$
답 $x^2-5x-14=0$

29 $(x-4)^2=0$ 　　$\therefore x^2-8x+16=0$
답 $x^2-8x+16=0$

30 $x\left(x-\dfrac{1}{2}\right)=0$ 　　$\therefore x^2-\dfrac{1}{2}x=0$ 　　답 $x^2-\dfrac{1}{2}x=0$

31 $4(x+1)(x-3)=0$ 　　$\therefore 4x^2-8x-12=0$
답 $4x^2-8x-12=0$

32 $10\left(x-\dfrac{1}{2}\right)\left(x-\dfrac{1}{5}\right)=0$ 　　$\therefore 10x^2-7x+1=0$
답 $10x^2-7x+1=0$

33 $2(x+1)^2=0$ 　　$\therefore 2x^2+4x+2=0$
답 $2x^2+4x+2=0$

34 $4\left(x-\dfrac{3}{2}\right)^2=0$이므로 　　$\therefore 4x^2-12x+9=0$
답 $4x^2-12x+9=0$

35 $x^2-8=0$에서 $x^2=8$
$\therefore x=\pm\sqrt{8}=\pm2\sqrt{2}$ 　　　　답 $x=\pm2\sqrt{2}$

36 $4x^2-25=0$에서 $x^2=\dfrac{25}{4}$ 　　$\therefore x=\pm\dfrac{5}{2}$ 　　답 $x=\pm\dfrac{5}{2}$

37 $(x+1)^2-6=0$에서 $(x+1)^2=6$
$x+1=\pm\sqrt{6}$ 　　$\therefore x=-1\pm\sqrt{6}$ 　　답 $x=-1\pm\sqrt{6}$

38 $3(x-4)^2=15$에서 $(x-4)^2=5$
$x-4=\pm\sqrt{5}$ 　　$\therefore x=4\pm\sqrt{5}$ 　　답 $x=4\pm\sqrt{5}$

39 $x^2-2x-2=0$에서 $x^2-2x=2$
$x^2-2x+1=2+1$ 　　$\therefore (x-1)^2=3$ 　　답 $(x-1)^2=3$

40 $x^2-6x+2=0$에서 $x^2-6x=-2$
$x^2-6x+9=-2+9$ 　　$\therefore (x-3)^2=7$ 　　답 $(x-3)^2=7$

41 $-x^2-8x+1=0$에서 $x^2+8x-1=0$
$x^2+8x=1$, $x^2+8x+16=1+16$
$\therefore (x+4)^2=17$ 　　　　답 $(x+4)^2=17$

42 $2x^2+12x+5=0$에서 $x^2+6x+\dfrac{5}{2}=0$
$x^2+6x=-\dfrac{5}{2}$, $x^2+6x+9=-\dfrac{5}{2}+9$
$\therefore (x+3)^2=\dfrac{13}{2}$ 　　　　답 $(x+3)^2=\dfrac{13}{2}$

43 답 4, 4, 2, 5, 2, $\pm\sqrt{5}$, $-2\pm\sqrt{5}$

44 $x^2-10x-10=0$에서 $x^2-10x+25=10+25$
$(x-5)^2=35$, $x-5=\pm\sqrt{35}$
$\therefore x=5\pm\sqrt{35}$ 　　　　답 $x=5\pm\sqrt{35}$

45 $x^2+18x+41=0$에서 $x^2+18x+81=-41+81$
$(x+9)^2=40$, $x+9=\pm2\sqrt{10}$
$\therefore x=-9\pm2\sqrt{10}$ 　　　　답 $x=-9\pm2\sqrt{10}$

46 $-3x^2-12x-6=0$에서 $x^2+4x+2=0$
$x^2+4x+4=-2+4$, $(x+2)^2=2$
$x+2=\pm\sqrt{2}$ 　　$\therefore x=-2\pm\sqrt{2}$ 　　답 $x=-2\pm\sqrt{2}$

47 $\dfrac{1}{2}x^2+3x-9=0$에서 $x^2+6x-18=0$
$x^2+6x+9=18+9$, $(x+3)^2=27$
$x+3=\pm3\sqrt{3}$ 　　$\therefore x=-3\pm3\sqrt{3}$ 　　답 $x=-3\pm3\sqrt{3}$

01 ① 등식이 아니므로 이차방정식이 아니다.

② $2x^2-5x=0$ ➡ 이차방정식

③ x^2이 분모에 있으므로 이차방정식이 아니다.

④ $-2x^2-4x=0$ ➡ 이차방정식

⑤ $-2x+3=0$ ➡ 일차방정식 **답** ②, ④

02 $ax^2-5x=(3x+1)(x+2)$에서 $(a-3)x^2-12x-2=0$

$a-3\neq0$이어야 하므로 $a\neq3$ **답** ③

03 ① $2\times(2-2)=0$

② $(-3)^2-9=0$

③ $(-1)^2-5\times(-1)+4=10\neq0$

④ $2^2+2-6=0$

⑤ $2\times(-1)^2-3\times(-1)-5=0$ **답** ③

04 $x=4$를 $x^2+2ax+a+2=0$에 대입하면

$16+8a+a+2=0$, $9a=-18$ $\therefore a=-2$ **답** ②

05 $x=-5$를 $x^2+ax-5=0$에 대입하면

$25-5a-5=0$, $-5a=-20$ $\therefore a=4$ **답** 4

06 $x=3$을 $x^2+ax-10=0$에 대입하면

$9+3a-10=0$, $3a=1$ $\therefore a=\dfrac{1}{3}$ …❶

$x=-1$을 $x^2+6x+b=0$에 대입하면

$1-6+b=0$ $\therefore b=5$ …❷

$\therefore a+b=\dfrac{1}{3}+5=\dfrac{16}{3}$ …❸

답 $\dfrac{16}{3}$

채점 기준	배점
❶ a의 값 구하기	40%
❷ b의 값 구하기	40%
❸ $a+b$의 값 구하기	20%

07 $x=2$를 $x^2+4x+a=0$에 대입하면

$4+8+a=0$ $\therefore a=-12$

$x=2$를 $x^2+bx-2=0$에 대입하면

$4+2b-2=0$, $2b=-2$ $\therefore b=-1$

$\therefore ab=(-12)\times(-1)=12$ **답** ④

08 ① $x=m$을 $x^2+3x-4=0$에 대입하면

$m^2+3m-4=0$ …㉠

② ㉠의 양변에 8을 더하면 $m^2+3m+4=8$

③ ㉠의 양변에 2를 곱하면

$2m^2+6m-8=0$ $\therefore 2m^2+6m=8$

④ ㉠의 양변에 -1을 곱하면

$-m^2-3m+4=0$ $\therefore -m^2-3m=-4$

⑤ $m\neq0$이므로 ㉠의 양변을 m으로 나누면

$m+3-\dfrac{4}{m}=0$ $\therefore m-\dfrac{4}{m}=-3$ **답** ②

09 $x=k$를 $x^2-9x+1=0$에 대입하면 $k^2-9k+1=0$

$k\neq0$이므로 양변을 k로 나누면

$k-9+\dfrac{1}{k}=0$ $\therefore k+\dfrac{1}{k}=9$ **답** 9

10 $x=a$를 $x^2+5x+1=0$에 대입하면 $a^2+5a+1=0$

$a\neq0$이므로 양변을 a로 나누면

$a+5+\dfrac{1}{a}=0$ $\therefore a+\dfrac{1}{a}=-5$

$\therefore a^2+\dfrac{1}{a^2}=\left(a+\dfrac{1}{a}\right)^2-2=(-5)^2-2=23$ **답** 23

보충 TIP

$\left(a+\dfrac{1}{a}\right)^2=a^2+2+\dfrac{1}{a^2}$ ➡ $a^2+\dfrac{1}{a^2}=\left(a+\dfrac{1}{a}\right)^2-2$

11 $x=a$를 $3x^2-x-1=0$에 대입하면

$3a^2-a-1=0$ $\therefore 3a^2-a=1$ …❶

$x=b$를 $x^2+2x+6=0$에 대입하면

$b^2+2b+6=0$ $\therefore b^2+2b=-6$ …❷

$\therefore 3a^2+b^2-a+2b+1=(3a^2-a)+(b^2+2b)+1$

$=1+(-6)+1=-4$ …❸

답 -4

채점 기준	배점
❶ $3a^2-a$의 값 구하기	30%
❷ b^2+2b의 값 구하기	30%
❸ $3a^2+b^2-a+2b+1$의 값 구하기	40%

12 $2x^2+x-10=0$에서

$(x-2)(2x+5)=0$ $\therefore x=2$ 또는 $x=-\dfrac{5}{2}$

$a>\beta$이므로 $a=2$, $\beta=-\dfrac{5}{2}$

$\therefore a-\beta=2-\left(-\dfrac{5}{2}\right)=\dfrac{9}{2}$ **답** $\dfrac{9}{2}$

13 ① $x=0$ 또는 $x=-2$이므로 $0\times(-2)=0$

② $x=1$ 또는 $x=2$이므로 $1\times2=2$

③ $x=-3$ 또는 $x=1$이므로 $-3\times1=-3$

④ $x=-\dfrac{2}{3}$ 또는 $x=3$이므로 $-\dfrac{2}{3}\times3=-2$

⑤ $x=-\dfrac{1}{2}$ 또는 $x=-4$이므로 $-\dfrac{1}{2}\times(-4)=2$ **답** ④

14 $2(x-1)(x-3)=x^2-3x$에서

$2x^2-8x+6=x^2-3x$, $x^2-5x+6=0$

$(x-2)(x-3)=0$ $\therefore x=2$ 또는 $x=3$ **답** ④

15 $5(x+1)^2=3x+11$에서

$5x^2+10x+5=3x+11$, $5x^2+7x-6=0$

$(x+2)(5x-3)=0$ ∴ $x=-2$ 또는 $x=\dfrac{3}{5}$

따라서 $a=\dfrac{3}{5}$이므로

$(5a-1)^2=\left(5\times\dfrac{3}{5}-1\right)^2=2^2=4$ **탑** 4

16 $x=-1$을 $x^2+2kx+k+3=0$에 대입하면

$1-2k+k+3=0$, $-k+4=0$ ∴ $k=4$

즉, $x^2+8x+7=0$에서 $(x+1)(x+7)=0$

∴ $x=-1$ 또는 $x=-7$

따라서 $a=-7$이므로 $a+k=-7+4=-3$ **탑** -3

17 $2x^2+11x-6=0$에서 $(2x-1)(x+6)=0$

∴ $x=\dfrac{1}{2}$ 또는 $x=-6$

따라서 $x=-6$이 $2x^2+kx-(4k+2)=0$의 근이므로

$72-6k-(4k+2)=0$, $-10k+70=0$ ∴ $k=7$ **탑** ③

18 $x=\dfrac{1}{2}$을 $4x^2-6ax+11=0$에 대입하면

$1-3a+11=0$, $-3a+12=0$ ∴ $a=4$ ⋯❶

즉, $4x^2-24x+11=0$에서 $(2x-1)(2x-11)=0$

∴ $x=\dfrac{1}{2}$ 또는 $x=\dfrac{11}{2}$

따라서 $b=\dfrac{11}{2}$이므로 ⋯❷

$ab=4\times\dfrac{11}{2}=22$ ⋯❸

탑 22

채점 기준	배점
❶ a의 값 구하기	40%
❷ b의 값 구하기	40%
❸ ab의 값 구하기	20%

19 $x=1$을 $x^2+2ax+2a-3=0$에 대입하면

$1+2a+2a-3=0$, $4a-2=0$ ∴ $a=\dfrac{1}{2}$

즉, $x^2+x-2=0$에서 $(x-1)(x+2)=0$

∴ $x=1$ 또는 $x=-2$

따라서 $x=-2$가 $4x^2+5x+b=0$의 근이므로

$16-10+b=0$ ∴ $b=-6$ **탑** -6

20 $2x^2-9x-5=0$에서 $(2x+1)(x-5)=0$

∴ $x=-\dfrac{1}{2}$ 또는 $x=5$

$x^2-9x+20=0$에서 $(x-4)(x-5)=0$

∴ $x=4$ 또는 $x=5$

따라서 공통인 근은 $x=5$이다. **탑** $x=5$

21 $x^2+8x+12=0$에서 $(x+2)(x+6)=0$

∴ $x=-2$ 또는 $x=-6$

$x^2+3x-18=0$에서 $(x+6)(x-3)=0$

∴ $x=-6$ 또는 $x=3$

따라서 공통인 근은 $x=-6$이므로 $m=-6$ **탑** ①

22 $x=-3$을 두 이차방정식에 각각 대입하면

$9-3a-21=0$, $-3a-12=0$ ∴ $a=-4$

$27-3b+3=0$, $-3b+30=0$ ∴ $b=10$

∴ $a+b=-4+10=6$ **탑** 6

23 $x^2-x-20=0$에서 $(x+4)(x-5)=0$

∴ $x=-4$ 또는 $x=5$ ⋯❶

$x^2-7x+10=0$에서 $(x-2)(x-5)=0$

∴ $x=2$ 또는 $x=5$ ⋯❷

따라서 공통인 근 $x=5$가 $x^2+3x-4k=0$의 한 근이므로

$25+15-4k=0$, $40-4k=0$ ∴ $k=10$ ⋯❸

탑 10

채점 기준	배점
❶ 이차방정식 $x^2-x-20=0$의 해 구하기	30%
❷ 이차방정식 $x^2-7x+10=0$의 해 구하기	30%
❸ k의 값 구하기	40%

24 ① $x^2-9=0$에서 $(x+3)(x-3)=0$

∴ $x=-3$ 또는 $x=3$

② $x^2=4(x-1)$에서 $x^2-4x+4=0$

$(x-2)^2=0$ ∴ $x=2$

③ $2(x+1)^2=8$에서 $x^2+2x-3=0$

$(x+3)(x-1)=0$ ∴ $x=-3$ 또는 $x=1$

④ $-3(x+2)^2=0$에서 $x=-2$

⑤ $-1-3x=2(x+1)^2$에서 $2x^2+7x+3=0$

$(x+3)(2x+1)=0$ ∴ $x=-3$ 또는 $x=-\dfrac{1}{2}$

따라서 중근을 갖는 것은 ②, ④이다. **탑** ②, ④

25 ㄱ. $x^2=4$에서 $x^2-4=0$

$(x+2)(x-2)=0$ ∴ $x=-2$ 또는 $x=2$

ㄴ. $4x^2=x$에서 $4x^2-x=0$

$x(4x-1)=0$ ∴ $x=0$ 또는 $x=\dfrac{1}{4}$

ㄷ. $x^2=6x-9$에서 $x^2-6x+9=0$

$(x-3)^2=0$ ∴ $x=3$

ㄹ. $x(x-1)=-\dfrac{1}{4}$에서 $x^2-x+\dfrac{1}{4}=0$

$\left(x-\dfrac{1}{2}\right)^2=0$ ∴ $x=\dfrac{1}{2}$

ㅁ. $(x-3)(x-7)=-4$에서 $x^2-10x+25=0$

$(x-5)^2=0$ ∴ $x=5$

따라서 중근을 갖는 것은 ㄷ, ㄹ, ㅁ이다. **탑** ⑤

26 $x^2+12x+36=0$에서 $(x+6)^2=0$ $\therefore x=-6$

$x^2-\dfrac{2}{3}x+\dfrac{1}{9}=0$에서 $\left(x-\dfrac{1}{3}\right)^2=0$ $\therefore x=\dfrac{1}{3}$

따라서 $a=-6$, $b=\dfrac{1}{3}$이므로 $ab=-6\times\dfrac{1}{3}=-2$ 답 -2

27 주어진 이차방정식의 양변을 2로 나누면

$x^2-6x+2k+5=0$

$2k+5=\left(\dfrac{-6}{2}\right)^2=9$, $2k=4$ $\therefore k=2$ 답 ②

28 $5k=\left(\dfrac{10}{2}\right)^2=25$ $\therefore k=5$

즉, $x^2+10x+25=0$에서

$(x+5)^2=0$ $\therefore x=-5$ 답 $x=-5$

29 $3x^2+12x+p+8=0$의 양변을 3으로 나누면

$x^2+4x+\dfrac{p+8}{3}=0$

$\dfrac{p+8}{3}=\left(\dfrac{4}{2}\right)^2=4$, $p+8=12$ $\therefore p=4$ ···❶

$x^2-2px+3q+1=0$, 즉 $x^2-8x+3q+1=0$이 중근을 가지므로

$3q+1=\left(\dfrac{-8}{2}\right)^2=16$, $3q=15$ $\therefore q=5$ ···❷

$p+q=4+5=9$ ···❸

답 9

채점 기준	배점
❶ p의 값 구하기	40%
❷ q의 값 구하기	40%
❸ $p+q$의 값 구하기	20%

30 $2m+3=\left(\dfrac{-2m}{2}\right)^2=m^2$에서 $m^2-2m-3=0$

$(m+1)(m-3)=0$ $\therefore m=-1$ 또는 $m=3$

답 ②, ⑤

31 두 근이 -2와 $\dfrac{1}{3}$이고 x^2의 계수가 3인 이차방정식은

$3(x+2)\left(x-\dfrac{1}{3}\right)=0$ $\therefore 3x^2+5x-2=0$

답 $3x^2+5x-2=0$

32 $x=-3$을 중근으로 갖고 x^2의 계수가 1인 이차방정식은

$(x+3)^2=0$ $\therefore x^2+6x+9=0$

따라서 $p=6$, $q=9$이므로 $p-q=6-9=-3$ 답 ②

33 $x=-\dfrac{1}{3}$을 중근으로 갖고 x^2의 계수가 9인 이차방정식은

$9\left(x+\dfrac{1}{3}\right)^2=0$, $9x^2+6x+1=0$

따라서 $a=6$, $b=1$이므로 $a+b=6+1=7$ 답 7

34 $x^2+x-6=0$에서 $(x+3)(x-2)=0$

$\therefore x=-3$ 또는 $x=2$

따라서 $\alpha=2$, $\beta=-3$이므로 $\alpha+1=3$, $\beta-1=-4$

즉, -4, 3을 두 근으로 하고 x^2의 계수가 1인 이차방정식은

$(x+4)(x-3)=0$ $\therefore x^2+x-12=0$

답 $x^2+x-12=0$

35 $(x-5)^2=7$이므로 $x-5=\pm\sqrt{7}$ $\therefore x=5\pm\sqrt{7}$

따라서 $a=5$, $b=7$이므로 $ab=5\times7=35$ 답 ⑤

36 ① $(x-2)^2=12$ $\therefore x=2\pm2\sqrt{3}$

② $(x-2)^2=18$ $\therefore x=2\pm3\sqrt{2}$

③ $(x-1)^2=18$ $\therefore x=1\pm3\sqrt{2}$

④ $(x+2)^2=12$ $\therefore x=-2\pm2\sqrt{3}$

⑤ $(x+2)^2=18$ $\therefore x=-2\pm3\sqrt{2}$ 답 ⑤

37 이 이차방정식이 해를 가지려면

$4k-3\geq0$, $4k\geq3$ $\therefore k\geq\dfrac{3}{4}$

따라서 k의 값 중 가장 작은 정수는 1이다.   답 1

> **보충 TIP** 이차방정식 $(x-p)^2=q$가 해를 가질 조건
> ① 서로 다른 두 근을 가질 조건 ➡ $q>0$ ⎤ → 근을 가질 조건
> ② 중근을 가질 조건 ➡ $q=0$ ⎦ ➡ $q\geq0$
> ③ 근을 갖지 않을 조건 ➡ $q<0$

38 $(x+3)^2=k$이므로 $x+3=\pm\sqrt{k}$ $\therefore x=-3\pm\sqrt{k}$ ···❶

이때 주어진 이차방정식의 한 근이 $x=-3+\sqrt{7}$이므로

$k=7$ ···❷

따라서 다른 한 근은 $x=-3-\sqrt{7}$이다.   ···❸

답 $x=-3-\sqrt{7}$

채점 기준	배점
❶ 이차방정식의 해를 k를 사용하여 나타내기	40%
❷ k의 값 구하기	30%
❸ 다른 한 근 구하기	30%

39 $x^2+8x-3=0$에서 $x^2+8x=3$

$x^2+8x+16=3+16$ $\therefore (x+4)^2=19$

따라서 $p=4$, $q=19$이므로 $p+q=4+19=23$ 답 ⑤

40 $3(x-2)^2=2x^2-6x+14$에서

$3x^2-12x+12=2x^2-6x+14$, $x^2-6x=2$

$x^2-6x+9=2+9$ $\therefore (x-3)^2=11$

따라서 $m=3$, $n=11$이므로

$m+n=3+11=14$ 답 14

41 $2x^2+6x-4=0$에서 $x^2+3x-2=0$

$x^2+3x=2$, $x^2+3x+\dfrac{9}{4}=2+\dfrac{9}{4}$ $\therefore \left(x+\dfrac{3}{2}\right)^2=\dfrac{17}{4}$

$\therefore k=\dfrac{17}{4}$ 답 $\dfrac{17}{4}$

42 $\frac{1}{2}x^2-4x-1=0$에서 $x^2-8x-2=0$

$x^2-8x=2$, $x^2-8x+16=2+16$ $\quad\therefore (x-4)^2=18$

따라서 $p=-4$, $q=18$이므로

$p-q=-4-18=-22$ **답** -22

43 ② $B=1$ **답** ②

44 $x^2+5x-3=0$에서 $x^2+5x=3$, $x^2+5x+\frac{25}{4}=3+\frac{25}{4}$

$\left(x+\frac{5}{2}\right)^2=\frac{37}{4}$, $x+\frac{5}{2}=\pm\frac{\sqrt{37}}{2}$

$\therefore x=-\frac{5}{2}\pm\frac{\sqrt{37}}{2}=\frac{-5\pm\sqrt{37}}{2}$

따라서 $A=-5$, $B=37$이므로

$A+B=-5+37=32$ **답** 32

45 $2x^2+4ax+2a^2-10=0$에서 $x^2+2ax+a^2=5$, $(x+a)^2=5$

$x+a=\pm\sqrt5$ $\quad\therefore x=-a\pm\sqrt5$ $\cdots$ ❶

이때 해가 $x=2\pm\sqrt b$이므로 $a=-2$, $b=5$ $\cdots$ ❷

$\therefore a+b=-2+5=3$ $\cdots$ ❸

답 3

채점 기준	배점
❶ 이차방정식의 해를 a를 사용하여 나타내기	40%
❷ a, b의 값 구하기	40%
❸ $a+b$의 값 구하기	20%

46 $x^2-10x=k$에서 $x^2-10x+25=k+25$, $(x-5)^2=k+25$

$x-5=\pm\sqrt{k+25}$ $\quad\therefore x=5\pm\sqrt{k+25}$

이때 해가 $x=5\pm\sqrt7$이므로

$k+25=7$ $\quad\therefore k=-18$ **답** -18

Real 실전 기출

92~94쪽

01 ① $-3x+2=0$

② $3x^2-x=3x^2+5x-2$, $-6x+2=0$

③ $2x^2-4x+2+1=2x^2+4x$, $-8x+3=0$

④ $-2x^2+10x=x^2+3$, $-3x^2+10x-3=0$

⑤ $-x^3+x^2-6x+1=0$

따라서 이차방정식인 것은 ④이다. **답** ④

02 $x=-5$를 $2x^2+ax-15=0$에 대입하면

$50-5a-15=0$, $-5a+35=0$ $\quad\therefore a=7$ **답** 7

03 $x=m$을 $x^2+9x-7=0$에 대입하면

$m^2+9m-7=0$, 즉 $m^2+9m=7$

$x=n$을 $x^2+9x-7=0$에 대입하면

$n^2+9n-7=0$, 즉 $n^2+9n=7$

$\therefore (m^2+9m+1)(n^2+9n-4)=(7+1)\times(7-4)$

$=8\times3=24$ **답** 24

04 $3x-2=0$ 또는 $x+3=0$

$\therefore x=\frac{2}{3}$ 또는 $x=-3$ **답** ④

05 $8x^2-26x-45=0$에서 $(4x+5)(2x-9)=0$

$\therefore x=-\frac{5}{4}$ 또는 $x=\frac{9}{2}$

따라서 두 근 사이에 있는 정수는 -1, 0, 1, 2, 3, 4이므로 구하는 합은

$(-1)+0+1+2+3+4=9$ **답** 9

06 $x^2+3x-18=0$에서 $(x+6)(x-3)=0$

$\therefore x=-6$ 또는 $x=3$

따라서 $2x^2+(a-1)x-6=0$의 한 근이 $x=3$이므로

$18+3(a-1)-6=0$

$3a+9=0$ $\quad\therefore a=-3$ **답** ③

07 $x=2$를 $x^2+ax-4=0$에 대입하면

$4+2a-4=0$, $2a=0$ $\quad\therefore a=0$

$x=2$를 $x^2+5x-b=0$에 대입하면

$4+10-b=0$, $14-b=0$ $\quad\therefore b=14$

$\therefore a-b=0-14=-14$ **답** -14

08 $5(x-6)^2=30$의 양변을 5로 나누면

$(x-6)^2=6$, $x-6=\pm\sqrt6$ $\quad\therefore x=6\pm\sqrt6$ **답** ③

09 $x^2-12x+20=0$에서 $x^2-12x=-20$

$x^2-12x+36=-20+36$ $\quad\therefore (x-6)^2=16$

따라서 $a=6$, $b=16$이므로 $a+b=6+16=22$ **답** 22

10 $3x^2+2ax+b=0$의 양변을 3으로 나누면

$x^2+\frac{2a}{3}x+\frac{b}{3}=0$, $x^2+\frac{2a}{3}x+\frac{a^2}{9}=-\frac{b}{3}+\frac{a^2}{9}$

$\left(x+\frac{a}{3}\right)^2=\frac{-3b+a^2}{9}$ $\quad\therefore x=-\frac{a}{3}\pm\sqrt{\frac{-3b+a^2}{9}}$

이때 해가 $x=-2\pm3\sqrt2$이므로

$-\frac{a}{3}=-2$에서 $a=6$

또, $\sqrt{\frac{-3b+a^2}{9}}=3\sqrt2$이므로 $\frac{-3b+a^2}{9}=18$

이 식에 $a=6$을 대입하면 $-3b+36=162$

$-3b=126$ $\quad\therefore b=-42$

$\therefore a-b=6-(-42)=48$ **답** 48

다른 풀이 $x=-2\pm3\sqrt2$에서 $x+2=\pm3\sqrt2$

양변을 제곱하면 $x^2+4x+4=18$ $\quad\therefore x^2+4x-14=0$

양변에 3을 곱하면 $3x^2+12x-42=0$
따라서 $2a=12$, $b=-42$이므로 $a=6$, $b=-42$
$\therefore a-b=48$

11 $x^2+2ax+b=0$이 중근을 가지므로
$b=\left(\dfrac{2a}{2}\right)^2$ $\therefore a^2=b$
따라서 $a^2=b$ $(1\le a\le 6, 1\le b\le 6, a, b$는 자연수$)$를 만족시키는 순서쌍 (a, b)는 $(1, 1)$, $(2, 4)$ **답** $(1, 1)$, $(2, 4)$

12 민지가 잘못 본 이차방정식은
$(x-1)(x+8)=0$ $\therefore x^2+7x-8=0$
즉, 처음 이차방정식의 상수항은 -8이므로 $b=-8$
현석이가 잘못 본 이차방정식은
$(x-3)(x+5)=0$ $\therefore x^2+2x-15=0$
즉, 처음 이차방정식의 x의 계수는 2이므로 $a=2$
따라서 처음 이차방정식 $x^2+2x-8=0$에서
$(x+4)(x-2)=0$ $\therefore x=-4$ 또는 $x=2$
답 $x=-4$ 또는 $x=2$

~~~
보충 TIP  잘못 보고 푼 이차방정식
이차방정식 $x^2+ax+b=0$에서
① $x$의 계수만 잘못 본 경우 ➡ 상수항 $b$는 바르게 봄
② 상수항만 잘못 본 경우 ➡ $x$의 계수 $a$는 바르게 봄
~~~

13 $x=k$를 $2x^2+(k-2)x-2k-4=0$에 대입하면
$2k^2+k(k-2)-2k-4=0$, $3k^2-4k-4=0$
$(3k+2)(k-2)=0$ $\therefore k=-\dfrac{2}{3}$ 또는 $k=2$
이때 k는 정수이므로 $k=2$
즉, $2x^2-8=0$에서 $x^2=4$ $\therefore x=\pm2$
따라서 다른 한 근은 $x=-2$이다. **답** $x=-2$

14 $(x+4)(x-b)=0$에서 $x=-4$ 또는 $x=b$
따라서 $x=-4$가 $x^2+(2a-1)x-12=0$의 해이므로
$16-4(2a-1)-12=0$, $-8a+8=0$ $\therefore a=1$
즉, $x^2+x-12=0$에서
$(x+4)(x-3)=0$ $\therefore x=-4$ 또는 $x=3$
따라서 $b=3$이므로 $a+b=1+3=4$ **답** 4

15 $x=-1$을 $(a+2)x^2+a(1-a)x+5a+4=0$에 대입하면
$a+2-a(1-a)+5a+4=0$
$a^2+5a+6=0$, $(a+3)(a+2)=0$
$\therefore a=-3$ 또는 $a=-2$
그런데 $a+2\ne0$, 즉 $a\ne-2$이어야 하므로 $a=-3$
따라서 주어진 이차방정식은 $-x^2-12x-11=0$,
즉 $x^2+12x+11=0$이므로
$(x+11)(x+1)=0$ $\therefore x=-11$ 또는 $x=-1$

다른 한 근은 $x=-11$이므로 구하는 합은
$-3+(-11)=-14$ **답** -14

참고 주어진 식이 이차방정식이므로 $(x^2$의 계수$)\ne0$이어야 한다.
즉, $a+2\ne0$ $\therefore a\ne-2$

16 $(x-10)^2=3k$에서 $x-10=\pm\sqrt{3k}$ $\therefore x=10\pm\sqrt{3k}$
$\sqrt{3k}$가 자연수가 되게 하는 k의 값은
$3, 3\times2^2, 3\times3^2, 3\times4^2, \cdots$
k의 값이 $3\times4^2, 3\times5^2, 3\times6^2, \cdots$일 때 $10-\sqrt{3k}<0$이므로
이 중 두 근 $x=10\pm\sqrt{3k}$가 모두 자연수가 되게 하는 자연수 k의 값은
$3, 3\times2^2, 3\times3^2$
따라서 모든 k의 값의 합은
$3+3\times2^2+3\times3^2=3+12+27=42$ **답** 42

17 $x=-1$을 $x^2+2ax+5=0$에 대입하면
$1-2a+5=0$, $-2a+6=0$ $\therefore a=3$ …❶
즉, $x^2+6x+5=0$에서 …❷
$(x+1)(x+5)=0$ $\therefore x=-1$ 또는 $x=-5$
따라서 다른 한 근은 $x=-5$이다. …❸
답 $x=-5$

채점 기준	배점
❶ 한 근을 대입하여 a의 값 구하기	40%
❷ a의 값을 대입하여 이차방정식 구하기	20%
❸ 다른 한 근 구하기	40%

18 $x^2-3x-10=0$에서 $(x+2)(x-5)=0$
$\therefore x=-2$ 또는 $x=5$ …❶
$x^2+9x+14=0$에서 $(x+2)(x+7)=0$
$\therefore x=-2$ 또는 $x=-7$ …❷
따라서 공통인 근 $x=-2$가 $x^2+2kx+5k-1=0$의 한 근
이므로 $4-4k+5k-1=0$, $k+3=0$ $\therefore k=-3$ …❸
답 -3

채점 기준	배점
❶ 이차방정식 $x^2-3x-10=0$의 해 구하기	30%
❷ 이차방정식 $x^2+9x+14=0$의 해 구하기	30%
❸ k의 값 구하기	40%

19 $x^2+2(a+1)x+16=0$이 중근을 가지므로
$16=\left\{\dfrac{2(a+1)}{2}\right\}^2$, $16=(a+1)^2$, $a+1=\pm4$
$\therefore a=-5$ 또는 $a=3$ …❶
$a=-5$를 $x^2+2(a+1)x+16=0$에 대입하면
$x^2-8x+16=0$, $(x-4)^2=0$ $\therefore x=4$ …❷
$a=3$을 $x^2+2(a+1)x+16=0$에 대입하면
$x^2+8x+16=0$, $(x+4)^2=0$ $\therefore x=-4$ …❸
답 $a=-5$일 때 $x=4$, $a=3$일 때 $x=-4$

채점 기준	배점
❶ a의 값 구하기	40%
❷ $a=-5$일 때 중근 구하기	30%
❸ $a=3$일 때 중근 구하기	30%

20 $2x^2-8x+3=0$의 양변을 2로 나누면

$x^2-4x+\dfrac{3}{2}=0$ ··· ❶

$x^2-4x=-\dfrac{3}{2}$, $x^2-4x+4=-\dfrac{3}{2}+4$, $(x-2)^2=\dfrac{5}{2}$ ··· ❷

$x-2=\pm\sqrt{\dfrac{5}{2}}$ $\therefore x=2\pm\dfrac{\sqrt{10}}{2}$ ··· ❸

답 $x=2\pm\dfrac{\sqrt{10}}{2}$

채점 기준	배점
❶ x^2의 계수를 1로 만들기	30%
❷ 좌변을 완전제곱식으로 만들기	40%
❸ 이차방정식의 해 구하기	30%

21 일차항의 계수와 상수항을 바꾸어 놓은 이차방정식은

$x^2+4ax+3a+6=0$

$x=1$이 이 이차방정식의 한 근이므로

$1+4a+3a+6=0$, $7a+7=0$ $\therefore a=-1$ ··· ❶

따라서 처음 이차방정식은 $x^2+3x-4=0$이므로 ··· ❷

$(x+4)(x-1)=0$ $\therefore x=-4$ 또는 $x=1$ ··· ❸

답 $x=-4$ 또는 $x=1$

채점 기준	배점
❶ a의 값 구하기	40%
❷ 처음 이차방정식 구하기	30%
❸ 처음 이차방정식의 해 구하기	30%

22 $x=m$을 $x^2-5x+1=0$에 대입하면 $m^2-5m+1=0$

$m\neq0$이므로 양변을 m으로 나누면

$m-5+\dfrac{1}{m}=0$, $m+\dfrac{1}{m}=5$ ··· ❶

이때 $\left(m-\dfrac{1}{m}\right)^2=\left(m+\dfrac{1}{m}\right)^2-4=5^2-4=21$이고

$m>1$에서 $m-\dfrac{1}{m}>0$ $\therefore m-\dfrac{1}{m}=\sqrt{21}$ ··· ❷

$\therefore m^2+4m-\dfrac{4}{m}+\dfrac{1}{m^2}=m^2+\dfrac{1}{m^2}+4\left(m-\dfrac{1}{m}\right)$

$=\left(m+\dfrac{1}{m}\right)^2-2+4\left(m-\dfrac{1}{m}\right)$

$=5^2-2+4\sqrt{21}=23+4\sqrt{21}$ ··· ❸

답 $23+4\sqrt{21}$

채점 기준	배점
❶ $m+\dfrac{1}{m}$의 값 구하기	40%
❷ $m-\dfrac{1}{m}$의 값 구하기	40%
❸ 주어진 식의 값 구하기	20%

07 이차방정식 (2)

Real 실전 개념
97쪽

01 답 $-\dfrac{c}{a}$, $\dfrac{b}{2a}$, $-\dfrac{c}{a}$, $\dfrac{b}{2a}$, $\dfrac{b}{2a}$, b^2-4ac, $\dfrac{b}{2a}$, b^2-4ac, $-b$, b^2-4ac

02 $x=\dfrac{-3\pm\sqrt{3^2-4\times1\times1}}{2}=\dfrac{-3\pm\sqrt{5}}{2}$ 답 $x=\dfrac{-3\pm\sqrt{5}}{2}$

03 $x=\dfrac{-(-3)\pm\sqrt{(-3)^2-2\times3}}{2}=\dfrac{3\pm\sqrt{3}}{2}$ 답 $x=\dfrac{3\pm\sqrt{3}}{2}$

04 $x=-(-2)\pm\sqrt{(-2)^2-1\times(-1)}=2\pm\sqrt{5}$

답 $x=2\pm\sqrt{5}$

05 $x^2-5x+2=0$이므로

$x=\dfrac{-(-5)\pm\sqrt{(-5)^2-4\times1\times2}}{2}=\dfrac{5\pm\sqrt{17}}{2}$

답 $x=\dfrac{5\pm\sqrt{17}}{2}$

06 $(x+1)(x-3)=21$에서 $x^2-2x-24=0$

$(x+4)(x-6)=0$ $\therefore x=-4$ 또는 $x=6$

답 $x=-4$ 또는 $x=6$

07 $0.2x^2-0.5x+0.3=0$의 양변에 10을 곱하면

$2x^2-5x+3=0$, $(x-1)(2x-3)=0$

$\therefore x=1$ 또는 $x=\dfrac{3}{2}$ 답 $x=1$ 또는 $x=\dfrac{3}{2}$

08 $\dfrac{1}{3}x^2-\dfrac{3}{2}x+\dfrac{1}{4}=0$의 양변에 12를 곱하면

$4x^2-18x+3=0$

$\therefore x=\dfrac{-(-9)\pm\sqrt{(-9)^2-4\times3}}{4}=\dfrac{9\pm\sqrt{69}}{4}$

답 $x=\dfrac{9\pm\sqrt{69}}{4}$

09 답 $A^2+5A-14=0$

10 $A^2+5A-14=0$에서 $(A+7)(A-2)=0$

$\therefore A=-7$ 또는 $A=2$ 답 $A=-7$ 또는 $A=2$

11 $x+1=-7$ 또는 $x+1=2$이므로

$x=-8$ 또는 $x=1$ 답 $x=-8$ 또는 $x=1$

12 답 -7, 0

13 답 0, 1

14 답 49, 2

15 $(-4)^2-4\times1\times5=-4<0$

따라서 근의 개수는 0이다. **답** 0

16 $(-3)^2-4\times1\times(-3)=21>0$

따라서 근의 개수는 2이다. **답** 2

17 $(-8)^2-4\times2\times8=0$

따라서 근의 개수는 1이다. **답** 1

18 **답** $x+2$

19 $x(x+2)=143$에서 $x^2+2x-143=0$

$(x+13)(x-11)=0$　　$\therefore x=11\ (\because x>0)$　**답** $x=11$

20 **답** 11, 13

Real 실전 유형

98~105쪽

01 $2x^2+5x-2=0$에서 $x=\dfrac{-5\pm\sqrt{41}}{4}$이므로

$A=-5,\ B=41$　　$\therefore A+B=-5+41=36$　**답** ⑤

02 $2x^2-6x-k=0$에서 $x=\dfrac{3\pm\sqrt{9+2k}}{2}$이므로

$9+2k=15,\ 2k=6$　　$\therefore k=3$　**답** 3

03 $2x^2+3x-1=0$에서 $x=\dfrac{-3\pm\sqrt{17}}{4}$　　…❶

따라서 $\alpha=\dfrac{-3+\sqrt{17}}{4}$이므로　　…❷

$4\alpha+3=4\times\dfrac{-3+\sqrt{17}}{4}+3=\sqrt{17}$　　…❸

답 $\sqrt{17}$

채점 기준	배점
❶ 근의 공식을 이용하여 이차방정식의 해 구하기	50%
❷ α의 값 구하기	30%
❸ $4\alpha+3$의 값 구하기	20%

04 $x^2+ax-3=0$에서 $x=\dfrac{-a\pm\sqrt{a^2+12}}{2}$

따라서 $-\dfrac{a}{2}=-2,\ \dfrac{\sqrt{a^2+12}}{2}=\sqrt{b}$이므로

$a=4,\ \dfrac{\sqrt{16+12}}{2}=\sqrt{7}=\sqrt{b}$　　$\therefore b=7$

$\therefore a+b=4+7=11$　　**답** 11

05 주어진 방정식의 양변에 6을 곱하면 $x(x+7)=3\left(x-\dfrac{1}{3}\right)$

$x^2+4x+1=0$　　$\therefore x=-2\pm\sqrt{3}$

따라서 $p=-2,\ q=3$이므로 $p+q=-2+3=1$　**답** ①

06 주어진 방정식의 양변에 3을 곱하면 $3x(x-1)=(x-3)^2$

$2x^2+3x-9=0,\ (x+3)(2x-3)=0$

$\therefore x=-3$ 또는 $x=\dfrac{3}{2}$　**답** ②

07 주어진 방정식의 양변에 10을 곱하면 $10x^2-4x-1=0$

$\therefore x=\dfrac{2\pm\sqrt{14}}{10}$

따라서 $p=2,\ q=14$이므로 $p+q=2+14=16$　**답** 16

08 주어진 방정식의 양변에 100을 곱하면 $x^2-6x+4=0$

$\therefore x=3\pm\sqrt{5}$　**답** ④

09 주어진 방정식의 양변에 20을 곱하면 $5x^2-8x-4=0$

$(5x+2)(x-2)=0$　　$\therefore x=-\dfrac{2}{5}$ 또는 $x=2$　…❶

따라서 $\alpha=2,\ \beta=-\dfrac{2}{5}$이므로　　…❷

$\alpha-5\beta=2-5\times\left(-\dfrac{2}{5}\right)=2+2=4$　　…❸

답 4

채점 기준	배점
❶ 이차방정식의 해 구하기	50%
❷ $\alpha,\ \beta$의 값 구하기	30%
❸ $\alpha-5\beta$의 값 구하기	20%

10 $\dfrac{1}{5}x^2-0.1x-1=0$의 양변에 10을 곱하면 $2x^2-x-10=0$

$(x+2)(2x-5)=0$　　$\therefore x=-2$ 또는 $x=\dfrac{5}{2}$

$0.4(1-x^2)=0.6x$의 양변에 10을 곱하면 $4(1-x^2)=6x$

$2x^2+3x-2=0,\ (x+2)(2x-1)=0$

$\therefore x=-2$ 또는 $x=\dfrac{1}{2}$

따라서 공통인 근은 $x=-2$이다.　**답** $x=-2$

11 주어진 방정식의 양변에 10을 곱하면

$3x^2+x+3=5x(x-1)$

$2x^2-6x-3=0$　　$\therefore x=\dfrac{3\pm\sqrt{15}}{2}$

따라서 두 근의 곱은

$\dfrac{3+\sqrt{15}}{2}\times\dfrac{3-\sqrt{15}}{2}=\dfrac{9-15}{4}=-\dfrac{3}{2}$　**답** $-\dfrac{3}{2}$

12 $x+5=A$로 놓으면 $A^2+2A-35=0$

$(A+7)(A-5)=0$　　$\therefore A=-7$ 또는 $A=5$

즉, $x+5=-7$ 또는 $x+5=5$이므로 $x=-12$ 또는 $x=0$

따라서 두 근의 합은 $-12+0=-12$　**답** ①

주의 공통인 부분을 A로 치환한 후 A에 대한 이차방정식의 해를 답으로 하지 않도록 주의한다. 반드시 x에 대한 이차방정식의 해를 구하도록 한다.

13 $x+3=A$로 놓으면 $A^2-2A-8=0$

$(A+2)(A-4)=0$　　$\therefore A=-2$ 또는 $A=4$

즉, $x+3=-2$ 또는 $x+3=4$이므로 $x=-5$ 또는 $x=1$
따라서 음수인 해는 $x=-5$이다. 　답 $x=-5$

14 $x+\dfrac{1}{2}=A$로 놓으면 $15A^2-2A-1=0$

$(5A+1)(3A-1)=0$　∴ $A=-\dfrac{1}{5}$ 또는 $A=\dfrac{1}{3}$

즉, $x+\dfrac{1}{2}=-\dfrac{1}{5}$ 또는 $x+\dfrac{1}{2}=\dfrac{1}{3}$이므로

$x=-\dfrac{7}{10}$ 또는 $x=-\dfrac{1}{6}$

따라서 $a=-\dfrac{1}{6}$, $b=-\dfrac{7}{10}$이므로

$6a+10b=-1-7=-8$　　답 -8

15 $a-b=A$로 놓으면 $A(A+1)=12$
$A^2+A-12=0$, $(A+4)(A-3)=0$
∴ $A=-4$ 또는 $A=3$
이때 $a>b$에서 $a-b>0$, 즉 $A>0$이므로 $A=3$
∴ $a-b=3$　　답 3

> **보충 TIP** $a>b$이므로 $a-b>0$임을 이용하여 이를 만족시키는 값을 해로 택한다.

16 ① $5^2-4\times1\times2=17>0$ ➡ 2개
② $\left(\dfrac{1}{2}\right)^2-4\times1\times\left(-\dfrac{1}{4}\right)=\dfrac{5}{4}>0$ ➡ 2개
③ $(-3)^2-4\times2\times2=-7<0$ ➡ 0개
④ $(-7)^2-4\times3\times3=13>0$ ➡ 2개
⑤ $6^2-4\times3\times1=24>0$ ➡ 2개　　답 ③

17 ㄱ. $(-4)^2-4\times1\times(-5)=36>0$
ㄴ. $6^2-4\times3\times(-1)=48>0$
ㄷ. $(-1)^2-4\times4\times2=-31<0$
ㄹ. $20^2-4\times4\times25=0$
따라서 서로 다른 두 근을 갖는 것은 ㄱ, ㄴ이다. 답 ㄱ, ㄴ

18 $x^2-6x+7=0$에서 $(-6)^2-4\times1\times7=8>0$이므로 근의 개수는 2이다.　∴ $a=2$　…❶
$x^2+3x+9=0$에서 $3^2-4\times1\times9=-27<0$이므로 근의 개수는 0이다.　∴ $b=0$　…❷
$4x^2-12x+9=0$에서 $(-12)^2-4\times4\times9=0$이므로 근의 개수는 1이다.　∴ $c=1$　…❸
∴ $a+b-c=2+0-1=1$　…❹

답 1

채점 기준	배점
❶ a의 값 구하기	30%
❷ b의 값 구하기	30%
❸ c의 값 구하기	30%
❹ $a+b-c$의 값 구하기	10%

19 $(k+2)^2-4\times1\times(2k+1)=0$이므로
$k^2-4k=0$, $k(k-4)=0$　∴ $k=0$ 또는 $k=4$
이때 $k>0$이므로 $k=4$　　답 4

20 $2x(x-3)+k=0$, 즉 $2x^2-6x+k=0$에서
$(-6)^2-4\times2\times k=0$이므로 $36-8k=0$　∴ $k=\dfrac{9}{2}$
따라서 주어진 이차방정식
$2x(x-3)+\dfrac{9}{2}=0$, 즉 $2x^2-6x+\dfrac{9}{2}=0$에서
$4x^2-12x+9=0$, $(2x-3)^2=0$　∴ $x=\dfrac{3}{2}$
∴ $m=\dfrac{3}{2}$　∴ $k+m=\dfrac{9}{2}+\dfrac{3}{2}=6$　답 ④

> **보충 TIP** 주어진 이차방정식이 중근을 갖도록 하는 k의 값을 구해 이차방정식에 대입하여 해를 구한다.

21 $(x-3)^2=2x+a$, 즉 $x^2-8x+9-a=0$에서
$(-8)^2-4\times1\times(9-a)=0$이므로
$28+4a=0$　∴ $a=-7$
$x^2-2(a+5)x+b=0$, 즉 $x^2+4x+b=0$에서
$4^2-4\times1\times b=0$이므로 $16-4b=0$　∴ $b=4$
∴ $a-b=-7-4=-11$　　답 -11

22 $(k-1)^2-4\times(k-1)\times2=0$이므로 $k^2-10k+9=0$
$(k-1)(k-9)=0$　∴ $k=1$ 또는 $k=9$
이때 $k\neq1$이므로 $k=9$　　답 9

> **보충 TIP** 이차방정식이라고 주어진 경우에는 x^2의 계수가 0이 되게 하는 미지수의 값은 제외시킨다.

23 $(-8)^2-4\times2\times(k-3)\geq0$이므로
$88-8k\geq0$, $-8k\geq-88$　∴ $k\leq11$　　답 ⑤

24 $(-5)^2-4\times1\times(k+5)>0$이므로
$5-4k>0$, $-4k>-5$　∴ $k<\dfrac{5}{4}$　…❶
따라서 가장 큰 정수 k의 값은 1이다.　…❷

답 1

채점 기준	배점
❶ k의 값의 범위 구하기	60%
❷ 가장 큰 정수 k의 값 구하기	40%

25 $(-4)^2-4\times3\times(2-k)<0$이므로
$-8+12k<0$, $12k<8$　∴ $k<\dfrac{2}{3}$　　답 ⑤

26 $4^2-4\times(m-1)\times(-1)>0$이므로
$4m+12>0$　∴ $m>-3$
이때 $m\neq1$이므로 $-3<m<1$ 또는 $m>1$　　답 ⑤
└→ $(x^2$의 계수$)\neq0$이므로 $m-1\neq0$　∴ $m\neq1$

27 $\dfrac{n(n-3)}{2}=90$이므로 $n(n-3)=180$, $n^2-3n-180=0$

$(n+12)(n-15)=0$ ∴ $n=15$ ($\because n>0$)

따라서 구하는 다각형은 십오각형이다. 📋 ⑤

28 $\dfrac{n(n+1)}{2}=136$이므로 $n(n+1)=272$, $n^2+n-272=0$

$(n+17)(n-16)=0$ ∴ $n=16$ ($\because n>0$)

따라서 1부터 16까지의 자연수를 더해야 한다. 📋 16

29 $\dfrac{n(n+1)}{2}=45$이므로 $n(n+1)=90$, $n^2+n-90=0$

$(n+10)(n-9)=0$ ∴ $n=9$ ($\because n>0$)

따라서 점의 개수가 45인 삼각형 모양은 9단계이다.

📋 9단계

30 연속하는 세 자연수를 $x-1$, x, $x+1$이라 하면

$(x+1)^2=(x-1)^2+x^2-32$

$x^2-4x-32=0$, $(x+4)(x-8)=0$

∴ $x=8$ ($\because x>1$)

따라서 세 자연수는 7, 8, 9이므로 구하는 합은

$7+8+9=24$ 📋 24

31 연속하는 두 홀수를 x, $x+2$라 하면 $x^2+(x+2)^2=290$

$2x^2+4x-286=0$, $x^2+2x-143=0$

$(x+13)(x-11)=0$ ∴ $x=11$ ($\because x>0$)

따라서 두 홀수는 11, 13이므로 구하는 합은

$11+13=24$ 📋 24

32 어떤 양수를 x라 하면 $x(x-3)=108$

$x^2-3x-108=0$, $(x+9)(x-12)=0$

∴ $x=12$ ($\because x>0$)

따라서 어떤 양수는 12이므로 처음 구하려던 두 수의 곱은

$12\times15=180$ 📋 180

33 십의 자리의 숫자를 x라 하면 일의 자리의 숫자는 $11-x$이

므로 $x(11-x)=10x+(11-x)-19$ … ❶

$x^2-2x-8=0$, $(x+2)(x-4)=0$

∴ $x=4$ ($\because x>0$) … ❷

따라서 십의 자리의 숫자는 4, 일의 자리의 숫자는 7이므로

구하는 두 자리 자연수는 47이다. … ❸

📋 47

채점 기준	배점
❶ 이차방정식 세우기	40%
❷ 이차방정식의 해 구하기	40%
❸ 두 자리 자연수 구하기	20%

보충 **TIP** 십의 자리의 숫자가 a, 일의 자리의 숫자가 b인 두 자리
자연수 → $10a+b$

34 정욱이의 나이를 x살이라 하면 동생의 나이는 $(x-5)$살이

므로 $x^2=\{2(x-5)\}^2-23$

$3x^2-40x+77=0$, $(3x-7)(x-11)=0$

∴ $x=11$ ($\because x>5$인 자연수)

따라서 정욱이의 나이는 11살이다. 📋 ⑤

35 펼쳐진 두 면의 쪽수를 x, $x+1$이라 하면

$x(x+1)=420$

$x^2+x-420=0$, $(x+21)(x-20)=0$

∴ $x=20$ ($\because x>0$)

따라서 펼쳐진 두 면은 20쪽, 21쪽이므로 두 면의 쪽수의

합은

$20+21=41$ 📋 41

36 학생 수를 x라 하면 학생 1명이 받는 초콜릿은 $(x-3)$개

이므로 $x(x-3)=180$

$x^2-3x-180=0$, $(x+12)(x-15)=0$

∴ $x=15$ ($\because x>3$)

따라서 학생은 모두 15명이다. 📋 ③

37 첫째 주 월요일을 x일이라 하면 셋째 주 월요일은 $(x+14)$

일이므로 $x(x+14)=72$

$x^2+14x-72=0$, $(x+18)(x-4)=0$

∴ $x=4$ ($\because x>0$)

따라서 이번 달 첫째 주 월요일은 4일이다. 📋 4일

38 $50t-5t^2=0$에서 $t^2-10t=0$

$t(t-10)=0$ ∴ $t=10$ ($\because t>0$)

따라서 공이 다시 지면에 떨어지는 것은 10초 후이다.

📋 ⑤

주의 $t=0$의 의미는 처음 던지는 순간을 의미하므로 공이 다시 지
면에 떨어지는 것은 $t=10$, 즉 10초 후이다.

39 $100+25x-5x^2=120$에서 $x^2-5x+4=0$

$(x-1)(x-4)=0$ ∴ $x=1$ 또는 $x=4$

따라서 쏘아 올린 물이 처음으로 지면으로부터 높이가

120 m가 되는 것은 1초 후이다. 📋 1초 후

40 $50+35x-5x^2=80$에서 $x^2-7x+6=0$

$(x-1)(x-6)=0$ ∴ $x=1$ 또는 $x=6$

따라서 쏘아 올린 물 로켓이 지면으로부터 높이가 80 m가 되

는 것은 1초 후, 6초 후이다. 📋 1초 후, 6초 후

41 큰 정사각형의 한 변의 길이를 x cm라 하면 작은 정사각형

의 한 변의 길이는 $(16-x)$ cm이므로

$x^2+(16-x)^2=160$

$x^2-16x+48=0$, $(x-4)(x-12)=0$

$$\therefore x = 12 \ (\because \underline{8 < x < 16})$$

> (i) $x > 0,\ 16-x > 0$에서 $0 < x < 16$
> (ii) $x > 16-x$에서 $x > 8$
> (i), (ii)에서 $8 < x < 16$

따라서 큰 정사각형의 한 변의 길이는 12 cm이다.

답 12 cm

42 가로의 길이를 x cm라 하면 세로의 길이는 $(15-x)$ cm이므로 $x(15-x) = 54$

$$x^2 - 15x + 54 = 0,\ (x-6)(x-9) = 0$$

$$\therefore x = 6 \left(\because \ 0 < x < \frac{15}{2} \right)$$

> (i) $x > 0,\ 15-x > 0$에서 $0 < x < 15$
> (ii) 가로의 길이보다 세로의 길이가 더 길어야 하므로 $x < 15-x$ ∴ $x < \frac{15}{2}$
> (i), (ii)에서 $0 < x < \frac{15}{2}$

따라서 이 직사각형의 가로의 길이는 6 cm이다. **답** 6 cm

43 $\overline{AP} = \overline{QC} = x$ cm라 하면 $\overline{PB} = (15-x)$ cm, $\overline{BQ} = (18-x)$ cm이고

△PBQ의 넓이가 54 cm²이므로

$$\frac{1}{2} \times (15-x) \times (18-x) = 54,\ x^2 - 33x + 162 = 0$$

$$(x-6)(x-27) = 0 \qquad \therefore x = 6 \ (\because 0 < x < 15)$$

$$\therefore \overline{PB} = 15 - 6 = 9(\text{cm})$$

답 9 cm

주의 $\overline{AP} = \overline{QC} = x$ cm의 길이를 구한 후에 $\overline{PB}$의 길이를 한 번 더 구해야 한다.

44 $\overline{PQ} = x$ cm라 하면 $\overline{PR} = \overline{AR} = (14-x)$ cm이므로

$$x(14-x) = 48 \qquad \cdots ❶$$

$$x^2 - 14x + 48 = 0,\ (x-6)(x-8) = 0$$

$$\therefore x = 6 \ (\because \underline{0 < x < 7}) \qquad \cdots ❷$$

> $\overline{PR} > \overline{PQ}$에서 $14-x > x$ ∴ $x < 7$

따라서 $\overline{PQ}$의 길이는 6 cm이다. $\qquad \cdots ❸$

답 6 cm

채점 기준	배점
❶ 이차방정식 세우기	40%
❷ 이차방정식의 해 구하기	40%
❸ $\overline{PQ}$의 길이 구하기	20%

45 똑같이 늘인 길이를 x m라 하면

$$(12+x)(5+x) = 12 \times 5 + 38,\ x^2 + 17x - 38 = 0$$

$$(x+19)(x-2) = 0 \qquad \therefore x = 2 \ (\because x > 0)$$

따라서 늘인 길이는 2 m이다.

답 2 m

46 처음 정사각형의 한 변의 길이를 x cm라 하면

$$(x+6)(x+9) = 2x^2 \qquad \cdots ❶$$

$$x^2 - 15x - 54 = 0,\ (x+3)(x-18) = 0$$

$$\therefore x = 18 \ (\because x > 0) \qquad \cdots ❷$$

따라서 처음 정사각형의 한 변의 길이는 18 cm이다. $\cdots ❸$

답 18 cm

채점 기준	배점
❶ 이차방정식 세우기	40%
❷ 이차방정식의 해 구하기	40%
❸ 처음 정사각형의 한 변의 길이 구하기	20%

47 x초 후에 넓이가 같아진다고 하면

$$(20-x)(14+2x) = 20 \times 14$$

$$x^2 - 13x = 0,\ x(x-13) = 0$$

$$\therefore x = 13 \ (\because 0 < x < 20)$$

따라서 넓이가 같아지는 것은 13초 후이다. **답** 13초 후

> **보충 TIP** x초 후의 직사각형의 가로, 세로의 길이를 각각 x에 대한 식으로 나타내어 본다.

48 처음 원의 반지름의 길이를 x cm라 하면

$$\pi \times (x+2)^2 = 3 \times \pi \times x^2$$

$$x^2 - 2x - 2 = 0 \qquad \therefore x = 1 + \sqrt{3} \ (\because x > 0)$$

따라서 처음 원의 반지름의 길이는 $(1+\sqrt{3})$ cm이다.

답 $(1+\sqrt{3})$ cm

49 원기둥의 높이를 $3x$ cm, 밑면인 원의 반지름의 길이를 $2x$ cm라 하면 $(2\pi \times 2x) \times 3x = 108\pi$

$$x^2 = 9 \qquad \therefore x = 3 \ (\because x > 0)$$

따라서 원기둥의 높이는 $3 \times 3 = 9(\text{cm})$이다. **답** 9 cm

50 $\pi \times (8+x)^2 - \pi \times 8^2 = \dfrac{1}{3} \times \pi \times (8+x)^2$

$$x^2 + 16x - 32 = 0 \qquad \therefore x = -8 + 4\sqrt{6} \ (\because x > 0)$$

답 $-8 + 4\sqrt{6}$

51 가장 작은 반원의 반지름의 길이를 x cm라 하면 중간 크기의 반원의 반지름의 길이는 $(13-x)$ cm이므로

$$\frac{1}{2}\pi \{ 13^2 - x^2 - (13-x)^2 \} = 30\pi$$

$$x^2 - 13x + 30 = 0,\ (x-3)(x-10) = 0$$

$$\therefore x = 3 \left(\because 0 < x < \frac{13}{2} \right)$$

따라서 가장 작은 반원의 반지름의 길이는 3 cm이다.

답 3 cm

52 처음 정사각형 모양의 종이의 한 변의 길이를 x cm라 하면

$$(x-8) \times (x-8) \times 4 = 324$$

$$(x-8)^2 = 81,\ x-8 = \pm 9 \qquad \therefore x = 17 \ (\because x > 8)$$

따라서 처음 정사각형 모양의 종이의 한 변의 길이는 17 cm이다. **답** 17 cm

53 잘라 낸 정사각형의 한 변의 길이를 x cm라 하면

$$(10-2x)(16-2x) = 40,\ x^2 - 13x + 30 = 0$$

$$(x-3)(x-10) = 0 \qquad \therefore x = 3 \ (\because 0 < x < 5)$$

따라서 잘라 낸 정사각형의 한 변의 길이는 3 cm이다.

답 3 cm

54 물받이의 높이를 x cm라 하면 $(80-2x) \times x = 800$

$$2x^2 - 80x + 800 = 0,\ x^2 - 40x + 400 = 0$$

$$(x-20)^2 = 0 \qquad \therefore x = 20$$

따라서 물받이의 높이는 20 cm이다.　　　　　답 20 cm

보충 TIP　물받이의 높이, 즉 접은 부분의 길이를 x cm라 할 때, 빗금 친 부분의 넓이를 x에 대한 식으로 먼저 나타내어 본다.

55 도로의 폭을 x m라 하면 도로를 제외한 땅의 넓이는 오른쪽 그림의 색칠한 부분의 넓이와 같으므로

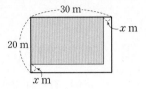

$(30-x)(20-x)=459$
$x^2-50x+141=0$, $(x-3)(x-47)=0$
$\therefore x=3 \ (\because 0<x<20)$
따라서 도로의 폭은 3 m이다.　　　　　답 3 m

56 길의 폭을 x m라 하면 길의 넓이는 전체 땅의 넓이에서 길을 제외한 땅의 넓이를 빼야 하므로

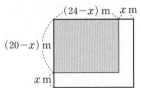

$24 \times 20-(24-x)(20-x)=84$
$x^2-44x+84=0$, $(x-2)(x-42)=0$
$\therefore x=2 \ (\because 0<x<20)$
따라서 길의 폭은 2 m이다.　　　　　답 2 m

57 땅의 세로의 길이를 x m라 하면 가로의 길이는 $(x+6)$ m이고, 길을 제외한 땅의 넓이는 오른쪽 그림의 색칠한 부분의 넓이와 같으므로

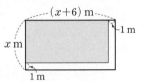

$(x-1)(x+5)=91$　　　… ❶
$x^2+4x-96=0$, $(x+12)(x-8)=0$
$\therefore x=8 \ (\because x>1)$　　　… ❷
따라서 땅의 세로의 길이는 8 m이다.　　　… ❸
답 8 m

채점 기준	배점
❶ 이차방정식 세우기	40%
❷ 이차방정식의 해 구하기	40%
❸ 땅의 세로의 길이 구하기	20%

Real 실전 기출　　　　　　106~108쪽

01 $x^2-3x+k=0$에서 $x=\dfrac{3\pm\sqrt{9-4k}}{2}$이므로
$9-4k=33$, $4k=-24$　　$\therefore k=-6$　　　답 -6

02 주어진 방정식의 양변에 15를 곱하면
$5x(x+3)=3(x-2)(x-1)$, $5x^2+15x=3x^2-9x+6$

$x^2+12x-3=0$　　　$\therefore x=-6\pm\sqrt{39}$
따라서 $p=-6$, $q=39$이므로
$p+q=-6+39=33$　　　　　답 ②

03 $2x-3y=A$로 놓으면 $A(A+3)=10$
$A^2+3A-10=0$, $(A+5)(A-2)=0$
$\therefore A=-5$ 또는 $A=2$
이때 $2x>3y$에서 $2x-3y>0$, 즉 $A>0$　　$\therefore A=2$
따라서 $2x-3y=2$이므로
$6y-4x=-2(2x-3y)=-2\times 2=-4$　　　답 -4

04 $2x^2-6x+k=0$에서
　ㄱ. $k=1$이면 $2x^2-6x+1=0$이므로
　　　$(-6)^2-4\times 2\times 1=28>0$
　　　즉, 서로 다른 두 근을 갖는다.
　ㄴ. $k=5$이면 $2x^2-6x+5=0$이므로
　　　$(-6)^2-4\times 2\times 5=-4<0$
　　　즉, 근이 없다.
　ㄷ. $k=9$이면 $2x^2-6x+9=0$이므로
　　　$(-6)^2-4\times 2\times 9=-36<0$
　　　즉, 근이 없다.
따라서 옳은 것은 ㄱ, ㄴ이다.　　　　　답 ㄱ, ㄴ

05 $\{-(2k+1)\}^2-16=0$이므로 $(2k+1)^2=16$
$2k+1=\pm 4$　　$\therefore k=-\dfrac{5}{2}$ 또는 $k=\dfrac{3}{2}$
즉, $ax^2-2ax+9=0$의 한 근이 $\dfrac{3}{2}$이므로
$\dfrac{9}{4}a-3a+9=0$, $-\dfrac{3}{4}a+9=0$　　$\therefore a=12$　　답 ④

06 $2^2+4(k-6)\geq 0$이므로
$4k-20\geq 0$, $4k\geq 20$　　$\therefore k\geq 5$　　　답 $k\geq 5$

07 $x^2-6x+5-k=0$은 서로 다른 두 근을 가지므로
$(-6)^2-4(5-k)>0$에서
$4k+16>0$　　$\therefore k>-4$　　　… ㉠
$(k^2+1)x^2+2(k-3)x+2=0$은 중근을 가지므로
$\{2(k-3)\}^2-8(k^2+1)=0$에서 $-4k^2-24k+28=0$
$k^2+6k-7=0$, $(k+7)(k-1)=0$
$\therefore k=-7$ 또는 $k=1$
이때 ㉠에서 $k>-4$이므로 $k=1$　　　　　답 1

08 $x^2+8x-\square=0$의 해는 $x=-4\pm\sqrt{16+\square}$
이때 나올 수 있는 이차방정식의 해 중 가장 큰 정수인 해는 근호 안의 수 $16+\square$가 가장 큰 제곱인 수가 되는 경우이다.
즉, 카드에 적힌 수 중 $16+\square$가 가장 큰 제곱인 수가 되도록 하는 값은 $\square=9$이다.
따라서 가장 큰 정수인 해는
$-4+\sqrt{16+9}=-4+5=1$　　　　　답 1

09 십의 자리의 숫자를 x라 하면 일의 자리의 숫자는 $10-x$이 므로 $x(10-x)=10x+(10-x)-52$

$x^2-x-42=0$, $(x+6)(x-7)=0$

$\therefore x=7$ $(\because x>0)$

따라서 십의 자리의 숫자는 7, 일의 자리의 숫자는 3이므로 구하는 두 자리 자연수는 73이다. **답** 73

10 수련회의 날짜를 $(x-1)$일, x일, $(x+1)$일이라 하면 $(x-1)^2+x^2+(x+1)^2=365$

$3x^2+2=365$, $x^2=121$ $\therefore x=11$ $(\because x>0)$

따라서 돌아오는 날짜는 12일이다. **답** ④

11 $\overline{AC}^2=\overline{CD}\times\overline{BC}$이므로 $(x+2)^2=x(2x+7)$

$x^2+3x-4=0$, $(x+4)(x-1)=0$

$\therefore x=1$ $(\because x>0)$ **답** 1

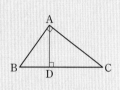

보충 TIP 직각삼각형의 닮음의 응용

∠A=90°인 직각삼각형 ABC에서

$\overline{AD}\perp\overline{BC}$이면

① $\overline{AB}^2=\overline{BD}\times\overline{BC}$

② $\overline{AC}^2=\overline{CD}\times\overline{CB}$

③ $\overline{AD}^2=\overline{DB}\times\overline{DC}$

12 산책로의 폭을 x m라 하면 $(8+2x)(3+2x)-8\times3=42$

$2x^2+11x-21=0$, $(x+7)(2x-3)=0$

$\therefore x=\dfrac{3}{2}$ $(\because x>0)$

따라서 산책로의 폭은 $\dfrac{3}{2}$ m이다. **답** $\dfrac{3}{2}$ m

13 $x^2-2xy+y^2-6x+6y-3=0$에서

$(x-y)^2-6(x-y)-3=0$이므로

$x-y=A$로 놓으면 $A^2-6A-3=0$

$\therefore A=3+2\sqrt{3}$ $(\because A>0)$ $\therefore x-y=3+2\sqrt{3}$

$\rightarrow x>y$에서 $A>0$ **답** $3+2\sqrt{3}$

14 가격 인상 후의 햄버거 한 개의 가격은

$4000\times\left(1+\dfrac{x}{100}\right)$원

가격 인상 전에 a개의 햄버거가 팔렸다고 하면 인상 후의 햄버거의 판매량은

$a\times\left(1-\dfrac{0.8x}{100}\right)$개

가격 인상 전후의 매출액이 같으므로

$4000a=4000\left(1+\dfrac{x}{100}\right)\times a\left(1-\dfrac{0.8x}{100}\right)$

$0.8x^2-20x=0$, $x(x-25)=0$ $\therefore x=25$ $(\because x>0)$

따라서 가격 인상 후의 햄버거 한 개의 가격은

$4000\left(1+\dfrac{25}{100}\right)=5000$(원) **답** ④

15 $60t-5t^2=100$에서 $t^2-12t+20=0$

$(t-2)(t-10)=0$ $\therefore t=2$ 또는 $t=10$

따라서 높이가 100 m 이상인 지점을 지나는 시간은 공을 던진 후 2초 후부터 10초 후까지이므로 8초 동안이다.

답 8초

16 점 A의 좌표를 $A\left(a, -\dfrac{1}{3}a+4\right)$라 하면 점 P의 좌표는

$P(a, 0)$, 점 Q의 좌표는 $Q\left(0, -\dfrac{1}{3}a+4\right)$이다.

따라서 □AQOP의 넓이는

$a\times\left(-\dfrac{1}{3}a+4\right)=9$, $-\dfrac{1}{3}a^2+4a=9$

$a^2-12a+27=0$, $(a-3)(a-9)=0$

$\therefore a=3$ 또는 $a=9$

따라서 점 A의 좌표는 $(3, 3)$ 또는 $(9, 1)$이다.

답 $(3, 3)$, $(9, 1)$

17 $\dfrac{1}{5}(4x-1)(x+2)=0.5(x+2)^2$의 양변에 10을 곱하면

$2(4x-1)(x+2)=5(x+2)^2$

$2(4x^2+7x-2)=5(x^2+4x+4)$, $x^2-2x-8=0$

$(x+2)(x-4)=0$ $\therefore x=-2$ 또는 $x=4$ $\cdots$ ❶

따라서 -2와 4 사이에 있는 정수는 -1, 0, 1, 2, 3의 5개이다. $\cdots$ ❷

답 5개

채점 기준	배점
❶ 이차방정식의 해 구하기	60%
❷ 두 근 사이의 정수의 개수 구하기	40%

18 $x^2+(5-2k)x-10k=0$이 중근을 가져야 하므로

$(5-2k)^2+40k=0$ $\cdots$ ❶

$4k^2+20k+25=0$, $(2k+5)^2=0$ $\therefore k=-\dfrac{5}{2}$ $\cdots$ ❷

즉, $-\dfrac{3}{2}x^2-3x+1=0$의 양변에 -2를 곱하면

$3x^2+6x-2=0$ $\therefore x=\dfrac{-3\pm\sqrt{15}}{3}$ $\cdots$ ❸

답 $x=\dfrac{-3\pm\sqrt{15}}{3}$

채점 기준	배점
❶ 중근을 가질 조건 알기	40%
❷ k의 값 구하기	30%
❸ 이차방정식의 해 구하기	30%

19 $10+60t-5t^2=170$이므로 $t^2-12t+32=0$ $\cdots$ ❶

$(t-4)(t-8)=0$ $\therefore t=4$ 또는 $t=8$ $\cdots$ ❷

따라서 폭죽이 처음으로 높이가 170 m가 되는 것은 4초 후이다. $\cdots$ ❸

답 4초 후

채점 기준	배점
❶ 이차방정식 세우기	40%
❷ 이차방정식의 해 구하기	40%
❸ 처음으로 지면으로부터 높이가 170 m가 되는 것이 몇 초 후인지 구하기	20%

20 $\overline{AB}=x$ cm라 하면 $\overline{OA}=(x+3)$ cm이므로

$\pi(2x+3)^2-\pi(x+3)^2=24\pi$ ⋯ ❶

$3x^2+6x-24=0,\ x^2+2x-8=0$

$(x+4)(x-2)=0$ ∴ $x=2\ (\because x>0)$ ⋯ ❷

따라서 $\overline{AB}$의 길이는 2 cm이다. ⋯ ❸

답 2 cm

채점 기준	배점
❶ 이차방정식 세우기	40%
❷ 이차방정식의 해 구하기	40%
❸ $\overline{AB}$의 길이 구하기	20%

21 두 점 P, Q가 동시에 출발한 지 x초 후에

$\overline{AP}=x$ cm, $\overline{BQ}=2x$ cm이고, $\overline{PB}=(15-x)$ cm이므로

$\triangle PBQ=\dfrac{1}{2}\times\overline{PB}\times\overline{BQ}$에서

$\dfrac{1}{2}\times(15-x)\times2x=26,$ ⋯ ❶

$x^2-15x+26=0,\ (x-2)(x-13)=0$

∴ $x=2\left(\because 0<x<\dfrac{25}{2}\right)$ ⋯ ❷

따라서 $\triangle PBQ$의 넓이가 26 cm^{2}가 되는 것은 2초 후이다.

⋯ ❸

답 2초 후

채점 기준	배점
❶ 이차방정식 세우기	40%
❷ 이차방정식의 해 구하기	40%
❸ 몇 초 후인지 구하기	20%

22 처음 잔디밭의 가로, 세로의 길이를 각각 $2x$ m, x m라 하면 길을 제외한 잔디밭의 넓이는 오른쪽 그림의 색칠한 부분의 넓이와 같으므로 $(2x-3)(x-2)=136$ ⋯ ❶

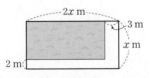

$2x^2-7x-130=0,\ (2x+13)(x-10)=0$

∴ $x=10\ (\because x>2)$ ⋯ ❷

따라서 처음 잔디밭의 가로의 길이는 $2\times10=20(m)$이다.

⋯ ❸

답 20 m

채점 기준	배점
❶ 이차방정식 세우기	40%
❷ 이차방정식의 해 구하기	40%
❸ 잔디밭의 가로의 길이 구하기	20%

---

08 이차함수와 그래프 (1)

Real 실전 개념

111, 113쪽

01 답 ×

02 $y=x(x+1)+6=x^2+x+6$ 답 ○

03 $y=2x^2-x(x-1)=x^2+x$ 답 ○

04 답 × **05** 답 ×

06 답 $y=4(x+1)$ 또는 $y=4x+4$, ×

07 답 $y=x(x+6)$ 또는 $y=x^2+6x$, ○

08 답 $y=x^3$, × **09** 답 $y=\pi x^2$, ○

10 $f(-3)=2\times(-3)^2-(-3)+3=24$ 답 24

11 $f(0)=2\times0^2-0+3=3$ 답 3

12 $f\left(\dfrac{1}{2}\right)=2\times\left(\dfrac{1}{2}\right)^2-\dfrac{1}{2}+3=3$ 답 3

13 $f(2)=2\times2^2-2+3=9$ 답 9

14 답 아래 **15** 답 0, 0

16 답 y **17** 답 $-x^2$

18 답 0, 0, y **19** 답 위

20 답 감소 **21** 답 -8

22 답 ㄴ, ㄹ, ㅁ **23** 답 ㄷ

24 답 ㄱ, ㅁ **25** 답 $y=\dfrac{2}{3}x^2+2$

26 답 $y=-5x^2-3$

27 답 꼭짓점의 좌표: $(0, 1)$, 축의 방정식: $x=0$

28 답 꼭짓점의 좌표: $(0, -2)$, 축의 방정식: $x=0$

29 답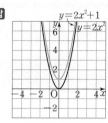

30 답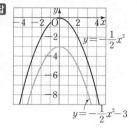

31 답 $y=\dfrac{2}{3}(x-2)^2$

32 답 $y=-5(x+3)^2$

33 답 꼭짓점의 좌표: $(-6,\ 0)$, 축의 방정식: $x=-6$

34 답 꼭짓점의 좌표: $(5,\ 0)$, 축의 방정식: $x=5$

35 답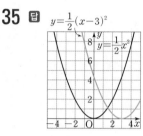

36 답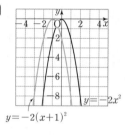

37 답 $y=4(x-1)^2-3$

38 답 $y=-\dfrac{1}{5}(x+2)^2+4$

39 답 $y=-2\left(x-\dfrac{1}{3}\right)^2-\dfrac{1}{3}$

40 답 꼭짓점의 좌표: $(-3,\ -4)$, 축의 방정식: $x=-3$

41 답 꼭짓점의 좌표: $\left(\dfrac{4}{3},\ \dfrac{1}{3}\right)$, 축의 방정식: $x=\dfrac{4}{3}$

42 답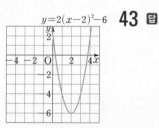

43 답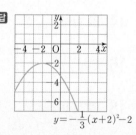

Real 실전 유형

114~121쪽

01 ③ $y=-x^2+3x$
⑤ $y=-4x+4$ 답 ②, ③

02 ㄱ. $y=x^2-4x+4$ ㄷ. $y=12x-4$
ㄹ. $y=-3x^2-x$ ㅁ. $y=-x^2+4x+5$
ㅂ. $y=-x$
따라서 이차함수인 것은 ㄱ, ㄹ, ㅁ이다. 답 ㄱ, ㄹ, ㅁ

03 ① $y=10x$ ② $y=5x$ ③ $y=6x^2$
④ $y=\dfrac{x}{100}\times500=5x$
⑤ $y=4x^2$ 답 ③, ⑤

04 $y=a(x-1)^2-3x^2+x=(a-3)x^2+(1-2a)x+a$
따라서 이차함수가 되려면
$a-3\neq0$ ∴ $a\neq3$ 답 $a\neq3$

05 $y=(3a+2)x^2+5x-4$가 이차함수이므로
$3a+2\neq0$ ∴ $a\neq-\dfrac{2}{3}$ 답 ①

06 $y=k(k-4)x^2-6x+2-12x^2$
　　$=(k^2-4k-12)x^2-6x+2$
따라서 이차함수가 되려면
$k^2-4k-12\neq0$, $(k+2)(k-6)\neq0$
∴ $k\neq-2$이고 $k\neq6$ 답 ①, ⑤

주의 $k=-2$ 또는 $k=6$이면 x^2의 계수가 0이 되므로 k의 값은 $k\neq-2$이고 $k\neq6$이어야 한다.

07 $f(x)=3x^2-ax-7$에서
$f(-2)=3\times(-2)^2-a\times(-2)-7=5+2a$
즉, $5+2a=15$이므로
$2a=10$ ∴ $a=5$ 답 ⑤

08 $f(-1)=2\times(-1)^2-5\times(-1)+1=2+5+1=8$
$f(2)=2\times2^2-5\times2+1=8-10+1=-1$
∴ $f(-1)-f(2)=8-(-1)=9$ 답 9

09 $f(a)=-a^2+6a-4=-11$이므로
$a^2-6a-7=0$, $(a+1)(a-7)=0$
∴ $a=-1$ 또는 $a=7$
이때 a가 양수이므로 $a=7$ 답 7

10 $f(-1)=(-1)^2+a\times(-1)+b=-6$이므로
$1-a+b=-6$ ∴ $a-b=7$ … ㉠
$f(-4)=(-4)^2+a\times(-4)+b=3$이므로
$16-4a+b=3$ ∴ $4a-b=13$ … ㉡ …❶
㉠, ㉡을 연립하여 풀면 $a=2$, $b=-5$ …❷
따라서 $f(x)=x^2+2x-5$이므로
$f(-5)=(-5)^2+2\times(-5)-5=25-10-5=10$ …❸
답 10

채점 기준	배점
❶ a, b에 대한 연립방정식 세우기	40%
❷ a, b의 값 구하기	40%
❸ $f(-5)$의 값 구하기	20%

11 a의 부호가 음수이면서 절댓값의 크기가 가장 작은 것은 ③이다.　　　　　　　　　　　　　　　📖 ③

12 a의 절댓값의 크기가 가장 큰 것은 ③이다.　　　📖 ③

13 $-3 < a < -\dfrac{3}{4}$　　　　　　　　　　　📖 ④

14 ㉠, ㉡은 아래로 볼록하므로 $a > 0$
㉢, ㉣은 위로 볼록하므로 $a < 0$
㉡의 폭이 ㉠의 폭보다 좁고 ㉣의 폭이 ㉢의 폭보다 좁으므로 a의 값이 큰 것부터 차례로 나열하면 ㉡, ㉠, ㉢, ㉣이다.
　　　　　　　　　　　　　📖 ㉡, ㉠, ㉢, ㉣

15 📖 ②, ⑤

16 📖 ③

17 $y = ax^2$의 그래프는 $y = 4x^2$의 그래프와 x축에 대칭이므로
$a = -4$　　　　　　　　　　　　　　❶
$y = bx^2$의 그래프는 $y = -\dfrac{1}{4}x^2$의 그래프와 x축에 대칭이므로
$b = \dfrac{1}{4}$　　　　　　　　　　　　❷
$\therefore \dfrac{a}{b} = -4 \div \dfrac{1}{4} = -4 \times 4 = -16$　　❸
　　　　　　　　　　　　　　　📖 -16

채점 기준	배점
❶ a의 값 구하기	40%
❷ b의 값 구하기	40%
❸ $\dfrac{a}{b}$의 값 구하기	20%

18 ③ $a > 0$이면 $x > 0$일 때 x의 값이 증가하면 y의 값도 증가하고, $a < 0$이면 $x > 0$일 때 x의 값이 증가하면 y의 값은 감소한다.　　　　　　　　　　　　📖 ③

보충 **TIP** $y = ax^2$의 그래프에서의 증가, 감소

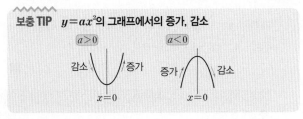

19 ① 위로 볼록한 포물선이다.
② 점 $(-6, -6)$을 지난다.
③ 축의 방정식은 $x = 0$이다.
④ 제3, 4사분면을 지난다.
따라서 옳은 것은 ⑤이다.　　　　　　　　📖 ⑤

20 ① 그래프의 폭이 가장 넓은 것은 ㄹ이다.
② 그래프가 위로 볼록한 것은 ㄴ, ㄷ, ㄹ이다.
④ 그래프가 x축에 서로 대칭인 것은 ㄱ과 ㄷ이다.
따라서 옳은 것은 ③, ⑤이다.　　　　📖 ③, ⑤

21 $y = ax^2$의 그래프가 점 $(3, -18)$을 지나므로
$-18 = 9a$　　$\therefore a = -2$
즉, $y = -2x^2$의 그래프가 점 $(-2, b)$를 지나므로
$b = -2 \times (-2)^2 = -8$
$\therefore a + b = -2 + (-8) = -10$　　📖 -10

22 ③ $y = \dfrac{1}{2}x^2$에 $x = 3$, $y = \dfrac{9}{4}$를 대입하면
$\dfrac{9}{4} \neq \dfrac{1}{2} \times 3^2 = \dfrac{9}{2}$이므로 점 $\left(3, \dfrac{9}{4}\right)$는 $y = \dfrac{1}{2}x^2$의 그래프 위의 점이 아니다.　　　　　　　　📖 ③

23 $y = 4x^2$에 $x = a$, $y = 100$을 대입하면
$100 = 4a^2$, $a^2 = 25$　　$\therefore a = \pm 5$
따라서 구하는 양수 a의 값은 5이다.　　📖 5

24 $y = -ax^2$의 그래프가 점 $(3, -36)$을 지나므로
$-36 = -9a$　　$\therefore a = 4$　　　　📖 4

25 이차함수의 식을 $y = ax^2$으로 놓으면 이 그래프가
점 $\left(\dfrac{1}{3}, \dfrac{1}{6}\right)$을 지나므로
$\dfrac{1}{6} = \dfrac{1}{9}a$　　$\therefore a = \dfrac{3}{2}$
따라서 구하는 이차함수의 식은 $y = \dfrac{3}{2}x^2$이다.　📖 $y = \dfrac{3}{2}x^2$

26 이차함수의 식을 $y = ax^2$으로 놓으면 이 그래프가
점 $(-2, -2)$를 지나므로
$-2 = 4a$　　$\therefore a = -\dfrac{1}{2}$
따라서 구하는 이차함수의 식은 $y = -\dfrac{1}{2}x^2$이다.
　　　　　　　　　　　　📖 $y = -\dfrac{1}{2}x^2$

27 이차함수의 식을 $y = ax^2$으로 놓으면　　❶
이 그래프가 점 $(2, -6)$을 지나므로
$-6 = 4a$　　$\therefore a = -\dfrac{3}{2}$　　　❷
즉, $y = -\dfrac{3}{2}x^2$의 그래프가 점 $(k, -24)$를 지나므로
$-24 = -\dfrac{3}{2}k^2$, $k^2 = 16$　　$\therefore k = \pm 4$
따라서 양수 k의 값은 4이다.　　　　　❸
　　　　　　　　　　　　　　📖 4

채점 기준	배점
❶ 이차함수의 식을 $y=ax^2$으로 놓기	20%
❷ a의 값 구하기	40%
❸ 양수 k의 값 구하기	40%

28 이차함수의 식을 $y=ax^2$으로 놓으면 이 그래프가 점 $(3, -4)$를 지나므로

$-4=9a$ $\quad\therefore a=-\dfrac{4}{9}$

$y=-\dfrac{4}{9}x^2$의 그래프와 x축에 대칭인 그래프의 식은

$y=\dfrac{4}{9}x^2$이고 이 그래프가 점 $(6, k)$를 지나므로

$k=\dfrac{4}{9}\times 6^2=16$ **답** 16

29 $y=ax^2$의 그래프를 x축의 방향으로 p만큼, y축의 방향으로 q만큼 평행이동한 그래프의 식은 $y=a(x-p)^2+q$이므로

$a=-2,\ -p=1,\ q=-4$ $\quad\therefore a=-2,\ p=-1,\ q=-4$

$\therefore a+p+q=-2+(-1)+(-4)=-7$ **답** -7

30 $y=3x^2$의 그래프를 x축의 방향으로 -4만큼 평행이동한 그래프의 식은

$y=3\{x-(-4)\}^2=3(x+4)^2$ **답** $y=3(x+4)^2$

31 $y=-\dfrac{1}{2}x^2$의 그래프를 y축의 방향으로 -5만큼 평행이동한 그래프의 식은

$y=-\dfrac{1}{2}x^2-5$ $\quad\cdots$ ❶

$\therefore a=-\dfrac{1}{2},\ q=-5$ $\quad\cdots$ ❷

$\therefore aq=-\dfrac{1}{2}\times(-5)=\dfrac{5}{2}$ $\quad\cdots$ ❸

답 $\dfrac{5}{2}$

채점 기준	배점
❶ 평행이동한 그래프의 식 구하기	40%
❷ a, q의 값 구하기	40%
❸ aq의 값 구하기	20%

32 $y=-\dfrac{1}{3}x^2$의 그래프를 평행이동하여 완전히 포개지려면

x^2의 계수가 $-\dfrac{1}{3}$이어야 하므로 ③, ④이다. **답** ③, ④

33 $y=-\dfrac{4}{3}x^2$의 그래프를 y축의 방향으로 -6만큼 평행이동한 그래프의 식은 $y=-\dfrac{4}{3}x^2-6$

이때 $y=-\dfrac{4}{3}x^2-6$의 꼭짓점의 좌표는 $(0, -6)$이고, 축의 방정식은 $x=0$이므로

$p=0,\ q=-6,\ m=0$

$\therefore p+q+m=0+(-6)+0=-6$ **답** -6

34 $y=ax^2$의 그래프를 y축의 방향으로 1만큼 평행이동한 그래프의 식은 $y=ax^2+1$

이때 $y=ax^2+1$의 그래프가 점 $(-1, 4)$를 지나므로

$4=a+1$ $\quad\therefore a=3$ **답** 3

35 $y=x^2$의 그래프를 y축의 방향으로 2만큼 평행이동한 그래프의 식은

$y=x^2+2$

이때 $y=x^2+2$의 그래프가 점 $(a, 3)$을 지나므로

$3=a^2+2,\ a^2=1$ $\quad\therefore a=\pm 1$

이때 $a>0$이므로 $a=1$

$y=x^2+2$의 그래프가 점 $(3, b)$를 지나므로

$b=3^2+2=11$

$\therefore a+b=1+11=12$ **답** 12

36 ① 꼭짓점의 좌표는 $(0, -4)$이다.

② 축의 방정식은 $x=0$이다.

③ 아래로 볼록한 포물선이다.

④ $y=2x^2$의 그래프를 y축의 방향으로 -4만큼 평행이동한 그래프이다.

⑤ $y=x^2$의 그래프보다 폭이 좁다. **답** ④

37 평행이동한 그래프의 식은 $y=-\dfrac{2}{3}(x-3)^2$이므로 $x>3$이면 x의 값이 증가할 때 y의 값은 감소한다. **답** ⑤

38 $y=-(x-1)^2$의 그래프에서 꼭짓점의 좌표는 $(1, 0)$이고, 축의 방정식은 $x=1$이므로

$p=1,\ q=0,\ r=1$ $\quad\therefore p+q+r=1+0+1=2$ **답** 2

39 꼭짓점의 좌표가 $(1, 0)$이므로 $p=1$ $\quad\cdots$ ❶

$y=a(x-1)^2$의 그래프가 점 $(0, -4)$를 지나므로

$-4=a(0-1)^2$ $\quad\therefore a=-4$ $\quad\cdots$ ❷

따라서 $y=-4(x-1)^2$의 그래프가 점 $(3, k)$를 지나므로

$k=-4\times(3-1)^2=-16$ $\quad\cdots$ ❸

답 -16

채점 기준	배점
❶ p의 값 구하기	30%
❷ a의 값 구하기	40%
❸ k의 값 구하기	30%

40 ④ $y=-\dfrac{1}{2}(x+2)^2$에 $x=0$을 대입하면

$y=-\dfrac{1}{2}(0+2)^2=-2$

따라서 y축과 만나는 점의 좌표는 $(0, -2)$이다. 답 ④

41 꼭짓점의 좌표는 (p, q)이므로 $p=-5, q=2$
$y=a(x+5)^2+2$의 그래프가 점 $(-3, 4)$를 지나므로
$4=a(-3+5)^2+2, 4a+2=4$ $\therefore a=\dfrac{1}{2}$
$\therefore apq=\dfrac{1}{2}\times(-5)\times 2=-5$ 답 ③

42 꼭짓점의 좌표는 $(-2p, p+1)$이고, 이 점이 직선
$y=-2x+3$ 위에 있으므로
$p+1=-2\times(-2p)+3$
$-3p=2$ $\therefore p=-\dfrac{2}{3}$ 답 $-\dfrac{2}{3}$

43 ① 꼭짓점의 좌표는 $(2, -1)$이다.
② $y=(x-2)^2-1$의 그래프는 오른쪽
그림과 같으므로 제3사분면을 지나
지 않는다.
④ $x>2$일 때, x의 값이 증가하면 y의
값도 증가한다. 답 ③, ⑤

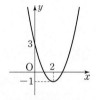

> **보충 TIP** 그래프의 개형을 그릴 때는 꼭짓점의 좌표와 그래프가 y
> 축과 만나는 점의 좌표를 확인하여 그린다.

44 $y=\dfrac{1}{2}(x-5)^2+1$의 그래프를 x축의 방향으로 p만큼, y축
의 방향으로 q만큼 평행이동한 그래프의 식은
$y=\dfrac{1}{2}(x-p-5)^2+1+q$
이 그래프가 $y=\dfrac{1}{2}x^2$의 그래프와 일치하므로
$-p-5=0, 1+q=0$ $\therefore p=-5, q=-1$
$\therefore p+q=-5+(-1)=-6$ 답 -6

45 $y=a(x+3)^2+5$의 그래프를 y축의 방향으로 -2만큼 평
행이동한 그래프의 식은
$y=a(x+3)^2+5-2$ $\therefore y=a(x+3)^2+3$
이 그래프가 점 $(-1, -9)$를 지나므로
$-9=a(-1+3)^2+3, 4a=-12$ $\therefore a=-3$ 답 ①

46 이차함수 $y=-(x+1)^2-4$의 그래프를 x축의 방향으로 p
만큼, y축의 방향으로 $2p$만큼 평행이동한 그래프의 식은
$y=-(x-p+1)^2-4+2p$
이 그래프가 점 $(-3, -11)$을 지나므로
$-11=-(-3-p+1)^2-4+2p$
$p^2+2p-3=0, (p+3)(p-1)=0$
$\therefore p=-3$ 또는 $p=1$
따라서 양수 p의 값은 1이다. 답 ①

47 주어진 조건을 만족시키는 이차함수의 식은
$y=\dfrac{1}{3}(x-4)^2-9$이므로
$a=\dfrac{1}{3}, p=-4, q=-9$
$\therefore apq=\dfrac{1}{3}\times(-4)\times(-9)=12$ 답 12

48 축의 방정식이 $x=-2$이므로 이차함수의 식을
$y=a(x+2)^2+q$로 놓으면 이 그래프가 두 점 $(1, 8)$,
$(-3, -16)$을 지나므로
$8=9a+q, -16=a+q$ $\therefore a=3, q=-19$
따라서 구하는 이차함수의 식은
$y=3(x+2)^2-19$ 답 $y=3(x+2)^2-19$

49 꼭짓점의 좌표가 $(-3, 2)$이므로 이차함수의 식을
$y=a(x+3)^2+2$로 놓자. ⋯❶
이 그래프가 점 $(0, -4)$를 지나므로
$-4=9a+2, 9a=-6$ $\therefore a=-\dfrac{2}{3}$
$\therefore y=-\dfrac{2}{3}(x+3)^2+2$ ⋯❷
이 그래프가 점 $(k, -22)$를 지나므로
$-22=-\dfrac{2}{3}(k+3)^2+2, (k+3)^2=36$
$k+3=\pm6$ $\therefore k=-9$ 또는 $k=3$
따라서 양수 k의 값은 3이다. ⋯❸
답 3

채점 기준	배점
❶ 꼭짓점의 좌표를 이용하여 이차함수의 식 세우기	30%
❷ 이차함수의 식 구하기	30%
❸ k의 값 구하기	40%

50 그래프가 위로 볼록하므로 $a<0$
꼭짓점 (p, q)가 제2사분면에 있으므로
$p<0, q>0$ 답 ④

51 그래프가 위로 볼록하므로 $a<0$
꼭짓점 $(-p, 0)$이 y축의 오른쪽에 있으므로
$-p>0$ $\therefore p<0$ 답 ④

52 $y=ax^2-q$의 그래프가 모든 사분면을 지나려면 다음 그림
과 같아야 한다.

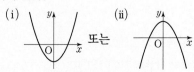

(i) $a>0, -q<0$이므로 $a>0, q>0$
(ii) $a<0, -q>0$이므로 $a<0, q<0$ 답 ④

53 $y=a(x+p)^2+q$의 그래프가 아래로 볼록하므로 $a>0$
꼭짓점 $(-p, q)$가 제3사분면에 있으므로
$-p<0, q<0$ ∴ $p>0, q<0$
따라서 $y=p(x-q)^2+a$의 그래프는 아래로 볼록하고, 꼭짓점 (q, a)는 제2사분면에 있다. 답 ②

54 $y=ax+b$의 그래프의 기울기는 음수이고 y절편도 음수이므로 $a<0, b<0$
따라서 $y=ax^2+b$의 그래프에서 $a<0$이므로 그래프가 위로 볼록하다.
또, $b<0$이므로 꼭짓점 $(0, b)$는 y축 위에 있으면서 x축의 아래쪽에 있다.
답 ④

Real 실전 기출

122~124쪽

01 ① $y=4\pi x^2$
② $y=x(x+2)=x^2+2x$
③ 직사각형의 세로의 길이는 $(20-x)$ cm이므로
$y=x(20-x)=-x^2+20x$
④ $y=\dfrac{60}{x}$
⑤ $y=\dfrac{1}{3}\times \pi \times x^2 \times 15=5\pi x^2$
답 ④

02 $y=2(1-x)^2+ax(x+1)=(2+a)x^2+(a-4)x+2$
따라서 이차함수가 되려면
$2+a\neq 0$ ∴ $a\neq -2$
답 ①

03 $f(-1)=(-1)^2-6\times(-1)+1=8$이므로 $a=8$
$f(b)=b^2-6b+1=-8$이므로
$b^2-6b+9=0, (b-3)^2=0$ ∴ $b=3$
∴ $a+b=8+3=11$
답 11

04 이차함수 $y=a(x-p)^2+q$의 그래프가 아래로 볼록하려면 $a>0$이어야 한다. 또, 그래프의 폭이 가장 좁으려면 a의 절댓값이 가장 커야 한다.
따라서 아래로 볼록하면서 폭이 가장 좁은 것은 ③이다.
답 ③

05 ① 위로 볼록한 그래프이다.
② 꼭짓점의 좌표는 $(0, 0)$이다.
⑤ $|-6|>|3|$이므로 이차함수 $y=3x^2$의 그래프보다 폭이 좁다.
답 ③, ④

06 $f(x)=ax^2$으로 놓으면 $y=f(x)$의 그래프가 점 $(-3, 6)$을 지나므로
$6=9a$ ∴ $a=\dfrac{2}{3}$
따라서 $f(x)=\dfrac{2}{3}x^2$이므로
$f\left(-\dfrac{3}{2}\right)=\dfrac{2}{3}\times\left(-\dfrac{3}{2}\right)^2=\dfrac{3}{2}$
답 $\dfrac{3}{2}$

07 ② $y=-(x+6)^2=-x^2-12x-36$
③ $y=(1-x)^2-1=x^2-2x$
④ $y=-(x-2)^2+1=-x^2+4x-3$
⑤ $y=(3+x)(3-x)=-x^2+9$
$y=-x^2$의 그래프를 평행이동하여 완전히 포개지려면 x^2의 계수가 -1이어야 하므로 포갤 수 없는 것은 ③이다.
답 ③

08 $y=-\dfrac{1}{5}(x-1)^2+2$의 그래프의 꼭짓점의 좌표는 $(1, 2)$이고 위로 볼록한 포물선이므로 그래프는 오른쪽 그림과 같다.

따라서 x의 값이 증가할 때, y의 값은 감소하는 x의 값의 범위는 $x>1$이다.
답 ①

09 ② 축의 방정식은 $x=-4$이다. 답 ②

10 꼭짓점의 좌표가 $(3, 6)$이므로 이차함수의 식을 $y=k(x-3)^2+6$으로 놓으면 이 그래프가 점 $(0, -3)$을 지나므로
$-3=9k+6, 9k=-9$ ∴ $k=-1$
따라서 $y=-(x-3)^2+6$의 그래프가 점 $(-1, a)$를 지나므로
$a=-(-1-3)^2+6=-10$
또, 점 $(7, b)$를 지나므로 $b=-(7-3)^2+6=-10$
∴ $a+b=-10+(-10)=-20$
답 ④

11 그래프가 위로 볼록하므로 $a<0$
꼭짓점 (p, q)가 제2사분면에 있으므로 $p<0, q>0$
⑤ $a<0, q>0$이므로 $a-q<0$
답 ⑤

12 점 B$(3, 6)$이 $y=ax^2$의 그래프 위의 점이므로
$6=9a$ ∴ $a=\dfrac{2}{3}$
$y=\dfrac{2}{3}x^2$의 그래프는 y축에 대칭이고 $\overline{CD}=12$이므로 점 C의 x좌표는 $\dfrac{1}{2}\times 12=6$이다.
즉, 점 C의 y좌표는 $y=\dfrac{2}{3}\times 6^2=24$

$$\therefore \square ABCD = \frac{1}{2} \times (12+6) \times (24-6)$$
$$= 162$$

답 162

13 두 이차함수 $y=-2(x-2)^2+6$, $y=-2(x+3)^2+6$의 이차항의 계수가 같으므로 두 그래프의 폭은 같다. 즉, 빗금 친 ㉠의 넓이와 ㉡의 넓이는 서로 같으므로 색칠한 부분의 넓이는 $\square ABCD$의 넓이와 같다.

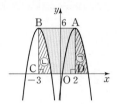

이때 $A(2, 6)$, $B(-3, 6)$이므로
$\overline{AB}=5$, $\overline{BC}=6$
$\therefore \square ABCD = \overline{AB} \times \overline{BC} = 5 \times 6 = 30$

답 30

14 $y=a(x+2)^2-5$의 그래프의 꼭짓점의 좌표는 $(-2, -5)$이므로 이 그래프가 모든 사분면을 지나려면 오른쪽 그림과 같아야 한다.

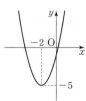

즉, $a>0$, (y축과의 교점의 y좌표)<0이어야 한다.
$y=a(x+2)^2-5$에 $x=0$을 대입하면 $y=4a-5$이므로
$4a-5<0$ $\therefore a<\frac{5}{4}$
따라서 $0<a<\frac{5}{4}$이므로 조건을 만족시키는 정수 a의 값은 1이다.

답 1

15 $y=3x^2$의 그래프를 x축의 방향으로 2만큼, y축의 방향으로 -2만큼 평행이동한 그래프의 식은
$y=3(x-2)^2-2$ ⋯❶
이 그래프가 점 $(k, 10)$을 지나므로
$10=3(k-2)^2-2$, $(k-2)^2=4$
$k-2=\pm 2$ $\therefore k=0$ 또는 $k=4$
따라서 양수 k의 값은 4이다. ⋯❷

답 4

채점 기준	배점
❶ 평행이동한 그래프의 식 구하기	50%
❷ 양수 k의 값 구하기	50%

16 꼭짓점의 좌표는 $(-k+3, 4k)$이고 ⋯❶
이 점이 직선 $y=-2x+5$ 위에 있으므로
$4k=-2(-k+3)+5$, $4k=2k-1$
$2k=-1$ $\therefore k=-\frac{1}{2}$ ⋯❷

답 $-\frac{1}{2}$

채점 기준	배점
❶ 꼭짓점의 좌표 구하기	50%
❷ k의 값 구하기	50%

17 이차함수의 식을 $y=a(x+4)^2+q$로 놓으면 이 그래프가 두 점 $(-2, 2)$, $(-5, -4)$를 지나므로
$2=a(-2+4)^2+q$, $4a+q=2$ ⋯㉠
$-4=a(-5+4)^2+q$, $a+q=-4$ ⋯㉡ ⋯❶
㉠, ㉡을 연립하여 풀면 $a=2$, $q=-6$ ⋯❷
따라서 $y=2(x+4)^2-6$의 그래프의 꼭짓점의 좌표는
$(-4, -6)$이다. ⋯❸

답 $(-4, -6)$

채점 기준	배점
❶ $y=a(x+4)^2+q$로 놓고 a, q에 대한 연립방정식 세우기	40%
❷ a, q의 값 구하기	30%
❸ 꼭짓점의 좌표 구하기	30%

18 $y=-2(x+b)^2+c$의 그래프를 x축의 방향으로 $-\frac{5}{2}$만큼, y축의 방향으로 $\frac{1}{2}$만큼 평행이동한 그래프의 식은
$$y=-2\left(x+\frac{5}{2}+b\right)^2+c+\frac{1}{2}$$ ⋯❶
이 그래프가 $y=a\left(x+\frac{1}{2}\right)^2-\frac{1}{2}$의 그래프와 일치하므로
$a=-2$, $\frac{5}{2}+b=\frac{1}{2}$, $c+\frac{1}{2}=-\frac{1}{2}$
따라서 $a=-2$, $b=-2$, $c=-1$이므로 ⋯❷
$a+b+c=-2+(-2)+(-1)=-5$ ⋯❸

답 -5

채점 기준	배점
❶ 평행이동한 그래프의 식 구하기	40%
❷ a, b, c의 값 구하기	40%
❸ $a+b+c$의 값 구하기	20%

19 점 A의 x좌표를 k ($k>0$)라 하면
$A(k, 3k^2)$, $B(-k, 3k^2)$, $D(k, -k^2)$
$\overline{AB}=k-(-k)=2k$
$\overline{AD}=3k^2-(-k^2)=4k^2$ ⋯❶
$\square ABCD$가 정사각형이므로 $\overline{AB}=\overline{AD}$에서
$2k=4k^2$, $2k^2-k=0$
$k(2k-1)=0$ $\therefore k=0$ 또는 $k=\frac{1}{2}$
그런데 $k>0$이므로 $k=\frac{1}{2}$ ⋯❷
따라서 $\overline{AB}=2k=2\times\frac{1}{2}=1$이므로
$\square ABCD=1^2=1$ ⋯❸

답 1

채점 기준	배점
❶ $\overline{AB}$, $\overline{AD}$의 길이를 k에 대한 식으로 각각 나타내기	40%
❷ k의 값 구하기	40%
❸ □ABCD의 넓이 구하기	20%

20 $y=-\dfrac{1}{3}(x-3)^2+5$에서 꼭짓점의 좌표가 $(3, 5)$이므로

$A(3, 5)$ ⋯ ❶

$y=-\dfrac{1}{3}(x-3)^2+5$에 $x=0$을 대입하면

$y=-\dfrac{1}{3}(0-3)^2+5=2$이므로 $B(0, 2)$ ⋯ ❷

$\therefore \triangle ABO=\dfrac{1}{2}\times 2\times 3=3$ ⋯ ❸

답 3

채점 기준	배점
❶ 점 A의 좌표 구하기	40%
❷ 점 B의 좌표 구하기	40%
❸ △ABO의 넓이 구하기	20%

09 이차함수와 그래프 (2)

Real 실전 개념
127, 129쪽

01 **답** 2, 2, 1, 1, 1, 2

02 $y=x^2+8x+2$
$=(x^2+8x+16-16)+2$
$=(x+4)^2-14$ **답** $y=(x+4)^2-14$

03 $y=-x^2+4x+7$
$=-(x^2-4x+4-4)+7$
$=-(x-2)^2+11$ **답** $y=-(x-2)^2+11$

04 $y=2x^2-10x+9$
$=2\left(x^2-5x+\dfrac{25}{4}-\dfrac{25}{4}\right)+9$
$=2\left(x-\dfrac{5}{2}\right)^2-\dfrac{7}{2}$ **답** $y=2\left(x-\dfrac{5}{2}\right)^2-\dfrac{7}{2}$

05 $y=\dfrac{1}{2}x^2-x+3$
$=\dfrac{1}{2}(x^2-2x+1-1)+3$
$=\dfrac{1}{2}(x-1)^2+\dfrac{5}{2}$ **답** $y=\dfrac{1}{2}(x-1)^2+\dfrac{5}{2}$

06 $y=3x^2-6x-2$
$=3(x^2-2x+1-1)-2$
$=3(x-1)^2-5$
답 꼭짓점의 좌표: $(1, -5)$, 축의 방정식: $x=1$

07 $y=-2x^2+12x+10$
$=-2(x^2-6x+9-9)+10$
$=-2(x-3)^2+28$
답 꼭짓점의 좌표: $(3, 28)$, 축의 방정식: $x=3$

08 $y=-4x^2-4x-2$
$=-4\left(x^2+x+\dfrac{1}{4}-\dfrac{1}{4}\right)-2$
$=-4\left(x+\dfrac{1}{2}\right)^2-1$
답 꼭짓점의 좌표: $\left(-\dfrac{1}{2}, -1\right)$, 축의 방정식: $x=-\dfrac{1}{2}$

09 $y=-\dfrac{1}{3}x^2-2x-3$
$=-\dfrac{1}{3}(x^2+6x+9-9)-3$
$=-\dfrac{1}{3}(x+3)^2$
답 꼭짓점의 좌표: $(-3, 0)$, 축의 방정식: $x=-3$

10 $y=x^2-3x+2$에 $y=0$을 대입하면
$0=x^2-3x+2$, $(x-1)(x-2)=0$
$\therefore x=1$ 또는 $x=2$
따라서 x축과의 교점의 좌표는 $(1,0)$, $(2,0)$이다.
$y=x^2-3x+2$에 $x=0$을 대입하면 $y=2$
따라서 y축과의 교점의 좌표는 $(0,2)$이다.
답 x축: $(1,0)$, $(2,0)$, y축: $(0,2)$

11 $y=-x^2+7x-10$에 $y=0$을 대입하면
$0=-x^2+7x-10$, $x^2-7x+10=0$
$(x-2)(x-5)=0$ $\therefore x=2$ 또는 $x=5$
따라서 x축과의 교점의 좌표는 $(2,0)$, $(5,0)$이다.
$y=-x^2+7x-10$에 $x=0$을 대입하면 $y=-10$
따라서 y축과의 교점의 좌표는 $(0,-10)$이다.
답 x축: $(2,0)$, $(5,0)$, y축: $(0,-10)$

12 $y=\dfrac{1}{4}x^2-x-3$에 $y=0$을 대입하면
$0=\dfrac{1}{4}x^2-x-3$, $x^2-4x-12=0$
$(x+2)(x-6)=0$ $\therefore x=-2$ 또는 $x=6$
따라서 x축과의 교점의 좌표는 $(-2,0)$, $(6,0)$이다.
$y=\dfrac{1}{4}x^2-x-3$에 $x=0$을 대입하면 $y=-3$
따라서 y축과의 교점의 좌표는 $(0,-3)$이다.
답 x축: $(-2,0)$, $(6,0)$, y축: $(0,-3)$

13 답 $>$ **14** 답 $<$, $<$

15 답 $>$ **16** 답 $<$

17 답 $>$, $<$ **18** 답 $<$

19 이차함수의 식을 $y=a(x-3)^2+1$로 놓으면 이 그래프가
점 $(-1,5)$를 지나므로
$5=16a+1$ $\therefore a=\dfrac{1}{4}$
$\therefore y=\dfrac{1}{4}(x-3)^2+1$ 답 $y=\dfrac{1}{4}(x-3)^2+1$

20 이차함수의 식을 $y=a(x-2)^2-1$로 놓으면 이 그래프가
점 $(1,-6)$을 지나므로
$-6=a-1$ $\therefore a=-5$
$\therefore y=-5(x-2)^2-1$ 답 $y=-5(x-2)^2-1$

21 이차함수의 식을 $y=a(x-2)^2+7$로 놓으면 이 그래프가
점 $(0,5)$를 지나므로
$5=4a+7$ $\therefore a=-\dfrac{1}{2}$
$\therefore y=-\dfrac{1}{2}(x-2)^2+7$ 답 $y=-\dfrac{1}{2}(x-2)^2+7$

22 이차함수의 식을 $y=a(x-3)^2+q$로 놓으면 이 그래프가
점 $(2,-6)$을 지나므로 $-6=a+q$ $\cdots$ ㉠
또, 점 $(5,3)$을 지나므로 $3=4a+q$ $\cdots$ ㉡
㉠, ㉡을 연립하여 풀면 $a=3$, $q=-9$
$\therefore y=3(x-3)^2-9$ 답 $y=3(x-3)^2-9$

23 이차함수의 식을 $y=a(x+1)^2+q$로 놓으면 이 그래프가
점 $(-2,7)$을 지나므로 $7=a+q$ $\cdots$ ㉠
또, 점 $(3,-8)$을 지나므로 $-8=16a+q$ $\cdots$ ㉡
㉠, ㉡을 연립하여 풀면 $a=-1$, $q=8$
$\therefore y=-(x+1)^2+8$ 답 $y=-(x+1)^2+8$

24 이차함수의 식을 $y=a(x+2)^2+q$로 놓으면 이 그래프가
점 $(-6,0)$을 지나므로 $0=16a+q$ $\cdots$ ㉠
또, 점 $(0,9)$를 지나므로 $9=4a+q$ $\cdots$ ㉡
㉠, ㉡을 연립하여 풀면 $a=-\dfrac{3}{4}$, $q=12$
$\therefore y=-\dfrac{3}{4}(x+2)^2+12$ 답 $y=-\dfrac{3}{4}(x+2)^2+12$

25 이차함수의 식을 $y=ax^2+bx+5$로 놓으면 이 그래프가
점 $(-1,0)$을 지나므로
$0=a-b+5$ $\therefore a-b=-5$ $\cdots$ ㉠
또, 점 $(1,8)$을 지나므로
$8=a+b+5$ $\therefore a+b=3$ $\cdots$ ㉡
㉠, ㉡을 연립하여 풀면 $a=-1$, $b=4$
$\therefore y=-x^2+4x+5$ 답 $y=-x^2+4x+5$

26 이차함수의 식을 $y=ax^2+bx-3$으로 놓으면 이 그래프가
점 $(3,-3)$을 지나므로
$-3=9a+3b-3$ $\therefore 3a+b=0$ $\cdots$ ㉠
또, 점 $(-1,-11)$을 지나므로
$-11=a-b-3$ $\therefore a-b=-8$ $\cdots$ ㉡
㉠, ㉡을 연립하여 풀면 $a=-2$, $b=6$
$\therefore y=-2x^2+6x-3$ 답 $y=-2x^2+6x-3$

27 이차함수의 식을 $y=ax^2+bx+6$으로 놓으면 이 그래프가
점 $(1,12)$를 지나므로
$12=a+b+6$ $\therefore a+b=6$ $\cdots$ ㉠
또, 점 $(-4,2)$를 지나므로
$2=16a-4b+6$ $\therefore 4a-b=-1$ $\cdots$ ㉡
㉠, ㉡을 연립하여 풀면 $a=1$, $b=5$
$\therefore y=x^2+5x+6$ 답 $y=x^2+5x+6$

28 이차함수의 식을 $y=a(x-1)(x+5)$로 놓으면 이 그래프가 점 $(3,8)$을 지나므로
$8=16a$ $\therefore a=\dfrac{1}{2}$
$\therefore y=\dfrac{1}{2}(x-1)(x+5)$ 답 $y=\dfrac{1}{2}(x-1)(x+5)$

29 이차함수의 식을 $y=a(x-2)(x-7)$로 놓으면 이 그래프가 점 $(1, 12)$를 지나므로
$12=6a$ ∴ $a=2$
∴ $y=2(x-2)(x-7)$ 📋 $y=2(x-2)(x-7)$

30 이차함수의 식을 $y=a(x+1)(x-3)$으로 놓으면 이 그래프가 점 $(0, -6)$을 지나므로
$-6=-3a$ ∴ $a=2$
∴ $y=2(x+1)(x-3)$ 📋 $y=2(x+1)(x-3)$

Real 실전 유형
130~137쪽

01 $y=3x^2-6x+5=3(x-1)^2+2$
따라서 $a=3$, $p=1$, $q=2$이므로
$apq=3\times1\times2=6$ 📋 6

02 $y=-x^2+8x-5=-(x-4)^2+11$
따라서 $p=4$, $q=11$이므로
$p+q=4+11=15$ 📋 15

03 ① $y=2x^2-4x=2(x-1)^2-2$
② $y=x^2+4x+8=(x+2)^2+4$
③ $y=-3x^2+9x-2=-3\left(x-\frac{3}{2}\right)^2+\frac{19}{4}$
④ $y=\frac{1}{2}x^2-x-1=\frac{1}{2}(x-1)^2-\frac{3}{2}$
⑤ $y=-\frac{1}{4}x^2+x+1=-\frac{1}{4}(x-2)^2+2$ 📋 ⑤

04 $y=3x^2-kx+11$의 그래프가 점 $(-3, 2)$를 지나므로
$2=27+3k+11$, $3k=-36$ ∴ $k=-12$
따라서 $y=3x^2+12x+11=3(x+2)^2-1$이므로 꼭짓점의 좌표는 $(-2, -1)$이다. 📋 $(-2, -1)$

05 ① $y=-\frac{1}{2}(x+1)^2+3$ ➡ $(-1, 3)$ → 제2사분면
② $y=-2(x+3)^2+1$ ➡ $(-3, 1)$ → 제2사분면
③ $y=2(x-4)^2-8$ ➡ $(4, -8)$ → 제4사분면
④ $y=-\frac{3}{2}(x-2)^2+5$ ➡ $(2, 5)$ → 제1사분면
⑤ $y=4\left(x+\frac{3}{2}\right)^2-6$ ➡ $\left(-\frac{3}{2}, -6\right)$ → 제3사분면 📋 ③

06 $y=x^2-3px+7=\left(x^2-3px+\frac{9}{4}p^2\right)-\frac{9}{4}p^2+7$
$=\left(x-\frac{3}{2}p\right)^2-\frac{9}{4}p^2+7$

이 그래프의 축의 방정식이 $x=\frac{3}{2}p$이므로
$\frac{3}{2}p=3$ ∴ $p=2$ 📋 2

07 $y=-x^2+2x+k=-(x-1)^2+k+1$
이므로 꼭짓점의 좌표는 $(1, k+1)$이다. …❶
이때 꼭짓점이 직선 $y=x+1$ 위에 있으므로
$k+1=2$ ∴ $k=1$ …❷ 📋 1

채점 기준	배점
❶ 꼭짓점의 좌표를 k를 사용하여 나타내기	50%
❷ k의 값 구하기	50%

08 $y=3x^2-8x+4$에 $y=0$을 대입하면
$3x^2-8x+4=0$, $(3x-2)(x-2)=0$
∴ $x=\frac{2}{3}$ 또는 $x=2$
$y=3x^2-8x+4$에 $x=0$을 대입하면 $y=4$
따라서 $p=\frac{2}{3}$, $q=2$, $r=4$ 또는 $p=2$, $q=\frac{2}{3}$, $r=4$이므로
$p+q+r=\frac{20}{3}$ 📋 $\frac{20}{3}$

09 $y=-2x^2-3x+k$의 그래프가 점 $(-2, -6)$을 지나므로
$-6=-8+6+k$ ∴ $k=-4$
즉, $y=-2x^2-3x-4$에 $x=0$을 대입하면 $y=-4$
따라서 그래프가 y축과 만나는 점의 좌표는 $(0, -4)$이다. 📋 $(0, -4)$

10 $y=\frac{1}{3}x^2-x-6$에 $y=0$을 대입하면
$\frac{1}{3}x^2-x-6=0$, $x^2-3x-18=0$
$(x+3)(x-6)=0$ ∴ $x=-3$ 또는 $x=6$
따라서 그래프가 x축과 만나는 점의 좌표가 $(-3, 0)$, $(6, 0)$이므로
$\overline{AB}=6-(-3)=9$ 📋 9

11 $y=-2x^2+8x-k=-2(x-2)^2+8-k$
이므로 그래프의 축의 방정식은 $x=2$이다. …❶
그래프의 축과 두 점 A, B 사이의 거리는 각각
$\frac{1}{2}\overline{AB}=\frac{6}{2}=3$이므로
A$(2-3, 0)$, B$(2+3, 0)$, 즉 A$(-1, 0)$, B$(5, 0)$ …❷
따라서 $y=-2x^2+8x-k$에 $x=-1$, $y=0$을 대입하면
$0=-2-8-k$ ∴ $k=-10$ …❸ 📋 -10

채점 기준	배점
❶ 축의 방정식 구하기	20%
❷ A, B의 좌표 구하기	40%
❸ k의 값 구하기	40%

보충 TIP 이차함수의 그래프의 축은 그래프가 x축과 만나는 두 점을 이은 선분의 중점을 지난다.

12 $y=-\dfrac{5}{4}x^2-5x+1=-\dfrac{5}{4}(x+2)^2+6$

이므로 꼭짓점의 좌표가 $(-2, 6)$이고 위로 볼록하다.
또, y축과 만나는 점의 좌표가 $(0, 1)$이므로 그래프는 ④와 같다.　**답** ④

13 $y=-3x^2-8x-2=-3\left(x+\dfrac{4}{3}\right)^2+\dfrac{10}{3}$

이므로 꼭짓점의 좌표는 $\left(-\dfrac{4}{3},\ \dfrac{10}{3}\right)$이
고 위로 볼록하다.
또, y축과 만나는 점의 좌표는 $(0, -2)$
이므로 그래프는 오른쪽 그림과 같다. 따라서 그래프가 지나지 않는 사분면은 제1사분면이다.　**답** ①

14 ① $y=-(x-2)^2+3$　② $y=-\dfrac{1}{2}(x-1)^2+\dfrac{1}{2}$

 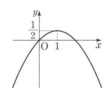

③ $y=\dfrac{1}{2}(x+2)^2-3$　④ $y=\left(x+\dfrac{3}{2}\right)^2+\dfrac{3}{4}$

⑤ $y=2(x-2)^2-2$

답 ③

15 ① $y=-3x^2-3x-3=-3\left(x+\dfrac{1}{2}\right)^2-\dfrac{9}{4}$

따라서 x축과 만나지 않는다.
② $y=-\dfrac{3}{2}x^2+2x=-\dfrac{3}{2}\left(x-\dfrac{2}{3}\right)^2+\dfrac{2}{3}$

따라서 x축과 서로 다른 두 점에서 만난다.
③ $y=\dfrac{1}{4}x^2-5x+25=\dfrac{1}{4}(x-10)^2$

따라서 x축과 한 점에서 만난다.

④ $y=x^2+6x+10=(x+3)^2+1$

따라서 x축과 만나지 않는다.
⑤ $y=4x^2+2x-1=4\left(x+\dfrac{1}{4}\right)^2-\dfrac{5}{4}$

따라서 x축과 서로 다른 두 점에서 만난다.
답 ②, ⑤

16 그래프가 x축과 한 점에서 만나려면 꼭짓점의 y좌표가 0이어야 한다.

① $y=-x^2-4x+4=-(x+2)^2+8$
② $y=\dfrac{1}{3}x^2+2x-2=\dfrac{1}{3}(x+3)^2-5$
③ $y=x^2+x=\left(x+\dfrac{1}{2}\right)^2-\dfrac{1}{4}$
④ $y=x^2+\dfrac{1}{2}x+\dfrac{1}{4}=\left(x+\dfrac{1}{4}\right)^2+\dfrac{3}{16}$
⑤ $y=9x^2-6x+1=9\left(x-\dfrac{1}{3}\right)^2$　**답** ⑤

17 $y=\dfrac{1}{4}x^2+3x-3k=\dfrac{1}{4}(x+6)^2-9-3k$

따라서 꼭짓점의 좌표가 $(-6,\ -9-3k)$이고 그래프가 아래로 볼록하므로 이 그래프가 x축과 서로 다른 두 점에서 만나려면
$-9-3k<0$　∴ $k>-3$　**답** $k>-3$

18 $y=-x^2+8x-6=-(x-4)^2+10$
이므로 그래프는 오른쪽 그림과 같다.
따라서 x의 값이 증가할 때 y의 값도 증가하는 x의 값의 범위는 $x<4$이다.
답 ④

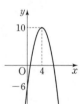

19 $y=2x^2+2x-3=2\left(x+\dfrac{1}{2}\right)^2-\dfrac{7}{2}$
이므로 그래프는 오른쪽 그림과 같다.
따라서 x의 값이 증가할 때 y의 값은 감소하는 x의 값의 범위는 $x<-\dfrac{1}{2}$이다.
답 $x<-\dfrac{1}{2}$

20 $y=-2x^2-kx+1$의 그래프가 점 $(4, 1)$을 지나므로
$1=-32-4k+1,\ 4k=-32$　∴ $k=-8$ … ❶
$y=-2x^2+8x+1$
　$=-2(x-2)^2+9$
이므로 그래프는 오른쪽 그림과 같다.
따라서 x의 값이 증가할 때 y의 값은 감소하는 x의 값의 범위는 $x>2$이다. … ❷
답 $x>2$

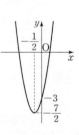

채점 기준	배점
❶ k의 값 구하기	40%
❷ x의 값의 범위 구하기	60%

21 $y=2x^2-8x+1=2(x-2)^2-7$

이 그래프를 x축의 방향으로 a만큼, y축의 방향으로 b만큼 평행이동한 그래프의 식은

$y=2(x-a-2)^2-7+b$

이때 $y=2x^2+12x-2=2(x+3)^2-20$이고 두 그래프가 일치하므로

$-a-2=3$, $-7+b=-20$

따라서 $a=-5$, $b=-13$이므로

$ab=-5\times(-13)=65$　　　　　　　　　📋 ③

22 $y=-\dfrac{1}{3}x^2-x+1=-\dfrac{1}{3}\left(x+\dfrac{3}{2}\right)^2+\dfrac{7}{4}$

따라서 이 그래프는 $y=-\dfrac{1}{3}x^2$의 그래프를 x축의 방향으로 $-\dfrac{3}{2}$만큼, y축의 방향으로 $\dfrac{7}{4}$만큼 평행이동한 것이므로

$a=-\dfrac{1}{3}$, $b=-\dfrac{3}{2}$, $c=\dfrac{7}{4}$

$\therefore 3a+2b+4c=-1+(-3)+7=3$　　　📋 3

23 $y=-4x^2+8x-1=-4(x-1)^2+3$

이 그래프를 x축의 방향으로 -3만큼 평행이동한 그래프의 식은

$y=-4(x+2)^2+3$　　　　　　　　　　…❶

이 그래프가 점 $(-2, k)$를 지나므로

$k=-4(-2+2)^2+3=3$　　　　　　　…❷

📋 3

채점 기준	배점
❶ 평행이동한 그래프의 식 구하기	60%
❷ k의 값 구하기	40%

24 $y=-x^2-8x-7=-(x+4)^2+9$

⑤ $y=-x^2$의 그래프를 x축의 방향으로 -4만큼, y축의 방향으로 9만큼 평행이동한 그래프이다.　📋 ⑤

25 $y=\dfrac{3}{2}x^2+6x-1=\dfrac{3}{2}(x+2)^2-7$

이 그래프를 x축의 방향으로 -1만큼 y축의 방향으로 2만큼 평행이동한 그래프의 식은 $y=\dfrac{3}{2}(x+3)^2-5$이므로 그래프는 오른쪽 그림과 같다.

ㄱ. $y=\dfrac{3}{2}x^2$의 그래프와 폭이 같다.

ㄷ. 그래프는 제4사분면을 지나지 않는다.

ㄹ. $y=\dfrac{3}{2}(x+3)^2-5$에 $x=0$을 대입하면

$y=\dfrac{3}{2}(0+3)^2-5=\dfrac{17}{2}$이므로 y축과 만나는 점의 좌표는 $\left(0, \dfrac{17}{2}\right)$이다.

따라서 옳은 것은 ㄴ, ㄹ이다.　　　　　📋 ③

26 그래프가 아래로 볼록하므로 $a>0$

축이 y축의 오른쪽에 있으므로 $ab<0$

이때 $a>0$이므로 $b<0$

y축과의 교점이 x축의 아래쪽에 있으므로 $c<0$

② $b<0$, $c<0$이므로 $bc>0$

③ $a>0$, $c<0$이므로 $a-c>0$

④ $b<0$, $c<0$이므로 $b+c<0$

⑤ $a>0$, $b<0$, $c<0$이므로 $abc>0$　📋 ⑤

참고 ② (음수)×(음수)=(양수)

③ (양수)−(음수)=(양수)

④ (음수)+(음수)=(음수)

⑤ (양수)×(음수)×(음수)=(양수)

27 $a<0$이므로 그래프가 위로 볼록하고

$ab>0$이므로 축이 y축의 왼쪽에 있다.

또, $c>0$이므로 y축과의 교점은 x축의 위쪽에 있다.

📋 ⑤

28 $a<0$이므로 그래프는 위로 볼록하고

$ab<0$이므로 축은 y축의 오른쪽에 있다.

$c>0$이므로 y축과의 교점은 x축의 위쪽에 있다.

따라서 그래프는 오른쪽 그림과 같으므로 꼭짓점은 제1사분면에 있다.

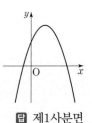

📋 제1사분면

29 그래프가 아래로 볼록하므로 $a>0$

축이 y축의 왼쪽에 있으므로 $ab>0$

이때 $a>0$이므로 $b>0$

y축과의 교점이 x축의 위쪽에 있으므로 $-c>0$, 즉 $c<0$

$y=cx^2+bx$에서

$c<0$이므로 그래프가 위로 볼록하다.

$bc<0$이므로 축은 y축의 오른쪽에 있다.

상수항이 0이므로 y축과의 교점은 원점이다.

따라서 그래프는 오른쪽 그림과 같으므로 그래프가 지나지 않는 사분면은 제2사분면이다.

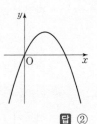

📋 ②

30 $y=ax+b$의 그래프에서 $a>0$, $b<0$

$y=bx^2+ax-ab$에서

$b<0$이므로 그래프가 위로 볼록하다.

$ab<0$이므로 축은 y축의 오른쪽에 있다.

$-ab>0$이므로 y축과의 교점은 x축의 위쪽에 있다.

답 ③

참고 일차함수 $y=ax+b$의 그래프에서

그래프가 오른쪽 위로 향하므로 $a>0$

그래프가 y축과 음의 부분에서 만나므로 $b<0$

> **보충 TIP** 일차함수의 그래프
>
> 일차함수 $y=ax+b$의 그래프에서
> (1) 그래프가 오른쪽 위로 향하면 $a>0$
>   그래프가 오른쪽 아래로 향하면 $a<0$
> (2) 그래프가 y축과 양의 부분에서 만나면 $b>0$
>   그래프가 y축과 음의 부분에서 만나면 $b<0$

31 이차함수의 식을 $y=a(x-1)^2-6$으로 놓으면 이 그래프가 점 $(0, 3)$을 지나므로

$3=a-6$ ∴ $a=9$

∴ $y=9(x-1)^2-6=9x^2-18x+3$

따라서 $a=9$, $b=-18$, $c=3$이므로

$a-b+c=9-(-18)+3=30$

답 30

32 이차함수의 식을 $y=a(x-2)^2+5$로 놓으면 이 그래프가 점 $(3, 10)$을 지나므로

$10=a+5$ ∴ $a=5$

∴ $y=5(x-2)^2+5=5x^2-20x+25$

답 ⑤

33 이차함수의 식을 $y=a(x-1)^2+1$로 놓으면 이 그래프가 점 $(0, -1)$을 지나므로

$-1=a+1$ ∴ $a=-2$

따라서 $y=-2(x-1)^2+1=-2x^2+4x-1$이므로

$b=4$, $c=-1$

∴ $abc=-2\times4\times(-1)=8$

답 8

34 이차함수의 식을 $y=a(x+4)^2+q$로 놓으면 이 그래프가 두 점 $(-2, 3)$, $(0, -9)$를 지나므로

$3=4a+q$, $-9=16a+q$

두 식을 연립하여 풀면

$a=-1$, $q=7$

∴ $y=-(x+4)^2+7=-x^2-8x-9$

답 ③

35 이차함수의 식을 $y=a(x+2)^2+q$로 놓으면 이 그래프가 두 점 $(-3, 1)$, $(0, -5)$를 지나므로

$1=a+q$, $-5=4a+q$

두 식을 연립하여 풀면 $a=-2$, $q=3$

따라서 $y=-2(x+2)^2+3=-2x^2-8x-5$이므로

$b=-8$, $c=-5$

∴ $ab+c=-2\times(-8)+(-5)=11$

답 11

36 이차함수의 식을 $y=a(x-1)^2+q$로 놓으면 이 그래프가 두 점 $(1, -8)$, $(3, -6)$을 지나므로

$-8=q$, $-6=4a+q$

두 식을 연립하여 풀면

$a=\dfrac{1}{2}$, $q=-8$

∴ $y=\dfrac{1}{2}(x-1)^2-8=\dfrac{1}{2}x^2-x-\dfrac{15}{2}$ …❶

이 식에 $y=0$을 대입하면

$0=\dfrac{1}{2}x^2-x-\dfrac{15}{2}$, $x^2-2x-15=0$

$(x+3)(x-5)=0$

∴ $x=-3$ 또는 $x=5$ …❷

따라서 x축과 만나는 두 점의 x좌표는 -3, 5이므로

$\overline{AB}=5-(-3)=8$ …❸

답 8

채점 기준	배점
❶ 이차함수의 식 구하기	40%
❷ 그래프가 x축과 만나는 점의 x좌표 구하기	40%
❸ $\overline{AB}$의 길이 구하기	20%

37 이차함수의 식을 $y=ax^2+bx-3$으로 놓으면 이 그래프가 점 $(-1, 3)$을 지나므로

$3=a-b-3$ ∴ $a-b=6$ …㉠

또, 점 $(4, 13)$을 지나므로

$13=16a+4b-3$ ∴ $4a+b=4$ …㉡

㉠, ㉡을 연립하여 풀면 $a=2$, $b=-4$

∴ $y=2x^2-4x-3$

답 ⑤

38 이차함수의 식을 $y=ax^2+bx+10$으로 놓으면 이 그래프가 점 $(3, 1)$을 지나므로

$1=9a+3b+10$ ∴ $3a+b=-3$ …㉠

또, 점 $(9, 1)$을 지나므로

$1=81a+9b+10$ ∴ $9a+b=-1$ …㉡

㉠, ㉡을 연립하여 풀면 $a=\dfrac{1}{3}$, $b=-4$

∴ $y=\dfrac{1}{3}x^2-4x+10=\dfrac{1}{3}(x-6)^2-2$

따라서 꼭짓점의 좌표는 $(6, -2)$이다.

답 $(6, -2)$

39 이차함수의 식을 $y=ax^2+bx+4$로 놓으면 이 그래프가 점 $(-3, 1)$을 지나므로

$1=9a-3b+4$ ∴ $3a-b=-1$ …㉠

또, 점 $(2, -4)$를 지나므로

$-4=4a+2b+4$　　$\therefore 2a+b=-4$　…ⓛ

㉠, ⓛ을 연립하여 풀면 $a=-1$, $b=-2$

$\therefore y=-x^2-2x+4$

이 그래프가 점 $(-1, k)$를 지나므로

$k=-1+2+4=5$　　　　　　　　　답 5

40 이차함수의 식을 $y=a(x+5)(x-3)$으로 놓으면 이 그래프가 점 $(0, -6)$을 지나므로

$-6=-15a$　　$\therefore a=\dfrac{2}{5}$

$\therefore y=\dfrac{2}{5}(x+5)(x-3)=\dfrac{2}{5}x^2+\dfrac{4}{5}x-6$

따라서 $a=\dfrac{2}{5}$, $b=\dfrac{4}{5}$, $c=-6$이므로

$a+b+c=\dfrac{2}{5}+\dfrac{4}{5}+(-6)=-\dfrac{24}{5}$　　답 $-\dfrac{24}{5}$

41 이차함수의 식을 $y=a(x-1)(x-6)$으로 놓으면 이차함수 $y=3x^2$의 그래프와 모양이 같으므로 $a=3$

$\therefore y=3(x-1)(x-6)=3x^2-21x+18$　　답 ④

42 이차함수의 식을 $y=a(x+4)(x-2)$로 놓으면 이 그래프가 점 $(0, -4)$를 지나므로

$-4=-8a$　　$\therefore a=\dfrac{1}{2}$

$\therefore y=\dfrac{1}{2}(x+4)(x-2)=\dfrac{1}{2}x^2+x-4$　…❶

이때 $y=\dfrac{1}{2}x^2+x-4=\dfrac{1}{2}(x+1)^2-\dfrac{9}{2}$이므로 꼭짓점의 좌표는 $\left(-1, -\dfrac{9}{2}\right)$이다.　…❷

답 $\left(-1, -\dfrac{9}{2}\right)$

채점 기준	배점
❶ 이차함수의 식 구하기	50%
❷ 꼭짓점의 좌표 구하기	50%

43 $y=-2x^2+8x+10$에 $x=0$을 대입하면

$y=10$　　$\therefore$ A$(0, 10)$

$y=-2x^2+8x+10$에 $y=0$을 대입하면

$0=-2x^2+8x+10$, $x^2-4x-5=0$

$(x+1)(x-5)=0$

$\therefore x=-1$ 또는 $x=5$

따라서 B$(-1, 0)$, C$(5, 0)$이므로 $\overline{BC}=6$

$\therefore \triangle ABC=\dfrac{1}{2}\times 6\times 10=30$　　　답 ②

44 $y=2x^2-12x+10=2(x-3)^2-8$

$\therefore$ C$(3, -8)$

$y=2x^2-12x+10$에 $y=0$을 대입하면

$0=2x^2-12x+10$, $x^2-6x+5=0$

$(x-1)(x-5)=0$

$\therefore x=1$ 또는 $x=5$

따라서 A$(1, 0)$, B$(5, 0)$이므로 $\overline{AB}=4$

$\therefore \triangle ABC=\dfrac{1}{2}\times 4\times 8=16$　　　답 ①

45 그래프가 원점을 지나므로 $c=0$

축의 방정식이 $x=3$이므로 B$(6, 0)$

$\therefore \overline{OB}=6$

즉, $y=-\dfrac{1}{3}x^2+bx$의 그래프가 점 B$(6, 0)$을 지나므로

$0=-12+6b$　　$\therefore b=2$

따라서 $y=-\dfrac{1}{3}x^2+2x=-\dfrac{1}{3}(x-3)^2+3$이므로

A$(3, 3)$

$\therefore \triangle AOB=\dfrac{1}{2}\times 6\times 3=9$　　　답 9

46 $y=-\dfrac{1}{2}x^2+3x+\dfrac{7}{2}=-\dfrac{1}{2}(x-3)^2+8$

$\therefore$ A$(3, 8)$

$y=-\dfrac{1}{2}x^2+3x+\dfrac{7}{2}$에 $x=0$을 대입하면

$y=\dfrac{7}{2}$

$\therefore$ B$\left(0, \dfrac{7}{2}\right)$

따라서 $\overline{OB}=\dfrac{7}{2}$이므로

$\triangle ABO=\dfrac{1}{2}\times\dfrac{7}{2}\times 3=\dfrac{21}{4}$　　　답 $\dfrac{21}{4}$

47 이차함수의 식을 $y=a(x-1)^2-4$로 놓으면 이 그래프가 점 $(2, -3)$을 지나므로

$-3=a-4$　　$\therefore a=1$

$\therefore y=(x-1)^2-4=x^2-2x-3$　…❶

$y=x^2-2x-3$에 $x=0$을 대입하면

$y=-3$　　$\therefore$ C$(0, -3)$

$y=x^2-2x-3$에 $y=0$을 대입하면

$0=x^2-2x-3$, $(x+1)(x-3)=0$

$\therefore x=-1$ 또는 $x=3$

따라서 A$(-1, 0)$, B$(3, 0)$이므로 $\overline{AB}=4$　…❷

$\therefore \triangle ABC=\dfrac{1}{2}\times 4\times 3=6$　…❸

답 6

채점 기준	배점
❶ 이차함수의 식 구하기	40%
❷ 점 C의 좌표, $\overline{AB}$의 길이 구하기	40%
❸ $\triangle ABC$의 넓이 구하기	20%

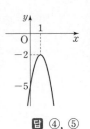

01 $y=-3x^2-12x+8=-3(x+2)^2+20$
따라서 꼭짓점의 좌표는 $(-2, 20)$이고, 축의 방정식은
$x=-2$이므로
$p=-2$, $q=20$, $r=-2$
$\therefore p+q+r=-2+20+(-2)=16$　답 ④

02 $y=-4x^2-16x+k=-4(x+2)^2+16+k$
이므로 그래프의 축의 방정식은 $x=-2$이다.
그래프의 축과 두 점 A, B 사이의 거리는 각각
$\frac{1}{2}\overline{AB}=\frac{4\sqrt{3}}{2}=2\sqrt{3}$이므로
$A(-2-2\sqrt{3}, 0)$, $(-2+2\sqrt{3}, 0)$
$y=-4(x+2)^2+16+k$에
$x=-2-2\sqrt{3}$, $y=0$을 대입하면
$0=-48+16+k$　$\therefore k=32$　답 ③

03 $y=2x^2-4x-1=2(x-1)^2-3$
이므로 꼭짓점의 좌표가 $(1, -3)$이고 아래로 볼록하다.
또, y축과의 교점의 좌표가 $(0, -1)$이므로 그래프는 ②와
같다.　답 ②

04 $y=-2x^2-12x+a=-2(x+3)^2+a+18$
따라서 꼭짓점의 좌표가 $(-3, a+18)$이므로 이 그래프가
x축에 접하려면
$a+18=0$　$\therefore a=-18$　답 -18

05 $y=\frac{3}{4}x^2+2kx+2$의 그래프가 점 $(-2, 3)$을 지나므로
$3=3-4k+2$, $4k=2$　$\therefore k=\frac{1}{2}$
$y=\frac{3}{4}x^2+x+2$
$=\frac{3}{4}\left(x+\frac{2}{3}\right)^2+\frac{5}{3}$
이므로 그래프는 오른쪽 그림과 같다.
따라서 x의 값이 증가할 때 y의 값도 증
가하는 x의 값의 범위는 $x>-\frac{2}{3}$이다.

답 $x>-\frac{2}{3}$

06 $y=-5x^2+20x-8=-5(x-2)^2+12$
이 그래프를 x축의 방향으로 -4만큼, y축의 방향으로 -5
만큼 평행이동한 그래프의 식은
$y=-5(x+2)^2+7$
따라서 구하는 꼭짓점의 좌표는 $(-2, 7)$이다.
답 $(-2, 7)$

07 $y=-3x^2+6x-5=-3(x-1)^2-2$
이므로 그래프는 오른쪽 그림과 같다.
④ x축과 만나지 않는다.
⑤ $y=-3x^2$의 그래프를 x축의 방향으로
1만큼, y축의 방향으로 -2만큼 평행
이동한 것이다.　답 ④, ⑤

08 $a<0$이므로 그래프는 위로 볼록하다.
$c<0$이므로 y축과의 교점은 x축의 아래쪽에 있다.
이때 꼭짓점이 제1사분면에 있으므로
그래프는 오른쪽 그림과 같다.
따라서 그래프가 지나지 않는 사분면은
제2사분면이다.
답 ②

> **보충 TIP** $a<0$, $c<0$일 때, $y=ax^2+bx+c$의 그래프의 개형은
> 꼭짓점의 위치에 따라 다음과 같이 4가지이다.
> (i) 제1사분면　(ii) 제2사분면　(iii) 제3사분면　(iv) 제4사분면

09 $y=2x^2+4x-3=2(x+1)^2-5$
이 그래프의 꼭짓점의 좌표는 $(-1, -5)$이므로 구하는 이
차함수의 식을 $y=a(x+1)^2-5$로 놓자. 이 그래프가
점 $(-2, -2)$를 지나므로
$-2=a-5$　$\therefore a=3$
따라서 $y=3(x+1)^2-5=3x^2+6x-2$이므로
$b=6$, $c=-2$
$\therefore abc=3\times6\times(-2)=-36$　답 -36

10 이차함수의 식을 $y=ax^2+bx-2$로 놓으면 이 그래프가 점
$(-2, 6)$을 지나므로
$6=4a-2b-2$　$\therefore 2a-b=4$　$\cdots\cdots$ ㉠
또, 점 $(3, 1)$을 지나므로
$1=9a+3b-2$　$\therefore 3a+b=1$　$\cdots\cdots$ ㉡
㉠, ㉡을 연립하여 풀면 $a=1$, $b=-2$
따라서 $y=x^2-2x-2$이므로 이 식에 $y=0$을 대입하면
$0=x^2-2x-2$　$\therefore x=1\pm\sqrt{3}$
따라서 x축과의 두 교점의 좌표는
$(1+\sqrt{3}, 0)$, $(1-\sqrt{3}, 0)$이므로
$\overline{AB}=1+\sqrt{3}-(1-\sqrt{3})=2\sqrt{3}$　답 ③

11 이차함수의 식을 $y=a(x+3)(x-5)$로 놓으면 이 그래프
가 점 $(0, 10)$을 지나므로

$10=-15a$　　$\therefore a=-\dfrac{2}{3}$

$\therefore y=-\dfrac{2}{3}(x+3)(x-5)=-\dfrac{2}{3}x^2+\dfrac{4}{3}x+10$

이때 $y=-\dfrac{2}{3}x^2+\dfrac{4}{3}x+10=-\dfrac{2}{3}(x-1)^2+\dfrac{32}{3}$이므로

꼭짓점의 y좌표는 $\dfrac{32}{3}$이다.　　답 $\dfrac{32}{3}$

12 $y=-x^2+2x+3$에 $y=0$을 대입하면

$0=-x^2+2x+3$, $x^2-2x-3=0$

$(x+1)(x-3)=0$

$\therefore x=-1$ 또는 $x=3$

따라서 $A(-1, 0)$, $B(3, 0)$이므로 $\overline{AB}=4$

$y=-x^2+2x+3$에 $x=0$을 대입하면 $y=3$

$\therefore C(0, 3)$

$y=-x^2+2x+3=-(x-1)^2+4$

$\therefore D(1, 4)$

따라서 $\triangle ABC=\dfrac{1}{2}\times4\times3=6$, $\triangle ABD=\dfrac{1}{2}\times4\times4=8$

이므로

$\triangle ABC : \triangle ABD=6 : 8=3 : 4$　　답 ②

다른 풀이 $\triangle ABC$와 $\triangle ABD$는 밑변의 길이가 같으므로 넓이의 비는 높이의 비와 같다.

$\triangle ABC : \triangle ABD=3 : 4$

13 그래프가 위로 볼록하므로 $a<0$

축이 y축의 오른쪽에 있으므로 $ab<0$

이때 $a<0$이므로 $b>0$

y축과의 교점이 x축의 위쪽에 있으므로 $c>0$

① $b>0$, $c>0$이므로 $bc>0$

② $b>0$, $c>0$이므로 $b+c>0$

③ $a<0$, $b>0$, $c>0$이므로 $abc<0$

④ $y=ax^2+bx+c$에 $x=1$을 대입하면 $a+b+c>0$

⑤ $y=ax^2+bx+c$에 $x=-1$을 대입하면 $a-b+c<0$

답 ③

14 $y=kx^2+6kx+9k+10=k(x+3)^2+10$

이므로 꼭짓점의 좌표는 $(-3, 10)$이다.

이 그래프가 모든 사분면을 지나려면 오른쪽 그림과 같이 위로 볼록하면서 y축과의 교점이 x축의 위쪽에 있어야 한다.

즉, $k<0$이고 $9k+10>0$이어야 하므로

$-\dfrac{10}{9}<k<0$

따라서 조건을 만족시키는 정수 k의 값은 -1이다.

답 -1

15 $y=x^2-2x-3=(x-1)^2-4$이므로 $B(1, -4)$

$y=x^2-12x+32=(x-6)^2-4$이므로 $C(6, -4)$

즉, $y=x^2-12x+32$의 그래프는 $y=x^2-2x-3$의 그래프를 x축의 방향으로 5만큼 평행이동한 것이므로 $\square ABCD$는 평행사변형이다.

$\therefore \square ABCD=5\times4=20$　　답 20

16 $y=2x^2+kx-3$의 그래프가 점 $(-1, -9)$를 지나므로

$-9=2-k-3$　　$\therefore k=8$ …❶

따라서 $y=2x^2+8x-3=2(x+2)^2-11$이므로 꼭짓점의 좌표는 $(-2, -11)$이다. …❷

답 $(-2, -11)$

채점 기준	배점
❶ k의 값 구하기	50%
❷ 꼭짓점의 좌표 구하기	50%

17 $y=-\dfrac{1}{2}x^2+6x+k=-\dfrac{1}{2}(x-6)^2+18+k$

이므로 그래프의 축의 방정식은 $x=6$이다. …❶

그래프의 축과 두 점 A, B 사이의 거리는 각각

$\dfrac{1}{2}\overline{AB}=\dfrac{12}{2}=6$이므로

$A(0, 0)$, $B(12, 0)$ 또는 $A(12, 0)$, $B(0, 0)$ …❷

$y=-\dfrac{1}{2}x^2+6x+k$에 $x=0$, $y=0$을 대입하면

$0=k$ …❸

따라서 $y=-\dfrac{1}{2}(x-6)^2+18$이므로 꼭짓점의 좌표는

$(6, 18)$이다. …❹

답 $(6, 18)$

채점 기준	배점
❶ 축의 방정식 구하기	20%
❷ A, B의 좌표 구하기	30%
❸ k의 값 구하기	30%
❹ 꼭짓점의 좌표 구하기	20%

18 $y=-x^2$의 그래프를 x축의 방향으로 -6만큼, y축의 방향으로 2만큼 평행이동한 그래프의 식은

$y=-(x+6)^2+2=-x^2-12x-34$ …❶

따라서 $a=-1$, $b=-12$, $c=-34$이므로 …❷

$a+b-c=-1+(-12)-(-34)=21$ …❸

답 21

채점 기준	배점
❶ 평행이동한 그래프의 식 구하기	40%
❷ a, b, c의 값 구하기	40%
❸ $a+b-c$의 값 구하기	20%

19 $y=-\dfrac{1}{4}x^2-kx+3$의 그래프가 점 $(-6,0)$을 지나므로

$0=-9+6k+3$ $\therefore k=1$　　　　　　… ❶

따라서 $y=-\dfrac{1}{4}x^2-x+3=-\dfrac{1}{4}(x+2)^2+4$이므로

$\mathrm{A}(-2,4)$　　　　　　… ❷

$\therefore \triangle\mathrm{ABO}=\dfrac{1}{2}\times6\times4=12$　　　　　　… ❸

🅐 12

채점 기준	배점
❶ k의 값 구하기	40%
❷ 점 A의 좌표 구하기	40%
❸ $\triangle\mathrm{ABO}$의 넓이 구하기	20%

20 $y=\dfrac{1}{2}x^2-6x+k+18=\dfrac{1}{2}(x-6)^2+k$의 꼭짓점의 좌표는 $(6,k)$이다. 또, $y=-(x-2)^2+3k-6$의 꼭짓점의 좌표는 $(2,3k-6)$이다.　　… ❶

두 그래프의 꼭짓점을 지나는 직선이 x축에 평행하므로 두 꼭짓점의 y좌표는 같다.　　… ❷

즉, $k=3k-6$이므로 $k=3$　　… ❸

🅐 3

채점 기준	배점
❶ 두 그래프의 꼭짓점의 좌표를 각각 k를 사용하여 나타내기	50%
❷ 두 꼭짓점의 y좌표가 같음을 알기	30%
❸ k의 값 구하기	20%

참고 좌표평면에서 x축에 평행한 직선 즉, 직선 $y=q$ (q는 상수) 위의 점은 y좌표가 모두 같다.

21 두 그래프가 x축 위에서 만나므로

$y=x^2-9$에 $y=0$을 대입하면

$0=x^2-9$, $x^2=9$

$\therefore x=\pm3$

따라서 $\mathrm{A}(-3,0)$, $\mathrm{B}(3,0)$이므로

$\overline{\mathrm{AB}}=6$　　　　　　… ❶

$y=x^2-9$의 그래프의 꼭짓점의 좌표는 $(0,-9)$이므로

$\mathrm{C}(0,-9)$

$y=-\dfrac{1}{3}x^2+k$의 그래프가 점 $\mathrm{B}(3,0)$을 지나므로

$0=-3+k$ $\therefore k=3$

$y=-\dfrac{1}{3}x^2+3$의 그래프의 꼭짓점의 좌표는 $(0,3)$이므로

$\mathrm{D}(0,3)$　　　　　　… ❷

$\therefore \square\mathrm{ACBD}=\triangle\mathrm{ABD}+\triangle\mathrm{ACB}$

$=\dfrac{1}{2}\times6\times3+\dfrac{1}{2}\times6\times9=36$　　… ❸

🅐 36

채점 기준	배점
❶ $\overline{\mathrm{AB}}$의 길이 구하기	40%
❷ 두 꼭짓점 C, D의 좌표 구하기	30%
❸ $\square\mathrm{ACBD}$의 넓이 구하기	30%

Real 실전 유형 again   2~9쪽

01 제곱근의 뜻과 성질

01 x가 7의 제곱근이므로
$x^2=7$ 또는 $x=\pm\sqrt{7}$ 답 ⑤

02 음수의 제곱근은 없으므로 제곱근이 없는 수는 ①, ⑤이다.
답 ①, ⑤

03 x가 양수 a의 음의 제곱근이므로
$x^2=a$ 또는 $x=-\sqrt{a}$
따라서 옳은 것은 ①, ④이다.   답 ①, ④

04 a가 81의 제곱근이므로 $a^2=81$ … ❶
b가 36의 제곱근이므로 $b^2=36$ … ❷
$\therefore a^2-b^2=81-36=45$ … ❸
답 45

채점 기준	배점
❶ a^2의 값 구하기	40%
❷ b^2의 값 구하기	40%
❸ a^2-b^2의 값 구하기	20%

05 ① $-\dfrac{1}{4}$의 제곱근은 없다.
② $\sqrt{16}=4$이므로 4의 제곱근은 ±2이다.
③ 제곱하여 0.7이 되는 수는 $\pm\sqrt{0.7}$의 2개이다.
④ 제곱근 3은 $\sqrt{3}$이고, 3의 제곱근은 $\pm\sqrt{3}$이다.
⑤ $\sqrt{1.44}=\sqrt{(1.2)^2}=1.2$ 답 ⑤

06 ①, ②, ③, ④ ±5
⑤ 5
따라서 그 값이 나머지 넷과 다른 하나는 ⑤이다.   답 ⑤

07 ㄱ. $(\pm0.\dot{4})^2=\left(\pm\dfrac{4}{9}\right)^2=\dfrac{16}{81}\neq0.\dot{1}\dot{6}$
ㄴ. $\sqrt{121}=11$이므로 11의 제곱근은 $\pm\sqrt{11}$이다.
ㄷ. $\sqrt{\dfrac{81}{16}}=\dfrac{9}{4}$이므로 제곱근 $\dfrac{9}{4}$는 $\dfrac{3}{2}$이다.
ㄹ. 0의 제곱근은 0의 1개이다.   답 ㄷ

08 $\sqrt{625}=25$이므로 25의 음의 제곱근은 -5이다.
$\therefore a=-5$
$(-8)^2=64$이므로 64의 양의 제곱근은 8이다.
$\therefore b=8$
$\therefore a+b=(-5)+8=3$ 답 ③

09 ① $\left(-\dfrac{1}{4}\right)^2=\dfrac{1}{16}$이므로 $\dfrac{1}{16}$의 제곱근은 $\pm\dfrac{1}{4}$이다.
② 196의 음의 제곱근은 -14이다.
③ $\sqrt{10000}=100$이므로 100의 제곱근은 ±10이다.
④ $\sqrt{2.56}=1.6$이므로 1.6의 제곱근은 $\pm\sqrt{1.6}$이다.
⑤ $-\sqrt{\dfrac{25}{324}}=-\dfrac{5}{18}$이므로 $-\dfrac{5}{18}$의 음의 제곱근은 존재하지 않는다.   답 ④, ⑤

10 제곱근 36은 $\sqrt{36}=6$이므로 $a=6$ … ❶
$\sqrt{\dfrac{1}{256}}=\dfrac{1}{16}$이고 제곱근 $\dfrac{1}{16}$은 $\sqrt{\dfrac{1}{16}}=\dfrac{1}{4}$이므로 $\dfrac{1}{4}$의 음의 제곱근은 $-\dfrac{1}{2}$
$\therefore b=-\dfrac{1}{2}$ … ❷
$\therefore 2(a-b)=2\left\{6-\left(-\dfrac{1}{2}\right)\right\}=13$ … ❸
답 13

채점 기준	배점
❶ a의 값 구하기	40%
❷ b의 값 구하기	40%
❸ $2(a-b)$의 값 구하기	20%

11 직각삼각형 ABD에서 $\overline{AD}=\sqrt{13^2-12^2}=5\,(cm)$
직각삼각형 ADC에서 $\overline{AC}=\sqrt{5^2+7^2}=\sqrt{74}\,(cm)$
답 $\sqrt{74}$ cm

12 ① $\sqrt{81}=9$의 제곱근은 ±3
② $\dfrac{9}{16}$의 제곱근은 $\pm\dfrac{3}{4}$
③ $\sqrt{2.89}=1.7$의 제곱근은 $\pm\sqrt{1.7}$
④ $0.\dot{4}=\dfrac{4}{9}$의 제곱근은 $\pm\dfrac{2}{3}$
⑤ $\sqrt{\dfrac{1}{100}}=\dfrac{1}{10}$의 제곱근은 $\pm\sqrt{\dfrac{1}{10}}$ 답 ③, ⑤

13 주어진 수의 제곱근을 각각 구해 보면
$0.0\dot{9}=\dfrac{9}{90}=\dfrac{1}{10}$의 제곱근은 $\pm\sqrt{\dfrac{1}{10}}$
2.25의 제곱근은 ±1.5
$\sqrt{\dfrac{1}{49}}=\dfrac{1}{7}$의 제곱근은 $\pm\sqrt{\dfrac{1}{7}}$
$\dfrac{1}{10000}$의 제곱근은 $\pm\dfrac{1}{100}$
$\dfrac{25}{144}$의 제곱근은 $\pm\dfrac{5}{12}$
따라서 제곱근을 근호를 사용하지 않고 나타낼 수 있는 것은
2.25, $\dfrac{1}{10000}$, $\dfrac{25}{144}$의 3개이다.   답 3

14 ㄱ. 반원의 반지름의 길이를 r라 하면

$\dfrac{1}{2}\pi r^2=9\pi$, $r^2=18$ $\quad\therefore r=\sqrt{18}$ $(\because r>0)$

ㄴ. 정사각형 한 변의 길이를 x라 하면

$x^2=\dfrac{121}{9}$ $\quad\therefore x=\dfrac{11}{3}$ $(\because x>0)$

ㄷ. 정육면체의 한 모서리의 길이를 x라 하면

$6x^2=48$, $x^2=8$ $\quad\therefore x=\sqrt{8}$ $(\because x>0)$

ㄹ. 빗변의 길이를 x라 하면 $x^2=8^2+15^2$, $x^2=289$

$\quad\therefore x=17$ $(\because x>0)$

따라서 근호를 사용하지 않고 나타낼 수 있는 것은 ㄴ, ㄹ
이다. 답 ㄴ, ㄹ

15 ① $-\sqrt{\dfrac{121}{196}}=-\sqrt{\left(\dfrac{11}{14}\right)^2}=-\dfrac{11}{14}$

② $\sqrt{(-7)^2}=7$

③ $(-\sqrt{5})^2=5$

④ $-\sqrt{36}=-6$

⑤ $\sqrt{0.04}=\sqrt{0.2^2}=0.2$

따라서 옳은 것은 ⑤이다. 답 ⑤

16 ①, ②, ③, ④ 11 ⑤ -11

따라서 그 값이 나머지 넷과 다른 하나는 ⑤이다. 답 ⑤

17 ① $\dfrac{1}{2}$ ② $\dfrac{2}{3}$ ③ $\dfrac{1}{2}$ ④ $\dfrac{4}{9}$ ⑤ $\dfrac{1}{3}$

따라서 가장 작은 수는 ⑤이다. 답 ⑤

18 ① $\sqrt{(-2)^2}=2$의 제곱근은 $\pm\sqrt{2}$이다. 답 ①

19 ① $(\sqrt{6})^2+\sqrt{(-2)^2}=6+2=8$

② $\sqrt{5^2}-(-\sqrt{(-3)^2})=5-(-3)=8$

③ $\sqrt{(-7)^2}\times(-\sqrt{2})^2=7\times2=14$

④ $\left(-\sqrt{\dfrac{1}{4}}\right)^2\div\sqrt{\left(-\dfrac{3}{4}\right)^2}=\dfrac{1}{4}\div\dfrac{3}{4}=\dfrac{1}{4}\times\dfrac{4}{3}=\dfrac{1}{3}$

⑤ $\sqrt{0.81}\times\sqrt{(-10)^2}-\sqrt{8^2}=0.9\times10-8$

$\hspace{5cm}=9-8=1$ 답 ②

20 $\sqrt{900}\div\sqrt{(-6)^2}-(-\sqrt{2})^2=\sqrt{30^2}\div\sqrt{(-6)^2}-(-\sqrt{2})^2$

$\hspace{4cm}=30\div6-2=5-2=3$ 답 ①

21 $(\sqrt{2})^2\times(-\sqrt{5})^2-\sqrt{441}\times\sqrt{\left(-\dfrac{1}{3}\right)^2}-(-\sqrt{3})^2$

$=2\times5-21\times\dfrac{1}{3}-3$

$=10-7-3=0$ 답 ③

22 $A=\sqrt{\left(-\dfrac{4}{5}\right)^2}\div\sqrt{\dfrac{1}{25}}\times\left(-\sqrt{\dfrac{3}{4}}\right)^2$

$=\dfrac{4}{5}\div\dfrac{1}{5}\times\dfrac{3}{4}=\dfrac{4}{5}\times5\times\dfrac{3}{4}=3$ ··· ❶

$B=\sqrt{2.56}+\sqrt{(-0.4)^2}+(-\sqrt{0.2})^2\times\sqrt{0.25}$

$=1.6+0.4+0.2\times0.5=1.6+0.4+0.1=2.1$ ··· ❷

$\therefore A+B=3+2.1=5.1$ ··· ❸

답 5.1

채점 기준	배점
❶ A의 값 구하기	40%
❷ B의 값 구하기	40%
❸ $A+B$의 값 구하기	20%

23 ① $a>0$이므로 $\sqrt{a^2}=a$

② $a>0$이므로 $-\sqrt{a^2}=-a$

③ $-a<0$이므로 $\sqrt{(-a)^2}=-(-a)=a$

④ $-\dfrac{a}{4}<0$이므로 $\sqrt{\left(-\dfrac{a}{4}\right)^2}=-\left(-\dfrac{a}{4}\right)=\dfrac{a}{4}$

⑤ $-3a<0$이므로

$\quad-\sqrt{(-3a)^2}=-\{-(-3a)\}=-3a$ 답 ⑤

24 $-\sqrt{49a^2}=-\sqrt{(7a)^2}$이고, $7a>0$이므로

$-\sqrt{49a^2}=-\sqrt{(7a)^2}=-7a$ 답 ④

25 ① $a<0$이므로 $\sqrt{a^2}=-a$

② $a<0$이므로 $-\sqrt{a^2}=-(-a)=a$

③ $-2a>0$이므로 $\sqrt{(-2a)^2}=-2a$

④ $-\sqrt{\dfrac{a^2}{100}}=-\sqrt{\left(\dfrac{a}{10}\right)^2}$이고, $\dfrac{a}{10}<0$이므로

$\quad-\sqrt{\dfrac{a^2}{100}}=-\sqrt{\left(\dfrac{a}{10}\right)^2}=-\left(-\dfrac{a}{10}\right)=\dfrac{a}{10}$

⑤ $\sqrt{9a^2}=\sqrt{(3a)^2}$이고, $3a<0$이므로

$\quad\sqrt{9a^2}=\sqrt{(3a)^2}=-3a$ 답 ④

26 $-\sqrt{9a^2}=-\sqrt{(3a)^2}$이고 $3a<0$이므로

$-\sqrt{9a^2}=-\sqrt{(3a)^2}=-(-3a)=3a$

$-7a>0$이므로 $\sqrt{(-7a)^2}=-7a$

$-\dfrac{1}{5}a>0$이므로 $\sqrt{\left(-\dfrac{1}{5}a\right)^2}=-\dfrac{1}{5}a$

$\sqrt{\dfrac{81}{25}a^2}=\sqrt{\left(\dfrac{9}{5}a\right)^2}$이고 $\dfrac{9}{5}a<0$이므로

$\sqrt{\dfrac{81}{25}a^2}=\sqrt{\left(\dfrac{9}{5}a\right)^2}=-\dfrac{9}{5}a$

이때 $a<0$이므로 가장 큰 수는 $-7a$, 가장 작은 수는 $3a$이다.

따라서 구하는 곱은 $-7a\times3a=-21a^2$ 답 $-21a^2$

27 $a<0$이므로 $5a<0$, $-2a>0$

$b>0$이므로 $-4b<0$

$\therefore\sqrt{25a^2}-\sqrt{(-2a)^2}+\sqrt{(-4b)^2}$

$=\sqrt{(5a)^2}-\sqrt{(-2a)^2}+\sqrt{(-4b)^2}$

$=-5a-(-2a)+\{-(-4b)\}$

$=-5a+2a+4b=-3a+4b$ 답 ④

28 $-3a>0$, $5a<0$이므로
$$\sqrt{(-3a)^2}-\sqrt{(5a)^2}=-3a-(-5a)$$
$$=-3a+5a$$
$$=2a \qquad \text{답} ②$$

29 $a<0$, $b<0$이므로 $3a<0$, $-b>0$, $\dfrac{3}{2}a<0$, $\dfrac{3}{2b}<0$ ··· ❶

$\therefore \sqrt{9a^2}\times2\sqrt{(-b)^2}-\sqrt{\dfrac{9}{4}a^2}\div\sqrt{\left(\dfrac{3}{2b}\right)^2}$

$=\sqrt{(3a)^2}\times2\sqrt{(-b)^2}-\sqrt{\left(\dfrac{3}{2}a\right)^2}\div\sqrt{\left(\dfrac{3}{2b}\right)^2}$

$=(-3a)\times(-2b)-\left(-\dfrac{3}{2}a\right)\div\left(-\dfrac{3}{2b}\right)$

$=6ab-\left(-\dfrac{3}{2}a\right)\times\left(-\dfrac{2}{3}b\right)$

$=6ab-ab=5ab$ ··· ❷

$\text{답}\ 5ab$

채점 기준	배점
❶ $3a$, $-b$, $\dfrac{3}{2}a$, $\dfrac{3}{2b}$의 부호 구하기	40%
❷ 주어진 식 간단히 하기	60%

30 $a-b<0$에서 $a<b$이고, $ab<0$에서 a, b의 부호가 서로 다르므로 $a<0$, $b>0$

이때 $3a<0$, $\dfrac{5}{4}b>0$이므로

$\sqrt{9a^2}+\sqrt{\dfrac{25}{16}b^2}=\sqrt{(3a)^2}+\sqrt{\left(\dfrac{5}{4}b\right)^2}$

$=-3a+\dfrac{5}{4}b \qquad \text{답} ①$

31 $5<a<9$에서 $a-5>0$, $a-9<0$이므로
$$\sqrt{(a-5)^2}+\sqrt{(a-9)^2}=a-5-(a-9)$$
$$=a-5-a+9=4 \qquad \text{답} ②$$

32 $a<1$에서 $a-1<0$, $1-a>0$이므로
$$\sqrt{(a-1)^2}+\sqrt{(1-a)^2}=-(a-1)+(1-a)$$
$$=-a+1+1-a$$
$$=-2a+2 \qquad \text{답} ①$$

33 $-4<a<2$에서 $a+4>0$, $2-a>0$이므로
$$\sqrt{(a+4)^2}-\sqrt{(2-a)^2}=a+4-(2-a)$$
$$=a+4-2+a$$
$$=2a+2 \qquad \text{답} ④$$

34 $b<0<a$에서 $a-b>0$, $b-a<0$, $-b>0$이므로
$$\sqrt{(a-b)^2}-\sqrt{(b-a)^2}+\sqrt{(-b)^2}$$
$$=a-b-\{-(b-a)\}+(-b)$$
$$=a-b+b-a-b=-b \qquad \text{답} -b$$

35 $\sqrt{200x}=\sqrt{2^3\times5^2\times x}$가 자연수가 되려면
$x=2\times(\text{자연수})^2$ 꼴이어야 한다.

따라서 가장 작은 두 자리 자연수 x는
$2\times3^2=18 \qquad \text{답} ②$

36 $\sqrt{5^5\times3^3\times x}$가 자연수가 되려면 $x=5\times3\times(\text{자연수})^2$ 꼴이어야 한다.

따라서 가장 작은 자연수 x는
$5\times3=15 \qquad \text{답} ④$

37 $\sqrt{80n}=\sqrt{2^4\times5\times n}$이 자연수가 되려면 $n=5\times(\text{자연수})^2$ 꼴이어야 한다. ··· ❶

따라서 $10<n\leq100$인 자연수 n은
$5\times2^2=20$, $5\times3^2=45$, $5\times4^2=80$의 3개이다. ··· ❷

$\text{답}\ 3$

채점 기준	배점
❶ $n=5\times(\text{자연수})^2$ 꼴임을 알기	50%
❷ n의 개수 구하기	50%

38 $\sqrt{\dfrac{192a}{5}}=\sqrt{\dfrac{2^6\times3\times a}{5}}$가 자연수가 되려면
$a=3\times5\times(\text{자연수})^2$ 꼴이어야 한다.
a의 값이 가장 작을 때, $a+b$의 값도 가장 작으므로
$a=3\times5=15$

$\therefore b=\sqrt{\dfrac{2^6\times3\times3\times5}{5}}=\sqrt{2^6\times3^2}=\sqrt{(2^3\times3)^2}=24$

$\therefore a+b=15+24=39 \qquad \text{답} ①$

39 $\sqrt{\dfrac{160}{x}}=\sqrt{\dfrac{2^5\times5}{x}}$가 자연수가 되려면 x는 160의 약수이면서 $2\times5\times(\text{자연수})^2$ 꼴이어야 한다.

따라서 가장 작은 자연수 x는
$2\times5=10 \qquad \text{답} 10$

40 $\sqrt{\dfrac{108}{x}}=\sqrt{\dfrac{2^2\times3^3}{x}}$이 자연수가 되려면 x는 108의 약수이면서 $3\times(\text{자연수})^2$ 꼴이어야 한다.

이때 x가 두 자리 자연수이므로 x는
$3\times2^2=12$, $3\times3^2=27$

따라서 구하는 모든 x의 값의 합은
$12+27=39 \qquad \text{답} ③$

41 $\sqrt{\dfrac{126}{a}}=\sqrt{\dfrac{2\times3^2\times7}{a}}$이 자연수가 되려면 a는 126의 약수이면서 $2\times7\times(\text{자연수})^2$ 꼴이어야 한다.
b의 값이 가장 크려면 a의 값은 가장 작아야 하므로
$a=2\times7=14$

$\therefore b=\sqrt{\dfrac{126}{14}}=\sqrt{9}=3 \qquad \text{답} ②$

42 $\sqrt{\dfrac{240}{x}}=\sqrt{\dfrac{2^4\times3\times5}{x}}$가 자연수가 되려면 x는 240의 약수이면서 $3\times5\times$(자연수)^2 꼴이어야 한다. ··· ❶

따라서 자연수 x는 15, $3\times5\times2^2=60$, $3\times5\times4^2=240$이므로 ··· ❷

순서쌍 (x,y)는 $(15,4)$, $(60,2)$, $(240,1)$의 3개이다.
··· ❸

답 3

채점 기준	배점
❶ x는 240의 약수이면서 $3\times5\times$(자연수)^2 꼴임을 알기	30%
❷ x의 값 구하기	40%
❸ 순서쌍 (x,y)의 개수 구하기	30%

43 $\sqrt{70+x}$가 자연수가 되려면 $70+x$가 70보다 큰 (자연수)^2 꼴이어야 하므로

$70+x=81,\ 100,\ 121,\ \cdots$

이때 x가 가장 작은 자연수이므로

$70+x=81$ $\quad\therefore x=11$

답 11

44 $\sqrt{18+x}$가 자연수가 되려면 $18+x$가 18보다 큰 (자연수)^2 꼴이어야 하므로

$18+x=25,\ 36,\ 49,\ 64,\ 81,\ \cdots$

이때 $\sqrt{18+x}$가 한 자리 자연수이므로

$18+x=25$ $\quad\therefore x=7$

$18+x=36$ $\quad\therefore x=18$

$18+x=49$ $\quad\therefore x=31$

$18+x=64$ $\quad\therefore x=46$

$18+x=81$ $\quad\therefore x=63$

따라서 구하는 모든 자연수 x의 값의 합은

$7+18+31+46+63=165$

답 ④

45 $\sqrt{42-x}$가 자연수가 되려면 $42-x$가 42보다 작은 (자연수)^2 꼴이어야 하므로

$42-x=1,\ 4,\ 9,\ 16,\ 25,\ 36$

이때 $\sqrt{42-x}$가 가장 큰 자연수가 되어야 하므로

$42-x=36$ $\quad\therefore x=6$

답 6

46 $\sqrt{57-x}$가 정수가 되려면 $57-x$가 57보다 작은 (정수)^2 꼴이어야 하므로

$57-x=0,\ 1,\ 4,\ 9,\ 16,\ 25,\ 36,\ 49$

$\therefore x=57,\ 56,\ 53,\ 48,\ 41,\ 32,\ 21,\ 8$

따라서 자연수 x의 개수는 8이다.

답 ④

47 ① $8=\sqrt{64}$이고 $\sqrt{60}<\sqrt{64}$이므로 $\sqrt{60}<8$

② $\sqrt{(-4)^2}=4$, $\sqrt{2^2}=2$이므로 $\sqrt{(-4)^2}>\sqrt{2^2}$

③ $5=\sqrt{25}$이고 $\sqrt{26}>\sqrt{25}$이므로 $-\sqrt{26}<-5$

④ $0.2=\sqrt{0.04}$이고 $\sqrt{0.01}<\sqrt{0.04}$이므로 $\sqrt{0.01}<0.2$

⑤ $\dfrac{1}{3}=\sqrt{\dfrac{1}{9}}$이고 $\sqrt{\dfrac{1}{4}}>\sqrt{\dfrac{1}{9}}$이므로 $\sqrt{\dfrac{1}{4}}>\dfrac{1}{3}$
답 ④

48 ㄱ. $0.2=\sqrt{0.04}$이고 $\sqrt{0.2}>\sqrt{0.04}$이므로 $\sqrt{0.2}>0.2$

ㄴ. $6=\sqrt{36}$이고 $\sqrt{40}>\sqrt{36}$이므로 $-\sqrt{40}<-\sqrt{36}$

$\therefore -\sqrt{40}<-6$

ㄷ. $2=\sqrt{4}$이고 $\sqrt{4}<\sqrt{\dfrac{25}{4}}$이므로 $2<\sqrt{\dfrac{25}{4}}$

$\therefore 2-\sqrt{\dfrac{25}{4}}<0$

ㄹ. $\sqrt{\dfrac{100}{9}}=\dfrac{10}{3}$이고 $\sqrt{3.24}=1.8$이므로 $\dfrac{10}{3}-1.8>0$

$\therefore \sqrt{\dfrac{100}{9}}-\sqrt{3.24}>0$

따라서 옳은 것은 ㄱ, ㄹ이다.
답 ③

49 $-\sqrt{(-2)^2}=-\sqrt{4}$, $-0.7=-\sqrt{0.49}$이고

$-\sqrt{11}<-\sqrt{4}<-\sqrt{\dfrac{25}{9}}<-\sqrt{0.6}<-\sqrt{0.49}$이므로

$-\sqrt{11}<-\sqrt{(-2)^2}<-\sqrt{\dfrac{25}{9}}<-\sqrt{0.6}<-0.7$ ··· ❶

따라서 $a=-\sqrt{11}$, $b=-0.7$이므로 ··· ❷

$a^2+b^2=(-\sqrt{11})^2+(-0.7)^2$

$\qquad\quad=11+0.49=11.49$ ··· ❸

답 11.49

채점 기준	배점
❶ 주어진 수의 대소를 비교하기	60%
❷ a, b의 값 구하기	20%
❸ a^2+b^2의 값 구하기	20%

50 $\sqrt{9}<\sqrt{11}<\sqrt{16}$에서 $3<\sqrt{11}<4$이므로

$\sqrt{11}-4<0$, $\sqrt{11}-3>0$

$\therefore \sqrt{(\sqrt{11}-4)^2}+\sqrt{(\sqrt{11}-3)^2}$

$\quad=-(\sqrt{11}-4)+(\sqrt{11}-3)$

$\quad=-\sqrt{11}+4+\sqrt{11}-3=1$
답 ③

51 $\sqrt{7}<\sqrt{9}$에서 $\sqrt{7}<3$이므로

$\sqrt{7}-3<0$, $3-\sqrt{7}>0$

$\therefore \sqrt{(\sqrt{7}-3)^2}-\sqrt{(3-\sqrt{7})^2}=-(\sqrt{7}-3)-(3-\sqrt{7})$

$\qquad\qquad\qquad\qquad\qquad=-\sqrt{7}+3-3+\sqrt{7}=0$

답 ③

52 $\sqrt{8}<\sqrt{9}$에서 $\sqrt{8}<3$이므로

$3-\sqrt{8}>0$, $\sqrt{8}-3<0$

$\therefore \sqrt{\left(-\dfrac{3}{4}\right)^2}+\sqrt{\left(-\sqrt{\dfrac{1}{4}}\right)^2}+\sqrt{(3-\sqrt{8})^2}-\sqrt{(\sqrt{8}-3)^2}$

$\quad=\dfrac{3}{4}+\dfrac{1}{4}+(3-\sqrt{8})-\{-(\sqrt{8}-3)\}$

$\quad=1+3-\sqrt{8}+\sqrt{8}-3=1$
답 ④

53 $5<\sqrt{5x}<7$에서 $5^2<(\sqrt{5x})^2<7^2$

$25<5x<49$ $\therefore 5<x<\dfrac{49}{5}$

따라서 자연수 x는 6, 7, 8, 9의 4개이다.   답 ③

54 $\sqrt{3}<n<\sqrt{31}$에서 $(\sqrt{3})^2<n^2<(\sqrt{31})^2$ $\therefore 3<n^2<31$

따라서 자연수 n은 2, 3, 4, 5이므로 구하는 모든 자연수 n
의 합은 $2+3+4+5=14$ 답 ②

55 $4<\sqrt{5x-2}<9$에서 $4^2<(\sqrt{5x-2})^2<9^2$

$16<5x-2<81$, $18<5x<83$

$\therefore \dfrac{18}{5}<x<\dfrac{83}{5}$

따라서 자연수 x는 4, 5, 6, …, 16의 13개이다.   답 ④

56 $-\sqrt{19}<-\sqrt{4x-1}<-2$에서 $2<\sqrt{4x-1}<\sqrt{19}$

$2^2<(\sqrt{4x-1})^2<(\sqrt{19})^2$, $4<4x-1<19$

$5<4x<20$ $\therefore \dfrac{5}{4}<x<5$ ··· ❶

따라서 자연수 x는 2, 3, 4이므로 $a=4$, $b=2$ ··· ❷

$\therefore a^2-b^2=16-4=12$ ··· ❸

답 12

채점 기준	배점
❶ x의 값의 범위 구하기	60%
❷ a, b의 값 구하기	30%
❸ a^2-b^2의 값 구하기	10%

57 $\sqrt{100}<\sqrt{110}<\sqrt{121}$에서 $10<\sqrt{110}<11$이므로

$f(110)=10$

$\sqrt{25}<\sqrt{35}<\sqrt{36}$에서 $5<\sqrt{35}<6$이므로

$f(35)=5$

$\therefore f(110)-f(35)=10-5=5$ 답 ⑤

58 $\sqrt{81}<\sqrt{84}<\sqrt{100}$에서 $9<\sqrt{84}<10$이므로

$N(84)=9$

$\sqrt{36}<\sqrt{41}<\sqrt{49}$에서 $6<\sqrt{41}<7$이므로

$N(41)=6$

$\sqrt{144}<\sqrt{155}<\sqrt{169}$에서 $12<\sqrt{155}<13$이므로

$N(155)=12$

$\therefore N(84)-N(41)+N(155)=9-6+12=15$ 답 ④

59 $\sqrt{9}=3$, $\sqrt{16}=4$, $\sqrt{25}=5$, $\sqrt{36}=6$이므로

$f(11)=f(12)=f(13)=f(14)=f(15)=3$

$f(16)=f(17)=f(18)=\cdots=f(24)=4$

$f(25)=f(26)=5$

$\therefore f(11)+f(12)+\cdots+f(26)=3\times5+4\times9+5\times2$

$\qquad\qquad=15+36+10=61$ 답 61

Ⅰ. 실수와 그 계산

Real 실전 **유형** ★again ★
02 무리수와 실수

10~13쪽

01 $\sqrt{2.89}=1.7$, $\sqrt{\dfrac{4}{25}}=\dfrac{2}{5}$, $-\sqrt{(-0.3)^2}=-0.3$,

$6-\sqrt{4}=6-2=4$는 유리수이다.

따라서 무리수는 π의 1개이다.   답 ①

02 각 정사각형의 한 변의 길이를 구해 보면 다음과 같다.

ㄱ. $\sqrt{5}$ ㄴ. 4   ㄷ. $\dfrac{9}{7}$

ㄹ. $\sqrt{40}$ ㅁ. $\dfrac{16\sqrt{2}}{4}=4\sqrt{2}$ ··· ❶

따라서 한 변의 길이가 유리수인 것은 ㄴ, ㄷ이다.   ··· ❷

답 ㄴ, ㄷ

채점 기준	배점
❶ 각 정사각형의 한 변의 길이 구하기	60%
❷ 한 변의 길이가 유리수인 것 찾기	40%

03 ③ $\pm\sqrt{0.25}=\pm0.5$

④ $\sqrt{361}=19$

⑤ $\sqrt{\dfrac{16}{9}}=\dfrac{4}{3}$ 답 ①, ②

04 ② 순환소수는 무한소수이지만 유리수이다.   답 ②

05 ③ 순환소수가 아닌 무한소수로 나타내어진다.   답 ③

06 ② $\sqrt{25}=5$와 같이 근호 안의 수가 제곱인 수이면 유리수이
다.

③ 유한소수는 모두 유리수이다.

⑤ 0을 제곱한 값은 0으로 양수가 아니다.   답 ①, ④

07 $\sqrt{33.4}=5.779$이므로 $a=5.779$

$\sqrt{32.4}=5.692$이므로 $b=32.4$

$\therefore 1000a+10b=5779+324=6103$ 답 ⑤

08 $\sqrt{8.85}=2.975$이므로 $a=2.975$

$\sqrt{8.97}=2.995$이므로 $b=2.995$

$\therefore 100(a+b)=100(2.975+2.995)$

$\qquad\qquad=100\times5.97=597$ 답 597

09 $\sqrt{55.4}=7.443$이므로 $a=55.4$

$\sqrt{56.2}=7.497$이므로 $b=56.2$

$\sqrt{57}=7.550$이므로 $c=57$

$\dfrac{a+b+c}{3}=\dfrac{55.4+56.2+57}{3}=56.2$이므로

$$\sqrt{\dfrac{a+b+c}{3}}=\sqrt{56.2}=7.497$$

답 7.497

10 ①, ③ $\overline{AC}=\sqrt{2^2+2^2}=\sqrt{8}$이므로
$\overline{AP}=\overline{AC}=\sqrt{8}$ ∴ $P(-4+\sqrt{8})$
②, ④ $\overline{AQ}=\overline{AC}=\sqrt{8}$이므로 $Q(-4-\sqrt{8})$
⑤ $\overline{BP}=\overline{AP}-\overline{AB}=\sqrt{8}-2$

답 ⑤

11 ① 정사각형 ABCD의 넓이가 7이므로 $\overline{CB}=\sqrt{7}$
∴ $\overline{CP}=\overline{CB}=\sqrt{7}$
② 정사각형 EFGH의 넓이가 18이므로 $\overline{GH}=\sqrt{18}$
∴ $\overline{GS}=\overline{GH}=\sqrt{18}$
③ $\overline{CQ}=\overline{CD}=\overline{CB}=\sqrt{7}$이므로 $Q(-2+\sqrt{7})$
④ $\overline{GR}=\overline{GF}=\overline{GH}=\sqrt{18}$이므로 $R(6-\sqrt{18})$
⑤ $\overline{GS}=\sqrt{18}$이므로 $S(6+\sqrt{18})$

답 ③

12 $\overline{AC}=\sqrt{2^2+3^2}=\sqrt{13}$ … ❶
$\overline{AQ}=\overline{AC}=\sqrt{13}$이므로 점 A에 대응하는 수는
$(-5+\sqrt{13})-\sqrt{13}=-5$ … ❷
$\overline{AP}=\overline{AQ}=\sqrt{13}$이므로 점 P에 대응하는 수는
$-5-\sqrt{13}$ … ❸

답 $-5-\sqrt{13}$

채점 기준	배점
❶ $\overline{AC}$의 길이 구하기	30%
❷ 점 A에 대응하는 수 구하기	40%
❸ 점 P에 대응하는 수 구하기	30%

13 ② 0과 1 사이에는 정수가 없다.
④ 1에 가장 가까운 무리수는 찾을 수 없다.

답 ②, ④

14 ① $-\dfrac{5}{9}$와 $-\dfrac{1}{9}$ 사이에는 무수히 많은 유리수가 있다.
② $\sqrt{12}$와 $\sqrt{13}$ 사이에는 무수히 많은 유리수가 있다.
③ 1에 가장 가까운 유리수는 찾을 수 없다.
⑤ 서로 다른 두 유리수 사이에는 무수히 많은 무리수와 유리수가 있다.

답 ④

15 ㄷ. $\sqrt{5}$와 $\sqrt{6}$ 사이에는 정수가 존재하지 않는다.
ㄹ. 모든 유리수는 수직선 위의 한 점에 대응한다.
따라서 옳은 것은 ㄱ, ㄴ이다.

답 ㄱ, ㄴ

16 $\sqrt{9}<\sqrt{11}<\sqrt{16}$, 즉 $3<\sqrt{11}<4$이므로
$-2<\sqrt{11}-5<-1$
따라서 $\sqrt{11}-5$에 대응하는 점은 A이다.

답 ①

17 $\sqrt{49}<\sqrt{51}<\sqrt{64}$, 즉 $7<\sqrt{51}<8$이므로 $\sqrt{51}$에 대응하는 점은 B이다.

답 점 B

18 (i) $\sqrt{4}<\sqrt{5}<\sqrt{9}$, 즉 $2<\sqrt{5}<3$이므로 $-3<-\sqrt{5}<-2$
∴ $0<3-\sqrt{5}<1$
따라서 $3-\sqrt{5}$에 대응하는 점이 있는 구간은 B이다. … ❶
(ii) $\sqrt{16}<\sqrt{24}<\sqrt{25}$, 즉 $4<\sqrt{24}<5$이므로 $\sqrt{24}$에 대응하는 점이 있는 구간은 F이다. … ❷
(iii) $\sqrt{4}<\sqrt{7}<\sqrt{9}$, 즉 $2<\sqrt{7}<3$이므로 $1<-1+\sqrt{7}<2$
따라서 $-1+\sqrt{7}$에 대응하는 점이 있는 구간은 C이다. … ❸

(i), (ii), (iii)에서 구하는 구간은 차례대로 구간 B, 구간 F, 구간 C이다. … ❹

답 구간 B, 구간 F, 구간 C

채점 기준	배점
❶ $3-\sqrt{5}$에 대응하는 점이 있는 구간 구하기	30%
❷ $\sqrt{24}$에 대응하는 점이 있는 구간 구하기	30%
❸ $-1+\sqrt{7}$에 대응하는 점이 있는 구간 구하기	30%
❹ 구간을 차례대로 구하기	10%

19 $\sqrt{9}<\sqrt{13}<\sqrt{16}$, 즉 $3<\sqrt{13}<4$
$\sqrt{4}<\sqrt{7}<\sqrt{9}$, 즉 $2<\sqrt{7}<3$ ∴ $-3<-\sqrt{7}<-2$
$\sqrt{1}<\sqrt{2}<\sqrt{4}$, 즉 $1<\sqrt{2}<2$ ∴ $2<1+\sqrt{2}<3$
$\sqrt{4}<\sqrt{8}<\sqrt{9}$, 즉 $2<\sqrt{8}<3$이므로 $-3<-\sqrt{8}<-2$
∴ $0<3-\sqrt{8}<1$
따라서 점 A에 대응하는 수는 $-\sqrt{7}$이고 점 D에 대응하는 수는 $\sqrt{13}$이다.

답 A: $-\sqrt{7}$, D: $\sqrt{13}$

20 $6=\sqrt{36}$, $7=\sqrt{49}$이므로 6과 7 사이에 있는 수는 $\sqrt{37}$, $\sqrt{41}$, $\sqrt{44}$, $\sqrt{47}$의 4개이다.

답 ④

21 ① $\sqrt{3}<\sqrt{4}<\sqrt{6}$이므로 $\sqrt{3}<2<\sqrt{6}$
② $\sqrt{3}+\dfrac{1}{2}=1.732+0.5=2.232$
③ $\sqrt{3}+\dfrac{4}{5}=1.732+0.8=2.532>\sqrt{6}$

따라서 $\sqrt{3}+\dfrac{4}{5}$는 $\sqrt{3}$과 $\sqrt{6}$ 사이에 있는 수가 아니다.
④ $\dfrac{\sqrt{3}+\sqrt{6}}{2}=\dfrac{1.732+2.449}{2}=2.0905$
⑤ $\sqrt{6}-\dfrac{1}{2}=2.449-0.5=1.949$

답 ③

22 $\sqrt{16}<\sqrt{22}<\sqrt{25}$, 즉 $4<\sqrt{22}<5$이고 $6=\sqrt{36}$이다.
① $4<\sqrt{22}<5$에서 $5<\sqrt{22}+1<6$
② $5=\sqrt{25}$ ∴ $\sqrt{22}<5<6$
③ $2<\sqrt{7}<3$에서 $5<3+\sqrt{7}<6$
④ $\dfrac{\sqrt{22}+6}{2}$은 $\sqrt{22}$와 6의 평균이므로 $\sqrt{22}$와 6 사이에 있는 수이다.

⑤ $4<\sqrt{17}<5$에서 $6<2+\sqrt{17}<7$이므로 $2+\sqrt{17}$은 $\sqrt{22}$와 6 사이에 있는 수가 아니다.

답 ⑤

23 $13<\sqrt{a}<14$에서 $\sqrt{169}<\sqrt{a}<\sqrt{196}$

∴ $169<a<196$ … ❶

따라서 구하는 자연수 a는

170, 171, 172, ⋯, 195의 26개이다. … ❷

답 26

채점 기준	배점
❶ a의 값의 범위 구하기	50%
❷ 자연수 a의 개수 구하기	50%

24 $\sqrt{4}<\sqrt{5}<\sqrt{9}$, 즉 $2<\sqrt{5}<3$이므로

$4<2+\sqrt{5}<5$

$\sqrt{4}<\sqrt{6}<\sqrt{9}$, 즉 $2<\sqrt{6}<3$이므로

$-3<-\sqrt{6}<-2$ ∴ $2<5-\sqrt{6}<3$

$\sqrt{4}<\sqrt{8}<\sqrt{9}$, 즉 $2<\sqrt{8}<3$이므로

$-3<-\sqrt{8}<-2$ ∴ $-2<1-\sqrt{8}<-1$

$\sqrt{1}<\sqrt{3}<\sqrt{4}$, 즉 $1<\sqrt{3}<2$이므로

$-1<\sqrt{3}-2<0$

따라서 네 점 A, B, C, D에 대응하는 수는 각각

$1-\sqrt{8}$, $\sqrt{3}-2$, $5-\sqrt{6}$, $2+\sqrt{5}$

이고, 주어진 네 수의 대소를 비교하면

$1-\sqrt{8}<\sqrt{3}-2<5-\sqrt{6}<2+\sqrt{5}$

답 풀이 참조

25 ① $-\sqrt{7}=-\sqrt{\dfrac{28}{4}}$, $-2.5=-\dfrac{5}{2}=-\sqrt{\dfrac{25}{4}}$이므로

$-\sqrt{7}<-2.5$

② $-\dfrac{1}{4}=-\sqrt{\dfrac{1}{16}}$이고 $-\sqrt{\dfrac{1}{16}}>-\sqrt{\dfrac{1}{11}}$이므로

$-\dfrac{1}{4}>-\sqrt{\dfrac{1}{11}}$

③ $3=\sqrt{9}$이고 $\sqrt{\dfrac{22}{3}}<\sqrt{9}$이므로 $\sqrt{\dfrac{22}{3}}<3$

④ $3=\sqrt{9}$이고 $\sqrt{10}>\sqrt{9}$이므로 $\sqrt{10}>3$ ∴ $\sqrt{10}-3>0$

⑤ $\dfrac{9}{4}=\sqrt{\dfrac{81}{16}}$이고 $\sqrt{6}>\sqrt{\dfrac{81}{16}}$이므로 $\sqrt{6}>\dfrac{9}{4}$

답 ⑤

26 $\sqrt{9}<\sqrt{10}<\sqrt{16}$, 즉 $3<\sqrt{10}<4$이므로 $-4<-\sqrt{10}<-3$

$\sqrt{1}<\sqrt{2}<\sqrt{4}$, 즉 $1<\sqrt{2}<2$이므로

$-2<-\sqrt{2}<-1$ ∴ $0<2-\sqrt{2}<1$

$\sqrt{4}<\sqrt{6}<\sqrt{9}$, 즉 $2<\sqrt{6}<3$이므로 $-3<\sqrt{6}-5<-2$

$\sqrt{4}<\sqrt{8}<\sqrt{9}$, 즉 $2<\sqrt{8}<3$이므로 $-1<-3+\sqrt{8}<0$

따라서 네 점 A, B, C, D에 대응하는 수는 각각

$-\sqrt{10}$, $\sqrt{6}-5$, $-3+\sqrt{8}$, $2-\sqrt{2}$

이므로 가장 큰 수는 $2-\sqrt{2}$, 가장 작은 수는 $-\sqrt{10}$이다.

답 가장 큰 수: $2-\sqrt{2}$, 가장 작은 수: $-\sqrt{10}$

Real 실전 유형 again 14～23쪽

03 근호를 포함한 식의 계산

01 $2\sqrt{7}\times\left(-\sqrt{\dfrac{15}{14}}\right)\times(-3\sqrt{2})=6\sqrt{7\times\dfrac{15}{14}\times2}$

$=6\sqrt{15}$

답 ⑤

02 ① $\sqrt{6}\times\sqrt{7}=\sqrt{6\times7}=\sqrt{42}$

② $-\sqrt{3}\times\sqrt{12}=-\sqrt{3\times12}=-\sqrt{36}=-6$

③ $4\sqrt{5}\times3\sqrt{2}=12\sqrt{5\times2}=12\sqrt{10}$

④ $\sqrt{\dfrac{10}{3}}\times\sqrt{\dfrac{3}{5}}=\sqrt{\dfrac{10}{3}\times\dfrac{3}{5}}=\sqrt{2}$

⑤ $\sqrt{\dfrac{11}{26}}\times\sqrt{\dfrac{13}{22}}=\sqrt{\dfrac{11}{26}\times\dfrac{13}{22}}=\sqrt{\dfrac{1}{4}}=\dfrac{1}{2}$

답 ⑤

03 $2\sqrt{3}\times\sqrt{6}\times\sqrt{8}=2\sqrt{3\times6\times8}=2\sqrt{144}=24$

∴ $a=24$

$2\sqrt{\dfrac{14}{15}}\times\sqrt{\dfrac{30}{7}}=2\sqrt{\dfrac{14}{15}\times\dfrac{30}{7}}=2\sqrt{4}=4$

∴ $b=4$

∴ $a-b=24-4=20$

답 ③

04 $\sqrt{3}\times\sqrt{5}\times\sqrt{a}\times\sqrt{20}\times\sqrt{3a}=\sqrt{3\times5\times a\times20\times3a}$

$=\sqrt{900\times a^2}=\sqrt{(30a)^2}$

$=30a\ (\because\ a>0)$ … ❶

따라서 $30a=120$이므로 $a=4$ … ❷

답 4

채점 기준	배점
❶ 주어진 식의 좌변을 간단히 나타내기	80%
❷ a의 값 구하기	20%

05 $\sqrt{24}=\sqrt{2^2\times6}=2\sqrt{6}$이므로 $a=2$

$8\sqrt{2}=\sqrt{8^2\times2}=\sqrt{128}$이므로 $b=128$

∴ $\sqrt{ab}=\sqrt{2\times128}=\sqrt{256}=16$

답 ④

06 ① $\sqrt{32}=\sqrt{4^2\times2}=4\sqrt{2}$

② $-\sqrt{150}=-\sqrt{5^2\times6}=-5\sqrt{6}$

③ $-\sqrt{288}=-\sqrt{12^2\times2}=-12\sqrt{2}$

④ $\sqrt{343}=\sqrt{7^3}=7\sqrt{7}$

⑤ $\sqrt{480}=\sqrt{4^2\times30}=4\sqrt{30}$

답 ⑤

07 $9\sqrt{2}=\sqrt{9^2\times2}=\sqrt{162}$이므로

$72+5x=162$, $5x=90$ ∴ $x=18$

답 ④

08 ① $\dfrac{\sqrt{32}}{\sqrt{8}}=\sqrt{\dfrac{32}{8}}=\sqrt{4}=2$

② $12\sqrt{12}\div6\sqrt{6}=\dfrac{12\sqrt{12}}{6\sqrt{6}}=2\sqrt{\dfrac{12}{6}}=2\sqrt{2}$

③ $4\sqrt{30} \div 8\sqrt{5} = \dfrac{4\sqrt{30}}{8\sqrt{5}} = \dfrac{1}{2}\sqrt{\dfrac{30}{5}} = \dfrac{\sqrt{6}}{2}$

④ $\dfrac{\sqrt{40}}{\sqrt{12}} \div \dfrac{2\sqrt{15}}{\sqrt{8}} = \dfrac{\sqrt{40}}{\sqrt{12}} \times \dfrac{\sqrt{8}}{2\sqrt{15}}$

$\qquad = \dfrac{1}{2}\sqrt{\dfrac{40}{12} \times \dfrac{8}{15}} = \dfrac{1}{2}\sqrt{\dfrac{16}{9}}$

$\qquad = \dfrac{1}{2} \times \dfrac{4}{3} = \dfrac{2}{3}$

⑤ $\sqrt{36} \div \sqrt{18} \div \dfrac{1}{\sqrt{12}} = \sqrt{36} \times \dfrac{1}{\sqrt{18}} \times \sqrt{12}$

$\qquad = \sqrt{36 \times \dfrac{1}{18} \times 12}$

$\qquad = \sqrt{24} = 2\sqrt{6}$ **답** ④

09 ① $\sqrt{52} \div 2 = 2\sqrt{13} \div 2 = \sqrt{13}$

② $2\sqrt{20} \div 4\sqrt{2} = \dfrac{2\sqrt{20}}{4\sqrt{2}} = \dfrac{1}{2}\sqrt{\dfrac{20}{2}} = \dfrac{\sqrt{10}}{2}$

③ $\sqrt{0.8} \div \sqrt{0.2} = \sqrt{\dfrac{8}{10}} \div \sqrt{\dfrac{2}{10}} = \sqrt{\dfrac{8}{10} \times \dfrac{10}{2}} = \sqrt{4} = 2$

④ $\sqrt{\dfrac{35}{11}} \div \sqrt{\dfrac{14}{33}} = \sqrt{\dfrac{35}{11}} \times \sqrt{\dfrac{33}{14}} = \sqrt{\dfrac{35}{11} \times \dfrac{33}{14}} = \sqrt{\dfrac{15}{2}}$

⑤ $\dfrac{\sqrt{5}}{\sqrt{6}} \div \dfrac{\sqrt{45}}{\sqrt{18}} = \dfrac{\sqrt{5}}{\sqrt{6}} \times \dfrac{\sqrt{18}}{\sqrt{45}} = \sqrt{\dfrac{5}{6} \times \dfrac{18}{45}} = \sqrt{\dfrac{1}{3}}$ **답** ⑤

10 $6\sqrt{3} \div \dfrac{\sqrt{15}}{\sqrt{8}} \div \dfrac{1}{\sqrt{30}} = 6\sqrt{3} \times \dfrac{\sqrt{8}}{\sqrt{15}} \times \sqrt{30}$

$\qquad = 6\sqrt{3 \times \dfrac{8}{15} \times 30} = 24\sqrt{3}$

$\therefore n = 24$ **답** 24

11 $\sqrt{a} = \sqrt{\dfrac{16}{3}} \div \sqrt{\dfrac{5}{12}} \div \sqrt{\dfrac{8}{15}} = \sqrt{\dfrac{16}{3}} \times \sqrt{\dfrac{12}{5}} \times \sqrt{\dfrac{15}{8}}$

$\qquad = \sqrt{\dfrac{16}{3} \times \dfrac{12}{5} \times \dfrac{15}{8}} = \sqrt{24}$ … ❶

$\sqrt{b} = 4\sqrt{5} \div \sqrt{8} \div \sqrt{15} = \sqrt{80} \times \dfrac{1}{\sqrt{8}} \times \dfrac{1}{\sqrt{15}}$

$\qquad = \sqrt{80 \times \dfrac{1}{8} \times \dfrac{1}{15}} = \sqrt{\dfrac{2}{3}}$ … ❷

$\sqrt{a} \div \sqrt{b} = \sqrt{24} \div \sqrt{\dfrac{2}{3}} = \sqrt{24} \times \sqrt{\dfrac{3}{2}}$

$\qquad = \sqrt{24 \times \dfrac{3}{2}} = \sqrt{36} = 6$

따라서 $\sqrt{a}$는 $\sqrt{b}$의 6배이다. … ❸

답 6배

채점 기준	배점
❶ $\sqrt{a}$의 값 구하기	30%
❷ $\sqrt{b}$의 값 구하기	30%
❸ $\sqrt{a}$가 $\sqrt{b}$의 몇 배인지 구하기	40%

12 ㄱ. $\sqrt{0.48} = \sqrt{\dfrac{48}{100}} = \sqrt{\dfrac{4^2 \times 3}{10^2}} = \dfrac{4\sqrt{3}}{10} = \dfrac{2\sqrt{3}}{5}$

ㄴ. $\sqrt{\dfrac{15}{27}} = \sqrt{\dfrac{5}{9}} = \sqrt{\dfrac{5}{3^2}} = \dfrac{\sqrt{5}}{3}$

ㄷ. $\sqrt{0.45} = \sqrt{\dfrac{45}{100}} = \sqrt{\dfrac{3^2 \times 5}{10^2}} = \dfrac{3\sqrt{5}}{10}$

ㄹ. $-\sqrt{\dfrac{35}{112}} = -\sqrt{\dfrac{5}{16}} = -\sqrt{\dfrac{5}{4^2}} = -\dfrac{\sqrt{5}}{4}$

따라서 옳은 것은 ㄷ, ㄹ이다. **답** ⑤

13 $\sqrt{1.5} = \sqrt{\dfrac{150}{100}} = \sqrt{\dfrac{5^2 \times 6}{10^2}} = \dfrac{5\sqrt{6}}{10} = \dfrac{\sqrt{6}}{2}$

$\therefore k = \dfrac{1}{2}$ **답** ⑤

14 $\dfrac{5\sqrt{2}}{\sqrt{12}} = \dfrac{\sqrt{5^2 \times 2}}{\sqrt{12}} = \dfrac{\sqrt{50}}{\sqrt{12}} = \sqrt{\dfrac{50}{12}} = \sqrt{\dfrac{25}{6}}$

$\therefore a = \dfrac{25}{6}$

$\dfrac{5\sqrt{3}}{6} = \dfrac{\sqrt{5^2 \times 3}}{\sqrt{6^2}} = \dfrac{\sqrt{75}}{\sqrt{36}} = \sqrt{\dfrac{75}{36}} = \sqrt{\dfrac{25}{12}}$

$\therefore b = \dfrac{25}{12}$

$\therefore \dfrac{b}{a} = b \div a = \dfrac{25}{12} \div \dfrac{25}{6} = \dfrac{25}{12} \times \dfrac{6}{25} = \dfrac{1}{2}$ **답** $\dfrac{1}{2}$

15 $\sqrt{0.009} = \sqrt{\dfrac{90}{10000}} = \sqrt{\dfrac{3^2 \times 10}{100^2}} = \dfrac{3\sqrt{10}}{100}$이므로

$a = \dfrac{3}{100}$

$\sqrt{\dfrac{180}{81}} = \sqrt{\dfrac{6^2 \times 5}{9^2}} = \dfrac{6\sqrt{5}}{9} = \dfrac{2\sqrt{5}}{3}$이므로

$b = \dfrac{2}{3}$

$\therefore ab = \dfrac{3}{100} \times \dfrac{2}{3} = \dfrac{1}{50}$ **답** $\dfrac{1}{50}$

16 ① $\sqrt{632} = \sqrt{6.32 \times 100} = 10\sqrt{6.32}$

$\qquad = 10 \times 2.514 = 25.14$

② $\sqrt{6320} = \sqrt{63.2 \times 100} = 10\sqrt{63.2}$

$\qquad = 10 \times 7.950 = 79.50$

③ $\sqrt{63200} = \sqrt{6.32 \times 10000} = 100\sqrt{6.32}$

$\qquad = 100 \times 2.514 = 251.4$

④ $\sqrt{0.0632} = \sqrt{\dfrac{6.32}{100}} = \dfrac{\sqrt{6.32}}{10} = \dfrac{2.514}{10} = 0.2514$

⑤ $\sqrt{0.00632} = \sqrt{\dfrac{63.2}{10000}} = \dfrac{\sqrt{63.2}}{100} = \dfrac{7.950}{100} = 0.07950$

답 ④

17 ① $\sqrt{700000} = \sqrt{70 \times 10000} = 100\sqrt{70}$

$\qquad = 100 \times 8.367 = 836.7$

② $\sqrt{7000} = \sqrt{70 \times 100} = 10\sqrt{70}$

$\qquad = 10 \times 8.367 = 83.67$

⑤ $\sqrt{0.007} = \sqrt{\dfrac{70}{10000}} = \dfrac{\sqrt{70}}{100} = \dfrac{8.367}{100} = 0.08367$

답 ③, ④

18 ① $\sqrt{562}=\sqrt{5.62\times100}=10\sqrt{5.62}=10\times2.371=23.71$

② $\sqrt{58200}=\sqrt{5.82\times10000}=100\sqrt{5.82}$
$=100\times2.412=241.2$

③ $\sqrt{0.571}=\sqrt{\dfrac{57.1}{100}}=\dfrac{\sqrt{57.1}}{10}$이므로 $\sqrt{57.1}$의 값이 주어져

야 한다.

④ $\sqrt{0.0564}=\sqrt{\dfrac{5.64}{100}}=\dfrac{\sqrt{5.64}}{10}=\dfrac{2.375}{10}=0.2375$

⑤ $\sqrt{0.000573}=\sqrt{\dfrac{5.73}{10000}}=\dfrac{\sqrt{5.73}}{100}=\dfrac{2.394}{100}=0.02394$

답 ③

19 $\dfrac{1}{\sqrt{500}}=\sqrt{\dfrac{1}{500}}=\sqrt{\dfrac{20}{10000}}=\dfrac{\sqrt{20}}{100}$
$=\dfrac{4.472}{100}=0.04472$ 답 0.04472

20 $\sqrt{700}=\sqrt{2^2\times5^2\times7}=2\times(\sqrt{5})^2\times\sqrt{7}=2a^2b$ 답 ②

21 $\sqrt{162}-\sqrt{96}=\sqrt{2\times9^2}-\sqrt{4^2\times6}$
$=9\sqrt{2}-4\sqrt{6}=9x-4y$ 답 ③

22 $\sqrt{0.025}+\sqrt{250000}=\sqrt{\dfrac{2.5}{100}}+\sqrt{25\times10000}$
$=\dfrac{\sqrt{2.5}}{10}+100\sqrt{25}$
$=\dfrac{a}{10}+100b$ 답 ③

23 $\sqrt{500000}=\sqrt{50\times10000}=100\sqrt{50}=100a$ … ❶

$\sqrt{0.006}=\sqrt{\dfrac{60}{10000}}=\dfrac{\sqrt{60}}{100}=\dfrac{b}{100}$ … ❷

따라서 $\sqrt{500000}+\sqrt{0.006}=100a+\dfrac{b}{100}$이므로

$x=100$, $y=\dfrac{1}{100}$ … ❸

$\therefore xy=100\times\dfrac{1}{100}=1$ … ❹

답 1

채점 기준	배점
❶ $\sqrt{500000}$을 a를 사용하여 나타내기	30%
❷ $\sqrt{0.006}$을 b를 사용하여 나타내기	30%
❸ x, y의 값 각각 구하기	20%
❹ xy의 값 구하기	20%

24 $\dfrac{\sqrt{2}}{4\sqrt{3}}=\dfrac{\sqrt{2}\times\sqrt{3}}{4\sqrt{3}\times\sqrt{3}}=\dfrac{\sqrt{6}}{12}$이므로 $a=\dfrac{1}{12}$

$\dfrac{4}{\sqrt{80}}=\dfrac{4}{4\sqrt{5}}=\dfrac{1}{\sqrt{5}}=\dfrac{\sqrt{5}}{\sqrt{5}\times\sqrt{5}}=\dfrac{\sqrt{5}}{5}$이므로 $b=\dfrac{1}{5}$

$\therefore \sqrt{3ab}=\sqrt{3\times\dfrac{1}{12}\times\dfrac{1}{5}}=\sqrt{\dfrac{1}{20}}$
$=\dfrac{1}{\sqrt{20}}=\dfrac{1}{2\sqrt{5}}=\dfrac{\sqrt{5}}{10}$ 답 $\dfrac{\sqrt{5}}{10}$

25 ① $\dfrac{18}{\sqrt{6}}=\dfrac{18\times\sqrt{6}}{\sqrt{6}\times\sqrt{6}}=\dfrac{18\sqrt{6}}{6}=3\sqrt{6}$

② $\dfrac{\sqrt{5}}{\sqrt{11}}=\dfrac{\sqrt{5}\times\sqrt{11}}{\sqrt{11}\times\sqrt{11}}=\dfrac{\sqrt{55}}{11}$

③ $\dfrac{8}{\sqrt{20}}=\dfrac{8}{2\sqrt{5}}=\dfrac{4}{\sqrt{5}}=\dfrac{4\times\sqrt{5}}{\sqrt{5}\times\sqrt{5}}=\dfrac{4\sqrt{5}}{5}$

④ $\dfrac{9}{4\sqrt{3}}=\dfrac{9\times\sqrt{3}}{4\sqrt{3}\times\sqrt{3}}=\dfrac{9\sqrt{3}}{12}=\dfrac{3\sqrt{3}}{4}$

⑤ $\dfrac{\sqrt{2}}{2\sqrt{6}}=\dfrac{\sqrt{2}\times\sqrt{6}}{2\sqrt{6}\times\sqrt{6}}=\dfrac{\sqrt{12}}{12}=\dfrac{2\sqrt{3}}{12}=\dfrac{\sqrt{3}}{6}$ 답 ④

26 $\sqrt{\dfrac{125}{108}}=\dfrac{\sqrt{125}}{\sqrt{108}}=\dfrac{5\sqrt{5}}{6\sqrt{3}}=\dfrac{5\sqrt{5}\times\sqrt{3}}{6\sqrt{3}\times\sqrt{3}}=\dfrac{5\sqrt{15}}{18}$

따라서 $a=6$, $b=5$, $c=\dfrac{5}{18}$이므로

$abc=6\times5\times\dfrac{5}{18}=\dfrac{25}{3}$ 답 $\dfrac{25}{3}$

27 $\dfrac{8\sqrt{a}}{3\sqrt{6}}=\dfrac{8\sqrt{a}\times\sqrt{6}}{3\sqrt{6}\times\sqrt{6}}=\dfrac{8\sqrt{6a}}{18}=\dfrac{4\sqrt{6a}}{9}$이므로

$\dfrac{4\sqrt{6a}}{9}=\dfrac{8\sqrt{3}}{9}$에서 $4\sqrt{6a}=8\sqrt{3}$

$\sqrt{6a}=2\sqrt{3}$, $\sqrt{6a}=\sqrt{12}$, $6a=12$ $\therefore a=2$ 답 ①

28 $\dfrac{\sqrt{10}}{\sqrt{56}}\times\dfrac{2\sqrt{2}}{\sqrt{5}}\div\dfrac{3}{\sqrt{14}}=\dfrac{\sqrt{10}}{2\sqrt{14}}\times\dfrac{2\sqrt{2}}{\sqrt{5}}\times\dfrac{\sqrt{14}}{3}=\dfrac{2}{3}$ 답 ③

29 $\sqrt{24}\div\sqrt{96}\times\sqrt{80}=2\sqrt{6}\times\dfrac{1}{4\sqrt{6}}\times4\sqrt{5}=2\sqrt{5}$

$\therefore a=2$ 답 2

30 ① $5\sqrt{2}\times\sqrt{6}\div\sqrt{10}=5\sqrt{2}\times\sqrt{6}\times\dfrac{1}{\sqrt{10}}=\dfrac{5\sqrt{6}}{\sqrt{5}}=\sqrt{30}$

② $\sqrt{75}\div\sqrt{18}\times\sqrt{6}=5\sqrt{3}\times\dfrac{1}{3\sqrt{2}}\times\sqrt{6}=5$

③ $\dfrac{3}{\sqrt{2}}\times\dfrac{\sqrt{35}}{\sqrt{3}}\div\dfrac{\sqrt{7}}{\sqrt{10}}=\dfrac{3}{\sqrt{2}}\times\dfrac{\sqrt{35}}{\sqrt{3}}\times\dfrac{\sqrt{10}}{\sqrt{7}}=\dfrac{15}{\sqrt{3}}=5\sqrt{3}$

④ $\sqrt{0.4}\times\sqrt{\dfrac{5}{8}}\div\dfrac{7}{\sqrt{20}}=\dfrac{2}{\sqrt{10}}\times\dfrac{\sqrt{5}}{2\sqrt{2}}\times\dfrac{2\sqrt{5}}{7}=\dfrac{\sqrt{5}}{7}$

⑤ $\dfrac{2\sqrt{3}}{3}\times\sqrt{\dfrac{5}{12}}\div\dfrac{\sqrt{5}}{9}=\dfrac{2\sqrt{3}}{3}\times\dfrac{\sqrt{5}}{2\sqrt{3}}\times\dfrac{9}{\sqrt{5}}=3$ 답 ④

31 $\dfrac{\sqrt{98}}{3}\div(-6\sqrt{3})\times A=-\dfrac{7\sqrt{2}}{2}$에서

$\dfrac{7\sqrt{2}}{3}\times\left(-\dfrac{1}{6\sqrt{3}}\right)\times A=-\dfrac{7\sqrt{2}}{2}$, $-\dfrac{7\sqrt{6}}{54}\times A=-\dfrac{7\sqrt{2}}{2}$

$\therefore A=-\dfrac{7\sqrt{2}}{2}\div\left(-\dfrac{7\sqrt{6}}{54}\right)=-\dfrac{7\sqrt{2}}{2}\times\left(-\dfrac{54}{7\sqrt{6}}\right)$
$=\dfrac{27}{\sqrt{3}}=9\sqrt{3}$ 답 ⑤

32 $\overline{AB}$를 한 변으로 하는 정사각형의 넓이가 24이므로
$\overline{AB}=\sqrt{24}=2\sqrt{6}$
$\overline{BC}$를 한 변으로 하는 정사각형의 넓이가 50이므로
$\overline{BC}=\sqrt{50}=5\sqrt{2}$
$\therefore \triangle ABC=\dfrac{1}{2}\times\overline{AB}\times\overline{BC}=\dfrac{1}{2}\times 2\sqrt{6}\times 5\sqrt{2}$
$=5\sqrt{12}=10\sqrt{3}$
답 $10\sqrt{3}$

33 (삼각형의 넓이)$=\dfrac{1}{2}\times x\times\sqrt{112}=\dfrac{1}{2}\times x\times 4\sqrt{7}=2\sqrt{7}x$
(직사각형의 넓이)$=\sqrt{63}\times\sqrt{48}=3\sqrt{7}\times 4\sqrt{3}=12\sqrt{21}$
따라서 $2\sqrt{7}x=12\sqrt{21}$이므로
$x=\dfrac{12\sqrt{21}}{2\sqrt{7}}=6\sqrt{3}$
답 ⑤

34 원뿔의 높이를 x cm라 하면
$\dfrac{1}{3}\times\pi\times(4\sqrt{2})^2\times x=64\sqrt{5}\pi,\ \dfrac{32}{3}x=64\sqrt{5}$
$\therefore x=64\sqrt{5}\times\dfrac{3}{32}=6\sqrt{5}$
따라서 원뿔의 높이는 $6\sqrt{5}$ cm이다.
답 $6\sqrt{5}$ cm

35 정사각형 A의 한 변의 길이를 x cm라 하면 정사각형 A의 넓이는 x^2 cm^{2}이므로 정사각형 D의 넓이는
$x^2\times 3\times 3\times 3=27x^2(\text{cm}^2)$ ···❶
이때 $27x^2=8$이므로 $x^2=\dfrac{8}{27}$
$\therefore x=\sqrt{\dfrac{8}{27}}=\dfrac{\sqrt{8}}{\sqrt{27}}=\dfrac{2\sqrt{2}}{3\sqrt{3}}=\dfrac{2\sqrt{6}}{9}\ (\because x>0)$
따라서 정사각형 A의 한 변의 길이는 $\dfrac{2\sqrt{6}}{9}$ cm이다. ···❷
답 $\dfrac{2\sqrt{6}}{9}$ cm

채점 기준	배점
❶ 정사각형 A의 한 변의 길이를 x cm라 할 때, 정사각형 D의 넓이를 x에 대한 식으로 나타내기	50%
❷ 정사각형 A의 한 변의 길이 구하기	50%

36 ① $\sqrt{24}+\sqrt{6}=2\sqrt{6}+\sqrt{6}=3\sqrt{6}$
② $\sqrt{8}-\sqrt{2}=2\sqrt{2}-\sqrt{2}=\sqrt{2}$
③ $3\sqrt{7}-2\sqrt{7}=\sqrt{7}$
④ $\sqrt{75}-\sqrt{12}=5\sqrt{3}-2\sqrt{3}=3\sqrt{3}$
⑤ $\sqrt{40}+\sqrt{90}=2\sqrt{10}+3\sqrt{10}=5\sqrt{10}$
답 ④, ⑤

37 $A=2\sqrt{7}+5\sqrt{7}-10\sqrt{7}=(2+5-10)\sqrt{7}=-3\sqrt{7}$
$B=\sqrt{5}-3\sqrt{5}+7\sqrt{5}=(1-3+7)\sqrt{5}=5\sqrt{5}$
$\therefore B-A=5\sqrt{5}-(-3\sqrt{7})=5\sqrt{5}+3\sqrt{7}$
답 ⑤

38 $\sqrt{32}+\sqrt{50}-\sqrt{98}=4\sqrt{2}+5\sqrt{2}-7\sqrt{2}$
$=(4+5-7)\sqrt{2}=2\sqrt{2}$
답 ③

39 $\sqrt{75}-\sqrt{63}+\sqrt{28}-\sqrt{27}=5\sqrt{3}-3\sqrt{7}+2\sqrt{7}-3\sqrt{3}$
$=2\sqrt{3}-\sqrt{7}$
따라서 $a=2,\ b=-1$이므로
$a-b=2-(-1)=3$
답 3

40 $\dfrac{4\sqrt{2}}{5}+\dfrac{\sqrt{5}}{5}-\dfrac{3}{\sqrt{2}}+\dfrac{11}{2\sqrt{5}}=\dfrac{4\sqrt{2}}{5}+\dfrac{\sqrt{5}}{5}-\dfrac{3\sqrt{2}}{2}+\dfrac{11\sqrt{5}}{10}$
$=-\dfrac{7\sqrt{2}}{10}+\dfrac{13\sqrt{5}}{10}$
따라서 $a=-\dfrac{7}{10},\ b=\dfrac{13}{10}$이므로
$b-a=\dfrac{13}{10}-\left(-\dfrac{7}{10}\right)=2$
답 ④

41 $3\sqrt{75}-7\sqrt{3}+\dfrac{18}{\sqrt{12}}=15\sqrt{3}-7\sqrt{3}+\dfrac{18}{2\sqrt{3}}$
$=15\sqrt{3}-7\sqrt{3}+3\sqrt{3}=11\sqrt{3}$
$\therefore k=11$
답 11

42 $\sqrt{96}-\dfrac{2\sqrt{3}}{\sqrt{2}}-\dfrac{\sqrt{45}}{6}-\dfrac{15}{2\sqrt{5}}=4\sqrt{6}-\sqrt{6}-\dfrac{3\sqrt{5}}{6}-\dfrac{3\sqrt{5}}{2}$
$=4\sqrt{6}-\sqrt{6}-\dfrac{\sqrt{5}}{2}-\dfrac{3\sqrt{5}}{2}$
$=3\sqrt{6}-2\sqrt{5}$
답 ③

43 $\dfrac{a}{b}+\dfrac{b}{a}=\dfrac{\sqrt{12}}{\sqrt{15}}+\dfrac{\sqrt{15}}{\sqrt{12}}=\dfrac{2\sqrt{3}}{\sqrt{15}}+\dfrac{\sqrt{15}}{2\sqrt{3}}$
$=\dfrac{2}{\sqrt{5}}+\dfrac{\sqrt{5}}{2}=\dfrac{2\sqrt{5}}{5}+\dfrac{\sqrt{5}}{2}$
$=\dfrac{4\sqrt{5}}{10}+\dfrac{5\sqrt{5}}{10}=\dfrac{9\sqrt{5}}{10}$
답 ⑤

44 $\sqrt{6}\left(\dfrac{21}{\sqrt{18}}-\dfrac{10}{\sqrt{12}}\right)+\sqrt{2}(10-\sqrt{6})$
$=\dfrac{21}{\sqrt{3}}-\dfrac{10}{\sqrt{2}}+10\sqrt{2}-2\sqrt{3}$
$=7\sqrt{3}-5\sqrt{2}+10\sqrt{2}-2\sqrt{3}=5\sqrt{3}+5\sqrt{2}$
답 ②

45 $\sqrt{80}+2\sqrt{48}-\sqrt{5}(6-\sqrt{15})=4\sqrt{5}+8\sqrt{3}-6\sqrt{5}+5\sqrt{3}$
$=13\sqrt{3}-2\sqrt{5}$
따라서 $a=13,\ b=-2$이므로 $a+b=13+(-2)=11$
답 ①

46 $\sqrt{2}x-2\sqrt{7}y=\sqrt{2}(\sqrt{7}-\sqrt{2})-2\sqrt{7}(\sqrt{2}-\sqrt{7})$
$=\sqrt{14}-2-2\sqrt{14}+14=12-\sqrt{14}$
답 ⑤

47 $\sqrt{3}\left(\dfrac{15}{\sqrt{21}}-\dfrac{10}{\sqrt{15}}\right)-\sqrt{5}\left(\dfrac{1}{\sqrt{35}}-6\right)$
$=\dfrac{15}{\sqrt{7}}-\dfrac{10}{\sqrt{5}}-\dfrac{1}{\sqrt{7}}+6\sqrt{5}$ ···❶
$=\dfrac{15\sqrt{7}}{7}-2\sqrt{5}-\dfrac{\sqrt{7}}{7}+6\sqrt{5}=2\sqrt{7}+4\sqrt{5}$ ···❷
답 $2\sqrt{7}+4\sqrt{5}$

채점 기준	배점
❶ 분배법칙을 이용하여 괄호 풀기	40%
❷ 제곱근의 덧셈과 뺄셈 계산하기	60%

48

$$\frac{3\sqrt{5}+2\sqrt{2}}{\sqrt{2}}-\frac{6\sqrt{2}-\sqrt{5}}{\sqrt{5}}$$

$$=\frac{(3\sqrt{5}+2\sqrt{2})\times\sqrt{2}}{\sqrt{2}\times\sqrt{2}}-\frac{(6\sqrt{2}-\sqrt{5})\times\sqrt{5}}{\sqrt{5}\times\sqrt{5}}$$

$$=\frac{3\sqrt{10}+4}{2}-\frac{6\sqrt{10}-5}{5}$$

$$=\left(\frac{3}{2}-\frac{6}{5}\right)\sqrt{10}+2+1=\frac{3\sqrt{10}}{10}+3$$

답 $\dfrac{3\sqrt{10}}{10}+3$

49

$$\frac{\sqrt{98}-20}{\sqrt{24}}=\frac{7\sqrt{2}-20}{2\sqrt{6}}=\frac{(7\sqrt{2}-20)\times\sqrt{6}}{2\sqrt{6}\times\sqrt{6}}$$

$$=\frac{14\sqrt{3}-20\sqrt{6}}{12}=\frac{7\sqrt{3}}{6}-\frac{5\sqrt{6}}{3}$$

따라서 $a=\dfrac{7}{6}$, $b=-\dfrac{5}{3}$이므로

$$6(a+b)=6\left\{\frac{7}{6}+\left(-\frac{5}{3}\right)\right\}=-3$$

답 ②

50

$$\frac{\sqrt{75}-\sqrt{2}}{\sqrt{3}}-\frac{3\sqrt{3}+\sqrt{50}}{\sqrt{2}}$$

$$=\frac{(\sqrt{75}-\sqrt{2})\times\sqrt{3}}{\sqrt{3}\times\sqrt{3}}-\frac{(3\sqrt{3}+\sqrt{50})\times\sqrt{2}}{\sqrt{2}\times\sqrt{2}}$$

$$=\frac{15-\sqrt{6}}{3}-\frac{3\sqrt{6}+10}{2}$$

$$=\left(-\frac{1}{3}-\frac{3}{2}\right)\sqrt{6}+5-5=-\frac{11\sqrt{6}}{6}$$

답 ②

51

$$x=\frac{\sqrt{10}+\sqrt{3}}{\sqrt{2}}=\frac{(\sqrt{10}+\sqrt{3})\times\sqrt{2}}{\sqrt{2}\times\sqrt{2}}$$

$$=\frac{2\sqrt{5}+\sqrt{6}}{2}=\sqrt{5}+\frac{\sqrt{6}}{2} \qquad \cdots ❶$$

$$y=\frac{\sqrt{10}-\sqrt{3}}{\sqrt{2}}=\frac{(\sqrt{10}-\sqrt{3})\times\sqrt{2}}{\sqrt{2}\times\sqrt{2}}$$

$$=\frac{2\sqrt{5}-\sqrt{6}}{2}=\sqrt{5}-\frac{\sqrt{6}}{2} \qquad \cdots ❷$$

$$x-y=\left(\sqrt{5}+\frac{\sqrt{6}}{2}\right)-\left(\sqrt{5}-\frac{\sqrt{6}}{2}\right)=\sqrt{6}$$

$$x+y=\left(\sqrt{5}+\frac{\sqrt{6}}{2}\right)+\left(\sqrt{5}-\frac{\sqrt{6}}{2}\right)=2\sqrt{5} \qquad \cdots ❸$$

$$\therefore \frac{x+y}{\sqrt{2}(x-y)}=\frac{2\sqrt{5}}{\sqrt{2}\times\sqrt{6}}=\frac{2\sqrt{5}}{2\sqrt{3}}=\frac{\sqrt{15}}{3} \qquad \cdots ❹$$

답 $\dfrac{\sqrt{15}}{3}$

채점 기준	배점
❶ x의 분모를 유리화하기	20%
❷ y의 분모를 유리화하기	20%
❸ $x-y$, $x+y$의 값 각각 구하기	30%
❹ $\dfrac{x+y}{\sqrt{2}(x-y)}$의 값 구하기	30%

52

$$\sqrt{125}+\frac{2\sqrt{6}}{\sqrt{3}}-\frac{\sqrt{15}-\sqrt{6}}{\sqrt{3}}=5\sqrt{5}+2\sqrt{2}-\frac{3\sqrt{5}-3\sqrt{2}}{3}$$

$$=5\sqrt{5}+2\sqrt{2}-\sqrt{5}+\sqrt{2}$$

$$=3\sqrt{2}+4\sqrt{5}$$

따라서 $a=3$, $b=4$이므로

$$ab=3\times 4=12$$

답 ⑤

53

$$\sqrt{2}\left(\frac{7}{\sqrt{14}}-\frac{12}{\sqrt{6}}\right)-\sqrt{27}+\sqrt{63}$$

$$=\frac{7}{\sqrt{7}}-\frac{12}{\sqrt{3}}-3\sqrt{3}+3\sqrt{7}$$

$$=\sqrt{7}-4\sqrt{3}-3\sqrt{3}+3\sqrt{7}$$

$$=-7\sqrt{3}+4\sqrt{7}$$

따라서 $a=-7$, $b=4$이므로

$$a+2b=-7+2\times 4=1$$

답 1

54

$$\sqrt{50}-\frac{12-\sqrt{6}}{\sqrt{3}}+\sqrt{2}(2\sqrt{6}-\sqrt{8})$$

$$=5\sqrt{2}-\frac{12\sqrt{3}-3\sqrt{2}}{3}+4\sqrt{3}-4$$

$$=5\sqrt{2}-4\sqrt{3}+\sqrt{2}+4\sqrt{3}-4$$

$$=6\sqrt{2}-4$$

답 ③

55

$$\sqrt{8}A-\sqrt{3}B=\sqrt{8}\left(\frac{\sqrt{3}}{2}-\frac{1}{\sqrt{2}}\right)-\sqrt{3}\left(\frac{6}{\sqrt{3}}-3\sqrt{2}\right)$$

$$=\sqrt{6}-2-6+3\sqrt{6}$$

$$=4\sqrt{6}-8$$

답 $4\sqrt{6}-8$

56

$$\sqrt{56}\left(\frac{3}{\sqrt{7}}-\frac{1}{\sqrt{14}}\right)-\frac{4}{\sqrt{8}}(a-\sqrt{18})$$

$$=2\sqrt{14}\left(\frac{3}{\sqrt{7}}-\frac{1}{\sqrt{14}}\right)-\sqrt{2}(a-\sqrt{18})$$

$$=6\sqrt{2}-2-a\sqrt{2}+6$$

$$=4+(6-a)\sqrt{2}$$

유리수가 되려면 $6-a=0$이어야 하므로

$$a=6$$

답 ⑤

57

$$\sqrt{5}(8-11\sqrt{5})-2a(\sqrt{5}+1)=8\sqrt{5}-55-2a\sqrt{5}-2a$$

$$=-(55+2a)+(8-2a)\sqrt{5}$$

유리수가 되려면 $8-2a=0$이어야 하므로

$$a=4$$

답 ②

58

$$5\sqrt{2}(2a-\sqrt{2})-\frac{10-3\sqrt{8}}{\sqrt{2}}=10a\sqrt{2}-10-\frac{10\sqrt{2}-12}{2}$$

$$=10a\sqrt{2}-10-5\sqrt{2}+6$$

$$=(10a-5)\sqrt{2}-4$$

유리수가 되려면 $10a-5=0$이어야 하므로

$$a=\frac{1}{2}$$

답 $\dfrac{1}{2}$

59 $A = \dfrac{a}{\sqrt{2}}(\sqrt{32} - \sqrt{80}) - \sqrt{10}\left(\dfrac{3\sqrt{5}}{\sqrt{2}} + 3\right)$

$\quad = 4a - 2a\sqrt{10} - 15 - 3\sqrt{10}$

$\quad = (4a - 15) - (2a + 3)\sqrt{10} \quad \cdots \ \bigcirc \qquad \cdots \ \mathbf{❶}$

A가 유리수이므로 $2a + 3 = 0$이어야 한다.

$\therefore \ a = -\dfrac{3}{2} \qquad\qquad\qquad\qquad\qquad\qquad \cdots \ \mathbf{❷}$

$\bigcirc$에 $a = -\dfrac{3}{2}$을 대입하면

$A = 4a - 15 = 4 \times \left(-\dfrac{3}{2}\right) - 15 = -21 \qquad \cdots \ \mathbf{❸}$

$\therefore \ A + a = -21 + \left(-\dfrac{3}{2}\right) = -\dfrac{45}{2} \qquad\qquad \cdots \ \mathbf{❹}$

답 $-\dfrac{45}{2}$

채점 기준	배점
❶ A를 간단히 하기	50%
❷ a의 값 구하기	20%
❸ A의 값 구하기	20%
❹ $A + a$의 값 구하기	10%

60 $\dfrac{\sqrt{11} - \sqrt{3}}{\sqrt{2}} = \dfrac{\sqrt{22} - \sqrt{6}}{2} = \dfrac{4.690 - 2.449}{2}$

$\qquad\qquad = \dfrac{2.241}{2} = 1.1205$ 답 ②

61 $\sqrt{250} = 5\sqrt{10} = 5 \times 3.162 = 15.81$

$\sqrt{\dfrac{1}{90}} = \dfrac{1}{\sqrt{90}} = \dfrac{1}{3\sqrt{10}} = \dfrac{\sqrt{10}}{30} = \dfrac{1}{30} \times 3.162 = 0.1054$

$\therefore \ \sqrt{250} + \sqrt{\dfrac{1}{90}} = 15.81 + 0.1054$

$\qquad\qquad\qquad\quad = 15.9154$ 답 ⑤

62 $\sqrt{8880} = \sqrt{22.2 \times 400} = 20\sqrt{22.2}$

$\qquad\quad = 20 \times 4.712 = 94.24$ 답 ④

63 ① $\sqrt{0.03} = \sqrt{\dfrac{3}{100}} = \dfrac{\sqrt{3}}{10} = \dfrac{1.732}{10} = 0.1732$

② $\sqrt{0.27} = \sqrt{\dfrac{27}{100}} = \dfrac{3\sqrt{3}}{10} = \dfrac{3}{10} \times 1.732 = 0.5196$

③ $\sqrt{1.2} = \sqrt{\dfrac{120}{100}} = \dfrac{2\sqrt{30}}{10} = \dfrac{\sqrt{30}}{5}$이므로 $\sqrt{30}$의 값이 주어

져야 한다.

④ $\sqrt{48} = 4\sqrt{3} = 4 \times 1.732 = 6.928$

⑤ $\sqrt{7500} = \sqrt{3 \times 2500} = 50\sqrt{3} = 50 \times 1.732 = 86.6$ 답 ③

64 $2 < \sqrt{5} < 3$에서 $-3 < -\sqrt{5} < -2$이므로

$3 < 6 - \sqrt{5} < 4$

따라서 $x = 3$, $y = (6 - \sqrt{5}) - 3 = 3 - \sqrt{5}$이므로

$x^2 + (3 - y)^2 = 3^2 + \{3 - (3 - \sqrt{5})\}^2$

$\qquad\qquad\quad = 9 + (\sqrt{5})^2 = 14$ 답 ⑤

65 $6 < \sqrt{40} < 7$이므로 $a = 6$

$3 < \sqrt{11} < 4$에서 $5 < 2 + \sqrt{11} < 6$이므로

$b = (2 + \sqrt{11}) - 5 = \sqrt{11} - 3$

$\therefore \ a - \sqrt{11}b = 6 - \sqrt{11}(\sqrt{11} - 3)$

$\qquad\qquad\quad = 6 - 11 + 3\sqrt{11} = 3\sqrt{11} - 5$ 답 $3\sqrt{11} - 5$

66 $1 < \sqrt{2} < 2$이므로 $a = \sqrt{2} - 1 \qquad \therefore \ \sqrt{2} = a + 1$

이때 $9 < \sqrt{98} < 10$이므로 $\sqrt{98}$의 소수 부분은

$\sqrt{98} - 9 = 7\sqrt{2} - 9 = 7(a + 1) - 9$

$\qquad\qquad = 7a - 2$ 답 ④

67 $10 < \sqrt{112} < 11$이므로

$f(112) = \sqrt{112} - 10 = 4\sqrt{7} - 10$

$5 < \sqrt{28} < 6$이므로

$f(28) = \sqrt{28} - 5 = 2\sqrt{7} - 5$

$\therefore \ f(112) - f(28) = 4\sqrt{7} - 10 - (2\sqrt{7} - 5)$

$\qquad\qquad\qquad = 2\sqrt{7} - 5$ 답 ②

68 $\square ABCD = \dfrac{1}{2}(\sqrt{72} + \sqrt{128}) \times \sqrt{63}$

$\qquad\qquad = \dfrac{1}{2}(6\sqrt{2} + 8\sqrt{2}) \times 3\sqrt{7}$

$\qquad\qquad = \dfrac{1}{2} \times 14\sqrt{2} \times 3\sqrt{7} = 21\sqrt{14} \, (\text{cm}^2)$ 답 ①

69 (밑면의 가로의 길이) $= \sqrt{216} - \sqrt{6} \times 2$

$\qquad\qquad\qquad\quad = 6\sqrt{6} - 2\sqrt{6} = 4\sqrt{6} \, (\text{cm})$

(밑면의 세로의 길이) $= \sqrt{150} - \sqrt{6} \times 2$

$\qquad\qquad\qquad\quad = 5\sqrt{6} - 2\sqrt{6} = 3\sqrt{6} \, (\text{cm})$

이때 직육면체의 높이는 $\sqrt{6}$ cm이므로 직육면체의 부피는

$4\sqrt{6} \times 3\sqrt{6} \times \sqrt{6} = 72\sqrt{6} \, (\text{cm}^3)$ 답 $72\sqrt{6}$ cm³

70 직육면체의 높이를 x cm라 하면

$2(\sqrt{12} \times \sqrt{48} + \sqrt{12}x + \sqrt{48}x) = 120 \qquad\qquad \cdots \ \mathbf{❶}$

$2(24 + 2\sqrt{3}x + 4\sqrt{3}x) = 120$

$24 + 6\sqrt{3}x = 60, \ 6\sqrt{3}x = 36$

$\therefore \ x = \dfrac{36}{6\sqrt{3}} = \dfrac{6}{\sqrt{3}} = 2\sqrt{3}$

따라서 이 직육면체의 높이는 $2\sqrt{3}$ cm이다. $\qquad\qquad \cdots \ \mathbf{❷}$

답 $2\sqrt{3}$ cm

채점 기준	배점
❶ 직육면체의 겉넓이를 이용하여 식 세우기	50%
❷ 직육면체의 높이 구하기	50%

71 세 정사각형의 한 변의 길이는 각각
$\sqrt{18}=3\sqrt{2}(\text{cm})$, $\sqrt{32}=4\sqrt{2}(\text{cm})$, $\sqrt{72}=6\sqrt{2}(\text{cm})$
오른쪽 그림에서
$a+b+c=6\sqrt{2}$이므로
(둘레의 길이)
$=(3\sqrt{2}+4\sqrt{2}+6\sqrt{2})\times 2$
$\qquad +(a+b+c)+6\sqrt{2}$
$=26\sqrt{2}+6\sqrt{2}+6\sqrt{2}$
$=38\sqrt{2}(\text{cm})$
따라서 $p=38$, $q=2$이므로
$p+q=38+2=40$

답 40

72 $\overline{\text{PA}}=\overline{\text{PQ}}=\sqrt{6^2+6^2}=\sqrt{72}=6\sqrt{2}$이므로 점 A에 대응하는
수는 $-4-6\sqrt{2}$
$\overline{\text{RB}}=\overline{\text{RS}}=\sqrt{4^2+4^2}=\sqrt{32}=4\sqrt{2}$이므로 점 B에 대응하는
수는 $-2+4\sqrt{2}$
$\therefore \overline{\text{AB}}=-2+4\sqrt{2}-(-4-6\sqrt{2})$
$\qquad =-2+4\sqrt{2}+4+6\sqrt{2}$
$\qquad =2+10\sqrt{2}$

답 $2+10\sqrt{2}$

73 정사각형 ABCD의 넓이가 21이므로 $\overline{\text{BP}}=\overline{\text{BA}}=\sqrt{21}$
$\therefore a=-1-\sqrt{21}$ ⋯ ❶
정사각형 EFGH의 넓이가 7이므로 $\overline{\text{FQ}}=\overline{\text{FG}}=\sqrt{7}$
$\therefore b=3+\sqrt{7}$ ⋯ ❷
$\therefore a+\sqrt{3}b=-1-\sqrt{21}+\sqrt{3}(3+\sqrt{7})$
$\qquad =-1-\sqrt{21}+3\sqrt{3}+\sqrt{21}$
$\qquad =3\sqrt{3}-1$ ⋯ ❸

답 $3\sqrt{3}-1$

채점 기준	배점
❶ a의 값 구하기	40%
❷ b의 값 구하기	40%
❸ $a+\sqrt{3}b$의 값 구하기	20%

74 정사각형 P의 넓이가 3이므로 두 정사각형 Q, R의 넓이는
각각 15, 75이다.
따라서 P, Q, R의 한 변의 길이는 각각 $\sqrt{3}$, $\sqrt{15}$, $5\sqrt{3}$이므로
$a=\sqrt{3}$, $b=\sqrt{3}+\sqrt{15}$, $c=(\sqrt{3}+\sqrt{15})+5\sqrt{3}=6\sqrt{3}+\sqrt{15}$
$\therefore a+b+c=\sqrt{3}+(\sqrt{3}+\sqrt{15})+(6\sqrt{3}+\sqrt{15})$
$\qquad =8\sqrt{3}+2\sqrt{15}$

답 $8\sqrt{3}+2\sqrt{15}$

75 ① $(5-3\sqrt{3})-(\sqrt{3}+1)=4-4\sqrt{3}=\sqrt{16}-\sqrt{48}<0$
$\qquad \therefore 5-3\sqrt{3}<\sqrt{3}+1$
② $(2\sqrt{7}+1)-(7-2\sqrt{7})=4\sqrt{7}-6=\sqrt{112}-\sqrt{36}>0$
$\qquad \therefore 2\sqrt{7}+1>7-2\sqrt{7}$

③ $(-3+\sqrt{13})-(\sqrt{14}-3)=\sqrt{13}-\sqrt{14}<0$
$\qquad \therefore -3+\sqrt{13}<\sqrt{14}-3$
④ $\sqrt{72}-(5\sqrt{2}+1)=6\sqrt{2}-5\sqrt{2}-1=\sqrt{2}-1>0$
$\qquad \therefore \sqrt{72}>5\sqrt{2}+1$
⑤ $\left(2-\sqrt{\dfrac{1}{10}}\right)-\left(2-\sqrt{\dfrac{1}{11}}\right)=-\sqrt{\dfrac{1}{10}}+\sqrt{\dfrac{1}{11}}<0$
$\qquad \therefore 2-\sqrt{\dfrac{1}{10}}<2-\sqrt{\dfrac{1}{11}}$

답 ②

76 ① $(2\sqrt{5}-1)-(\sqrt{5}+1)=\sqrt{5}-2=\sqrt{5}-\sqrt{4}>0$
$\qquad \therefore 2\sqrt{5}-1>\sqrt{5}+1$
② $2-(\sqrt{8}-1)=3-\sqrt{8}=\sqrt{9}-\sqrt{8}>0$
$\qquad \therefore 2>\sqrt{8}-1$
③ $7-\sqrt{6}-(1+\sqrt{6})=6-2\sqrt{6}=\sqrt{36}-\sqrt{24}>0$
$\qquad \therefore 7-\sqrt{6}>1+\sqrt{6}$
④ $\sqrt{32}-\sqrt{3}-(\sqrt{3}+\sqrt{8})=4\sqrt{2}-\sqrt{3}-\sqrt{3}-2\sqrt{2}$
$\qquad\qquad =2\sqrt{2}-2\sqrt{3}=\sqrt{8}-\sqrt{12}<0$
$\qquad \therefore \sqrt{32}-\sqrt{3}<\sqrt{3}+\sqrt{8}$
⑤ $\sqrt{20}-6-(4-\sqrt{80})=2\sqrt{5}-6-4+4\sqrt{5}$
$\qquad\qquad =6\sqrt{5}-10=\sqrt{180}-\sqrt{100}>0$
$\qquad \therefore \sqrt{20}-6>4-\sqrt{80}$

답 ④

77 $a-b=(\sqrt{162}-\sqrt{6})-\sqrt{216}$
$\qquad =(9\sqrt{2}-\sqrt{6})-6\sqrt{6}=9\sqrt{2}-7\sqrt{6}$
$\qquad =\sqrt{162}-\sqrt{294}<0$
$\therefore a<b$
$b-c=\sqrt{216}-(\sqrt{98}+2\sqrt{6})$
$\qquad =6\sqrt{6}-(7\sqrt{2}+2\sqrt{6})=4\sqrt{6}-7\sqrt{2}$
$\qquad =\sqrt{96}-\sqrt{98}<0$
$\therefore b<c$
$\therefore a<b<c$

답 ①

78 $-2\sqrt{5}+3$과 $3-\sqrt{10}$은 음수이고 $3\sqrt{5}$, $\sqrt{2}+\sqrt{5}$, $2\sqrt{2}-\sqrt{5}$는
양수이다.
(i) $(-2\sqrt{5}+3)-(3-\sqrt{10})=-2\sqrt{5}+\sqrt{10}$
$\qquad\qquad\qquad\qquad\qquad =-\sqrt{20}+\sqrt{10}<0$
$\qquad \therefore -2\sqrt{5}+3<3-\sqrt{10}$
(ii) $3\sqrt{5}-(\sqrt{2}+\sqrt{5})=2\sqrt{5}-\sqrt{2}=\sqrt{20}-\sqrt{2}>0$이므로
$\qquad 3\sqrt{5}>\sqrt{2}+\sqrt{5}$
$\qquad (\sqrt{2}+\sqrt{5})-(2\sqrt{2}-\sqrt{5})=2\sqrt{5}-\sqrt{2}=\sqrt{20}-\sqrt{2}>0$이
$\qquad$ 므로 $\sqrt{2}+\sqrt{5}>2\sqrt{2}-\sqrt{5}$
$\qquad \therefore 2\sqrt{2}-\sqrt{5}<\sqrt{2}+\sqrt{5}<3\sqrt{5}$
(i), (ii)에서
$-2\sqrt{5}+3<3-\sqrt{10}<2\sqrt{2}-\sqrt{5}<\sqrt{2}+\sqrt{5}<3\sqrt{5}$
따라서 오른쪽에서 두 번째로 오는 수는 $\sqrt{2}+\sqrt{5}$이고, 왼쪽
에서 두 번째로 오는 수는 $3-\sqrt{10}$이다.

답 $\sqrt{2}+\sqrt{5}$, $3-\sqrt{10}$

04 다항식의 곱셈

01 주어진 식을 전개한 식에서 xy항은

$2x \times 2y + (-y) \times 5x = 4xy - 5xy = -xy$

따라서 xy의 계수는 -1이다. 　　　 답 ②

02 $(3x+y)(4y-x) = 12xy - 3x^2 + 4y^2 - xy$

$\qquad\qquad\qquad\quad = -3x^2 + 11xy + 4y^2$

따라서 $a=-3$, $b=11$, $c=4$이므로

$a+b+c = -3+11+4 = 12$ 　　　 답 12

03 주어진 식을 전개한 식에서 y항은

$-ay \times (-1) + (-4) \times 2y = ay - 8y = (a-8)y$

xy항은 $x \times 2y + (-ay) \times x = (2-a)xy$

이때 y의 계수와 xy의 계수가 같으므로

$a-8 = 2-a$, $2a = 10$　　∴ $a=5$ 　　　 답 ③

04 주어진 식의 전개식에서 xy항은

$ax \times (-6y) + (-y) \times 2x = -6axy - 2xy = (-6a-2)xy$

xy의 계수가 16이므로

$-6a-2 = 16$, $-6a = 18$　　∴ $a=-3$

따라서 x^2항은

$ax \times 2x = 2ax^2 = -6x^2$

이므로 x^2의 계수는 -6이다. 　　　 답 ①

05 $(Ax-4)^2 = A^2x^2 - 8Ax + 16 = 36x^2 + Bx + C$

이므로 $A^2 = 36$, $-8A = B$, $16 = C$

이때 $A > 0$이므로 $A=6$, $B=-48$, $C=16$

∴ $A-B+C = 6-(-48)+16 = 70$ 　　　 답 70

06 $(-2x+3y)^2 = \{-(2x-3y)\}^2$

$\qquad\qquad\qquad = (2x-3y)^2$ 　　　 답 ②

07 ① $(x+7)^2 = x^2 + 14x + 49$

② $(2x-3)^2 = 4x^2 - 12x + 9$

④ $(-2a+1)^2 = 4a^2 - 4a + 1$

⑤ $\left(-\dfrac{1}{2}x-1\right)^2 = \dfrac{1}{4}x^2 + x + 1$ 　　　 답 ③

08 한 변의 길이가 $a + \dfrac{1}{4}b$인 정사각형의 넓이 A는

$A = \left(a + \dfrac{1}{4}b\right)^2 = a^2 + \dfrac{1}{2}ab + \dfrac{1}{16}b^2$ ··· ❶

한 변의 길이가 $3a - b$인 정사각형의 넓이 B는

$B = (3a-b)^2 = 9a^2 - 6ab + b^2$ ··· ❷

∴ $A+B = \left(a^2 + \dfrac{1}{2}ab + \dfrac{1}{16}b^2\right) + (9a^2 - 6ab + b^2)$

$\qquad\quad = 10a^2 - \dfrac{11}{2}ab + \dfrac{17}{16}b^2$ ··· ❸

답 $10a^2 - \dfrac{11}{2}ab + \dfrac{17}{16}b^2$

채점 기준	배점
❶ A를 a, b의 식으로 나타내기	35%
❷ B를 a, b의 식으로 나타내기	35%
❸ $A+B$를 간단히 하기	30%

09 ④ $(-x-y)(y-x) = (-x-y)(-x+y)$

$\qquad\qquad\qquad\quad = x^2 - y^2$ 　　　 답 ④

10 $(6x+1)(6x-1) - 2(3x+1)(3x-1)$

$= 36x^2 - 1 - 2(9x^2 - 1)$

$= 36x^2 - 1 - 18x^2 + 2$

$= 18x^2 + 1$ 　　　 답 ④

11 $(-5x+2y)(-2y-5x) = (-5x+2y)(-5x-2y)$

$\qquad\qquad\qquad\qquad\quad = (-5x)^2 - (2y)^2$

$\qquad\qquad\qquad\qquad\quad = 25x^2 - 4y^2$

따라서 $A=25$, $B=0$, $C=-4$이므로

$A+B+C = 25+0+(-4) = 21$ 　　　 답 ④

12 $\left(x-\dfrac{1}{2}\right)\left(x+\dfrac{1}{2}\right)\left(x^2+\dfrac{1}{4}\right)\left(x^4+\dfrac{1}{16}\right)$

$= \left(x^2-\dfrac{1}{4}\right)\left(x^2+\dfrac{1}{4}\right)\left(x^4+\dfrac{1}{16}\right)$

$= \left(x^4-\dfrac{1}{16}\right)\left(x^4+\dfrac{1}{16}\right)$

$= x^8 - \dfrac{1}{256}$

따라서 $a=8$, $b=256$이므로

$\dfrac{b}{a} = \dfrac{256}{8} = 32$ 　　　 답 32

13 $(x+a)(x-8) = x^2 + (a-8)x - 8a = x^2 + bx - 32$

이므로 $a-8 = b$, $-8a = -32$

따라서 $a=4$, $b=-4$이므로

$a-b = 4-(-4) = 8$ 　　　 답 ⑤

14 $\left(x+\dfrac{5}{4}y\right)\left(x-\dfrac{1}{4}y\right) = x^2 + \left(\dfrac{5}{4}-\dfrac{1}{4}\right)xy - \dfrac{5}{16}y^2$

$\qquad\qquad\qquad\qquad\quad = x^2 + xy - \dfrac{5}{16}y^2$

따라서 $a=1$, $b=-\dfrac{5}{16}$이므로

$a+b = 1 + \left(-\dfrac{5}{16}\right) = \dfrac{11}{16}$ 　　　 답 $\dfrac{11}{16}$

15 ① 4　② 12　③ 4　④ 4　⑤ $\dfrac{8}{3}$

따라서 가장 큰 수는 ②이다. 　　　 답 ②

16 $(x-5)(x+a)+(7-x)(3-x)$
$=x^2+(-5+a)x-5a+x^2-10x+21$
$=2x^2+(-15+a)x-5a+21$ ··· ❶
이때 x의 계수와 상수항이 같으므로
$-15+a=-5a+21$, $6a=36$ ∴ $a=6$ ··· ❷

답 6

채점 기준	배점
❶ 주어진 식을 전개하여 간단히 하기	60%
❷ a의 값 구하기	40%

17 $(2x+a)(bx-5)=2bx^2+(-10+ab)x-5a$
$\qquad\qquad\qquad=10x^2+cx-15$
이므로 $2b=10$, $-10+ab=c$, $-5a=-15$
따라서 $a=3$, $b=5$, $c=5$이므로
$a-b+c=3-5+5=3$

답 ①

18 $\left(4x-\dfrac{1}{5}y\right)\left(20x-\dfrac{3}{2}y\right)=80x^2-10xy+\dfrac{3}{10}y^2$
따라서 xy의 계수는 -10, y^2의 계수는 $\dfrac{3}{10}$이므로 구하는
곱은 $-10\times\dfrac{3}{10}=-3$

답 ②

19 $a=14$, $b=-12$, $c=-20$, $d=3$
∴ $a+b+c+d=14+(-12)+(-20)+3$
$\qquad\qquad\qquad=-15$

답 -15

20 $(3x+a)(x-5)=3x^2+(a-15)x-5a$
$\qquad\qquad\qquad=3x^2-10x-25$
이므로 $a-15=-10$, $-5a=-25$ ∴ $a=5$ ··· ❶
따라서 바르게 계산한 식은
$(3x+5)(5x-1)=15x^2+22x-5$ ··· ❷

답 $15x^2+22x-5$

채점 기준	배점
❶ a의 값 구하기	50%
❷ 바르게 계산한 답 구하기	50%

21 ① $(2x-7)^2=4x^2-28x+49$
⑤ $(2x+y)(3x-5y)=6x^2-7xy-5y^2$

답 ①, ⑤

22 ① x^2-6x+9 ② x^2-6x+5
③ $16x^2+6x-7$ ④ $x^2-6x-72$
⑤ $-8x^2-6x+27$
따라서 x의 계수가 다른 하나는 ③이다.

답 ③

23 $2(2x-5)^2+(3x+a)(4-x)$
$=2(4x^2-20x+25)-3x^2+(12-a)x+4a$
$=5x^2+(-28-a)x+50+4a$
이때 x의 계수가 -13이므로
$-28-a=-13$, $-a=15$ ∴ $a=-15$
따라서 구하는 상수항은
$50+4a=50+4\times(-15)=-10$

답 -10

24 (색칠한 부분의 넓이)
$=\{(3x+y)-(x-y)\}\{(2x+2y)-(x-y)\}+(x-y)^2$
$=(2x+2y)(x+3y)+(x-y)^2$
$=(2x^2+8xy+6y^2)+(x^2-2xy+y^2)$
$=3x^2+6xy+7y^2$

답 $3x^2+6xy+7y^2$

25 $4x-y=A$로 놓으면
$(4x-y-6)^2=(A-6)^2=A^2-12A+36$
$\qquad\qquad\qquad=(4x-y)^2-12(4x-y)+36$
$\qquad\qquad\qquad=16x^2-8xy+y^2-48x+12y+36$
따라서 x의 계수는 -48, xy의 계수는 -8이므로
$a=-48$, $b=-8$
∴ $b-a=-8-(-48)=40$

답 ④

26 $2x-5y=A$로 놓으면
$(2x-5y-3)(2x-5y+5)$
$=(A-3)(A+5)$
$=A^2+2A-15$
$=(2x-5y)^2+2(2x-5y)-15$
$=4x^2-20xy+25y^2+4x-10y-15$
따라서 상수항을 포함한 모든 항의 계수의 합은
$4+(-20)+25+4+(-10)+(-15)=-12$

답 ②

27 $2y-5=A$로 놓으면
$(3x-2y+5)(3x+2y-5)$
$=\{3x-(2y-5)\}\{3x+(2y-5)\}$
$=(3x-A)(3x+A)$
$=9x^2-A^2$
$=9x^2-(2y-5)^2$
$=9x^2-4y^2+20y-25$

답 $9x^2-4y^2+20y-25$

28 $2+x^2=A$로 놓으면
$(2+x+x^2)(2-x+x^2)=(A+x)(A-x)$
$\qquad\qquad\qquad\qquad=A^2-x^2$
$\qquad\qquad\qquad\qquad=(2+x^2)^2-x^2$
$\qquad\qquad\qquad\qquad=4+4x^2+x^4-x^2$
$\qquad\qquad\qquad\qquad=4+3x^2+x^4$
따라서 주어진 식은 $(4+3x^2+x^4)(4-3x^2+x^4)$이므로

$4+x^4=B$로 놓으면

(주어진 식)$=(B+3x^2)(B-3x^2)=B^2-9x^4$

$\qquad\qquad\quad =(4+x^4)^2-9x^4$

$\qquad\qquad\quad =16+8x^4+x^8-9x^4$

$\qquad\qquad\quad =16-x^4+x^8$

따라서 $a=4$, $b=8$이므로

$ab=4\times8=32$ 답 ④

29 $(x-3)(x+1)(x+2)(x+6)$

$=\{(x-3)(x+6)\}\{(x+1)(x+2)\}$

$=(x^2+3x-18)(x^2+3x+2)$

$x^2+3x=A$로 놓으면

$(x^2+3x-18)(x^2+3x+2)$

$=(A-18)(A+2)$

$=A^2-16A-36$

$=(x^2+3x)^2-16(x^2+3x)-36$

$=x^4+6x^3+9x^2-16x^2-48x-36$

$=x^4+6x^3-7x^2-48x-36$

따라서 x^3의 계수는 6, x의 계수는 -48이므로

$p=6$, $q=-48$

$\therefore p+q=6+(-48)=-42$ 답 ③

30 $(x+2)(x+3)(x-3)(x-4)$

$=\{(x+2)(x-3)\}\{(x+3)(x-4)\}$

$=(x^2-x-6)(x^2-x-12)$

$x^2-x=A$로 놓으면

$(x^2-x-6)(x^2-x-12)$

$=(A-6)(A-12)$

$=A^2-18A+72$

$=(x^2-x)^2-18(x^2-x)+72$

$=x^4-2x^3+x^2-18x^2+18x+72$

$=x^4-2x^3-17x^2+18x+72$

     답 $x^4-2x^3-17x^2+18x+72$

31 $(x+4)(x+6)(x-1)(x-3)$

$=\{(x+4)(x-1)\}\{(x+6)(x-3)\}$

$=(x^2+3x-4)(x^2+3x-18)$

$x^2+3x=A$로 놓으면

$(x^2+3x-4)(x^2+3x-18)$

$=(A-4)(A-18)$

$=A^2-22A+72$

$=(x^2+3x)^2-22(x^2+3x)+72$

$=x^4+6x^3+9x^2-22x^2-66x+72$

$=x^4+6x^3-13x^2-66x+72$

따라서 $a=6$, $b=-13$, $c=-66$, $d=72$이므로

$a-b-c+d=6-(-13)-(-66)+72=157$ 답 ④

32 $x^2+5x-2=0$에서 $x^2+5x=2$ … ❶

$(x-1)(x-2)(x+6)(x+7)$

$=\{(x-1)(x+6)\}\{(x-2)(x+7)\}$

$=(x^2+5x-6)(x^2+5x-14)$ … ❷

$=(2-6)(2-14)$

$=-4\times(-12)=48$ … ❸

     답 48

채점 기준	배점
❶ x^2+5x의 값 구하기	30%
❷ x^2+5x가 나오도록 주어진 식을 두 개씩 짝 지어 전개하기	40%
❸ 주어진 식의 값 구하기	30%

33 ④ $8.01\times8.1=(8+0.01)(8+0.1)$

$\Rightarrow (x+a)(x+b)=x^2+(a+b)x+ab$ 답 ④

34 $88\times86-85^2=(90-2)(90-4)-(90-5)^2$

$\qquad\qquad =90^2-6\times90+8-(90^2-10\times90+25)$

$\qquad\qquad =90^2-6\times90+8-90^2+10\times90-25$

$\qquad\qquad =4\times90-17$

$\qquad\qquad =343$ 답 343

35 $4=5-1$이므로

$4(5+1)(5^2+1)(5^4+1)(5^8+1)(5^{16}+1)$

$=(5-1)(5+1)(5^2+1)(5^4+1)(5^8+1)(5^{16}+1)$

$=(5^2-1)(5^2+1)(5^4+1)(5^8+1)(5^{16}+1)$

$=(5^4-1)(5^4+1)(5^8+1)(5^{16}+1)$

$=(5^8-1)(5^8+1)(5^{16}+1)$

$=(5^{16}-1)(5^{16}+1)=5^{32}-1$

따라서 $a=32$, $b=1$이므로

$a-b=32-1=31$ 답 ④

36 $A=\dfrac{2021^2-(2021-5)(2021+5)}{2020^2-(2020-2)(2020+2)}$

$\quad =\dfrac{2021^2-(2021^2-5^2)}{2020^2-(2020^2-2^2)}=\dfrac{25}{4}$ … ❶

$B=\dfrac{(1000-1)(1000+1)+1}{1000}$

$\quad =\dfrac{1000^2-1^2+1}{1000}=\dfrac{1000^2}{1000}=1000$ … ❷

$\therefore AB=\dfrac{25}{4}\times1000=6250$ … ❸

     답 6250

채점 기준	배점
❶ A의 값 구하기	40%
❷ B의 값 구하기	40%
❸ AB의 값 구하기	20%

37 $(2\sqrt{3}+1)^2-(\sqrt{3}-2)(3\sqrt{3}+5)$
$=12+4\sqrt{3}+1-\{9+(5-6)\sqrt{3}-10\}$
$=13+4\sqrt{3}-(-1-\sqrt{3})$
$=13+4\sqrt{3}+1+\sqrt{3}=14+5\sqrt{3}$
따라서 $a=14$, $b=5$이므로
$\sqrt{a-b}=\sqrt{14-5}=\sqrt{9}=3$ 답 ③

38 $(4+2\sqrt{7})(a-5\sqrt{7})=4a+(-20+2a)\sqrt{7}-70$
$\qquad\qquad\qquad\qquad\quad=(4a-70)+(-20+2a)\sqrt{7}$
이때 계산한 결과가 유리수이려면 $-20+2a=0$이어야 하므로
$-20+2a=0$, $2a=20$ ∴ $a=10$ 답 ④

39 오른쪽 그림과 같이 주어진 도형을
정사각형 A와 직사각형 B로 나누면 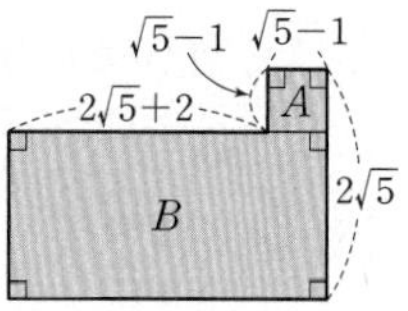
(정사각형 A의 넓이)
$=(\sqrt{5}-1)^2=5-2\sqrt{5}+1$
$=6-2\sqrt{5}$
(직사각형 B의 넓이)
$=\{(2\sqrt{5}+2)+(\sqrt{5}-1)\}\{2\sqrt{5}-(\sqrt{5}-1)\}$
$=(3\sqrt{5}+1)(\sqrt{5}+1)$
$=15+(3+1)\sqrt{5}+1$
$=16+4\sqrt{5}$
∴ (구하는 도형의 넓이)
$\quad=$(정사각형 A의 넓이)$+$(직사각형 B의 넓이)
$\quad=(6-2\sqrt{5})+(16+4\sqrt{5})$
$\quad=22+2\sqrt{5}$ 답 ④

40 $(4\sqrt{5}-9)^{1001}(4\sqrt{5}+9)^{1001}=\{(4\sqrt{5}-9)(4\sqrt{5}+9)\}^{1001}$
$\qquad\qquad\qquad\qquad\qquad\quad=(80-81)^{1001}$
$\qquad\qquad\qquad\qquad\qquad\quad=(-1)^{1001}=-1$ 답 -1

41 $\dfrac{3+2\sqrt{2}}{3-2\sqrt{2}}-\dfrac{4+2\sqrt{2}}{3+2\sqrt{2}}$
$=\dfrac{(3+2\sqrt{2})^2}{(3-2\sqrt{2})(3+2\sqrt{2})}-\dfrac{(4+2\sqrt{2})(3-2\sqrt{2})}{(3+2\sqrt{2})(3-2\sqrt{2})}$
$=17+12\sqrt{2}-(4-2\sqrt{2})$
$=13+14\sqrt{2}$
따라서 $a=13$, $b=14$이므로
$b-a=14-13=1$ 답 1

42 ④ $\dfrac{5}{\sqrt{7}+2\sqrt{3}}=\dfrac{5(\sqrt{7}-2\sqrt{3})}{(\sqrt{7}+2\sqrt{3})(\sqrt{7}-2\sqrt{3})}$
$\qquad\qquad\quad=\dfrac{5(\sqrt{7}-2\sqrt{3})}{7-12}=\dfrac{5(\sqrt{7}-2\sqrt{3})}{-5}$
$\qquad\qquad\quad=-(\sqrt{7}-2\sqrt{3})=2\sqrt{3}-\sqrt{7}$ 답 ④

43 $x+\dfrac{1}{x}=\dfrac{8-3\sqrt{7}}{8+3\sqrt{7}}+\dfrac{8+3\sqrt{7}}{8-3\sqrt{7}}$
$\qquad\quad=\dfrac{(8-3\sqrt{7})^2}{(8+3\sqrt{7})(8-3\sqrt{7})}+\dfrac{(8+3\sqrt{7})^2}{(8-3\sqrt{7})(8+3\sqrt{7})}$
$\qquad\quad=127-48\sqrt{7}+127+48\sqrt{7}$
$\qquad\quad=254$ 답 ④

44 (주어진 식)
$=\dfrac{1}{\sqrt{2}+\sqrt{1}}+\dfrac{1}{\sqrt{3}+\sqrt{2}}+\dfrac{1}{\sqrt{4}+\sqrt{3}}+\dfrac{1}{\sqrt{5}+\sqrt{4}}$
$\qquad\qquad\qquad\qquad\qquad+\cdots+\dfrac{1}{\sqrt{25}+\sqrt{24}}$
$=(\sqrt{2}-\sqrt{1})+(\sqrt{3}-\sqrt{2})+(\sqrt{4}-\sqrt{3})+(\sqrt{5}-\sqrt{4})$
$\qquad\qquad+\cdots+(\sqrt{25}-\sqrt{24})$ ··· ❶
$=-\sqrt{1}+\sqrt{25}=-1+5=4$ ··· ❷
답 4

채점 기준	배점
❶ 주어진 식이 규칙을 찾고 분모를 유리화하기	60%
❷ 주어진 식의 값 구하기	40%

45 $\dfrac{y}{x}+\dfrac{x}{y}=\dfrac{x^2+y^2}{xy}=\dfrac{(x-y)^2+2xy}{xy}$
$\qquad\qquad=\dfrac{6^2+2\times9}{9}=\dfrac{54}{9}=6$ 답 ③

46 $x^2+y^2=(x-y)^2+2xy$이므로
$8=2^2+2xy$, $2xy=4$ ∴ $xy=2$
$(x+y)^2=x^2+2xy+y^2$
$\qquad\quad=8+2\times2=12$ 답 12

47 $(x+2)(y+2)=xy+2x+2y+4$
$\qquad\qquad\qquad=xy+2(x+y)+4$
$\qquad\qquad\qquad=-2+2(x+y)+4$
$\qquad\qquad\qquad=2(x+y)+2$
따라서 $2(x+y)+2=4$이므로
$2(x+y)=2$ ∴ $x+y=1$
∴ $x^2-xy+y^2=(x+y)^2-2xy-xy$
$\qquad\qquad\qquad=(x+y)^2-3xy$
$\qquad\qquad\qquad=1^2-3\times(-2)=1+6=7$ 답 ③

48 $4ab=(a+b)^2-(a-b)^2=(2\sqrt{10})^2-(2\sqrt{6})^2$
$\qquad\quad=40-24=16$
∴ $ab=4$ ··· ❶
$a^2+b^2=(a+b)^2-2ab=(2\sqrt{10})^2-2\times4$
$\qquad\quad=40-8=32$ ··· ❷
∴ $(a^2-5)(b^2-5)=a^2b^2-5a^2-5b^2+25$
$\qquad\qquad\qquad\quad=(ab)^2-5(a^2+b^2)+25$
$\qquad\qquad\qquad\quad=4^2-5\times32+25=-119$ ··· ❸
답 -119

채점 기준	배점
❶ ab의 값 구하기	40%
❷ a^2+b^2의 값 구하기	30%
❸ $(a^2-5)(b^2-5)$의 값 구하기	30%

49
$x=\dfrac{1}{\sqrt5-2}=\dfrac{\sqrt5+2}{(\sqrt5-2)(\sqrt5+2)}=\sqrt5+2$

$y=\dfrac{1}{\sqrt5+2}=\dfrac{\sqrt5-2}{(\sqrt5+2)(\sqrt5-2)}=\sqrt5-2$

$x+y=(\sqrt5+2)+(\sqrt5-2)=2\sqrt5$

$xy=(\sqrt5+2)(\sqrt5-2)=1$

$\therefore\ x^2+6xy+y^2=(x+y)^2+4xy$

$\qquad\qquad\qquad=(2\sqrt5)^2+4\times1$

$\qquad\qquad\qquad=20+4=24$　　　답 ⑤

50
$(3x+y)(3x-y)=9x^2-y^2$

$\qquad\qquad\qquad=9(\sqrt3-\sqrt2)^2-(3-\sqrt6)^2$

$\qquad\qquad\qquad=9(5-2\sqrt6)-(15-6\sqrt6)$

$\qquad\qquad\qquad=45-18\sqrt6-15+6\sqrt6$

$\qquad\qquad\qquad=30-12\sqrt6$　　　답 ②

51
$x=\dfrac{\sqrt3}{2+\sqrt3}=\dfrac{\sqrt3(2-\sqrt3)}{(2+\sqrt3)(2-\sqrt3)}=\sqrt3(2-\sqrt3)$

$y=\dfrac{3}{2-\sqrt3}=\dfrac{3(2+\sqrt3)}{(2-\sqrt3)(2+\sqrt3)}=3(2+\sqrt3)$

$\therefore\ (x+y)^2-(x-y)^2=x^2+2xy+y^2-(x^2-2xy+y^2)$

$\qquad\qquad\qquad\qquad=4xy$

$\qquad\qquad\qquad\qquad=4\times\sqrt3(2-\sqrt3)\times3(2+\sqrt3)$

$\qquad\qquad\qquad\qquad=12\sqrt3$　　　답 ②

52
$x=\dfrac{3-\sqrt7}{3+\sqrt7}=\dfrac{(3-\sqrt7)^2}{(3+\sqrt7)(3-\sqrt7)}$

$\quad=\dfrac{16-6\sqrt7}{2}=8-3\sqrt7$

$y=\dfrac{3+\sqrt7}{3-\sqrt7}=\dfrac{(3+\sqrt7)^2}{(3-\sqrt7)(3+\sqrt7)}$

$\quad=\dfrac{16+6\sqrt7}{2}=8+3\sqrt7$

$x+y=(8-3\sqrt7)+(8+3\sqrt7)=16$

$xy=(8-3\sqrt7)(8+3\sqrt7)=1$

$\therefore\ \dfrac{1}{x^2}+\dfrac{1}{y^2}=\dfrac{x^2+y^2}{x^2y^2}=\dfrac{(x+y)^2-2xy}{(xy)^2}$

$\qquad\qquad\quad=\dfrac{16^2-2\times1}{1}$

$\qquad\qquad\quad=254$　　　답 254

53
$\left(x+\dfrac1x\right)^2=\left(x-\dfrac1x\right)^2+4$

$\qquad\qquad=(2\sqrt6)^2+4$

$\qquad\qquad=24+4=28$　　　답 ③

54
$a^2+\dfrac{1}{a^2}=\left(a+\dfrac1a\right)^2-2=(2\sqrt3)^2-2=10$이므로

$a^4+\dfrac{1}{a^4}=\left(a^2+\dfrac{1}{a^2}\right)^2-2=10^2-2=98$　　　답 ③

55
$x^2+7x-1=0$에서 $x\neq0$이므로 양변을 x로 나누면

$x+7-\dfrac1x=0\qquad\therefore\ x-\dfrac1x=-7$

따라서 $\left(x+\dfrac1x\right)^2=\left(x-\dfrac1x\right)^2+4=(-7)^2+4=53$이므로

$x+\dfrac1x=\pm\sqrt{53}$　　　답 ②

56
$x^2+4x+1=0$에서 $x\neq0$이므로 양변을 x로 나누면

$x+4+\dfrac1x=0\qquad\therefore\ x+\dfrac1x=-4$　　…❶

$x^2+x+\dfrac1x+\dfrac{1}{x^2}-5=x^2+\dfrac{1}{x^2}+x+\dfrac1x-5$

$\qquad\qquad=\left(x+\dfrac1x\right)^2-2+x+\dfrac1x-5$　　…❷

$\qquad\qquad=(-4)^2-2+(-4)-5$

$\qquad\qquad=5$　　…❸

답 5

채점 기준	배점
❶ $x+\dfrac1x$의 값 구하기	30%
❷ 주어진 식 변형하기	40%
❸ 주어진 식의 값 구하기	30%

57
$x=4+\sqrt3$에서 $x-4=\sqrt3$이므로 $(x-4)^2=3$

$x^2-8x+16=3,\ x^2-8x=-13$

$\therefore\ x^2-8x+11=-13+11=-2$　　　답 ⑤

58
$x=(\sqrt2-4)(2\sqrt2+3)=4-5\sqrt2-12$

$\quad=-8-5\sqrt2$　　…❶

$x+8=-5\sqrt2$이므로 $(x+8)^2=50$

$x^2+16x+64=50,\ x^2+16x=-14$　　…❷

$\therefore\ x^2+16x+10=-14+10=-4$　　…❸

답 -4

채점 기준	배점
❶ x의 값 구하기	30%
❷ x^2+16x의 값 구하기	40%
❸ $x^2+16x+10$의 값 구하기	30%

59
$x=4\sqrt5-3$에서 $x+3=4\sqrt5$이므로 $(x+3)^2=80$

$x^2+6x+9=80,\ x^2+6x=71$

$\therefore\ \sqrt{x^2+6x+1}=\sqrt{71+1}=\sqrt{72}=6\sqrt2$　　　답 ⑤

60 $x=\dfrac{3+\sqrt{6}}{3-\sqrt{6}}=\dfrac{(3+\sqrt{6})^2}{(3-\sqrt{6})(3+\sqrt{6})}$

$\quad\quad=\dfrac{15+6\sqrt{6}}{3}=5+2\sqrt{6}$

$\quad x-5=2\sqrt{6}$이므로 $(x-5)^2=24$

$\quad x^2-10x+25=24,\ x^2-10x=-1$

$\quad\therefore\ x^2-10x+9=-1+9=8$ 답 ②

61 오른쪽 그림에서 화단의 넓이는

$\quad(6a-1)(4a-1)$

$\quad=24a^2-10a+1$

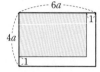

답 $24a^2-10a+1$

62 (처음 정사각형의 넓이)$=(3x)^2=9x^2$

$\quad$(새로 만든 직사각형의 넓이)

$\quad=(3x-2)(3x+5)=9x^2+9x-10$

$\quad$따라서 처음 정사각형과 새로 만든 직사각형의 넓이의 합은

$\quad9x^2+(9x^2+9x-10)=18x^2+9x-10$

답 $18x^2+9x-10$

63 $\overline{FC}=\overline{DC}=3a-1$이므로

$\quad\overline{GH}=\overline{BF}=\overline{BC}-\overline{FC}=4a+2-(3a-1)=a+3$

$\quad$이때 $\overline{GB}=\overline{BF}=a+3$이므로

$\quad\overline{AG}=\overline{AB}-\overline{GB}=3a-1-(a+3)=2a-4$

$\quad$따라서 사각형 AGHE의 넓이는

$\quad(a+3)(2a-4)=2a^2+2a-12$ 답 $2a^2+2a-12$

64 직사각형의 가로의 길이는 두 반원의 지름의 합과 같으므로

$\quad2(x+3)+2(2x+1)=2x+6+4x+2=6x+8$

$\quad$직사각형의 세로의 길이는 원 O'의 반지름의 길이와 같으

$\quad$므로 $2x+1$이다.

$\quad$이때 직사각형의 넓이는

$\quad(6x+8)(2x+1)=12x^2+22x+8$

$\quad$두 반원의 넓이의 합은

$\quad\dfrac{1}{2}\pi(x+3)^2+\dfrac{1}{2}\pi(2x+1)^2$

$\quad=\dfrac{1}{2}\pi(x^2+6x+9)+\dfrac{1}{2}\pi(4x^2+4x+1)$

$\quad=\dfrac{1}{2}\pi(5x^2+10x+10)$

$\quad=\left(\dfrac{5}{2}x^2+5x+5\right)\pi$

$\quad$따라서 $A=12x^2+22x+8$, $B=\dfrac{5}{2}x^2+5x+5$이므로

$\quad A+B=(12x^2+22x+8)+\left(\dfrac{5}{2}x^2+5x+5\right)$

$\quad\quad\quad=\dfrac{29}{2}x^2+27x+13$ 답 $\dfrac{29}{2}x^2+27x+13$

Real 실전 유형 again 32~39쪽

05 다항식의 인수분해

01 $3x^3-15x^2y=3x^2(x-5y)$

$\quad$따라서 주어진 다항식의 인수가 아닌 것은 ⑤이다. 답 ⑤

02 두 다항식을 각각 인수분해하면

$\quad-3x^2+6x=-3x(x-2)$

$\quad5x^2y-10xy=5xy(x-2)$

$\quad$따라서 두 다항식의 공통인수는 $x(x-2)$이다. 답 ③

03 ① $4a^2-8a^3=4a^2(1-2a)$

$\quad$② $8xy^2+2y^2=2y^2(4x+1)$

$\quad$③ $3a^2b^2+9ab^2=3ab^2(a+3)$ 답 ④, ⑤

04 $(x-1)(x-3)-2(3-x)$

$\quad=(x-1)(x-3)+2(x-3)$

$\quad=(x-3)(x-1+2)$

$\quad=(x-3)(x+1)$ ⋯❶

$\quad$따라서 두 일차식은 $x-3$, $x+1$이므로 두 일차식의 합은

$\quad(x-3)+(x+1)=2x-2$ ⋯❷

답 $2x-2$

채점 기준	배점
❶ 주어진 식 인수분해하기	60%
❷ 두 일차식의 합 구하기	40%

05 ⑤ $4x^2-16xy+16y^2=4(x^2-4xy+4y^2)$

$\quad\quad\quad\quad\quad\quad\quad\quad\quad\quad=4(x-2y)^2$ 답 ⑤

06 $36x^2-60x+25=(6x)^2-2\times6x\times5+5^2$

$\quad\quad\quad\quad\quad\quad\quad\quad=(6x-5)^2$

$\quad$따라서 주어진 다항식의 인수인 것은 ③이다. 답 ③

07 ① $(x-8y)^2$ $\quad\quad$ ② $(2x-3)^2$

$\quad$③ $2x^2+4x+2=2(x^2+2x+1)=2(x+1)^2$

$\quad$⑤ $x^2+5xy+\dfrac{25}{4}y^2=\left(x+\dfrac{5}{2}y\right)^2$ 답 ④

08 $(5x+c)^2=25x^2+10cx+c^2$이므로

$\quad a=25,\ b=10c,\ 81=c^2$

$\quad$이때 a, b, c는 양수이므로

$\quad a=25,\ b=90,\ c=9$

$\quad\therefore\ a+b+c=25+90+9=124$ 답 124

09 $4x^2-12x+a+7=(2x)^2-2\times2x\times3+a+7$에서

$\quad a+7=3^2,\ a+7=9$ $\quad\therefore\ a=2$

$\dfrac{1}{25}x^2-bx+\dfrac{1}{16}=\left(\dfrac{1}{5}x\right)^2-bx+\left(\pm\dfrac{1}{4}\right)^2=\left(\dfrac{1}{5}x\pm\dfrac{1}{4}\right)^2$

에서 $-b=\pm2\times\dfrac{1}{5}\times\dfrac{1}{4}=\pm\dfrac{1}{10}$

$\therefore b=\dfrac{1}{10}\ (\because b>0)$

$\therefore ab=2\times\dfrac{1}{10}=\dfrac{1}{5}$　　　　　　답 $\dfrac{1}{5}$

10 $(2x-1)(2x+5)+k=4x^2+8x-5+k$
$\qquad\qquad\qquad=(2x)^2+2\times2x\times2-5+k$

이 식이 완전제곱식이 되려면

$-5+k=2^2,\ -5+k=4\quad \therefore k=9$　　답 ④

11 $25x^2+(2a-4)xy+16y^2=(5x)^2+(2a-4)xy+(\pm4y)^2$
$\qquad\qquad\qquad\qquad\qquad=(5x\pm4y)^2$

에서 $2a-4=\pm2\times5\times4=\pm40$

(i) $2a-4=40$일 때, $2a=44\quad \therefore a=22$

(ii) $2a-4=-40$일 때, $2a=-36\quad \therefore a=-18$

(i), (ii)에서 $a=22$ 또는 $a=-18$　　답 ②, ⑤

12 $3x^2-10x+A=3\left(x^2-\dfrac{10}{3}x+\dfrac{A}{3}\right)$이므로

$\dfrac{A}{3}=\left\{\left(-\dfrac{10}{3}\right)\times\dfrac{1}{2}\right\}^2=\dfrac{25}{9}\quad \therefore A=\dfrac{25}{3}$　　답 $\dfrac{25}{3}$

13 $3<x<7$이므로 $x-3>0,\ x-7<0$

$\sqrt{x^2-6x+9}-\sqrt{x^2-14x+49}=\sqrt{(x-3)^2}-\sqrt{(x-7)^2}$
$\qquad\qquad\qquad\qquad\qquad\qquad=x-3-\{-(x-7)\}$
$\qquad\qquad\qquad\qquad\qquad\qquad=x-3+x-7$
$\qquad\qquad\qquad\qquad\qquad\qquad=2x-10$　　답 ④

14 $-4<a<3$이므로 $a-3<0,\ a+4>0$

$\sqrt{(a+3)^2-12a}+\sqrt{(a-4)^2+16a}$
$=\sqrt{a^2-6a+9}+\sqrt{a^2+8a+16}$
$=\sqrt{(a-3)^2}+\sqrt{(a+4)^2}$
$=-(a-3)+(a+4)$
$=-a+3+a+4=7$　　답 ③

15 $0<x<\dfrac{1}{3}$이므로 $x-\dfrac{1}{3}<0,\ x+\dfrac{1}{3}>0$

$\sqrt{x^2-\dfrac{2}{3}x+\dfrac{1}{9}}-\sqrt{x^2+\dfrac{2}{3}x+\dfrac{1}{9}}$
$=\sqrt{\left(x-\dfrac{1}{3}\right)^2}-\sqrt{\left(x+\dfrac{1}{3}\right)^2}$
$=-\left(x-\dfrac{1}{3}\right)-\left(x+\dfrac{1}{3}\right)$
$=-x+\dfrac{1}{3}-x-\dfrac{1}{3}=-2x$　　답 ③

16 $0<a<b$이므로 $a>0,\ a+b>0,\ a-b<0$ … ❶

$\therefore \sqrt{a^2}+\sqrt{a^2+2ab+b^2}-\sqrt{a^2-2ab+b^2}$
$=\sqrt{a^2}+\sqrt{(a+b)^2}-\sqrt{(a-b)^2}$ … ❷
$=a+(a+b)-\{-(a-b)\}$
$=a+a+b+a-b=3a$ … ❸

답 $3a$

채점 기준	배점
❶ $a,\ a+b,\ a-b$의 부호 구하기	30%
❷ 근호 안의 식 인수분해하기	40%
❸ 주어진 식 간단히 하기	30%

17 $4x^3-x=x(4x^2-1)=x(2x+1)(2x-1)$

따라서 $4x^3-x$의 인수인 것은 ①, ③이다.　　답 ①, ③

18 ① $49x^2-4=(7x)^2-2^2=(7x+2)(7x-2)$

② $25x^2-y^2=(5x)^2-y^2=(5x+y)(5x-y)$

③ $-4x^2+y^2=y^2-(2x)^2=(y+2x)(y-2x)$

④ $\dfrac{1}{16}x^2-y^2=\dfrac{1}{16}(x^2-16y^2)=\dfrac{1}{16}\{x^2-(4y)^2\}$
$\qquad\qquad\qquad=\dfrac{1}{16}(x+4y)(x-4y)$

⑤ $a^2-\dfrac{1}{9}b^2=a^2-\left(\dfrac{1}{3}b\right)^2=\left(a+\dfrac{1}{3}b\right)\left(a-\dfrac{1}{3}b\right)$　　답 ④

19 $(-4x+3)(3x+2)-x+21$
$=-12x^2+x+6-x+21=-12x^2+27$
$=-3(4x^2-9)=-3(2x+3)(2x-3)$ … ❶

따라서 $a=-3,\ b=2,\ c=3$이므로 … ❷

$a+b+c=-3+2+3=2$ … ❸

답 2

채점 기준	배점
❶ 주어진 식 인수분해하기	60%
❷ $a,\ b,\ c$의 값 구하기	30%
❸ $a+b+c$의 값 구하기	10%

20 $3x^8-3=3(x^8-1)$
$\qquad\quad=3(x^4+1)(x^4-1)$
$\qquad\quad=3(x^4+1)(x^2+1)(x^2-1)$
$\qquad\quad=3(x^4+1)(x^2+1)(x+1)(x-1)$　　답 ④

21 $x^2+ax+30=(x+b)(x-6)=x^2+(b-6)x-6b$이므로
$a=b-6,\ 30=-6b$

따라서 $a=-11,\ b=-5$이므로

$ab=-11\times(-5)=55$　　답 ⑤

22 ① $(x+5)(x-1)$　　　　② $(x+5)(x+3)$
　　③ $(x+5)(x-4)$　　　　④ $(x+5)(x+2)$

⑤ $(x-5)(x+8)$
따라서 $x+5$를 인수로 갖지 않는 것은 ⑤이다. 답 ⑤

23 $(x+3)(x-8)-5x=x^2-5x-24-5x$
$$=x^2-10x-24$$
$$=(x+2)(x-12)$$
이때 두 일차식은 $x+2$, $x-12$이므로 두 일차식의 합은
$(x+2)+(x-12)=2x-10$ 답 ②

24 $x^2+Ax-12=(x+a)(x+b)=x^2+(a+b)x+ab$이므로
$a+b=A$, $ab=-12$
곱이 -12인 두 정수는
$1, -12$ 또는 $2, -6$ 또는 $3, -4$ 또는 $4, -3$ 또는 $6, -2$ 또는 $12, -1$
이때 A의 값이 될 수 있는 것은
-11 -4, -1, 1, 4, 11
따라서 $M=11$, $m=-11$이므로
$M-m=11-(-11)=22$ 답 22

25 $8x^2+ax-20=(2x+b)(cx-4)$
$$=2cx^2+(-8+bc)x-4b$$
이므로 $8=2c$, $a=-8+bc$, $-20=-4b$
따라서 $a=12$, $b=5$, $c=4$이므로
$a+b+c=12+5+4=21$ 답 ⑤

26 ① $(2x-1)(3x+4)$ ② $(3x-4)(4x-1)$
③ $(3x+2)(4x-3)$ ④ $(x+3)(3x-5)$
⑤ $(2x+5)(3x-4)$
따라서 $3x-4$를 인수로 갖는 것은 ②, ⑤이다. 답 ②, ⑤

27 $8x^2+ax-3=(bx+3)(4x+c)$
$$=4bx^2+(bc+12)x+3c$$
이므로 $8=4b$, $a=bc+12$, $-3=3c$
따라서 $a=10$, $b=2$, $c=-1$이므로
$a-b-c=10-2-(-1)=9$ 답 9

28 $(6x-5)(2x+1)-13x=12x^2-4x-5-13x$
$$=12x^2-17x-5$$
$$=(3x-5)(4x+1)$$
이때 두 일차식은 $3x-5$, $4x+1$이므로 두 일차식의 합은
$(3x-5)+(4x+1)=7x-4$ 답 ②

29 ⑤ $8x^2-2x-3=(2x+1)(4x-3)$ 답 ⑤

30 ①, ②, ③, ⑤ 5 ④ 4 답 ④

31 $x^2-3x+\dfrac{9}{4}=\left(x-\dfrac{3}{2}\right)^2$ $\therefore a=-\dfrac{3}{2}$
$x^3-4x=x(x^2-4)=x(x+2)(x-2)$ $\therefore b=-2$
$x^2-3x-28=(x+4)(x-7)$ $\therefore c=4$
$2x^2-xy-10y^2=(2x-5y)(x+2y)$ $\therefore d=-5$ …❶
$\therefore abcd=-\dfrac{3}{2}\times(-2)\times4\times(-5)=-60$ …❷
답 -60

채점 기준	배점
❶ a, b, c, d의 값 구하기	80%
❷ $abcd$의 값 구하기	20%

32 $6x^2+ax-25=(3x-5)(2x+m)$ (m은 상수)으로 놓으면
$a=3m-10$, $-25=-5m$
$\therefore m=5$, $a=5$ 답 ①

33 $18x^2-axy-4y^2=(3x-4y)(6x+my)$ (m은 상수)로 놓으면
$-a=3m-24$, $-4=-4m$
$\therefore m=1$, $a=21$
따라서 $18x^2-21xy-4y^2=(3x-4y)(6x+y)$이므로 이 다항식의 인수인 것은 $6x+y$이다. 답 ④

34 $x^2+2x+a=(x-5)(x+m)$ (m은 상수)으로 놓으면
$2=m-5$, $a=-5m$
$\therefore m=7$, $a=-35$
$4x^2+bx-25=(x-5)(4x+n)$ (n은 상수)으로 놓으면
$b=n-20$, $-25=-5n$
$\therefore n=5$, $b=-15$
$\therefore a-b=-35-(-15)=-20$ 답 ②

35 $2x^2+7x-4=(x+4)(2x-1)$
$5x^2+17x-12=(x+4)(5x-3)$
두 다항식의 공통인수가 $x+4$이므로 $3x^2+ax-8$도 $x+4$를 인수로 갖는다. …❶
$3x^2+ax-8=(x+4)(3x+m)$ (m은 상수)으로 놓으면
$a=m+12$, $-8=4m$
$\therefore m=-2$, $a=10$ …❷
답 10

채점 기준	배점
❶ 세 다항식의 공통인수 구하기	50%
❷ a의 값 구하기	50%

36 현민이는 상수항을 제대로 보았으므로
$(x-2)(x-9)=x^2-11x+18$
에서 처음 이차식의 상수항은 18이다.

현아는 x의 계수를 제대로 보았으므로
$(x-2)(x-7)=x^2-9x+14$
에서 처음 이차식의 x의 계수는 -9이다.
따라서 처음 이차식을 바르게 인수분해하면
$x^2-9x+18=(x-3)(x-6)$　　　　**답** ④

37 재욱이는 상수항을 제대로 보았으므로
$(x-5)(x+4)=x^2-x-20$
에서 처음 이차식의 상수항은 -20이다.
한나는 x의 계수를 제대로 보았으므로
$(x-4)(x+12)=x^2+8x-48$
에서 처음 이차식의 x의 계수는 8이다.
따라서 처음 이차식을 바르게 인수분해하면
$x^2+8x-20=(x-2)(x+10)$　　**답** $(x-2)(x+10)$

38 하연이는 상수항을 제대로 보았으므로
$(2x+3)(2x-5)=4x^2-4x-15$
에서 처음 이차식의 상수항은 -15이다.
하준이는 x의 계수를 제대로 보았으므로
$(4x+1)(x-2)=4x^2-7x-2$
에서 처음 이차식의 x의 계수는 -7이다.
따라서 처음 이차식을 바르게 인수분해하면
$4x^2-7x-15=(4x+5)(x-3)$
이므로 $a=5$, $b=3$　∴ $a-b=5-3=2$　　**답** 2

39 $x-2y=A$로 놓으면
$(x-2y)^2+2(x-2y-3)-9$
$=A^2+2(A-3)-9$
$=A^2+2A-15$
$=(A-3)(A+5)$
$=(x-2y-3)(x-2y+5)$　　　　**답** ②

40 $A=(b-3)(a^2-4)$
　　$=(b-3)(a+2)(a-2)$
　$B=(b-3)a^2-2(b-3)a-3(b-3)$
　　$=(b-3)(a^2-2a-3)$
　　$=(b-3)(a+1)(a-3)$
따라서 두 다항식의 공통인수는 $b-3$이다.　　**답** ④

41 $3x^2-5x=A$로 놓으면
$(3x^2-5x-5)(3x^2-5x-9)-21$
$=(A-5)(A-9)-21$
$=A^2-14A+24$
$=(A-2)(A-12)$
$=(3x^2-5x-2)(3x^2-5x-12)$
$=(3x+1)(x-2)(3x+4)(x-3)$
따라서 주어진 다항식의 인수가 아닌 것은 ①이다.　**답** ①

42 $x+3=A$, $x-5=B$로 놓으면
$12(x+3)^2-(x+3)(x-5)-6(x-5)^2$
$=12A^2-AB-6B^2$
$=(3A+2B)(4A-3B)$
$=\{3(x+3)+2(x-5)\}\{4(x+3)-3(x-5)\}$
$=(5x-1)(x+27)$
따라서 $a=5$, $b=-1$, $c=27$이므로
$a+b+c=5+(-1)+27=31$　　　　**답** 31

43 $(x+1)(x+2)(x+5)(x+6)-12$
$=\{(x+1)(x+6)\}\{(x+2)(x+5)\}-12$
$=(x^2+7x+6)(x^2+7x+10)-12$
$x^2+7x=A$로 놓으면
$(x^2+7x+6)(x^2+7x+10)-12$
$=(A+6)(A+10)-12$
$=A^2+16A+48$
$=(A+4)(A+12)$
$=(x^2+7x+4)(x^2+7x+12)$
$=(x^2+7x+4)(x+3)(x+4)$
따라서 주어진 다항식의 인수가 아닌 것은 ③, ⑤이다.
　　　　답 ③, ⑤

44 $(x-5)(x-3)(x+1)(x+3)+35$
$=\{(x-5)(x+3)\}\{(x-3)(x+1)\}+35$
$=(x^2-2x-15)(x^2-2x-3)+35$
$x^2-2x=A$로 놓으면
$(x^2-2x-15)(x^2-2x-3)+35$
$=(A-15)(A-3)+35$
$=A^2-18A+80$
$=(A-8)(A-10)$
$=(x^2-2x-8)(x^2-2x-10)$
$=(x+2)(x-4)(x^2-2x-10)$　　　　**답** ⑤

45 $x(x-2)(x-3)(x-5)+9$
$=\{x(x-5)\}\{(x-2)(x-3)\}+9$
$=(x^2-5x)(x^2-5x+6)+9$　　　　…❶
$x^2-5x=A$로 놓으면
$(x^2-5x)(x^2-5x+6)+9$
$=A(A+6)+9$
$=A^2+6A+9$
$=(A+3)^2$
$=(x^2-5x+3)^2$　　　　…❷
따라서 $a=-5$, $b=3$이므로　　　　…❸
$ab=-5\times3=-15$　　　　…❹
　　　　답 -15

채점 기준	배점
❶ 공통부분이 생기도록 2개씩 묶어 전개하기	40%
❷ 공통부분을 A로 놓고 인수분해하기	40%
❸ a, b의 값 구하기	10%
❹ ab의 값 구하기	10%

46
$(x-1)(x-8)(x+2)(x+4)+14x^2$
$=\{(x-1)(x-8)\}\{(x+2)(x+4)\}+14x^2$
$=(x^2-9x+8)(x^2+6x+8)+14x^2$
$x^2+8=A$로 놓으면
$(x^2-9x+8)(x^2+6x+8)+14x^2$
$=(A-9x)(A+6x)+14x^2$
$=A^2-3Ax-40x^2$
$=(A+5x)(A-8x)$
$=(x^2+5x+8)(x^2-8x+8)$
$\quad$ 답 $(x^2+5x+8)(x^2-8x+8)$

47
$x^2y-4+x^2-4y=x^3y+x^2-4-4y$
$\qquad\qquad =x^2(y+1)-4(y+1)$
$\qquad\qquad =(y+1)(x^2-4)$
$\qquad\qquad =(y+1)(x+2)(x-2)$
$x^2-2x-xy+2y=x(x-2)-y(x-2)$
$\qquad\qquad =(x-2)(x-y)$
따라서 두 다항식의 공통인수는 $x-2$이다. $\quad$ 답 ①

48
$x^3+4x^2-9x-36=x^2(x+4)-9(x+4)$
$\qquad\qquad =(x+4)(x^2-9)$
$\qquad\qquad =(x+4)(x+3)(x-3)$
따라서 세 일차식의 합은
$(x+4)+(x+3)+(x-3)=3x+4$ $\quad$ 답 ⑤

49
$16x^2-8xy+y^2-121=16x^2-8xy+y^2-11^2$
$\qquad\qquad =(4x-y)^2-11^2$
$\qquad\qquad =(4x-y+11)(4x-y-11)$ $\cdots$ ❶
따라서 $a=-1, b=11$이므로 $\cdots$ ❷
$a+b=-1+11=10$ $\cdots$ ❸
$\quad$ 답 10

채점 기준	배점
❶ 주어진 식 인수분해하기	60%
❷ a, b의 값 구하기	30%
❸ $a+b$의 값 구하기	10%

50
$36x^2-25y^2+10y-1=36x^2-(25y^2-10y+1)$
$\qquad\qquad =(6x)^2-(5y-1)^2$
$\qquad\qquad =(6x+5y-1)(6x-5y+1)$
$\quad$ 답 ①

51 y에 대하여 내림차순으로 정리하면
$x^2+xy-8x-3y+15$
$=xy-3y+x^2-8x+15$
$=y(x-3)+(x-3)(x-5)$
$=(x-3)(x+y-5)$ $\quad$ 답 ③

52 x에 대하여 내림차순으로 정리하면
$2x^2+5xy-3y^2+13y-5x-12$
$=2x^2+(5y-5)x-(3y^2-13y+12)$
$=2x^2+(5y-5)x-(y-3)(3y-4)$
$=\{x+(3y-4)\}\{2x-(y-3)\}$
$=(x+3y-4)(2x-y+3)$
따라서 두 일차식은 $x+3y-4$, $2x-y+3$이므로 두 일차식의 합은
$(x+3y-4)+(2x-y+3)=3x+2y-1$ $\quad$ 답 ②

53
$A=22.5^2-2\times22.5\times2.5+2.5^2$
$\quad =(22.5-2.5)^2$
$\quad =20^2=400$
$B=0.5\times(8.5^2-1.5^2)$
$\quad =0.5\times(8.5+1.5)\times(8.5-1.5)$
$\quad =0.5\times10\times7=35$
$\therefore A+B=400+35=435$ $\quad$ 답 435

54
$1^2-2^2+3^2-4^2+\cdots+9^2-10^2$
$=(1^2-2^2)+(3^2-4^2)+\cdots+(9^2-10^2)$
$=(1+2)\times(1-2)+(3+4)\times(3-4)$
$\qquad\qquad +\cdots+(9+10)\times(9-10)$
$=(1+2+3+4+\cdots+9+10)\times(-1)$
$=55\times(-1)$
$=-55$ $\quad$ 답 ③

55
$x=\dfrac{1}{2-\sqrt{3}}=\dfrac{2+\sqrt{3}}{(2-\sqrt{3})(2+\sqrt{3})}=2+\sqrt{3}$
$y=\dfrac{1}{2+\sqrt{3}}=\dfrac{2-\sqrt{3}}{(2+\sqrt{3})(2-\sqrt{3})}=2-\sqrt{3}$
$\therefore 4x^3y-xy^3=xy(4x^2-y^2)$
$\qquad\qquad =xy(2x+y)(2x-y)$
$\qquad\qquad =(2+\sqrt{3})\times(2-\sqrt{3})$
$\qquad\qquad\qquad \times\{2(2+\sqrt{3})+(2-\sqrt{3})\}$
$\qquad\qquad\qquad \times\{2(2+\sqrt{3})-(2-\sqrt{3})\}$
$\qquad\qquad =1\times(6+\sqrt{3})\times(2+3\sqrt{3})$
$\qquad\qquad =21+20\sqrt{3}$ $\quad$ 답 ⑤

56
$\dfrac{x^3+3x^2-5}{2x-1}=\dfrac{x(x^2+3x)-5}{2x-1}=\dfrac{10x-5}{2x-1}$
$\qquad =\dfrac{5(2x-1)}{2x-1}=5$ $\quad$ 답 ④

57 $3<\sqrt{15}<4$이므로 $x=\sqrt{15}-3$ ··· ❶

$x-2=A$로 놓으면

$$
\begin{aligned}
(x-2)^2+10(x-2)+25 &=A^2+10A+25 \\
&=(A+5)^2 \\
&=(x-2+5)^2 \\
&=(x+3)^2 \qquad ··· ❷ \\
&=(\sqrt{15}-3+3)^2 \\
&=(\sqrt{15})^2=15 \qquad ··· ❸
\end{aligned}
$$

답 15

채점 기준	배점
❶ x의 값 구하기	30%
❷ 주어진 식 인수분해하기	40%
❸ 주어진 식의 값 구하기	30%

58 $(좌변)=x^2y-xy^2+3x-3y$

$\qquad\quad =xy(x-y)+3(x-y)$

$\qquad\quad =(x-y)(xy+3)$

이때 $(x-y)(xy+3)=30$에 $xy=3$을 대입하면

$(x-y)(3+3)=30,\ 6(x-y)=30 \qquad \therefore\ x-y=5$

$\therefore\ x^2+y^2=(x-y)^2+2xy$

$\qquad\qquad\quad =5^2+2\times3=31$ 답 ①

59 도형 A의 넓이가 $3x^2+8x+4$이므로

$3x^2+8x+4=(3x+2)(x+2)$

즉, 도형 A의 세로의 길이는 $x+2$이다.

따라서 도형 A의 둘레의 길이는

$2\{(3x+2)+(x+2)\}=2(4x+4)=8x+8=4(2x+2)$

이므로 도형 B는 한 변의 길이가 $2x+2$인 정사각형이다.

따라서 도형 B의 넓이는

$(2x+2)^2=4x^2+8x+4$ 답 $4x^2+8x+4$

60 $(넓이)=2x^2+9x+4=(x+4)(2x+1)$

따라서 새로운 직사각형의 가로의 길이, 세로의 길이는 각각 $x+4,\ 2x+1$ 또는 $2x+1,\ x+4$이므로 구하는 둘레의 길이는

$2\{(x+4)+(2x+1)\}=2(3x+5)$

$\qquad\qquad\qquad\qquad =6x+10$ 답 $6x+10$

61 $a^3+2a^2-9a-18=a^2(a+2)-9(a+2)$

$\qquad\qquad\qquad\qquad =(a+2)(a^2-9)$

$\qquad\qquad\qquad\qquad =(a+2)(a+3)(a-3)$

따라서 직육면체의 높이는 $a-3$이므로 모든 모서리의 길이의 합은

$4\{(a+2)+(a+3)+(a-3)\}=4(3a+2)$

$\qquad\qquad\qquad\qquad\qquad\quad =12a+8$ 답 $12a+8$

Real 실전 유형 again   40~45쪽

06 이차방정식 (1)

01 ① 등식이 아니므로 이차방정식이 아니다.

③ $4x-1=0$ ➡ 일차방정식

④ x^2이 분모에 있으므로 이차방정식이 아니다.

⑤ $2x^2-5x+3=0$ ➡ 이차방정식   답 ②, ⑤

02 $-4x(ax+2)=2x^2-1$에서

$(-4a-2)x^2-8x+1=0$

$-4a-2\neq0$이어야 하므로

$a\neq-\dfrac{1}{2}$ 답 ②

03 ① $2^2-4\times2+4=0$

② $4^2+5\times4+4\neq0$

③ $3^2-7\times3+10\neq0$

④ $(-1)^2+(-1)-2\neq0$

⑤ $(-3)^2+(-3)-6=0$ 답 ①, ⑤

04 $x=3$을 $x^2+ax+a-1=0$에 대입하면

$9+3a+a-1=0,\ 4a=-8 \qquad \therefore\ a=-2$ 답 ②

05 $x=-2$를 $2x^2+2x-a=0$에 대입하면

$8-4-a=0,\ -a=-4 \qquad \therefore\ a=4$ 답 4

06 $x=-1$을 $2x^2+(a-1)x+3=0$에 대입하면

$2-(a-1)+3=0 \qquad \therefore\ a=6$ ··· ❶

$x=3$을 $x^2-5x+b=0$에 대입하면

$9-15+b=0 \qquad \therefore\ b=6$ ··· ❷

$\therefore\ a-b=6-6=0$ ··· ❸

답 0

채점 기준	배점
❶ a의 값 구하기	40%
❷ b의 값 구하기	40%
❸ $a-b$의 값 구하기	20%

07 $x=-2$를 $x^2-x+a=0$에 대입하면

$4+2+a=0 \qquad \therefore\ a=-6$

$x=-2$를 $3x^2+bx+2=0$에 대입하면

$12-2b+2=0,\ -2b=-14 \qquad \therefore\ b=7$

$\therefore\ a+b=-6+7=1$ 답 ④

08 ① $x=m$을 $x^2-4x-1=0$에 대입하면

$m^2-4m-1=0 \qquad ··· ㉠$

② ㉠의 양변에 2를 더하면

$m^2-4m+1=2$

③ ㉠의 양변에 2를 곱하면

$2m^2-8m-2=0$ ∴ $2m^2-8m=2$

④ ㉠의 양변에 -1을 곱하면

$-m^2+4m+1=0$ ∴ $-m^2+4m=-1$

⑤ $m \neq 0$이므로 ㉠의 양변을 m으로 나누면

$m-4-\dfrac{1}{m}=0$ ∴ $m-\dfrac{1}{m}=4$　　　답 ④

09 $x=a$를 $x^2+6x+4=0$에 대입하면 $a^2+6a+4=0$

$a \neq 0$이므로 양변을 a로 나누면 $a+6+\dfrac{4}{a}=0$

∴ $a+\dfrac{4}{a}=-6$　　　답 -6

10 $x=k$를 $x^2+3x-1=0$에 대입하면 $k^2+3k-1=0$

$k \neq 0$이므로 양변을 k로 나누면

$k+3-\dfrac{1}{k}=0$ ∴ $k-\dfrac{1}{k}=-3$

∴ $k^2+\dfrac{1}{k^2}=\left(k-\dfrac{1}{k}\right)^2+2=(-3)^2+2=11$　　　답 11

11 $x=a$를 $x^2-6x-16=0$에 대입하면

$a^2-6a-16=0$ ∴ $a^2-6a=16$　　　…❶

$x=b$를 $2x^2+3x+9=0$에 대입하면

$2b^2+3b+9=0$ ∴ $2b^2+3b=-9$　　　…❷

$a^2+2b^2-6a+3b+3=(a^2-6a)+(2b^2+3b)+3$

$=16+(-9)+3=10$　　　…❸

답 10

채점 기준	배점
❶ a^2-6a의 값 구하기	30%
❷ $2b^2+3b$의 값 구하기	30%
❸ $a^2+2b^2-6a+3b+3$의 값 구하기	40%

12 $2x^2-9x-5=0$에서

$(2x+1)(x-5)=0$ ∴ $x=-\dfrac{1}{2}$ 또는 $x=5$

$\alpha>\beta$이므로 $\alpha=5$, $\beta=-\dfrac{1}{2}$

∴ $\alpha-\beta=5-\left(-\dfrac{1}{2}\right)=\dfrac{11}{2}$　　　답 $\dfrac{11}{2}$

13 ① $x(x-2)=0$에서 $x=0$ 또는 $x=2$이므로 $0\times2=0$

② $x=-\dfrac{1}{2}$ 또는 $x=12$이므로 $-\dfrac{1}{2}\times12=-6$

③ $x=-3$ 또는 $x=2$이므로 $-3\times2=-6$

④ $x=-\dfrac{1}{3}$ 또는 $x=2$이므로 $-\dfrac{1}{3}\times2=-\dfrac{2}{3}$

⑤ $x=-3$ 또는 $x=-2$이므로 $-3\times(-2)=6$

답 ②, ③

14 $3(x+1)(x-3)=2x^2-x-3$에서

$3x^2-6x-9=2x^2-x-3$, $x^2-5x-6=0$

$(x+1)(x-6)=0$ ∴ $x=-1$ 또는 $x=6$　　　답 ③

15 $6(x-1)^2=-7x+5$에서

$6x^2-12x+6=-7x+5$, $6x^2-5x+1=0$

$(3x-1)(2x-1)=0$ ∴ $x=\dfrac{1}{3}$ 또는 $x=\dfrac{1}{2}$

따라서 $a=\dfrac{1}{3}$이므로 $(3a+1)^2=\left(3\times\dfrac{1}{3}+1\right)^2=2^2=4$

답 4

16 $x=2$를 $2x^2-(a-3)x+10=0$에 대입하면

$8-2a+6+10=0$, $24-2a=0$ ∴ $a=12$

즉, $2x^2-9x+10=0$에서

$(x-2)(2x-5)=0$ ∴ $x=2$ 또는 $x=\dfrac{5}{2}$

따라서 $k=\dfrac{5}{2}$이므로 $ak=12\times\dfrac{5}{2}=30$　　　답 ⑤

17 $3x^2+8x-3=0$에서

$(x+3)(3x-1)=0$ ∴ $x=-3$ 또는 $x=\dfrac{1}{3}$

따라서 $x=-3$이 $x^2+2ax+3a=0$의 근이므로

$9-6a+3a=0$ ∴ $a=3$　　　답 3

18 $x=-\dfrac{1}{2}$을 $2x^2-5x+3a=0$에 대입하면

$\dfrac{1}{2}+\dfrac{5}{2}+3a=0$, $3+3a=0$ ∴ $a=-1$　　　…❶

즉, $2x^2-5x-3=0$에서

$(2x+1)(x-3)=0$ ∴ $x=-\dfrac{1}{2}$ 또는 $x=3$

따라서 $b=3$이므로　　　…❷

$ab=-1\times3=-3$　　　…❸

답 -3

채점 기준	배점
❶ a의 값 구하기	40%
❷ b의 값 구하기	40%
❸ ab의 값 구하기	20%

19 $x=2$를 $x^2+ax-8=0$에 대입하면

$4+2a-8=0$, $2a-4=0$ ∴ $a=2$

즉, $x^2+2x-8=0$에서 $(x-2)(x+4)=0$

∴ $x=2$ 또는 $x=-4$

따라서 $x=-4$가 $3x^2+bx-8=0$의 근이므로

$48-4b-8=0$ ∴ $b=10$

∴ $a+b=2+10=12$　　　답 12

20 $x^2-5x+4=0$에서 $(x-1)(x-4)=0$

∴ $x=1$ 또는 $x=4$

$3x^2-4x+1=0$에서 $(3x-1)(x-1)=0$

$\therefore x=\dfrac{1}{3}$ 또는 $x=1$

따라서 공통인 근은 $x=1$이다.　　　　답 $x=1$

21 $3x^2-5x-2=0$에서 $(3x+1)(x-2)=0$

$\therefore x=-\dfrac{1}{3}$ 또는 $x=2$

$x(x+2)=8$에서 $x^2+2x-8=0$

$(x+4)(x-2)=0$　　$\therefore x=-4$ 또는 $x=2$

따라서 공통인 근은 $x=2$이므로 $m=2$　　답 ②

22 $x=3$을 두 이차방정식에 각각 대입하면

$18+3a+a-6=0$, $4a+12=0$　　$\therefore a=-3$

$9+3+b=0$, $12+b=0$　　$\therefore b=-12$

$\therefore a+b=-3+(-12)=-15$　　답 -15

23 $x^2+2x-35=0$에서 $(x+7)(x-5)=0$

$\therefore x=-7$ 또는 $x=5$　　　　　　…❶

$3x^2-17x+10=0$에서 $(3x-2)(x-5)=0$

$\therefore x=\dfrac{2}{3}$ 또는 $x=5$　　　　　…❷

따라서 공통인 근 $x=5$가 $x^2+x-2k=0$의 한 근이므로

$25+5-2k=0$, $30-2k=0$　　$\therefore k=15$　…❸

답 15

채점 기준	배점
❶ 이차방정식 $x^2+2x-35=0$의 해 구하기	30%
❷ 이차방정식 $3x^2-17x+10=0$의 해 구하기	30%
❸ k의 값 구하기	40%

24 ① $4x^2-4=0$에서 $x^2-1=0$

$(x+1)(x-1)=0$　　$\therefore x=-1$ 또는 $x=1$

② $(x-1)^2=1$에서 $x^2-2x=0$

$x(x-2)=0$　　$\therefore x=0$ 또는 $x=2$

③ $x-2=(4-x)^2$에서 $x^2-9x+18=0$

$(x-3)(x-6)=0$　　$\therefore x=3$ 또는 $x=6$

④ $x^2+8x+12=0$에서 $(x+2)(x+6)=0$

$\therefore x=-2$ 또는 $x=-6$

⑤ $(2x-5)^2=0$　　$\therefore x=\dfrac{5}{2}$　　답 ⑤

25 ㄱ. $x^2+4x+4=0$에서 $(x+2)^2=0$　　$\therefore x=-2$

ㄴ. $x^2=16$에서 $x^2-16=0$, $(x+4)(x-4)=0$

$\therefore x=-4$ 또는 $x=4$

ㄷ. $x^2=4x+32$에서 $x^2-4x-32=0$

$(x+4)(x-8)=0$　　$\therefore x=-4$ 또는 $x=8$

ㄹ. $x^2-12x=-36$에서 $x^2-12x+36=0$

$(x-6)^2=0$　　$\therefore x=6$

ㅁ. $25x^2+10x+1=0$에서

$(5x+1)^2=0$　　$\therefore x=-\dfrac{1}{5}$

따라서 중근을 갖는 것은 ㄱ, ㄹ, ㅁ이다.　　답 ⑤

26 $x^2-\dfrac{1}{3}x+\dfrac{1}{36}=0$에서 $\left(x-\dfrac{1}{6}\right)^2=0$　　$\therefore x=\dfrac{1}{6}$

$9x^2-12x+4=0$에서 $(3x-2)^2=0$　　$\therefore x=\dfrac{2}{3}$

따라서 $a=\dfrac{1}{6}$, $b=\dfrac{2}{3}$이므로

$\dfrac{b}{a}=b\div a=\dfrac{2}{3}\div\dfrac{1}{6}=\dfrac{2}{3}\times6=4$　　답 4

27 주어진 이차방정식의 양변에 2를 곱하면

$x^2-10x+3k-2=0$

$3k-2=\left(-\dfrac{10}{2}\right)^2=25$, $3k=27$　　$\therefore k=9$　　답 ⑤

28 $x^2+2x-k=-4x-10$에서 $x^2+6x-k+10=0$

$-k+10=\left(\dfrac{6}{2}\right)^2=9$　　$\therefore k=1$

즉, $x^2+6x+9=0$에서

$(x+3)^2=0$　　$\therefore x=-3$　　답 $x=-3$

29 $x^2-8x+4+3p=0$이 중근을 가지므로

$4+3p=\left(-\dfrac{8}{2}\right)^2=16$, $3p=12$　　$\therefore p=4$　…❶

$x^2-3px+q+8=0$, 즉 $x^2-12x+q+8=0$이 중근을 가지므로

$q+8=\left(-\dfrac{12}{2}\right)^2=36$　　$\therefore q=28$　　…❷

$\therefore p+q=4+28=32$　　　　　　…❸

답 32

채점 기준	배점
❶ p의 값 구하기	40%
❷ q의 값 구하기	40%
❸ $p+q$의 값 구하기	20%

30 $12-13m=\left(\dfrac{-4m}{2}\right)^2=4m^2$에서

$4m^2+13m-12=0$, $(m+4)(4m-3)=0$

$\therefore m=-4$ 또는 $m=\dfrac{3}{4}$

따라서 모든 상수 m의 값의 곱은

$-4\times\dfrac{3}{4}=-3$　　답 ①

31 두 근이 $-\dfrac{1}{3}$, $\dfrac{1}{2}$이고 x^2의 계수가 6인 이차방정식은

$6\left(x+\dfrac{1}{3}\right)\left(x-\dfrac{1}{2}\right)=0$, $6\left(x^2-\dfrac{1}{6}x-\dfrac{1}{6}\right)=0$

$\therefore 6x^2-x-1=0$　　답 $6x^2-x-1=0$

32 $x=-4$를 중근으로 갖고 x^2의 계수가 1인 이차방정식은
$(x+4)^2=0$ ∴ $x^2+8x+16=0$
따라서 $p=8$, $q=16$이므로 $p-q=8-16=-8$ 답 ②

33 두 근이 $\frac{1}{4}$, -2이고 x^2의 계수가 4인 이차방정식은
$4\left(x-\frac{1}{4}\right)(x+2)=0$ ∴ $4x^2+7x-2=0$
따라서 $a=7$, $b=-2$이므로
$a+b=7+(-2)=5$ 답 5

34 $x^2+3x-10=0$에서 $(x+5)(x-2)=0$
∴ $x=-5$ 또는 $x=2$
따라서 $\alpha=2$, $\beta=-5$이므로 $\alpha-1=1$, $\beta-1=-6$
즉, -6, 1을 두 근으로 하고 x^2의 계수가 1인 이차방정식은
$(x+6)(x-1)=0$ ∴ $x^2+5x-6=0$
답 $x^2+5x-6=0$

35 $(x-3)^2=5$이므로 $x-3=\pm\sqrt{5}$ ∴ $x=3\pm\sqrt{5}$
따라서 $a=3$, $b=5$이므로 $ab=3\times5=15$ 답 ③

36 ① $(x+2)^2=15$ ∴ $x=-2\pm\sqrt{15}$
② $(x-3)^2=3$ ∴ $x=3\pm\sqrt{3}$
③ $(5-x)^2=8$ ∴ $x=5\pm2\sqrt{2}$
④ $(x+2)^2=54$ ∴ $x=-2\pm3\sqrt{6}$
⑤ $(x-2)^2=18$ ∴ $x=2\pm3\sqrt{2}$ 답 ④

37 이 이차방정식이 해를 가지려면
$3k+4\geq0$, $3k\geq-4$ ∴ $k\geq-\frac{4}{3}$
따라서 k의 값 중 가장 작은 정수는 -1이다.   답 -1

38 $(x+6)^2=k$이므로 $x+6=\pm\sqrt{k}$
∴ $x=-6\pm\sqrt{k}$ …❶
이때 주어진 이차방정식의 한 근이
$x=-6+\sqrt{7}$이므로 $k=7$ …❷
따라서 다른 한 근은 $x=-6-\sqrt{7}$이다.   …❸
답 $x=-6-\sqrt{7}$

채점 기준	배점
❶ 이차방정식의 해를 k를 사용하여 나타내기	40%
❷ k의 값 구하기	30%
❸ 다른 한 근 구하기	30%

39 $x^2+10x+4=0$에서 $x^2+10x=-4$
$x^2+10x+25=-4+25$
∴ $(x+5)^2=21$
따라서 $p=5$, $q=21$이므로 $p+q=5+21=26$ 답 ③

40 $2(x-1)^2=x^2-8x+20$에서
$2x^2-4x+2=x^2-8x+20$
$x^2+4x=18$, $x^2+4x+4=18+4$
∴ $(x+2)^2=22$
따라서 $m=-2$, $n=22$이므로
$m+n=-2+22=20$ 답 20

41 $2x^2+3x-1=0$에서 $x^2+\frac{3}{2}x-\frac{1}{2}=0$
$x^2+\frac{3}{2}x+\frac{9}{16}=\frac{1}{2}+\frac{9}{16}$ ∴ $\left(x+\frac{3}{4}\right)^2=\frac{17}{16}$
∴ $k=\frac{17}{16}$ 답 $\frac{17}{16}$

42 $\frac{1}{2}x^2-5x+11=0$에서 $x^2-10x+22=0$
$x^2-10x+25=-22+25$ ∴ $(x-5)^2=3$
따라서 $p=-5$, $q=3$이므로
$p+q=-5+3=-2$ 답 -2

43 ④ $D=-4$ 답 ④

44 $x^2-3x-2=0$에서
$x^2-3x=2$, $x^2-3x+\frac{9}{4}=2+\frac{9}{4}$
$\left(x-\frac{3}{2}\right)^2=\frac{17}{4}$, $x-\frac{3}{2}=\pm\frac{\sqrt{17}}{2}$
∴ $x=\frac{3\pm\sqrt{17}}{2}$
따라서 $A=3$, $B=17$이므로
$A+B=3+17=20$ 답 20

45 $7x^2-14ax+7a^2-21=0$에서 $x^2-2ax+a^2=3$, $(x-a)^2=3$
$x-a=\pm\sqrt{3}$ ∴ $x=a\pm\sqrt{3}$ …❶
이때 해가 $x=1\pm\sqrt{b}$이므로 $a=1$, $b=3$ …❷
∴ $a+b=1+3=4$ …❸
답 4

채점 기준	배점
❶ 이차방정식의 해를 a를 사용하여 나타내기	40%
❷ a, b의 값 구하기	40%
❸ $a+b$의 값 구하기	20%

46 $x^2+5x+a=0$에서 $x^2+5x+\frac{25}{4}=-a+\frac{25}{4}$
$\left(x+\frac{5}{2}\right)^2=\frac{25-4a}{4}$, $x+\frac{5}{2}=\pm\frac{\sqrt{25-4a}}{2}$
∴ $x=\frac{-5\pm\sqrt{25-4a}}{2}$
이때 해가 $x=\frac{-5\pm\sqrt{21}}{2}$이므로
$25-4a=21$ ∴ $a=1$ 답 1

Real 실전 유형 again

07 이차방정식 (2)

01 $x^2-3x+1=0$에서 $x=\dfrac{3\pm\sqrt{5}}{2}$이므로

$A=3$, $B=5$

$\therefore A+B=3+5=8$ 답 ⑤

02 $3x^2+4x+p=0$에서 $x=\dfrac{-2\pm\sqrt{4-3p}}{3}$이므로

$4-3p=13$, $-3p=9$

$\therefore p=-3$ 답 -3

03 $2x^2-6x+1=0$에서 $x=\dfrac{3\pm\sqrt{7}}{2}$ … ❶

따라서 $\alpha=\dfrac{3-\sqrt{7}}{2}$이므로 … ❷

$2\alpha-3=2\times\dfrac{3-\sqrt{7}}{2}-3=-\sqrt{7}$ … ❸

답 $-\sqrt{7}$

채점 기준	배점
❶ 근의 공식을 이용하여 이차방정식의 해 구하기	50%
❷ α의 값 구하기	30%
❸ $2\alpha-3$의 값 구하기	20%

04 $9x^2+ax-1=0$에서 $x=\dfrac{-a\pm\sqrt{a^2+36}}{18}$

따라서 $-\dfrac{a}{18}=\dfrac{1}{3}$, $\dfrac{\sqrt{a^2+36}}{18}=\dfrac{\sqrt{b}}{3}$이므로

$3a=-18$ $\quad\therefore a=-6$

$\dfrac{\sqrt{36+36}}{18}=\dfrac{\sqrt{2}}{3}=\dfrac{\sqrt{b}}{3}$ $\quad\therefore b=2$

$\therefore a+b=-6+2=-4$ 답 -4

05 주어진 방정식의 양변에 6을 곱하면

$2(x^2-2)+12=3(x^2-4x+3)$

$x^2-12x+1=0$

$\therefore x=6\pm\sqrt{35}$

따라서 $p=6$, $q=35$이므로

$p+q=6+35=41$ 답 ③

06 주어진 방정식의 양변에 15를 곱하면

$5(x-3)(x+1)=3x(x-1)$

$2x^2-7x-15=0$

$(2x+3)(x-5)=0$

$\therefore x=-\dfrac{3}{2}$ 또는 $x=5$ 답 ④

07 주어진 방정식의 양변에 10을 곱하면

$3x^2-15x+6=0$

$x^2-5x+2=0$ $\quad\therefore x=\dfrac{5\pm\sqrt{17}}{2}$

따라서 $p=5$, $q=17$이므로

$p+q=5+17=22$ 답 22

08 주어진 방정식의 양변에 100을 곱하면

$x^2-3x-9=0$

$\therefore x=\dfrac{3\pm3\sqrt{5}}{2}$ 답 ⑤

09 주어진 방정식의 양변에 12를 곱하면

$6x^2-8x-9=0$ $\quad\therefore x=\dfrac{4\pm\sqrt{70}}{6}$ … ❶

따라서 $\alpha=\dfrac{4+\sqrt{70}}{6}$, $\beta=\dfrac{4-\sqrt{70}}{6}$이므로 … ❷

$\alpha+\beta=\dfrac{4+\sqrt{70}}{6}+\dfrac{4-\sqrt{70}}{6}=\dfrac{4}{3}$ … ❸

답 $\dfrac{4}{3}$

채점 기준	배점
❶ 근의 공식을 이용하여 이차방정식의 해 구하기	50%
❷ α, β의 값 구하기	30%
❸ $\alpha+\beta$의 값 구하기	20%

10 $0.5x^2-\dfrac{5}{2}x+3=0$의 양변에 2를 곱하면

$x^2-5x+6=0$, $(x-2)(x-3)=0$

$\therefore x=2$ 또는 $x=3$

$0.3x\left(x-\dfrac{1}{3}\right)=1$의 양변에 10을 곱하면

$3x\left(x-\dfrac{1}{3}\right)=10$, $3x^2-x-10=0$

$(3x+5)(x-2)=0$

$\therefore x=-\dfrac{5}{3}$ 또는 $x=2$

따라서 공통인 근은 $x=2$이다. 답 $x=2$

11 주어진 방정식의 양변에 10을 곱하면

$x(x+1)-12=4(x-1)$

$x^2+x-12=4x-4$

$x^2-3x-8=0$ $\quad\therefore x=\dfrac{3\pm\sqrt{41}}{2}$

따라서 두 근의 곱은

$\dfrac{3+\sqrt{41}}{2}\times\dfrac{3-\sqrt{41}}{2}=\dfrac{9-41}{4}=-8$ 답 -8

12 $x-1=A$로 놓으면 $A^2+3A+2=0$

$(A+1)(A+2)=0$ $\quad\therefore A=-1$ 또는 $A=-2$

즉, $x-1=-1$ 또는 $x-1=-2$이므로

$x=0$ 또는 $x=-1$

따라서 두 근의 곱은 $0\times(-1)=0$ 답 ③

13 $x+4=A$로 놓으면 $A^2-4A=21$

$A^2-4A-21=0$, $(A+3)(A-7)=0$

$\therefore A=-3$ 또는 $A=7$

즉, $x+4=-3$ 또는 $x+4=7$이므로

$x=-7$ 또는 $x=3$

따라서 음수인 해는 $x=-7$이다.　　　　　답 $x=-7$

14 $x-\dfrac{1}{2}=A$로 놓으면 $4A^2+8A-5=0$

$(2A+5)(2A-1)=0$

$\therefore A=-\dfrac{5}{2}$ 또는 $A=\dfrac{1}{2}$

즉, $x-\dfrac{1}{2}=-\dfrac{5}{2}$ 또는 $x-\dfrac{1}{2}=\dfrac{1}{2}$이므로

$x=-2$ 또는 $x=1$

따라서 $a=1$, $b=-2$이므로

$a-b=1-(-2)=3$　　　　　답 3

15 $a+2b=A$로 놓으면 $A(A+10)=39$

$A^2+10A-39=0$, $(A-3)(A+13)=0$

$\therefore A=3$ 또는 $A=-13$

이때 $a>0$, $b>0$에서 $a+2b>0$, 즉 $A>0$이므로 $A=3$

$\therefore a+2b=3$　　　　　답 3

16 ① $0^2-4\times9\times(-4)=144>0$ ➡ 2개

② $3^2-4\times2\times(-1)=17>0$ ➡ 2개

③ $(-5)^2-1\times25=0$ ➡ 1개

④ $(-7)^2-4\times1\times6=25>0$ ➡ 2개

⑤ $(-5)^2-4\times1\times(-8)=57>0$ ➡ 2개

답 ③

17 ㄱ. $(-3)^2-4\times1\times5=-11<0$

ㄴ. $(-2)^2-2\times2=0$

ㄷ. $(-5)^2-3\times(-5)=40>0$

ㄹ. $(x-3)^2=-8x+9$에서

　　$x^2-6x+9=-8x+9$, $x^2+2x=0$이므로

　　$1^2-1\times0=1>0$

따라서 서로 다른 두 근을 갖는 것은 ㄷ, ㄹ이다.

답 ㄷ, ㄹ

18 $x^2-5x+8=0$에서 $(-5)^2-4\times1\times8=-7<0$이므로 근의 개수는 0이다.

$\therefore a=0$　　　　　… ❶

$3x^2+3x-1=0$에서 $3^2-4\times3\times(-1)=21>0$이므로 근의 개수는 2이다.

$\therefore b=2$　　　　　… ❷

$9x^2-6x+1=0$에서 $(-3)^2-9\times1=0$이므로 근의 개수는 1이다.

$\therefore c=1$　　　　　… ❸

$\therefore a-b+c=0-2+1=-1$　　　… ❹

답 -1

채점 기준	배점
❶ a의 값 구하기	30%
❷ b의 값 구하기	30%
❸ c의 값 구하기	30%
❹ $a-b+c$의 값 구하기	10%

19 $(k-1)^2-4\times1\times(2+k)=0$이므로

$k^2-2k+1-8-4k=0$, $k^2-6k-7=0$

$(k+1)(k-7)=0$

$\therefore k=-1$ 또는 $k=7$

이때 $k<0$이므로 $k=-1$　　　　　답 -1

20 $x^2-2k(x-2)-4=0$, 즉 $x^2-2kx+4k-4=0$에서

$(-k)^2-(4k-4)=0$이므로

$k^2-4k+4=0$, $(k-2)^2=0$　　$\therefore k=2$

따라서 주어진 이차방정식 $x^2-4x+8-4=0$, 즉

$x^2-4x+4=0$에서 $(x-2)^2=0$

$\therefore x=2$　　$\therefore m=2$

$\therefore k+m=2+2=4$　　　　　답 ③

21 $9x^2+6x=a-4$, 즉 $9x^2+6x-a+4=0$에서

$3^2-9(-a+4)=0$이므로

$9+9a-36=0$, $9a=27$　　$\therefore a=3$

$x^2-2x+(b-5)=0$에서 $(-1)^2-(b-5)=0$이므로

$1-b+5=0$　　$\therefore b=6$

$\therefore a-b=3-6=-3$　　　　　답 -3

22 $(k-1)^2-4\times(k-1)\times1=0$이므로

$k^2-2k+1-4k+4=0$

$k^2-6k+5=0$, $(k-1)(k-5)=0$

$\therefore k=1$ 또는 $k=5$

이때 $k\neq1$이므로 $k=5$　　　　　답 5

23 $(-4)^2-4\times1\times(2k-4)\geq0$이므로

$32-8k\geq0$, $-8k\geq-32$　　$\therefore k\leq4$　　답 ⑤

24 $(-3)^2-4\times2\times\left(-2+\dfrac{5}{2}k\right)>0$이므로

$25-20k>0$, $-20k>-25$

$\therefore k<\dfrac{5}{4}$　　　　　… ❶

따라서 가장 큰 정수 k의 값은 1이다.　　… ❷

답 1

채점 기준	배점
❶ k의 값의 범위 구하기	60%
❷ 가장 큰 정수 k의 값 구하기	40%

25 $\{-(2k+1)\}^2-4\times1\times(k^2+1)<0$이므로

$4k-3<0$ $\therefore k<\dfrac{3}{4}$

따라서 상수 k의 값이 될 수 없는 것은 ⑤이다. **답** ⑤

26 $(-2)^2-4\times(m-1)\times1>0$이므로

$8-4m>0$ $\therefore m<2$

이때 $m\neq1$이므로

$m<1$ 또는 $1<m<2$ **답** ⑤

27 $\dfrac{n(n-3)}{2}=65$이므로 $n(n-3)=130$

$n^2-3n-130=0,\ (n+10)(n-13)=0$

$\therefore n=13\ (\because n>0)$

따라서 구하는 다각형은 십삼각형이다. **답** ③

28 $\dfrac{n(n-1)}{2}=210$이므로 $n(n-1)=420$

$n^2-n-420=0,\ (n+20)(n-21)=0$

$\therefore n=21\ (\because n>0)$

따라서 이 모임의 회원은 21명이다. **답** 21명

29 $n(n+3)=180$이므로 $n^2+3n-180=0$

$(n+15)(n-12)=0$ $\therefore n=12\ (\because n>0)$

따라서 성냥개비의 개수가 180인 도형은 12단계이다.

답 12단계

30 연속하는 세 자연수를 $x-1,\ x,\ x+1$이라 하면

$(x+1)^2+60=(x-1)^2+x^2$

$x^2-4x-60=0,\ (x+6)(x-10)=0$

$\therefore x=10\ (\because x>1)$

따라서 세 자연수는 9, 10, 11이므로 구하는 합은

$9+10+11=30$ **답** 30

31 연속하는 두 짝수를 $x,\ x+2$라 하면 $x^2+(x+2)^2=340$

$2x^2+4x-336=0,\ x^2+2x-168=0$

$(x-12)(x+14)=0$

$\therefore x=12\ (\because x>0)$

따라서 두 짝수는 12, 14이므로 구하는 합은

$12+14=26$ **답** 26

32 어떤 양수를 x라 하면 $x(x+6)=187$

$x^2+6x-187=0,\ (x-11)(x+17)=0$

$\therefore x=11\ (\because x>0)$

따라서 어떤 양수는 11이므로 처음 구하려던 두 수의 곱은

$11\times5=55$ **답** 55

33 십의 자리의 숫자를 x라 하면 일의 자리의 숫자는 $13-x$이

므로 $x(13-x)=10x+(13-x)-34$ … ❶

$x^2-4x-21=0,\ (x+3)(x-7)=0$

$\therefore x=7\ (\because x>0)$ … ❷

따라서 십의 자리의 숫자는 7, 일의 자리의 숫자는 6이므로

구하는 두 자리 자연수는 76이다. … ❸

답 76

채점 기준	배점
❶ 이차방정식 세우기	40%
❷ 이차방정식의 해 구하기	40%
❸ 두 자리 자연수 구하기	20%

34 정윤이의 나이를 x살이라 하면 동생의 나이는 $(x-4)$살이

므로 $x^2=3(x-4)^2-8$

$2x^2-24x+40=0,\ x^2-12x+20=0$

$(x-2)(x-10)=0$ $\therefore x=10\ (\because x>4)$

따라서 정윤이의 나이는 10살이다. **답** ②

35 펼쳐진 두 면의 쪽수를 $x,\ x+1$이라 하면 $x(x+1)=342$

$x^2+x-342=0,\ (x+19)(x-18)=0$

$\therefore x=18\ (\because x>0)$

따라서 펼쳐진 두 면은 18쪽, 19쪽이므로 두 면의 쪽수의

합은

$18+19=37$ **답** 37

36 학생 수를 x라 하면 학생 1명이 받는 사탕은 $(x-4)$개이

므로 $x(x-4)=140$

$x^2-4x-140=0,\ (x+10)(x-14)=0$

$\therefore x=14\ (\because x>4)$

따라서 학생은 모두 14명이다. **답** ④

37 첫째 주 화요일을 x일이라 하면 셋째 주 화요일은 $(x+14)$

일이므로 $x(x+14)=51$

$x^2+14x-51=0,\ (x+17)(x-3)=0$

$\therefore x=3\ (\because x>0)$

따라서 이번 달 첫째 주 화요일은 3일이다. **답** 3일

38 $40t-5t^2=0$에서 $t^2-8t=0$

$t(t-8)=0$ $\therefore t=8\ (\because t>0)$

따라서 공이 다시 지면에 떨어지는 것은 8초 후이다. **답** ③

39 $145+30x-5x^2=185$에서 $x^2-6x+8=0$

$(x-2)(x-4)=0$ $\therefore x=2$ 또는 $x=4$

따라서 처음으로 지면으로부터 높이가 185 m인 지점에서

터지도록 하려면 쏘아 올린 지 2초 후에 터지도록 해야 한

다. **답** 2초 후

40 $70+20x-5x^2=85$에서 $x^2-4x+3=0$

$(x-1)(x-3)=0$ ∴ $x=1$ 또는 $x=3$

따라서 쏘아 올린 물 로켓의 높이가 85 m가 되는 것은 1초 후, 3초 후이다. 　**답** 1초 후, 3초 후

41 작은 정사각형의 한 변의 길이를 x cm라 하면 큰 정사각형의 한 변의 길이는 $(11-x)$ cm이므로 $x^2+(11-x)^2=73$

$x^2-11x+24=0$, $(x-3)(x-8)=0$

∴ $x=3 \left(∵ 0<x<\dfrac{11}{2}\right)$

따라서 작은 정사각형의 한 변의 길이는 3 cm이다.

답 3 cm

42 가로의 길이를 x cm라 하면 세로의 길이는 $(13-x)$ cm 이므로 $x(13-x)=40$

$x^2-13x+40=0$, $(x-5)(x-8)=0$

∴ $x=8 \left(∵ \dfrac{13}{2}<x<13\right)$

따라서 가로의 길이는 8 cm이다. 　**답** 8 cm

43 $\overline{AP}=\overline{BQ}=x$ cm라 하면

$\overline{QC}=(9-x)$ cm, $\overline{PC}=(12-x)$ cm

△PQC의 넓이가 20 cm²이므로

$\dfrac{1}{2}\times(9-x)\times(12-x)=20$

$x^2-21x+68=0$, $(x-4)(x-17)=0$

∴ $x=4$ $(∵ 0<x<9)$ ∴ $\overline{BQ}=4$ cm 　**답** 4 cm

44 $\overline{PR}=x$ cm라 하면 $\overline{PQ}=\overline{RC}=(15-x)$ cm이므로

$x(15-x)=44$ 　　　　　　　　　　…❶

$x^2-15x+44=0$, $(x-4)(x-11)=0$

∴ $x=11 \left(∵ \dfrac{15}{2}<x<15\right)$ 　　…❷

따라서 $\overline{PR}$의 길이는 11 cm이다. 　　…❸

답 11 cm

채점 기준	배점
❶ 이차방정식 세우기	40%
❷ 이차방정식의 해 구하기	40%
❸ $\overline{PR}$의 길이 구하기	20%

45 똑같이 늘인 길이를 x m라 하면

$(9+x)(8+x)=9\times8+60$

$x^2+17x-60=0$, $(x+20)(x-3)=0$

∴ $x=3$ $(∵ x>0)$

따라서 늘인 길이는 3 m이다. 　**답** 3 m

46 처음 정사각형의 한 변의 길이를 x cm라 하면

$(x+2)(x+6)=5x^2$ 　　　　　　…❶

$4x^2-8x-12=0$, $x^2-2x-3=0$

$(x+1)(x-3)=0$

∴ $x=3$ $(∵ x>0)$ 　　　　　　…❷

따라서 처음 정사각형의 한 변의 길이는 3 cm이다. …❸

답 3 cm

채점 기준	배점
❶ 이차방정식 세우기	40%
❷ 이차방정식의 해 구하기	40%
❸ 처음 정사각형의 한 변의 길이 구하기	20%

47 x초 후에 넓이가 같아진다고 하면

$(8+2x)(12-x)=8\times12$

$x^2-8x=0$, $x(x-8)=0$

∴ $x=8$ $(∵ 0<x<12)$

따라서 넓이가 같아지는 것은 8초 후이다. 　**답** 8초 후

48 처음 원의 반지름의 길이를 x cm라 하면

$\pi\times(x+3)^2=4\times\pi\times x^2$

$3x^2-6x-9=0$, $x^2-2x-3=0$

$(x-3)(x+1)=0$ ∴ $x=3$ $(∵ x>0)$

따라서 처음 원의 반지름의 길이는 3 cm이다. 　**답** 3 cm

49 원기둥의 높이를 $5x$ cm, 밑면인 원의 반지름의 길이를 $2x$ cm라 하면

$\pi\times(2x)^2\times2+(2\pi\times2x)\times5x=112\pi$

$x^2=4$ ∴ $x=2$ $(∵ x>0)$

따라서 원기둥의 높이는 $5\times2=10$(cm)이다. 　**답** 10 cm

50 $\pi\times(r+10)^2-\pi\times r^2=\dfrac{1}{2}\times\pi\times(r+10)^2$

$r^2-20r-100=0$ ∴ $r=10+10\sqrt{2}$ $(∵ r>0)$

답 $10+10\sqrt{2}$

51 가장 작은 반원의 반지름의 길이를 x cm라 하면 중간 크기의 반원의 반지름의 길이는 $(10-x)$ cm이므로

$\dfrac{1}{2}\pi\{10^2-x^2-(10-x)^2\}=16\pi$

$x^2-10x+16=0$, $(x-2)(x-8)=0$

∴ $x=2$ $(∵ 0<x<5)$

따라서 가장 작은 반원의 반지름의 길이는 2 cm이다.

답 2 cm

52 처음 정사각형 모양의 종이의 한 변의 길이를 x cm라 하면

$(x-4)\times(x-4)\times2=338$

$(x-4)^2=169$, $x-4=\pm13$ ∴ $x=17$ $(∵ x>4)$

따라서 처음 정사각형 모양의 종이의 한 변의 길이는 17 cm이다. 　**답** 17 cm

53 잘라 낸 정사각형의 한 변의 길이를 x cm라 하면

$(12-2x)(18-2x)=40$

$4x^2-60x+176=0$, $x^2-15x+44=0$

$(x-4)(x-11)=0$ ∴ $x=4$ ($\because 0<x<6$)

따라서 잘라 낸 정사각형의 한 변의 길이는 4 cm이다.

답 4 cm

54 물받이의 높이를 x cm라 하면 $(30-2x)\times x=72$

$2x^2-30x+72=0$, $x^2-15x+36=0$

$(x-3)(x-12)=0$

∴ $x=3$ 또는 $x=12$ ($\because 0<x<15$)

따라서 물받이의 높이는 3 cm 또는 12 cm이다.

답 3 cm 또는 12 cm

55 도로의 폭을 x m라 하면 도
로를 제외한 땅의 넓이는 오
른쪽 그림의 색칠한 부분의
넓이와 같으므로

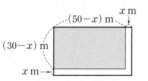

$(50-x)(30-x)=1196$

$x^2-80x+304=0$, $(x-4)(x-76)=0$

∴ $x=4$ ($\because 0<x<30$)

따라서 도로의 폭은 4 m이다.

답 4 m

56 길의 폭을 x m라 하면 길의 넓
이는 전체 땅의 넓이에서 길을
제외한 땅의 넓이를 빼야 하므로

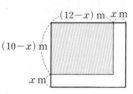

$12\times10-(12-x)(10-x)=40$

$x^2-22x+40=0$, $(x-2)(x-20)=0$

∴ $x=2$ ($\because 0<x<10$)

따라서 길의 폭은 2 m이다.

답 2 m

57 밭의 가로의 길이를 x m라
하면 세로의 길이는
$(x-4)$ m이고, 길을 제외한
밭의 넓이는 오른쪽 그림의
색칠한 부분의 넓이와 같으
므로

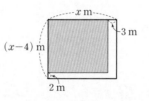

$(x-3)(x-4-2)=378$ … ❶

$x^2-9x-360=0$, $(x+15)(x-24)=0$

∴ $x=24$ ($\because x>6$) … ❷

따라서 이 밭의 가로의 길이는 24 m이다. … ❸

답 24 m

채점 기준	배점
❶ 이차방정식 세우기	40%
❷ 이차방정식의 해 구하기	40%
❸ 밭의 가로의 길이 구하기	20%

01 ① $y=2x^2-3x$

③ $y=-2x+2$

④ $y=\dfrac{2}{3}x^2+\dfrac{1}{3}x$

답 ①, ④

02 ㄱ. $y=x^2+4x-1$

ㄷ. $y=20x+25$

ㄹ. $y=-\dfrac{1}{2}x^2-\dfrac{7}{2}x$

따라서 이차함수인 것은 ㄱ, ㄴ, ㄹ이다. 답 ㄱ, ㄴ, ㄹ

03 ① $y=x^2+3x$

② $y=5x$

③ $y=\dfrac{x}{100}\times200=2x$

④ $y=x^3$

⑤ $y=\pi x^2\times10=10\pi x^2$

답 ①, ⑤

04 $y=(ax+1)(2x-3)-x(x-3)$

$\quad=(2a-1)x^2+(5-3a)x-3$

따라서 이차함수가 되려면

$2a-1\neq0$ ∴ $a\neq\dfrac{1}{2}$

답 $a\neq\dfrac{1}{2}$

05 $y=(4-5a)x^2-2x+7$이 이차함수이므로

$4-5a\neq0$ ∴ $a\neq\dfrac{4}{5}$

답 ⑤

06 $y=k(k-5)x^2-8x+1+4x^2$

$\quad=(k^2-5k+4)x^2-8x+1$

따라서 이차함수가 되려면

$k^2-5k+4\neq0$, $(k-1)(k-4)\neq0$

∴ $k\neq1$이고 $k\neq4$

답 ③, ④

07 $f(x)=4x^2+ax-5$에서

$f(-3)=4\times(-3)^2+a\times(-3)-5=-3a+31$

즉, $-3a+31=1$이므로

$-3a=-30$ ∴ $a=10$

답 ④

08 $f(2)=-2^2+6\times2-5=3$

$f\left(\dfrac{1}{2}\right)=-\left(\dfrac{1}{2}\right)^2+6\times\dfrac{1}{2}-5=-\dfrac{9}{4}$

∴ $2f(2)+4f\left(\dfrac{1}{2}\right)=2\times3+4\times\left(-\dfrac{9}{4}\right)$

$=6-9=-3$

답 -3

09 $f(a)=-a^2+3a+7=3$이므로
$a^2-3a-4=0$, $(a+1)(a-4)=0$
$\therefore a=-1$ 또는 $a=4$
이때 a가 양수이므로 $a=4$ 답 4

10 $f(2)=2^2+a\times2+b=5$이므로
$4+2a+b=5$
$\therefore 2a+b=1$ $\cdots$ ㉠
$f(-3)=(-3)^2+a\times(-3)+b=0$이므로
$9-3a+b=0$
$\therefore -3a+b=-9$ $\cdots$ ㉡   ❶
㉠, ㉡을 연립하여 풀면 $a=2$, $b=-3$ ❷
따라서 $f(x)=x^2+2x-3$이므로
$f(3)=3^2+2\times3-3=9+6-3=12$ ❸
답 12

채점 기준	배점
❶ a, b에 대한 연립방정식 세우기	40%
❷ a, b의 값 구하기	40%
❸ $f(3)$의 값 구하기	20%

11 a의 부호가 양수이면서 절댓값의 크기가 가장 큰 것은 ⑤이다.   답 ⑤

12 a의 절댓값의 크기가 가장 작은 것은 ②이다.   답 ②

13 $-2<a<-\dfrac{2}{5}$ 답 ⑤

14 ㉣, ㉤은 아래로 볼록하므로 $a>0$
㉠, ㉡, ㉢은 위로 볼록하므로 $a<0$
㉤의 폭이 ㉣의 폭보다 좁고, ㉢의 폭이 ㉡의 폭보다 좁고, ㉡의 폭이 ㉠의 폭보다 좁으므로 a의 값이 큰 것부터 차례로 나열하면 ㉤, ㉣, ㉠, ㉡, ㉢   답 ㉤, ㉣, ㉠, ㉡, ㉢

15 답 ③, ④

16 답 ③

17 $y=ax^2$의 그래프는 $y=-2x^2$의 그래프와 x축에 대칭이므로 $a=2$ ❶
$y=bx^2$의 그래프는 $y=\dfrac{1}{2}x^2$의 그래프와 x축에 대칭이므로
$b=-\dfrac{1}{2}$ ❷
$\therefore ab=2\times\left(-\dfrac{1}{2}\right)=-1$ ❸
답 -1

채점 기준	배점
❶ a의 값 구하기	40%
❷ b의 값 구하기	40%
❸ ab의 값 구하기	20%

18 ① 꼭짓점의 좌표는 $(0, 0)$이다.
② $a=-2$일 때, 점 $(2, -8)$을 지난다.
④ $a>0$이면 아래로 볼록한 포물선이다.
⑤ a의 절댓값이 작을수록 그래프의 폭이 넓어진다.   답 ③

19 ④ $5\neq\dfrac{5}{4}\times4^2$이므로 점 $(4, 5)$를 지나지 않는다.
$y=\dfrac{5}{4}x^2$에 $x=4$를 대입하면 $y=\dfrac{5}{4}\times4^2=20$이므로
점 $(4, 20)$을 지난다.   답 ④

20 ① 그래프의 폭이 가장 좁은 것은 ㄱ이다.
③ 모든 그래프의 축의 방정식은 $x=0$이다.
④ 두 그래프가 x축에 서로 대칭인 것은 없다.   답 ②, ⑤

21 $y=ax^2$의 그래프가 점 $(4, -2)$를 지나므로
$-2=16a$ $\therefore a=-\dfrac{1}{8}$
즉, $y=-\dfrac{1}{8}x^2$의 그래프가 점 $(-4, b)$를 지나므로
$b=-\dfrac{1}{8}\times(-4)^2=-2$
$\therefore \dfrac{b}{a}=-2\div\left(-\dfrac{1}{8}\right)$
$=-2\times(-8)=16$ 답 16

22 ② $y=-\dfrac{3}{2}x^2$에 $x=-1$, $y=-\dfrac{2}{3}$를 대입하면
$-\dfrac{2}{3}\neq-\dfrac{3}{2}\times(-1)^2=-\dfrac{3}{2}$이므로 점 $\left(-1, -\dfrac{2}{3}\right)$는
$y=-\dfrac{3}{2}x^2$의 그래프 위의 점이 아니다.   답 ②

23 $y=-\dfrac{1}{5}x^2$에 $x=a$, $y=-45$를 대입하면
$-45=-\dfrac{1}{5}a^2$
$a^2=225$ $\therefore a=\pm15$
따라서 구하는 양수 a의 값은 15이다.   답 15

24 $y=-ax^2$의 그래프가 점 $\left(-\dfrac{1}{2}, 5\right)$를 지나므로
$5=-\dfrac{1}{4}a$ $\therefore a=-20$ 답 -20

25 이차함수의 식을 $y=ax^2$으로 놓으면 이 그래프가
점 $(-6, -12)$를 지나므로

$-12=36a$ $\therefore a=-\dfrac{1}{3}$

따라서 구하는 이차함수의 식은 $y=-\dfrac{1}{3}x^2$이다.

답 $y=-\dfrac{1}{3}x^2$

26 이차함수의 식을 $y=ax^2$으로 놓으면 이 그래프가

점 $\left(\dfrac{1}{4}, -\dfrac{1}{16}\right)$을 지나므로

$-\dfrac{1}{16}=\dfrac{1}{16}a$ $\therefore a=-1$

따라서 구하는 이차함수의 식은 $y=-x^2$이다.

답 $y=-x^2$

27 이차함수의 식을 $y=ax^2$으로 놓으면   …❶

이 그래프가 점 $(3, -5)$를 지나므로

$-5=9a$ $\therefore a=-\dfrac{5}{9}$ …❷

즉, $y=-\dfrac{5}{9}x^2$의 그래프가 점 $(k, -20)$을 지나므로

$-20=-\dfrac{5}{9}k^2$, $k^2=36$ $\therefore k=\pm6$

따라서 양수 k의 값은 6이다.   …❸

답 6

채점 기준	배점
❶ 이차함수의 식을 $y=ax^2$으로 놓기	20%
❷ a의 값 구하기	40%
❸ 양수 k의 값 구하기	40%

28 이차함수의 식을 $y=ax^2$으로 놓으면 이 그래프가

점 $(-2, 3)$을 지나므로

$3=4a$ $\therefore a=\dfrac{3}{4}$

$y=\dfrac{3}{4}x^2$의 그래프와 x축에 대칭인 그래프의 식은 $y=-\dfrac{3}{4}x^2$

이고 이 그래프가 점 $(-6, k)$를 지나므로

$k=-\dfrac{3}{4}\times(-6)^2=-27$ 답 -27

29 $y=ax^2$의 그래프를 x축의 방향으로 p만큼, y축의 방향으로 q만큼 평행이동한 그래프의 식은 $y=a(x-p)^2+q$이므로

$a=3, p=1, q=6$

$\therefore a+p+q=3+1+6=10$ 답 10

30 답 $y=-\dfrac{1}{12}(x-3)^2$

31 $y=\dfrac{7}{3}x^2$의 그래프를 y축의 방향으로 -6만큼 평행이동한 그래프의 식은

$y=\dfrac{7}{3}x^2-6$ …❶

따라서 $a=\dfrac{7}{3}$, $q=-6$이므로   …❷

$aq=\dfrac{7}{3}\times(-6)=-14$ …❸

답 -14

채점 기준	배점
❶ 평행이동한 그래프의 식 구하기	40%
❷ a, q의 값 구하기	40%
❸ aq의 값 구하기	20%

32 $y=\dfrac{3}{4}x^2$의 그래프를 평행이동하여 완전히 포개어지려면 x^2

의 계수가 $\dfrac{3}{4}$이어야 하므로 ④, ⑤이다.   답 ④, ⑤

33 $y=-\dfrac{1}{2}x^2$의 그래프를 y축의 방향으로 -4만큼 평행이동

한 그래프의 식은

$y=-\dfrac{1}{2}x^2-4$

이때 $y=-\dfrac{1}{2}x^2-4$의 꼭짓점의 좌표는 $(0, -4)$이고, 축의

방정식은 $x=0$이므로

$p=0, q=-4, m=0$

$\therefore p-q+m=0-(-4)+0=4$ 답 4

34 $y=ax^2$의 그래프를 y축의 방향으로 3만큼 평행이동한 그래프의 식은

$y=ax^2+3$

이때 $y=ax^2+3$의 그래프가 점 $(-2, 23)$을 지나므로

$23=4a+3$, $4a=20$ $\therefore a=5$ 답 5

35 $y=-x^2$의 그래프를 y축의 방향으로 $-\dfrac{1}{4}$만큼 평행이동한

그래프의 식은

$y=-x^2-\dfrac{1}{4}$

이때 $y=-x^2-\dfrac{1}{4}$의 그래프가 점 $\left(\dfrac{3}{2}, a\right)$를 지나므로

$a=-\left(\dfrac{3}{2}\right)^2-\dfrac{1}{4}=-\dfrac{10}{4}=-\dfrac{5}{2}$

$y=-x^2-\dfrac{1}{4}$의 그래프가 점 $\left(b, -\dfrac{17}{4}\right)$을 지나므로

$-\dfrac{17}{4}=-b^2-\dfrac{1}{4}$, $b^2=4$ $\therefore b=\pm2$

이때 $b>0$이므로 $b=2$

$\therefore a+b=-\dfrac{5}{2}+2=-\dfrac{1}{2}$ 답 $-\dfrac{1}{2}$

36 ① 위로 볼록한 포물선이다.

② 축의 방정식은 $x=0$이다.

④ $y=-4x^2$의 그래프를 y축의 방향으로 2만큼 평행이동

한 그래프이다.

⑤ $x > 0$일 때, x의 값이 증가하면 y의 값은 감소한다.

답 ③

37 평행이동한 그래프의 식은 $y = -\dfrac{9}{4}(x+3)^2$이므로 $x > -3$이면 x의 값이 증가할 때 y의 값은 감소한다. 답 ②

38 $y = 3(x-2)^2$의 그래프에서 꼭짓점의 좌표는 $(2, 0)$이고, 축의 방정식은 $x = 2$이므로
$p = 2, q = 0, r = 2$
$\therefore p - q - r = 2 - 0 - 2 = 0$

답 0

39 꼭짓점의 좌표가 $(-2, 0)$이므로
$p = -2$ ··· ❶
$y = a(x+2)^2$의 그래프가 점 $(0, 8)$을 지나므로
$8 = a(0+2)^2$
$\therefore a = 2$ ··· ❷
따라서 $y = 2(x+2)^2$의 그래프가 점 $(-1, k)$를 지나므로
$k = 2 \times (-1+2)^2 = 2$ ··· ❸

답 2

채점 기준	배점
❶ p의 값 구하기	30%
❷ a의 값 구하기	40%
❸ k의 값 구하기	30%

40 ⑤ 제1, 2사분면을 지나지 않는다. 답 ⑤

41 꼭짓점의 좌표는 (p, q)이므로
$p = 4, q = -11$
$y = a(x-4)^2 - 11$의 그래프가 점 $(2, -3)$을 지나므로
$-3 = a(2-4)^2 - 11, \ 4a = 8$ $\therefore a = 2$
$\therefore ap + q = 2 \times 4 + (-11) = -3$ 답 ①

42 꼭짓점의 좌표는 $(-p, -2p^2)$이고, 이 점이 직선
$y = -2x - 4$ 위에 있으므로
$-2p^2 = -2 \times (-p) - 4$
$p^2 + p - 2 = 0, \ (p-1)(p+2) = 0$
$\therefore p = 1 \ 또는 \ p = -2$
그런데 $p > 0$이므로 $p = 1$ 답 1

43 ③ $y = \dfrac{1}{4}(x+3)^2 - 2$의 그래프는 오른쪽 그림과 같으므로 제4사분면을 지나지 않는다.
⑤ 이차함수 $y = \dfrac{1}{4}(x+3)^2 - 2$의 그래프와 x축에 대칭인 그래프의 식은
$y = -\dfrac{1}{4}(x+3)^2 + 2$이다. 답 ③, ⑤

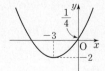

44 $y = -2(x+1)^2 - 4$의 그래프를 x축의 방향으로 p만큼, y축의 방향으로 q만큼 평행이동한 그래프의 식은
$y = -2(x-p+1)^2 - 4 + q$
이 그래프가 $y = -2x^2$의 그래프와 일치하므로
$-p + 1 = 0, \ -4 + q = 0$
$\therefore p = 1, q = 4$
$\therefore p + q = 1 + 4 = 5$ 답 5

45 $y = a\left(x - \dfrac{1}{3}\right)^2 + \dfrac{5}{6}$의 그래프를 x축의 방향으로 -1만큼 평행이동한 그래프의 식은
$y = a\left(x + 1 - \dfrac{1}{3}\right)^2 + \dfrac{5}{6}$
$\therefore y = a\left(x + \dfrac{2}{3}\right)^2 + \dfrac{5}{6}$
이 그래프가 점 $\left(-2, -\dfrac{1}{2}\right)$을 지나므로
$-\dfrac{1}{2} = a\left(-2 + \dfrac{2}{3}\right)^2 + \dfrac{5}{6}, \ \dfrac{16}{9}a = -\dfrac{4}{3}$
$\therefore a = -\dfrac{4}{3} \times \dfrac{9}{16} = -\dfrac{3}{4}$ 답 ②

46 이차함수 $y = (x+3)^2 - 4$의 그래프를 x축의 방향으로 p만큼, y축의 방향으로 $2p - 1$만큼 평행이동한 그래프의 식은
$y = (x-p+3)^2 - 4 + 2p - 1$
이 그래프가 점 $(2, 29)$를 지나므로
$29 = (5-p)^2 - 5 + 2p$
$p^2 - 8p - 9 = 0, \ (p+1)(p-9) = 0$
$\therefore p = -1 \ 또는 \ p = 9$
따라서 양수 p의 값은 9이다. 답 ③

47 주어진 조건을 만족시키는 이차함수의 식은
$y = -\dfrac{7}{6}(x+2)^2 + 3$이므로
$a = -\dfrac{7}{6}, \ p = -2, \ q = 3$
$\therefore apq = -\dfrac{7}{6} \times (-2) \times 3 = 7$ 답 7

48 축의 방정식이 $x = 3$이므로 이차함수의 식을
$y = a(x-3)^2 + q$로 놓으면 이 그래프가 두 점 $(4, -2)$, $(1, 7)$을 지나므로
$-2 = a + q, \ 4a + q = 7$
$\therefore a = 3, q = -5$
따라서 구하는 이차함수의 식은
$y = 3(x-3)^2 - 5$ 답 $y = 3(x-3)^2 - 5$

49 꼭짓점의 좌표가 $(-5, 2)$이므로 이차함수의 식을
$y = a(x+5)^2 + 2$로 놓자. ··· ❶
이 그래프가 점 $(0, -3)$을 지나므로

$-3 = 25a + 2$

$25a = -5$ ∴ $a = -\dfrac{1}{5}$

∴ $y = -\dfrac{1}{5}(x+5)^2 + 2$ … ❷

이 그래프가 점 $(k, -18)$을 지나므로

$-18 = -\dfrac{1}{5}(k+5)^2 + 2$, $(k+5)^2 = 100$

$k+5 = \pm 10$

∴ $k = -15$ 또는 $k = 5$

따라서 양수 k의 값은 5이다. … ❸

답 5

채점 기준	배점
❶ 꼭짓점의 좌표를 이용하여 이차함수의 식 세우기	30%
❷ 이차함수의 식 구하기	30%
❸ k의 값 구하기	40%

50 그래프가 아래로 볼록하므로 $a > 0$

꼭짓점 $(-p, q)$가 제4사분면에 있으므로

$-p > 0$, $q < 0$

∴ $p < 0$, $q < 0$ 답 ③

51 그래프가 아래로 볼록하므로 $a > 0$

꼭짓점 $(p, 0)$이 y축의 왼쪽에 있으므로 $p < 0$ 답 ②

52 $y = a(x-p)^2 + q$의 그래프가 제1, 3, 4
사분면만 지나려면 오른쪽 그림과 같아
야 한다.

∴ $a < 0$, $p > 0$, $q > 0$

① $a - q < 0$

②, ⑤ 양수인지 음수인지 알 수 없다.

③ $aq < 0$ 답 ④

53 $y = a(x-p)^2 + q$의 그래프가 위로 볼록하므로

$a < 0$

꼭짓점이 x축 위에 있고, y축의 오른쪽에 있으므로

$p > 0$, $q = 0$

따라서 $y = p(x-q)^2 + a$, 즉 $y = px^2 + a$의 그래프는 아래
로 볼록하고, 꼭짓점 $(0, a)$는 y축 위에 있으면서 x축보다
아래쪽에 있다. 답 ④

54 $y = ax - b$의 그래프의 기울기는 양수이고 y절편은 음수이
므로

$a > 0$, $-b < 0$

∴ $a > 0$, $b > 0$

따라서 $y = bx^2 - a$의 그래프에서 $b > 0$이므로 그래프가 아
래로 볼록하다.

또, $-a < 0$이므로 꼭짓점 $(0, -a)$는 y축 위에 있으면서
x축보다 아래쪽에 있다. 답 ②

01 $y = -\dfrac{1}{3}x^2 - 4x + 1 = -\dfrac{1}{3}(x+6)^2 + 13$

따라서 $a = -\dfrac{1}{3}$, $p = -6$, $q = 13$이므로

$apq = -\dfrac{1}{3} \times (-6) \times 13 = 26$ 답 26

02 $y = -x^2 + 4x - 3 = -(x-2)^2 + 1$

따라서 $p = -2$, $q = 1$이므로

$p + q = -2 + 1 = -1$ 답 -1

03 ① $y = -2x^2 + 6x = -2\left(x - \dfrac{3}{2}\right)^2 + \dfrac{9}{2}$

② $y = -x^2 + 2x - 2 = -(x-1)^2 - 1$

③ $y = x^2 - 2x - 3 = (x-1)^2 - 4$

④ $y = \dfrac{1}{2}x^2 - x - \dfrac{1}{2} = \dfrac{1}{2}(x-1)^2 - 1$

⑤ $y = -\dfrac{2}{3}x^2 + 6x - 1 = -\dfrac{2}{3}\left(x - \dfrac{9}{2}\right)^2 + \dfrac{25}{2}$ 답 ③

04 $y = -3x^2 - 6x + a$의 그래프가 점 $(1, -5)$를 지나므로

$-5 = -3 - 6 + a$ ∴ $a = 4$

따라서 $y = -3x^2 - 6x + 4 = -3(x+1)^2 + 7$이므로 꼭짓점
의 좌표는 $(-1, 7)$이다. 답 $(-1, 7)$

05 ① $y = \dfrac{1}{3}(x-9)^2 - 17$ ➡ $(9, -17)$ → 제4사분면

② $y = (x-1)^2 + 3$ ➡ $(1, 3)$ → 제1사분면

③ $y = \left(x + \dfrac{3}{2}\right)^2 - \dfrac{5}{4}$ ➡ $\left(-\dfrac{3}{2}, -\dfrac{5}{4}\right)$ → 제3사분면

④ $y = \dfrac{1}{2}(x-4)^2 - 5$ ➡ $(4, -5)$ → 제4사분면

⑤ $y = -2(x+1)^2 + 3$ ➡ $(-1, 3)$ → 제2사분면

답 ⑤

06 $y = \dfrac{1}{3}x^2 + 2px + 5 = \dfrac{1}{3}(x+3p)^2 - 3p^2 + 5$

이 그래프의 축의 방정식이 $x = -3p$이므로

$-3p = -6$ ∴ $p = 2$ 답 2

07 $y = -2x^2 + 8x - k = -2(x-2)^2 - k + 8$

이므로 꼭짓점의 좌표는 $(2, -k+8)$이다. … ❶

이때 꼭짓점이 직선 $y = 3x - 1$ 위에 있으므로

$-k + 8 = 5$ ∴ $k = 3$ … ❷

답 3

채점 기준	배점
❶ 꼭짓점의 좌표를 k를 사용하여 나타내기	50%
❷ k의 값 구하기	50%

08 $y=-\dfrac{1}{2}x^2+4x-6$에 $y=0$을 대입하면

$-\dfrac{1}{2}x^2+4x-6=0$, $x^2-8x+12=0$

$(x-2)(x-6)=0$ ∴ $x=2$ 또는 $x=6$

$y=-\dfrac{1}{2}x^2+4x-6$에 $x=0$을 대입하면 $y=-6$

따라서 $p=2$, $q=6$, $r=-6$ 또는 $p=6$, $q=2$, $r=-6$이므로

$p+q+r=2$ 답 2

09 $y=-2x^2+8x+k$의 그래프가 점 $(1, 3)$을 지나므로

$3=-2+8+k$ ∴ $k=-3$

즉, $y=-2x^2+8x-3$에 $x=0$을 대입하면 $y=-3$

따라서 그래프가 y축과 만나는 점의 좌표는 $(0, -3)$이다.

답 $(0, -3)$

10 $y=-x^2-4x+5$에 $y=0$을 대입하면

$-x^2-4x+5=0$, $x^2+4x-5=0$

$(x+5)(x-1)=0$ ∴ $x=-5$ 또는 $x=1$

따라서 그래프가 x축과 만나는 점의 좌표가 $(-5, 0)$, $(1, 0)$이므로

$\overline{AB}=1-(-5)=6$ 답 6

11 $y=-x^2-3x+k=-\left(x+\dfrac{3}{2}\right)^2+k+\dfrac{9}{4}$

이므로 그래프의 축의 방정식은 $x=-\dfrac{3}{2}$이다. … ❶

그래프의 축과 두 점 A, B 사이의 거리는 각각

$\dfrac{1}{2}\overline{AB}=\dfrac{5}{2}$이므로 A$\left(-\dfrac{3}{2}-\dfrac{5}{2}, 0\right)$, B$\left(-\dfrac{3}{2}+\dfrac{5}{2}, 0\right)$

즉, A$(-4, 0)$, B$(1, 0)$ … ❷

따라서 $y=-x^2-3x+k$에 $x=1$, $y=0$을 대입하면

$0=-1-3+k$ ∴ $k=4$ … ❸

답 4

채점 기준	배점
❶ 축의 방정식 구하기	20%
❷ A, B의 좌표 구하기	40%
❸ k의 값 구하기	40%

12 $y=-2x^2-8x-7=-2(x+2)^2+1$

이므로 꼭짓점의 좌표가 $(-2, 1)$이고 위로 볼록하다.

또, y축과 만나는 점의 좌표가 $(0, -7)$이므로 그래프는 ⑤와 같다. 답 ⑤

13 $y=-3x^2-6x-2=-3(x+1)^2+1$이므로 꼭짓점의 좌표는 $(-1, 1)$이고 위로 볼록하다.

또, y축과 만나는 점의 좌표는 $(0, -2)$이므로 그래프는 오른쪽 그림과 같다. 따라서 그래프가 지나지 않는 사분면은 제1사분면이다.

답 ①

14 ① $y=-(x+1)^2+1$ ② $y=-\dfrac{1}{2}(x+3)^2+\dfrac{7}{2}$

③ $y=\left(x-\dfrac{3}{2}\right)^2-5$ ④ $y=2(x+1)^2-1$

⑤ $y=\dfrac{1}{4}(x-2)^2+1$

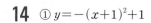

답 ③

15 ① $y=-3x^2-6x-3=-3(x+1)^2$

따라서 x축과 한 점에서 만난다.

② $y=-\dfrac{1}{2}x^2+3x-4=-\dfrac{1}{2}(x-3)^2+\dfrac{1}{2}$

따라서 x축과 서로 다른 두 점에서 만난다.

③ $y=-x^2+2x-3=-(x-1)^2-2$

따라서 x축과 만나지 않는다.

④ $y=\dfrac{1}{4}x^2+x+2=\dfrac{1}{4}(x+2)^2+1$

따라서 x축과 만나지 않는다.

⑤ $y=2x^2+4x+1=2(x+1)^2-1$

따라서 x축과 서로 다른 두 점에서 만난다.

답 ②, ⑤

16 그래프가 x축과 한 점에서 만나려면 꼭짓점의 y좌표가 0이어야 한다.

① $y=-x^2+x+\dfrac{3}{2}=-\left(x-\dfrac{1}{2}\right)^2+\dfrac{7}{4}$

② $y=-5x^2-20x-20=-5(x+2)^2$

③ $y=x^2+8x+12=(x+4)^2-4$

④ $y=3x^2+4x+3=3\left(x+\dfrac{2}{3}\right)^2+\dfrac{5}{3}$

⑤ $y=\dfrac{4}{3}x^2-8x+10=\dfrac{4}{3}(x-3)^2-2$ 답 ②

17 $y=-\dfrac{1}{2}x^2+x+3k=-\dfrac{1}{2}(x-1)^2+\dfrac{1}{2}+3k$

꼭짓점의 좌표가 $\left(1, \dfrac{1}{2}+3k\right)$이고 그래프가 위로 볼록하므로 이 그래프가 x축과 서로 다른 두 점에서 만나려면

$\dfrac{1}{2}+3k>0$ ∴ $k>-\dfrac{1}{6}$ 답 $k>-\dfrac{1}{6}$

18 $y=x^2-4x+1=(x-2)^2-3$
이므로 그래프는 오른쪽 그림과 같다. 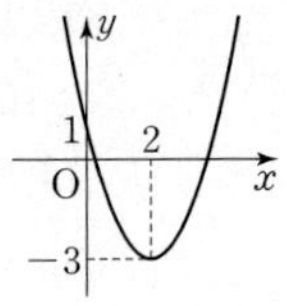
따라서 x의 값이 증가할 때 y의 값도 증가
하는 x의 값의 범위는 $x>2$이다.

답 ⑤

19 $y=-4x^2-2x-1=-4\left(x+\dfrac{1}{4}\right)^2-\dfrac{3}{4}$
이므로 그래프는 오른쪽 그림과 같다. 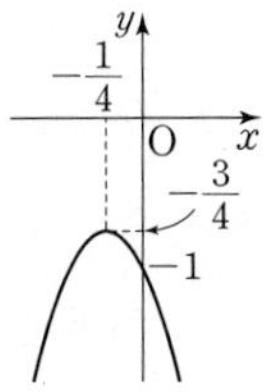
따라서 x의 값이 증가할 때 y의 값은 감소
하는 x의 값의 범위는 $x>-\dfrac{1}{4}$이다.

답 $x>-\dfrac{1}{4}$

20 $y=-\dfrac{1}{2}x^2-kx-2$의 그래프가 점 $(2,-2)$를 지나므로
$-2=-2-2k-2,\ 2k=-2\quad\therefore k=-1$ ···❶
$y=-\dfrac{1}{2}x^2+x-2$
$=-\dfrac{1}{2}(x-1)^2-\dfrac{3}{2}$ 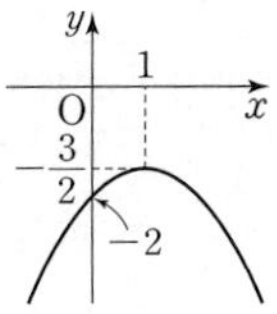
이므로 그래프는 오른쪽 그림과 같다.
따라서 x의 값이 증가할 때 y의 값은 감소하는 x의 값의 범
위는 $x>1$이다. ···❷

답 $x>1$

채점 기준	배점
❶ k의 값 구하기	40%
❷ x의 값의 범위 구하기	60%

21 $y=3x^2+6x+1=3(x+1)^2-2$
이 그래프를 x축의 방향으로 a만큼, y축의 방향으로 b만큼
평행이동한 그래프의 식은
$y=3(x-a+1)^2-2+b$
이때 $y=3x^2-6x+2=3(x-1)^2-1$이고 두 그래프가 일
치하므로
$-a+1=-1,\ -2+b=-1$
따라서 $a=2,\ b=1$이므로 $a+b=2+1=3$

답 ⑤

22 $y=-x^2+x+1=-\left(x-\dfrac{1}{2}\right)^2+\dfrac{5}{4}$
따라서 이 그래프는 $y=-x^2$의 그래프를 x축의 방향으로
$\dfrac{1}{2}$만큼, y축의 방향으로 $\dfrac{5}{4}$만큼 평행이동한 것이므로
$a=-1,\ b=\dfrac{1}{2},\ c=\dfrac{5}{4}$
$\therefore a+2b+4c=-1+2\times\dfrac{1}{2}+4\times\dfrac{5}{4}$
$=-1+1+5=5$

답 5

23 $y=\dfrac{1}{3}x^2-x+\dfrac{1}{4}=\dfrac{1}{3}\left(x-\dfrac{3}{2}\right)^2-\dfrac{1}{2}$
이 그래프를 x축의 방향으로 -2만큼 평행이동한 그래프
의 식은
$y=\dfrac{1}{3}\left(x+\dfrac{1}{2}\right)^2-\dfrac{1}{2}$ ···❶
이 그래프가 점 $(1,k)$를 지나므로
$k=\dfrac{1}{3}\times\left(1+\dfrac{1}{2}\right)^2-\dfrac{1}{2}=\dfrac{1}{4}$ ···❷

답 $\dfrac{1}{4}$

채점 기준	배점
❶ 평행이동한 그래프의 식 구하기	60%
❷ k의 값 구하기	40%

24 $y=4x^2-8x+7=4(x-1)^2+3$
③ 꼭짓점의 좌표는 $(1,3)$이다.

답 ③

25 $y=\dfrac{1}{2}x^2-x+\dfrac{7}{2}=\dfrac{1}{2}(x-1)^2+3$
이 그래프를 x축의 방향으로 1만큼 y축의 방향으로 -2만
큼 평행이동한 그래프의 식은
$y=\dfrac{1}{2}(x-2)^2+1$ 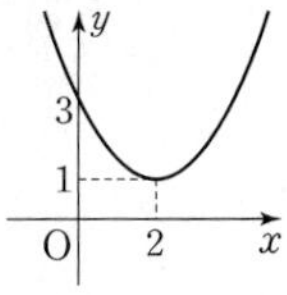
이므로 그래프는 오른쪽 그림과 같다.
ㄷ. $x<2$일 때, x의 값이 증가하면 y의 값은 감소한다.
ㄹ. 그래프는 제3, 4사분면을 지나지 않는다.
따라서 옳은 것은 ㄱ, ㄴ이다.

답 ①

26 그래프가 위로 볼록하므로 $a<0$
축이 y축의 왼쪽에 있으므로 $-ab>0$, 즉 $ab<0$
이때 $a<0$이므로 $b>0$
y축과의 교점이 x축의 위쪽에 있으므로 $c>0$
② $a<0$, $c>0$이므로 $ac<0$
③ $a<0$, $c>0$이므로 $c-a>0$
④ $b>0$, $c>0$이므로 $b+c>0$
⑤ $a<0$, $b>0$, $c>0$이므로 $abc<0$

답 ④

27 $c<0$이므로 그래프가 위로 볼록하고
$bc<0$이므로 축은 y축의 오른쪽에 있다.
또, $a<0$이므로 y축과의 교점은 x축의 아래쪽에 있다.

답 ③

28 $a<0$이므로 그래프는 위로 볼록하고
$ab>0$이므로 축은 y축의 왼쪽에 있다.
$-c>0$이므로 y축과의 교점은 x축의 위
쪽에 있다. 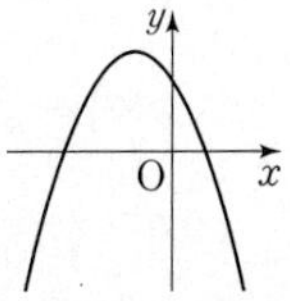
따라서 그래프는 오른쪽 그림과 같으므로
꼭짓점은 제2사분면에 있다.

답 제2사분면

29 그래프가 아래로 볼록하므로 $a>0$
축이 y축의 오른쪽에 있으므로 $-ab<0$, 즉 $ab>0$
이때 $a>0$이므로 $b>0$
y축과의 교점이 x축의 아래쪽에 있으므로 $c<0$
$y=bx^2+ax+bc$에서
$b>0$이므로 그래프가 아래로 볼록하다.
$ab>0$이므로 축은 y축의 왼쪽에 있다.
$bc<0$이므로 y축과의 교점은 x축의 아래 쪽에 있다.
따라서 그래프는 오른쪽 그림과 같으므로 모든 사분면을 지난다.

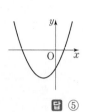

탑 ⑤

30 $y=ax-b$의 그래프에서 $a<0$, $-b>0$
즉, $a<0$, $b<0$
$y=ax^2-bx-(a+b)$에서
$a<0$이므로 그래프가 위로 볼록하다.
$-ab<0$이므로 축은 y축의 오른쪽에 있다.
$-(a+b)>0$이므로 y축과의 교점은 x축의 위쪽에 있다.

탑 ②

31 이차함수의 식을 $y=a(x-2)^2+8$로 놓으면 이 그래프가 점 $(0, 11)$을 지나므로
$11=4a+8$ ∴ $a=\dfrac{3}{4}$
∴ $y=\dfrac{3}{4}(x-2)^2+8=\dfrac{3}{4}x^2-3x+11$
따라서 $a=\dfrac{3}{4}$, $b=-3$, $c=11$이므로
$4a+2b+c=4\times\dfrac{3}{4}+2\times(-3)+11$
$=3+(-6)+11=8$

탑 8

32 이차함수의 식을 $y=a(x+6)^2+2$로 놓으면 이 그래프가 점 $(-3, 8)$을 지나므로
$8=9a+2$ ∴ $a=\dfrac{2}{3}$
∴ $y=\dfrac{2}{3}(x+6)^2+2=\dfrac{2}{3}x^2+8x+26$

탑 ⑤

33 이차함수의 식을 $y=a(x-2)^2-3$으로 놓으면 이 그래프가 점 $(0, -1)$을 지나므로
$-1=4a-3$ ∴ $a=\dfrac{1}{2}$
따라서 $y=\dfrac{1}{2}(x-2)^2-3=\dfrac{1}{2}x^2-2x-1$이므로
$b=-2$, $c=-1$
∴ $abc=\dfrac{1}{2}\times(-2)\times(-1)=1$

탑 1

34 이차함수의 식을 $y=a(x-5)^2+q$로 놓으면 이 그래프가 두 점 $(1, -8)$, $(3, 4)$를 지나므로
$-8=16a+q$, $4=4a+q$
두 식을 연립하여 풀면 $a=-1$, $q=8$
∴ $y=-(x-5)^2+8=-x^2+10x-17$

탑 ③

35 이차함수의 식을 $y=a\left(x+\dfrac{1}{2}\right)^2+q$로 놓으면 이 그래프가 두 점 $(-1, 5)$, $(1, 13)$을 지나므로
$5=\dfrac{1}{4}a+q$, $13=\dfrac{9}{4}a+q$
두 식을 연립하여 풀면 $a=4$, $q=4$
따라서 $y=4\left(x+\dfrac{1}{2}\right)^2+4=4x^2+4x+5$이므로
$b=4$, $c=5$
∴ $a+b-c=4+4-5=3$

탑 3

36 이차함수의 식을 $y=a(x-4)^2+q$로 놓으면 이 그래프가 두 점 $(1, -5)$, $(3, 3)$을 지나므로
$-5=9a+q$, $3=a+q$
두 식을 연립하여 풀면 $a=-1$, $q=4$
∴ $y=-(x-4)^2+4=-x^2+8x-12$ …❶
이 식에 $y=0$을 대입하면
$0=-x^2+8x-12$, $x^2-8x+12=0$
$(x-2)(x-6)=0$ ∴ $x=2$ 또는 $x=6$ …❷
따라서 x축과 만나는 두 점의 x좌표는 2, 6이므로
$\overline{AB}=6-2=4$ …❸

탑 4

채점 기준	배점
❶ 이차함수의 식 구하기	40%
❷ 그래프가 x축과 만나는 점의 x좌표 구하기	40%
❸ $\overline{AB}$의 길이 구하기	20%

37 이차함수의 식을 $y=ax^2+bx+5$로 놓으면 이 그래프가 점 $(-1, -5)$를 지나므로
$-5=a-b+5$ ∴ $a-b=-10$ …㉠
또, 점 $(2, 13)$을 지나므로
$13=4a+2b+5$ ∴ $2a+b=4$ …㉡
㉠, ㉡을 연립하여 풀면 $a=-2$, $b=8$
∴ $y=-2x^2+8x+5$

탑 ③

38 이차함수의 식을 $y=ax^2+bx+3$으로 놓으면 이 그래프가 점 $(-4, 3)$을 지나므로
$3=16a-4b+3$ ∴ $4a-b=0$ …㉠
또, 점 $(2, 0)$을 지나므로
$0=4a+2b+3$ ∴ $4a+2b=-3$ …㉡

○, ○을 연립하여 풀면 $a=-\dfrac{1}{4}$, $b=-1$

$\therefore y=-\dfrac{1}{4}x^2-x+3=-\dfrac{1}{4}(x+2)^2+4$

따라서 꼭짓점의 좌표는 $(-2,\ 4)$이다. 　　**답** $(-2,\ 4)$

39 이차함수의 식을 $y=ax^2+bx+3$으로 놓으면 이 그래프가 점 $(-2,\ -5)$를 지나므로

$-5=4a-2b+3$　　$\therefore 2a-b=-4$　　$\cdots$ ○

또, 점 $(2,\ 3)$을 지나므로

$3=4a+2b+3$　　$\therefore 2a+b=0$　　$\cdots$ ○

○, ○을 연립하여 풀면 $a=-1$, $b=2$

$\therefore y=-x^2+2x+3$

이 그래프가 점 $(4,\ k)$를 지나므로

$k=-16+8+3=-5$　　**답** -5

40 이차함수의 식을 $y=a(x+2)(x-1)$로 놓으면 이 그래프가 점 $(0,\ -3)$을 지나므로

$-3=-2a$　　$\therefore a=\dfrac{3}{2}$

$\therefore y=\dfrac{3}{2}(x+2)(x-1)=\dfrac{3}{2}x^2+\dfrac{3}{2}x-3$

따라서 $a=\dfrac{3}{2}$, $b=\dfrac{3}{2}$, $c=-3$이므로

$a+b+c=\dfrac{3}{2}+\dfrac{3}{2}+(-3)=0$　　**답** 0

41 이차함수의 식을 $y=a(x+3)(x-2)$로 놓으면 이차함수 $y=-2x^2$의 그래프와 모양이 같으므로 $a=-2$

$\therefore y=-2(x+3)(x-2)=-2x^2-2x+12$　　**답** ②

42 이차함수의 식을 $y=a(x+5)(x-3)$으로 놓으면 이 그래프가 점 $(0,\ 5)$를 지나므로

$5=-15a$　　$\therefore a=-\dfrac{1}{3}$

$\therefore y=-\dfrac{1}{3}(x+5)(x-3)=-\dfrac{1}{3}x^2-\dfrac{2}{3}x+5$　　$\cdots$ ❶

이때 $y=-\dfrac{1}{3}x^2-\dfrac{2}{3}x+5=-\dfrac{1}{3}(x+1)^2+\dfrac{16}{3}$이므로

꼭짓점의 좌표는 $\left(-1,\ \dfrac{16}{3}\right)$이다.　　$\cdots$ ❷

답 $\left(-1,\ \dfrac{16}{3}\right)$

채점 기준	배점
❶ 이차함수의 식 구하기	50%
❷ 꼭짓점의 좌표 구하기	50%

43 $y=-x^2+2x+8$에 $x=0$을 대입하면

$y=8$　　$\therefore$ C$(0,\ 8)$

$y=-x^2+2x+8$에 $y=0$을 대입하면

$0=-x^2+2x+8$, $x^2-2x-8=0$

$(x+2)(x-4)=0$　　$\therefore x=-2$ 또는 $x=4$

따라서 A$(-2,\ 0)$, B$(4,\ 0)$이므로 $\overline{AB}=6$

$\therefore \triangle ABC=\dfrac{1}{2}\times 6\times 8=24$　　**답** ①

44 $y=-2x^2+4x+6=-2(x-1)^2+8$　　$\therefore$ A$(1,\ 8)$

$y=-2x^2+4x+6$에 $y=0$을 대입하면

$0=-2x^2+4x+6$, $x^2-2x-3=0$

$(x+1)(x-3)=0$　　$\therefore x=-1$ 또는 $x=3$

따라서 B$(-1,\ 0)$, C$(3,\ 0)$이므로 $\overline{BC}=4$

$\therefore \triangle ABC=\dfrac{1}{2}\times 4\times 8=16$　　**답** ②

45 그래프가 원점을 지나므로 $c=0$

축의 방정식이 $x=3$이므로

B$(6,\ 0)$　　$\therefore \overline{OB}=6$

즉, $y=\dfrac{4}{3}x^2+bx$의 그래프가 점 B$(6,\ 0)$을 지나므로

$0=48+6b$　　$\therefore b=-8$

따라서 $y=\dfrac{4}{3}x^2-8x=\dfrac{4}{3}(x-3)^2-12$이므로

A$(3,\ -12)$

$\therefore \triangle OAB=\dfrac{1}{2}\times 6\times 12=36$　　**답** 36

46 $y=\dfrac{1}{2}x^2-2x-4$에 $x=0$을 대입하면

$y=-4$　　$\therefore$ A$(0,\ -4)$

$y=\dfrac{1}{2}x^2-2x-4=\dfrac{1}{2}(x-2)^2-6$　　$\therefore$ B$(2,\ -6)$

따라서 $\overline{OA}=4$이므로

$\triangle OAB=\dfrac{1}{2}\times 4\times 2=4$　　**답** 4

47 이차함수의 식을 $y=a(x+2)^2-9$로 놓으면 이 그래프가 점 $(-1,\ -8)$을 지나므로

$-8=a-9$　　$\therefore a=1$

$\therefore y=(x+2)^2-9=x^2+4x-5$　　$\cdots$ ❶

$y=x^2+4x-5$에 $x=0$을 대입하면

$y=-5$　　$\therefore$ C$(0,\ -5)$

$y=x^2+4x-5$에 $y=0$을 대입하면

$0=x^2+4x-5$, $(x+5)(x-1)=0$

$\therefore x=-5$ 또는 $x=1$

따라서 A$(-5,\ 0)$, B$(1,\ 0)$이므로 $\overline{AB}=6$　　$\cdots$ ❷

$\therefore \triangle ABC=\dfrac{1}{2}\times 6\times 5=15$　　$\cdots$ ❸

답 15

채점 기준	배점
❶ 이차함수의 식 구하기	40%
❷ 점 C의 좌표, $\overline{AB}$의 길이 구하기	40%
❸ $\triangle ABC$의 넓이 구하기	20%

• Memo •

유형
더블

중등수학
3-1

NE능률 교재 부가학습 사이트
www.nebooks.co.kr

NE Books 사이트에서 본 교재에 대한 상세 정보 및 부가학습 자료를
이용하실 수 있습니다.

* 교재 내용 문의 : contact.nebooks.co.kr